Wir bitten die Rückseite zu beachten!

512 B

Wir bitten die Rückseite zu beachten!

DIE KARTONNAGEN-FABRIKATION

PRAKTISCHES HANDBUCH FÜR DIE GESAMTE KARTONNAGENFABRIKATION UNTER BESONDERER BERÜCKSICHTIGUNG NEUZEITLICHER ARBEITSMETHODEN

ZUGLEICH ZWEITE VÖLLIG NEU GESTALTETE AUFLAGE VON SCHUBERT, DIE KARTONNAGENFABRIKATION

BEARBEITET UND HERAUSGEGEBEN VON

WALTER HESS, BERLIN

UNTER MITARBEIT VON BERUFSFACHLEUTEN UND INGENIEUREN DES KARTONNAGEN-MASCHINENFACHES

★

MIT ÜBER 200 FIGUREN IM TEXT VON MASCHINEN, ARBEITSGERÄTEN UND KONSTRUKTIONSMODELLEN SOWIE BEILAGEN

VERLAG VON M. KRAYN / BERLIN W 10

1926

DRUCK VON SIEGFRIED SCHOLEM, BERLIN-SCHÖNEBERG

INHALTSVERZEICHNIS

Seite

Vorwort 1

1. Abschnitt.

DIE ROHSTOFFE

Die Kartonnagenfabrikation . . 6
- Die Art, Verwendbarkeit und Prüfung der einschlägigen Pappen 6
- Die Pappenrohstoffe 7
- Die gebräuchlichsten Pappensorten 8
- Pappenprüfung 10
- Handelsgebräuche bei Gewicht- und Formatbestimmungen 11

Über die Fabrikation der wichtigsten in der Kartonnagenindustrie verwendeten Pappen. 13
- Allgemeines über Pappen, deren Hilfsstoffe und Beurteilung 13
- Die verschiedenen Arten der Pappen 22
- Das Format der Pappen . . . 23
- Gestrichene Pappen 26
- Prüfung der Pappen 27
- Die Graupappen 29
- Die Holzpappen 41
- Die Strohpappen 53
- Die Hart- und anderen Sonderpappen 59

Karton und Pappe für Faltschachteln 68

2. Abschnitt.

DIE MASCHINEN

a) in der Kartonnagenfabrikation

Die Maschine und die Kartonnagenindustrie 75

Über Schneid-, Biege-, Ritz- und Nutmaschinen 79
- Doppelt arbeitende Ritz- und Schneidemaschine 92

Stanz-, Schlitz- und Eckenausstossmaschinen 94

Seite

Pappen-Biegemaschinen 104

Die kombinierte Pappenschneid- und Doppel-Rill-, Ritz- und Nutmaschine 112

Stanz- und Druckautomaten . . 117

Maschine zum Aufschneiden von mit Überzugspapier beklebten Schachteln 128

Vier- oder Dreiseiten-Schachtelaufschneide-Automat 132

Neue Kreis- und Tellermesserschleifmaschine 135

Die Maschineneinrichtung einer neuzeitlichen Kartonnagenfabrik zur Herstellung von Feinkartonnagen 137

b) die Hilfsmaschinen verwandter Industrien

Holzbearbeitungsmaschinen für die Kartonnagen-Industrie . . 150

3. Abschnitt.

DIE VORBEREITENDEN ARBEITSVORGÄNGE

a) die Klebstoffe

Die Klebstoffe in der Kartonnagen-Industrie und ihre Verarbeitung von Hand und Maschinen 165

Klebstoffe u. ihre Verarbeitung auf der Maschine 182

b) das Kleben

Das Kaschieren oder Bekleben der Pappen 187

c) das Stanzen

Das Stanzen in Kartonnagenfabriken 196

d) das Heften

Das Heften und Nieten und die dazu erforderlichen Einrichtungen 200

e) die Nietmaschinen und das Nieten 213

Seite

4. Abschnitt:

DIE PRAXIS DER KARTONNAGENFABRIKATION

Zuschneiden und praktische Winke zur Maschinenpflege .. 221
Über Rohkartonnagen 225
Die Herstellung von Versandkartons 228
Post- u. Versandschachteln ... 240
Die zusammenlegbare Hutschachtel 251
Kartons für Zylinderhüte ... 252
Kartonnagen für Papierausstattungen 255
Neuartige Packungen für Papierausstattungen 263
Packungen und Kartonnagen für die Tabak-Industrie ... 265
Zigarrenkisten aus Pappe ... 271
Die Zigarrenschachtel 273
Handschuh- und Taschentuchkasten 275
Schachteln für Wäsche- und Textilwarenfabriken 277
Formularkasten 280
Verpackungskartonnagen und Halbetuis für Rasierapparate . 285
Die Herstellung von Massenpackungen, Faltschachteln usw. 290
Faltschachtelherstellung auf Tiegeldruckpressen 319
Welche Pressengrösse ist zur Herstellung von Faltschachteln geeignet? 321
Welche Werkzeuge sind zur Faltschachtelherstellung notwendig? 322
Wie wird mit diesem Material die Form hergestellt? . 325
Wie geschieht das gleichzeitige Stanzen und Rillen? . 330
Die Verwendung von Ritzlinien 333

Seite

Wie kann mit dem gleichzeitigen Stanzen und Rillen auch das Bedrucken oder Prägen der Faltschachteln geschehen? 334
Kann auch die Herstellung von Faltschachteln im ganzen Bogen auf der Buchdruckschnellpresse erfolgen? 337
Der Koffer aus Pappe oder Vulkanfiber 340
Die Vorstehrandschachtel ... 343

5. Abschnitt

DIE KAPPENSCHACHTELN

Aus der Praxis der Kappenschachtelfabrikation 349
Systeme 350
Maschinenmaterial 352
Der neue Prägeautomat für die Kappenschachtelfabrikation . 354
Klebstoff für Kappenschachteln . 357
Etiketten für Heissaufprägung . 359
Kappenschachteln und ihre Herstellung 360
Die Verwendbarkeit des Kappenschachtel-Systems für andere Schachtelarten 368
Maschinelles Herstellungsverfahren der Kappenschachtel (D.R.P.) 385
A. Herstellung aus gebranntem Boden und Zarge 386
B. Herstellung von Kappenschachteln aus Zuschnitten mit ausgestanzten Ecken .. 397

6. Abschnitt

DAS ZIEHVERFAHREN

Das Pappeziehverfahren mittels der Kettenziehbank 400
Die Pappenfräsmaschine ... 404
Die Rundmaschine 406

	Seite
Maschinen zum Ziehen und Prägen von Pappe, Karton, Vulkanfiber, Hartpapier u. a. m.	408
a) Spindelpressen für Handbetrieb	410
b) Friktionspressen für Kraftbetrieb	411
c) Automatische Ziehpressen	414
Die Herstellung von gezogenen Behältern und Verschlussteilen	415
Herstellung gezogener Batteriebecher aus Pappe	419

7. Abschnitt

MASCHINENKARTONNAGEN

Rohre und Etuis aus Pappe und die Maschinen dazu	421
Winke für das Wickeln der Hülsen	429
Das Beleimen der Zuschnitte	433
Geriffelte und glatt verjüngte Rundschachteln	436
Rationelle Herstellung gewickelter Pappdosen	441

8. Abschnitt

DIE VEREDELUNG DER KARTONNAGENERZEUGNISSE DURCH DRUCK UND SCHMUCK

Beklebe- und Überzugspapiere	445
Die Buntpapiere, ihre Beschaffenheit und Anwendung bei der Kartonnagenherstellung	451
Die künstlerische Ausstattung der Warenpackung	456
Die künstlerische Ausschmükkung von Kartonnagen für Bijouterie-, Bonbonnieren- und Parfümerie-Erzeugnisse	459

ANHANG

Der Bukama-Automat	467
Ein variabler Ganzautomat für die Kartonnagenherstellung	468
Neuer Druck- und Stanzautomat	473

MITARBEITER-VERZEICHNIS

MAX KUNZ, Dresden.

Die Maschine und die Kartonnagen-Industrie.

FRITZ HOYER, Ingenieur, Cöthen i. A.

Karton und Pappe für Faltschachteln.

Über die Fabrikation der wichtigsten in der Kartonnagen-Industrie verwendeten Pappen.

Über Schneid-, Biege-, Ritz- und Nutmaschinen.

Stanz-, Schnitt- und Eckenausstoßmaschinen.

Holzbearbeitungsmaschinen für die Kartonnagen-Industrie.

Das Kaschieren oder Bekleben der Pappen.

Das Heften und Nieten und die dafür erforderlichen Maschinen.

Rohre und Etuis aus Pappe und die Maschinen dazu.

Beklebe- und Überzugpapiere.

HANS SCHWIEBUS, Dresden.

Die Maschineneinrichtung einer neuzeitlichen Kartonnagenfabrik von Feinkartonnagen.

KARL GUSTAV JUNGE, Niedersedlitz b. Dresden.

Die Klebstoffe in der Kartonnagen-Industrie und ihre Verarbeitung von Hand und Maschine.

Das Stanzen in Kartonnagenfabriken.

Faltschachtelherstellung auf Tiegeldruckpressen.

Die Buntpapiere, ihre Beschaffenheit und Anwendung in der Kartonnagenherstellung.

Oberingenieur ALFRED SCHOPPER, Dresden.

Die Herstellung von Versandkartons.

EMIL RAUSCHENBERG, i. Fa. Schelter & Giesecke, Leipzig.

Die Faltschachtelherstelluug auf Tiegeldruck- und Buchdruck-Schnellpressen.

Die künstlerische Ausstattung der Warenpackung.

KARL DRAUTZ.

Klebstoffe und ihre Verarbeitung auf Maschinen.

Zuschneiden und praktische Winke zur Maschinenpflege.

Die Post- und Versandschachteln.

Kartonnagen für Papierausstattungen.

Neuzeitliche Packungen für Papierausstattungen.

Packungen und Kartonnagen für die Tabakindustrie.

Zigarrenkisten aus Pappe.

Handschuh- und Taschentuchkästen.

Schachteln für Wäsche- und Textilwarenfabriken.

KARL DRAUTZ.

Formularkästen.

Verpackungskartonnagen und Halbetuis für Rasierapparate.

Die Herstellung von Massenpackungen, Faltschachteln usw.

Kappenschachteln und ihre Herstellung.

Die Herstellung von gezogenen Behältern und Verschlußstücken.

Die Herstellung gewickelter Pappdosen.

OTTO MÜLLER, Dresden.

Die Verwendbarkeit des Kappenschachtelsystems für andere Schachtelarten.

RICHARD SCHREITER, Greding i. Mittel-Franken.

Das Pappeziehverfahren mittels der Kettenziehbank.

Die Pappenfräsmaschine.

Die Rundmaschine.

Runden der Ringe auf maschinellem Wege.

* *

Aus der KARTONNAGEN- UND PAPIERWAREN-ZEITUNG, Dresden, Draches Verlagsgesellschaft m. b. H., sind die nachstehend aufgeführten Abhandlungen entnommen:

Die Kartonnagenfabrikation.

Über Rohkartonnagen.

Die zusammenlegbare Hutschachtel.

Kartons für Zylinderhüte.

Zigarrenkisten aus Pappe.

Aus der Praxis der Kappenschachtelfabrikation.

Herstellung gezogener Batteriebecher aus Pappe.

Winke für das Wickeln der Hülsen.

Das Beleimen der Zuschnitte.

Geriffelte und glatt verjüngte Rundschachteln.

VORWORT

Ich komme der Aufforderung des Verlegers der Schubertschen Bücher gern nach, nachdem die erste Auflage des Schubertschen Handbuches der Kartonnagenfabrikation schon seit Jahren im Buchhandel gänzlich vergriffen ist, die zweite Auflage neu herauszubringen. Lediglich aus verlagstechnischen Gründen ist der Name des verdienstvollen früheren Autors für dieses Handbuch als Aushängeschild beibehalten worden, denn dieses Buch, das ich wieder unterstützt durch bewährte Männer der Praxis geschaffen habe, hat mit der ersten Auflage des Schubertschen Handbuches, abgesehen von der textlichen Behandlung der gleichen Materie, nichts weiter gemeinsam als den Titel! Nicht ein Satz ist in dieser Ausgabe mitübernommen, denn die heutige Zeit findet die Kartonnagenpraxis auf einem ganz anderen Stand, als es bei Erscheinen der Schubertschen Kartonnagenfabrikation der Fall war. Als vor etwa 20 Jahren Fabrikdirektor Schubert die Serie seiner verdienstvollen Bücher im Verlage von M. Krayn, Berlin, erscheinen ließ, da konnte der hochgeschätzte Herr Verfasser noch nicht ahnen, in welcher Weise sich die Erfahrungen der Praktiker und Maschineningenieure neue Bahnen erschließen würden zur technischen Vervollkommnung der Pappe verarbeitenden Industrie. Damals begann die Berufskartonnagenfabrikation als ein großzügiger Gewerbezweig heranzureifen. Die Niederschriften zu seinem Buch, das den damaligen Stand in vollendeter Weise wiedergab, sind heute — Geschichte.

Derzeitig nimmt unter den vielgestaltigen Zweigen der papierverarbeitenden Industrie gerade die Kartonnagenfabrikation einen besonders hohen Stand ein in den Errungenschaften der Technik. Wenn ihr auch in unserer Gegenwart durch die Ueberteuerung der Materialien — ob gerecht- oder ungerechtfertigterweise sei dahingestellt — sowohl teilweise durch Materialknappheit und Absatzstockung infolge der Geldknappheit, hervorgerufen durch den Auftragsmangel, gegenwärtig noch gewisse Fesseln angelegt sind, die sie an der vollen Auswirkung ihrer industriellen Entwicklungsmöglichkeiten hindert, so wird das hoffentlich in einer nicht zu fernen Zeit bei Festigung unserer allgemeinen Wirtschaftsverhältnisse besser werden. Erst müssen wir aus den politischen Kinderkrankheiten heraus sein, dann werden auch die Dichterworte wieder zu Ehren kommen: „Vernunft fängt wieder an zu sprechen"...

Diese zweite von mir besorgte Auflage des Schubertschen Handbuches ist in Wirklichkeit eine unmittelbare Fortsetzung meiner in den Jahren 1921 und 1924 im gleichen Verlag erschienenen Handbücher: „Die Praxis der Pappenverarbeitung", nur spezialisiert auf das Gebiet der Verarbeitung der Pappe zu Kartonnagen aller Art.

Ich hielt es für zweckmäßig, den Fachartikeln gewissermaßen zur Einführung einen Abschnitt vorauszuschicken, der sich mit den Rohmaterialien zur Kartonnagenherstellung befaßt, um dann in einer instruktiven Abhandlung aus berufener sachkundiger Feder die Herstellung der wichtigsten Pappensorten behandeln zu lassen.

Im Anschluß an die Besprechungen zur Rohstofferschließung sollen die verehrlichen Leser vertraut gemacht werden mit den hauptsächlichsten Maschinen zur Bearbeitung der Pappe. Dann folgen in einer reichhaltigen Serie von Fachartikeln aus der Feder berufener Vertreter ihres Faches die Darstellungen, wie die Pappen zu den verschiedenartigsten Gegenständen verarbeitet werden, die man im allgemeinen als Kartonnagen bezeichnet.

Es sollen nach Möglichkeit alle Binsenweisheiten und das Gemeinwissen ausgeschaltet bleiben, um trotz aller unbedingt notwendigen Beschränkungen im Raum das wirklich Wissenswerte und Interessante aus berufenen Federn darstellen zu lassen, um nicht nur Bekanntes zu durchgeistigen, sondern vor allem auch neuen Anregungen zur produktiven Warenerzeugung Raum zu geben und so die Interessen der Pappe verarbeitenden Industrien fördern zu helfen.

Wenn nicht alle Handgriffe und Maschinen eingehend und restlos besprochen werden konnten, so liegt das daran, daß die Leser eines guten Fachbuches vor allem neue Anregungen und Belehrungen erwarten, da ihnen als Fachleute nur die Praxis neues bringt. Sie sind sämtlich aus der Theorie längst heraus. Sie wollen mit Recht lernen, was sie noch nicht wissen, und nicht belehrt werden über die elementarsten Selbstverständlichkeiten, die sie samt und sonders vielleicht besser aus ihrer eigenen Berufspraxis kennen. Von diesen Gesichtspunkten ausgehend ist die Auswahl der Facharbeiten erfolgt, die in diesem Werke nach meiner Wahl aufgenommen wurden. Wo aber auf alte Bekannte in Theorie und Praxis zurückgegriffen werden mußte, geschah es mit Rücksicht auf jene Kreise, die sich erst fortbilden wollen und die nicht mit der praktischen Vollendung, sondern mit den theoretischen Grundlagen zur praktischen Weiterentwicklung vertraut gemacht werden müssen. Ich bitte, das freundlichst zu berücksichtigen, da auch weniger geschulte Kräfte — und diese sind es vorwiegend, welche die Fachliteratur nicht entbehren sollten — über das Werden und Geschehen möglichst instruktiv unterrichtet sein wollen.

Durch die Bearbeitung der einzelnen Kapitel durch verschiedene Schriftsteller leidet die Einheit eines Buches. Es ist dies ja auch ganz naturgemäß, denn jeder Schriftsteller hat eine andere Art und einen anderen Stil, seine Erfahrungen zu Papier zu bringen, ganz abgesehen davon, daß infolge der Zusammengehörigkeit und der engen Berührungsflächen der einzelnen Aufsätze Wiederholungen bei getrennt behandelter Bearbeitung gar nicht zu umgehen sind. Es war indessen mein Bestreben, auf diese mir als Herausgeber bereits mehrerer Handbücher bekannten Tatsachen ein besonderes Augenmerk zu richten. Immerhin ist ein Fachbuch, das heute mehr denn je notwendig ist zu weiterer Fortbildung, denn eine gute Fachliteratur übt einen nicht zu verkennenden Wert aus auf die Erziehung des Nachwuchses, besonders des Nachwuchses eines Industriezweiges, kein Roman. Die Artikelform muß beibehalten werden, um den Geist des Lesers frisch zu erhalten und anzuregen. Er soll ja nicht wie bei der Unterhaltungslektüre alle Kapitel hintereinander l e s e n, sondern Abschnitt für Abschnitt geistig durcharbeiten und „verdauen".

Ich weiß sehr wohl, daß ein Fachhandbuch immer etwas trockene Kost ist im Vergleich zur Unterhaltungslektüre, die in ununterbrochenem Wort- und Redeschwall nach mancherlei Freud und Leid den mitgerissenen Leser oder die schöne Leserin endlich seinen Helden zu einem glücklichen Sichfinden gelangen läßt.

Ich habe Wert darauf gelegt, zur Belebung des Textes wieder eine Anzahl guter Abbildungen der wesentlichsten Maschinen zur Kartonnagenfabrikation bereitzustellen. Es war mein Bestreben, möglichst viele Erzeugnisse neuzeitlicher Maschinenbaukunst und Hilfsmaschinen in Wort und Bild den Lesern näher zu bringen, unbeeinflußt etwa durch bezahlte Reklame oder sonst welche zarte Rücksichtnahme. Eine Reihe von Firmen guten Rufs baut für gleiche Zwecke die gleichen Maschinen. Diese sich aus deren Benutzung ergebenden kleinen technischen Fortschritte, die das eine oder andere Fabrikat empfehlenswerter erscheinen lassen, sind ein für allemal ausgeschieden bei der Beurteilung der Aufnahme. Eine absolute Objektivität meinerseits sowie meiner Herren Mitarbeiter bürgt dem Leser dafür, daß in meinen Handbüchern kein Kampf der Reklameabteilungen unserer führenden Maschinenfabriken ausgefochten wird.

Es gibt zum Teil, wenigstens für die Befriedigung der gleichen Bedürfnisse, auch noch andere Maschinenfabriken als die zufällig von mir und meinen Mitarbeitern gerade zur Besprechung der einschlägigen Erzeugnisse herangezogenen. In der Hauptsache können wir die in Wort und Bild namhaft gemachten Erzeugerfirmen für die Hilfsmaschinen zur Kartonnagenfabrikation als die in der Praxis bekanntesten und erprobtesten betrachten, deren Erzeugnisse für den betreffenden Sonderzweig als vorherrschend und tonangebend zu betrachten sind.

Interessenten sei empfohlen, bei Bedarf vor Anschaffung einschlägiger Hilfsmaschinen den Anzeigenteil dieses Buches durchzusehen sowie auch den Anzeigenteil der Fachpresse genau durchzustudieren. Die Inserenten werden Interessenten auf Anfragen gern aufklärende Druckschriften übersenden sowie auf Wunsch mit ihren erprobten Ratschlägen an die Hand gehen.

Ich danke allen Beteiligten an dem Zustandekommen dieses Buches, insbesondere aber meinen Herren Mitarbeitern, die in Verbindung mit mir selbst bis an die physische Grenze der Möglichkeit belastet durch die Sorgen des Alltags, erhaben über die herrliche Errungenschaft des glorreichen 11. Gebotes: „8 Stunden sollst du arbeiten" darüber hinaus aus freien Stücken in rastloser Tätigkeit Feierstunde um Feierstunde und Sonntag um Sonntag geopfert haben, um die Bausteine zu diesem Werk zusammentragen zu helfen.

Ich gedenke dabei auch der Herren Fachleute, an die ich mich zum Teil selbst sowie durch Vermittlung meiner Mitarbeiter wandte, um wertvolle Angaben zur Auswertung des vorhandenen Materials und zur Durchgeistigung des an sich spröden Stoffes zu bekommen, um so gewisse Teile sachlich möglichst zu vervollständigen.

Sie sehen ihre Mühe belohnt durch diese Neuerscheinung als ein Beweis, das Können und Wollen immer zur Vollendung führt. Leider haben mich auch einige wenige im Stiche gelassen unter Angabe von allerhand Gründen, von denen aber in der Hauptsache wohl nur der Grund stichhaltig gewesen sein mag, daß man fürchtete, durch sachdienliche Angaben die Konkurrenz großziehen zu helfen. Trotz alledem und alledem und gerade darum habe ich nicht geruht, meinen Willen durchzusetzen, alles mir für die Zwecke dieser Herausgabe wissenswert Erscheinende in Erfahrung zu bringen. Wir sollten meines Erachtens über die Engstirnigkeit der Geheimniskrämerei in den Werkstuben endgültig hinaus sein, soweit es sich lediglich um Allgemeingut handelt und nicht um besondere geschützte Verfahren, die natürlich bestimmten Betrieben aus rechtlichen Gründen zur Auswertung überlassen bleiben sollen und für die die Allgemeinheit auch herzlich wenig interessiert ist, weil sie sie doch nicht übernehmen kann.

Mögen recht viele Leser aus dem reichhaltigen Stoffe dieses Handbuches wertvolle Anregungen und Belehrungen schöpfen, dann soll das für mich als Herausgeber der schönste Lohn sein dafür, daß viele, viele auf das Zusammentragen des Stoffes verwendete Stunden (in Tage umgerechnet ergeben sie Monate), die der so notwendigen Auffrischung der Kräfte nach des Dienstes ewig gleichbleibender Uhr dienen sollten, in den Dienst derer gestellt wurden, die aus den Erscheinungen der Fachliteratur Mut und Kraft zu neuem Schaffen im Dienste der Volkswirtschaft zu sammeln bestrebt sind.

Walter Hess.

DIE KARTONNAGEN-FABRIKATION

Trotzdem die Kartonnagenindustrie verhältnismäßig jung ist, hat sie sich in den letzten Jahrzehnten zu einem bedeutenden Geschäftszweig entwickelt, dem der Krieg mit seinem starken Bedarf an Verpackungsmitteln und dem Mangel an mancherlei Rohstoffen noch einen weiteren Aufschwung gegeben hat. Es sei nur an die Unzahl von Kasten und Kästchen für Feldpostsendungen erinnert. Besonders befruchtend hat der Krieg mit seinen Nebenerscheinungen gewirkt auf den Erfindungsgeist, und es ist der Kartonnagenindustrie, unterstützt von den Spezialmaschinenfabriken, gelungen, nicht nur für die Dauer des Rohmaterialienmangels, sondern für dauernd recht guten Ersatz für manche Packung zu finden, für die sonst nur Blech und Holz Verwendung finden konnten.

Die Kartonnagenfabrikation als Industriezweig entwickelte sich fast gleichzeitig in Deutschland und in Amerika. Ursprünglich war auch dieser fabrikmäßige Betrieb ein recht primitiver und wenn man auch zum Teil schon Maschinen verwendete, so beschränkte man sich doch immer noch darauf, diese Maschinen von Hand zu treiben, während man erst später zum Kraftbetrieb überging. Es kann wohl mit gutem Recht behauptet werden, daß gerade die deutschen Kartonnagen- und Maschinenfabrikanten es gewesen sind, die durch ihr zielbewußtes Arbeiten viel zu dem Aufschwung beigetragen haben.

Es sollen in Nachstehendem die Leistungen und Fortschritte in der Kartonnagenfabrikation und der für diese Industrie Maschinen bauenden Industrie gewürdigt und besprochen werden.

Zunächst dürfte es für manchen Fabrikanten von Wichtigkeit sein, einmal näheres über die Art und Verwendbarkeit und die etwaige Prüfung des hauptsächlichsten Rohstoffes, der Pappe, zu erfahren. Gemeinhin ist unter Pappe eine aus rohem Fasermaterial von geringerer Reinheit bestehende, in Form dicker Blätter gebrachte Papiermasse zu verstehen. Diese Pappen werden bis zu 5 mm und stärker angefertigt. Den Hauptverwendungsweck finden diese Pappen zu Umhüllungen, so daß sie gewissermaßen Hüllpapiere von besonderer Dicke darstellen, die da zur Verwendung kommen, wo die Umhüllung eine besondere und vor allen Dingen eine feste Form haben soll. Sie kann also demnach vornehmlich Verwendung finden zu Büchereinbänden, zu Kasten, Schachteln, Röhren und dergleichen. Die Vielseitigkeit der herzustellenden Erzeugnisse zwang die Kartonnagenindustrie, die einfachsten Hilfsmittel des Buchbinders zu verlassen und zu teilweise komplizierten Maschinen überzugehen, die dem Karton usw. durch Pressung, Heftung, Verbindung durch Klammern, durch Ziehen, Stanzen und Kleben die verlangte Form geben.

Diese verschiedene Behandlung und Verarbeitungsweise stellt natürlich an die Beschaffenheit der Pappe auch verschiedene Anforderungen. In den meisten Fällen sind die zu nachstehend aufgeführten Zwecken verwendeten Pappen gar nicht oder nur schwach geleimt, meist begnügt man sich, wie bei einfacher Graupappe aus Altpapier, mit der Leimung, welche die Pappe durch den in dem Altpapier enthaltenen Leim bekommt. Je nach der Stoffzusammensetzung ist die Pappe in ihrer Eignung für die einzelnen Zwecke der Kartonnagenindustrie verschieden.

Pappen, die aus allerhand Papier und Lumpenabfällen oder aus Abfall- und Ausschußzellstoff bestehen, haben meist eine graue Farbe und werden nach ihrem Hauptverwendungszweck als Buchbinder(Grau)pappe bezeichnet. Die Strohpappe besteht aus einem einheitlichen Material, dem Strohstoff, und hat von Natur aus eine schmutziggelbe Farbe, vielfach wird sie jedoch im Stoff gefärbt, wobei sich infolge der trüben Grundfarbe allerdings helle, klare Töne nicht oder nur mit sehr großen Unkosten herstellen lassen. Infolge des kurzen, wenig festen Rohstoffes ist sie brüchig und zur eigentlichen Kartonnagenfabrikation wenig geeignet. Sie wird meist als Unterlagspappe, zu Schutzdeckeln und für Kartons verwendet, bei denen es weniger auf Haltbarkeit als auf Billigkeit ankommt. Oft wird sie zu diesem Zwecke kaschiert, d. h. mit Papier überzogen oder mit anderer Pappe zusammengeklebt, auch in der Wellpappenfabrikation findet sie viel Anwendung.

Den geeignetsten und infolgedessen am besten geeigneten Rohstoff bildet jedoch die Braun- oder Lederpappe, die ihre Bezeichnung von der braunen, lederartigen Farbe erhalten hat. Dieselbe wird durch Schleifen gedämpften Fichten- oder auch Kiefernholzes hergestellt und besitzt bei guter Auswahl des Holzes und geeigneter Behandlung eine größere Zähigkeit. Hierbei ist jedoch gewissenhaft zwischen echter und imitierter Lederpappe zu unterscheiden; während erstere ausschließlich aus frisch geschnittenem Holz besteht, dem nur der an Maschinen und in der Trocknung entstandene Ausschuß wieder zugefügt wird, wird letztere namentlich aus alten Lederpappenabfällen und braunem Altpapier, die im

Kollergang oder in einer Zerfaserungsmaschine aufgelöst und im Holländer gemischt, mitunter auch gemahlen werden, hergestellt. Oft setzt man der imitierten Lederpappe noch allerhand andere Rohstoffe zu und färbt sie dann im Holländer auf, um Farbschwankungen, die bei dem verwendeten Rohmaterial unvermeidlich sind, einigermaßen auszugleichen. Mit der echten Lederpappe ist sie natürlich an Güte nicht zu vergleichen, diese zeichnet sich durch große Zähigkeit, guten Klang und große Griffigkeit aus und eignet sich infolgedessen auch ganz besonders zu Präge- und Ziehzwecken. Häufig färbt man diese Pappen auch im Stoff in den verschiedensten Farben oder masert sie auf Druckmaschinen mit Gummiwalzen.

Eine weitere Pappenart ist die Holzpappe, die von gelblich-weißer Farbe ist und durch Schleifen, namentlich von Fichtenholz, hergestellt wird; sie findet besonders auch in geringeren Stärken zu Faltschachteln für Massenpackungen Verwendung und wird zu diesem Zweck häufig noch kaschiert und geprägt, wozu sie sich sehr gut eignet. Ganz besonders gut verwendbar ist diese weiße Holzpappe zu allerhand Packungen, bei denen es namentlich auf Sauberkeit ankommt, die also mit Speisen und Lebensmitteln in Berührung kommen. Aus der Herstellungsweise dieser Pappe ergibt sich schon deren große Reinheit, da keinerlei Altmaterial dazu verwendet werden kann. Für viele Zwecke, z. B. Bierglasuntersätzen und dergleichen, ist die große Saugfähigkeit dieser ungeleimten Pappe von Vorteil, die der des Filzes nahekommt. Da sie sich leicht prägen und bedrucken läßt, ist ihre Verarbeitung leicht und lohnend. Ihre Festigkeit steht der braunen oder Lederpappe bedeutend nach.

Die bisher aufgeführten Pappensorten sind alle als Weichpappen zu bezeichnen; ihnen stehen die Hartpappen gegenüber, die in den letzten Jahren dauernd an Bedeutung gewinnen, und deren Herstellung, soweit es sich um besondere Erzeugnisse handelt, von den betreffenden Erzeugern geheim gehalten wird. Die Hartpappen gewinnen neben ihrer Verwendung in der Kartonnagenindustrie steigende Beachtung für technische Zwecke und in der Schuhindustrie. Zu diesen sind namentlich folgende Pappensorten zu rechnen: die Stanzpappen, die man beim Ausstanzen als Unterlage verwendet, um die kostspieligen Stanzmesser zu schonen. Die hauptsächlichsten Anforderungen, die man an sie zu stellen hat, sind, daß sie sandfrei und hart sind, damit die Ränder der auszustanzenden Gegenstände nicht durch die nachgebende Unterlage unschön werden.

Die Prägepappe dient als Unterlage bei Prägungen in der Luxuspapier- und Kartonnagenindustrie.

Der Preßspan oder die Glanzpappe zeichnet sich durch die außerordentlich hohe Glätte aus, die einer Politur gleichkommt und die durch Glätten mit Achatsteinen in besonderen Maschinen erzeugt wird. Die Preßspäne kommen meistens gelb oder braun gefärbt in den Handel, erhalten aber auch alle andere Farben bis zum tiefsten Schwarz. Ihren Namen haben sie von ihrer ursprünglichen Verwendung in der Tuchindustrie, wo sie zum Glattpressen der Gewebe verwendet werden. Diesem Verwendungszwecke entsprechend müssen sie stets widerstandsfähig sein, da sie bei erhöhter Temperatur zwischen den Lagen des Tuches hohem Druck ausgesetzt sind. Aus diesem Grunde werden sie besonders aus Lumpen hergestellt, manchmal unter Zusatz gut aussortierter, geeigneter Papierspäne.

Jacquardpappe ist ein Sondererzeugnis, das zur Herstellung gelochter Pappschablonen dient, die in der Weberei zum Einweben von Mustern Verwendung findet. Da sie sich nicht schnell abnutzen darf, muß sie ebenfalls sehr widerstandsfähig sein. Zur Kartonnagenfabrikation kommt sie nicht in Frage.

Die Schuhpappen werden zu Zwischen- und Einlegesohlen und zu Schuhkappen verwendet; für letzteren Zweck müssen sie sich in die gewünschte Form pressen lassen, ohne zu reißen; es ist also auch bei ihnen eine große Widerstandsfähigkeit nötig.

Eine wachsende Verwendung findet die sogenannte Kofferpappe, die an Stelle des sehr teuren Leders und der ebenfalls nur zu hohen Preisen erhältlichen Vulkanfiber immer verbraucht wird. Vulkanfiber ist gewissermaßen Pergamentpappe, die dadurch gewonnen wird, daß man aus reinem Baumwollpapier bzw. Baumwollzellstoff hergestellte Pappe mit einer Zinkchloridlösung behandelt; für mindere Sorten wird auch Zellulosepappe verwendet. Durch das Behandeln des Rohstoffes mit Zinkchlorid verliert die Pappe ihre Struktur und bildet eine hornähnliche Masse, die sich vorzüglich bearbeiten läßt. Ihrem Zwecke entsprechend müssen die Kofferpappen natürlich sehr widerstandsfähig sein.

Auch Kartuschenpappen haben namentlich während des Krieges viel Verwendung gefunden. Die Farbe spielte dabei keine große Rolle, obgleich sie sich in allen wünschenswerten Tönen herstellen lassen; meistens sind sie jedoch braun.

Vielfach werden die Pappen noch wasserfest oder wasserdicht gemacht, wozu eine ganze Reihe von Verfahren in Anwendung sind, deren Besprechung für den vorliegenden einführenden Aufsatz zu weit gehen würde.

Besonders zur Faltschachtelfabrikation kommt der Karton oder die Feinpappe in Anwendung. Eine genaue Grenze zwischen Karton und Pappe läßt sich schwer ziehen, denn man kann sagen, daß stärkere Papiere mit einem Quadratmetergewicht bis zu 200 g und einer Dicke von 1/5 bis 1/3 mm noch auf der Grenze zwischen Papier und Karton stehen, was darüber hinaus ist, hat als Karton oder Pappe zu gelten.

Die Kartons werden auf der Papiermaschine mit Langsieb, als einlagige mit mehreren Rundsieben oder als mehrlagige zusammengegautschte Blätter hergestellt oder auch auf besonderen Klebemaschinen durch Kleister aus verschiedenen Lagen Papier zusammengeklebt. Während die auf der Langsiebmaschine gearbeiteten, also einlagigen Kartons ein einheitliches, aus demselben Stoff zusammengesetztes Blatt darstellen, werden die auf den Mehrzylinderrundsieben hergestellten oder auf Klebemaschinen geklebten Kartons vorteilhaft aus verschiedenen Stoffqualitäten gearbeitet, indem man als oberste und unterste Lage, die sogenannten Decken, einen besseren Stoff bzw. ein besseres Papier wählt als für die Einlagen, für die billigere Qualitäten verwertbar sind. Auf diese Weise erzielt man eine nicht unbedeutende Verbilligung des Kartons. Zum Ueberziehen von Kartons, namentlich in der Luxuskartonnagenindustrie, werden allerhand Papiere verwendet, so z. B. die Buntpapiere, gestrichene und geprägte Ueberzugspapiere und dergleichen.

Was nun die Prüfung der Pappen anbelangt, so sind dafür bestimmte Normalien und Grundsätze nicht geschaffen. Die bei Papieren sonst üblichen Prüfungsmethoden, die auch auf Karton Anwendung finden, werden dabei im allgemeinen nicht gebraucht. Die wichtigste Feststellung in der Kartonnagenindustrie wäre die Bestimmung der Biege- oder Falzfestigkeit. Es werden zwar von den einschlägigen Fabriken Apparate zur Prüfung der Pappen*) gebaut, aber besonders von den Verbrauchern, also in diesem Falle von den Kartonnagenfabrikanten, noch viel zu wenig angewendet. Die Apparate zur Prüfung der Reißlänge sind die verbreitetsten, sie

*) Eine ausführliche Darstellung der Pappenprüfung finden die geschätzten Leser in meinem Buche: „Die Praxis der Pappen-Verarbeitung" Band 1, geh. M. 5.—, gebdn. M. 6,50.

sind nach Art der Apparate, die zur Prüfung der Dehnung und Reißlänge des Papiers bestimmt sind, konstruiert. Ein geeigneter Apparat zur Prüfung des Falzwiderstandes fehlt aber noch. Professor Kirchner schlägt in seinem Werke über die Pappenfabrikation vor, eine Papp- oder Kartontafel zwischen zwei Linealen fest einzuspannen und eine scharfe Anbiegung der Tafel an die obere oder untere Linealkante zu machen und den Winkel zur Ebene der Einspannlinie und der weiter abgebogenen Tafel zu messen, bei dem diese in der Klemmkante bricht. Wenig biegungsfähige Pappen werden schon bei 50 bis 60 Grad, bessere bei 90 Grad, und sehr gute bei einem noch größeren Winkel brechen. Es ist aber fraglich, ob dieses Verfahren immer einen Anhaltspunkt zur richtigen Beurteilung der Güte und Zähigkeit der Pappe gibt, für Grau-, Leder- und Holzpappen wohl auch für Preßspäne mag das ja zutreffen; gewisse Hartpappen, und nicht gerade die schlechtesten, brechen aber beim Umbiegen um eine scharfe Kante schon bei einem verhältnismäßig kleinen Winkel, ohne daß deshalb die Pappe minderwertig oder für ihren Zweck ungeeignet ist. Auch die Dicke der Pappen dürfte bei diesem Prüfungsverfahren eine große Rolle spielen, da dünne Pappen sich bekanntlich eher um eine scharfe Kante biegen lassen ohne zu brechen, als dickere.

In den meisten Fällen beschränkt man sich auf das Wiegen und Dickenmessen der Pappen. Das Wiegen erfolgt mittels der sogenannten Quadratwagen, deren Skalen zum Feststellen des Quadratmetergewichtes oder der Pappennummer eingerichtet sind. Die Nummereinteilung wird, wie handelsüblich, für 50 kg angegeben, läßt sich natürlich auch für 12,5, 25 oder 100 kg einrichten. Die Wage zeigt dann genau an, welches Gewicht die Pappe auf den Quadratmeter hat oder wieviel Stück, z. B. auf 50 kg, gehen. Das Dickenmessen kann durch Hand- oder bei großen Mengen durch automatische Dickenmesser erfolgen.

Wie schon kurz erwähnt, werden die Pappen handelsüblich ausschließlich nach der Stückzahl auf 50 kg gehandelt. Es bleiben hierbei Stückzahl als auch Gewicht der einzelnen Tafeln konstant, gleichviel, ob es sich um ein großes oder kleines Format handelt, wohingegen die Dicke schwankt. Man strebt nun in jüngster Zeit zur Vereinfachung an, ein Einheitsgewicht einzuführen, das besonders für den Kartonnagenfabrikanten vorteilhafter und angenehmer ist. Bei diesem Verfahren soll das Format 75×100 als Richtschnur dienen, wenn auch ein anderes Format, z. B. 65×95, gemeint ist. Es wäre also in diesem Falle eine 50er Pappe im Gewicht 75×100, aber Format 65×95 zu liefern. Die gangbarsten Pappenformate, die auf der Rundsiebmaschine, also sogenannte Wickelpappe, hergestellt werden, sind: 80×120, 85×110, 75×100, 70×100, 65×95, 65×80, 60×85, 65×100, 65×90, 60×75, 60×80, 50×50, 40×40 cm. Dünnere Pappen, die auf der Langsiebmaschine hergestellt werden, und Strohpappen können natürlich in jedem anderen Format hergestellt werden, wenn ein Maß desselben die Breite der Maschine nicht überschreitet. Ebenso läßt sich Karton, besonders Faltschachtelkarton, der auf Langsieb- und Mehrzylinderrundsiebmaschinen gearbeitet wird, in beliebigen Formaten liefern.

*

ÜBER DIE FABRIKATION DER WICHTIGSTEN IN DER KARTONNAGEN-INDUSTRIE VERWENDETEN PAPPEN

Wie es für alle Fabriken, die sich ihre Rohstoffe und Halbstoffe nicht selbst herstellen, von größter Bedeutung ist, daß sie über die Fabrikation der von ihnen verwendeten Materialien genügend unterrichtet sind, um die Eignung derselben für ihre Zwecke oder Mängel richtig beurteilen zu können, so ist es auch für den Kartonnagenfabrikanten von Wichtigkeit, über die Herstellung der gebräuchlichsten Pappen genau Bescheid zu wissen. Je mehr er über die dazu verwendeten Rohstoffe und deren Verarbeitung zu Pappe unterrichtet ist, desto besser wird er beurteilen können, welche Anforderungen er an das Material stellen kann und inwieweit Bemängelungen gerechtfertigt sind. Je umfassender seine Kenntnisse darin sind, desto unabhängiger wird er von den Lieferanten, desto angenehmer und reibungsloser wird aber andererseits seine Geschäftsverbindung mit ihnen werden, da er niemals unbillige Forderungen bezüglich des Materiales stellen wird, weil er genau weiß, was er ihnen zumuten kann.

Die Kartonnagenfabrikation hat in den letzten Jahren so bedeutend an Umfang gewonnen, daß sie einen großen Faktor in der Volkswirtschaft darstellt. Sie hat sich aus dem handwerksmäßigen und gewerbsmäßigen zum Industriebetrieb entwickelt und wird täglich vor neue Aufgaben gestellt, denen sie gerecht werden soll, aber nur gerecht werden kann, wenn sie eine möglichst genaue Kenntnis ihrer Rohmaterialien besitzt.

Ich bin daher der Aufforderung des Verlages gern nachgekommen, über die wichtigsten Fragen zu schreiben und glaube mit den folgenden Ausführungen den Interessen der Kartonnagenfabrikanten bestens zu dienen.

Allgemeines über Pappen, deren Hilfsstoffe und Beurteilung.

Klemm sagt in seinem Werk „Handbuch der Papierfabrikation“: „Unter Pappe schlechthin versteht man die meist aus rohen Fasern von geringer Reinheit bestehende und in Form dicker Blätter gebrachte Papiermasse.“ Das trifft aber nur auf Graupappe zu, schließlich noch auf gelbe Strohpappe, während bei den anderen Pappensorten als Lederpappen, Holzpappen, Preßspänen und den verschiedenen Hart- und Sonderpappen recht große Ansprüche an Reinheit und Festigkeit gestellt werden. Aber auch bei Grau- und Strohpappen werden mitunter gleich hohe Anforderungen gestellt. Es soll ja zugegeben werden, daß seit dem Erscheinen des Werkes (1904) sich hierin viel geändert hat und besonders durch den Einfluß des Krieges die Pappen zu Zwecken Verwendung finden, für die man sie früher als ungeeignet hielt. Diese Einflüsse und die Entwicklung der Kartonnagenindustrie auf ihre heutige Höhe begünstigten auch die Entwicklung der Pappenindustrie, die sich bereits zum großen Teil spezialisiert und so vervollkommnet hat, daß sie in der Lage ist, auch für die höchsten Anforderungen geeignete Pappen zu liefern.

Die Grenze zwischen Karton und Pappe ist schwer zu ziehen. Im allgemeinen versteht man in Deutschland unter Karton ein dickes, starkes Papier oder eine dünne Pappe, die man nicht mehr scharf falzen kann, ohne daß sie bricht, wenn man nicht besonders zähe Stoffe verwendet, wie sie zu gewissen, auch in der Kartonnagenindustrie verwendeten Pappen benutzt werden. Es ist das besonders der Fall bei Schnellhefter- und Karteikartenkarton und auch mitunter bei Faltschachtelpappen, die ein wiederholtes Falzen ohne zu brechen oder zu spalten aushalten müssen.

Kirchner schlägt vor, Blätter von 200 bis 350 g/qm-Gewicht Karton zu nennen, die schwereren aber Pappe. Dr. G. Schumann zieht die Grenze für Karton weiter, indem er Blätter von 181 bis 500 g/qm-Gewicht Karton nennt, und die über 500 g/qm schweren Pappe.

Man sieht also, daß die Meinungen über die Bezeichnung weit auseinander gehen und auch in der Praxis läßt sich eine scharfe Grenze nicht feststellen. Unter Berücksichtigung des Verwendungszweckes und der Stoffzusammensetzung bzw. der Güte würde sich wohl eher Klarheit schaffen lassen, indem man bessere Stoffmischungen von nicht zu großem Quadratmetergewicht als Karton bezeichnet.

Während nun früher die Pappenfabrikation mehr als Nebenbetrieb der Papierfabriken betrieben wurde, hat sich in den letzten 50 Jahren eine bedeutende Pappenindustrie herausgebildet. Es wurde das begünstigt durch gewisse Erfindungen in der Halbstofferzeugung (Holzschleiferei, Braunholzdämpfen) und durch die Notwendigkeit, die großen Mengen der Papier- und Pappenabfälle zu sammeln, der Volkswirtschaft zu erhalten und sie nutzbar zu machen. Diese Verschiebungen in den Verhältnissen haben auch eine Umstellung in der Verwendung der Rohstoffe mit sich gebracht, wie auch die einzelnen Pappenfabriken immer mehr dazu übergehen, sich zu spezialisieren.

Im großen und ganzen kommen ja in der Pappenfabrikation die gleichen Rohstoffe zur Verwendung wie in der ihr nahe verwandten Papierindustrie. Es bestehen aber in ihrer Auswahl und Behandlung immerhin gewisse Unterschiede.

Im allgemeinen liegt es in der Art der Pappen, daß zur wirtschaftlichen Fabrikation nur solche Stoffe verwendet werden, welche wohlfeil sind, abgesehen von gewissen Spezialpappen, zu denen man auch hochwertige Stoffe, wenn auch nicht die besten, verarbeiten muß.

Einer der am meisten angewendeten Rohstoffe ist das Holz, das in den verschiedensten Verarbeitungsarten benutzt wird, sei es als einfacher Holzschliff zu Weiß- oder Holzpappen, als Braunschliff für Lederpappen oder als Zellulose in den verschiedensten Qualitäten, wobei allerdings prima und gebleichte Zellulose kaum in Frage kommen, sondern hauptsächlich Textilzellulose und gekollerte Aeste, welche manche Lederpappenfabriken zur Erhöhung der Zähigkeit ihren Pappen zusetzen.

Seit der Erfindung des Holzschliffes und des Holzzellstoffes (Zellulose) hat das Holz als Rohmaterial für die Pappenfabrikation dauernd an Bedeutung gewonnen. Es sind jährlich ganz gewaltige Mengen an Nadel-, weniger an Laubholz, die zu diesem Zwecke eingeschlagen werden, so daß nur eine gesunde Forstwirtschaft imstande ist, Schritt zu halten und für genügenden geeigneten Ersatz zu sorgen. In vielen Gegenden ist ja auch die Gefahr des Holzmangels durchaus nicht von der Hand zu weisen, so daß Einfuhr und Zufuhr aus holzreichen Gegenden ins Auge gefaßt werden müssen, was natürlich den Gestehungspreis nicht unwesentlich erhöht. Aber auch holzreiche Gegenden sind nicht immer in der Lage, den Bedarf an Papierholz zu decken, da durchaus nicht jedes Holz für diesen Zweck geeignet ist. Die höchsten Ansprüche sind an das Holz zu stellen, aus welchem bessere Zellstoffe und Holzschliffe hergestellt werden sollen, denn neben größter Ausbeute und Astreinheit soll dieses Holz besondere Eigenschaften in bezug auf Fasern, Harzgehalt usw. haben. Aber auch für die Halbstoffe der Pappefabrikation ist durchaus nicht jedes Holz geeignet oder wirtschaftlich. Es wäre z. B. nicht vorteilhaft, schwache Hölzer zu verarbeiten, da bei diesen der Schälverlust wesentlich größer ist als bei starken Rollen. Außerdem sind auch die schwächeren Hölzer in bezug auf Güte unvorteilhafter, da sie schwammigen, kurzen und unreinen Stoff ergeben. Am hochwertigsten ist das Holz aus schlank gewachsenen, gesunden Stämmen, auch reines Abfallholz, wie z. B. Schwarten, frisch von der Säge weggeschliffen, ist hierher zu rechnen. Die Zopfteile und Aeste alter Stämme, schwache Prügel, ast- und harzreiches Holz sind als minderwertig zu bezeichnen.

Da die Beschaffenheit des Holzes auf die Reinheit des Stoffes von größtem Einfluß ist, so sind naturgemäß vom Wurmfraß befallene Hölzer nicht als vollwertig zu bezeichnen. Für braunen Stoff (Lederpappen), bei denen es auf unbedingte Reinheit mitunter nicht ankommt, ist deren Verarbeitung eher möglich, es ist aber dabei zu bedenken, daß die Ausbeute wesentlich geringer wird, so daß oft die Verarbeitung nicht mehr lohnen würde. Bestände, die unter Schnee- oder Windbruch, Nonnenfraß oder ähnlichen Einflüssen gelitten haben, brauchen dadurch nicht minderwertig geworden zu sein, ihre Verarbeitung zu gutem Stoff ist auch mit Vorteil möglich, wenn das Holz sonst gesund ist und die Verarbeitung sofort und nicht erst nach langem Lagern erfolgt.

Auf die Güte des Papierholzes und die Eignung desselben als solches hat selbstverständlich die Schlagzeit den größten Einfluß. Als beste Zeit hierfür hat sich die Zeit der Vegetationsruhe, also der Winter erwiesen, da dann die Säfte des Holzes in haltbarerer Form abgelagert sind, als zu andern Jahreszeiten. Beim längeren Lagern des während der Vegetationsperiode geschlagenen Holzes zersetzen sich die Säfte leicht und geben Anlaß zu nachteiligen Veränderungen des Holzes, z. B. Blauwerden, Faulen, Stocken usw. Daraus ergibt sich auch wieder, daß Holz, welches in Gegenden mit langem schweren Winter, also langsam gewachsen ist, besonders gute Eigenschaften als Papierholz aufweisen muß.

Ob frisch geschlagenes oder länger gelagertes Holz günstiger zur Verarbeitung ist, dürfte noch als Streitfrage anzusehen sein, da mit beiden Sorten gute Erfahrungen gemacht werden. Auf jeden Fall aber ist zu beachten, daß Holz, welches vor der Verarbeitung länger gelagert werden soll, sei es nun, daß man die Verarbeitung abgelagerten Holzes vorzieht, oder daß man größere Vorräte halten will, auch so gelagert werden muß, daß es in seiner Güte nicht nachteilig beeinflußt wird. Im allgemeinen kann man sagen, daß sich im Winter geschlagenes Holz zwei Jahre lang am besten in der Rinde hält. Bei längerem Lagern macht sich ein Vorschalen nötig, was bei in der Vegetationsperiode geschlagenem Holz stets sofort erfolgen muß.

Von den verschiedenen Holzarten kommen nun sowohl Nadel- als auch Laubhölzer in Frage und zwar erstere weit mehr als letztere. Es handelt sich dabei in erster Linie um folgende Holzarten:

Nadelhölzer: Die Kiefer (pinus sylvestris), die Fichte (abies excelsa), die Tanne (abies pektinata). Laubholz: Die Aspe (populus tremula).

Andere Laubhölzer wie Birke, Linde, Buche, Weide usw. haben als Papierholz nur ganz untergeordnete Bedeutung.

Für die Herstellung von weißen oder Holzpappen eignet sich am besten Fichtenholz, während für Lederpappen auch die Kiefer sehr gut geeignet ist. Das Kiefernholz hat eine weniger helle Farbe als Fichtenholz. Tannenholz ist dunkelgelb, oft auch rötlich bis bläulichgrau, und ergibt einen unansehnlichen Stoff. Beim Schleifen des Holzes zu weißem Stoff werden die Lignine und andere Substanzen nur teilweise gelöst und verleihen dem Stoff die Farbe des Holzes, aus dem es hergestellt wurde; beim Dampfen oder Kochen des Holzes für Braunschliff werden diese Stoffe jedoch in erhöhtem Maße gelöst.

Beim Schleifen des Holzes ist wesentlich, daß die Fasern vornehmlich in der Längsrichtung der Stämme lagern, weshalb man auch nach allen anderen Versuchen wie Längs-, Diagonal- und Kopfschliff, wieder ausschließlich zum Querschliff übergegangen ist, der sich schließlich auch als das wirtschaftlichste Verfahren erwiesen hat. Der Vorgang des Holzschleifens ist in erster Linie ein mechanischer, indem der scharfe Stein die Holzsplitter herausreißt, zerfasert und auflöst. Durch Steigerung der Wassertemperatur beim Warm- und Heißschliff wird die Wirkung des Steines dadurch erhöht, daß der Holzkörper und die Fasern auf diese Weise leichter ohne Splitterbildung herausgerissen werden. Der sich unter der Einwirkung der hohen Temperatur des Wassers bildende Zellschleim verleiht dann dem Stoff die Eigenschaften, die man als schmierig bezeichnet.

Der braune Stoff unterscheidet sich vom weißen nicht nur durch seine mehr oder minder braune Farbe, sondern auch durch die günstigeren Eigenschaften der Fasern, die länger und geschmeidiger sind. Der braune Stoff verlangt wohl keine so sorgfältige Auswahl des Holzes wie der Weißschliff, da die infolge seiner Verwendung an ihn bezüglich Reinheit gestellten Ansprüche nicht so hoch sind. Es ist deshalb angängig, zu Braunschliff nicht ganz fehlerfreies und ästiges Holz zu verwenden. Es gilt aber auch hier die alte Erfahrung, daß man mit hochwertigem Holz ein wesentlich besseres Ergebnis erzielt. Man kann hier ohne Schaden Kiefernholz verwenden, dessen hoher Harzgehalt durch das Dämpfen oder Kochen gelöst und somit unschädlich wird; auch astreiches Fichtenholz wird oft verarbeitet, und zwar entweder allein oder in Mischung mit Kiefernholz. Die Erfahrung hat jedoch gezeigt, daß auch bei dieser Vermischung Vorsicht geboten ist, wenn man ein gutes Erzeugnis herstellen will.

Man muß sich z. B. mit der Kochung und Dämpfung sehr nach den Eigenschaften des Holzes richten, wenn man einen gleichmäßigen Ausfall des Stoffes haben will. Es ist von Bedeutung, ob das Holz frisch geschlagen ist, oder ob es schon länger lagert und daher ausgetrocknet ist. Im ersten Falle werden sich die inkrustierenden Stoffe leichter lösen als im letzteren, auch der Harzgehalt spielt hierbei eine nicht zu verkennende Rolle. Es ist deshalb nicht ratsam, verschiedene Holzarten im Kocher gleichzeitig zu behandeln. Die Vorbehandlung wird nun in den einzelnen Betrieben sehr verschieden gehandhabt und zwar vom bloßen Dämpfen bis zum vollständigen Kochen, auch die Zeitdauer der Behandlung schwankt ganz beträchtlich. Durch diese Behandlung verliert das Holz 15—20 vom Hundert seines Gewichtes, da einige im Holz vorhandene Substanzen zum Teil gelöst werden und mit dem Wasser abgehen. Zu langes Kochen oder Dämpfen hat einen nachteiligen Einfluß, so daß die Behandlung jeweils genau ausprobiert werden muß.

Als weiterer hauptsächlichster Rohstoff für die Pappenfabrikation kommt das Altpapier in Frage. Dieses wird in großen Mengen entweder als einziger Rohstoff verwendet oder mit anderen Stoffen in gewissen Verhältnissen gemischt. Während früher dieser Rohstoff im allgemeinen für die Papierfabrikation eine geringere Bedeutung hatte, ist diese durch den in den letzten Jahrzehnten immer schärfer werdenden Mangel an geeigneten Rohstoffen und besonders im Kriege außerordentlich gewachsen, wozu auch die geeignete Vorsortierung in besonderen Sortieranstalten viel beigetragen hat. Durch diese Vorsortierung gewinnt das Altpapier wesentlich an Wert, zumal man in der Lage ist, nur diejenigen Sorten zu beziehen, die für einen bestimmten Zweck am geeignetsten sind. Früher mußten sich die Fabriken das Papier zum großen Teil selbst sortieren. Man hat das wohl in Papierfabriken getan, in denen Altpapier zu bestimmten hellen oder weißen Sorten verarbeitet wurde, während in Packpapier-

und Graupappenfabriken eine Sortierung meist nicht vorgenommen, sondern das Altpapier so verarbeitet wurde, wie es herein kam. Die Folge davon war, daß zum großen Teil wertvolle Stoffe, die man für andere Zwecke nutzbringender verarbeiten konnte, auf Graupappen verarbeitet wurden.

Die Altpapiersortieranstalten sortieren heute das Papier nach so verschiedenen Gesichtspunkten, daß für jeden besonderen Zweck der geeignetste und billigste Rohstoff ausgesucht werden kann. Diese Einteilung in der Sortierung geht soweit, daß eigentlich für jeden Zweck geeignete Abfälle maschinenfertig geliefert werden, so daß man auf dem billigsten Wege zu dem Rohstoff gelangen kann, den man braucht. Wo aber sortierte Abfälle nicht zur Verfügung stehen, sollte man unbedingt eine Sortierung vornehmen, um zum mindesten die wertvolleren Stoffe auszusuchen und mit Nutzen zu verkaufen. Auch ein Ausscheiden der intensiv farbigen Abfälle nach einzelnen Grundfarben wird sich lohnen, wenn farbige Pappen gearbeitet werden sollen, da man dann für diese an Farbe spart und für graue Pappen den Vorteil hat, daß sie in der Farbe gleichmäßiger und heller ausfallen, wodurch sie an Wert gewinnen.

Das Stroh nimmt ebenfalls unter den Rohstoffen zur Pappenfabrikation einen weiten Raum ein und hier ist es ausschließlich die Verarbeitung zu gelbem Strohstoff, die für die Pappenerzeugung große Bedeutung erlangt hat. Er wird unvermischt zu Strohpappen und auch mit anderen Stoffen vermischt zu anderen Pappen verarbeitet. Der weiße Strohstoff oder die Strohzellulose interessieren hier weniger, da sie nur zu besseren Papieren verwendet werden und für Pappen zu teuer sind. Die Ausbeute der verschiedenen Stroharten an weißem Stoff überschreitet 44 vom Hundert nicht, während bei gelbem Strohstoff, wie er zu Pappen verarbeitet wird, eine Ausbeute von 70 bis 75 vom Hundert zu erreichen ist. Dieser Unterschied ist daraus zu erklären, daß man bei der Herstellung des gelben Stoffes die inkrustierten Stoffe nur teilweise entfernt, so daß die feineren Gefäßzellen und auch ganze Faserbündel in größerer Menge erhalten bleiben als beim weißen Strohstoff. Dieser nur teilweise gelöste Stoff ist nicht bleichfähig, und besitzt eine gelbe bis schmutziggelbe Farbe, er läßt sich auch nur unvollkommen und zu trüben Tönen färben.

Selbstverständlich finden zur Herstellung von Pappen, insbesondere zu Spezialpappen, auch die Lumpen oder Hadern Verwendung. In Anbetracht des hohen Wertes, den diese heute besitzen, kommen sie bei diesen Spezialsorten nur im beschränkten Maße zum Gebrauch, wie z. B. zu Preßspänen und ähnlichen Spezialpappen, bei denen besondere Festigkeit oder andere Eigenschaften verlangt werden, die man mit anderen Rohstoffen allein nicht erzielen kann. Es ist deshalb ohne Interesse, auf die Hadernhalbstoffe im allgemeinen einzugehen; es sollen nur diejenigen erwähnt werden, die für die Pappenerzeugung von besonderem Wert sind.

Es kommen also in Frage:

1. Konzepthadern: Grobe, ungebleichte Flachs- und Hanfgewebe, frei von Schäben.
2. Packhadern: Grobe, rohe, ungebleichte Gewebe und Gespinste, Spinnereiabfälle, Taue, Stricke, Netze, Packleinewand, zum Teil noch mit Schäben.
3. Heller Kattun: Gefärbte und bedruckte Baumwollhadern.
4. Grobe Gewebe aus Jute und Manila.
5. Stricke, geteerte Gewebe und Säcke.

Die Eigenart dieser Stoffe bringt es mit sich, daß man sie heute nicht selbst sortiert, sondern vorteilhaft von den Sortieranstalten beziehen kann. Da die zur Verarbeitung kommenden Mengen verhältnismäßig klein sind, lohnt sich die Selbstsortierung nicht. Nach entsprechender Vorbereitung durch Dreschen und Stäuben werden die Hadern geschnitten und nach Bedarf gekocht. Nachdem sie im Halbzeugholländer zu Halbstoff verarbeitet sind, werden sie in entsprechenden Mengen dem Halbzeugholländer zugeteilt und mit anderen Stoffen gemischt.

Neben diesen hauptsächlichsten Rohstoffen könnten für die Pappenfabrikation noch eine ganze Reihe anderer Faserstoffe in Frage kommen, die sich mehr oder minder gut eignen und in größeren oder kleineren Mengen zur Verfügung stehen, allerdings nicht in Deutschland, und deren Verarbeitung auch zu kostspielig werden würde.

Es sind das namentlich eine Reihe von Grasarten fremdländischer Herkunft, von denen als die hauptsächlichsten Esparto- und Alfagras genannt werden sollen. Diese Grasarten finden sich besonders in Nordafrika, Spanien und Südamerika und werden in der Papierindustrie viel verwendet, dürften aber für die Pappenfabrikation wegen des hohen Gestehungspreises nicht in Frage kommen.

Es liegt nun auf der Hand, daß man den Torf, von dem man in allen möglichen Industrien viel erwartete und der von Haus aus ein faseriges Material darstellt, zu Papier- und Pappenstoff zu verarbeiten suchte. In erster Linie dachte man dabei wohl an einen geeigneten Halbstoff für gewisse Pappen, es hat sich aber gezeigt, daß er die in ihn gesetzten Hoffnungen nicht erfüllt. Er verträgt die bei der Bearbeitung des Papierstoffes allgemein übliche Behandlung wenig. Die Ausbeute an Fasern ist nur gering, sie beträgt selten über 15 vom Hundert, da der größte Teil seiner Bestandteile mit dem Waschwasser verloren geht. Es entstehen so große Schwierigkeiten bei seiner Reinigung, da sich die leichten Schwebestoffe nur schwer entfernen lassen und große, umfangreiche Wasserreinigungsanlagen verlangen. Die Torffaser läßt sich allein nur sehr schwer zu Pappen verarbeiten, es macht sich vielmehr eine Vermischung mit anderen Fasern nötig. Alle Verfahren und Versuche, die auf eine Verbesserung ihrer Eignung als Papierstoff hinzielen, hatten bisher nur einen negativen Erfolg.

Neben diesen Rohstoffen werden in der Pappenindustrie noch eine ganze Reihe von Hilfsstoffen benötigt, die teils zum Füllen, teils zum Leimen und teils zum Färben der Pappen dienen. Ein Bleichen der Rohstoffe kommt nicht in Frage, da im allgemeinen die Farbe bei den Pappen nebensächlich ist, oder man da, wo man Wert auf ein gutes Aeußere legen muß, diese kaschiert, d. h. mit geeigneten Papieren überzieht.

Die Leimung der Pappen kommt allerdings öfter in Frage, besonders bei einigen Spezialsorten. Es finden hierzu Harzleime, Tierleime und vor allen Dingen die in letzter Zeit immer mehr zur Einfuhr gelangenden Ersatzleime Verwendung, da naturgemäß der Gestehungspreis nicht zu hoch werden darf.

Eine größere Bedeutung haben die Füllstoffe, zu denen in erster Linie geschlämmte Erden verwendet werden, die je nach der Tönung der Pappen weiß und farbig sein können. Diese Füllstoffe bezwecken in erster Linie eine Erhöhung des Gewichtes und dadurch eine Ersparnis an Fasern, aber mitunter auch eine Verbesserung der Pappen selbst, da sie diese dicht machen. Die Zugabe der Füllstoffe darf aber auch nicht übertrieben werden, da dadurch die Güte der Pappen wieder leidet.

Neben dem in der Papierfabrikation viel verwendeten Kaolin (China clay) kommen hauptsächlich Letten (Tone) in Frage und zwar als graue, braune, blaue und rote Tone, die ebenso wie das Kaolin bestens geschlämmt und frei von Steinen und Sand sein müssen.

Neben diesen Füllstoffen kommt auch Gips oder schwefelsaurer Kalk zur Anwendung, der zwar billig ist, sich aber weniger gut bewährt hat. Der Gips kommt als Annaline, Brillantweiß, Satinite und Benzin, wohl auch noch unter anderen Bezeichnungen in den Handel. Er macht das Wasser hart, so daß er eine beabsichtigte Leimung der Pappen erschwert. Auch kieselsaure Magnesia (Talkum), Schwerspat, gemahlener und gehämmerter Baryt werden verwendet. Bei allen diesen Füllstoffen ist aber zu bedenken, daß sie ein ziemlich hohes spezifisches Gewicht haben, das zwischen 2 und 4,5 liegt, so daß sich verhältnismäßig große Mengen im Wasser absetzen und nicht im Stoff verbleiben; besonders bei röschen Stoffen macht sich dieser Uebelstand sehr bemerkbar. Günstiger liegen die Verhältnisse bei schmierigen Stoffen, die sich aber wieder schwerer entwässern lassen, und bei geleimten Stoffen, bei denen durch die Leimung eine wesentlich größere Menge an Füllstoffen in der Pappe zurückgehalten wird.

Zum Färben der Pappen werden die verschiedensten Wege eingeschlagen. Der billigste Weg ist hierbei der, bei dem man den Zweck einfach und rasch erreichen kann, da gerade Pappen eine Belastung durch große Ausgaben an Farbe am wenigsten vertragen können. Im allgemeinen sollte man natürlich farbige Pappen nach Möglichkeit schon aus farbigen Stoffen herstellen, so z. B. braune Pappen aus Braunschliff. Besonders vorteilhaft ist dieser braune Stoff auch als Grundstoff für andersfarbige, dunkle Pappen. Als Farben eignen sich sowohl Erdfarben als auch Anilinfarben. Erstere haben den Vorteil, daß sie gleichzeitig ein Füllmittel darstellen, letztere sind billig und gestatten die weitgehendste Nüancierung der Töne, verlangen allerdings häufig ein vorhergehendes Beizen des Stoffes. Während man gut geschlämmte Erdfarben kalt dem Holländer zugeben kann, ist es bei den Anilinfarben nötig, daß diese vorher heiß aufgelöst und dann stark verdünnt dem Stoffe zugeteilt werden, weil sonst eine gleichmäßige Durchfärbung nicht erreicht wird.

Die verschiedenen Arten der Pappen.

Man hat nun je nach den verwendeten Rohstoffen folgende Arten von Pappen zu unterscheiden:

1. Grau-, Buchbinder- oder halbweiße Pappen.
2. Holzpappen, weiße Pappen.
3. Leder- oder braune Pappen.
4. Strohpappen, auch gelbe Pappen genannt.

5. Stanzpappen, Prägepappen, Preßspäne oder Glanzpappen, Jacquardpappen, Kofferpappen, Teppichpappen, Dach- oder Rohpappe und Asbestpappe.

Von den unter 5 genannten Arten kommen für die Kartonnagenindustrie nur einige Sorten in Frage, die zum Schluß unter Sonderpappen beschrieben werden sollen.

Nach der Herstellungsart ist wieder zu unterscheiden in:

1. Geformte oder geschöpfte Pappen (in einer Lage mit der Hand geschöpft) oder auch in dünnen Lagen geschöpft und auf einer Presse zusammengepreßt oder gegautscht. Diese Art der Pappen kommt fast gar nicht mehr zur Ausführung, da die Herstellung zu teuer ist.

2. Geklebte Pappen, die durch Zusammenkleben von auf verschiedene Art hergestellten Pappen erzeugt werden. Diese Art kommt in der Kartonnagenindustrie ebenfalls wenig zur Anwendung, da es sich meist um sehr dicke Pappen handelt.

3. Maschinenpappen. Diese auf der Langsiebmaschine erzeugten Pappen finden viel Verwendung. Sie werden entweder einlagig hergestellt, wobei dann eine gewisse Dicke nicht überschritten werden kann, oder sie werden durch Zusammengautschen mehrerer Lagen (bis zu 3) auf der Langsiebmaschine direkt hergestellt oder auch nachträglich in gewissen Formaten zusammengeklebt oder auch auf der Mehrzylinderrundsiebmaschine aus mehreren Lagen (bis zu 12) direkt zusammengegautscht, wobei dann größere Dicken zu erzielen sind. Es lassen sich so auch große Formate herstellen.

4. Wickelpappen. Diese Art kommt besonders in der Kartonnagenindustrie viel zur Verwendung. Man ist bei ihnen mit der Dicke an keine Grenze gebunden, kann aber über gewisse Formate nicht hinausgehen. Diese Wickelpappen können auch nachträglich zusammengeklebt werden.

5. Kaschierte oder beklebte Pappen. Hierzu können sowohl Maschinen- als auch Wickelpappen verwendet werden, die von Hand, vorteilhaft aber maschinell, bei Maschinenpappen mitunter direkt in der Pappenmaschine ein- oder zweiseitig mit Papier beklebt werden.

Das Format der Pappen.

Für die Länge und Breite der Pappen hat sich nun im Laufe der Zeit das Normalformat von 100 × 70 cm herausgebildet, ohne daß dieses allerdings allgemein geworden wäre, da in der Verarbeitung auch große Formate gebraucht werden. Für das Gewicht bzw. die Dicke der Pappen hat sich als Handelsbrauch herausgebildet, die Stückzahl zu bezeichnen, die auf 50-kg-Packen bei dem Normalformat 100×70 cm kommt. Die Berechnung nach 25-kg-Packen verschwindet immer mehr.

Pappennummer und Stückzahl auf das Normalformat 100×70 cm bzw. Quadratmetergewicht und Dicke der Pappen in Millimetern.

Nr. oder Anzahl auf 50 kg	Gewichte in Gramm		Ungef. Dicke in mm	
	1 Pappe Normalformat	1 qm	Graue Pappe	Holzpappe
16	3150	4500	5,5	7,5
18	2750	3930	5,0	7,0
20	2500	3570	4,5	6,5
22	2250	3210	4,0	5,8
24	2100	3000	3,5	5,2
26	1920	2740	3,0	4,6
28	1785	2550	2,7	4,0
30	1670	2290	2,5	3,5
32	1560	2330	2,3	3,2
34	1470	2100	2,1	3,0
36	1390	1990	2,0	2,9
38	1320	1890	1,9	2,8
40	1250	1790	1,8	2,6
44	1140	1630	1,7	2,4
50	1000	1430	1,5	2,0
60	830	1190	1,3	1,6
70	710	1020	1,0	1,4
80	625	890	0,95	1,2
90	555	790	0,90	1,0
100	500	715	0,85	0,9
110	445	635	0,80	0,85
120	420	600	0,75	0,8
130	390	560	0,70	0,75
140	360	515	0,65	0,65
150	330	470	0,60	0,60
160	310	440	0,55	0,58
180	280	400	0,50	0,55
200	250	360	0,45	0,50
220	230	330	0,40	0,40
250	200	285		0,35
300	170	240		0,30

Nach dem Handelsbrauch ist es also üblich, daß man, wenn man 5000 kg 36er Pappen bestellt, 100 Packen im Format 70×100 je 36 Stück 50 kg wiegend, also im ganzen 3600 Tafeln erhält. Will man aber ein anderes Format haben, so ist das zu bezeichnen, bezüglich der Stärke bleibt es aber bei der Bezeichnung auf das Normalformat. Bestellt man also 500 kg 36er Pappen im Format

120×80 cm, so enthalten die 50-kg-Packen nur 36 (100×70) : (120×80) = 26 Pappen, im ganzen erhält man also 2000 Stück Tafeln. Der Handlichkeit wegen packt man aber nur in 25-kg-Packen, so daß dann jeder Packen nur halb soviel, also 13 Pappen, enthält.

Oft wird aber auch nach dem Quadratmetergewicht bestellt oder nach der Dicke der Tafeln, was aber eine ausdrückliche Bezeichnung erforderlich macht, da diese Berechnungsart nicht handelsüblich ist.

Je nach der Stoffzusammensetzung, der Mahlung des Stoffes, der Pressung, der Trocknung und der Glättung schwanken die in der Tabelle gemachten Dickenangaben etwas.

Handelsüblich ist es im allgemeinen, die Pappen nach dem Gewicht zu handeln, bei einigen Sorten wird aber auch ganz gleichmäßige Dicke verlangt.

Nach Kirchner ist das spezifische Gewicht der einzelnen Pappenarten:

bei Preßspänen	1,10 bis 1,20
bei satinierter grauer Pappe	0,75 „ 1,00
bei satinierter Lederpappe	0,60 „ 0,75
bei satinierter Holzpappe	0,55 „ 0,75

Es ist nun durchaus nicht möglich, auf einer Formatwalze alle Dicken von Pappen zu arbeiten, ohne unverhältnismäßig viel Ausschuß zu erhalten. Eine 16er Graupappe, die im trockenen Zustande beim Normalformat 3150 g wiegt und ungefähr 5,5 mm dick ist, würde auf der Formatwalze im nassen Zustande 50 mm dick sein und etwa 13 000 bis 14 000 g wiegen. Man kann nun Pappen von solcher Dicke auf Formatwalzen von kleinem Durchmesser nicht mehr fehlerfrei arbeiten, es macht sich vielmehr eine Walze von mindestens 450 mm Durchmesser nötig.

Der Durchmesser der Formatwalze wird nun nach der Länge oder Breite der herzustellenden Pappe berechnet. Wenn man nur Pappen im Normalformat 100×70 cm arbeiten will, so wird man eine Breite der Pappenmaschine von 115 cm wählen müssen, da die Pappen etwa 5 cm breiter gearbeitet werden müssen, weil sie bei der Trocknung etwa 5 vom Hundert schrumpfen und der Filz auf beiden Seiten noch 5 cm breiter als die gearbeitete Pappe sein muß. Der Durchmesser der Formatwalze ist dann so eingerichtet, daß man zwei Pappen zusammenarbeiten kann, man kommt dann also mit einer Zugabe für zwei Nuten und für das Schrumpfen auf einen Umfang von 1470 mm oder einen Durchmesser von 470 mm und bringt zwei diametral einander gegenüberliegende Nuten an. Man kann aber auch drei Pappen hintereinander arbeiten und kommt dann auf etwa 700 mm Durchmesser, was noch vorteilhafter ist, da man mit größeren Walzen bessere Resultate erzielt und vor allen Dingen auch dickere Pappen arbeiten kann, die gut flach liegen. Die Formatwalze erhält dann drei um je 120 Grad zueinander versetzt angebrachte Nuten.

Hat man breitere Pappenmaschinen, auf denen man eine Bestellung in schmäleren Pappen herausarbeiten muß, so stellt man das Format auf dem Siebzylinder durch aufgenähte Wachstuchstreifen. Das Sieb nimmt dann an dieser Stelle keinen Stoff auf. Es wäre das aber als unwirtschaftlich zu bezeichnen, da dann die Leistung der Maschine geringer wird. Es ist in diesem Falle vielmehr zu empfehlen, die Maschine mit auswechselbaren Formatwalzen auszurüsten und stets auf volle Arbeitsbreite zu arbeiten. Man kann dann die verschiedensten Formate arbeiten.

Gestrichene Pappen.

Unter gestrichenen Pappen versteht man solche, die auf einer oder beiden Seiten mit einer Masse oder Farbe bestrichen sind. Man ist hierbei vom Handbetrieb vollkommen abgekommen und nimmt das Streichen nur noch mit Maschinen vor. Um möglichst wirtschaftlich zu arbeiten, verwendet man dazu sogenannte Färbmaschinen in Verbindung mit Bogentrockenapparaten. Die Färbmaschine trägt die Masse oder Farbe durch einen Filz ganz gleichmäßig auf, eine Anzahl von Bürsten (bis zu 5 Stück) vertreiben diesen Auftrag. Das Färben erfolgt auf diese Weise viel gleichmäßiger als von Hand, das Verfahren ist auch leistungsfähiger, da in der Stunde bis zu 600 Bogen im Normalformat behandelt werden können, ohne daß die Rückseite beschmutzt wird. Man kann also die Pappen auch beiderseitig bestreichen oder färben.

Der Bogentrockenapparat arbeitet mit einer Kette ohne Ende, an diese sind die zur Aufnahme der Bogen bestimmten Rahmen an ihrer inneren Seite befestigt, während sie außen auf leichten Schienen laufen, die der Kette parallel liegen. Diese Kette mit dem Rahmen läuft über Kettenräder, die so übereinanderliegen, daß die Kette eine schraubenartige Linie beschreibt. Die Bogen werden unten auf die Rahmen gelegt und oben wieder abgenommen. Der Apparat ist auf allen Seiten offen, so daß die Luft freien Zutritt hat und die Bogen rasch trocknen können.

Prüfung der Pappen.

Wenn auch im allgemeinen eine Prüfung der Pappen nicht in dem Maße üblich ist wie bei den Papieren, so liegt es doch im Interesse der Kartonnagenfabrikanten, diese vorzunehmen, um sicher zu gehen, daß die bezogene oder gelieferte Pappe auch für ihren Zweck bestens geeignet ist. Diese Prüfung kann nun nach verschiedenen Gesichtspunkten erfolgen:

1. Der Aschegehalt der Pappe. Diese Bestimmung ist wichtig, um feststellen zu können, ob und in welchem Maße die Pappen gefüllt oder beschwert sind. Besonders bei Graupappen, die vorwiegend aus Altpapier hergestellt werden, welches mitunter schon an und für sich einen hohen Gehalt an Füllstoffen hat, kann das von Bedeutung sein. Bei echten Lederpappen, die nur aus Braunschliff hergestellt werden und bei Holz- oder Weißpappen ist diese Feststellung unwichtig, da sie in den seltensten Fällen beschwert sind; bei Stroh- und Hartpappen finden sich weit öfter Beschwerungen, die teils absichtlich, teils unabsichtlich durch das Rohmaterial hineingekommen sind. Auf jeden Fall ist bei ihnen eine Untersuchung auf Aschegehalt am Platze.

Die Untersuchung auf Aschegehalt erfolgt dadurch, daß man 1 g trockene Pappe in besonderen Apparaten oder einem Platin- oder Porzellantiegel über einer Bunzenflamme glüht, bis sich keine schwarzen Flecke mehr zeigen. In den meisten Fällen wird dann die Asche rein weiß sein, mitunter ist sie aber rot bis rostbraun, was auf die Verwendung eisenhaltiger Farben, z. B. Oker, oder auf Gehalt an Eisen schließen läßt. Den Glührückstand wiege man wieder auf einer feinen Wage und kann dann aus dem Verhältnis des Gewichtes der Probe zum Gewichte des Rückstandes den Aschegehalt in Hundertteilen bestimmen. Zeigt der Rückstand 1 bis 2 vom Hundert der Probe, so ist die Pappe als unbeschwert anzusehen, da dieser Aschegehalt von den Fasern der Pappe herrührt. Größerer Aschegehalt kann die Pappe minderwertig oder ungeeignet machen. Pappen mit hohem Aschegehalt werden auch eine mehr oder minder große Brüchigkeit zeigen, die stets im Verhältnis zum Aschegehalt der Pappe steht.

2. Die Bestimmung des Quadratmetergewichtes ist zwar nicht von unbedingter Wichtigkeit, sie kann aber doch mitunter erforderlich werden. Man nimmt sie mittels besonderer Wagen vor, die nach Art der Briefwagen gebaut sind. Um nun nicht allemal die ganze

Papptafel wiegen zu müssen, wird mit Hilfe einer beigegebenen Platte ein Stück (etwa 10×10 cm) aus der Pappe herausgeschnitten und dieses an den Arm der Wage gehängt. Man kann dann das Quadratmetergewicht an der Skala ablesen. In der Pappenfabrik werden die Pappen vorwiegend nach der Nummer sortiert, wobei eine Toleranz von 5 vom Hundert handelsüblich ist, da sich die Wickelpappen durchaus nicht so gleichmäßig herstellen lassen wie die Maschinenpappen. Man könnte wohl feiner und schärfer sortieren, müßte dann aber viel Zeit aufwenden, was die Pappe wieder verteuert.

3. Von gewisser Bedeutung ist mitunter auch die Bestimmung der Dicke der Pappe. Diese kann mittels Mikrometer erfolgen, erfordert dann aber viel Zeit; für eine oberflächliche Prüfung genügt sie allerdings. Man muß in Betracht ziehen, daß die Oberfläche der Pappen durchaus nicht so gleichmäßig ist, so daß man, wenn man einen guten Durchschnitt erhalten will, die Tafeln an verschiedenen Stellen messen muß. Für zahlreiche Messungen ist ein besonderer Apparat vorzuziehen, der auf einem Zifferblatt durch Zeiger die Dicke anzeigt. Besonders bei Zieh- und Prägepappen ist die Feststellung der Dicke von Bedeutung. Es empfiehlt sich hier, den erwähnten automatischen Dickenmesser zu verwenden, da vorteilhaft jede einzelne Pappe geprüft wird.

4. Die Zerreißfestigkeit und Dehnung der Pappe wird ebenfalls mit besonderen Apparaten festgestellt, indem man aus der Längs- und Querrichtung der Pappe, mitunter auch aus der Diagonalrichtung, mittels eines beigegebenen Streifenschneiders Pappenstreifen schneidet, die man in den Apparat einspannt. Da die Festigkeit in den beiden Hauptrichtungen stets verschieden ist, so ist diese doppelte Prüfung erforderlich. Die Festigkeit hängt aber nicht nur von der Güte der Pappe, also deren Stoffzusammensetzung und gutem Arbeiten auf der Maschine ab, sondern auch von deren Dicke. Man bestimmt daher die sogenannte Reißlänge, das ist die Länge eines Streifens der Pappe, der an beiden Enden frei aufgehängt, durch sein Eigengewicht reißen würde. Die Reißlänge wird also in Metern bestimmt. Gleichzeitig mit der Reißlänge stellt der Apparat die Dehnung der Pappe fest, das ist die beim Zerreißversuch sich ergebende Verlängerung des eingespannten Pappstreifens bis zum Zerreißen.

5. Die Feststellung der Glätte und des Glanzes der Pappe ist mitunter ebenfalls von Bedeutung. Besonders bei auf der Lang-

siebmaschine gearbeiteten Pappen zeigt sich meist ein Unterschied in der Glätte der beiden Seiten, der von der Markierung der Filze und Siebe herrührt.

6. Eine der unangenehmsten Erscheinungen ist das Spalten der Pappen, das seinen Ursprung in nicht richtiger Mahlung des Stoffes, zu trockenem Arbeiten auf der Pappenmaschine, zu starkem Pressen und zu schnellem Trocknen bei zu hoher Temperatur haben kann. Der Uebelstand zeigt sich allerdings fast nur bei Wickelpappen, kaum bei Maschinenpappen, die auf dem Langsieb gearbeitet werden, mitunter aber auch bei auf den Mehrrundsiebmaschinen gearbeiteten Maschinenpappen. Auch die einzelnen Pappensorten verhalten sich dabei verschieden. Am meisten zeigt sich das Spalten bei Holzpappen, oft auch bei Strohpappen, seltener bei Grau-, Leder- und Hartpappen. Bei Holzpappen kann man mitunter die einzelnen Lagen ganz leicht voneinander abschälen. Man stellt fest, ob die Pappen spalten, indem man einen schmalen Streifen anbrennt; bei Pappen, die zum Spalten neigen, krümmt sich dann jede Lage für sich.

7. Eine andere unangenehme Erscheinung, die oft die Pappen unverwertbar macht, ist das Werfen oder Welligwerden. Auch dieser Uebelstand hat seine Ursache in der Fabrikation und in unsachgemäßer Behandlung bei der Herstellung oder auch im schlechten Zustande der Pappenmaschinen. Im ersteren Falle ist der Nachteil meist noch zu beseitigen, indem man die Pappen nochmals feuchtet und in zwei Meter hohen Stapeln, die man beschwert, aufsetzt, oder auch in solchen Stapeln in feuchten, aber nicht nassen Räumen lagert. Hier kann auch durch Lagerung bzw. Aufbewahrung viel gebessert oder verdorben werden. Man lege die Pappe kühl, luftig und nicht zu trocken und vor allen Dingen auch ganz flach. Das Aufstellen auf der Kante ist zu unterlassen, da es je nach der Stärke ein mehr oder minder starkes Krümmen der Tafeln zur Folge hat.

8. Die Feststellung der Ritz-, Biege- und Prägefähigkeit ist ebenfalls von größter Bedeutung. Leider gibt es hierzu noch keine geeigneten Apparate oder brauchbaren Verfahren. Es kann das vielmehr nur durch praktische Versuche erfolgen.

Die Graupappen.

Für graue, halbweiße oder Buchbinderpappen kommen in erster Linie Altpapier und Papierabfälle aller Art zur Verwendung.

Es ist erklärlich, daß man zu diesem Zwecke nicht die wertvollsten Abfälle nimmt, sondern diese vielmehr für die Herstellung besserer Papiere aussortiert. Es wird das besonders bei den Abfällen der Buchbindereien, Geschäftsbücherfabriken, Papierverarbeitungswerke der Fall sein, die in der Hauptsache bessere Papiere verarbeiten. Heute beziehen die Pappenfabriken ihre Rohstoffe meist vorsortiert von besonderen Papiersortieranstalten, die die Abfälle nach bestimmten Gesichtspunkten so aussuchen, daß die wertvollsten Rohstoffe für bessere Papiere zurückbehalten werden, während alles andere Papier, Pappe, namentlich aber bedrucktes Papier für die Graupappenfabriken aussortiert wird. Diese sind somit in der Lage, sich auf billigste Weise den geeigneten Rohstoff zu besorgen. Während vor dem Kriege für 100 kg solcher Abfälle etwa 3,50 bis 4 Mark gezahlt wurden, muß jetzt dafür bedeutend mehr ausgegeben werden.

Im allgemeinen sortiert nun der Graupappenfabrikant die von den Sortieranstalten bezogenen Abfälle nicht noch einmal, da sie maschinenfertig geliefert werden. Diese Abfälle sind auch genügend staubfrei und frei von ungeeigneten Fremdkörpern. An einer übermäßigen Reinigung von Staub besteht auch kein Interesse, da sie einen Gewichtsverlust und somit eine Verteuerung des Erzeugnisses bedeuten würde. Da die Pappen ohnehin eine mehr oder minder graue Farbe besitzen, so fällt ein nicht zu hoher Gehalt an Unreinigkeiten nicht auf und beeinträchtigt auch die Güte der Pappen nicht. Die graue Farbe kommt in erster Linie von der Druckerschwärze des bedruckten Papieres her, die sich auf vorteilhafte und wirtschaftliche Weise nicht beseitigen läßt. Auch farbige Papiere und Abfälle beeinflussen die Farbe der Pappen, so daß bei der Verarbeitung z. B. viel roter Späne das Grau der Pappen mehr ins rötliche spielt. Wird Wert auf möglichst gleichmäßige und helle Farbe der Pappen gelegt, dann muß allerdings der Pappenfabrikant darauf achten, daß die Abfälle möglichst gleichmäßig in der Farbe sind, wenn er den Stoff nicht durch besonderes Ausfärben schönen will, was aber wieder Kosten verursacht. Er wird dann also vor allen Dingen alle farbigen Abfälle entfernen müssen oder den für den Holländer durch Kochen, Zerfasern oder Kollern vorbereiteten Stoff in der der verlangten Anfertigung entsprechenden Menge gut durchmischen. Da aber die Graupappen in den seltensten Fällen roh verarbeitet werden, so schadet die Farbe wenig; meist werden sie beklebt oder sonstwie überzogen.

Das Altpapier, das von den Sortieranstalten angeliefert wird, muß erst aufgelöst oder zerfasert werden, ehe es zu Pappen verarbeitet werden kann. Je nach der Art des Papieres geht das nun leichter oder schwerer vonstatten. Während bei schwach geleimten Druck- und Zeitungspapieren, Pappen- und ähnlichen Abfällen, das keine großen Schwierigkeiten bereitet, setzen gut geleimte Papiere (Schreibpapiere und dergleichen) der Auflösung einen größeren Widerstand entgegen.

Viele Pappenfabrikanten weichen das Papier erst in sogenannten Kugelkochern, wie man sie zur Lumpen- oder Strohstoffkochung verwendet, mit heißem Wasser oder auch unter Dampfdruck auf. Bei schwach geleimten Papieren ist das aber unnötig. Das aufgeweichte Papier oder auch das trockene, direkt von der Sortieranstalt kommende, wird dann in besonderen Maschinen zerfasert. Hierzu dienen die Kollergänge und auch die Zerfaserer. Mitunter verzichten auch die Pappenfabriken, besonders aber die kleineren, auf diese Maschinen und begnügen sich mit dem Aufweichen in Wasser. Sie bringen es dann in sogenannten Holländern zum Aufschlagen und Mahlen. In diesem Falle ist aber das Einweichen in warmem Wasser vorzuziehen, da kaltes die Leimstoffe nicht genügend löst. Es besteht dann die Gefahr, daß der Holländer die Papiermasse nicht genügend zerfasert, so daß kleine Papierblättchen verbleiben, die mit auf die Pappenmaschine kommen, wenn man ohne Sortierung des gemahlenen Stoffes arbeitet, wie es in vielen kleineren Graupappenfabriken noch üblich ist. Weit mehr kommt aber das Zerfasern des vorgeweichten oder auch trockenen Altpapieres in Kollergängen und Zerfaserern zur Verwendung und weist auch entschieden viele Vorteile auf, da die gründliche Auflösung viel besser und leichter erfolgt und die Gefahr der Blättchenbildung geringer ist. In diesen Kollergang wird das Papier trocken eingebracht und allmählich angefeuchtet. Diese Kollergänge bringen Zeit- und Lohnersparnis und verbessern die Pappe in einem Maße, wie es durch bloßes Einweichen nicht zu erreichen ist.

Die Kollergänge bestehen aus einem runden, ebenen oder kegelförmigen Bodenstein, auf dem zwei zylindrische oder kegelförmige Läufersteine laufen, die an der sich drehenden Mittelachse schwingend mit Kurbeln aufgehängt sind und zur Drehung um die senkrechte Treibachse und ihre eigene Achse gezwungen werden.

Das trocken eingebrachte Papier wird allmählich angefeuchtet und in ziemlich kurzer Zeit durch Druck und Knetung der Steine aufgelöst. Durch besondere Schaber wird es gleichzeitig dauernd und gut durchgemischt. Wenn das Papier zu naß in den Kollergang kommt, so wird dessen Wirkung leicht beeinträchtigt, mitunter gar aufgehoben, da es dann den Steinen ausweicht. Der Stoff kommt dann nicht genügend gelöst zur Entleerung.

Dieser sogenannte Kollerstoff hat, wenn er richtig behandelt wurde, eine krümelige Beschaffenheit und wird dann besonders bei der Graupappenfabrikation durch besondere Kollerstoffsortierapparate gereinigt, da er mitunter noch allerlei Fremdkörper, wie Heftklammern, Nägel usw., enthält, die in den Maschinen Schaden anrichten können. Diese Sortierer bestehen grundsätzlich in rasch hin- und hergehenden Sieben, welche diese Verunreinigungen, vor allen Dingen auch Schnüre, Fäden, Leder, Kork, Gummi, Holz, Lumpen usw. zurückhalten.

An Stelle der Kollergänge verwendet man in letzter Zeit immer mehr die Kneter oder Zerfaserer, die besonders für die Pappenfabrikation gewisse Vorteile aufweisen. Einmal arbeiten sie kontinuierlich, während die Arbeit der Kollergänge periodisch ist, dann zerfasern oder lösen sie das Papier nur auf, ohne die Fasern zu mahlen, was beim Kollergang nicht zu vermeiden ist. Es ist nun ein gewisser Streit darüber entstanden, welche der beiden Maschinen, Kollergang oder Zerfaserer, den Vorzug verdient. Tatsache ist, daß der Zerfaserer für die Pappenfabrikation viele Vorzüge aufweist, da er die Faser mehr schont und in ihrem ursprünglichen Zustande läßt, während der Kollergang infolge der eigentümlichen Wirkung der Steine die Faser mahlt. Bei an und für sich schmierigen Stoffen bekommt man dann Schwierigkeiten auf der Pappenmaschine bei der Entwässerung, da sich schmierige Stoffe schwer entwässern lassen. Auch die Güte und die Festigkeit der Pappen können leicht beeinträchtigt werden.

Die so vorbehandelten Papierabfälle müssen nun büttenfertig gemacht werden, wozu die sogenannten Holländer dienen. Diese Holländer bestehen grundsätzlich aus einem großen ellipsenförmigen Trog, der durch eine Zwischenwand in zwei Kanäle getrennt wird. In dem einen dieser Kanäle läuft eine mit Stahl- und Bronzemessern besetzte Walze, die mit ihrer Welle in auf seitlich außerhalb des Troges angebrachten Böcken stehenden Lagern heb- und senkbar gelagert ist. Im Boden des Troges befindet sich ein sogenanntes Grundwerk, das ebenfalls aus Bronze- oder Stahlmessern besteht. Durch größeres oder geringeres Nähern der Messerwalze an dieses

Grundwerk wird ein mehr oder minder scharfes Zerschneiden oder Zerquetschen der Fasern erzielt, das man mit Mahlen bezeichnet. Damit immer wieder neue Fasern zwischen diese Messer gelangen, muß dafür gesorgt werden, daß der Stoff in dem Trog dauernd umläuft. Man erreicht das dadurch, daß vor der Messerwalze der Boden langsam ansteigt bis zum Grundwerk, hinter diesem geht er scharf nach aufwärts und schließt sich der Form der Messerwalze in gewissem Abstande an, er bildet an dieser Stelle den sogenannten Kropf, der fast so hoch wie die Holländerwand ist und auf der Rückseite scharf nach dem hinteren Teile des Trogkanales abfällt. Durch die Zwischenräume zwischen den Messern der Walze wird immer eine gewisse Menge Stoff mit herumgenommen und fliegt dann infolge der Zentrifugalkraft über den Kropf, da er durch eine Ueberdeckung des oberen Walzenteiles, die Haube, am Herausfliegen gehindert wird. Auf diese Weise entsteht der Stoffumlauf oder der Zug des Holländers, der für eine gute Wirkung von größter Bedeutung ist. Es gibt nun die verschiedensten Holländerbauarten, die aber alle mehr oder weniger Variationen des eben beschriebenen offenen Holländers sind und teilweise besonders große Leistungen vollbringen können, aber alle meist nur für die Papierfabrikation in Frage kommen, die mit ihren vielen Spezialsorten eine ganz besondere Behandlung des Stoffes verlangt. Für die Pappenfabrikation hat sich der Holländer mit offenem Trog, wie er eben grundsätzlich beschrieben wurde und sich von seiner ursprünglichen Form nur wenig unterscheidet, am besten bewährt. Man findet ihn teilweise in noch recht primitiven Ausführungen mit hölzernem Trog und hölzerner Messerwalze in älteren, kleinen Pappenfabriken, für moderne Fabriken kommt aber nur ein eiserner oder auch betonierter Trog in Frage. Während die älteren Holländer ein Fassungsvermögen von nur etwa 50 kg hatten, baut man sie heute bis zu 1000 kg und mehr. Für die Graupappenfabrikation kommen allerdings meist nur Holländer mit 250 bis 300 kg Fassungsvermögen in Frage und auch diese sind nur in modernen Fabriken zu finden. Es ist aber immer von großem Vorteil, Holländer mit verhältnismäßig großem Fassungsraum zu wählen, da man dann in der Lage ist, einen großen Posten Stoff in ganz gleichmäßiger Beschaffenheit herzustellen. Natürlich ist man mit der Wahl dieser Größen an gewisse Grenzen gebunden, die in erster Linie durch die zur Verfügung stehende Kraft und die Gesamtleistung der Fabrik bestimmt werden.

Während nun in den Papierfabriken die Holländer die Fasern mahlen sollen, d. h. verkürzen und quetschen, ist in der Pappenfabrikation ihr Zweck in erster Linie eine Aufschließung des geweichten oder gekollerten Altpapieres, ohne es eigentlich zu mahlen. Durch das Mahlen erhalten die Fasern leicht eine Beschaffenheit, die für Pappen unerwünscht und ungeeignet ist und die deren Güte beeinträchtigt.

Bei großen Pappenfabriken mit großer Tagesproduktion könnte nur noch die Aufstellung eines Mischholländers in Frage kommen, der grundsätzlich ebenfalls aus einem Trog und einer Walze besteht, die aber keine Bemesserung erhält, wie auch das Grundwerk wegfällt. Diesen Mischholländer wird man vorteilhaft so groß als möglich wählen, damit er den Inhalt von mehreren Mahlholländern aufnehmen und ihn gleichmäßig durchmischen kann. Man kann ihn auch zum Färben der Pappen und zur etwaigen Zugabe von Leim- und Beschwerungsmitteln verwenden. Hat man diese Mischholländer nicht, so müssen diese Handhabungen im Mahlholländer erfolgen.

Die Holländer besitzen nur am Boden des Troges an geeigneter Stelle ein sogenannes Leerventitl, an das ein weites Rohr angeschlossen ist. Durch Oeffnen dieses Ventiles kann dann der fertige Stoff abgelassen werden. Wenn keine Mischholländer vorhanden sind, was meist der Fall ist, da man diese empfehlenswerte Einrichtung in Pappenfabriken selten findet, so erfolgt die Entleerung von den Mahlholländern in die Bütten.

Diese Bütten, die man eigentlich schon zu den Pappenmaschinen rechnen kann, bestehen aus großen Bottichen, die den Zweck haben, eine große Menge fertigen Pappenstoffes aufzunehmen und dadurch, daß man vorteilhaft zwei solcher Vorrichtungen mit genügend großem Fassungsvermögen verwendet, ein ununterbrochenes Arbeiten der Pappenmaschinen zu ermöglichen. Die Größe dieser Bütten richtet sich nach dem Fassungsraum der Holländer und nach dem Verdünnungsgrade des Stoffes, der wieder von der Art der Pappenmaschinen abhängig ist. Sie haben nebenbei noch eine ähnliche Wirkung wie die Mischholländer, da sie vorteilhaft stets mehrere Holländerleeren fassen sollen. Sie müssen bequeme Zuläufe für den Stoff aus den Holländern und für das Verdünnungswasser haben. Die Bütten werden sowohl stehend als zylindrische Gefäße, als auch liegend als Mulden ausgeführt. Die stehenden Bütten sind fast nur noch in älteren Fabriken zu treffen und haben dann einen verhältnismäßig kleinen Inhalt, sie bestehen dabei auch oft noch aus Holz. Moderne Pappenfabriken verwenden fast nur die liegende Anordnung mit großem Fassungsraum aus Beton oder Mauerwerk mit glattgeriebenem Zementverputz.

Da der Stoffvorrat stets gleichmäßig in der Verdünnung sein soll, d. h. immer gleichviel Papierstoff auf die Raumeinheit enthalten soll, so muß er dauernd kräftig durchgerührt werden, was zweckmäßig durch ein sogenanntes Rührwerk erfolgt, das bei liegenden Bütten auf einer wagerechten, bei stehenden auf einer senkrechten, durch geeignete Vorrichtungen in Umdrehungen versetzten Welle angebracht ist.

Von diesen Bütten gelangt der Stoff dann durch besondere Regelvorrichtungen auf die Sandfänge, die man in älteren Pappenfabriken nicht findet, in modernen Fabriken aber, die ein gutes Erzeugnis herstellen wollen, nicht fehlen sollten. Dieser Sandfang besteht aus einem großen, flachen Kasten, der etwa die Breite der Pappenmaschine besitzt und auf seinem Boden Querlatten mit gewissen Zwischenräumen erhält. In diesen Zwischenräumen lagern die beim Darüberhinfließen sich ausscheidenden schweren Verunreinigungen als Sand, Nägel, Heftklammern usw. ab. Bei vielen Altpapiersorten, wie sie besonders zur Graupappenfabrikation Verwendung finden, empfiehlt es sich, dann noch einen Faden- oder Schnurfang einzubauen, der aus auswechselbaren Brettern besteht, die mit etwa 10 cm langen Stiften besetzt sind, ähnlich wie ein Rechen. An diesen Stiften bleiben die noch im Stoff enthaltenen Fäden, Schnüre, aber auch gröbere Verunreinigungen die auf oder im Stoff schwimmen, hängen.

Legt man Wert auf größte Reinheit der Pappen, so macht sich noch ein Knotenfänger erforderlich, den man allerdings in Graupappenfabriken nicht oft findet, obgleich er die Herstellung eines denkbar guten Erzeugnisses gestattet und daher bei der Fabrikation guter Pappen nie fehlen sollte. Die Zahl der verschiedenen Knotenfängersysteme ist nun sehr groß, bei allen ist aber der Grundgedanke der gleiche. Das wichtigste Element aller Knotenfänger ist die geschlitzte Platte, die aus Messing oder Bronze hergestellt wird. Die Schlitze der Platten, die auf Spezialmaschinen gefräst werden, besitzen verschiedene Weiten, die durch die Art des Stoffes und die bezweckte Schärfe der Sortierung bestimmt werden. Durch diese Schlitze muß der Stoff hindurchgehen, so daß alle Unreinigkeiten zurückbleiben. Da nun aber diese feinen Schlitze bald verstopfen würden, so müssen die Platten geschüttelt werden, d. h.

man versetzt sie durch geeignete Vorrichtungen in rasch auf- und niedergehende Bewegungen. Durch diese Schüttelung, verbunden mit einer dauernden Reinigung durch Spritzwasser, werden diese Schlitze dauernd sauber und durchlässig gehalten. Man unterscheidet nun Planknotenfänger, bei denen die Schlitzplatten eben sind und wagerecht in einem Trog liegen, und Drehknotenfänger, bei denen die Platte einen Zylinder bildet, der mehr oder weniger in einen vom Stoff gefüllten Trog eintaucht.

Der so behandelte und gereinigte Stoff gelangt nun auf die Pappenmaschine. In der Graupappenfabrikation wird meist die einzylindrige Rundsiebpappenmaschine verwendet, obgleich die mehrzylindrige Rundsiebmaschine und die Langsiebmaschine dazu gleich gut geeignet sind. Man stellt also hauptsächlich Wickelpappen in verschiedenen Formaten her.

Diese Einzylinderrundsiebmaschinen bestehen aus einem Trog oder Zylinderkasten von viereckigem, bei neueren Maschinen auch halbrundem Querschnitt, in dem sich der Siebzylinder oder das Rundsieb dreht. In diesen Siebkasten gelangt der Stoff durch geeignete Einlaufvorrichtungen. Das Rundsieb besteht aus einer zylindrischen Trommel, die mit einem sehr feinen Metallgewebe überspannt ist, und dreht sich in dem Stoffbrei im Zylinderkasteen. Durch den Druck des Wassers des stark verdünnten Stoffbreies werden die Fasern an das Sieb gepreßt, während der größte Teil des Wassers durch die Maschen des Siebes in das Innere des Zylinders entweicht und von hier auf geeignete Weise abgeführt wird. Bei der Weiterdrehung des Rundsiebes wird nun das auf dem Gewebe abgelagerte dünne Papierblatt herausgehoben und von einer auf dem Siebzylinder laufenden Walze, der sogenannten Gautsche, abgenommen. Diese Gautschwalze ist meist aus Holz, auch bei neueren Maschinen, und wird mit Filz umwickelt, damit sie eine gewisse Elastizität erhält. Sie liegt in einem endlosen, durchlässigen Wollfilz, der über verschiedene Walzen nach der Presse und von da wieder zurück zur Gautsche läuft. Dieser Filz nimmt das gebildete Papierblatt mit und führt es nach der Presse, die aus der unteren Preßwalze mit Gummiüberzug und der oberen Formatwalze besteht. Die obere Formatwalze wird bei modernen Maschinen aus Eisen, mitunter auch mit Kupferüberzug ausgeführt. Bei älteren Maschinen besteht sie vielfach noch aus Holz, was aber viele Nachteile mit sich bringt, da die Holzwalzen leicht unrund laufen und dann ungleichmäßig pressen. Die Formatwalzen haben nämlich einen dreifachen

Zweck, einmal sollen sie das Format der Pappen bestimmen, das anderemal die einzelnen dünnen Lagen zusammenpressen und das drittemal die aufgewickelte Pappe entwässern. Nachdem die auf der Formatwalze auflaufende Pappe die erforderliche Stärke erreicht hat, wird sie in den Nuten der Formatwalze aufgeschnitten und von Hand abgenommen.

Es ist nun von größter Bedeutung, daß die Dicke der nassen Pappen genau eingehalten wird und im richtigen Verhältnis zur trockenen Pappe steht, da durch den Trockenprozeß die Pappen wesentlich an Volumen verlieren oder schrumpfen. Um diese Dicke möglichst gleichmäßig zu erhalten, werden Pappendickenanzeiger angebracht, die bei Erreichung der bestimmten Stärke durch ein Signal den Bedienungsmann aufmerksam machen, damit er die Pappe abnimmt. Man hat auch bereits automatische Abnahmevorrichtungen gebaut, die in Verbindung mit Pappendickenanzeigern die Pappen selbsttätig und unabhängig von der Aufmerksamkeit der Bedienung abnehmen.

Es ist nun von größter Bedeutung, daß die einzelnen dünnen Lagen, welche auf der Formatwalze umlaufen und durch Aufeinanderwickeln zu einer einzigen starken Pappe zusammengegautscht werden sollen, sich auch gut verfilzen, damit die Pappen später nicht etwa spalten. Das kann man durch richtige Behandlung des Stoffes im Holländer und nicht zu trockenes Arbeiten auf der Pappenmaschine erreichen. Der alte Grundsatz: „Papier wird im Holländer gemacht", gilt auch von Pappen; mit einem nicht sachgemäß gemahlenen oder vorbereiteten Stoff kann der tüchtigste Pappenmacher auf der besten Pappenmaschine keine guten Pappen herstellen. Wenn nämlich der Stoff zu schmierig ist, dann entwässert er sich schwer auf der Pappenmaschine er darf aber auch nicht zu rösch sein, da er dann das Wasser zu schnell entweichen läßt und zu trocken auf die Maschine kommt, so daß sich die einzelnen Lagen nicht mehr genügend untereinander verfilzen können. Unter einem schmierigen Stoff wird ein solcher verstanden, bei dem die Enden der Fasern fibrillenartig gequetscht sind, während ein röscher Stoff scharf abgeschnittene Fasern besitzt. Um eine gute Verfilzung des Stoffes auf dem Sieb und auf der Formatwalze zu erzielen, bringt man im Zylinderkasten verschiedenerlei Vorrichtungen an, die ein Absetzen der Fasern und ein Parallellegen vermeiden sollen. Man ist sich aber über deren Zweckmäßigkeit noch nicht einig, und Tatsache ist, daß auch ohne diese Vorrichtungen gleich gute Pappen hergestellt werden können wie mit ihnen.

Die Stärke oder Dicke des Stoffblattes, das sich auf dem Rundsieb bildet, ist nun von verschiedenen Umständen abhängig. Sie ist verschieden bei den verschiedenen Mahlungsgraden des Stoffes, also ob rösch oder schmierig, lang oder kurz. Die Aushebestelle des Blattes, das ist diejenige Stelle, an der das Rundsieb mit dem darauf gebildeten Papierblatt aus dem Stoffwasser austritt, hat einen großen Einfluß auf die Dicke des Papierblattes; auch die Umfanggeschwindigkeit des Siebzylinders und der Höhenunterschied zwischen dem Stoffwasser im Zylinderkasten und dem Abwasser innerhalb des Rundsiebes hat einen großen Einfluß.

Alle diese Umstände kann man je nach der Pappenart und den verlangten Eigenschaften in gewissen Grenzen beliebig beeinflussen. Bei modernen Maschinen ist das allerdings leichter als bei älteren, die meist mit Rundsieben von nur kleinem Durchmesser ausgerüstet sind. Diese kleinen Rundsiebe lassen nämlich dicke Lagen leicht abgleiten, wodurch dann fehlerhafte Stellen in den Wickelpappen entstehen. Man kann das allerdings durch verschiedene Vorrichtungen in gewissem Maße verhüten, bessere Erzeugnisse stellt man allerdings auf Rundsieben von großem Durchmesser her, wobei man aber aus gewissen Gründen über 1250 mm nicht hinausgehen soll, da dann keine Vorteile mehr zu erzielen sind.

Wie bereits erwähnt, hat man auch schon selbsttätige Abnahmevorrichtungen gebaut und es steht zu erwarten, daß diese im Laufe der Zeit so vervollkommnet werden, daß sie allgemeine Einführung erlangen. Bis heute werden aber die Pappen meist von Hand von der Formatwalze abgenommen und auf den Ablegetisch gelegt. Man schichtet sie dann sorgfältig mit den äußeren Konten übereinstimmend zu Stößen von 25 bis 30 Stück übereinander, bei dickeren Pappen auch weniger. Zwischen je zwei solcher Stöße bringt man eine Preßtafel aus Holz oder besser aus Blech. Diese Stapel werden in Pressen gesetzt, um darin weiter entwässert zu werden. An Stelle der Preßbleche, die den Holztafeln vorzuziehen sind, wendet man auch bei gewissen Pappensorten nicht markierende Filze an, die man alle 25 bis 30 mm zwischen die Stöße legt. Bleche und Filze müssen ebenso groß, besser aber etwas größer, als die zu pressenden Pappen sein. Sie haben beide den Zweck, das Zerpressen der Pappen zu verhüten und die Entwässerung zu begünstigen.

Das Pressen erfolgt in Spindel- oder besser in hydraulischen Pressen und hat den Zweck, die Pappen vor der endgültigen Trocknung noch mehr zu entwässern. Die Pappenmaschinen sind nämlich nicht in der Lage, die Pappen stärker als etwa 33⅓ vom Hundert zu entwässern, d. h. die von der Formatwalze abgenommenen nassen Pappen haben nur etwa ein Drittel ihres Gewichtes Gehalt an trockenen Fasern und zwei Drittel Wasser, so daß man sehr viel Wasser verdampfen müßte. Durch das Pressen kann man aber den Trockengehalt auf etwa die Hälfte bringen, hat also bei der Trocknung wesentlich weniger Wasser auszutreiben. Das Pressen weiter zu treiben ist aber nicht empfehlenswert, da dadurch mehr Nachteile als Vorteile entstehen. Es besteht vor allen Dingen die Gefahr, daß die Pappen zerpreßt werden, wie ja das Pressen überhaupt mit größter Vorsicht und Sachgemäßheit vor sich gehen muß, damit nicht Ausschuß oder Fehler entstehen, die sich dann beim Trocknen oder gar erst bei der Verarbeitung zeigen. Die Pappen zerreißen bei unsachgemäßem Pressen leicht, ohne daß man den Fehler sofort zu bemerken braucht und werden dann für den Kartonnagenfabrikanten minderwertig oder wertlos.

Das sachgemäße und zweckentsprechende Pressen hat auch noch andere Vorteile, die Pappen werden dadurch glatt und liegen flach und gewinnen vor allen Dingen an Widerstandsfähigkeit für das nachfolgende Trocknen. Das Auspressen darf aber nicht zu schnell erfolgen, es hat vielmehr mit größter Vorsicht zu geschehen, damit das Wasser Zeit hat, langsam nach den Rändern zu zu wandern und dort auszutreten.

Die so entwässerten Pappen müssen dann getrocknet werden, wozu grundsätzlich folgende Arten zur Verfügung stehen:

1. die Rasentrocknung,
2. die Lufttrocknung auf Böden oder in Schuppen,
3. die Kanaltrocknung,
4. die Zylindertrocknung.

Die Rasentrocknung kommt für heutige Verhältnisse kaum noch in Frage und wird nur noch vereinzelt in kleineren Betrieben angewendet, sie soll daher hier nicht weiter erwähnt werden, zumal sie auch sehr unwirtschaftlich ist.

Im größeren Maße kommt die Lufttrocknung auf Böden oder in Schuppen zur Anwendung, die von der alten Papiermacherei übernommen und unter gegebenen Verhältnissen auch wirtschaftlich ist. Als Mittel zum Trocknen dient bewegte atmosphärische Luft. Die

Trockenräume, die man oft in den oberen Stockwerken der Pappenfabriken errichtet, müssen durch ein dichtes Dach und durch seitliche Jalousien gegen das Eindringen der Niederschläge geschützt sein und einen leichten Luftdurchzug ermöglichen. Sie können aber auch als besondere ein- oder mehrstöckige Gebäude errichtet werden. Die Lufttrocknung hat gewisse, nicht zu unterschätzende Vorteile, da sie ein langsames Trocknen bei geringer Temperatur ermöglicht, was die Güte der Pappen günstig beeinflußt.

Von großer Bedeutung sind bei allen Trockenanlagen die Aufhängevorrichtungen für die nassen Pappen. Diese Aufhängevorrichtungen müssen sich der Pappenart anpassen, die je nach der Stoffzusammensetzung mehr oder weniger schrumpfen.

Weitaus die meiste Verbreitung findet in den modernen Pappenfabriken die Kanaltrocknung mit künstlich erwärmter Luft. Es zeigen sich dabei aber verschiedene Uebelstände, die geeignet sein können, die Güte der Pappen zu benachteiligen. Je nach dem verwendeten Stoff sind die trockenen, aus dem Kanal kommenden Pappen mitunter mehr oder weniger hart, spröde und wellig. Diese Schäden treten um so stärker auf, je schwächer die Pappen sind und mit je höherer Temperatur getrocknet wird. Man kann aber diesem Uebelstand sehr gut begegnen, indem man bei nicht zu hoher Temperatur trocknet. Neuere Trockenapparate weisen übrigens diese Nachteile nicht auf, da sie in einem Arbeitsgang die getrockneten Pappen auch gleich wieder kühlen und feuchten, so daß eine nachträgliche Feuchtung vor dem Satinieren sich erübrigt, zumal die Kanalfeuchtung eine viel gleichmäßigere ist und ein Lagern nach dem Feuchten, damit sich das Wasser sämtlichen Pappen gleichmäßig mitteilt, erübrigt. Die Pappen können vielmehr sofort auf das Glättwerk zur Satinage kommen, was ohne Zweifel als Vorteil und als große Verbilligung zu betrachten ist.

Die Zylindertrocknung kommt in einzelnen Betrieben ebenfalls noch zur Anwendung und weist unter gewissen Verhältnissen ebenfalls viele Vorteile auf. Man verwendet hierzu dampfgeheizte Trockenzylinder, durch welche die Pappen mittels eines Filzes geführt werden. Die Pappen werden naß direkt von der Presse in den Zylinder eingeführt. Der Vorteil dieser Zylindertrocknung besteht darin, daß die Pappen eine gute Glätte erhalten, so daß eine nachträgliche Satinage überflüssig wird. Sie ist allerdings nur bei dünnen Sorten vorteilhaft, bei stärkeren Pappen ist sie unwirtschaftlich und bietet keine Vorteile.

Arbeitet man mit Lufttrocknung oder mit Kanaltrocknung ohne gleichzeitige Wiederanfeuchtung, so müssen die Pappen in einer besonderen Feuchtmaschine gefeuchtet werden, indem man sie durch einen feinen Wasserregen führt. Diese Feuchtvorrichtung muß regulierbar sein, damit man je nach Bedarf die Pappen mehr oder weniger stark anfeuchten kann. Die vorbehandelten Pappen werden dann in etwa zwei Meter hohen Stapeln aufgesetzt und mitunter auch noch beschwert. Das Wasser verteilt sich so gleichmäßig durch den ganzen Stapel und die Pappen liegen gut flach. Das Stapeln macht sich oft auch bei nicht geglätteten, also auch nicht gefeuchteten Pappen erforderlich, damit sie gut flach liegen. Mitunter ist das aber auch durch nochmaliges Pressen in hydraulischen Pressen und mehrtägigem Stehenlassen unter Druck zu erreichen.

Das Glätten der Pappen erfolgt zwischen fein polierten Hartgußwalzen unter hohem Druck. Je nach den Ansprüchen, die man an die Satinage stellt, läßt man die Pappen dann ein oder mehrere Male durch das Glättwerk laufen, bis sie die gewünschte Glätte erreicht haben und auch ganz flach liegen. Mitunter verlangt man auch die Pappen in ganz gleichmäßiger Dicke, was man dadurch erreichen kann, daß die beiden Glättwalzen auf eine bestimmte Entfernung eingestellt werden, die sie nicht überschreiten können. Dicke Pappen werden dann mehr zusammengepreßt als dünne und wiegen dann natürlich dementsprechend mehr. Nach dem Glätten sind die Graupappen dann meist für den Versand fertig, nachdem sie auf besonderen Pappenwagen nach dem Gewicht aussortiert sind. Mitunter werden sie aber auch beklebt und kaschiert.

Die Holzpappen.

Unter Holzpappen sind solche Pappen zu verstehen, die ausschließlich aus weißem Holzschliff hergestellt werden. Infolge ihrer Reinheit und Freiheit von Chemikalien finden sie in erster Linie Verwendung zu Verpackungen für die Nahrungsmittelindustrie. Zur weißen oder Holzpappe verwendet man heute ausschließlich Fichtenholz, seltener Tannen- oder Kiefernholz, trotz der größeren Wohlfeilheit des letzteren. Fichtenholz liefert nicht nur die größte Ausbeute, sondern besitzt auch die hellste Faser (hellgelb), die sich auch bei längerem Lagern in der Farbe nicht verändert, außerdem ist die Fichte nicht allzu harzreich. Tannenholz ist zwar ebenfalls fast harzlos und besitzt eine anfangs hellgelbe Faser, die sich aber bald in schmutziggrau verwandelt und die Pappe unansehnlich macht, außerdem sind die Fasern nur kurz und grob; auch die Ausbeute ist nicht befriedigend. Das Kiefernholz besitzt wohl eine feine, nicht zu grobe und ziemlich lange Faser, ist aber sehr harzreich und verändert sich beim Lagern auch bald von hellgelb in dunkelgelb. Infolge des hohen Harzgehaltes bereitet sie viel Schwierigkeiten bei der Verarbeitung und kommt deshalb zu weißen Pappen kaum in Frage, sie bildet aber den Hauptrohstoff für die im nächsten Abschnitt zu behandelnden Lederpappen. Durch das besondere Verfahren wird aus ihr ein Stoff erzielt, der als Halbzellulose zu bezeichnen ist und bei richtiger Behandlung eine zähe Pappe ergibt.

Das zu Holzpappen bestimmte Fichtenholz wird nun sorgfältig geschält und von allem Bast befreit, wozu man in den größeren Betrieben besondere Schälmaschinen verwendet, während kleinere Betriebe vorteilhafter mit der Hand schälen. Alle Aeste müssen sorgfältig ausgebohrt werden, da sie nicht nur der Zerfaserung einen höheren Widerstand entgegensetzen, sondern auch den Stoff durch braune Farbe verunreinigen. Daß auch die Auswahl des Holzes bei der Güte des Erzeugnisses eine große Rolle spielt, wurde schon bei der Besprechung der Rohstoffe erwähnt.

Nachdem das Holz sauber geschält und von Aesten befreit ist, wird es auf Sägen in bestimmte Längen geschnitten. Früher verwendete man hierzu ausschließlich Kreissägen, heute kommen mehr besonders konstruierte Bandsägen in Aufnahme, deren Verwendung ganz besondere wirtschaftliche und fabrikatorische Vorteile bietet. Vor allen Dingen ist der Schnitt sauberer und splitterfreier, was sich bei der Verarbeitung auf den Holzschleifern sehr günstig bemerkbar macht. Das Zerteilen der Holzrollen erfolgt in Längen von $1/3$, $1/4$ und 1 Meter, je nach der Arbeitsbreite der Holzschleifer. In älteren Anlagen findet man noch viel Schleifer von nur $1/3$ Meter Arbeitsbreite, heute baut man fast ausschließlich nur noch solche von $1/2$ Meter, bei großen Anlagen sogar 1 Meter. Das so vorbereitete Holz kommt dann auf die sogenannten Holzschleifer, die es zerfasern oder in ihre Fasern zerlegen.

Man hat nun bei der Papierhalbstoffgewinnung aus Holz grundsätzlich zwei Verfahren zu unterscheiden:

1. die Fasergewinnung auf chemischem Wege,
2. die Fasergewinnung auf mechanischem Wege.

Die Fasergewinnung auf chemischem Wege oder die Zellstoffgewinnung beruht in großen Zügen darauf, daß man das wie oben erwähnt vorbereitete Holz in kleine Stücke hackt, die man dann in große Kocher einfüllt. Hier werden sie nach verschiedenen Verfahren (Sulfit-, Sulfat- und Natronlauge) gekocht, wobei alle Inkrustierungen des Holzes gelöst und die Fasern in ihrer ganzen Länge freigelegt werden. Durch verschiedene Behandlung und Verfahren wird dann dieser Stoff noch gereinigt, sortiert und entwässert, oft auch gebleicht, um dann hauptsächlich in der Papierindustrie Verwendung zu finden und zwar zu besseren oder mittleren Papieren. In der Pappenindustrie kommt die Zellulose weniger zum Gebrauch, da sie hierfür zu teuer ist. Höchstens für besondere Hartpappen verwendet man sie in besseren Qualitäten, während geringe Sorten und gekollerte Aeste mitunter auch bei Grau- und Lederpappen zugesetzt werden.

Die Fasergewinnung auf mechanischem Wege ist die Holzschlifferzeugung, meist mit Holzstofferzeugung bezeichnet, was aber nicht ganz zutreffend ist, da der Zellstoff ebenfalls auch Holzstoff ist. Die zutreffende Bezeichnung für mechanisch gewonnenen Holzstoff ist eben Holzschliff, da das Holz tatsächlich geschliffen wird. Durch das Schleifen werden die Inkrustierungen des Holzes nicht gelöst, höchstens vom Harzgehalt geht etwas verloren, da dieses im Wasser löslich ist. Auch hier sind Unterschiede bei den einzelnen Schleifverfahren vorhanden, indem bei dem älteren Kaltschliff weniger, bei dem neueren Heiß- und Warmschliff mehr Holz in Lösung geht.

Das Verbindungsglied zwischen Zellstoff und Holzschliff bildet der im nächsten Abschnitt „Lederpappen" genauer beschriebene Braunschliff, bei dem durch das Dämpfen oder Kochen des Holzes in Rollen, ein Teil durch Inkrustierungen gelöst wird, so daß eine Art Halbzellulose entsteht. Tatsächlich verdankt der Braunschliff seine Erfindung auch einem Zufall, indem man bemüht war, ein neues Kochverfahren für den Zellstoff zu finden. Immerhin erfolgt aber die Lösung der Fasern beim Braunschliff noch auf mechanischem Wege wie beim Weißschliff, indem die Fasern durch die Körnung der Schärfe des Schleifsteines aus dem Holzkörper gewaltsam herausgerissen werden.

Auch die Erfindung des Holzschliffes im allgemeinen beruht auf einem Zufall, sie wurde von einem Webermeister gemacht, der der Papierindustrie vollkommen fern stand. Er hat die Früchte seiner Erfindung nicht ernten können und ahnte wohl auch kaum, welchen Aufschwung die Holzschleiferei nehmen würde.

Grundsätzlich hat man nun die Holzschleiferei bis auf den heutigen Tag so erhalten, wie sie der Erfinder Keller betrieb. Das vorbereitete Holz wird durch geeignete Vorrichtungen an einen rasch rotierenden Stein angepreßt, der die Fasern loslöst. Natürlich sind diese Apparate im Laufe der Zeit immer mehr verbessert und an Leistungsfähigkeit vervollkommnet worden. Der von Keller hergestellte Holzschliff würde heute von allen Papier- und Pappenfabrikanten als unverwendbar zurückgewiesen werden, da er grob und voller Splitter war.

Zum besseren Verständnis des Weiß- und auch des später zu besprechenden Braunschliffes sollen nun in großen Zügen die Vorgänge beim Holzschleifen erläutert werden. Die Fasern des Holzes liegen im allgemeinen alle parallel zur Längsrichtung des Stammes. Wenn man nun die Holzrollen an rasch umlaufende, mit Wasser benetzte Steine preßt, so erfolgt mehr oder minder eine vollkommene Zerfaserung des Holzes. Diese Loslösung der Fasern gelingt aber selten so vollkommen, daß nicht Trümmer, Faserbündel und Splitter in dem Stoffbrei enthalten sind. Je weniger solche Trümmer, Splitter und Faserbündel der Stoff aufweist, desto besser ist er. Hierauf haben nun die Art des zur Verwendung kommenden Holzes und die mechanischen, allerdings auch gewisse chemische Einflüsse eine bestimmende Einwirkung. Die mechanischen Einflüsse werden bestimmt durch die Körnung des Steines und seine Schärfe, durch den Druck, unter dem das Holz an den Stein gepreßt wird. Eine gewisse chemische Einwirkung wird erzielt, indem sich das Holz beim Schleifen mehr oder weniger erhitzt, so daß dann das erwärmte Wasser auf den Holzkörper einwirkt, indem es diesen lockert; man nutzt das beim sogenannten Heizschliffverfahren aus, bei dem man den feinsten Stoff erzielen kann. In gewisser Beziehung sind das die gleichen Wirkungen wie beim Dämpfen oder Kochen des Holzes für Braunschliff.

Das Holzstück wird durch die große Reibung infolge des Pressendruckes erhitzt, wenn man nur geringe Mengen Wasser zuteilt. Durch die Dampfbildung wird dabei der Holzkörper gelockert; auch die hohe Temperatur des Wassers übt gewisse chemische und lösende Wirkungen aus. Wie schon erwähnt, ist aber die Hauptwirkung eine mechanische, indem durch die scharfen Körner des Schleifsteines das Holz zerfasert und aufgelöst wird. Es hat also die Schärfe bzw. die Körnung des Steines einen großen Einfluß auf Güte und Menge des Erzeugnisses.

Man verwendet als Schleifsteine vorwiegend Sandsteine; das wertvollste Material wird in der Gegend von Pirna an der Elbe gefunden. Es bereitet jedoch schon große Schwierigkeiten, den Bedarf zu decken, zumal erstklassiges Material anfängt, selten zu werden, so daß es nicht immer möglich ist, die großen Blöcke für die Steine eines modernen Großkraftschleifers in der erforderlichen gleichmäßigen Beschaffenheit zu finden. Man muß nämlich in Betracht ziehen, daß die Steine in den Schleifern der Einwirkung verschiedener großer Kräfte ausgesetzt sind. Am gefährlichsten ist die Einwirkung der Zentrifugalkraft, die bei fehlerhaften Steinen zum Zerplatzen führen kann. Man darf daher bei Natursandsteinen nicht über etwa 17 m/sek. Umfangsgeschwindigkeit gehen. Um diesem Uebelstande zu begegnen und vor allen Dingen auch Steine von ausreichender Größe in durchaus gleichmäßiger Beschaffenheit herstellen zu können, hat man in den letzten Jahren immer mehr künstliche Steine verwendet. Diese haben den Vorteil, wesentlich größere Widerstandsfähigkeit gegen die beim Schleifen auftretenden Kräfte zu besitzen und weisen eine ganz homogene Beschaffenheit bei jeder beliebigen Körnung auf.

Je nach Qualität des zu erzielenden Stoffes und nach dessen Verwendungszweck verwendet man nun härtere oder weichere, gröbere oder feinere Steine. Unter der Schärfe des Steines werden Vertiefungen verstanden, die man mit einem geeigneten, spitzen Instrument auf der Schleiffläche des Steines anbringt. Diese als Schärfen des Steines bezeichnete Bearbeitung besteht darin, daß man mit den erwähnten spitzen Instrumenten einzelne Körner heraussprengt, wodurch scharfkantige Löcher entstehen.

Das Holzstück wird durch den Druck der Schleifpressen an die so vorgerichtete Schleiffläche der Steine angepaßt, wodurch die einzelnen Fasern abgeschabt, herausgerissen und durch Spritzwasser abgespült werden. Ursprünglich benutzte man zum Anpressen des Holzes Schraubendruck, später Zahnstangen und jetzt fast ausschließlich hydraulischen Druck. Dieser gestattet eine ganz besonders feine Regelung der Pressenbelastung und somit eine weitgehende Beeinflussung der Stoffgüte und -menge. Neben diesem Druck und der Beschaffenheit des Steines ist für die Mengenleistung und Güte noch die Größe der Pressen bzw. der Schleiffläche von Bedeutung, je größer diese ist, desto besser werden erstere. Während man früher Schleifer mit 5—8 Pressen von kleiner Schleiffläche verwendete, die nur etwa 100 PS Kraftaufnahme besaßen, baut man heute in der Hauptsache Apparate mit drei Pressen von großer Schleiffläche und mehreren hundert PS Kraftaufnahme. Neuerdings ist man sogar zu Schleifern mit nur zwei Pressen übergegangen, die etwa zwei Drittel des Steinumfanges als Schleiffläche ausnützen und eine Höchstleistung an Güte und Menge vollbringen. In jüngster Zeit ist man sogar noch weiter gegangen und verwendet einpressige Großpressenschleifer, die sich aber noch im Versuchsstadium befinden, obgleich bereits gesagt werden kann, daß sie einen weiteren bedeutenden Fortschritt in der Holzschleiferei bedeuten. Der Druck, unter dem das Holz an den Schleifer angepreßt wird, ist ganz bedeutend und betrug bei älteren Apparaten etwa 400 g auf den Quadratzentimeter, bei neueren Apparaten geht man bis zu 5000 g auf den Quadratzentimeter und darüber.

Während des Schleifens spritzt man den Stein dauernd mit Wasser ab und zwar um den Stein zu reinigen, damit er nicht verschmiert, aber auch um den Stoff zu verdünnen, damit man ihn weiter bearbeiten kann. Man unterscheidet nun grundsätzlich drei Verfahren des Schleifens, und zwar das Kaltschleifen, das Warmschleifen und das Heißschleifen.

Beim Kaltschleifen läßt man dauernd viel Wasser (etwa die 300—500 fache Menge) unter hohem Druck auf den Stein spritzen, welches die Fasern abwäscht und mit ihnen zusammen unten abfließt. Verwendet man weniger Spritzwasser, dann wird warm geschliffen, wobei sich Stoff und Holz erwärmen. Beim Heißschleifen hingegen werden nur etwa 30—50 Liter Wasser auf 1 kg Stoff verwendet, so daß Stein, Holz, Wasser und Stoff heiß werden (fast bis zur Siedehitze). Um nun den Stein dauernd zu reinigen, damit er nicht verschmiert und seine Wirkung verliert, läßt man ihn unten im heißen Stoff waten, indem man diesen staut. Dieser heiße Stoff reinigt dann den Stein in vollkommener Weise. Der Kraftbedarf zum Schleifen ist bedeutend und schwankt je nach der Art des Stoffes und dem Schleifverfahren sehr bedeutend. Während man früher bei den alten Verfahren mit geringen Ansprüchen an die Güte des Stoffes auf 100 kg Holzschliff mit etwa 4 PS rechnete, benötigen moderne Apparate etwa 6 PS für die gleiche Menge, wobei allerdings ein erstklassiges Erzeugnis hergestellt wird, das fast frei von Splittern ist. Art und Arbeitsweise des Steines und dessen Schärfung beeinflussen den Kraftverbrauch im höchsten Maße.

Der aus den Schleifern kommende Stoff besteht nun auch bei modernen Apparaten durchaus nicht nur aus reinen Fasern, er enthält vielmehr noch mehr oder weniger Faserbündel und Splitter, die sich nie ganz vermeiden lassen. Um nun die gröbsten Splitter zurückzuhalten, bringt man direkt am Stoffauslauf des Schleifers einen sogenannten Spänefang an, der aus einem schwingenden Sieb besteht, welches diese groben Späne und Splitter zurückhält. Damit das Sieb nicht verstopft, wird der Stoff stark verdünnt. Beim Kaltschliff ist das Verdünnen meist nicht erforderlich, desto mehr aber beim Warmschliff und beim Heißschliff, da hier auf dem Schleifer mit weniger Wasser gearbeitet wird. Nach dieser Grobsortierung kommt noch eine Feinsortierung, die auch die feinsten Splitter ausscheidet und nach einer sogenannten Grobstoffbütte laufen läßt, von wo aus sie, wie wir nachher sehen werden, auf den Raffineur gepumpt werden.

Diese Feinsortiermaschinen bestanden ursprünglich aus zwei bis drei übereinander liegenden Schüttelsieben von verschiedener Lochung. In neuester Zeit ist man aber mehr zur Zentrifugalsortierung übergegangen, die folgende Vorteile hat: Sie besitzt größere Leistungsfähigkeit, so daß oft nur ein Apparat genügt, wo früher mehrere Schüttelsortierer nötig waren, sie sortieren viel reiner und schärfer aus und ergeben einen geringen Faserverlust und haben geringeren Raum- und Kraftbedarf. Der aussortierte gute Stoff läuft dann auf die Pappenmaschinen, während der grobe Stoff in die schon erwähnten Grobstoffbütten gelangt. Von diesen Bütten, die mit einem Rührwerk versehen sind, damit sich der Stoff nicht absetzen kann, wird er durch besondere Pumpen abgezogen und auf den Raffineur gebracht. Dieser besteht wieder aus zwei Steinen, ähnlich den Getreidemahlgängen. Der eine Stein steht still und wird als Bodenstein bezeichnet, der andere dreht sich rasch und heißt deshalb der Läuferstein. Das Material dieser Steine ist meist Basaltlava, die den Vorteil hat, sich dauernd selbst zu schärfen, so daß diese Arbeit nur in großen Zwischenräumen nötig wird. Außerdem besitzen diese Steine noch besonders angeordnete Fugen. Mitunter kommen auch künstliche Steine aus Schmirgelmasse zur Verwendung, die sich sehr bewährt haben.

In diesen Raffineuren sollen die Fasern jedoch nicht gemahlen, sondern zusammenhängende Fasern isoliert und Fasernbündel aufgelöst werden. Die gelösten Fasern werden dann auch gequetscht und geschmeidig gemacht. Die Steine dürfen sich also nicht berühren, es muß sich zwischen ihnen vielmehr ein gewisser Zwischenraum befinden, in dem die Faserbünde bearbeitet werden. Andererseits muß aber ein gewisser Druck auf den zu behandelnden Stoff einwirken, der durch eine auf den Läuferstein drückende Feder eingestellt werden kann. Körnung und Schärfe haben einen großen Einfluß auf die Leistung des Raffineurs. Auf glatten Steinen können die Fasern nur gemahlen werden, wobei sie stark verkürzt und zertrümmert werden. Im besten Falle fällt dann der Stoff schmierig aus, was aber bei der Holzpappenfabrikation unerwünscht ist; in den meisten Fällen werden jedoch die Fasern totgemahlen, d. h. so stark zertrümmert, daß sie nicht mehr verfilzen können, sondern mit dem Abwasser durch die Maschen des Siebzylinderüberzuges verloren gehen. Bei richtiger Schärfe der Steine werden die Fasern jedoch momentan festgehalten und dann durch den rasch rotierenden Läuferstein aufgelöst und geschmeidig gemacht.

Während man früher Raffineure mit liegendem Stein und stehender Welle anwendete, die aus der Getreidemüllerei übernommen waren, benutzt man jetzt Maschinen mit um eine wagrechte Welle laufenden Stein, die den Vorteil größerer Leistungsfähigkeit und besserer Wirkung haben. Bemerkt sei noch, daß beim Heißschliff der Raffineur weit weniger in Anspruch genommen zu werden braucht, da er an und für sich einen viel splitterfreieren Stoff liefert. Der Charakter des Heißschliffes ist aber so, daß er zu Holzpappen nicht unbedingt geeignet ist, da er zu schmierig ist und sich auf dem Rundsieb nur schwer entwässern läßt. Etwas anderes ist es allerdings, wenn man den Stoff noch heiß auf das Rundsieb bringen kann, da dann die Entwässerung glatt von statten geht. Da sich aber der Kaltschliff auch in genügender Feinheit herstellen läßt, so verwendet man diesen weit mehr in der Holzpappenfabrikation. Der vom Raffineur ablaufende Stoff geht nun wieder nach dem Feinsortierer und wird hier aussortiert. Die guten Fasern laufen nach der Pappenmaschine.

Neuerdings baut man auch Apparate, welche Sortierer und Raffineur vereinigen, also zwei Arbeitsgänge in einer Maschine leisten. Der Grobstoff macht darin den Kreislauf solange mit, bis er fein genug ist, um durch die Sortierbleche zu gehen. Diese Maschihen stellen eine große Vereinfachung der ganzen Anlage dar, da Grobstoffbütte und -pumpe wegfallen und anstatt des Sortierers und Raffineurs nur eine einzige Maschine tritt.

Dieser feine Schliff geht nun zur Entwässerung nach der Pappenmaschine. Man hat nun drei Arten von Pappenmaschinen zu unterscheiden und zwar ein- und mehrzylindrige Rundsiebmaschinen, auf denen man Wickelpappen herstellt, mehrzylindrige Rundsiebmaschinen, auf denen man mehrlagige Maschinenpappen in endloser Bahn herstellt, und Langsiebpappenmaschinen, auf denen man einlagige Maschinenpappen in endloser Bahn herstellt.

Die ein- und mehrzylindrigen Wickelpappenmaschinen gestatten die Herstellung dickster Pappen in gewissen Formaten, die sich nach den vorhandenen Formatwalzen, auf denen sich die einzelnen Lagen aufwickeln, bestimmen. Es sind das die am meisten anzutreffenden Pappenmaschinen. Sie ermöglichen allerdings keine Trocknung in der Maschine, die Pappen müssen vielmehr in hydraulischen Pressen weiter entwickelt werden und kommen dann zur Trocknung in einen Trockenkanal oder einen Trockenschuppen, werden darauf gefeuchtet und im zweiwalzigen Glättwerk satiniert. Diesen Maschinen kann der Stoff direkt von den Sortierern zulaufen. Es sind dabei allerdings allerlei Umstände zu beachten, damit die Pappen gleichmäßig werden, gut verfilzen und später nicht spalten; besonders bei den Holzpappen ist nämlich diese Gefahr sehr groß.

Die mehrzylindrigen Rundsiebmaschinen, die Maschinenpappen aus mehreren Lagen in endloser Bahn herstellen, sind komplizierte und große Maschinen, in welchen die Pappen in einem Arbeitsgang fertiggestellt werden, also auch getrocknet, geglättet und geschnitten; mitunter erfolgt sogar ein Bekleben oder Kaschieren derselben in den Maschinen. Man kann auf ihnen allerdings nur Pappen bis zu etwa 1100—1200 g auf das Quadratmeter (Nummer 40) herstellen, stärkere Sorten machen Schwierigkeiten und müssen zusammengeklebt werden. Diese Maschinen können den Stoff nicht direkt von den Sortierern verarbeiten, da sie einen vollkommen gleichmäßigen Stoffzulauf verlangen, sie müssen denselben vielmehr aus Bütten entnehmen, in denen stets ein größerer Vorrat gehalten wird. Man kann auf diesen Maschinen auch die Pappen aus verschiedenen Stoffsorten zusammengautschen, indem man für die inneren Lagen eine billige Stoffzusammensetzung wählt und für die beiden äußeren Lagen feinen Weißschliff oder man kann sie gleichzeitig mit besseren Papieren versehen, auch farbigen, indem man das erste und das letzte Rundsieb mit den entsprechenden Stoffmischungen laufen läßt.

Diese Maschinen besitzen außer einer Gautschpresse und der nötigen Anzahl Vorpressen (meist ebensoviel wie Siebzylinder vorhanden sind) drei Feuchtpressen und eine Trockenpartie mit einer großen Anzahl (bis zu 30 und mehr) Trockenzylindern, welche die

Pappen fertig trocknen. Durch zwei auch drei in die Maschine eingebaute Glättwerke erhalten die Pappen die erforderliche Satinage. Mitunter wird auch eine ein- oder zweiseitige Beklebevorrichtung eingebaut, welche es ermöglicht, die Pappen in einem Arbeitsgang auf einer oder beiden Seiten mit Deckenpapieren zu versehen, d. h. mit besseren oder farbigen Papieren zu überziehen. Da man so starke Pappen nicht aufrollen kann, wie z. B. Papier oder Karton, so befindet sich am Ende ein Querschneider, der es gestattet, zwei Formate zu gleicher Zeit zu schneiden. Die Leistungsfähigkeit dieser Maschinen ist sehr groß, sie beträgt etwa 20 000 bis 30 000 kg in 24 Stunden, während die Wickelpappenmaschinen im allgemeinen nur etwa 1500 bis 2000 kg, in einigen Ausnahmefällen bis zu 3000 kg, in derselben Zeit leisten.

Die Langsiebpappenmaschinen, welche einlagige Maschinenpappen in endloser Bahn herstellen, können im allgemeinen so starke Pappen nicht arbeiten, man kommt nur etwa auf 500 bis 600 Gramm auf das Quadratmeter (achtziger bis neunziger). Es gibt allerdings auch Ausführungen, welche die Pappen aus zwei bis drei Bahnen zusammengautschen, indem man drei Langsiebe anwendet, von denen das erste gewöhnlich liegt, das zweite darüber und das dritte über der Preßpartie, also rückwärts arbeitet, doch sind diese Maschinen ziemlich selten und werden in der Papierfabrikation angewendet zu Duplex- und Triplexpapieren und -kartons. Auch die Langsiebpappenmaschinen müssen aus Bütten arbeiten, da sie einen ganz regelmäßigen Stoffzulauf verlangen, der sich bei direktem Arbeiten vom Sortierer nicht erreichen läßt. Sie sind grundsätzlich wie die normalen Papiermaschinen ausgerüstet und besitzen Gautschpresse, drei Naßpressen, Trockenpartie mit vielen Zylindern, Feucht- und Trockenglätte, sowie Längs- und Querschneider für zwei Formate. Ihre Leistung ist gleichfalls groß und steht den der erwähnten Mehrzylinderrundsiebmaschinen nicht nach.

Der Braunschliff, der zu Lederpappen Verwendung findet, verdankt seine Erfindung einem Zufall. Bei einem Versuche zur Erfindung eines neuen Zellstoffverfahrens kam man auf den Braunschliff und erkannte bald, welchen günstigen Einfluß auf die Faser bzw. ihre Länge und Geschmeidigkeit das Dämpfen und Kochen des Schleifholzes besaß.

Wie schon erwähnt, nimmt der Braunschliff eine Mittelstellung zwischen Holzschliff und Zellulose ein. Durch neuere Verfahren ist man auch in der Lage, einen hellen Stoff herzustellen, der wohl die Vorteile des Braunschliffes, nicht aber die nicht überall erwünschte hellere oder dunklere braune Farbe hat.

Durch die Behandlung des Schleifholzes im Kocher gewinnt die Faser an Länge und Geschmeidigkeit, so daß hierin und in der braunen Farbe das Hauptmerkmal des Braunschliffes zu erblicken ist. Bis auf die Vorbereitung des Holzes durch Dämpfen oder Kochen ist das Verfahren zur Herstellung des Braunschliffes grundsätzlich das gleiche wie beim Weißschliff.

Durch die Vorbehandlung des Stoffes werden die erwähnten günstigen Eigenschaften erreicht, da durch die Einwirkung des heißen Wassers oder auch des Dampfes gewisse Substanzen des Holzes gelöst werden, so daß das Loslösen der Faser auf dem Schleifer leichter und mit größerer Schonung derselben vor sich geht. Der günstige Einfluß der Wärme auf das Schleifholz wurde ja schon bei den Holzpappen beim Heiß- und Warmschleifen erwähnt, bei denen ein viel feinerer, längerer und splitterfreierer Stoff erzielt wird als beim Kaltschleifen. Da aber beim Weißschliff die hohe Temperatur nur verhältnismäßig kurze Zeit auf das Holz einwirkt, so kann sich der günstige Einfluß auch nicht in so hohem Maße wie beim Braunschliff zeigen.

Ein Teil der durch die Erwärmung gelösten Stoffe bleibt im Holze, während der andere Teil ins Wasser übertritt und mit diesem abgeht, so daß das Holz je nach seiner Behandlungsart und seiner Beschaffenheit einen größeren oder geringeren Gewichtsverlust erleidet, der bis zu 20 vom Hundert ausmacht.

Der Stoff erhält durch das Dämpfen oder Kochen des Holzes eine größere Güte und Feinheit, da infolge des Lösens einiger Inkrusten der ganze Holzkörper viel geschmeidiger wird und der Stein die Faser viel leichter und mit größerer Schonung herauslösen kann, als aus dem zähen und spröden Weißholz. Die so gewonnene lange und zähe Faser macht den Stoff ganz besonders geeignet zur Erzeugung fester und hochwertiger Pappen, die man wegen ihrer braunen Farbe als Lederpappen bezeichnet. Wenn man für Braunschliff im allgemeinen so große Ansprüche an die Güte des Holzes nicht zu stellen hat, wie beim Weißschliff, so kann man doch auch bei ihm aus einem besseren Holz ein befriedigendes Ergebnis erzielen als bei minderwertigem. Man kann aber sehr gut etwas ästiges und auch harzreiches Holz verarbeiten, wenn es nur sonst gesund ist.

Man kann z. B. zu Braunschliff mit Vorteil Kiefernholz verwenden, das zu Weißschliff wegen seinem Harzreichtum weniger geschätzt ist.

Das Dämpfen oder Kochen des Holzes erfolgt nun auf verschiedene Weise und fast jeder Fabrikant hat sein eigenes Verfahren, das er für das richtige hält. Von der geeigneten und richtigen Behandlung des Holzes beim Dämpfen oder Kochen hängt nun der Erfolg zum größten Teil ab.

Je heller bei großer Festigkeit, Länge und Geschmeidigkeit die Faser bleibt, desto wertvoller wird der Stoff. Einen solchen hellen Stoff kann man im allgemeinen in der Hauptsache erzielen, wenn man das Holz mit Wasser kocht, während er beim alleinigen Dämpfen heller bleibt. Auch durch mehrmaliges Waschen des Holzes im Kocher nach der Behandlung, und zwar mit heißem Wasser, kann man einen hellen Stoff erzielen, da auf diese Weise das Holz stark ausgelaugt wird. Man hat dann allerdings mit einem größeren Verlust oder einer geringeren Ausbeute zu rechnen, da viel mehr Inkrusten entfernt werden als beim bloßen Dämpfen.

Die Vorbereitung des Holzes zum Braunschliff verlangt nun im allgemeinen weniger Arbeit als beim Weißschliff, da ein so sorgfältiges Schälen wie beim letzteren nicht erforderlich ist. Es handelt sich vielmehr nur darum, das Holz auf die erforderliche Schleifbreite zu zerteilen, was genau wie bei der Holzpappenfabrikation geschieht.

Das Schleifen des Holzes, die Sortierung und Raffinierung des Braunschliffes unterscheiden sich nun von den bei der Holzpappenfabrikation beschriebenen Verfahren in keiner Weise; es werden genau dieselben Apparate und Vorrichtungen verwendet, so daß von einer näheren Beschreibung abgesehen werden kann. Es ist nur zu beachten, daß man namentlich bei der Sortierung und auch bei den Pumpen an Stelle des Eisens Kupfer oder Rotguß verwendet, da durch das Dämpfen und Kochen Ameisensäure frei wird, welche das Schmiedeeisen bald zerstört; deshalb erhalten auch die Kocher meist Kupferauskleidung.

Die Verarbeitung des Stoffes aus den Pappenmaschinen gleicht ebenfalls der des Weißschliffes zu Holzpappen ganz und gar, es werden dazu dieselben Maschinen verwendet.

Viele Lederpappenfabriken verarbeiten aber außer dem aus gedämpftem oder gekochtem Holz gewonnenen Braunschliff noch Abfälle von Lederpappen, Braunpapier usw. Soweit diese Abfälle ebenfalls aus braunem Holzschliff ohne andere Zusätze bestehen, wird man dagegen nichts einwenden können, sowie sie aber auch viele andere Fasern enthalten oder sowie gar andere Papierabfälle mitverarbeitet werden, verdient das Erzeugnis den Namen Lederpappe nicht mehr. Unter echter Lederpappe ist ein Erzeugnis aus reinem Braunholzschliff zu verstehen. Es werden ja mitunter auch gekollerte Zelluloseäste verwendet, die die Pappe zäher machen sollen; ein Lederpappenfabrikant, der sein Handwerk versteht, wird aber auch ohne diese Zusätze in der Lage sein, aus reinem Braunschliff ein mindestens ebenso zähes Produkt herzustellen.

Wenn man aber nun einmal Altpapier und -pappen verarbeitet, dann macht sich dafür die gleiche Vorbereitung erforderlich wie bei den Graupappen. Die Abfälle müssen also sortiert werden, wenn man sie nicht schon maschinenfertig bezieht, dann macht sich eine Auflösung durch Einweichen, Kochen, Zerfasern oder Kollern und schließlich ein Aufschlagen im Holländer nötig.

Während man bei Lederpappen aus reinem Braunschliff die Knotenfänger an den Maschinen gut entbehren kann, besonders wenn man den Stoff gut sortiert und raffiniert, sind diese bei der Verarbeitung von Abfällen genau so erforderlich wie die Sandfänger.

Wenn man die Lederpappen als Wickelpappen arbeitet, dann müssen sie genau so, wie bei den Pappen beschrieben, durch hydraulische Pressen nachentwässert und in den beschriebenen Anlagen getrocknet werden, wobei das unter Graupappen Gesagte grundsätzlich auch hier gilt.

Die Lederpappen werden häufig auch im Stoff gefärbt, um daraus farbige Pappen herzustellen, die man dann oft auch noch prägt. Man erzielt auf diese Weise schöne Pappen, die man dann ohne weiteres zu Kartonnagen verarbeiten kann.

Die Strohpappen.

Die vierte große Gruppe der in der Kartonnagenindustrie hauptsächlich verwendeten Pappen sind die Strohpappen, die eine immer mehr zunehmende Anwendung finden. Die Gewinnung des Strohstoffes aus den verschiedenen Getreidestroharten ist sehr alt und reicht faßt bis zur Mitte des vergangenen Jahrhunderts zurück. Das Stroh findet nicht nur in der Pappenfabrikation, sondern vor allen Dingen auch in der Papierfabrikation weitgehendste Anwendung und liefert je nach dem Verarbeitungsverfahren einen mehr oder minder wertvollen Stoff.

Es gibt nun zur Herstellung des Strohstoffes, wie er zur Pappenfabrikation verwendet wird, verschiedene Verfahren. Für eine wirtschaftliche Fabrikation kommt heute fast ausschließlich das Kochen des vorher gehäckselten Strohes in besonderen Apparaten in Frage. Es gibt ja allerdings auch heute noch Verfahren, die zur Herstellung von gelbem Strohstoff keine Kocher benötigen, sondern die Aufschließung in Gruben vornehmen. Diese Verfahren werden wohl tatsächlich noch von einigen Fabriken angewendet, doch dürfte das Kochen in besonderen Apparaten, die unter einem gewissen Dampfdruck stehen, vorzuziehen und wirtschaftlicher sein.

Die hierzu verwendeten Kocher sind nun ziemlich mannigfaltig, ihre Bauart hängt oft von den Ansichten des Fabrikanten und auch von dem herzustellenden Erzeugnis ab. Viele Fabriken ziehen auch immer noch das Kochen von ungeschnittenem Stroh vor, obgleich das Verfahren noch mancherlei Nachteile hat. Andererseits wieder bietet das Kochen von Langstroh insofern Vorteile, als man es vorher einweichen kann, was beim Häcksel nicht gut durchführbar ist. Es soll zugegeben werden, daß vorgeweichtes Stroh rascher und mit Aufwand von weniger Lauge in Strohstoff zu verwandeln ist. Diese verschiedene Verwendung von Langstroh und Häcksel hat auch einen bestimmten Einfluß auf die Bauart des Kochers. Für Langstroh ist entschieden ein Zylinderkocher mit Einfüllöffnung an einer der Stirnwände vorzuziehen. Die Bedienung ist ja allerdings etwas umständlicher und erfordert mehr Bedienungspersonal als die Füllung eines Kochers mit Häcksel die man fast selbsttätig vornehmen kann. Die Verwendung von ungeschnittenem Langstroh hat aber andererseits den Vorteil, daß sich die Lauge rascher gleichmäßig verteilt, was beim Häcksel länger dauert, da dieser, besonders wenn er fein geschnitten ist, sehr dicht und fest liegt. Eine ganz schnelle und feine Verteilung der Lauge ist aber Erfordernis, da sonst der Fall eintreten kann, daß an den Stellen, wo die Lauge stark und lange wirkt, die Fasern vollkommen zerstört werden, während dort, wo sie nicht oder nur unvollkommen hinkommt, kaum eine Lösung der inkrustierenden Substanzen erfolgt.

Man erreicht ja eine gute und gleichmäßige Verteilung der Lauge und ein schnelles Eindringen derselben in das Stroh, indem man den Kocher rotieren läßt. Es sind grundsätzlich alle in der Strohfabrikation verwendeten Kochersysteme zum Rotieren eingerichtet. Auch die Art und Herkunft des Strohes können einen mitbestimmenden Einfluß auf die Bauart des Kochers haben, da je nachdem das Stroh mehr oder minder stark gekocht werden muß und der Dampfdruck schwankt. Man kann z. B. bei gelbem Strohstoff, für den man normal 4 Atmosphären Druck bei etwa fünfstündiger Kochzeit und 20 vom Hundert Kalk rechnet, die Kochdauer verkürzen, wenn man mehr Kalk verwendet und mit höherer Spannung kocht; anderenfalls kann man mit niedrigerer Spannung auskommen und Kalk sparen, wenn man die Kochdauer verlängert. Es ist das eine rein wirtschaftliche Frage, die sich nicht allgemein beantworten läßt.

Es kommen nun grundsätzlich zwei Bauarten zur Verwendung, die aber in verschiedenen Variationen ausgeführt werden: Kugelkocher und Zylinderkocher.

Die Kugelkocher werden heute fast ausschließlich verwendet, wenn auch die Meinungen noch geteilt sind. Ob nicht gerade für Strohstoff der zylindrische Sturzkocher den Vorzug verdient; für weißen Strohstoff oder Strohzellulose mag das auch zutreffen, für gelben Strohstoff, wie er zu Strohpappen verarbeitet wird, hat sich jedoch der Kugelkocher als überlegen erwiesen.

Ehe nun weiter auf die Behandlung des gekochten Strohs und seine Weiterverarbeitung zu Strohpappen eingegangen wird, sollen die bereits kurz erwähnten Aufschließungsverfahren ohne Kocher in Gruben zur Sprache kommen. Es bestehen da auch grundsätzlich zwei Verfahren, und zwar einmal die Aufschließung in Gruben auf kaltem Wege und das anderemal durch Dampf.

Die Aufschließung auf kaltem Wege besteht darin, daß man das Stroh in große gemauerte Gruben bringt und die einzelnen Lagen mit Kalkbrei bedeckt, dann läßt man soviel Wasser zu, bis es vollständig über dem Stroh steht. Im allgemeinen sind hierzu etwa 10 vom Hundert gebrannter Kalk erforderlich, doch ist die Menge nach Art und Beschaffenheit des Strohes in gewissen Grenzen schwankend. Kalk und Wasser läßt man dann etwa acht Tage lang auf das Stroh einwirken und läßt dann das Wasser durch verschließbare Kanäle am Boden der Gruben ab. Das Stroh wird dann herausgenommen, auf Haufen geschichtet und muß einige Tage eine gewisse Gärung durchmachen. Je nach der Güte des verlangten Stoffes muß dann das Stroh in geeigneten Waschholländern mehr oder weniger gewaschen werden, um die Kalkreste und die gelösten Inkrusten zu entfernen. Man hat es bei diesem Verfahren in der Hand, einen mehr oder minder lang erscheinenden Stoff zu erzeugen, der durch die Mahlung noch verbessert werden kann.

Eine größere Leistung kann man bei den Gruben erzielen, indem man sie mit einem doppelten Boden versieht, von denen der obere durchlöchert ist, um von unten her Dampf durch die Masse strömen lassen zu können. Die Vorbereitung der Gruben und die Einbringung des Strohes und des Kalkes erfolgen wie beim kalten Verfahren, nur muß die Masse vor dem Einbringen des Wassers und des Dampfes mit beschwerten Brettern bedeckt werden, damit sie unter der Einwirkung des Dampfdruckes und des Wasserauftriebes nicht aufsteigen kann. Dann läßt man so lange Dampf zu, bis das Wasser zum Sieden gelangt und läßt dann die Masse erkalten. Man erzielt auf diese Weise eine wesentliche Verkürzung der Aufschließungsdauer, da das Stroh in ein bis zwei Tagen durchgeweicht ist. Dann läßt man es noch einige Tage liegen und bringt es wie beim kalten Verfahren in Haufen, damit es gären kann. Bei guter und gewissenhafter Durchführung dieses Verfahrens erzielt man einen Strohstoff, der gute und zähe Pappen ergibt, die sich für viele Zwecke vorzüglich eignen.

Wenn auch diese beiden Verfahren die augenscheinlichen Vorteile der Einfachheit für sich haben, so darf doch ihre Wirtschaftlichkeit unter den heutigen Verhältnissen angezweifelt werden.

Der nach einem der kurz erwähnten Verfahren aufgeschlossene und zum Teil von seinen Inkrustierungen befreite Stoff muß nun noch aufgelöst und zerfasert werden, was besonders in Kollergängen erfolgt. Der Kollergang und seine Wirkung wurde bereits im Abschnitt „Graupappen" erwähnt, so daß hier nicht noch einmal darauf eingegangen zu werden braucht. Die verschiedenen anderen Zerfaserungsmaschinen, die für Altpapier häufig und mit Vorteil Verwendung finden, eignen sich für die Aufschließung des Strohstoffes weniger.

Mitunter verzichtet man auch auf eine Behandlung im Kollergang und bringt den in Gruben oder im Kocher aufgeschlossenen Stoff direkt in den Holländer. Aber auch beim vorherigen Kollern ist der Holländer nicht entbehrlich, da der Stoff zum mindesten ausgewaschen werden muß, um den darin enthaltenen Kalk und die Inkrustierungen zu entfernen. Bei genügend gekollertem Stoff ist dann eine Mahlung unnötig. Demzufolge ist also ein Unterschied in den Holländerkonstruktionen zu machen, je nachdem, ob der Stoff nur gewaschen oder auch gemahlen werden soll. Bei den Waschholländern ist natürlich eine Bemesserung der Walze und ein Grundwerk überflüssig. Man versieht sie einfach mit Schaufeln, welche den Stoff in Umlauf versetzen. Das Entfernen des Waschwassers erfolgt dann dauernd durch besondere Einrichtungen, bis der Stoff rein genug ist.

Soll dagegen auch eine Mahlung stattfinden, so eignet sich der normale Ganzzeugholländer, dessen Grundsätze beim Abschnitt „Graupappen“ erklärt werden, in seinen verschiedensten Konstruktionen. Von einem solchen Holländer, der seinen Zweck erfüllen soll, ist nun zu verlangen, daß er in kürzester Zeit mit geringstem Kraftaufwand den verlangten Ganzstoff herstellt. Zu diesem Zwecke muß er einen guten Zug besitzen und in allen Teilen gute Zugänglichkeit haben, die seine Bedienung erleichtert und gefahrlos macht. Füllen und Leeren müssen schnell vor sich gehen und die Reinigung leicht möglich sein. Die Trogkonstruktion muß derartig sein, daß tote Winkel und Ecken, in denen der Stoff liegen bleibt oder sich festsetzen kann, nicht vorhanden sind. Die Messerwalze muß vollkommen parallel heb- und senkbar sein, um den Mahldruck einstellen zu können.

Man kann diese Holländer, sofern sie eine Waschvorrichtung besitzen, auch zum Waschen des Strohstoffes ohne Mahlung verwenden. Wenn man nämlich die Messerwalze in einen größeren Abstand von dem Grundwerk bringt, etwa 10 mm, so wirkt sie wie das Schaufelrad eines Waschholländers, in den sie den Stoff nur fördert, sie hat aber der Schaufelwalze des Waschholländers gegenüber den Vorteil, daß sie den Stoff gleichzeitig aufschlägt, ohne ihn zu mahlen oder sonstwie anzustrengen. Wenn man dagegen die Messerwalze dem Grundwerk auf etwa 1 mm nähert, so wird der Stoff gekratzt und gebürstet, ohne daß eine Mahlung stattfindet; die Faserbündel werden also auf schonendste Weise in die einzelnen Fasern zerlegt. Diese Behandlung wird namentlich da erforderlich sein, wo man einen Kollergang nicht besitzt. Nähert man die Walze dem Grundwerk noch weiter, bis sie sich mit einem gewissen Gewicht auflagert, so erfolgt ein Mahlen des Stoffes, was aber beim Strohstoff im allgemeinen nicht erforderlich ist.

Eine Raffinierung und Sortierung des gelben Strohstoffes zu Pappen findet im allgemeinen nicht statt, von den Holländern wird er unmittelbar in die Bütten der Pappenmaschinen entleert, falls er nicht vorher besonders geleimt, beschwert oder gefärbt werden soll.

Als Pappenmaschinen kommen gleichfalls alle bei den anderen Pappenarten verwendeten Systeme zur Anwendung. Die einzylindrige Wickelpappenmaschine findet man allerdings seltener, weit öfter die

Mehrzylinderrundsiebmaschinen und die Langsiebmaschinen und angebauter Trockenpartie zur Herstellung von Maschinenpappen in endloser Bahn. Die Maschinen werden vorteilhaft mit Sand- und Knotenfängern ausgerüstet.

Gerade bei Strohpappenmaschinen findet man häufig eingebaute Kaschiervorrichtungen, die dann hinter dem der Trockenzylindergruppe folgendem Glättwerk eingebaut werden. Die Kaschierung kann ein- und zweiseitig erfolgen. Im ersten Falle folgt hinter der ersten Klebepresse meist eine kleine Trockenzylindergruppe und auf diese die zweite Klebepresse, hinter der dann die beklebte Bahn nochmals eine kleine Trockenzylindergruppe passiert und dann durch einen Längsschneider entweder einem Rollapparat oder bei stärkeren Pappen einem Querschneider zugeführt wird. Diese Querschneider sind mit rotierenden Messern ausgerüstet und gestatten meist ein Schneiden von zwei verschiedenen Formaten gleichzeitig.

Mitunter werden die Strohpappen aber auch in besonderen Vorrichtungen kaschiert. Das wird besonders da vorzuziehen sein, wo auch kleine Anfertigungen beklebt werden sollen. Während nun die Kaschierung in den Maschinen in Bahnenform erfolgt, kommt bei den selbständigen Kaschiermaschinen nur das Bekleben von beschnittenen Bogen in Frage. Diese Maschinen sind zum Teil gleichfalls mit einem Trockenzylinder ausgerüstet und entnehmen das Deckenpapier einer endlosen Rolle. Bei zweiseitig zu kaschierenden Pappen muß also der Durchgang der Bogen zweimal erfolgen. Neuerdings verwendet man jedoch auch Maschinen, die an Stelle des Trockenzylinders mit Heizwalzen arbeiten. Der Grundsatz der Maschinen ist derselbe, aber die Trocknung und das Ablegen der beklebten Pappen werden einfacher.

Da die Dicke der herzustellenden Pappen auf der Maschine auf etwa 2 mm beschränkt ist, so macht sich oft noch ein Zusammenkleben der einzelnen Pappen erforderlich, wenn nämlich stärkere Pappen verlangt werden. Während man bei der Wickelpappenherstellung selbst sehr dicke Pappen auf der Maschine durch Zusammengautschen arbeiten kann, muß man bei der Strohpappenfabrikation, wenn man mit Lang- oder Mehrrundsiebmaschinen arbeitet, stärkere Pappen durch Zusammenkleben herstellen. Man ist bei dieser Herstellungsart an keine Grenze mehr gebunden. Die einzelnen Pappen müssen jedoch auf der Pappenmaschine größer gearbeitet werden als das verlangte Format, da sich nach dem Zusammenkleben ein nochmaliges Beschneiden auf allen vier Seiten erforderlich macht. Man verwendet dazu ziemlich einfache Maschinen, die die Bogen mit Kleister oder Leim bestreichen. Die mit dem Kleister bestrichenen Bogen werden dann in hydraulische Pressen bekannter Bauart geschichtet und hier zusammengepreßt. Zwischen je zwei zusammengeklebte Pappen müssen Preßbleche eingelegt werden, damit sich alle Unebenheiten ausgleichen können.

Nach dem Pressen macht sich noch ein Trocknen der geklebten Pappen nötig, für das alle in der Pappenindustrie sonst in Anwendung kommenden Verfahren dienen können. Natürlich wird sich auch hier empfehlen, die leistungsfähigsten Apparate zu wählen, weil sie auf die Dauer im Betriebe die billigsten sind und dabei ein hochwertiges Erzeugnis ohne viel Ausschuß herstellen. Man wird also auch hier mit Vorteil zu den Trockenkanälen übergehen und von allen anderen sonst verwendeten Vorrichtungen absehen.

Neuerdings klebt man die Strohpappen ausschließlich mit Natronwasserglas, das durch Zusammenschmelzen von pulverisiertem Quarzsand und Soda gewonnen wird. Flüssiges Natronwasserglas, das eine Verbindung von in Wasser gelöster Kieselsäure mit Natron ist, kann man mit Wasser, besonders aber mit warmem, in jedem Verhältnis mischen.

Die Hart- und anderen Sonderpappen.

Die Hartpappenfabrikation hat in den letzten Jahren immer mehr an Bedeutung gewonnen. Begünstigt wurde das namentlich im Kriege durch den Mangel an Leder und anderen Rohstoffen. Die Erzeugung guter Hartpappen ist nun durchaus nicht so einfach und verlangt große Sorgfalt und Erfahrung, wenn man ein gutes Erzeugnis herstellen will, das auch die Bezeichnung Hartpappen wirklich verdient und den Anforderungen gewachsen ist, die man füglich stellen kann. Von einer guten Hartpappe muß man in erster Linie folgende Eigenschaften verlangen: große Zähigkeit und Biegungsfestigkeit, eine gewisse Härte und Wasserbeständigkeit, Widerstandsfähigkeit beim Knicken und Biegen, damit die Pappen nicht spalten und Risse bekommen.

Um diese Eigenschaften zu erreichen, muß man schon bei der Auswahl der Rohstoffe sehr sorgfältig verfahren, sorgfältiger als bei allen bisher aufgeführten Pappensorten. Es kommen in erster Linie Hadern und gewisse Altpapiere in Frage. Die Hadern müssen harte, zähe Fasern haben, am besten geeignet sind infolgedessen Hanf, Flachs, Grauleinen, Bindfaden, Taue und Stricke. Jute ist ungeeignet, da sie zu weiche Fasern hat. Als Altpapiere eignen sich am besten

Akten, unbeschwerte, bessere, holzfreie Abfälle und ähnliche. Zellulose ist nur bedingt zu verwenden, am besten geeignet ist noch die Sulfitzellulose nach dem Mitzscherlich-Verfahren, wohingegen Natronzellstoff zu vermeiden ist, da er nicht so gemahlen werden kann, wie es für die Hartpappen erforderlich ist. Die oben erwähnten Lumpen ergeben vor allen Dingen eine harte und klangvolle Pappe, auch Sulfitzellulose begünstigt diese Eigenschaften. Zelluloseäste, die sonst in der Pappenfabrikation verwendet werden, sind bei Hartpappen unbrauchbar, da sie keinen schmierigen Stoff ergeben, der hier im Gegensatz zu den anderen Pappensorten unbedingt erforderlich ist. Auch gute, harte und möglichst unbeschwerte Altpapiere oder solche, die mit Stärke gefüllt sind, mit guter Leimung erhöhen Klang und Härte der Pappen.

Die Vorbereitung der Hadern ist die in der Papierfabrikation sonst übliche, sie werden sortiert, gestäubt, gedroschen, geschnitten und gekocht. Eine Bleiche unterbleibt meist, da die Hartpappen fast stets farbig gearbeitet werden. Eine große Rolle spielt bei der Hartpappenfabrikation der Holländer, da hier eine sehr sorgfältige Mahlung der Fasern stattfinden muß, von der die guten Eigenschaften des Erzeugnisses zum großen Teile abhängen. Die Hadern werden im Halbzeugholländer gemahlen, Zellstoff und Altpapier gekollert, der Zerfaserer hat sich für Hartpappen nicht so gut bewährt. Es mag das seinen Grund darin haben, daß man meist hartgeleimte Papiere verarbeitet, die sich im Zerfaserer doch nicht so gut aufschließen lassen, wie es für Hartpappen erforderlich ist, damit keine Knoten und unaufgelösten Papierblättchen mit in den Stoff kommen. Am besten weicht man die Papierabfälle gut ein, damit sie sich dann im Koller besser auflösen lassen; ein Kochen ist aber auf jeden Fall zu vermeiden, weil sonst der Leim zu stark gelöst wird und verloren geht. Beim bloßen Aufweichen bleibt er jedoch zum größten Teile im Stoff und erhöht die Güte der Pappe, auch erreicht man dadurch eine empfindsame Ersparnis an Leim.

Die Stoffe werden dann in einem Ganzzeugholländer gut gemischt und mit breiten Messern fertig gemahlen. Wenn schon bei den Graupappen verlangt wird, daß der Holländer einen guten Zug hat, so ist das bei den Hartpappen erst recht der Fall, damit der Stoff gut und gleichmäßig gemischt und durchgemahlen wird. Andererseits ist aber hier ganz besonders darauf zu achten, daß der Stoff nicht zu kurz wird und daß er vor allen Dingen nicht totgemahlen wird, da sonst die bei Hartpappen ganz besonders wichtige gute Verfilzung nicht zu erzielen ist. Der Inhalt der Holländer soll nicht zu groß sein, nicht über 200 kg. Alle Leeren sind gleichmäßig zu mahlen und der Mahlungsgrad dauernd zu prüfen. Fabriken, die ein ganz besonders hochwertiges Erzeugnis herstellen, werden daher den Stoff vor dem Ableeren in die Bütten in einer Kegelstoffmühle egalisieren. Während man in Graupappenfabriken mit nur wenig Holländern auskommt, da eine eigentliche Mahlung des Stoffes nicht oder kaum stattfindet, sind in Hartpappenfabriken genügend viele Holländer vorzusehen, da der Stoff ziemlich lange gemahlen werden muß.

Die Bütten sind genügend groß zu wählen, damit sie mehrere Holländerleeren aufnehmen können, und mit gut wirkenden Rührvorrichtungen zu versehen. Man ist dann immer in der Lage, einzelne nicht ganz gleichmäßig in der Mahlung ausgefallene Leeren untereinander zu mischen. Vor den Knotenfängern ist unbedingt ein Sandfang einzuschalten, da bei den Hartpappen größter Wert auf Reinheit gelegt wird. Dieser Sandfang soll auch einen sicher wirkenden Schnurenfang erhalten, wie es bei den Graupappen schon erwähnt wurde, auch die Einschaltung eines Magneten, der Eisenteile herausfängt (Heftklammern) ist erforderlich. Es wird sich das besonders da empfehlen, wo als Altpapier viel Geschäftsbücher und dergleichen verarbeitet werden, da die Heftklammern sich bei der Sortierung des Papieres nie restlos entfernen lassen. Die Knotenfänger sollen in ihrer Wirkung so sein, daß sie alle dennoch im Stoff verbliebenen Unreinheiten, Knoten usw sicher zurückhalten.

Der Stoffeinlauf in den Zylindertrog der Pappenmaschine muß ganz gleichmäßig über die ganze Breite und ohne Wirbel erfolgen, da die Hartpappen eine ganz gleichmäßige Dicke haben müssen. Am besten wird auf der Pappenmaschine mit starker Verdünnung gearbeitet, die aber vollständig gleichmäßig gehalten werden muß, damit sich die Fasern in dünnem, gleichmäßigem Flor auf dem Ueberzugsgewebe des Siebzylinders ablagern. Im Zylinderkasten muß der Stoff ganz gleichmäßig gehalten werden, er darf nicht zu stark entwässert werden, damit er nicht zu trocken auf die Formatwalze kommt. Das ist von größter Bedeutung für eine gute und innige Verfilzung der einzelnen Lagen untereinander. Wenn man nämlich zu trocken arbeitet, dann spalten die Pappen leicht, was gerade bei den Hartpappen unbedingt vermieden werden muß.

Siebe und Filze müssen gut durchlässig sein, damit sie ganz gleichmäßige Lagen aufnehmen und diese gleichmäßig entwässern. Verlegte Filze und Siebe geben keine geschlossenen Lagen. Auf der

Formatwalze müssen die einzelnen Lagen gut zusammengepreßt werden. Es ist auch von größter Bedeutung, daß die Walzen genau parallel liegen, damit sie nicht ungleich pressen und die Pappen verschiedene Stärke erhalten. Der Schwund ist bei den Hartpappen infolge des hohen Gehaltes an Hadern sehr groß, da diese im nassen Zustande stark aufquellen; er beträgt in der Querrichtung etwa 10 vom Hundert und in der Längsrichtung etwa 4 bis 5 vom Hundert.

Dem weiteren Entwässern der mit höchstens 33 vom Hundert Trockengehalt von der Pappenmaschine kommenden Hartpappen auf den hydraulischen Pressen ist größte Sorgfalt zuzuwenden. Spindelpressen eignen sich hierzu nicht, da man eine so gleichmäßige Pressung und einen so hohen Druck, wie unbedingt erforderlich ist, damit nicht erreichen kann. Zwischen je zwei Pappen legt man Preßtücher aus einem nicht zu groben und vor allen Dingen nicht markierendem Gewebe. Alle 10 Zentimeter kommen zwischen dies Stapel wieder Preßplatten, die nicht zu dünn sein dürfen und vollkommen flach liegen müssen, ohne Buckel zu haben oder rauh zu sein; Rostflecke dürfen sie ebenfalls nicht aufweisen. Am besten werden sie verzinkt oder noch besser brüniert; Anstriche sind nicht zu empfehlen. Man preßt nun unter der hydraulischen Presse erst unter ganz allmählicher Steigerung des Druckes, damit das Wasser aus den Pappen entweichen kann und steigert dann den Druck allmählich bis auf etwa 300 Atmosphären. Dann lasse man die Pappen einige Stunden unter diesem Höchstdrucke stehen, was allerdings eine größere Anzahl von Pressen voraussetzt. Für die Güte der Pappen ist es besonders vorteilhaft, wenn die einzelnen Pauschte nach diesem Pressen umgepackt werden, indem man an Stelle der alten Preßtücher neue einlegt und dann noch einmal langsam bis zum Höchstdrucke preßt.

Die Preßtücher und Bleche müssen genügend groß sein, damit sie auf allen vier Seiten über die Ränder der Pappen hinausragen. Zu kleine Tücher und Bleche würden nasse Ränder verursachen, die dann bei der Trocknung Schwierigkeiten und viel Ausschuß bereiten. Die Tücher müssen von Zeit zu Zeit gewaschen werden, da sie sich infolge der starken Leimung der Hartpappen verschmieren. Sie werden dann vorteilhaft ganz flach zum Trocknen aufgehängt, damit sie keine Falten bekommen. Die Bleche dürfen nicht geworfen werden, weil sie dadurch Beulen bekommen, schief werden und sich verziehen, auch besteht die Gefahr, daß der rostschützende Ueberzug dabei abspringt.

Die Hartpappen werden nun in allen möglichen Farben verlangt, je nach dem Verwendungszweck. Erdfarben lassen sich dazu nur in ganz beschränktem Maße und dann auch nur in feinster Schlämmung verwenden, da sie die Festigkeitseigenschaften der Pappen nachteilig beeinflussen. Den Grundton kann man ihnen oft erteilen durch Verwendung entsprechend farbigen Altpapiers, wobei man aber sehr vorsichtig verfahren muß, damit man nicht zu große Mengen holzhaltiger und stark beschwerter Papiere verarbeitet. Ein gewisser Füllstoffgehalt an feinst geschlämmten Erdfarben, Kaolin, Lenzin oder dergleichen kann einen günstigen Einfluß auf die Güte der Pappen haben, indem er ihre Dichtigkeit erhöht. Im übrigen sind zum Auffärben der Hartpappen die Anilinfarben zu verwenden, mit denen man die schönsten Töne in echten Farben, selbst tief schwarz, erzielen kann.

Die Trocknung der Hartpappen bereitet immer einige Schwierigkeiten, am besten geeignet ist dafür die Kanaltrocknung. Die Pappen müssen bis zu etwa 45 vom Hundert entwässert in den Kanal kommen und keine nassen Stellen aufweisen, damit sie sich nicht werfen. Infolge der Stoffzusammensetzung neigen nämlich die Hartpappen besonders stark zum Krümmen und Verziehen. Infolge des bereits erwähnten großen Schwundes bei der Trocknung ist ganz besondere Aufmerksamkeit auf die Aufhängung zu legen, damit hierdurch nicht Falten und Verzerrungen entstehen, indem beim Trocknen die Klammern nicht genügend nachgeben. Auch die erforderliche starke Leimung begünstigt das Krümmen der Pappen.

Am günstigsten erfolgt die Trocknung in langen Kanälen, die ein langsames Trocknen mit großen Luftmengen von niedriger Anfangstemperatur gestatten. Die erwärmte Luft muß dabei die Papptafeln ganz gleichmäßig umspülen, damit sie nicht etwa an den Rändern zuerst trocknen; das würde ein späteres Flachliegen unmöglich machen. Wenn hingegen die Mitte zuerst trocknet, dann entstehen runzliche Ränder, was ebenfalls ein Welligwerden der Pappen zur Folge hat. Am vorteilhaftesten sind lange Trockenkanäle mit gleichzeitiger Kühlung und Wiederbefeuchtung der Pappen, wie sie sich auch für andere Pappen bereits gut bewährt haben. Aber auch hier muß mit größter Vorsicht und Sorgfalt gearbeitet werden. Zu stark gekühlte Pappen feuchten sich nämlich im Feuchtfeld nicht gleichmäßig durch, da sie infolge ihrer starken Leimung das Wasser schwer wieder annehmen. Der Wasserdampf schlägt sich auf den kalten Pappen nieder und kann nicht in die Poren eindringen, das Wasser läuft vielmehr an der Pappe herunter und bildet Streifen, die dann bei der Behandlung auf dem Kalander und beim Glätten Schwierigkeiten machen; der Pappe ein unansehnliches Aeußere geben oder sie gar minderwertig machen. Sind die Pappen jedoch nicht zu stark abgekühlt, so sind die Poren nicht geschlossen und der Wasserdampf der feuchten Luft kann in sie eindringen, ohne sich niederzuschlagen. Da moderne Kanäle in jeder Beziehung eine gute Regelung zulassen, also auch in bezug auf Kühlung und Feuchtung, so ist es allerdings nicht allzu schwierig, den richtigen Grad zu finden.

Es ist aber auf jeden Fall zu empfehlen, noch eine Feuchtmaschine vorzusehen, die das Wasser allerfeinstens zerstäubt, damit es in einem feinen Nebel ganz gleichmäßig auf die Pappen gelangt. Besonders hierzu geeignet sind die Bürstenfeuchter, bei denen man eine gute Regelung des Feuchtigkeitsgrades in der Hand hat.

Die Glättung der Hartpappen erfolgt auf den bei Pappen sonst üblichen Glättwerken; mitunter werden sie in ganz genauer Stärke verlangt, besonders für technische Zwecke, man walzt sie dann auf Kalandern, deren Walzenabstand auf diese Stärke einstellbar ist.

Die Hartpappen werden stets auf allen vier Seiten beschnitten geliefert. Das Beschneiden erfolgt am besten auf Kreisscheren, da diese einen vollkommen sauberen und scharfen Schnitt und eine gleichmäßige Größe der Tafeln liefern.

Den Hartpappen in Stoffzusammensetzung, Behandlung und Verarbeitung des Stoffes gleich sind die Preßspäne. Da auch an diese höchste Anforderungen gestellt werden, so ist beste Stoffmischung nötig. Sie müssen hochpoliert sein, dürfen keine Falten, Knoten und Farbflecken enthalten, sie dürfen auch nicht abfärben und müssen vollkommen frei von Chlor und Säure sein. Auch in der Elektrotechnik finden sie viel Verwendung.

Eine andere Sonderpappe, die mit den Hartpappen viel gemeinsam hat und größte Sorgfalt in der Herstellung verlangt, ist die Jacquardpappe, die in den Gebild- oder Jacquardwebereien verwendet wird, um die Muster, in die Gewebe einzuweben. An diese Pappe werden sehr hohe Anforderungen gestellt; die Muster werden nämlich in Form von kleinen Löchern von 3 bis 35 mm Durchmesser in die Pappen gestanzt; durch diese Löcher greifen die Patinen oder Nadeln und ziehen den Faden hindurch. Um ein ganz genaues und gleichmäßiges Bild in den Geweben zu erhalten, dürfen sich diese Pappen nicht dehnen, ziehen oder werfen und auch keine Feuchtigkeit aufnehmen. Als Rohstoffe kommen in Frage: Leinenhadern, Stricke, Netze, Baumwolle, gegebenenfalls auch Sulfitzellulose und ein geringer Zusatz von weißem Feinschliff. Der Stoff muß knotenfrei, ziemlich kurz und schmierig gemahlen werden, die Leimung soll gut sein, am besten wird Tierleim verwendet. Mitunter werden die Pappen auch nachträglich noch mit Glyzerin oder Tierleim imprägniert, indem man sie auf beiden Seiten damit bestreicht, nochmals in der hydraulischen Presse preßt und dann auf dem Kalander glättet.

Das Arbeiten auf der Pappenmaschine und das Trocknen müssen genau wie bei den Preßspänen erfolgen. Die Farbe ist bei diesen Pappen nebensächlich; sie werden meist weiß verlangt, aber auch grau bis bräunlich. Die Stärke muß vollkommen gleichmäßig sein und 0,6 bis 1,2 Millimeter betragen.

Ein anderes als Hartpappe zu bezeichnendes und auch wie dieses zu arbeitendes Erzeugnis sind die Schuhpappen, die bei gewissen Teilen des Schuhes als Ersatz des Leders verwendet werden. Stoffzusammensetzung und Behandlung des Stoffes im Holländer, auf der Maschine, beim Trocknen und beim Glätten sind wie bei den Hartpappen und Preßspänen, nur daß die Schuhpappen keine Achatglätte erhalten. Grundbedingung für ein hochwertiges Erzeugnis ist also auch hier die kurze und schmierige Mahlung des Stoffes. Auf der Maschine muß in dünnen Lagen und naß gearbeitet werden. Die Pappen dürfen nicht spalten, auch dann nicht, wenn sie, wie es bei einzelnen Teilen erforderlich ist, abgeschrägt werden. Die Schuhpappen müssen wasserfest gearbeitet werden, damit sie sich durch Nässe oder Schweiß nicht auflösen. Die Farbe ist verschieden, meist aber purpur- bis karminrot. Für Vorderkappen werden sie etwa 0,9 mm, für Hinterkappen etwa 1,5 mm stark verlangt. Da sie zu diesem Zwecke in bestimmte Formen gepreßt werden und diese Formen behalten müssen, so sind sie sehr zäh zu arbeiten und bestens zu leimen, damit sie durch die Feuchtigkeit nicht ihre Form verlieren.

Hohe Anforderungen werden auch an die Ziehpappen gestellt, doch ist für sie die Wahl eines so wertvollen Stoffes wie für die bisher aufgeführten Pappenarten nicht erforderlich. Die Hauptanforderungen sind: große Zähigkeit und Biegsamkeit und nicht zu große Härte. Es sind das Eigenschaften, die sich bei guten reinen Lederpappen aus reinem Braunholzschliff ohne Schwierigkeiten erreichen lassen. In den meisten Fällen wird ja auch Lederpappe zu diesem Zweck verwendet, sie muß nur entsprechend zäh gearbeitet sein und vollkommen gleichmäßige Dicke haben. Falls farbige Ziehpappen verlangt werden, so empfiehlt sich, das Holz anstatt zu dämpfen zu kochen, damit man einen hellen Stoff erhält, und dann mit Anilinfarben aufzufärben. Auch der Zusatz von echten Lederpappenabfällen in gewissen Grenzen begünstigt die guten Eigenschaften des Erzeugnisses.

Eine besondere Ziehpappe sind die Kartuschpappen, zu denen man ebenfalls Lederpappen verwenden kann; da die Farbe hier Nebensache ist, so werden sie meist in der bekannten Naturfarbe gearbeitet. Für gewisse Sonderzwecke kommt auch eine Mischung von Hadern und Zellstoff in Anwendung, die im Holländer schmierig, aber nicht so kurz wie bei Hartpappen und Preßspänen gemahlen wird. Auch feste, zähe Papierspäne, die man gut kollert, setzt man dem Stoff zu.

Die Buchrückenpappen, die für Geschäftsbücherrücken verwendet werden, müssen ähnliche Eigenschaften besitzen wie die Ziehpappen, also große Zähigkeit, Steifigkeit und eine gewisse Härte, vor allen Dingen aber auch gleichmäßige Dicke. Sie werden in verschiedenen Stärken bis zu 2,5 mm gearbeitet. Sie müssen gut geleimt sein und eine gute Stoffmischung haben, ähnlich den Hartpappen; der Stoff soll schmierig, kurz und gut verfilzbar sein. Auf der Maschine muß naß und in dünnen Lagen gearbeitet werden. Die Farbe ist ohne Bedeutung, meist grau. Da die Pappen gebogen werden und ihre Form behalten müssen, so sind die angeführten Eigenschaften unbedingt erforderlich. Es ist in Betracht zu ziehen, daß die Geschäftsbücherrücken oft Jahre lang bei dauernder täglicher Benutzung auf- und zugebogen werden. Ungeeignete Pappen sind daher nicht imstande, den Büchern auf die Dauer die nötige Festigkeit und Widerstandfähigkeit zu geben.

Auch die Stanzpappen sind zu den Hartpappen zu zählen. Sie dienen als Unterlage beim Stanzen von Papier, Pappe, dünnem Blech usw. und haben den Zweck, das Eindringen des Messers in den Unterlageklotz zu verhüten und somit Beschädigungen des Messers und des Klotzes zu verhindern. Die Pappen müssen also hart und elastisch sein. Die Fasern dürfen nicht zu kurz sein, damit die Oberfläche der Pappen nicht ausbröckelt, wenn sich durch mehrmalige Benutzung die Schnittlinien kreuzen. Die Pappen müssen auch vollkommen glatt und flach liegen, sie werden 5 bis 6 mm, selten stärker verlangt. Man wähle eine gute Stoffzusammensetzung und mahle schmierig und lang, die Leimung erfolgt mit Tierleim,

Stärke und Pflanzenleim. Die Pappen müssen stark gepreßt und gut geglättet werden. Da die Farbe ganz nebensächlich ist, so werden sie naturfarbig geliefert. Mitunter werden auch sogenannte vulkanisierte Stanzpappen verlangt, es sind hierunter gehärtete Pappen zu verstehen. Die Härtung erfolgt durch imprägnieren mit Tierleim nach dem Glätten. Nach der Imprägnierung werden die Pappen nochmals gepreßt und dann auf dem Glättwerk ein zweitesmal gut geglättet, sie werden dadurch widerstandsfähiger.

*

KARTON UND PAPPE FÜR FALTSCHACHTELN

An die Kartons und Pappen zur Herstellung der Faltschachteln werden im allgemeinen Anforderungen gestellt wie an kein zweites Erzeugnis der Papierindustrie. Diese Anforderungen zeichnen sich vielfach durch eine Vielseitigkeit aus, die es erklärlich erscheinen läßt, daß durchaus nicht jeder Karton und jede Pappe dazu geeignet ist.

Da es sich bei den Faltschachteln nur um Massenauflagen handelt, so ist es erklärlich, daß der dazu verwendete Rohstoff bei aller Eignung für seinen Zweck auch äußerst billig sein muß. Diese Anforderung bildet also eine scharfe Grenze, die genau beachtet werden muß und die dem Papier- und Pappenfabrikanten verhältnismäßig wenig Spielraum in der Auswahl seiner Rohstoffe läßt. Eine weitere Anforderung, welche einen großen Einfluß auf die Wahl der Rohstoffe für diese Pappen und Kartons ausübt, ist der Umstand, daß infolge des Massenbedarfes nur die Verarbeitung auf leistungsfähigen Spezialmaschinen erforderlich wird, die nach Möglichkeit automatisch arbeiten, um an Bedienung zu sparen. Der Karton oder die Pappe müssen demnach auch genügend Festigkeit besitzen, um die Verarbeitung in diesen Maschinen aushalten zu können. Sie müssen aber infolge der automatischen Arbeit dieser Faltschachtelmaschinen sehr gleichmäßig in der Dicke gearbeitet sein, um ein anstandsloses Arbeiten zu gewährleisten. Je nach dem Verwendungszweck werden nun auch sehr verschiedene Anforderungen an die Bedruckfähigkeit gestellt, für die allerlei Druckverfahren, vom gewöhnlichen Buchdruck bis zum Steindruck, Chromodruck und auch dem modernen Offset- oder Gummidruck, in Frage kommen. Einen weiteren Einfluß übt die Art der zu verpackenden Gegenstände aus, denn es ist erklärlich, daß zum Verpacken von Genuß- und Nahrungsmitteln größere Anforderungen an Reinheit des Stoffes gestellt werden müssen als zum Verpacken von anderen Waren, z. B. Seifenpulver und ähnlichen.

Die Faltschachtelkartons und -pappen sind zu den extrem dicken Papieren zu zählen. Es läßt sich nun keine scharfe Grenze ziehen, was als Karton oder auch als Feinpappe zu bezeichnen ist. Als Pappe kann man im allgemeinen solche Erzeugnisse der Papierindustrie bezeichnen, die ein höheres Quadratmetergewicht als 200 g haben. Für die Faltschachtelfabrikation kommen nun Erzeugnisse mit einem höheren Quadratmetergewicht als etwa 450 bis 500 g kaum in Frage. Dadurch ist schon ein Kennzeichen für die Herstellungsweise gegeben, denn diese Gewichte kann man noch auf der Lang- und Mehrrundsiebmaschine herstellen, und tatsächlich kommen diese beiden Maschinenarten für Faltschachtelkartons und -pappen auch ausschließlich in Frage, denn wenn man sie auch auf Einzylinderrundsiebmaschinen als Wickel- oder Handpappen herstellen könnte, so würde das doch unwirtschaftlich sein, da diese Maschinen bei so geringen Stärken zu teuer arbeiten und auch keine gleichmäßigen Pappenstärken ergeben. Außerdem ist es wünschenswert, für viele Faltschachtelautomaten den Karton und die Pappe auch in Rollen liefern zu können, während bedruckte Faltschachtelzuschnitte wieder meistens aus Formaten hergestellt werden.

Für Faltschachtelpappen und -kartons kommen nun fast alle in der Pappenindustrie verwendeten Rohstoffe in Frage, außer Hadern, die man absichtlich wegen ihres hohen Preises nicht verarbeiten wird; sie können höchstens durch mitverarbeitete Papierabfälle in den Stoff kommen.

Es ist nun zu unterscheiden zwischen einlagigen Pappen und Kartons, also solchen, die auf einer Langsiebmaschine hergestellt werden, indem man auf dem Sieb den Stoff in einer solchen Dicke auflaufen läßt, die der Dicke der erwünschten Pappe entspricht, und in mehrlagige Pappen und Kartons, die auf Mehrrundsiebmaschinen oder Langsiebmaschinen mit mehreren Sieben durch Zusammengautschen der einzelnen Bahnen oder auch durch Kaschieren auf Kaschiermaschinen hergestellt werden. In der Tat kommen auch alle Herstellungsverfahren zur Anwendung, je nach dem erwünschten Zweck. Besonders die mehrlagigen gegautschten oder geklebten Kartons und Pappen, von denen allerdings die ersteren meist billiger als die letzteren sind, lassen die verschiedensten Möglichkeiten zu, da man, um das Erzeugnis zu verbilligen, die Decklage oder auch die beiden Decklagen aus besseren, auch farbigen Stoffen herstellen kann, während man die Einlagen aus billigerem Stoff wählt. Diese sogenannten Duplex- und Triplexkartons kommen auch sehr viel zur Verwendung, besonders aber dann, wenn die Faltschachteln nicht mit farbigen oder sonstwie verzierten oder behandelten Papieren beklebt, sondern direkt bedruckt werden sollen, man versieht dann oft auch die obere Lage mit einer starken Glätte, einer sogenannten einseitigen Glätte, die direkt in der Maschine hergestellt wird und die dem Erzeugnis für viele Druckverfahren eine bessere Eignung gibt, während der Gummidruck besser eine rauhe, also ungeglättete Oberfläche, sogenannte Maschinenglätte, verlangt. Man kann natürlich alle diese Eigenschaften auch bei kaschierten Pappen und Kartons erzielen, nur nicht eine hohe einseitige Glätte, wenn man auch die Decklage beim Kaschieren aus hochgeglätteten Papieren wählen würde, so würde doch dessen Glätte durch die Feuchtigkeit beim Kaschieren stark zurückgehen; ein nochmaliges Kalandrieren würde dem Erzeugnis aber eine zweiseitige Glätte erteilen und es außerdem sehr verteuern. Das Kaschieren lohnt sich übrigens meist nur bei kleineren Anfertigungen, bei denen die Maschinenanfertigung zu gering werden würde.

Wie schon gesagt, kommen nun fast alle Rohstoffe der Papierindustrie zur Anwendung. Man stellt also die Faltschachtelkartons und -pappen aus Altpapier, weißem Holzschliff, Braunschliff und Schilf her. Reine Zelluloseerzeugnisse fertigt man kaum an, höchstens die Decken wählt man bei besonders hohen Anforderungen aus diesem Stoff. Die aus Altpapier hergestellten oder Graukartons und -pappen können natürlich roh nicht für alle Zwecke Verwendung finden, da der Stoff meist nicht den Anforderungen an Reinheit entspricht, man verwendet sie aber sehr viel als Einlagekartons bei mehrlagigen Erzeugnissen, indem man sie mit einer oder zwei Decken aus besseren Stoffen, die auch farbig, auch verschiedenfarbig sein können, versieht, also zu Duplex- und Triplexkartons und -pappen. Den weißen Holzschliff verwendet man aber sehr viel als Holzkarton und Holzpappe für solche Zwecke, bei denen es auf größte Reinheit ankommt, er ist der beste Rohstoff für Faltschachteln, die zur Verpackung von Nahrungs- und Genußmitteln dienen sollen, die große Anforderungen an Reinheit stellen. Der weiße Holzschliff, der vorwiegend aus Kiefernholz hergestellt wird, entspricht den größten Anforderungen an Reinheit und beeinflußt weder Geschmack noch Geruch der darin verpackten Gegenstände, denn zu seiner Herstellung werden keinerlei Chemikalien usw. verwendet, er kommt nur mit Wasser und den sauberen Maschinenteilen in Berührung. Man darf also den weißen Holzschliff nicht bleichen, denn das Bleichmittel bleibt im Stoff und kann leicht den Geschmack und den Geruch der darin verpackten Waren beeinflussen oder auch chemische Veränderungen zur Folge haben, denn als Bleichmittel kommt nur Bisulfit in Frage. Das Bleichen hat außerdem keinen großen Zweck, da der Erfolg nur gering ist, wo man Wert auf ganz weiße Oberflächen legen muß, versieht man sie nach einem der erwähnten Verfahren mit Decken aus besseren, meist holzfreien Stoffen. Der Braunschliff oder die Lederpappe kommen ebenfalls zu Faltschachteln vielfach in Anwendung, allerdings wird sie meist als einlagige Pappe oder Karton auf der Langsiebmaschine hergestellt; in einzelnen Fällen wohl kommt sie auch mit einer meistens durch Kaschierung aufgebrachten farbigen Decke zur Verwendung. Die Lederpappe eignet sich zur Verpackung von Nahrungs- und Genußmitteln weniger gut, da sie trotz ihrer großen Reinheit einen ganz kennzeichnenden Geruch hat, der von der Behandlung des Holzes im Kocher oder Dämpfer kommt. Diesen Geruch verliert die Lederpappe nie ganz, da er von chemischen Umlagerungen der inkrustierenden Stoffe beim Kochen und Dämpfen des Stoffes herrührt. Wenn auch dieser Geruch in keiner Weise als unangenehm oder störend empfunden werden kann, so ist er doch geeignet, den Geschmack oder Geruch von Nahrungs- und Genußmitteln, die darin verpackt werden, zu beeinflussen. Aehnlich steht es mit der Strohpappe, die für diese Zwecke ebenfalls nicht in Frage kommen kann, da sie nicht als rein genug anzusprechen ist. Der Strohstoff, wenigstens der gelbe, denn nur dieser kann in Frage kommen, wird meist als Einlage bei mehrlagigen Erzeugnissen verwendet oder man kaschiert ihn mit den verschiedenartigsten Decken.

Wie schon erwähnt, sind nun die Anforderungen an die Faltschachtelkartons und -pappen ziemlich hohe, damit sie auch den Einflüssen bei der Bearbeitung auf den Faltschachtelmaschinen widerstehen. Diese Bearbeitung der Pappen besteht je nach der Art der Herstellung und dem Verwendungszweck zunächst in einem Stanzen, dann in einem Biegen oder Rillen und auch Ritzen der Zuschnitte und zum Schluß im Heften oder Leimen. Alle Verrichtungen erfolgen auf besonderen Maschinen und oft automatisch, so daß das Rohmaterial vielfach von der Rolle entnommen wird. Diese Rollen müssen nun vollkommen gleichmäßig sein und glattbeschnittene Ränder haben, die Dicke des Kartons oder der Pappe muß über die ganze Breite der Bahn vollständig gleichmäßig sein und darf auch in der Länge der Bahn keinen großen Schwankungen unterliegen. Das Stanzen stellt nun an und für sich an die Rohstoffe keine allzu großen Anforderungen, da es bei Verwendung geeigneter Werkzeuge nicht schwer ist, glatte Stanzungen zu erzielen, deren Ränder nicht ausbrechen und abbröckeln. Wesentlich höhere Anforderungen stellen das Ritzen, das Rillen und das Biegen, denn diese Stellen dürfen nicht brechen und müssen auch trotz der Schwächung genügenden Zusammenhang haben, damit sie beim Füllen und beim Transport der gefüllten Schachteln nicht aufreißen. Wenn auch die modernen Maschinen in der Lage sind, das sprödeste Material zu verarbeiten, so darf doch diese Sprödigkeit nicht zu weit gehen. Die zähesten Erzeugnisse ergibt der Braunschliff, der eine fast zelluloseartige Faser liefert, dann kommt bei geeigneter Auswahl des Altpapieres die Graupappe und der Graukarton, dann die Holzpappe und der Holzkarton, zuletzt die Strohpappe und der Strohkarton. Man hat es bei diesen beiden allerdings in der Hand, durch geeignete Behandlung des Strohs eine ziemlich zähe Faser zu erzielen.

Erhöhte Anforderungen werden an Rohstoffe gestellt, die für geprägte Faltschachteln dienen sollen, denn nicht jede Pappenart eignet sich hierzu. Gute Prägungen kann man erzielen mit Holzkarton, Lederkarton und auch Graukarton, während der Strohkarton sich wegen seiner Härte und Sprödigkeit wenig eignet. Man hat also je nach dem Verwendungszweck eine genügende Auswahl an geeigneten Rohstoffen; es empfiehlt sich aber immerhin, bei der Bestellung des Kartons oder der Pappe darauf hinzuweisen, daß diese prägefähig sein müssen.

Andere Anforderungen stellen diejenigen Rohstoffe, die zu bedruckten Faltschachtelzuschnitten bestimmt sind, wie sie für Massenverpackungen vielfach in Frage kommen. Die geringsten Anforderungen stellt der Buchdruck, für den sich eigentlich alle Stoffarten mehr oder weniger gut eignen, wenn sie nur eine ausreichend glatte und knotenfreie Oberfläche haben, andernfalls muß man sie kaschieren. Zu besseren und besonders auch vielfarbigen Faltschachtelzuschnitten verwendet man vielfach den Steindruck, der natürlich eine geeignete Oberfläche der Rohstoffe verlangt. Um hier einen guten Erfolg zu erzielen, tut man ebenfalls gut, mehrlagige kaschierte oder auch gegautschte Duplex- und Triplexkartons und -pappen zu verwenden, deren eine Decke aus einem besonders für dieses Druckverfahren geeigneten Stoff besteht und in der Kartonmaschine eine hohe einseitige Glätte erhält. Man wird also für solche Decken einen hohen Gehalt an besonders geeigneten und die Druckfähigkeit erhöhenden Füllstoffen verwenden. Wenn diese auch der Decke keine große Festigkeit, mitunter sogar eine gewisse Mürbe erteilen, so schadet das nichts, da ja die Einlagen und die Unterdecke entsprechend zähe gewählt werden können, um dem Rohstoff die erforderliche Festigkeit zu erteilen. Man kann auf diese Weise hervorragend schöne Drucke erzielen. Aehnlich verhält es sich mit Rohstoffen, die nach dem äußerst billigen und schöne Effekte gebenden Gummidruckverfahren bedruckt werden sollen. Dieses Verfahren verlangt wieder rauhe Oberflächen, die man ja auch auf einfachste Weise erzielen kann.

Die Herstellung der Faltschachtel besteht nun aus Handhabungen, und zwar: dem Drucken, dem Biegen, Ritzen oder Rillen und dem Stanzen, wenn nicht noch eine Prägung hinzukommt. Den Schluß macht dann das Verbinden der Kanten durch Heften oder Leimen, mitunter ist aber auch das unnötig, da die Zuschnitte einfach durch besondere Zungen, Schlitze usw. verbunden werden. Man braucht also verschiedene Maschinen dazu. Um aber die Erzeugung so billig wie nur möglich zu machen, verwendet man für Massenauflagen Universalmaschinen, welche einige dieser Handhabungen oder auch alle in sich vereinigen. Der Karton oder die Pappe muß dann natürlich diesem besonderen Verwendungszwecke angepaßt sein, damit ein störungsfreies Arbeiten der Maschine möglich ist.

Das Verbinden der Kanten der Zuschnitte durch Heften stellt nun ebenfalls keine besonderen Anforderungen an den Rohstoff, wohl aber das Verbinden durch Kleben. Die Pappen oder Kartons müssen also eine gute Beklebefähigkeit haben, damit sie in der Maschine ohne Anstände verarbeitet werden können. Man kann solche Rohstoffe als gut klebefähig bezeichnen, die nicht zu saugfähig sind, andernteils aber auch nicht zu glatt. Die Holzpappe und auch die Lederpappe, aber auch die Strohpappe entsprechen also dieser Forderung nicht in genügendem Maße, wenn sie ohne Decke verwendet werden; bei der Strohpappe ist das außerdem kaum der Fall. Die Holz- und Lederpappen wird man daher besser heften, da sie eine große Saugfähigkeit haben, weil sie nicht geleimt sind. Durch diese große Saugfähigkeit dringt die Feuchtigkeit zu schnell in die Pappe ein, und der Klebstoff kann nicht zur Wirkung kommen. Die Graupappe und der Graukarton werden zwar auch nicht absichtlich geleimt, sie enthalten aber infolge des verwendeten Rohmaterials, das meist aus Papierabfällen besteht, genügend Leim, um nicht allzu saugfähig zu sein. Diese Beklebefähigkeit spielt auch beim Kaschieren der Kartons und Pappen eine große Rolle, doch ist das kaum eine Sorge, die den Faltschachtelfabrikanten betrifft, sondern den Papierfabrikanten, der diese Erzeugnisse liefert.

Infolge dieser mannigfaltigen Anforderungen, die an die Rohstoffe zur Faltschachtelfabrikation gestellt werden, hat sich natürlich die Fabrikation der geeigneten Kartons und Pappen zu einem Sonderzweig entwickelt. Die Fabrikanten sind bemüht, nicht nur den Anforderungen an Billigkeit und Zweckmäßigkeit der Kartons und Pappen gerecht zu werden, sondern auch die Wünsche nach Neuerungen zu erfüllen. Die modernen Färbeverfahren ermöglichen nun die Erzeugung der vielseitigsten Kartons und Pappen. Man kann sie auf der Maschine mit allerlei Farbeffekten versehen, die man bisher nur durch das Bekleben mit entsprechenden Papieren erzielen konnte, was natürlich die Herstellung sehr verteuerte. Diese Effektkartons und -pappen mit allen möglichen Mustern und Farbenzusammenstellungen, nach Art gebatikter Papiere, Marmorpapiere usw., werden auch dem Faltschachtelfabrikanten die Möglichkeit geben, Neuerungen in seinen Packungen, besonders für gewisse Genußmittel (Schokoladen, Konfekte usw.) für Seifen und dergleichen herauszubringen, die billig sind und als Massenerzeugnis hergestellt werden können.

Da die Rohstoffe und die Eigenschaften dieser Kartons und Pappen sonst die gleichen sind wie die der bisher verwendeten, so besteht keinerlei Schwierigkeit in deren Verarbeitung. Man kann sie nach den verschiedenen Verfahren bedrucken, prägen usw., und so auf einfachste und billigste Weise die schönsten Packungen erzielen, die allen Geschmacksrichtungen gerecht werden und vor allen Dingen keine Verteuerung der Ware bedeuten; im Gegenteil ist anzunehmen, daß diese auf der Maschine hergestellten Effektkartons usw. eher billiger werden als die mit Buntpapieren und dergleichen beklebten.

Die Papier- und Pappenindustrie ist also in der Lage, allen Wünschen der Faltschachtelfabrikanten an den Rohstoff gerecht zu werden, und an diesen ist es nun, die Fabrikanten zu unterstützen, damit sie auch auf dem einmal beschrittenen Wege fortfahren und stets neue Muster herausbringen, was sich um so leichter durchführen läßt, als dazu keine Schablonen, Druckplatten, Druckwalzen usw. erforderlich sind.

*

DIE MASCHINE UND DIE KARTONNAGEN-INDUSTRIE

Es ist noch gar nicht so lange her, da gab es in Deutschland eine Zeit, in der es sozusagen zum guten Ton gehörte, gegen die neumodischen Maschinen, die da in immer größeren Mengen sich an die Oeffentlichkeit wagten, vom Leder zu ziehen und in kräftigen Worten seinem Herzen Luft zu machen. Das Schlagwort war: „Hütet euch vor der Mechanisierung der Arbeit". Allerdings, das wollte man nicht, daß es überhaupt keine Maschinen gäbe. Man ließ einzelne gelten, wie z. B. die Dampfmaschinen und ähnliche, aber man kämpfte gegen die Einführung aller derjenigen Maschinen an, die dafür bestimmt waren, einen Teil jener Arbeit zu verrichten, die bisher sowohl in Fabriken, wie auch in Werkstätten ausschließlich Handarbeit war. Kein Mittel ließ man unversucht, die Bedeutung der Maschine herabzusetzen und erzählte uns immer wieder, daß eine Maschine niemals in der Lage sei, ebenso gute Arbeit zu verrichten, wie es von der Hand geschehe. Man führte als Beweis das Kunsthandwerk und dessen fertige Erzeugnisse an. Hier glaubte man die Formel gefunden zu haben, durch die ohne weiteres ersichtlich sei, daß eine Maschine nur Schund und schlechte Ware liefern könne. Mehr noch, man sagte den Maschinen nach, sie würden mit der Zeit die Menschen verblöden und schließlich bewirken, daß der Mensch selbst zur Maschine wird und nicht mehr in der Lage ist, neue Gedanken und neue Ideen hervorzubringen. Nun, es ist etwas anders gekommen als man lehrte, und keine der trüben Prophezeiungen ist in Erfüllung gegangen. Die Maschine hat sich Geltung und Anerkennung zu verschaffen gewußt, und ist heute in der Warenerzeugung einer der wichtigsten Faktoren.

In der Kartonnagen-Industrie hat die Maschine schon frühzeitig Eingang gefunden. Sie spielte bereits vor Jahrzehnten eine nicht unbedeutende Rolle bei der Herstellung von Kartonnagen und Packungen aller Art und wenn man sich einmal die Mühe macht, die alten, schon längst verfallenen Patente der achtziger und neunziger Jahre des vorigen Jahrhunderts durchzublättern, so stößt man auf so manches interessante Patent, das Aufschluß gibt, mit wieviel Liebe und Fleiß man schon seit frühesten Jahren sich mit dem Gedanken beschäftigt hat, Maschinen zu schaffen, die in weitgehendstem Maße dem Kartonnagenhersteller bei seiner Arbeit Helfersdienste leisten sollten.

Betrachten wir uns die Maschinen der Jetztzeit und ihren Einfluß, den sie auf die Kartonnagen-Industrie auszuüben vermögen, so finden wir, daß heute mehr als sonst eine wirtschaftliche Fertigung von Kartonnagen und sonstigen Packungen ohne eine mehr oder weniger große Anzahl Maschinen gar nicht mehr durchzuführen ist. Allerdings gibt es auch noch Fälle, in denen die Herstellung der Kartonnage zum größten Teil Handarbeit ist, aber dort handelt es sich fast durchweg nur um reine Luxuspackungen, die einer besonderen Aufmachung bedürfen und einem speziellen Zweck oder den besonderen Wünschen des Bestellers angepaßt sind. Sie werden im Preise naturgemäß bedeutend höher sein, als die marktgängigen Waren, die, das soll hier besonders betont werden, ebenfalls an Kunstsinn, Schönheit und Reklamewert einer früheren Handschachtel nicht im geringsten nachzustehen brauchen. Man denke z. B. nur einmal an die sogenannten Vorstehrandschachteln für pharmazeutische Artikel, oder an die Kappenschachteln für die Zigarettenindustrie und man wird finden, daß hier in den letzten Jahren in bezug auf Qualität und Aufmachung erstklassige Arbeit geschaffen wurde, die in weitgehendstem Maße die Kunst in ihren Dienst zwang. Wäre es anders gewesen, so hätte nicht bereits in der Zeit vor dem Kriege die seit Jahren im Gebrauch befindliche Blechpackung trotz ihrer Vorteile, die gar nicht verkannt werden sollen, eine so starke Konkurrenz in der künstlerisch ausgestatteten Pappschachtel erhalten können, die heute Beherrscherin des Marktes ist.

Die Herstellung von Kartonnagen und Pappschachteln in großen Mengen und guter Ausführung wäre aber gar nicht möglich, wenn nicht im gleichen Maße auch die Maschinenindustrie ihre Erzeugnisse verbessert und neue Maschinen ersonnen hätte, die den bestehenden Bedürfnissen voll und ganz Rechnung tragen. Hier wäre meines Erachtens mitunter noch eine viel engere Zusammenarbeit zwischen Kartonnagen- und Kartonnagenmaschinen-Fabrikanten vonnöten und es könnte nichts schaden, wenn an Haupttagungen der Kartonnagenfabrikanten auch die Kartonnagen-Maschinenindustrie in Form von Lichtbildervorträgen zu Wort käme, über die dann eine allgemeine Aussprache stattfinden könnte. Betrachten wir uns einmal, welchen Einfluß die Maschine auf die Herstellung einer Packung auszuüben in der Lage ist, so werden wir das soeben Gesagte besser verstehen können. Fangen wir bei den einfachsten Maschinen, deren Kraftquelle der Mensch selbst ist, an, so leuchtet uns ohne weiteres ein, daß hier der Grad der Ermüdung, dem der an der Maschine stehende Arbeiter durch den größeren oder geringeren Kraftaufwand für die zu leistende Arbeit ausgesetzt ist, für eine hohe Arbeitsleistung nicht außer acht gelassen werden darf. Wenn auch neuerdings Maschinen mit Motor- oder Transmissionsantrieb den Vorzug erhalten, besonders da in vielen Fällen eine andere Antriebskraft für den mehr oder weniger hohen Kraftverbrauch gar nicht gewählt werden kann, so gibt es doch noch eine Reihe von Maschinen für den Fuß- oder Handbetrieb, bei denen das soeben Gesagte beachtet werden muß. Hier kann eine verständnisvolle Zusammenarbeit von Kartonnagen- und Kartonnagenmaschinenfabrikanten immer nur von Vorteil sein, vielleicht auch daß mehr noch als bisher gesammelte Betriebserfahrungen in kritischer Weise in der einen oder anderen Fachzeitschrift einer Betrachtung unterzogen würden.

Eine weitere Bedeutung der Maschine für die Fertigung der Ware liegt in ihrer gleichmäßigen Arbeitsweise und in der Ausmerzung aller unnötigen Handgriffe. Ein Arbeiter kann noch so geschickt sein, er wird niemals ein zweites Erzeugnis genau so naturgetreu herstellen können wie das erste. Hierin hat die Maschine einen gewaltigen Vorzug gegenüber Handarbeit, weil sie in der Lage ist, schablonenmäßig genau ein Erzeugnis wie das andere in ungeahnten Mengen zu fertigen, und mitunter in einer Zeit, die man ohne weiteres als lächerlich gering bezeichnen kann. Durch die größere Leistung einer Maschine aber werden Arbeitskräfte frei, die für andere, mehr individuelle Zwecke Verwendung finden können. Arbeiten also, bei denen das persönliche Gepräge Bedingung ist und im Preise Anerkennung findet.

Die Leistung einer Maschine ist bei der Herstellung der Waren ein wichtiges Moment und steht für eine wirtschaftliche Fertigung mit an erster Stelle. Selbstverständlich kann hier nicht ins Uferlose gegangen und unmögliches verlangt werden, wenn auch der Anreiz, der in den ersparten Ausgaben an Löhnen usw. besteht, manchen Fabrikanten verleiten wird, seine Maschine stärker zu beanspruchen, als es von dem Erbauer der Maschine in seiner Rechnung eingesetzt wurde. Eine Maschine, die dauernd über Höchstbelastung läuft, wird schließlich Schaden erleiden und nur noch ein minderwertiges Fabrikat erzeugen. Man soll nicht vergessen, daß doch eine Maschine nur einen einmaligen Anschaffungspreis verlangt und nur von Zeit zu Zeit geringe Ausgaben für Wartung und Reparaturen, die um so geringer sein werden, je besser die Maschine gepflegt und behandelt wird.

Ruft man sich die Bedeutung, die die Maschine von Anfang an in der Kartonnagenindustrie hat, in Erinnerung, so drängt sich ganz in der Kartonnagenindustrie hat, in Erinnerung, so drängt sich ganz wicklung weitergehen und welche Maschinen werden in Zukunft in Frage kommen. Zwei Richtungen dürften hier von Bedeutung sein, und zwar auf der einen Seite der weitere Ausbau der automatischen Maschinen zur Massenherstellung; Maschinen also, die hauptsächlich in größeren Betrieben zur Aufstellung kommen werden, und auf der anderen Seite Maschinen einfacherer Konstruktion für kleinere Betriebe, soweit sie nicht etwa nur einen Spezialartikel in Massenfertigung herzustellen gedenken. Sicherlich ist das Bedürfnis nach Automaten groß, und zwar nach Automaten für die Herstellung aller möglichen Arten von Fest- wie auch Weichpackungen. Derartige Maschinen sind: Automaten zum Drucken und Stanzen von Schachtelzuschnitten, Maschinen zum Formen von Schachteln aus fertigen Zuschnitten, Verpackungsmaschinen, Automaten zur Herstellung von festen Packungen (Kappenschachtelautomat), Automaten zum Aufschneiden der Schachteln, Viereckenhefter usw. Das Bedürfnis nach solchen Maschinen entspringt den heutigen hohen Herstellungskosten, die durch eine Steigerung der Leistung, wie sie mit Automaten möglich, und durch Ersparung an Arbeitskräften ausgeglichen werden sollen. Selbstverständlich kann es sich bei solchen Automatenarbeiten immer nur um große Mengen gleichmäßiger Erzeugnisse handeln, weil ein Automat nur dann wirtschaftlich sein kann, wenn er längere Zeit ein und dieselbe Arbeit verrichtet und dasselbe Erzeugnis fertigt, also nicht immer wieder für verschiedene Schachtelgrößen umgestellt zu werden braucht. Im letzteren Falle würden derartige Maschinen viel zu kostspielig sein und ihre Aufstellung nicht rechtfertigen. Kleine Auflagen von Schachteln und Packungen wären daher ausschließlich kleinen Betrieben vorbehalten. Solche Betriebe können ja bekanntlich mit bedeutend geringeren Regiekosten arbeiten wie Großbetriebe, so daß hier der Preis des fertigen Produktes sich auch bei nichtautomatischer Herstellung niedriger stellen dürfte als bei den letzteren. Für kleinere und mittlere Betriebe dürften daher die heute bekannten Spezialmaschinen, die besonders in der Letztzeit wesentlich verbessert wurden, vollkommen genügen, besonders da sie für Luxuspackungen sowieso mehr oder weniger unentbehrlich sein werden.

ÜBER SCHNEID-, BIEGE-, RITZ- UND NUTMASCHINEN

Das ursprünglichste Werkzeug zum Schneiden und Ritzen der in der Kartonnagenindustrie verwendeten Pappen ist das Messer, wie es der Buchbinder heute noch zum Teil verwendet. Mit dem fortschreitenden Ausbau vom handwerksmäßigen zum fabrikmäßigen Betriebe wurde dieses Werkzeug unwirtschaftlich, da das Zuschneiden, besonders bei Massenherstellung, zu langsam vor sich ging und dadurch unwirtschaftlich wurde; auch gelang es nur ganz geübten und gewissenhaften Leuten, gleichmäßige Zuschnitte zu liefern. Man führte deshalb Maschinen ein, welche diese Arbeit mechanisch verrichteten und bei einmaliger Einstellung dann bei großer Leistung vollkommen gleichmäßige, genaue und saubere Zuschnitte liefern.

Die einfachste Schneidemaschine ist die Pappenschere (Abb. 1), die namentlich da in Frage kommt, wo Muster angefertigt

Abb. 1. Pappenschere der Sächsischen Cartonnagen-Maschinen Akt.-Ges. Dresden.

werden sollen oder wo es sich um verhältnismäßig kleine Posten handelt, so daß das Einstellen der großen und leistungsfähigen Maschinen nicht erst lohnt. Diese Pappenscheren werden für die kleinsten Anforderungen, als auch für größten Bedarf gebaut. Für kleine Leistungen baut man sie meistens so, daß sie auf jeden beliebigen Arbeitstisch gesetzt werden können, so daß ein besonderes

Untergestell nicht nötig wird; man hat dann den Vorteil, daß diese Anordnung wenig Platz wegnimmt, da man sie bei Nichtgebrauch einfach beiseite stellen kann. Für größere Beanspruchungen empfiehlt es sich, die Schere ganz aus Eisen zu nehmen. Die Maschinen werden für Scherenschnitt eingerichtet und namentlich bei größeren Maschinen der Obermesserbalken durch Gegengewicht ausbalanziert. Der Preßbalken ist meist durch Fußtritt zu betätigen. Um genau parallele Schnitte zu erzielen, erhalten die Pappscheren einen Vorderanschlag, der neuerdings durch eine zentrale Parallelstellung einstellbar ist. Tischwinkel sorgen für genau rechtwinkliges Schneiden.

Handelt es sich jedoch darum, große Massen zu schneiden, so reichen die Leistungen der Pappenscheren nicht mehr aus. In diesem Falle ist eine Kreisschere, das ist eine mit rotierenden Messern (Kreismessern) arbeitende Maschine, aufzustellen. Da diese Maschinen mit über 15 m minutlicher Schnittgeschwindigkeit arbeiten, so ist ihre Leistung ganz bedeutend. Ein weiterer Vorteil der Kreisscheren besteht in deren genauem und sauberem Schnitt. Je nach dem zu verarbeitenden Material (Karton oder Pappe) werden leichtere oder besonders kräftige Maschinen gebaut, die dann in der Lage

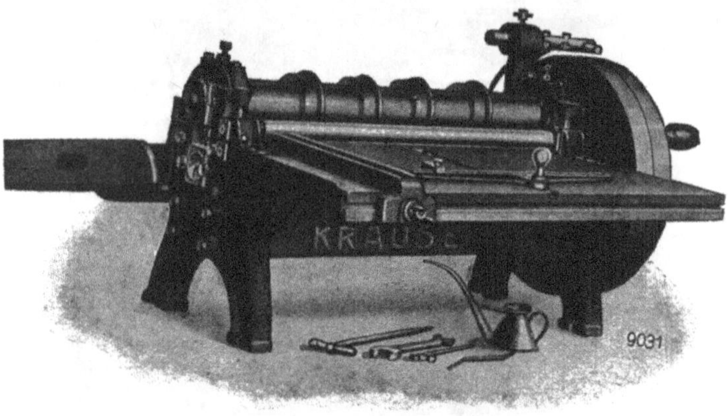

Abb. 2.

sind, auch die stärksten in der Kartonnagenindustrie vorkommenden Pappen glatt und sauber zu schneiden.

Man unterscheidet der Stärke des zu schneidenden Rohmaterials entsprechend, Karton- oder Kartenkreisscheren und Pappenkreisscheren. Die Kartenschere (Abb. 2) ist überall da von Vorteil, wo es sich um große Massen von Karten oder Kartons handelt, die aus schwächeren Pappen in allen möglichen Formaten geschnitten werden sollen. Als Messer kommen Tellermesser in Frage, von denen die auf der unteren Welle sitzenden federnd gelagert werden und so ein dichtes Anliegen an die auf der oberen Welle fest eingestellten Messer gewährleisten; durch diese Anordnung wird ein guter und sauberer Scherenschnitt erreicht.

Die zu schneidenden Kartonbogen müssen auf einer Seite glatt beschnitten sein. Mit dieser Seite werden sie auf dem Einführungstische an den Seitenwinkel angelegt und durch besondere Einführungswalzen den Messern genau rechtwinklig zugeführt. Will man genau rechtwinklige Karten aus den so erhaltenen Streifen schneiden, so verwendet man ein Querlineal, an das diese Streifen angelegt werden und welches sie durch einen unter dem Tische befindlichen Handhebel in die Maschine einführt.

Um einen genauen und sauberen Schnitt zu erhalten, werden die Wellen, auf denen die Tellermesser sitzen, aus Stahl gefertigt und genau rund geschliffen. Durch diese Konstruktion erhalten die Messer einen sicheren Sitz und leichte Verschiebbarkeit. Die Messerwellen laufen in Bronzelagern und besitzen Schraubenstellung für Gegendruck. Zur Erreichung eines ruhigen Ganges werden alle Zahnräder sauber gefräst.

Die Tellermesser lassen sich bis auf 30 mm aneinander heranstellen, da aber die Ein- und Abführungswalzen einen gewissen Mindestabstand von den Messern haben müssen, so sind schmälere Streifen als 50 mm breit nicht zu verarbeiten, so daß das kleinste auf diesen Maschinen zu schneidende Kartenformat 30 × 50 mm beträgt. Für besondere Fälle lassen sich noch schmälere Tellermesser aufsetzen, die dann das Schneiden noch schmälerer Streifen als 30 mm gestatten; es ist aber dabei zu bedenken, daß durch die dadurch natürlich auch noch schmäler werdenden Muffen die Sicherheit der Führung auf den Messerwellen abnimmt, so daß die Messer leicht kanten und dadurch unsaubere Schnitte ergeben. Die Maschinen können für Fuß- und Kraftbetrieb eingerichtet werden. Im letzteren Falle erhalten sie Voll- und Leerscheibe. Ein kräftiges Schwungrad sorgt für gleichmäßigen Gang in beiden Fällen.

Während die Kartenkreisscheren, wie schon gesagt, namentlich für Karton und dünnere Pappen verwendbar sind, gestatten die Pappenkreisscheren durch Pappen bis 4 mm Dicke vollkommen sauber zu schneiden, es können auch noch stärkere Pappen verarbeitet werden, jedoch fällt hierbei der Schnitt nicht immer ganz sauber aus. Die Konstruktion ist grundsätzlich die gleiche wie bei den vorerwähnten Kartonstärken, nur ist die Ausführung natürlich dem stärkeren, härteren und dadurch den Messern größeren Widerstand entgegensetzenden Material entsprechend wesentlich stärker und kräftiger. Ihrem Zwecke und den hohen Leistungen entsprechend wird sie nur für Kraftbetrieb ausgeführt und erhält zu diesem Zwecke Voll- und Leerscheibe. Zur Erzielung des auch hier nötigen, ruhigen Ganges sind alle Zahnräder gefräst. Die Messerwellen bestehen auch bei dieser Ausführung aus Stahl, so daß ein Durchbiegen ausgeschlossen ist, und werden rund geschliffen. Bei normaler Ausführung der Maschine lassen sich die Messer bis auf 55 mm aneinander heranstellen. Das kleinste zu schneidende Kartonformat beträgt hier 90×55 mm. Für besondere Fälle können auch hier besonders schmale Tellermesser aufgesteckt werden, die Schnittbreiten von 38 bzw. 30 mm gestatten. Die sichere Führung der Messer leidet aber bei dieser Ausführung ebenso wie bei den Kartonscheren, so daß man die Verwendung besonders schmaler Muffen vermeiden und nur auf Fälle beschränken sollte, wo es unumgänglich nötig ist, so schmale Streifen zu schneiden.

Da in Kartonnagenfabriken sehr häufig auch Papier in bestimmte Formate zu schneiden ist, so seien hier noch die nach dem Hebelsystem gebauten Schneidemaschinen erwähnt, deren schwere Ausführungen sich auch zum Schneiden von Karton und Pappe eignet. Diese Maschinen sind für diagonalen Zugschnitt eingerichtet. Bei ihnen ist namentlich der Wert auf gute Messerausführung zu legen. Die kleinen Ausführungen dieser Art sind für Handbetrieb eingerichtet, während schwerere und auch leistungsfähigere Maschinen selbstverständlich mechanisch betrieben werden. Diese Schneidemaschinen werden in so zahlreichen Ausführungen gebaut, daß eine Besprechung zu weit führen würde. Es sollen daher hier nur die wichtigsten Eigenheiten erwähnt werden.

Bei den Maschinen für Kraftbetrieb und für Handbetrieb muß laut Vorschrift der Berufsgenossenschaft automatische Ausrückung in höchster Messerlage vorgesehen werden. Für größere Anforderungen sind nachfolgende besondere Einrichtungen zu empfehlen.

Der Schnellsattel gestattet die augenblickliche Verstellung des hinteren Anlegesattels und ist besonders da von Vorteil, wo oft und viel verschiedene Formate zu schneiden sind. Auf dem zum Verstellen des Anlegesattels bestimmten Handrad ist ein Metermaß angebracht, an dem man die Entfernung des Sattels vom Messer stets genau ablesen kann.

Bei Maschinen mit größerer Schnittlänge wird vorteilhaft eine Mikrometerschraube mit Schnecke und Schneckenrad angebracht, die auf dem Schnellsattel ein- und ausrückbar ist und dann zur Verwendung kommt, wenn ganz genaues und scharfes Einstellen von Bedeutung ist. Ist diese ganz genaue Einstellung nicht unbedingt erforderlich, dann wird die Mikrometerstellung vorübergehend ausgeschaltet.

Der Schnittandeuter wird durch einen Tritthebel betätigt und zeigt genau die Stelle an, wo das Messer schneiden wird, ohne daß man den Preßbalken herunterzudrehen braucht; es ist dies sehr wichtig bei bedruckten Papieren, bei denen Striche oder Punkturen als Anlage dienen. Besonders vorteilhaft ist diese Einrichtung bei Schneidemaschinen mit automatischer Selbstpressung. Das Meterbandmaß, das ebenfalls vorteilhaft angebracht wird, geht mit dem hinteren Anlegesattel zurück und gibt so stets die genaue Entfernung desselben vom Messer an.

Der selbsttätige Maßanzeiger besteht aus einer an Sattelspindel und Handkurbel angebrachten Meßscheibe mit Zeiger, die jederzeit ein genaues Ablesen der jeweiligen Entfernung des hinteren Anlegesattels vom Messer ermöglicht.

Der Seitenanschlag am Hintertisch steht genau rechtwinklig zum Messer und ermöglicht ein genau rechtwinkliges Schneiden des Materials. Denselben Zweck hat ein verstellbarer Queranschlag am Vordertisch, der durch Spindel und Handrad eingestellt wird.

In besonderen Fällen wird Wert darauf gelegt, mit einfachen Mitteln eine rasche Einstellung des hinteren Sattels zu erreichen, ohne die Kosten für den Schnellsattel anzulegen. In diesem Falle wird eine Beschleunigung der Sattelbewegung dadurch erreicht, daß der Antrieb der Stellspindel durch Räder oder durch schnellsteigendes Gewinde oder durch eine Vereinigung beider bewirkt wird.

Bei Eckenbeschnitt und Schiefschnitt kommen Spezialwinkel in Anwendung, die ein beliebiges Beschneiden der Ecken ermöglichen, was namentlich bei Ueberzugspapieren von großem Wert ist.

Der Schmalschneider wird am hinteren Anlegesattel einfach angelegt, so daß er dessen Verlängerung bildet. Er kann unter den Preßbalken gebracht werden, wodurch die Entfernung der Anlage vom Messer verkürzt und das Schneiden ganz schmaler Streifen ermöglicht wird.

Die Biegemaschinen (Abbildungen finden die Leser in einem späteren Spezialartikel) dienen zur Erzeugung der Umbiegestellen in Pappen bei ihrer Verarbeitung zu Schachteln und Kasten. Bei ihrer Konstruktion ist darauf Wert zu legen, daß sie tadellose Biegewulste in besseren, auch gestrichenen und kaschierten Pappen liefern. Meistens werden sie mit Schlitzvorrichtung geliefert, die in einem Arbeitsvorgange, also gleichzeitig mit dem Biegen, die Pappen in der Verlängerung der Biegelinie der Höhe der Kastenwände entsprechend, mit einem Schlitz versieht. Die so entstandenen Klappen brauchen dann nur flach an die Seitenwände geheftet zu werden, worauf die Schachtel fertig ist. Der Biegewulst schwächt die Pappen nicht, sondern verstärkt sie.

Das Biegeverfahren ersetzt das sonst übliche Nuten, Ritzen und Rillen der Pappen und liefert kräftigere und widerstandsfähigere Kartons als die alte Methode. Von einer gut durchdachten und richtig konstruierten Maschine muß verlangt werden, daß sie auch spröde und geringwertige Pappen, z. B. Stroh und Holzpappen, auch wenn sie stark kaschiert, gestrichen oder glasiert sind, sauber und ohne Verletzung abbiegen. Besonders bewährte Verfahren prägen den Biegewulst nicht nur einfach ein, sondern stauchen die Pappe gleichzeitig. Es wird dadurch vermieden, daß die Pappen beim Umkanten im Winkel, vorausgesetzt, daß die Maschine richtig eingestellt ist, brechen, gleichgültig, welche Pappensorte verarbeitet wird. Der Biegewulst muß bei richtiger Einstellung der Maschine hoch, annähernd scharfkantig und so schmal, als es die Pappensorte zuläßt, sein. Eine gute Probe auf zweckmäßige Biegung kann man vornehmen, indem man die Pappen um den Wulst soweit zusammenlegt, daß die beiden Seiten der Tafel parallel liegen (U-förmig). Ist der Wulst richtig ausgeführt, dann darf die äußere Biegekante nicht reißen.

Bei älteren Konstruktionen war die Verwendung verschiedener Pappenstärken nur innerhalb gewisser Grenzen möglich, wohingegen neuere Ausführungen durch eine verstellbare Biegezunge die Verwendung der verschiedensten Stärken gestatten. Es ist nämlich jetzt möglich, die Biegezunge beliebig hoch und niedrig zu stellen, so daß der dünnste Karton wie auch die stärkste Pappe auf derselben Maschine verarbeitet werden können. Der Biegewulst wird dann jeweils in der entsprechenden Dicke des Materials ausgeführt. Von großem Vorteil ist dabei, daß zur Verstellung der Biegezunge ein einziger Griff genügt, was namentlich bei der Verarbeitung ungleichmäßig starker Pappen von Bedeutung ist. Durch eine an dem Stellhebel angebrachte Meßeinteilung wird dieses Einstellen noch vereinfacht.

Wichtig sind an den schweren Biegemaschinen auch die verstellbaren Aufsetzzapfen, die bei Leergang der Maschine verhindern, daß die oberen und unteren Biegezapfen gegeneinandertreffen, ohne daß Pappe dazwischen liegt, so daß sie sich nicht vorzeitig abnutzen können. Ein weiterer Zweck dieser Aufsetzzapfen besteht darin, daß namentlich weiche Pappen beim Stauchen nicht eingeschnitten oder sonstwie verletzt werden können, vor allem auch dann nicht, wenn fortlaufend abwechselnd kurze und lange Biegungen gemacht werden. Der dritte Zweck dieser Biegezapfen besteht darin, daß selbst Karton von allergeringster Stärke und Papier, in einzelnen wie auch in mehreren Lagen übereinander, mit zartestem und dabei vollkommenem Biegewulst abgebogen werden können.

Die beiden oberen Stauchschienen werden für die je nach der Pappendicke erforderlichen Breite des Biegewulstes, und die Biegezunge zwischen den unteren Biegeschienen für die feinsten wie auch die stärksten Biegungen, und die Stützfedern, für die unteren Biegeschienen mit wenigen Handgriffen durch Zentralstellung fast augenblicklich eingestellt.

Den verschiedenen Anforderungen entsprechend werden diese Biegemaschinen natürlich in den verschiedensten Ausführungen gebaut. So kommen namentlich für Kartonnagen, die Diagonalbiegungen an Seiten oder Ecken erfordern, Biegemaschinen auf Säulen zur Anwendung. Es ist dies namentlich der Fall bei Kartonnagen, die, trotzdem sie geheftet sind, flach verschickt werden sollen. Um die Biegungen in den verschiedenen Richtungen rasch und wirtschaftlich ausführen zu können, werden Anlegewinkel verwendet. Die Montierung der Biegemaschinen auf Säulen ermöglicht ein leichtes Arbeiten an der Maschine, da sie nach drei Seiten offen ist. Diese Säulenmaschinen eignen sich allerdings nur für kleinere Kartons bis zu etwa 300 mm größter Abmessung. Ihr Antrieb erfolgt mechanisch durch Riemenscheibe, deren Kupplung mit der Arbeitswelle der Maschine durch Fußtritt betätigt wird.

Für besonders schwere Arbeiten in Hartpappen, vor allen Dingen auch in Vulkanfiber, die zur Kofferfabrikation immer mehr Verwendung finden, dienen besonders schwere Biegemaschinen, die für Kraftbetrieb mit Zahnradvorgelege eingerichtet sind. Mit den leichten Maschinen ist ein tadelloses Abkanten des widerstandsfähigen, harten Materials nicht möglich. Die Maschinen werden für diesen Zweck besonders kräftig ausgeführt und erhalten eine Doppelreihe besonders starker Stützfedern und am unteren Biegemechanismus eine Heizvorrichtung. Die Abbiegung erfolgt hier in abgerundeter Kante; ohne Wulstbildung wie bei der Pappe. Durch Auswechslung der in Frage kommenden Teile kann die Maschine mit gleichem Vorteil als normale Pappenbiegemaschine verwendet werden.

Für mittelstarke Pappen kommen entsprechende Maschinen zur Anwendung, die grundsätzlich wie die vorher aufgeführten gebaut sind, nur daß sie nicht wie die leichten Modelle auf einer Säule, sondern wie die schweren Modelle auf zwei Böcken gelagert sind.

Für billige Versandschachteln muß Wert auf Arbeitsersparnis gelegt werden; infolgedessen nimmt man das Biegen und Schlitzschneiden auf besonderen Maschinen in einem Arbeitsgange vor. Das Einschlitzen erfolgt nur auf einer Seite der Maschine, die Schlitze sind demnach versetzt anzuordnen. Für bessere Kartonnagen ist allerdings das Einschlitzen auf besonderen Maschinen vorzuziehen. Die Biegevorrichtung ist genau so konstruiert wie bei den anderen Biegemaschinen, so daß dieselben auch ohne die Schlitzeinrichtung zum Abbiegen verwendet werden können.

Für Massenerzeugung kommen wichtige Anlegevorrichtungen für die Biegemaschinen zur Anwendung, die die Leistung wesentlich erhöhen. Namentlich bei Faltschachteln für Massenpackung, bei denen verschiedene parallel zueinander laufende Abbiegungen vorzunehmen sind, müßte der hintere Anlegewinkel für jede Biegung weiter vorgeschoben werden. Dieses würde sehr zeitraubend sein, so daß man Stufenanschläge konstruiert hat, die leicht am Vordertisch der Maschine befestigt werden können. Diese als Faltschachtelanschlag bezeichnete Vorrichtung besteht aus einer Anzahl auf der Längsmaschine in einer Prisma und verstellbaren Anlegewinkeln, die es ermöglichen, die verschiedenen gleichlaufenden Abbiegungen direkt hintereinander schnell und genau vorzunehmen, ohne den Karton aus der Hand legen zu müssen. Man kann auf diese Weise bis zu neun Abbiegungen hintereinander vornehmen. Wird eine besonders hohe Leistung von der Maschine verlangt, was namentlich bei den heutigen hohen Arbeitslöhnen von Bedeutung ist, kommen die sogenannten Duplexfaltschachtelanschläge in Anwendung. Da der Arbeiter, wenn er am äußersten Ende des Anschlages angelangt ist, nicht mehr den Tritthebel für die Ausrückung erreichen würde, wird für diesen eine entsprechende Verlängerung angebracht, so daß der Arbeiter die Maschine in jeder Stellung am Anschlage ausrücken kann.

Das Rillverfahren hat mit dem Abbiegeverfahren insofern eine Aehnlichkeit, als auch hier ein Wulst gebildet wird, der das Umbiegen des Kartons ermöglicht und ihn an der Biegestelle verstärkt. Das Verfahren ist allerdings nur für schwächere, besonders geschmeidige und widerstandsfähige Pappen anwendbar, da ein eigentliches Durchstauchen nicht stattfindet. Ein Vorteil des Rillverfahrens besteht darin, daß bei Verwendung mehrerer Rillapparate nebeneinander gleichzeitig mehrere Rillen ausgeführt werden können. An

Abb. 3. Rillmaschine für Fuß- und Kraftbetrieb, Modell J-Hg.

den Ausfall der Biegungen kann man allerdings nicht so hohe Anforderungen stellen wie beim Biegeverfahren, auch eignen sich durchaus nicht alle Pappensorten dazu. Holz- und Strohpappen, gestrichene und kaschierte Pappen, sowie mittlere und stärkere Materialien sind von der Anwendung dieses Verfahrens ausgeschlossen. Von großer Bedeutung für den Ausfall der Rillungen sind die Rillapparate, die weiter unten einer genauen Würdigung unterzogen werden sollen.

Die Maschinen werden mit einfachem und doppeltem Halterbalken gebaut. Der einfache Halterbalken ist beiderseitig mit Prismant versehen, so daß die Rillapparate auf beiden Seiten angesetzt werden können. Der Doppelbalken kommt dann in Anwendung, wenn zwei Rillungen bis auf 10 mm nebeneinander hergestellt werden sollen; die dritte Rillinie folgt dann in Breite der Gabel, also etwa 15 mm. Die Uebertragung von der Antriebswelle auf die Walze erfolgt sowohl durch Riemen wie durch gefräste Zahnräder, wobei wohl letzterer Anordnung wegen ihres sicheren Ganges der Vorzug zu geben ist. Man ist in diesem Falle durch Auswechslung der Zahnräder auch in der Lage, zweierlei Geschwindigkeiten der Walze zu erzielen, was allerdings beim Riemenantrieb durch Stufenscheiben auch möglich ist.

Durch Verwendung verschiedener Apparate in den Maschinen kann man die verschiedensten Arbeiten gleichzeitig und getrennt ausführen; man kann also auf derselben Maschine einen hindurchgeführten Bogen gleichzeitig schneiden, ritzen, rillen, linieren, auszacken und mit fortlaufender Schrift- und Musterprägung versehen.

Abb. 4. Ritzapparat, Fabrikat S. C. M. A.-G.

Wenn man schnell und billig für große Mengen Schachteln durch Ritzen und Umbiegen Zuschnitte herrichten will, so kommen diese Ritzapparate in Anwendung. Wenn sich auch durch das Verfahren alle Pappensorten vorteilhaft auf das sauberste zu Zuschnitten herrichten lassen, so eignet es sich doch ganz besonders für schwächeren Karton, wie er zu Massenpackungen für Zigaretten, Nahrungsmittel, pharmazeutische Präparate usw. zur Anwendung kommt. Vor allen Dingen läßt sich auch billiges und minderwertiges Material günstig verarbeiten.

Von großer Wichtigkeit für sauberes und wirtschaftliches Arbeiten ist dabei die Konstruktion der Ritzapparate, auf deren Auswahl größter Wert gelegt werden muß. Wie schon erwähnt, kann die Befestigung der Apparate sowohl an der Hinter- wie auch an der Vorderseite des Balkens erfolgen. Die Apparate sind dermaßen solide mit dem Halterbalken verbunden, daß sie mit ihm gewissermaßen ein Ganzes bilden und sich während der Arbeit selbsttätig nicht verschieben können; dennoch gestattet der Mechanismus jedes Ritzmesser mit einem Handgriff leicht hoch oder tief zu stellen, so daß man es in der Hand hat, die Pappen seicht oder tief zu ritzen oder auch ganz durchzuschneiden.

Normal werden die Apparate an dem Balken so befestigt, daß sie von der Seite in dessen Prisma und eingeschoben werden. Sonderausführungen gestatten es aber auch, die Halter nach vorn herauszunehmen.

Die Höheneinstellung der Apparate geschieht durch Drehen des kordierten Knopfes, was allerdings Schwierigkeiten macht, wenn die Apparate sehr dicht aneinander stehen oder das Stellgewinde sehr straff paßt. Aus diesem Grunde führt eine maßgebende Firma die Apparate so aus, daß die Höheneinstellung in bequemster Weise durch einen Schraubenzieher vorgenommen werden kann.

Die Ritzapparate werden in drei Normalausführungen hergestellt. Die erste Ausführung hat 20 mm Ausladung, so daß die Ritzung auf dem Scheitelpunkte der Ritzwalze erfolgt. Die engsten Maße bei ganz aneinandergerückten Apparaten für die Ritzlinien sind dabei 15:22:15:22 mm und so fort. Diese Apparate kommen bei Kartons in Anwendung, die nur ganz leicht geritzt werden dürfen und keine Durchbiegung vertragen, da sie sonst reißen würden.

Die zweite Ausführung hat nur 10 mm Ausladung, so daß die Ritzung etwas vor dem Scheitel der Ritzwalze erfolgt; als engste Maße kommen hierbei in Anwendung 10:18:10:18 mm usw. Da das Kartonmaterial beim Ritzen leicht gebogen wird, so muß es schon widerstandsfähiger sein. Die Apparate finden namentlich dann Verwendung, wenn die Ritzlinien enger liegen sollen, als es bei der ersten Ausführung möglich ist.

Die dritte Anordnung hat überhaupt keine Ausladung; die Ritzung erfolgt also noch weiter unterhalb des Scheitels der Ritzwalze. Bei dieser Ausführung betragen die kleinsten Entfernungen der Ritzlinien 4:24:4:24 mm, so daß man ganz zusammenliegend Ritzungen mit ihnen ausführen kann. Die Pappe wird natürlich bei diesen Apparaten noch stärker durchgebogen als bei der zweiten

Ausführung, so daß ganz schwache Kartons nicht vorteilhaft auf ihnen geritzt werden können.

Die Rillapparate bestehen wie die Ritzapparate aus einem auf dem Hinterbalken verschiebbaren Halter, in welchem in der Höhe verstellbar die Rillscheiben angebracht sind. Bei Sonderausführungen stehen die Scheiben im spitzen Winkel zueinander, so daß sie zwischen sich das Pappmaterial fassen und zusammenwulsten, so daß eine saubere Biegekante entsteht.

Bei einfachen Rillapparaten, die nur ein vertikal stehendes Messer besitzen, wird die Biegerille in das Kartonmaterial eingedrückt. Ein Stauchen findet bei diesem einfachen Apparat nicht statt wie bei dem zweischeibigen; er kann infolgedessen nur für dünne Pappen und Kartons verwendet werden, wobei auch noch besonderer Wert auf Zähigkeit zu legen ist. Die Rillscheibe

Abb. 5. Rill-, Ritz- und Nutmaschine für Kraftbetrieb, Modell J-Lc.

des Apparates ist abgestumpft und greift in eine Nut der Gegenmuffe ein, in der Nuten von drei verschiedenen Breiten vorgesehen sind, so daß man verschiedene Pappenstärken verarbeiten kann. Diese Apparate eignen sich ganz besonders zum Nuten von Wellpappen.

Bei sehr welligen oder auch sehr schwachen Pappen, die eine sichere Durchführung durch den Apparat erschweren, erhalten die Nutapparate vorteilhaft Gummiführungsrollen.

Wo es bei den Kartonnagen innen und außen auf scharfe Kanten ankommt, verwendet man den Nutapparat mit Spanausheber. Dieses System ergibt vollkommen saubere und scharfkantige Nuten, da der Span nicht herausgerissen, sondern durch ein hobelartiges Messer sauber herausgehoben wird. Dieser Apparat kommt namentlich da in Frage, wo das Abkanten des Materials ohne Verletzung der Außenseite, wie sie z. B. beim Ritzen stattfindet, erfolgen muß, und wo die Innenseite keinen Wulst, wie z. B. beim Abbiegen, erhalten darf. Die Breite der Nut richtet sich nach der Stärke des zu verarbeitenden Materials und kann bis zu 10 mm betragen.

In ähnlicher Weise wie die Ritz- und Nutapparate werden Vorrichtungen zum Liniieren, Zacken, Schrifteinprägen und Perforieren verwendet. An Stelle des Ritzmessers oder der Nutscheibe befindet sich hierbei im Halter eine Scheibe, die z. B. bei Blindliniierapparaten Verzierungen besitzt, so daß man die durchgeführten Pappen durch Einprägung mit einer fortlaufenden Linie oder Verzierung versehen kann. Auch farbige Linien oder Verzierungen kann man mit diesen Apparaten auf die Pappen aufbringen, indem

Abb. 6. Blindliniierapparat.

man unter Verwendung eines geeigneten Apparates mit einem Farbwerk schnell trocknende Anilinfarben aufbringt.

Durch Anbringung eines Zackenmessers in den Haltern erhalten die Pappen ausgezackte Ränder. Diese Apparate kommen besonders zur Verwendung für Pappenstreifen zu Rundschachteln, können aber auch zum Auszacken von Papier dienen, wie solches z. B. als Ersatz für Spitzen zum Einfassen gebraucht wird.

Oft erweist es sich als wünschenswert, die Pappen und Kartons beim Ritzen und Rillen im gleichen Arbeitsvorgang trennen oder auf den Seiten beschneiden zu können. Für diesen Zweck lassen sich in die Halterbalken Schneideapparate einsetzen, deren Wirkung und Leistung allerdings nicht an die Kreisscheren heranreicht. Die

Maschinen müssen für diese Vorrichtung allerdings eingerichtet sein, indem die Führungswelle eine längslaufende Nut erhält zum Verschieben und Feststellen der hierbei nötigen Untermesser.

Zum Einprägen von Schriften in fortlaufender Linie oder für Perforierungen kommen besondere Einsätze in die Halter zur Anwendung, auf denen die anzubringende Schrift oder die Perforierung angebracht ist.

Die in Abb. 7 gezeigte Maschine kommt in erster Linie für Massenfabrikation in Frage und verbindet mit einer großen Arbeitsersparnis vor allem eine ganz bedeutende Leistung. Da sie leicht und schnell in Betrieb zu setzen ist, verlohnt sich selbst die Verarbeitung kleinerer Auflagen, auch können kleine Bogen ebenso

Abb. 7. Doppelt arbeitende Ritz- und Schneide-Maschine der Firma Stokes & Smith Co. G. m. b. H., Barmen-Wichl.

leicht eingeführt werden wie große. Das Längs- und Querritzen bezw. -schneiden erfolgt in einem Arbeitsgang, so daß die Kosten hierfür ganz beträchtlich herabgesetzt sind.

Die Maschine arbeitet nicht mit Tellermessern, bzw. Scherenschnitt, es werden vielmehr zum Ritzen und Schneiden die gleichen Messer verwendet. Das Einstellen derselben zur geriffelten Gegenwalze erfolgt infolge der besonderen Konstruktion der Messerhalter, die in Schwalbenschwanzführung am Messerbalken befestigt sind, sehr leicht und genau. Außerdem befindet sich über den Messern eine verschiebbare Maß-Skala, um so eine schnelle und sichere Verstellung in andere Formatgrößen zu gewährleisten. Eine Berührung der Schneidemesser mit der Gegenwalze erfolgt nicht, dennnoch ist der Schnitt sauber und gut.

Ein bedeutender Vorteil der Maschine liegt darin, daß auf die drehbar angeordneten Messerbalken an beiden Seiten Messer aufgesetzt werden können. Man braucht daher für wechselnde Formate immer nur die eine Seite zu benutzen, während für bestimmte und immer wiederkehrende Formate die Messer auf der anderen Seite des Messerbalkens stehen bleiben, so daß hierdurch eine unnötige Neueinstellung in Fortfall kommt.

Die Durchgangsgeschwindigkeit beträgt ca. 60 Meter per Minute. Die Quergeschwindigkeit kann durch Schalthebel, je nach Größe der Bogen, dreifach verändert werden. Der Zuführungstisch hat Seitenanlage mit genauer Einstellung, der Mitteltisch trägt das Getriebe für die Querführung und das Bürstengestänge, dieses kann zurückgehängt werden. Die seitlichen Abfälle werden auf einen unter der

Abb. 8. Schneidemesser.

Maschine befindlichen Holztisch abgeleitet. Der Auslage- und Stapeltisch ist auf Rädern montiert und kann daher bequem entfernt werden.

Obgleich die Maschine nur für das doppelseitige Arbeiten bestimmt ist, läßt sie sich aber auch ohne große Schwierigkeiten als einfache Ritz- und Schneide-Maschine benutzen, falls die Auflage zu klein ist. Man braucht dann nur das Bürstengehänge hoch zu hängen, den Querantrieb zu lösen und den Seitenanschlag in die entsprechend vorgesehenen, auf dem Mitteltisch befindlichen Löcher zu bringen.

Die Aus- und Einrückung kann von drei Stellen aus erfolgen. Der Antrieb hat Friktionskupplung. Außerdem ist die Maschine mit Handrädern ausgestaltet, so daß man zur Probe einzelne Bogen von Hand durchdrehen kann.

STANZ-, SCHLITZ- UND ECKENAUSSTOSS-MASCHINEN

Das wachsende Bedürfnis an Versandschachteln verlangt eine möglichst wirtschaftliche und billige Herstellung derselben aus besonders geeigneten und leistungsfähigen Maschinen. Die Verschiedenheit der vorkommenden Arbeiten verlangt, daß die Schlitz- und Eckenausstoßmaschinen für alle vorkommenden Arbeiten bestens geeignet sind. Zu diesem Zwecke hat man Universalmaschinen gebaut, welche diesen Anforderungen bestens entsprechen und die es teilweise ermöglichen, mehrere Schlitze oder Ecken zu gleicher Zeit zu stanzen.

Abb. 9. Universal-Eckenrundstoßmaschine für Fußbetrieb Modell y 6 Df.

Abb. 10. Ecken-Ausstanz- und Schlitz-Einschneidemaschine mit Ober- und Unterschnitt, für Kraftbetrieb, Modell y 20 Dm.

Bei allen diesen Maschinen ist eine besonders kräftige Ausführung nötig, da sie sonst bei schweren Arbeiten federn und so den Schneidwerkzeugen keine sichere Führung gewähren, so daß diese sich rasch abnutzen und ungenauen und unsauberen Schnitt ergeben. Um rasches Arbeiten zu ermöglichen, müssen die Maschinen je nach der Dicke der Pappen das gleichzeitige Stanzen mehrerer Lagen gestatten, ohne daß die Maschine unzuverlässigen Beanspruchungen ausgesetzt ist. Um die Maschinen voll ausnutzen zu können, sollen sie für alle anderen Stanzarbeiten gleich gut verwendbar sein.

Der Eigenart der vorkommenden Arbeiten und der einzelnen Betriebe entsprechend werden die Maschinen in verschiedenen Größen und für verschiedene Leistungen mit Hand-, Fuß- und Kraftbetrieb ausgeführt. Die kleinste Ausführung ist nur für Handbetrieb zum Schlitzen eingerichtet und eignet sich für kleine Betriebe oder zum Mustermachen. Sie besteht aus einer gehobelten eisernen Platte mit verstellbaren Anschlägen. Das Schlitzen erfolgt durch ein kräftiges Messer, das direkt am Handhebel sitzt, der durch ein Gegengewicht ausbalanciert ist.

Bei Arbeiten, die nur gewöhnliche Schlitze verlangen, hat sich eine Schlitzmaschine für Fußbetrieb als praktisch und leistungsfähig erwiesen. Die Maschine gestattet das Stanzen ziemlich langer Schlitze. Der Messerlöffel ist lang und sicher geführt und eine Nachstellung der Stanz- wie auch der Untermesser vorgesehen, die sich durch Nachschleifen möglich machen kann. Die Maschine ist auf einer gußeisernen Säule gelagert und wird durch einen Fußtritt betätigt.

In Betrieben, wo außer dem Schlitzen noch häufig Ecken auszustoßen sind, kommen kombinierte Schlitz-, Winkelschnitt- und Eckenausstoßmaschinen zum Gebrauch, die ebenfalls auf einer Säule gelagert sind und durch Fußhebel betätigt werden und in verschiedenen bewährten Ausführungen in den Handel kommen. Für größere Leistungen baut man diese Maschinen mit Kraftantrieb. Die Kuppelung des Messerstößels mit der Riemenscheibe erfolgt durch eine mittels Fußhebels betätigte Momentkuppelung, so daß der Arbeiter stets beide Hände zur Bedienung frei hat.

Für kleinere und mittlere Betriebe werden Doppeleckenausstoß- und Mehrfachschlitzmaschinen gebaut, die sich für Einschnitte bis zu 70 mm Länge verwenden lassen und für Kraft- und Fußbetrieb eingerichtet sind. Bei Kraftbetrieb erhalten die Maschinen selbsttätigen Stillstand der Messer in höchster Lage. Sie können ganz besonders zum Ausstanzen von zwei gegenüberliegenden Ecken oder zum gleichzeitigen Ausstanzen mehrerer Schlitze verwendet werden. Bei der Maschine ist großer Wert auf einfache und handliche Bedienung gelegt; so befindet sich das Handrad zum Einstellen des Messers vorn in bequemer Reichweite. Diese Maschine eignet sich auch gut zum Ausstanzen von Karteikarten, zu welchem Zwecke man nur die fraglichen Stanzmesser einzusetzen hat, sowie zum Stanzen von ovalen, runden, rechteckigen und andersgeformten Löchern. Auch für geringere Auflagen von Faltschachteln läßt sie sich vorteilhaft verwenden. Bei besonders schweren Arbeiten und großer verlangter Leistungsfähigkeit kommt jedoch vorteilhaft eine Maschine mit zwei Ständern und besonders langer, leicht nachstellbarer Führung des Obermesserbalkens zur Anwendung. Die Maschinen sind für Fuß- und Kraftbetrieb eingerichtet, wobei der Uebergang von der einen Antriebsart zur anderen

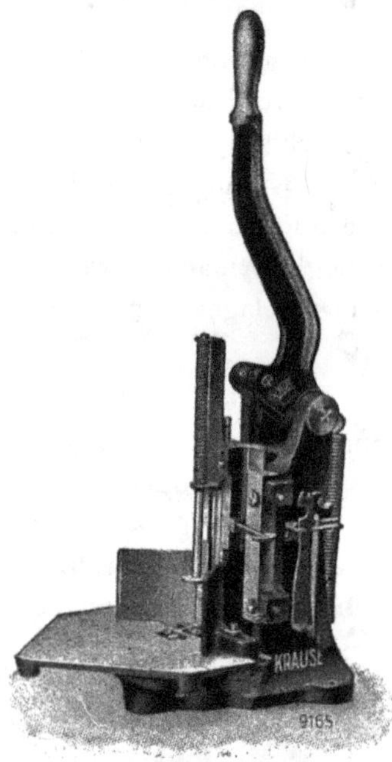

Abb. 11.

bequem vorzunehmen ist. Die Maschine ist zu den gleichen Arbeiten wie das vorher beschriebene leichtere Modell zu verwenden. An der Maschine findet sich ein schwenkbarer Holztisch, der bei großen Formaten als Anlegetisch und bei kleinen Formaten als Ablegetisch zu verwenden ist. Von nicht zu unterschätzender Bedeutung ist hierbei die Fingerschutzvorrichtung, die in aufgeklappter Stellung ein unbeabsichtigtes oder unbefugtes Einrücken der Maschine unmöglich macht. Andererseits ist es wieder unmöglich, den Fingerschutz hochzuklappen oder wegzunehmen, wenn die Maschine in Betrieb ist; diese muß zu diesem Zwecke erst stillgesetzt werden.

Diese Maschine ist für die verschiedensten Stanzeinsätze, besonders aber zum Eckenausstoßen, Schlitzen und für Winkelschnitt zu verwenden. Die Apparate erhalten vorteilhaft eine zwangläufige Führung, da hierdurch der Verschleiß geringer und die Lebensdauer größer ist. Durch die zwangläufige Führung wird auch das Einsetzen der Apparate in die Maschine bedeutend erleichtert. Die Stanzeinsätze bestehen aus zwei Teilen, einem Ober- und einem Unterteil, die so zusammenarbeiten, daß ein Scherenschnitt erzielt wird, wodurch eine saubere Arbeit erreicht wird. Die Oberteile werden am Druckbalken der Maschine festgeschraubt, während die Unterteile durch Klemmstücke im Bett der Maschine befestigt werden. Das Einsetzen der Stanzapparate erfolgt rasch und gefahrlos, da man, ohne den Riemen abwerfen zu müssen, durch ein Handrad den Obermesser- oder Druckbalken auf- und abbewegen kann.

In nachstehenden Zeilen werden wir uns noch mit der doppelt arbeitenden Ecken-Ausstoß-Maschine beschäftigen.

Die in Abb. 12 gezeigte Ecken-Ausstoß-Maschine dient in erster Linie zum Ausstanzen der Ecken an Zuschnittkartons, wie auch zum Ausstanzen des Fassonschnittes für Ueberzugpapiere, wie solche zur Schachtelherstellung notwendig sind. Sie ist in allen Teilen äußerst solide und erstklassig konstruiert und als die für genannten Zweck bestgeeignete Ausstoßmaschine anzusprechen. Die besondere für rechtwinkligen und Fassonschnitt eingerichtete Messerform gewährleistet nicht nur ein sauberes und gleichmäßiges Arbeiten unter Ausschluß jedes Einreißens der Papiere, sondern auch eine hohe Arbeitsleistung. In weniger als einer Stunde können bequem so viele Teile fertig ausgestanzt werden, als zu einer Tagesarbeit an der Ueberziehmaschine erforderlich sind.

Die Maschine ist mit 2 Satz auswechselbaren Supporten ausgestattet, und zwar enthält jeder Satz die rechten und linken Messer einmal für rechtwinkligen und einmal für Fassonschnitt. Das zeitraubende Auswechseln der Messer selbst fällt also fort, es brauchen nur die jeweilig benötigten Supporte einfach eingesetzt zu werden, worauf sofort weitergearbeitet werden kann, da die Messer immer auf Schnitt stehen. Die Umstellung erfolgt in kaum fünf Minuten.

Die inneren Schnittkanten gehen bis zu 375 mm auseinander, während die größte Tiefe ca. 130 mm beträgt.

Außer den aufgeführten Stanzarbeiten kommen in der Kartonnagenindustrie noch eine ganze Reihe anderer Stanzarbeiten vor,

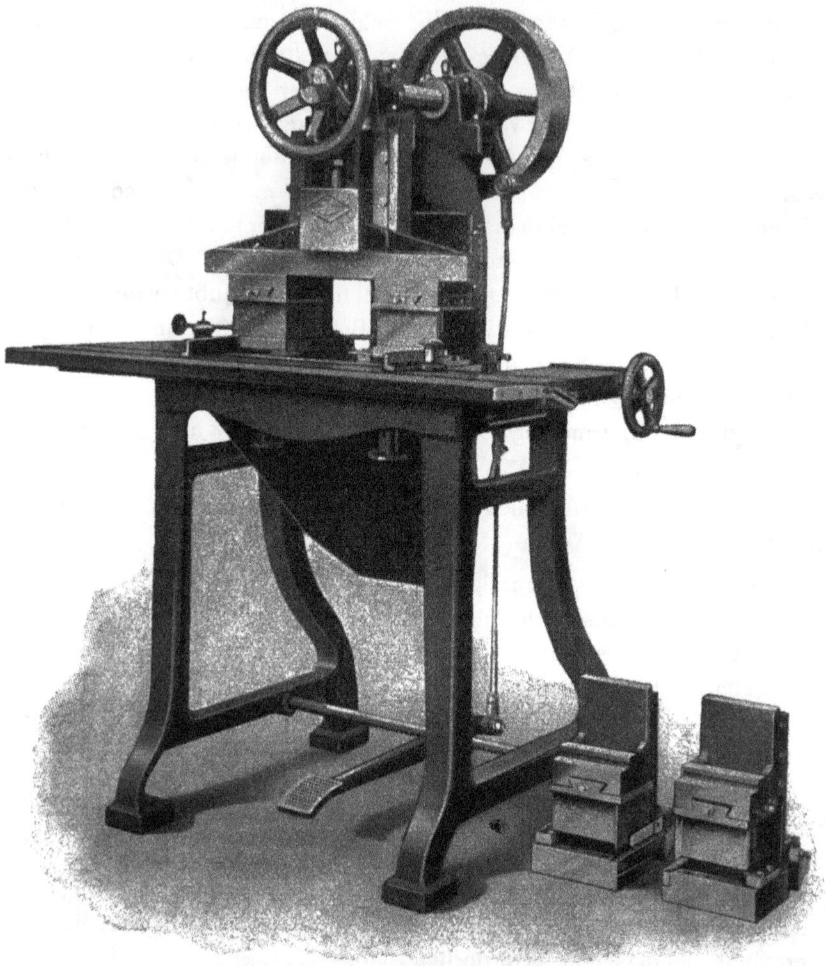

Abb. 12. Doppelt arbeitende Ecken-Ausstoß-Maschine. Stokes & Smith Co. G. m. b. H., Barmen-Wichl.

die sich zum Teil durch die aufgeführten Maschinen vornehmen lassen, zum Teil jedoch besondere Maschinen verlangen. Häufig macht sich das Abrunden von Ecken an Büchern, Karten, Kartons für Photographien oder auch das Beschneiden der Ecken und das Lochen nötig. Für geringe Leistungen genügt hierzu eine Handmaschine, deren Obermesserhalter in Prismen geführt wird, so daß ein sauberer, gratfreier Schnitt möglich ist. Das Material wird durch eine selbständige Preßvorrichtung festgehalten. Bei größeren Leistungen wird die Maschine für Fuß- und Kraftbetrieb eingerichtet und dann auf einer eisernen Säule montiert. Für besondere Zwecke kommen Doppeleckenrundstoßmaschinen zur Ausführung. Zum Ausstanzen von Fingerlöchern, aber auch für andere kleine Stanzarbeiten in Pappe, Leder, Vulkanfiber und dergleichen kommen Lochstanzen für Hand-, Fuß- und Kraftbetrieb zur Anwendung. Die einfachsten Ausführungen für Handbetrieb werden auf dem Werktisch befestigt und liefern eine wesentlich sauberere Arbeit als das Locheisen. Für höhere Anforderungen werden die Maschinen für Fußbetrieb eingerichtet und auf einer gußeisernen Säule montiert. Wo sich das Ausstanzen von halbrunden Fingerlöchern an fertigen Kartons nötig macht, verwendet man mit Vorteil Doppellochstanzen, die auf zwei Ständern montiert werden und mit Fußbetrieb versehen sind.

Schwere Stanzarbeiten lassen sich jedoch mit diesen Maschinen nicht gut ausführen, man verwendet hierzu besser eine Handhebelstanze oder eine der weiter unten beschriebenen Exzenterpressen. Die kräftig gebaute Maschine ist für Handbetrieb eingerichtet und besitzt große Ausladung. Durch die Hebelübersetzung kann eine große Druckwirkung ausgeübt werden, die Stanzeinsätze sind rasch auswechselbar.

Bei Massenauflagen kommt vorteilhaft eine Tritthebelpresse zur Anwendung, die auf eiserner Säule montiert ist und in die man beliebig auswechselbare Schnittwerkzeuge einsetzen kann. Um einen sauberen Schnitt zu ermöglichen, wird der Stößel in besonders langer und nachstellbarer Führung bewegt.

Für Karteikarten und die Blätter der sogenannten Losen-Blätter-Kontobücher sind besonders konstruierte Maschinen zu verwenden, da hier peinlichste Arbeit nötig ist, weil sonst, besonders bei Losen-Blätterbüchern diese dann ein unsauberes Aussehen erhalten würden. Man kann diese Maschinen natürlich auch für andere Stanzarbeiten verwenden. Entsprechend der zu leistenden Arbeit sollen die Maschinen kräftig und am besten für Kraftbetrieb eingerichtet sein. Die Kupplung erfolgt durch einen Fußhebel, so daß der Arbeiter beide Hände zur Bedienung frei hat; die größte Schnittbreite beträgt 400 mm, während die Länge des Materials unbegrenzt ist, da die Maschine an beiden Seiten offen ist. Auf möglichst schnelles Auswechseln der Stanzeinsätze ist besonderer Wert gelegt.

Bei schweren Arbeiten und Massenartikeln der verschiedensten Art aus Pappe und aus Metall bedient man sich mit großem Vorteil der Exzenterpressen, in denen man aus Ober- und Unterteil bestehende Schnittwerkzeuge verwendet, die ein äußerst sauberes Arbeiten ermöglichen. Die kräftig gebauten Maschinen besitzen eine große Ausladung, so daß auch große Formate verarbeitet werden können. Das Ein- und Ausrücken erfolgt sicher durch eine Momentkupplung, die durch einen Tritthebel betätigt wird. Es ermöglicht dies dem Arbeiter, beide Hände für die Bedienung frei zu haben und so die Leistungsfähigkeit auf das höchste zu steigern. Die Fußeinrückung ist so eingerichtet, daß die Maschine ruhig weiterarbeitet, wenn nur der eine Hebel heruntergedrückt wird, sowie aber mit dem Momenttritthebel eingerückt wird, kommt die Maschine sofort zum Stillstand. Um bei dem zum Einstellen des Werkzeuges nötig werdenden Auf-

Abb. 13. Kleine Universal-Stanzmaschine für Fußbetrieb, Modell y 40 - 7 E.

Abb. 14. Schwere Universal-Stanzmaschine für Kraftbetrieb, Modell y Fm 120.20 z, mit zwei Tischen, zum Arbeiten von zwei Seiten.

und Abwärtsbewegen des Stössels den Riemen nicht abwerfen zu müssen, ist eine Sperrung der Momentkupplung vorgesehen, so daß die Kurbelwelle unabhängig von der sich weiter drehenden Riemenscheibe bewegt werden kann.

Eine große Verwendung finden die Stanzmaschinen bei der Faltschachtelherstellung. Entsprechend der starken Beanspruchung bei Massenauflagen, müssen diese Maschinen besonders kräftig gebaut sein, damit ein Durchbiegen und Federn des Stanzbalkens ausgeschlossen ist. Selbst beim Stanzen größerer Materialstöße oder starken Materials werden die Stanzeinsätze nicht unzulässig beansprucht. Diese Maschinen lassen sich auch gleich vorteilhaft zum Eckenausstoßen verwenden. Durch eine besondere Vorrichtung, die in dem Umstecken zweier Bolzen besteht, läßt sich die Umstellung vom Fuß- zum Kraftbetrieb und umgekehrt fast augenblicklich vornehmen. Der an der Maschine befindliche Holztisch ist leicht umschwenkbar und bei großen Zuschnitten als Anlegetisch, bei kleinen dagegen als Ablegetisch zu verwenden.

Eine schon weiter vorn beschriebene Schutzvorrichtung, die Unglücksfälle ausschließt, vervollkommnet die Maschine.

In die Maschine können die verschiedensten Stanzapparate eingesetzt werden, die stets aus einem Ober- und einem Unterteil bestehen, die scherenartig zusammenwirken und so einen sauberen, scharfen Schnitt ergeben. Von größter Bedeutung für die Erhaltung der Werkzeuge ist deren zwangläufige Führung, da hierbei die Apparate weniger verschlossen und schneller eingesetzt und verstellt werden können.

Die Maschinen werden ganz aus Eisen ausgeführt und erhalten eine lange, nachstellbare Führung des Stanzbalkens. Sie eignen sich für die Faltschachteln aller Größen und sind natürlich auch bei Verwendung geeigneter Stanzeinsätze zum Stanzen aller in Kartonnagenfabriken vorkommenden Arbeiten zu verwenden.

Für Massenstanzungen und da, wo es sich darum handelt, große Mengen Zuschnitte und dergleichen in bestimmten Größen laufend möglichst billig herzustellen, sind halb- und ganzautomatische Maschinen am Platze. Mit diesen Maschinen sind für diese Zwecke trotz des hohen Anschaffungspreises bedeutende Ersparnisse zu erzielen, da ihre Leistungsfähigkeit außerordentlich hoch ist. Die Maschinen arbeiten zum Teil nach ihrer Einstellung ohne jede Bedienung und vereinigen mehrere Arbeitsgänge, die vorher getrennt und teilweise von Hand vorgenommen werden mußten, zu einem einzigen.

Die Maschinen sind nur für Kraftbetrieb bestimmt und dementsprechend besonders kräftig ausgeführt und eignen sich zum gleichzeitigen Stanzen, Bedrucken, Prägen, Zählen usw. von Massenartikeln aus allen zum Stanzen geeigneten Materialien in allen Formen. Das Material kann in Rollen- oder Streifenform verwendet werden. Der Vorschub erfolgt durch ein verstellbares und vollkommen selbsttätig wirkendes Vorschubwerk, durch welches auch der Abfall selbsttätig herausgeführt wird. Der Stössel ist lang und sicher in nachstellbaren Gradführungen geführt. Die Ausrückung erfolgt durch eine durch Tritthebel betätigte Momentkupplung.

Die Maschinen dienen besonders zur Herstellung aller Art Scheiben für Milchflaschenverschluß, Anhängeetiketten, Marken, Garnwickeln, Einlegescheiben, Filzpfropfen und Verschlußscheiben für Jagdpatronen, Kistenschonern und ähnlichen Massenartikeln, bei denen es auf hohe Leistung und Billigkeit ankommt. Diese Stanzteile verlangen häufig gleichzeitig eine weitere Behandlung, z. B. Bedrucken, Lochen, Prägen und Rillen für Verschlußetiketten usw. Die Maschinen sind für Einzel- und für Mehrfachwerkzeuge zu gebrauchen, bei Einfachwerkzeugen beträgt die Stundenleistung etwa 3000—5000 Stück, bei Mehrfachwerkzeugen das Vielfache dieser Leistung nach der Zahl der Werkzeuge.

Bei Verarbeitung des Materials in Rollenform machen sich ein neben der Maschine aufzustellender Abrollständer mit Streifenspanner und eine Aufwickelvorrichtung mit Friktionskupplung zum sauberen Abwickeln der aus der Maschine kommenden Abfallstreifen nötig. Bei einigen Konstruktionen werden diese Vorrichtungen auch gleich mit der Maschine vereinigt. Da es in vielen Fällen wünschenswert ist, auch gleich die Zahl der gelieferten Stanzteile festzustellen, kann eine selbsttätige Zählvorrichtung eingebaut werden, welche nach einer zu bestimmenden Menge die Maschine automatisch ausrückt, so daß das Zählen von Hand wegfällt.

Für Milchflaschenverschlußscheiben und ähnliche Stanzteile, die paraffiniert werden müssen, wird neben der Maschine ein Paraffinierapparat aufgestellt und von dieser angetrieben. Das Arbeiten dieses Apparates ist ebenfalls vollkommen selbsttätig, indem er die gestanzten Scheiben sauber paraffiniert und trocknet; von hier kann eine selbsttätige Rückführvorrichtung vorgesehen werden, welche die fertigen Scheiben nach einer Stapelvorrichtung bringt. Hier werden sie ebenfalls selbsttätig mit dem Aufdruck nach einer Richtung zu bestimmten Mengen in Papierhülsen verpackt.

Die Maschinen sind auch besonders geeignet zum Stanzen kleiner Faltschachteln, Streichholz- und Zigarettenpackungen, Patronenschachteln, Flaschensicherungen für Spirituosen usw. Besonders für letztere Art Packungen zum Ausstanzen der lithographierten Zuschnitte wird ein schrägstehender Faltschachtelstanzapparat eingebaut.

Während die vorher beschriebenen Automaten in erster Linie

zum Verarbeiten von unbedrucktem Karton bestimmt sind, der in der Maschine in gleichem Arbeitsgang mit dem Stanzen bedruckt werden kann, sind letztere Maschinen zum Ausstanzen vorher lithographierter und auf einer Schneid-, Ritz- und Rillmaschine vorbehandelter Bogen bestimmt. Sie werden dann auf diesem Automaten in einem einzigen Arbeitsgang fertiggestanzt. Das Einlegen der Zuschnitte in die Maschine muß hierbei von Hand erfolgen; während die Zuführung zum Stanzapparat selbsttätig geschieht und der fertige Zuschnitt aus der Maschine selbsttätig mit dem Druck nach einer Richtung abgelegt wird. Die Leistung beträgt dabei bis zu 10 000 Stück in der Stunde. Das Anlegen läßt sich jedoch auch mechanisch bewirken, indem mehrere parallel zueinander laufende Räderpaare die Zuschnitte vom Stapel wegnehmen und der Maschine zuführen.

Zu den Stanzmaschinen gehören auch die Bierglasuntersetzer-Stanzmaschinen, die für Handbetrieb oder automatisch eingerichtet sein können. Die Eigentümlichkeit des Rohmaterials verlangt besondere Maschinen, die aus der weichen, saugfähigen und infolgedessen lockeren und brüchigen Pappe saubere Schnitte unter Vermeidung von Ausschnitt herstellen. Die gewöhnlichen Schnittwerkzeuge mit Ober- und Unterteil oder die Stanzeisen sind nicht in der Lage, einen gratfreien Schnitt zu liefern. Man verwendet vorteilhaft ganz automatische Maschinen, nur für kleine Leistungen sind Handmaschinen im Gebrauch. Bei größeren Ausführungen legt man den ganzen Pappebogen in die Maschine ein, welche die Untersetzer stanzt und die fertigen Ausschnitte und den Abfall getrennt voneinander ablegt. Es ist dabei nicht Bedingung, daß die Pappen in der Stärke gleichmäßig sind, diese können vielmehr wahllos in die Maschine gegeben werden. Es ist dabei vorteilhaft, erst die Ausschnitte zu stanzen und dann auf einer besonderen Maschine zu bedrucken, da man auf diese Weise saubere Untersetzer erhält. Die früheren Verfahren, erst den Bogen zu bedrucken und dann zu stanzen, ergaben viel Ausschuß, auch das gleichzeitige Stanzen und Drucken scheint sich wenig bewährt zu haben.

*

PAPPEN-BIEGEMASCHINEN

Die Biegemaschinen finden Verwendung zur Herstellung von Kartonnagen und Schachteln aller Art aus Pappe, Leder, Vulkanfiber usw. Sie gewährleisten nicht nur eine besonders saubere Biegung, sondern eignen sich vor allem auch zur Verarbeitung starker und geringwertiger Pappe, wie z. B. Stroh- und Holzpappe. Gegenüber den Ritz- und Nutapparaten, die bis zur Erfindung der Biegemaschine ausschließlich in Verwendung waren, haben sie den Vorteil, daß eine Schwächung des Materials an der Biegekante nicht eintritt, sondern dasselbe sogar noch durch das Zusammenstauchen der Pappe und durch die Bildung einer Wulst an der Biegestelle eine Verstärkung erhält. Es sind also die auf Biegemaschinen

Abb. 15. Leichte Biegemaschine mit Schlitzeinrichtung, Fabrikat S. C. M. A.-G.

hergestellten Kartonnagen erheblich haltbarer als die nach den anderen Methoden erzeugten.

Biegemaschinen werden in verschiedenen Größen und Ausführungen für Fuß- oder Kraftbetrieb gebaut (Abb. 15—18). Die hier abgebildeten Biegemaschinen neuester Konstruktion entsprechen allen Voraussetzungen für einen leistungsfähigen Betrieb. Die zur Verwendung kommende verstellbare Biegezunge ermöglicht es, sämtliche vorkommenden Pappenstärken, sowohl dünnsten Karton, wie auch stärkste Pappe in tadelloser Weise abzubiegen. Die Handhabung dieser Vorrichtung ist überaus einfach. Es genügt ein einziger Griff, um die Biegezunge für die gewünschte Pappenstärke einzustellen, wobei das Einstellen noch durch eine am Stellhebel angebrachte Meßteilung erleichtert wird. Die Biegemaschinen schweren und leichten Modelles werden außerdem mit sogenannten verstellbaren Aufsetzzapfen (D. R. P.) geliefert.

Diese Einrichtung gestattet:

1. Daß bei Lehrgang der Maschine die oberen und unteren Biegemaschinen nicht gegeneinander treffen und sich dadurch unnötig abnützen.

Abb. 16. Leichte Biegemaschine, Fabrikat S. C. M. A.-G.

2. Daß die Pappen besonders weicher Sorten beim Stauchen nicht verletzt (eingeschnitten) werden, auch dann nicht, wenn beispielsweise fortlaufend abwechselnd kurze und lange Biegungen vorzunehmen sind.
3. Daß selbst Karton von geringster Stärke bis zum Papier herab, sowohl im einzelnen, als auch in mehreren Lagen übereinander mit zartestem und vollkommenstem Biegewulst abgebogen werden kann.

Alle Biegemaschinen werden mit Zentralstellung für den oberen und unteren Biegemechanismus gebaut. Mit Hilfe dieser Anordnung ist es möglich, von einer Stelle aus sowohl die beiden oberen Stauchschienen für die verschiedenen Breiten des Biegewulstes, wie auch die zwischen den unteren beiden Biegemaschinen und, wenn es sich um Biegemaschinen schweren Modells handelt, auch die Stützfedern für die unteren Biegeschienen in denkbar kürzester Zeit mit nur wenigen Handgriffen einzustellen.

Die kennzeichnenden Merkmale der Remus-Biegemaschinen sind folgende:

1. Ueberaus solide, kräftige Konstruktion.
2. Peinlichste Präzisionsausführung sämtlicher Teile.
3. Kräftige, bewährte Kupplung an Maschinen für Kraftbetrieb, die sowohl selbsttätigen Stillstand nach jeder Biegung, wie auch mittelst einer handlichen Arretiervorrichtung ununterbrochenes Arbeiten ermöglicht.

Abb. 17. Leichte Biegemaschine mit Schlitzeinrichtung, Fabrikat S. C. M. A.-G.

4. Schnellste Einstellung für jede Pappenstärke.
5. Wirkliches Stauchen der Pappen und nicht nur einfaches Prägen.
6. Geringster Kraftbedarf.

Die Remus-Biegemaschinen sind daher von größtem Vorteil und unentbehrlich für jeden Betrieb, in dem auf ein wirtschaftliches Arbeiten der Maschinen das Hauptaugenmerk gerichtet wird und dabei an Leistungsfähigkeit und neuzeitlichste Ausführung höchste Anforderungen gestellt werden.

Die Biegemaschinen leichten Modells sind hauptsächlich für Betriebe bestimmt, in denen nur schwache oder mittelstarke Pappen abzubiegen sind oder bei denen Motorkraft nicht zur Verfügung steht, so daß sie auf das in der Hauptsache nur für

Kraftbetrieb ausgeführte schwere Modell verzichten müssen. Wie bei letzterem, so wird auch bei den Maschinen leichten Modelles dafür garantiert, daß jede Pappe, selbst die sprödeste und geringwertigste, gleichviel ob in rohem, gestrichenem oder kaschiertem Zustande, tadellos scharfkantig und ohne Verletzung abgebogen wird. Der Arbeitseffekt beider Maschinenarten ist durchaus übereinstimmend, nur ist, wie schon erwähnt, das leichtere Modell mehr für schwache und mittelstarke Pappen bestimmt und zwar bis zu 60er Pappe.

Pappenbiegemaschine, schweres Modell. Stärkere als 60er Pappen (Stückzahl der Deckel in 50 kg) lassen sich auf

Abb. 18. Leichte Biegemaschine auf Säule, Fabrikat S. C. M. A.-G.

Biegemaschinen leichten Modells nicht mehr abbiegen. Es werden daher neben den Biegemaschinen leichten Modells Pappenbiegemaschinen, Abb. 19, die mit „schweres Modell" bezeichnet werden, gebaut und auf der sich alle Pappenstärken, von der schwächsten bis zur stärksten, in der tadellosesten Weise abbiegen lassen. Diese Maschinen sind in ihrer Konstruktion besonders kräftig gehalten und mit elastisch gelagerter Biegezunge versehen, die sich auf kräftige Druckfedern abstützt. Alle Teile sind aus bestem

Material gefertigt und nach neuem Normensystem in Präzisionsausführung hergestellt. Verschiedene gesetzlich geschützte Sondereinrichtungen (wie verstellbare Aufsetzzapfen zum genauen Abbiegen der Pappen, D. R. P.) und andere Einrichtungen erhöhen ihre Wirtschaftlichkeit ganz bedeutend. Die Maschine gestattet leichtes und bequemes Einstellen mit nur wenigen Handgriffen und ist mit leicht ausrückbarer und dabei doch sicher wirkender Spezialkupplung für den Antriebs- und Biegemechanismus versehen. Die Maschinen schweren Modells werden nur für den Kraftbetrieb geliefert.

Abb. 19. Schwere Biegemaschine, Fabrikat S. C. M. A.-G.

Säulenbiegemaschinen (Abb. 18) finden Anwendung zur Herstellung von Kartonnagen mit Diagonaleinbiegungen an den Ecken und Seiten. Solche Kartonnagen können, obwohl sie geheftet sind, flach zusammengelegt verschickt werden. Das Einlegen der Pappe in die Maschine erfolgt von der Seite. Mit Hilfe dieser Maschine ist ein leichtes und bequemes Arbeiten gewährleistet. Praktische Anlegewinkel erhöhen die Wirtschaftlichkeit und vielseitige Verwendung ganz bedeutend. Neben den Diagonaleinbiegungen können selbstverständlich auch alle anderen Biegungen auf der Maschine vorgenommen werden. Die anzubiegenden Höhen sind bei der Säulenbiegemaschine durch die Ausladung des Führungsarmes der Maschine und durch die Tischbreite begrenzt. Die Stellung der

Biegevorrichtung ist in derselben Richtung angeordnet wie der Führungsarm, so daß Pappentafeln in Quer- und Diagonalbiegungen bis 300 mm Länge bequem abgebogen werden können. Die Maschine eignet sich daher besonders vorteilhaft zur Herstellung und zum Biegen von solchen Gegenständen, wie zusammenlegbare Tragtaschen, Hut-, Versand- und Konditorschachteln usw., die nicht nur fertig geheftet, sondern auch flach zusammengefaltet verschickt werden müssen.

Zur Herstellung von Versandschachteln u. dgl., bei denen die Billigkeit der Herstellung von ausschlaggebender Bedeutung ist, bauen wir Biegemaschinen mit Schlitzeinrichtung. Bei diesen Maschinen kann Schlitzeinschneiden und Biegen in einem Arbeitsgange erfolgen, wodurch eine ganz bedeutende Zeitersparnis eintritt. Die Maschine hat sich für die vorerwähnten Zwecke bestens bewährt. Das Einschneiden der Schlitze erfolgt hierbei immer nur auf einer Seite der Maschine, so daß dieselben gegeneinander versetzt sind.

Der Biegemechanismus ist bei diesen Maschinen genau so konstruiert, wie bei Biegemaschinen ohne Schlitzeinrichtung, so daß auch hier die Abbiegungen stets gleichmäßig und tadellos ausfallen. Selbstverständlich können die Maschinen mit Schlitzeinrichtung auch ohne diese, also als normale Biegemaschinen Verwendung finden.

Die nachstehend angegebenen Arbeitsbreiten verstehen sich stets mit Schlitzlänge, d. h. also es verringert sich die wirkliche Biegelänge stets um diese. Sämtliche Modelle sind mit Zentralstellung für die Stauchschienen und Zentralstellung für die Biegezunge ausgerüstet. Eine Maßskala auf dem Hintertisch erleichtert das Einstellen des hinteren Längsanlegewinkels, desgleichen eine solche für die vordere Queranlage auf dem Vordertisch das Einstellen der Schlitzlänge.

Maschine zum Biegen von Vulkanfiber und Hartpappe.

Das Biegen von Vulkanfiber und Hartpappe für Koffer und Reiseartikel ist auf normalen Pappen-Biegemaschinen nicht möglich, da diese einer derartig großen Beanspruchung nicht gewachsen sind. Um trotzdem das Biegen dieser harten Materialien vornehmen zu können, sind besondere Spezialmaschinen konstruiert worden, bei denen das zu biegende Material nicht wie bei Pappenbiegemaschinen gestaucht wird, sondern unter Wärme (also mit geheizten Stempeln oder Werkzeugen) rund gebogen oder geprägt wird. Eine der bekanntesten Maschinen hierfür ist die kombinierte Biege- und Prägemaschine der Sächsischen Cartonnagen-Maschinen A.-G., Dresden. Mit dieser Maschine können nicht nur runde Biegungen von beliebigem Radius vorgenommen werden, sondern es kann auf ihr auch ein Kröpfen der Zuschnitte und Eindrücken von Rillen vorgenommen werden. Desgleichen ist es mit dieser Maschine möglich, die bei Koffern zur Verwendung kommenden Metallschienen vorzubiegen und an die Kofferzuschnitte anzuschlagen. Die bei-

Abb. 20.

gefügten Abbildungen 21—27 zeigen die verschiedensten Verwendungsmöglichkeiten.

Hauptbedingung für solche Vulkanfiber-Biegemaschinen ist eine besonders kräftige Konstruktion, die ein Durchbiegen der Biegebalken während des Arbeitens verhindert. Nur wenn die Maschine diese Bedingungen erfüllt, ist es möglich, auch den größten Kofferzuschnitt einwandfrei zu biegen oder zu prägen und die anzupressende Schiene über die ganze Länge sauber anzudrücken. Vor allem ist dies wichtig, wenn der betreffende Fabrikant Qualitätsware herstellen will.

Um die in den Skizzen gezeigten verschiedenen Bearbeitungen

des Materials vornehmen zu können, werden zur Maschine der SCMAG auswechselbare Werkzeuge zur Ausführung dieser Arbeiten mitgeliefert. Diese Werkzeuge sind so konstruiert, daß ein leichtes und bequemes Einsetzen in die Maschine möglich ist und daß außerdem mit ihnen Koffer jeder beliebigen Größe hergestellt werden können. Besonders wichtig ist dies für die Werkzeuge zum Hochbiegen der Kofferwände, da bei Vulkanfiber die jeweils hochgebogene Seitenwand im rechten Winkel stehen bleibt. Würde nun das Werkzeug zum Biegen nicht für verschiedene Koffergrößen bzw. -Längen verstellbar sein, so wäre gar nicht zu vermeiden, daß bei einem rechteckigen Zuschnitt, wenn beispielsweise das Werkzeug für die größte Länge eingerichtet wäre, beim Abbiegen der kleineren Längen die zuerst gebogenen Seitenwände wieder aufgebogen würden. Bei der neuen SCMAG-Maschine fällt, wie schon erwähnt, dieser Uebelstand fort, da die Biegewerkzeuge aus verschiedenen Teilen bestehen, die im Handumdrehen auf jede beliebige Koffergröße bis zu 115 mm eingestellt werden können.

Die neue SCMAG-Maschine ist außerdem mit Zentralstellung für jede Materialstärke ausgerüstet, mit der gleichzeitig jeder beliebige Prägedruck eingestellt werden kann. Ein weiterer Vorteil ist der, daß die Maschine unter Druck stehen bleiben kann, wenn beispielsweise besonders starke Pappen eine längere Einwirkung der Wärme erforderlich macht. Ruhiges und stoßfreies Arbeiten sind besondere Kennzeichen.

Zum genauen Anlegen der Pappe dienen lange und breite Anschläge mit Millimeterskala, die für die verschieden großen Zuschnitte in kurzer Zeit genau eingestellt werden können und damit ein vollkommen genaues Arbeiten ermöglichen.

Arbeitsproben für die verschiedenen auf der kombinierten Biege- und Prägemaschine für Vulkanfiber und Hartpappe auszuführenden Arbeiten.

Abb. 21. Kleine Biegung.

Abb. 22. Große Biegung.

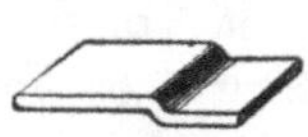

Abb. 23. Kröpfung.

Abb. 24. Geprägte Rille.

Abb. 25. Vorgebogene Kofferschiene.

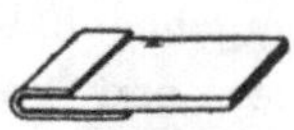

Abb. 26. Angepreßte Kofferschiene.

Abb. 27. Gleichzeitig geprägte Rille und angepreßte Schiene.

DIE KOMBINIERTE PAPPENSCHNEID- UND DOPPEL-RILL-, RITZ- UND NUTMASCHINE

Schon der Name deutet auf die Vielseitigkeit dieser Maschine und ihre große Verwendungsmöglichkeit hin. Sie gelangt zur Aufstellung und ist unentbehrlich in der Kartonnagenindustrie, in Buchbindereien, Buchdruckereien usw. und vor allem dort, wo es sich nicht nur allein um große Arbeitsleistung, sondern auch um eine billige Herstellung von Schachteln, Kartons, Zigaretten- und Packungen für Nahrungsmittel oder pharmazeutische Zwecke, Faltschachteln, Bücherumschläge usw. handelt. Als zu verarbeitendes Material kommen in der Hauptsache in Frage, schwächere Pappen bis herab zum allerfeinsten Karton.

Abb. 28. Kombinierte Pappen-Schneid-, Rill-, Ritz- und Nutmaschine, Fabrikat S. C. M. A.-G.

„Kombinierte" werden von verschiedenen Firmen gebaut. Die Maschine der Sächsischen Cartonnagen-Maschinen A.-G. (Abb. 28) ist nach den neuesten Gesichtspunkten konstruiert und mit allen erdenklichen Verbesserungen ausgerüstet, die sich im Laufe der Jahre aus der Praxis heraus ergeben haben. Diese Maschine, die gleichzeitig zum Rillen, Ritzen und Schneiden von Pappe und Karton in einem Arbeitsgang dient, kann aber auch für jede Arbeitsmöglichkeit einzeln verwendet werden. Die Maschine ist von kräftiger Konstruktion, so daß größte Ansprüche an sie gestellt und hohe Leistungen mit ihr erreicht werden können.

Die Kombinierte der S. C.-M. A.-G. ist für alle möglichen Formate verwendbar; das kleinste normal auf ihr zu schneidende Format beträgt 60×30 mm. Hierbei wird der Bogen erst in 60 mm breite Streifen geschnitten und dann diese wiederum in Stücke von 30 mm Breite. Diese Art zu schneiden ist erforderlich, weil der Abstand der Ein- und Ausführwalzen nur einen Durchtransport von 60 mm breiten Streifen gestattet. Auf besonderen Wunsch kann die Maschine auch für Formate 60×25 mm eingerichtet werden, sie verlangt jedoch dann eine Sonderausführung mit abgeändertem Kreismesser.

Die Maschine ist mit einer Messerwelle ausgerüstet, auf der bis zu 40 Stück Kreismesser angebracht werden können. Auf diese Weise können also mit ihr in einem Arbeitsgange 40 Streifen bzw. Zuschnitte geschnitten werden. Des weiteren ermöglicht eine selbsttätige Einführung für Streifen und Bogen mit mehrfach veränderlicher Geschwindigkeit (D. R. P.), sowie eine Präzisionsanlage mit automatischem Bogengeradeleger ein genaues Beschneiden selbst schief bedruckter Bogen, wie sie unmittelbar von der Schnellpresse kommen.

Es war schon erwähnt, daß auf der Maschine der S. C.-M. A.-G. gleichzeitig neben dem Schneiden gerillt und geritzt werden kann. Das Rillverfahren ähnelt dem Abbiegeverfahren, wie es auf den in allen Fachkreisen bekannten Remus-Pappenbiegemaschinen vorgenommen wird. Auch hier wird eine Wulst gebildet, die ein leichteres Umbiegen des Kartons ermöglicht und eine wesentliche Verstärkung der Biegekante bedeutet. Allerdings ist das Rillverfahren nicht in so weiten Grenzen möglich wie das Biegeverfahren, da hier nicht dieselbe Kraft für das Stauchen der Pappe aufgewendet werden kann. Das Rillen kommt mehr oder weniger nur bei Verwendung schwächerer und feinster Pappen bzw. Kartons in Frage, bietet aber hier entschieden große Vorteile, da mittelst des Rillverfahrens die Anfertigung von Massenartikeln, bei denen die Billigkeit der Herstellung die Hauptsache ist, vorgenommen werden kann.

Die Kombinierten der S. C.-M. A.-G. werden mit zwei Haltebalken ausgerüstet; das hat den Vorteil, daß mit den auf diesen neben- und hintereinander angebrachten Apparaten gleichzeitig eine größere Anzahl Rillen hervorgebracht werden können. Die Rillung erfolgt mittelst sogenannten Präzisions-Rillapparaten mit Zentral- und

Präzisionseinstellung, an denen man durch geeignete Ausbildung eine sehr genaue Höheneinstellung vornehmen kann, ohne daß vorher die Befestigung am Halterbalken gelockert werden braucht. Die Zentralstellung für die Rillscheiben ermöglicht ferner eine Verstellung der Rillscheiben voneinander und zwar gleichzeitig mit einer einzigen Drehung.

Neben den Rillapparaten können, wie schon erwähnt, sogenannte Ritzapparate angebracht werden. Sie kommen hauptsächlich in Anwendung, wenn es sich um Verarbeitung von stärkeren Pappen handelt, oder wenn die Rillwulst störend wirkt, wie z. B. bei Schiebeschachteln usw. Insbesondere ist die Benutzung der Ritzapparate gleichfalls dort von Vorteil, wo es sich um eine schnelle und billige Herstellung von großen Mengen vorbereiteter Zuschnitte für Schachtelpackungen usw. handelt.

Die Befestigung der Rill- und Ritzapparate kann sowohl auf dem vorderen, wie auch auf dem hinteren Halterbalken erfolgen. Sie können mit Hilfe eines Keilstückes derart fest an den Halterbalken der Maschine angeschraubt werden, daß ein ungewolltes Verschieben während der Arbeit unmöglich ist, während andererseits durch diesen Mechanismus ein spielend leichtes Höher- oder Tieferstellen jedes einzelnen Apparates mit nur wenigen Handgriffen vorgenommen werden kann. Die normale Befestigung der Apparate erfolgt derart, daß das Keilstück von der Seite in eine Prismanut des Halterbalkens eingeschoben und dann mittelst einer Flügelmutter festgezogen wird. Die Apparate können aber auch zum Vornherausnehmen eingerichtet sein. Der große Vorteil dieser Einrichtung liegt darin, daß die Apparate von vorn (beim hinteren Halterbalken entgegengesetzt) in die Prismanut eingesetzt oder herausgenommen werden können, ohne daß irgendwelche bereits seitlich befestigte Apparate gelöst werden müßten. Die Höheneinstellung erfolgt durch Drehen des kordierten Kopfes, wobei zwei im gleichen Sinne wirkende Gewinde mit verschiedener Steigung und Gangzahl die denkbar genaueste und feinste Einstellung ermöglichen. Stehen die Apparate ganz nahe aneinander oder paßt das Stellgewinde sehr straff, so macht das Drehen des Stellkopfes mit den Fingern mitunter Schwierigkeiten. Für diesen Fall sind besonders dazu geeignete Stellschlüssel vorhanden, die eine bequeme Höheneinstellung ermöglichen.

Außer den bereits beschriebenen Rill- und Ritzapparaten können auf dieser Universalmaschine noch folgende Apparate in zweckdienlicher Weise, je nach der in Frage kommenden Branche und Industriezweigen, verwendet werden.

1. Blindliniierapparate, diese dienen dazu, den Karton durch Einprägung von Verzierungslinien zu dekorieren.
2. Farbliniierapparate zur Anbringung von Verzierungs-Streifen an Kartonnagen für sofort trocknende Anilinfarben, für schmale und breite Streifen (Abb. 29).
3. Liniierapparate für Oelfarbe zum Liniieren von Wachstuch, Kunstleder, Segeltuch usw.

Abb. 29. Farbliniierapparat.

4. Zackenschneideapparate zur Fabrikation von Rundschachteln „Zackensystem", auch zum Auszacken für Spitzeneinfassungen.
5. Nutapparate (Hobelsystem) mit Spanausheber, die mit Vorteil für solche Schachteln angewendet werden, bei denen das Abkanten der Pappen, Leder usw. ohne Verletzung der Außenseite vorgenommen werden soll, und die Innenseite keine Wulst (wie beim Abbiegen), enthalten darf.
6. Schriften-Einprägeapparate, welche meist in Verbindung mit Ritz-, Nut-, Rill- oder Liniierapparaten dazu benutzt werden, die Firma des Fabrikanten in das Innere der Schachteln usw. einzuprägen (eine Reklame, deren Anbringung nichts kostet,

weil die Einprägung meist gleichzeitig mit der übrigen Bearbeitung vorgenommen wird) und schließlich

7. Perforierapparate zur Strichperforierung.

Wie aus dem Vorstehenden ohne weiteres hervorgeht und wie schon zu Anfang erwähnt wurde, stellt also die kombinierte Pappenschneid-, Doppel-Rill-, Ritz- und Nutmaschine eine äußerst vielseitige Maschine dar. Als wichtigster Punkt ist aber bei der S. C.-M. A.-G.-Kombinierten noch zu erwähnen, daß hier ein ausschwenkbarer Ablegetisch (D. R. P.) zur Anwendung gekommen ist, der ein bequemes Herantreten an die Maschine gestattet und somit ein spielend leichtes und bequemes Einstellen der Apparate ermöglicht. In der Abbildung ist die Maschine mit umgeschwenktem Tisch dargestellt, so daß eine weitere Beschreibung sich wohl erübrigt, erwähnt sei nur, daß das Ausschwenken ohne besondere Kraftanstrengung bequem von einer einzigen Person ausgeführt werden kann.

Die Zubringung der Bogen zu den Einführwalzen kann entweder von Hand erfolgen oder nach einem ebenfalls geschützten System automatisch in verschiedenen Geschwindigkeiten. Als Antrieb für die Maschine kann Transmissionsantrieb mit Fest- und Losscheibe oder direkter Antrieb mittels Elektromotor gewählt werden. Der Kraftbedarf ist gering und beträgt bei einer Tourenzahl von 125 Umdrehungen in der Minute etwa 1 PS. Die Arbeitsbreite der Maschine ist 1300 mm, die Durchgangsweite 1350 mm.

Sämtliche sich drehenden, angetriebenen bzw. der Abnützung unterworfenen Teile werden nach Präzisions- und Toleranzlehren gebaut, so daß die im Laufe der Zeit schadhaft gewordenen oder abgenutzten Teile jederzeit ausgewechselt und nachbezogen werden können, ohne daß Nacharbeiten beim Einbau erforderlich sind.

*

STANZ- UND DRUCKAUTOMATEN

Die heutigen wirtschaftlichen Verhältnisse bringen es ganz von selbst mit sich, daß für die Herstellung der verschiedensten Erzeugnisse mehr und mehr Maschinen gebaut und in Benutzung genommen werden, die den Herstellungsprozeß unter möglichster Ausschaltung von Zwischenarbeiten und von Handarbeiten beschleunigen und möglichst selbsttätig durchzuführen versuchen, die Verwendung automatischer Maschinen also immer mehr in den Vordergrund rücken. So sind auch in der Kartonnagenindustrie besonders in der letzten Zeit Maschinen gebaut worden, deren Arbeitsweise diesem Zweck untergeordnet ist. Man will mit Hilfe dieser Maschinen erreichen, daß erstens das Bedienungspersonal, soweit es ein störungsfreier Betrieb zuläßt, auf die denkbar geringste Zahl herabgemindert wird, daß zweitens dadurch, daß die Verrichtung von Arbeiten, die bis jetzt getrennt und auf verschiedenen Maschinen vorgenommen werden mußten, nunmehr aber von einer einzigen Maschine ausgeführt werden, an Raum für die Aufstellung der Maschinen gespart wird und schließlich drittens, daß durch die Zusammenfassung der verschiedenen Arbeitsprozesse und deren Verrichtung durch eine einzige Maschine an Zeit gespart und durch den automatischen Betrieb die Leistung wesentlich erhöht wird.

Ein solcher Automat zum Herstellen von Faltschachtelzuschnitten für Zigaretten und andere Packungen, der in ununterbrochenem Arbeitsgange von der Rolle arbeitet, druckt, rillt, ritzt, prägt und die Zuschnitte ausstanzt, ist der von der Sächsischen Cartonnagen-Maschinen A.-G. Dresden, neben einer Reihe anderer Maschinen neu auf den Markt gebrachte Stanz- und Druckautomat für Ein- oder Mehrfarben-Rotationsdruck. Dieser Automat ist eine Weiterentwicklung einer bereits von dieser Firma ähnlich gebauten Maschine, so daß eine Reihe von im Laufe der Jahre gesammelten Erfahrungen bereits vorlagen, die bei der Konstruktion der neuen Maschine eingehende Berücksichtigung und Verwendung gefunden haben. Auf der Maschine können 3000 bis 4200 Zuschnitte pro Stunde hergestellt werden. Sie wird in drei Ausführungen gebaut und zwar für Zuschnittgröße 250 × 250, 350 × 350 und 500 × 500 mm. Ist der auszustanzende Zuschnitt kleiner als für das jeweilige Modell angegeben ist, beträgt er also beispielsweise nur die Hälfte, ein Drittel oder ein Viertel, so können mehrere Werkzeuge neben- oder hintereinander in die Maschine eingebaut werden, die dann genau so arbeiten, als wäre nur ein einziges Werkzeug eingespannt. Die Leistung eines solchen Mehrfach-Werkzeuges ist natürlich bedeutend höher und beträgt immer von der oben angegebenen Leistung das entsprechend vielfache.

In folgendem soll der neue Stanz- und Druckautomat der S. C. M. A.-G. kurz beschrieben werden. Entgegen den bisherigen ähnlichen Maschinen ist das Schwungrad für den Antrieb bei dem neuen Automaten nach unten verlegt. Dadurch wurde neben einem sicheren Stand der Maschine, ein ruhiger Gang erreicht, und damit unmittelbar im Zusammenhang stehend ein einwandfreies Arbeiten, eine größere Schonung des Materials und eine geringere Beanspruchung aller sich drehenden Teile.

Abb. 30. Neuer Stanzautomat der S. C.-M. A.-G.

Das Druckwerk ist so ausgebildet, daß es bequem gereinigt werden kann. Dasselbe gilt auch vom Farbwerk, welches als Ganzes aus der Druckstellung entfernt werden kann. Druckwerk und Farbwerk sind verstellbar — mit Ausnahme der Druckwalzen, die für jede Zuschnittgröße besonders angefertigt werden müssen — so daß mit ein und derselben Maschine Schachtelzuschnitte in beliebiger Form und Größe bedruckt, gerillt, geprägt und ausgestanzt werden können. Aendern sich dagegen im Druckspiegel nur einzelne Worte, bleibt aber die Zuschnittgröße die gleiche, so können in die Druckwalze Einsatzstücke eingesetzt werden, so daß für verschiedenen Text immer ein und dieselbe Druckwalze Verwendung finden kann. Der Vorschub des Materialstreifens erfolgt zwangläufig von der Hauptantriebswelle aus über entsprechende Zwischenelemente und ist zur Stößelbewegung derart einstellbar angeordnet, daß auch nach einer größeren Anzahl Drucke und Stanzungen stets das gleiche einwandfreie Erzeugnis erzielt wird, wie beim Anlauf der Maschine. Die Einstellung des Stößels für ein genaues Rillen und Ritzen kann mittels einer besonderen Stelleinrichtung während des Betriebes erfolgen.

Die Abwickelvorrichtung für den Materialstreifen ist getrennt von der Maschine in einem besonderen Gestell angeordnet und dient gleichzeitig als Spannvorrichtung für den Materialstreifen. Mit Hilfe einer neuen, gesetzlich geschützten Stelleinrichtung ist ein schnelles Auswechseln der Bobine möglich und ebenso ermöglicht eine neuartige Einstellvorrichtung ein rasches und bequemes Einstellen des ablaufenden Materialstreifens in die Mittelachse des Druck- und Stanzwerkzeuges.

An Stelle von Abwickelvorrichtungen mit nur einer Bobine können bei Verwendung von Mehrfach-Werkzeugen sogenannte Doppelabwickelvorrichtungen aufgestellt werden, bei denen zwei Bobinen nebeneinander in einem Gestell untergebracht sind. Jede einzelne Bobine ist für sich auswechselbar.

Die neuen Stanz- und Druckautomaten sind des weiteren mit einer Stapelvorrichtung ausgerüstet, die aus einem ständig umlaufenden Transportband besteht. Die fertigen Zuschnitte fallen auf dieses Transportband und werden zwangläufig mitgenommen, um am Ende zu einem Stapel zusammengeschoben zu werden, der von Zeit zu Zeit fortgenommen wird. An Stelle dieses Transportbandes kann aber auch eine Stapelvorrichtung bezogen werden, die aus einem einfachen Rahmen mit herausnehmbaren Einsatzkästen besteht. Hier fallen die fertigen Zuschnitte in diese Kästen und schichten sich in diesen nach und nach auf. Je nachdem nur ein einziges oder mehrere Werkzeuge nebeneinander in die Maschine eingebaut worden sind, können ein oder mehrere Stapelkästen aufgestellt werden.

Um die Leistung des Automaten jederzeit kontrollieren zu können bzw. um ein Nachzählen der Zuschnitte nicht vornehmen zu müssen, ist eine automatische Zähl- und Ausrückvorrichtung vorgesehen, die die Maschine nach je 500 oder 1000 Zuschnitten selbsttätig still setzt. Es geschieht dies in der Weise, daß nach je 500 oder 1000 Stanzungen eine durch D. R. P. geschützte Ausrückvorrichtung die Maschine zum Stillstand bringt. Im übrigen bringt die Ausrückvorrichtung den Stößel stets in seiner Höchstlage zum Stillstand, ganz gleich, in welchem Moment der Stößelbewegung der Ausrückhebel betätigt wird. Damit erreicht man, daß nach Stillsetzung der Maschine sofort unter dem Stanzwerkzeug gearbeitet werden kann, ohne daß vorher erst der Stößel in seine Höchststellung gedreht werden müßte. Man spart nicht nur erheblich an Zeit, sondern es ist auch bei etwaigen Betriebsstörungen eine rasche Behebung der Ursache möglich.

Wie alle Maschinen der S. C.-M. A.-G. ist auch dieser Automat mit einer wirksamen Schutzvorrichtung versehen, die so durchgebildet ist, daß die Maschine nur dann eingerückt werden kann, wenn sich die Schutzvorrichtung in Arbeitsstellung befindet, während andererseits bei hochgeklappter Schutzvorrichtung, also wenn diese nicht wirksam sein würde, die Maschine nicht eingerückt werden kann.

Der neue Stanz- und Druckautomat der S. C.-M. A.-G. zur Herstellung von bedruckten Faltschachtelzuschnitten, stellt also eine Maschine dar, die mit allen, für eine wirtschaftliche Fabrikation erforderlichen Verbesserungen ausgerüstet ist, und die infolgedessen überall Verwendung finden wird, wo die Massenfertigung von Zuschnitten mit ein- oder mehrfarbigem Druck in Frage kommt.

* * *

Ich lasse nachstehend noch eine Beschreibung folgen über „Progress" Stanzautomaten der Firma Grahl, Rössler & Ponndorf in Dresden.

Vorteile und Beschreibung des „Progress" Stanzautomaten Modell C.

Die Massenherstellung von unbedruckten Zuschnitten, z. B. für Faltschachteln, Schachteleinsätzen, Zuschnitten für Kappenschachteln, Schachtelinnenkartons, wie sie für die Verpackung von Seifenpulver, Haferflocken und ähnlichem verwendet werden, wird auf Pappenscheren, kombinierten Kreisscheren, Ritz-, Rill- und Ausstanzmaschinen zu teuer und ist auch viel zu zeitraubend; man wird sich dazu zweckmäßiger einer automatisch arbeitenden Maschine

Abb. 31. „Progreß" Stanzautomat Modell C der Firma „Progreß", Maschinenfabrik für die Tabak-, Zigaretten- und Kartonnagen-Industrie Grahl, Rössler & Ponndorf, Dresden-A. 5, Löbtauer Straße 64/66.

Erklärung: A) Bobinenständer mit Bobine und Bremse. B) Brechwalzen automatisch. C) Intermittierendes Vorschubwerk. D) Werkzeugträger. E) Höhenfeineinstellung für Werkzeug. F) Schutzvorrichtung. G) Stapelvorrichtung. H) Antriebsscheibe. J) Einstellrad. K) Ein- und Ausrücker.

bedienen. Bei diesen Zuschnitten spielt doch der Preis eine zu große Rolle, abgesehen davon ist auch der Raumbedarf bei einer automatisch arbeitenden Maschine mit nur einer Bedienungsperson ein ganz bedeutend geringerer. Seit Jahren baut man derartige Stanzautomaten, die aber insofern große Nachteile hatten, als die Konstruktion derselben veraltet und viel zu kompliziert, die Leistung eine viel zu geringe war.

Alle Teile an demselben sind aus ausgesucht gutem Material auf den modernsten Werkzeugmaschinen nach dem Grenzlehrensystem hergestellt. Ersatzteile können immer sofort einwandfrei passend nachgeliefert und eingesetzt werden, ohne daß ein Nacharbeiten derselben nötig ist.

Der Automat dient zum Ritzen oder Rillen, Prägen und Ausstanzen von Zuschnitten in beliebiger Form und Größe bis zu einem größten Zuschnitt von 260, bzw. 360 oder 500 mm im Quadrat.

Dadurch, daß der Stanzautomat nicht den an bisher bekannten Konkurrenzmodellen vorhandenen Oberbau hat, ist die Ueberwachung desselben auch von allen Seiten eine viel leichtere, das Arbeiten der Maschine ein viel ruhigeres. Die Stößelführung liegt unterhalb des Werkzeuges. Diese Konstruktion ermöglicht eine kräftige Ausbildung der Stößelführung, so daß ein Kippen des Stößels beim Stanzen unmöglich ist. Eine lange Lebensdauer der Maschine ist schon auf diese Weise gewährleistet.

Der Antrieb erfolgt entweder durch Transmission oder direkt durch Elektromotor. Die als Schwungrad ausgebildete Riemenscheibe ist mit einer Präzisionskupplung versehen, die ein Stillsetzen des Automaten bei Bedarf in jeder Stellung ermöglicht.

Das Stanzwerkzeug ist eine Spezialkonstruktion. Für bestimmte Arten von Zuschnitten, z. B. in gleicher Form, jedoch verschiedener Größe, können die Werkzeuge bis zu einem gewissen Grade verstellbar eingerichtet werden; für komplizierte Spezialzuschnitte dagegen kommen unverstellbare Werkzeuge in Frage. Diese Werkzeuge werden aus einem Spezialstahl hergestellt, der einer geringen Abnützung unterliegt. Dadurch ist eine lange Lebensdauer gewährleistet.

Die Abwickelvorrichtung ist mit der Maschine verbunden. Am vorteilhaftesten werden Kartonbobinen mit einem Lochdurchmesser von 150 mm und einem äußeren Durchmesser von 1000 mm verwendet.

Die Maschine verarbeitet nur Rollenkarton, der restlos bei denkbar günstigster Materialausnützung aufgearbeitet wird.

Das Auswechseln der Kartonbobine geschieht sehr schnell durch einfache Handgriffe. Auf Wunsch wird gegen Extraberechnung eine zweite Bobinenspindel mitgeliefert, so daß während der Verarbeitung der einen Bobine auf der Maschine die nachfolgende immer aufmontiert werden kann.

Durch eine sinnreiche Streckvorrichtung wird die durch die Wicklung entstandene Spannung des von der Bobine kommenden Kartonstreifens aus dem Material wieder herausgebracht, so daß die Zuschnitte den Automaten gut flach gelegt verlassen.

Die Stapelvorrichtung wird in zwei verschiedenen Ausführungen angefertigt, von denen je nach Wunsch und je nach Bedarf die eine oder die andere geliefert wird. Dieselbe besteht entweder aus einem Holztisch mit einfachem Rahmengestell mit herausnehmbaren Einsätzen oder aus einem Gestell mit einem endlosen absatzweise bewegten Transporttuch.

Das Zählwerk, das auf besonderen Wunsch und gegen Extraberechnung angebracht wird, besteht aus einem Hubzähler mit neunstelliger Zahl und gibt eine ziemlich genaue Kontrolle der Leistungen der Maschine an.

Alle Schutzvorrichtungen sind den Vorschriften entsprechend so angebracht, daß dieselben während des Arbeitsganges nicht stören.

Vorteile und Beschreibung des „Progress" Faltschachtel-Druck- und Stanz-Automaten Modell CD.

Eine Ware in geschmackvoller Packung wird auf den Käufer immer eine besondere Anziehungskraft ausüben. Die für den Markenartikel geeignetste und zweifellos billigste Verpackung ist immer noch die ein- oder mehrfarbig bedruckte Faltschachtel. Gerade bei Massenpackungen, wie es die Faltschachtel ist, spielt der Preis eine ausschlaggebende Rolle. Bisher war die Herstellung von Faltschachteln infolge der vielen Operationen, des großen Apparates an Maschinen und des vielen Personals verhältnismäßig umständlich und teuer, mußten doch erst die Kartonbogen je nach der Anzahl der Farben ein oder gar mehrmals durch die Druckmaschine laufen, um dann auf Pappenscheren, kombinierten Kreisscheren, Rill-, Ritz- und Nutmaschinen, sowie Ausstanzmaschinen weiter verarbeitet zu werden.

Eine Umwälzung in der Massenfabrikation von Faltschachteln und sonstigen Zuschnitten, insbesondere aber eine ganz wesentliche Verbilligung derselben, bringt der Faltschachtel-Druck- und Stanzauto-

Abb. 32. „Progreß“ Faltschachtel-Druck- und Stanz-Automat Modell C D mit 4 Druckwerken für Vierfarben-Druck der Firma „Progreß“ Maschinenfabrik für die Tabak-, Zigaretten- und Kartonnagen-Industrie, Grahl, Rössler & Ponndorf, Dresden-A. 5, Löbtauer Straße 64/66.

Erklärung: A) Bobinenständer mit Bobine und Bremse. B) Brechwalze. C) Erstes Vorschubwerk. D) Druckwerke. E) Handrad zum Drehen der Druckwerke von Hand. F) Intermittierendes Vorschubwerk. G) Werkzeugträger. H) Höhenfeinstellung für Werkzeuge. J) Schutzvorrichtung. K) Stapelvorrichtung. L) Antriebsscheibe. M) Einstellhandrad. N) Einstellung für Druck zum Werkzeug. O) Ausrücker.

Besonders vorteilhaft geeignet zur Herstellung von Massenausstanzungen ohne Druck, mit ein- oder mehrfarbigem Druck und Bronzedruck, wie z. B. Schiebe-, Falt- und Gürtelschachteln für Tabak, Zigarren, Zigaretten, für alle Arten Nahrungsmittel wie Zucker, Kaffee, Tee, Kakao, Schokolade, Konfitüren, Keks, Butter, Margarine, Käse, Backpulver usw., für Erzeugnisse der chemischen und kosmetischen Industrie, wie Seife, Seifenpulver, Waschmittel, Putzpulver, Düngemittel Haut- und Zahnpasten, Zwirnsterne und Wickelkarten für alle möglichen Garne, ein- oder zweiseitig bedruckt, Zuschnitten von festen Schachteln, wie z. B. Kappenschachteln usw. Die Maschine druckt automatisch in einem Arbeitsgang in einer oder mehreren Farben, bronziert, rillt oder ritzt, prägt oder stanzt gleichzeitig aus. Dieselbe verarbeitet gleich vorteilhaft auch gestrichene Metallpapiere, sowie aufgewalzte Zinnfolien.

Abb. 33. Druck- und Stanz-Automat für doppelseitigen Druck.

Erklärung: A) Bobinenständer mit Bobine und Bremse. B) Brechwalze. C) Erstes Vorschubwerk. D) Oberes Druckwerk. E) Handrad zum Drehen der Druckwerke von Hand. F) Unteres Druckwerk. G) Stützen zur Brücke. H) Brücke für unteres Druckwerk. J) Intermittierendes Vorschubwerk. K) Werkzeugträger. L) Schutzvorrichtung. M) Stapelvorrichtung. N) Einstellhandrad. O) Ausrücker.

mat, nachdem derselbe mit nur geringer Bedienung und verhältnismäßig geringem Raumbedarf von der unbedruckten Rolle weg automatisch in einem Arbeitsgang ein- oder mehrfarbig druckt, bronziert, ritzt oder rillt und gleichzeitig ausstanzt. Dabei ist die Leistungsfähigkeit der Maschine eine sehr große, stellt dieselbe doch bei einfach wirkendem Werkzeug je nach der Größe der Maschinentype ca. 4500 bis ca. 6000 Faltschachtelzuschnitte in der Stunde her; bei mehrfach wirkendem Werkzeug ist die Leistung das entsprechend vielfache.

Mit Hilfe dieser Maschine wird man infolge der kolossalen Verbilligung der Faltschachteln auch da zu der letzteren übergehen können, wo man bisher wegen der zu hohen Kosten sich nur mit einfacher Papierpackung begnügen mußte.

Die Ersparnis, die mit dieser Maschine erzielt wird, beträgt je nach Anzahl der Farben bis zu 50% und noch mehr. Die Anschaffungskosten fallen deshalb gar nicht ins Gewicht. Die Rentabilität der Maschine ist nachgewiesenermaßen so groß, daß das Anlagekapital dafür schon innerhalb ganz kurzer Zeit wieder vollständig mit der Maschine verdient wird.

Der Vorteil des Druck- und Stanzautomaten besteht weiter auch darin, daß sich diese Maschine in die Fabrikation eines jeden Betriebes, wo Massenpackungen hergestellt oder gebraucht werden, bequem einfügen läßt, ist doch die Bedienung derselben eine außerordentlich einfache, so daß besondere Fachkenntnisse hierzu nicht erforderlich sind.

Die Bedienung ist eine sehr leichte. Am besten dafür geeignet ist ein mit Maschinen vertrauter Buchdrucker, sonst genügt dafür auch ein Mechaniker oder Schlosser, für mehrere Maschinen je ein Mädchen und insgesamt ein Buchdrucker oder Mechaniker oder Schlosser.

Einfachere Konstruktion, stabilere Ausführung, leichtere Handhabung, höhere Leistungsfähigkeit und geringerer Kraftbedarf sind besondere Merkmale.

Die Abwickelvorrichtung ist mit der Maschine verbunden. Am vorteilhaftesten werden Kartonbobinen mit einem Lochdurchmesser von 150 mm und einem äußeren Durchmesser von 850—1000 mm verwendet. Die Maschine verarbeitet nur Rollenkarton, der restlos, bei denkbar günstigster Materialausnützung aufgearbeitet wird. Das Auswechseln der Kartonbobine geschieht sehr schnell durch einfache Handgriffe.

Die Druckwerke sind eine Spezialkonstruktion und arbeiten nach einem ganz neuen kombinierten Rotationsumdruckverfahren. Dieselben laufen kontinuierlich, ein Kleksen der Farbe ist daher ausgeschlossen. Durch ein sinnreiches, intermittierendes Getriebe wird die Schlaufe des Materialstreifens im Stanzwerk immer wieder aufgearbeitet. Die Farbverreibung ist eine mehrfache und außerordentlich gute. Die Druckfarbe wird von den Klischeewalzen nochmals auf besondere Gummidruckwalzen und von da erst auf den Karton oder das Papier übertragen. Durch das mehrfache Spalten ist der Verbrauch an Farbe ein äußerst minimaler, dabei wird ein absolut sauberer Druck erzielt, der gutem Stein- oder Offsetdruck vollkommen gleichkommt. Es ist allgemein bekannt, daß das Drucken von großen Flächen besondere Schwierigkeiten macht. Gerade diese werden bei diesem Verfahren sauber und tief ausgedruckt. Ebenso können auch Bildzeichen und Raster gleich gut gedruckt werden. Dieses Druckverfahren gewährleistet auch bei Verwendung von rauhen Kartons oder Papieren einen sauberen Druck, da durch den Gummidruck die Farbe in alle Unebenheiten der Karton- oder Papierfläche eindringt. Die Arbeitsweise der Druckwerke stimmt untereinander genau überein, ebenso auch diejenige des Stanzwerkes mit den Druckwerken. Die Regulierung der Drucke ineinander oder übereinander kann seitlich und in der Längsrichtung auf bequeme Weise während des Ganges der Maschine vorgenommen werden, genau so auch die Regulierung des Druckes mit dem Stanzwerk.

Die Klischeewalzen werden nach einem besonderen Verfahren geätzt und graviert, stellen sich daher im Preise ganz wesentlich billiger als die bisher verwendeten gravierten Walzen. Dieses Aetzverfahren ermöglicht auch das Aufbringen von feineren Bildzeichen auf die Walzen*).

* *
*

*) Es sei auch noch auf den Bukama-Automaten hingewiesen, über den im Anhang dieses Buches noch einiges gesagt ist.

MASCHINE ZUM AUFSCHNEIDEN VON MIT ÜBERZUGSPAPIER BEKLEBTEN SCHACHTELN

Seitdem man Schachteln anfertigt, die zur Verschönerung ihres Aussehens und zur Erhöhung der Werbekraft mit Ueberzugspapier oder Deckscheibe (Etikett) beklebt und mit einem Rändelstreifen geschlossen werden, hat man sich mit dem Problem beschäftigt, einc Einrichtung zu schaffen, die die in einfacher wirtschaftlicher Weise zu einem geschlossenen Kasten zusammengebrachten Ober- und Unterteile der Schachtel wieder voneinander trennt. Dabei

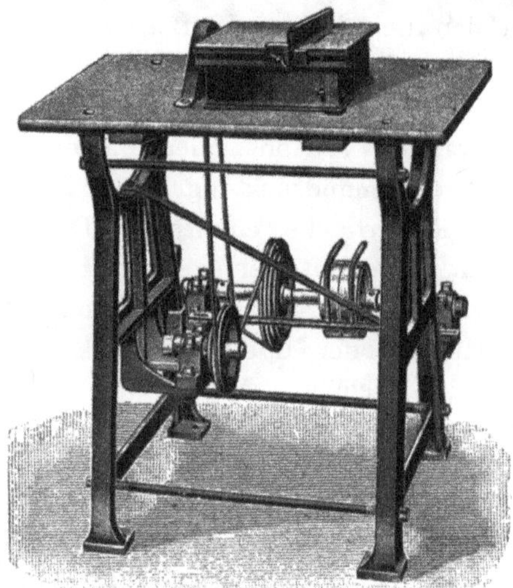

Modell Z A M.

Abb. 34.

mußte die Einrichtung so beschaffen sein, daß das Aufschneidmesser einen tadellos sauberen Schnitt gewährleistet und andererseits tief genug auf den vor dem Schließen der Schachtel durch den Randstreifen eingesetzten Hals eindrang, um so den Deckel aufklappbar oder vom Unterteil abnehmbar zu machen.

Das Trennen des Deckels von dem Unterteil oder besser gesagt das Aufschneiden der Schachtel, wurde in allererster Zeit mit Hilfe des Buchbindermessers vorgenommen. Da aber auf diese Weise keine hohe Leistung zu erreichen war und auch der Schnitt nicht vollkommen wurde, so war es eigentlich ganz selbstverständlich, daß man das Aufschneiden maschinell zu lösen bestrebt war, um dadurch die vorhandenen Nachteile zu beseitigen.

Zum ersten Male ist eine derartige Einrichtung in der Kartonnagen- und Papierwarenzeitung vom 1. Januar 1902 beschrieben, die als erste Aufschneidmaschine bezeichnet werden kann. Bei dieser Maschine war in einem hölzernen Tisch von rechteckiger Gestalt in der Größe 40 × 25 cm eine das Messer bildende etwa 1 mm starke Stahlzunge von 1—1½ cm Höhe und etwa 15 cm Länge eingesetzt. Dieses Messer war in einer eisernen Führung mittels Schrauben festgestellt. Die Schneidekante ragte senkrecht nach oben aus dem Tisch heraus und konnte in der Höhe beliebig verstellt werden. Seitlich vom Messer befand sich ein Anschlag, an dem die Schachtel entlanggeschoben werden konnte. Diese Anschlagleiste war gleichfalls verstellbar, so daß also Schachteln verschiedener Höhe aufgeschnitten werden konnten. Die größte Entfernung vom Anschlag bis zum Messer betrug etwa 6 cm.

Diese einfache Maschine ist wohl kaum noch im Gebrauch, denn von dem Zeitpunkt an, wo die Herstellung und der Verbrauch von Schachteln ein immer größerer wurde, mußten auch neue Einrichtungen mit höherer Arbeitsleistung geschaffen werden. In der heutigen Zeit finden zum Aufschneiden von Schachteln sogenannte Schachtelaufschneidmaschinen Verwendung, bei denen das Aufschneidmesser nicht mehr fest ist, sondern aus einer rotierenden Scheibe (Kreismesser) besteht. Diese Messerwelle ist im Maschinengestell entsprechend gelagert und wird durch einen Riemenzug mit Vorgelege direkt durch einen Elektromotor oder von einer Transmission aus angetrieben.

In der Abbildung 34 ist eine derartige Maschine dargestellt, die besonders in der Letztzeit verschiedene Verbesserungen erhalten hat. Insbesondere wurde der Antrieb vereinfacht und die Anordnung aller auswechselbaren oder zu wartenden Teile, wie Messer, Lager, Antriebräder usw. leicht zugänglich und übersichtlich durchgeführt.

Wellen-Riemenscheiben und die zur Verwendung kommenden Zahnräder sind auf die geringste erforderliche Zahl herabgesetzt und aus bestem Material hergestellt. Die Maschine, die von der Sächsischen Cartonnagen-Maschinen A.-G. gebaut wird, ist mit einer Schleifeinrichtung versehen, um die Kreismesser während des Betriebes und ohne daß sie vorher erst aus der Maschine herausgenommen zu werden brauchen, schleifen zu können. Die Betätigung der Schleifeinrichtung erfolgt durch einfaches Verstellen eines Hebels, der die beiden rechts und links von den rotierenden Messern befindlichen Schmirgelscheiben gegen die Messer leicht andrückt und diese dann abschleift. Das Abschleifen erfolgt gleichmäßig von beiden Seiten. Um zu verhindern, daß die Schleifeinrichtung während des Betriebes selbsttätig einrückt, ist eine Arretiervorrichtung vorgesehen, die im ausgerückten Zustande die Schmirgelscheiben in bestimmter Entfernung von dem Messer festhält.

Die Aufschneidemaschinen durchschneiden sowohl Papier, wie auch Pappe, so daß man ebenso gut Schachteln mit nur einer Zarge in ungeteilter Höhe herstellen kann, in dem dann Zarge oder Außenring bis auf den eingesetzten Hals durchgeschnitten wird. Durch die Verwendung von Kreismessern wird ein sauberes Aufschneiden der Schachteln gewährleistet; der Schnitt wird stets glatt und gratfrei und ein Einreißen des Ueberzuges oder des Rändelpapiers wird vermieden. Die Führung der Schachtel erfolgt mit einem Anschlag. Die Einstellung für die erforderliche Schnittiefe erfolgt durch Verstellung des Maschinenkastens mittels einer Schraubenspindel. Die Leistung einer solchen Schachtelaufschneidemaschine beträgt stündlich mindestens 500—600 aufgeschnittene Schachteln von etwa 80 mm Seitenlänge, wobei drei Seiten der Schachtel aufgeschnitten, die vierte dagegen als Scharnier für den Deckel benutzt wird. Der Kraftbedarf beträgt ungefähr ⅓ PS.

In Kartonnagenfabriken, in denen die Herstellung fester Packungen (Kappenschachteln u. dgl.) in Massen erfolgt, genügt natürlich auch diese Aufschneidemaschine nicht mehr. Für solche Fabriken baut die S. C. M. A.-G. einen Aufschneideautomaten, der in einem Arbeitsgange drei oder alle vier Seiten zugleich vollkommen selbsttätig aufschneidet. Dieser Vierseiten-Schachtel-Automat ist in der Lage, 4000 Schachteln in einer Stunde aufzuschneiden. Die Schachteln werden in einen Stapel eingelegt und gelangen aus diesem selbsttätig vor einen hin und her sich bewegenden Schieber, der sie dann an den ersten beiden, bei dieser Maschine horizontal gelagerten Kreismessern vorbeiführt, wobei sie entsprechend aufgeschnitten werden. Die Schachteln rücken dann selbsttätig vor, bis sie vor dem zweiten, rechtwinklich zum ersten sich bewegenden Schieber zu liegen kommen, der sie vor sich an dem dritten bzw. dritten und vierten Aufschneidemesser vorbei bewegt. Die dritte, bzw. die dritte und vierte Seite, wird hierbei aufgeschnitten. Zur Bedienung der Maschinen ist ein Arbeitsmädchen erforderlich, so daß also gegenüber den einfachen Aufschneidmaschinen wesentlich an Löhnen für das Bedienungspersonal gespart wird, da an Stelle eines solchen Automaten wenigstens sonst sieben bis acht einfache Aufschneidemaschinen aufgestellt werden müssen, von denen jede ein Mädchen zur Bedienung braucht. Erwähnung verdient ferner, daß durch Aufstellung eines Automaten bei weitem nicht so viel Platz gebraucht wird, als wenn sieben bis acht einfache Aufschneidemaschinen nebeneinander stehen. Für eine Fabrik, die täglich eine sehr große Menge Schachteln aufzuschneiden hat, dürfte daher ein Drei- oder Vierseitenaufschneideautomat sehr große Vorteile mit sich bringen.

*

VIER- ODER DREISEITEN-SCHACHTELAUFSCHNEIDEAUTOMAT

Läßt man die letzten Jahre der technischen Entwicklung an sich vorüberziehen, so sieht man eines besonders hervorgehoben, das Bestreben, die Herstellung von Erzeugnissen aller Art so weit als irgend möglich automatisch vorzunehmen. Besonders die heutige Zeit ist reich an Neukonstruktionen derartiger Maschinen, und es gibt wohl kaum einen Industriezweig, in dem nicht mehr oder weniger für die eine oder andere Arbeit Automaten oder Halbautomaten Verwendung finden. Der angestrebte Zweck ist, auf diese Weise die Leistung des Betriebes ganz wesentlich zu erhöhen, die zu fertigenden Gegenstände in Massen herzustellen und schließlich durch Ausschaltung der Handarbeit und durch Verminderung von Arbeitskräften bei maschineller Herstellung, an Löhnen und anderen Ausgaben zu sparen. In der Hauptsache werden es große Betriebe sein, in denen derartige Maschinen zur Aufstellung gelangen, weil in solchen Betrieben viel häufiger von ein und demselben Gegenstande große Mengen angefertigt werden müssen; aber auch kleinere und mittlere Betriebe werden Verwendung für solche Maschinen haben, sofern sie nur Spezialartikel fertigen, die gleichen Arbeitsprozessen unterworfen sind.

Auch in der Kartonnagen- und Etui-Industrie ist in den letzten Jahren eine ständig zunehmende Verwendung automatischer Maschinen zu verzeichnen. Der Grund hierzu war zunächst einmal der, auf diese Weise eine Verringerung der Herstellungskosten zu erzielen und andererseits um der zunehmenden Nachfrage nach Kartonnagen aller Art, Schachteln und sonstigen Packungen gerecht werden zu können. Werden doch besonders in der heutigen Zeit sehr viel Kartonnagen und Packungen, die früher aus Blech her gestellt wurden, nunmehr aus Papier, Pappe usw. gefertigt.

Im folgenden soll nun eine kurze Beschreibung einer solchen automatischen Maschine gegeben werden, die ein Produkt der neueren Zeit ist und durch ihre große Leistung über den allgemeinen Rahmen heraustritt. Es handelt sich bei der in Frage kommenden Maschine um einen sogenannten Schachtelaufschneideautomaten, mit dem es möglich ist, mit Ueberzugpapier beklebte Schachteln auf allen vier Seiten automatisch aufzuschneiden, eine Beschäftigung also, die bisher auf einer sogenannten Aufschneidemaschine von Hand in vier Arbeitsgängen vorgenommen wurde. Die Maschine, die nebenbei bemerkt von der Sächsischen Cartonnagen-Maschinen A.-G. Dresden-A. gebaut wird, ist in der Abbildung dargestellt, aus der auch die Arbeitsweise ungefähr zu erkennen ist. Es erfolgt, wie schon erwähnt, das Aufschneiden der Schachtelseiten vollkommen automatisch und zwar mittelst vier horizontal und vertikal verstellbaren, paarweise angeordneten und maschinell angetriebenen Kreismessern, an denen die Schachteln zwangsläufig vorbeigeführt werden. Es geschieht dies in der Weise, daß die Schachteln zunächst von einem Bedienungsmädchen von Hand auf einen Stapel gebracht werden, der durch Führungs-Winkeleisen gehalten wird. Aus diesem Stapel fallen die Schachteln in einen Kanal, in welchem sich ein Schieber ständig hin- und herbewegt. Von diesem Schieber werden

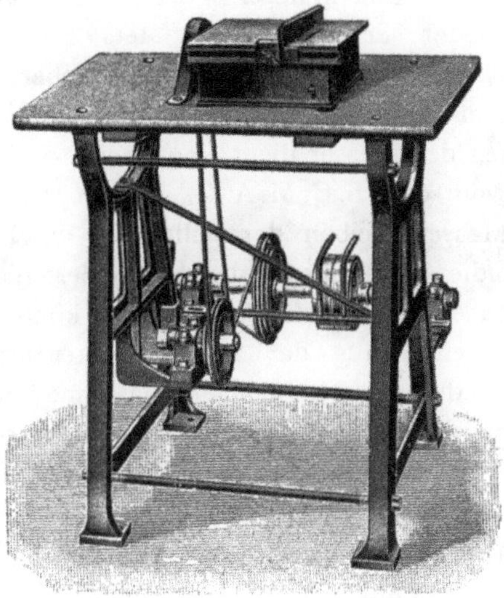

Abb. 35.

nun die Schachteln gefaßt und an dem ersten, in den Kanal hineinragenden Messerpaar vorbeigeführt, wobei zwei Seiten der Schachtel aufgeschnitten werden. Rechtwinklig zu diesem Kanal ist ein zweiter Kanal angeordnet, in dem sich ebenfalls ein Schieber hin- und herbewegt. Die auf zwei Seiten aufgeschnittenen Schachteln werden nun von dem ersten Schieber in genau abgestimmtem Zeitverhältnis herangebracht und in den zweiten Kanal geschoben. Hier erfaßt sie der zweite Schieber, bewegt sie zwangläufig an dem in den Kanal hineinragenden zweiten Messerpaar vorbei, wodurch die beiden übrigen Seiten der Schachtel aufgeschnitten werden. Am Ende des Kanales werden dann die fertig aufgeschnittenen Schachteln herausgeschoben.

Will man, wie es sehr häufig der Fall sein dürfte, nur drei Seiten einer Schachtel aufschneiden — wenn beispielsweise das Ueberzugspapier an der vierten Seite gleich als Scharnier verwendet werden soll — um den Deckel aufklappen zu können —, so braucht nur eines der vorhandenen vier Messer abgenommen werden und die Dreiseiten-Aufschneidemaschine ist fertig.

Die Maschine arbeitet durchschnittlich mit einer Tourenzahl von ungefähr 70 Umdrehungen pro Minute und kann bei dieser Geschwindigkeit etwa 4000 Schachteln aufschneiden. Je nach der Fertigkeit des Einlegemädchens kann aber die Tourenzahl noch weiter erhöht werden, wodurch naturgemäß auch eine Steigerung der Leistung eintritt. Ein weiterer Vorzug des Automaten besteht darin, daß bei jeder Geschwindigkeit stets ein glatter gratfreier Schnitt erzielt wird und ein Einreißen des Ueberzugspapieres und dergl. bei sachgemäßer Bedienung ausgeschlossen ist.

Zum Schärfen der Messer dient eine Kreismesserschleifmaschine, die gleichfalls von der S. C. M. A.-G. gebaut wird und mit der außerdem die Messerscheiben der Rill-, Nut- und Hülsenschneid-Apparate, sowie die Tellermesser der kombinierten Pappenschneid-, Rill- und Ritzmaschinen geschliffen werden können. Die Messer werden zum Schleifen aus der Maschine herausgenommen und auf die Schleifspindel der Messerschleifmaschine aufgesetzt. Selbstverständlich kann das Schleifen auch in der Weise erfolgen, daß man an die Messer einen Oelstein hält und sie auf diese Weise abzieht. Zum Entfernen von Leim an den Aufschneidemessern, der sich evtl. im Laufe des Arbeitsprozesses an die Messer ansetzen kann, dienen besonders angebrachte Wischer. Durch eine Verstellbarkeit der Kanäle, sowie der Messer mit nur wenigen Handgriffen, ist es möglich, verschiedene Schachtelgrößen aufzuschneiden. Die Maschine ist normal verstellbar für Schachteln von 40—200 mm Seitenlänge und für Schachtelhöhen von 10 bis 50 mm.

Ueberblickt man das Ganze noch einmal, so ergibt sich, daß die Aufstellung einer solchen Maschine bei Massenherstellung von Schachteln mit Ueberzugspapier schon innerhalb weniger Monate sich bezahlt machen muß, vor allem wenn man bedenkt, daß diese Maschine mindestens 4—6 Aufschneidemaschinen der bisherigen Konstruktion ersetzt und damit naturgemäß auch die betreffenden Arbeiter zur Bedienung der Maschine.

NEUE KREIS- UND TELLERMESSER-SCHLEIFMASCHINE

Das Einschicken stumpf gewordener Kreis- und Tellermesser an die Schleifanstalt war von jeher eine Quelle mehr oder weniger großen Aergers für den Fabrikanten gewesen. Besonders während eines flotten Geschäftsganges, oder wenn nur wenig Reservemesser zur Verfügung standen, wurde das Fortgeben der so dringend benötigten Messer als äußerst lästig und störend empfunden. Die Zeit für den Hin- und Rücktransport war und blieb selbst bei schnellster Erledigung des Auftrages verloren und konnte die recht-

Abb. 36. Universal-Messerschleif-Maschine.

zeitige Fertigstellung eines Auftrages in Frage stellen. Jeder Betrieb hat auf diesem Gebiet seine eigenen trüben Erfahrungen.

Es ist daher zu begrüßen, daß die Sächsische Cartonnagen-Maschinen A.-G. in Dresden eine neue Maschine auf den Markt gebracht hat, die es jedem Fabrikanten ermöglicht, seine Kreismesser usw. für kombinierte Pappenschneid- und Rillmaschinen, für Ritz- und Nutapparate, Hülsenschneidapparate, Schachtelaufschneidemaschinen und -Automaten usw. usw. selbst zu schleifen. Fabrikationsstockungen, die durch das Warten auf die zum Schleifen fortgegebenen Messer entstehen, werden dadurch ausgeschaltet. Das Lager für Reservemesser kann eingeschränkt werden, da im Bedarfsfalle sofort jedes stumpf gewordene Messer nachgeschliffen werden kann. Die Schleifkosten sind gering.

Die neue Maschine, die in erster Linie zum Schleifen der Kreismesser usw. für SCMAG-Maschinen dient, kann auch zum Schleifen der Kreismesser usw. anderer Maschinen eingerichtet werden. In diesem Falle ist es nur erforderlich, bei Anfragen oder Bestellungen die Messerbohrungen anzugeben, damit die Spindeln bzw. Muffen in entsprechender Größe hergestellt werden können.

Das Arbeiten dieser Maschine ist überaus einfach. Das zu schleifende Messer wird auf der Messerspindel befestigt und hierauf der gesamte Spindelbock derartig schräg gestellt, daß die am Messer anzuschleifende Fläche genau winkelrecht zur Schmirgelscheibe steht. Hierauf wird die Maschine eingerückt, die Schmirgelscheibe mittels eines Handrades an das Messer angestellt und mit Hilfe eines Hebels mehrere Male hin- und herbewegt, wodurch eine stets gleichmäßige Schleiffläche von entsprechendem Winkel angeschliffen wird.

Um Messer mit verschieden großer Bohrung auf dieser Maschine schleifen zu können, besitzt die Spindel zum Befestigen der Messer verschiedene Durchmesser. Je nach der Bohrung der Messerscheibe wird letztere entweder auf den schwächeren oder auf den stärkeren Teil der Spindel aufgeschoben und festgespannt. Zur Maschine wird ferner eine Beilagemuffe mitgeliefert, die gleichfalls verschiedene Durchmesser aufweist und zwar wird die Beilagemuffe mit dem der Bohrung der Messerscheibe entsprechenden Durchmesser in die letztere eingesetzt und dann beide, Messerscheibe und Muffe, auf die Spindel geschoben und befestigt. Das Einsetzen bzw. Auswechseln der Messer und das Einstellen des Schleifwinkels geht einfach und rasch vonstatten und erfordert keinerlei Fachkenntnisse.

*

DIE MASCHINENEINRICHTUNG EINER NEUZEITLICHEN KARTONNAGENFABRIK ZUR HERSTELLUNG VON FEINKARTONNAGEN

Deutschland ist das Land der eleganten und geschmackvollen Packung. Diese Vorrangstellung zu erreichen und zu halten ist vor allem der hochentwickelten Kartonnagen-Maschinen-Industrie zuzuschreiben. Die praktische Erfahrung des Kartonnagenfachmanns und die gründliche Schulung des Maschineningenieurs haben in zweckmäßiger und planvoller Zusammenarbeit maschinelle Einrichtungen geschaffen, an deren Möglichkeit noch vor einem Jahrzehnt niemand glaubte. Größte Fortschritte sind in dieser Beziehung auf dem Gebiete der Zigarettenschachtelherstellung gemacht worden. Der große Bedarf an billigen aber qualitativ einwandfreien Festpackungen für Zigaretten, der gewählte Geschmack der Konsumenten und außerdem die außerordentlich starke Konkurrenz in dieser Branche machten es zur Notwendigkeit, auf eine ganz besonders rationelle Herstellungsweise zuzukommen. Die Errungenschaften auf diesem Gebiete sind so wichtig und bahnbrechend, daß von ihnen die Herstellung irgendwelcher Kartonnagen ganz wesentlich beeinflußt wird. Wenn daher in der folgenden Darstellung die maschinelle Herstellung der Zigarettenschachtel im Mittelpunkte der Betrachtung steht, so ist nicht zu verkennen, daß diese Fabrikationsweise gleichzeitig typisch und ausschlaggebend für die Kartonnagenfabrikation im allgemeinen ist.

Eine rein maschinelle Einrichtung zur Herstellung von Kartonnagen kann nur dann voll ausgewertet und rentabel gestaltet werden, wenn es sich mindestens um eine tägliche Produktion von 10 000 Schachteln handelt. Für diese Durchschnittsleistung ist die zu beschreibende Maschineneinrichtung berechnet. Soll ein Mehrfaches dieser Produktion erzielt werden, so sind die angeführten Maschinen entsprechend zu vervielfachen oder verlängerte Arbeitszeit einzusetzen.

Die Herstellung der Zuschnitte bildet die Grundlage der Fabrikation. Seit Jahren bekannt ist die Benutzung der kombinierten Schneid-, Rill-, Ritz- und Nutmaschine, die von den Firmen, wie Karl Krause, Leipzig, und der Sächsischen Cartonnagen-Maschinen A.-G., Dresden, usw. in bewährter Ausführung hergestellt wird. Bekannt in weiten Kreisen ist auch die Verwendung des Zuschnittautomaten, mit dem flache, geritzte und eckenausgestoßene Zuschnitte hergestellt werden. In folgerichtigem Ausbau dieses Arbeitsprozesses ist eine weitere automatisch arbeitende Maschine von der bekannter Kartonnagenmaschinenfabrik Laube, Dresden, konstruiert und bereits bestens eingeführt worden. Dieser Stanz- und Ziehautomat verarbeitet das Kartonmaterial von der Rolle. Um in bezug auf die Materialverarbeitung genügend Bewegungsfreiheit zu haben, ist es zweckmäßig, den Karton in Originalrollen von einer der

Abb. 37. Rollenschneidemaschine „Laube" für Papier und Karton.

bekannten Papier- und Kartonfabriken zu beziehen. Je nach dem herzustellenden Format kann dann im eigenen Werke das Material auf der Rollenschneidemaschine, die heutzutage eine wesentliche Stellung in der vollständigen Einrichtung einer Kartonnagenfabrik einnimmt, geschnitten werden.

Die Bobinen werden auf den Rollenhalter des Stanz- und Ziehautomaten aufgesteckt und der Kartonstreifen über den Vorschubapparat nach dem Werkzeug geführt. Dieses Werkzeug wird mit Gas oder elektrischem Strom geheizt. Die Maschine macht in der

Minute zirka 38 Hub, das ergibt stündlich zirka 2000 gestanzte und gezogene Schachtelteile, die je nach Wunsch als Schachtelober- oder Unterteile Verwendung finden. Zweckmäßig wird auf dieser Maschine ein kaschierter oder ein Chromoersatzkarton verarbeitet. Da die gefertigten Schachtelteile keinerlei Ritz- oder Nutlinien zeigen, können dieselben beispielsweise, ohne überzogen zu werden, als Unterteile verwendet werden. Der entstehende Abfall ist äußerst gering und wird auf einer Aufwickelvorrichtung aufgerollt. Die

Abb. 38. Schachtelteilautomat „Laube".

Maschine ist so konstruiert, daß sie als Vollautomat arbeitet und nach sachgemäßer Einstellung des Werkzeuges und dessen Beheizung ohne weitere menschliche Führung und Betätigung so lange läuft, bis das Rollenmaterial verbraucht ist. Aus einer Rolle können 2 bis $2^1/_2$ Tausend Schachtelteile gestanzt und gezogen werden. Die Schachtelteile werden automatisch ausgeworfen und können sofort weiterverarbeitet werden.

Die Herstellung der Unterteile wird ebenfalls auf einer automatischen Maschine, dem sogenannten Unterteil- oder

Halseinsetzautomaten vorgenommen, mit dem eine durchschnittliche Stundenleistung von 1000 Schachtelteilen erzielt wird. Wie aus der Abbildung ersichtlich, werden die gestanzten und gezogenen Teile in eine Stapelvorrichtung geschichtet, nachdem die vorher beleimten Halszargen lose in die Unterteile eingelegt wurden.

Die Arbeitsweise des Unterteilautomaten ist äußerst zuverlässig und kann von derselben Person überwacht werden, der der Stanz- und Ziehautomat untersteht. Ihre Beschäftigung besteht darin, die

Abb. 39. Schachtelunterteil-Automat „Laube".

maschinell beleimten und wieder getrockneten Hälse mit den unfertigen Unterteilen in den Stapel einzulegen. Durch eine Schiebervorrichtung wird das unterste Arbeitsstück nach dem Werkzeug der Maschine befördert, das aus einem Mantel und einem Expansionsstempel, beide geheizt, besteht. In einem Arbeitsgange wird der Hals fest eingesetzt und mit dem Schachtelteil innig verbunden. Um verschieden große Formate auf dieser Maschine verarbeiten zu können, sind Stapel und Zuführung leicht verstellbar. Die fertigen Unterteile, deren Ecken nicht besonders geheftet sind und die nicht überzogen zu werden brauchen, fallen durch ihr eigenes Gewicht aus der Maschine in bereitstehende Körbe oder Kisten. Gewöhnlich wird zur Herstellung der Schachtelteile ein weißer Chromoersatzkarton verwendet, doch kann auch ein farbig gestrichener Karton dafür benutzt werden. Normalerweise wird der Kartonnagenfabrikant mit einem weißen Karton auskommen, da, nachdem die Schachtel berändert worden ist, nur der Boden sichtbar ist und weiß zu jeder anderen Farbe äußerst geschmackvoll paßt.

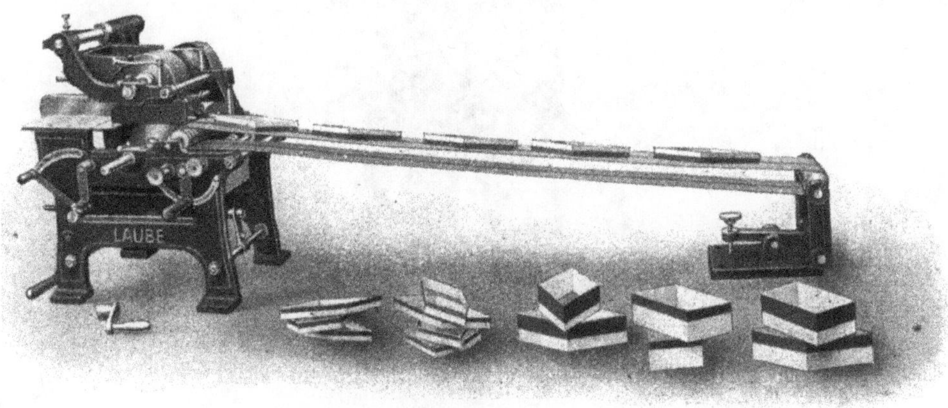

Abb. 40. Halszargenanleimmaschine „Laube".

Die Beleimung der Halszargen geschieht auf einem sogenannten Doppelzargenanleimer mit selbsttätiger Zufuhr und automatischem Abtransport der doppelseitig beleimten Hälse.

Die Leistung dieser kleinen sinnreich konstruierten Maschine beträgt zirka 15000 doppelseitig beleimte Halszargen. Je nach der Fabrikationsmethode kann zum Beleimen ein Kalt-, Warm- oder Mischleim verwendet werden. Es hat sich als zweckmäßig erwiesen, die Beleimung vor der Weiterverwendung der Zargen antrocknen zu lassen.

Die dritte automatische Maschine der Einrichtung ist der Schachteldeckel-Zieh- und Prägeautomat. Da jedoch die Deckel vor der Weiterverarbeitung auf dieser Maschine eckengeheftet werden und die aufzuklebenden Deckelbezüge (Etiketten) fertiggestellt sein müssen, wendet sich unsere Betrachtung zunächst den für diese Arbeitsgänge nötigen Maschinen zu.

Die Hälfte der auf dem Stanz- und Ziehautomaten hergestellten Teile ist bereits auf dem Unterteilautomat weiter verarbeitet worden; der Rest, nochmals zirka 10 000 Stück, verbleibt für Schachteldeckel.

Abb. 41. Papiereckenverbindemaschine „Laube".

Die Eckenheftung erfolgt mit einer Papiereckenheftmaschine, für Transmissions- oder Fußantrieb eingerichtet. Die Eckenheftung mittels des Jagenberg'schen Wickelkindverfahrens kommt für die eingeschlagene Herstellungsmethode nicht in Frage, da bei jenem Arbeitsprozeß gestanzte Flachzuschnitte weiter verarbeitet werden, während der zuerst erwähnte „Laube"-Automat bekanntlich in einem Arbeitsgang gestanzte und gezogene Teile fertigt.

Diese Teile bieten infolge ihres gleichmäßigen Formates und ihrer senkrecht stehenden Seitenteile keinerlei Schwierigkeiten

Abb. 42. Bogengummiermaschine „Laube" mit Trockenvorrichtung.

beim Heften. Eine geübte Hefterin leistet mit der in Abb. 41 gezeigten Maschine, die sich durch besonders leichten und leisen Gang auszeichnet, durchschnittlich 32 000 Heftungen oder 8000 Deckel bei achtstündiger Arbeitszeit. Bei einem kürzlich stattgefundenen Besuch einer Kartonnagenfabrik konnte der Verfasser die Feststellung machen, daß eine Arbeiterin die oben erwähnte Angabe noch um zirka 15 000 Heftungen übertraf. Wenn man erwägt, daß der Anschaffungspreis dieser Maschine verhältnismäßig niedrig ist, daß dagegen die zu erzielenden Leistungen erstaunlich hoch sind, ergibt sich, daß die Rentabilität und Zweckmäßigkeit des bewährten Eineckenhefters außer Frage steht.

Eine in jeder Beziehung vollkommen ausgestattete Kartonnagenfabrik stellt auch ihre Drucksachen selbst her. Besonders trifft dies für die Unternehmen zu, die ursprünglich nur Druckereien waren und in der Erkenntnis der großen Bedeutung der Kartonnagenherstellung diesen Fabrikationszweig ihrem Betrieb angegliedert haben. Die Betrachtung der entsprechenden Druckereieinrichtung geht über den Rahmen dieser Abhandlung hinaus. Wir wenden uns daher zunächst der Weiterbearbeitung der gedruckten Bogen zu.

Das Gummieren und Lackieren derselben wird entweder mit einer der bekannten Zylindergummiermaschinen oder mit einer Bogenanleimmaschine vorgenommen. Gummier- und Lackiermaschinen nach dem Dreiwalzensystem konstruiert und mit Geradeaustransporteur ausgestattet, haben sich als ganz besonders leistungsfähig erwiesen, da sie eine besonders einfache und übersichtliche Arbeitsweise gewähren. Für viele Betriebe ausschlaggebend bei der Wahl dieser Maschine ist ihr niedriger Anschaffungspreis und ihre bequeme Verwendung bei Formatwechsel der Bogen.

Die abgebildete Maschine zeichnet sich durch besonders kräftige Konstruktion aus. Der Auftrag des Leimes resp. Lackes wird durch eine sogenannte Zentralauftragsregulierung gleichmäßig über die ganze Walzenbreite eingestellt. Der Antrieb geschieht mittels Motors oder durch Transmission. Die Bewegung des Transporttuches kann unabhängig vom Lauf der Maschine unterbrochen oder fortgesetzt werden. Eine einfache aber sinnreiche Konstruktion ermöglicht bei Beendigung der Arbeit die gründliche Reinigung der Maschine, ohne daß die hoch empfindlichen Messingwalzen herausgenommen zu werden brauchen. Die Maschine wird gebaut in einer Arbeitsbreite von 500 bis 1250 mm. Bei den größeren Maschinen ist die Benutzung eines sogenannten Spezialpumpwerkes ratsam, durch das das selbsttätige Nachfüllen des Leim- bzw. Lackkessels besorgt und gleichzeitig der Stand der Flüssigkeit im Kessel reguliert wird.

Große Schwierigkeiten und Unannehmlichkeiten erwachsen dem Kartonnagenfabrikanten oft dadurch, daß er keine zweckentsprechende Einrichtung besitzt, um die gummierten Bogen zu trocknen. Die Verwendung einer sogenannten Trockenkammer mit aufgestellten

Abb. 43. Deckel-Wölbe- und -Präge-Automat „Laube".

Horden oder Aufhängevorrichtungen läßt sich in kleineren Betrieben durchführen, handelt es sich jedoch darum, Tausende von Bogen täglich zu verarbeiten, so ist die Verwendung einer Trockenvorrichtung, wie in der vorstehenden Abbildung ersichtlich, zu empfehlen. Diese Trockenvorrichtung ist mit der bereits beschriebenen Gummiermaschine zu einer Arbeitseinheit verbunden, indem das Transporttuch dieser Maschine in seiner Verlängerung gleichzeitig durch die Trockenvorrichtung läuft. Die Trocknung selbst wird durch einen Luftstrom erzielt, der durch Gas- oder elektrische Heizung erwärmt wird. Der Bogen verläßt gänzlich trocken, nicht rollend den Trockenapparat und kann sofort in Stößen aufgeschichtet werden. Der Raumbedarf der kompletten Gummiermaschine mit Trockenapparat beträgt zirka $9 \times 3 \times 2$ m, ist also verhältnismäßig gering, so daß die Aufstellung der Einrichtung keine sonderlichen Schwierigkeiten bereitet. Die Trockengeschwindigkeit beträgt 8 m pro Minute, so daß bei achtstündiger Arbeitszeit ungefähr 3500 Bogen im Format 70×100 mm einwandfrei gummiert und getrocknet werden können. Die Aufbewahrung der Bogen muß mit großer Um-

Abb. 44. Schnellanleimmaschine „Laube" D E.

sicht vorgenommen werden. Gut temperierte, trockene Lagerraume sind vor allem notwendig; doch ist es schwierig, allgemein gültige Richtlinien aufzustellen, da dabei weitgehendste Rücksicht auf die lokalen Verhältnisse genommen werden muß.

Die gummierten Bogen werden hierauf auf einer Radschneidemaschine mit automatischem Vorschub auf Etikettengröße geschnitten. Auf einer Stanzmaschine oder einer Eckenausstoßmaschine werden die Ecken ausgestoßen und die Etiketten sind nunmehr soweit fertig, um mit den gehefteten Deckeln weiter verarbeitet zu werden.

Die nunmehr beginnende Herstellung der Schachteldeckel geschieht auf dem Deckel-Ueberzieh-, Wölbe- und Prägeautomaten. Verschiedene Systeme dieser leistungsfähigen Maschine befinden sich auf dem Markte. Die eine Maschine arbeitet mit einem rotierenden Tisch, auf dem mehrere Werkzeugunterteile befestigt sind. Durch die Drehung des Tisches kommen diese Werkzeugteile mit dem aufgelegten Etikett und Schachtelteil unter den Stempel, der die gleiche Arbeit wie eine Spindelpresse leistet.

Die Leistung der modernen, automatischen Prägepresse ist enorm im Vergleich zur altbewährten Spindelpresse und wird noch erhöht, wenn auch die Zufuhr und das Auswerfen der Schachtelteile selbsttätig geschieht. Diesen Vorteil bietet die auf S. 145 abgebildete Maschine. Der Arbeitsgang ist ungefähr folgender: Die Zuführung der Schachtelteile geschieht von einem vorn an der Maschine

Abb. 45. Schachtelaufschneidemaschine „Laube".

befindlichen Einführungstisch derartig, daß Schachtelteil und das darauf liegende Etikett durch eine selbsttätige Vorrichtung nach dem Werkzeug befördert werden. Im Gegensatz zu dem anfangs erwähnten Automaten mit rotierendem Tisch besitzt diese Maschine nur ein Werkzeug mit nur einem feststehenden Unterklotz. Der durch Kurvenbewegung erzeugte Druck erzielt eine hervorragend haltbare und markante Wölbung bzw. Prägung des Schachteloberteiles. Die Maschine macht 17 Hub in der Minute, wobei eine stündliche Leistung von zirka 1000 fertigen Oberteilen erzielt wird. Die Bedienung der Maschine bereitet keine sonderlichen Schwierigkeiten;

selbst im Falle einer Störung (Ankleben lackierter Etikettenteile bei zu intensiver Beheizung usw.) kann das Werkzeugoberteil mit wenigen Handgriffen aus der Maschine geschwenkt und gereinigt werden. Die mit dieser Maschine überzogenen, gewölbten und geprägten Schachteldeckel werden nunmehr auf die vorher fertiggestellten Unterteile aufgesteckt und die Schachtel ist zum Berändeln fertig. Die Beleimung der Rändelstreifen wird, da es sich meistens um bedruckte Streifen handelt, auf einer kleineren Schnellanleimmaschine mit Transporteinrichtung vorgenommen.

Die Leistung dieser Maschine ist fast unbegrenzt, da gleichzeitig mehrere Streifen nebeneinander eingeführt werden können und das Transporttuch nach Belieben zu verlängern ist, um auf beiden Seiten einer beliebigen Anzahl von Arbeiterinnen Aufstellungsmöglichkeit zu geben. Die beleimten Streifen werden vom Tuch abgenommen und die Schachteln damit berändelt. Erwähnt werden sollen an dieser Stelle auch die automatisch arbeitenden Rändelmaschinen, die aber meistens für Fabrikate wie Packungen für Zigaretten, Pralinen usw. nicht verwendet werden können, da die Rändelstreifen entweder bedruckt oder durch sonstige Ausführung der Eigenart des Deckeletiketts angepaßt sind.

Die Schönheit der fertigen Schachtel leidet sehr, wenn diese nicht einwandfrei aufgeschnitten wird. Die Aufschneidemaschine mit rotierendem Messer, die zuerst von der Firma Laube vor zirka 20 Jahren auf den Markt gebracht wurde, bedeutete einen epochemachenden Fortschritt in der Vervollkommnung dieses Arbeitsprozesses. Heute ist diese Maschine so ausgebaut worden, daß sie als Automat oder Aufschneidemaschine mit halbautomatischer Schleifvorrichtung Verwendung findet. Vorteile bietet der Dreiseitenautomat dann, wenn Schachteln mit glattem Boden zu verarbeiten sind, so daß die Schachteln fest im Stapel sitzen und gleichmäßig durch die horizontal laufenden Messer befördert werden. Handelt es sich jedoch darum, Schachteln mit gewölbtem Boden aufzuschneiden, so ist die vorstehend abgebildete Maschine zu empfehlen.

Diese Maschine ist preiswert in der Anschaffung und leicht zu bedienen. Die Schachtel wird mit einfacher Kippbewegung entlang dem Anschlag über das vertikal laufende Messer geführt. Ist das Messer durch den Gebrauch mit Leim behaftet und stumpf geworden, so kann es durch eine einfache Einstellvorrichtung gereinigt und geschliffen werden. Infolge ihrer vielseitigen Verwendbarkeit wird die „Laube"-Aufschneidemaschine unter den Maschinen verschiedenster Systeme stets eine bevorzugte Stellung einnehmen.

Der eben dargestellte Arbeitsgang bildet die letzte Stufe im Werdegang des maschinellen Erzeugnisses, das wir „Schachtel" nennen.

*

HOLZBEARBEITUNGSMASCHINEN FÜR DIE KARTONNAGENINDUSTRIE

Die Kartonnagenindustrie verwendet immer mehr zur Herstellung gewisser Erzeugnisse auch Holz, es sei dabei nur an Postversandkästen, Formularkästen, Karteikästen und ähnliche Erzeugnisse erinnert. Es wird nun vorteilhaft sein, wenn man wirtschaftlich arbeiten will, sich die dazu benötigten Holzteile im Massenbetrieb selbst herzustellen, da man dann unabhängig von anderen Lieferanten ist. Will man aber aus dieser Selbstherstellung auch wirklich Vorteile ziehen, dann muß man auch zweckentsprechende und leistungsfähige Maschinen verwenden, die ein flottes Arbeiten ermöglichen.

Als Holzbearbeitungsmaschinen für die Kartonnagenindustrie kommen nur in erster Linie leichte Maschinen in Frage und zwar folgende Arten:

1. Sägemaschinen (Bandsägen, Kreissägen, Dekoupiersägen).
2. Hobelmaschinen mit Vorrichtungen zum Kehlen und Fügen.
3. Bestoßmaschinen.
4. Fräsmaschinen mit Vorrichtungen zum Nuten, Schlitzen und Zinken.
5. Bohrmaschinen.
6. Schleifmaschinen.

Mitunter kombiniert man auch zwei oder drei solcher Maschinen zu einer und erhält dann Vorrichtungen, die auch für kleinere Betriebe wirtschaftlich sind, da sie nicht nur Raum sparen, sondern auch weniger Kraft verlangen und infolge ihrer Vielseitigkeit voll ausgenützt werden können.

Kaum eine Maschine weist eine so vielseitige Verwendbarkeit auf, wie die Bandsäge, die sich infolgedessen auch der ausgedehntesten Verwendung erfreut. Durch diesen Umstand ist die Maschine im Laufe der Jahre auf eine so hohe Stufe der Vervollkommnung gebracht worden, daß ihre Leistungsfähigkeit kaum mehr zu übertreffen ist.

Um der Maschine ein sicheres Arbeiten zu ermöglichen, wird sie mit einem schweren Hohlgußständer mit weitausladenden Füßen ausgerüstet, die ihr einen ruhigen und festen Stand verleihen. Infolge günstiger Materialverteilung schließen diese Hohlgußständer alle Seitenschwankungen und alles zittern des Oberteiles aus. Die obere

Sägeblattrolle ist durch ein Handrad in nachstellbaren Führungen bequem hoch und tief zu verstellen, um kurze und lange Sägeblätter verwenden zu können. Die zum Arbeiten erforderliche Spannung des Sägeblattes, die sich regulieren läßt, wird durch Federn erzielt.

Um dem Sägeblatt den richtigen Lauf auf den Rollen zu geben, ist die obere Welle durch ein bequem angebrachtes Stellrad zur unteren in eine geneigte Lage zu bringen, wodurch während des Ganges der Maschine der Lauf des Blattes so reguliert werden kann, daß die geschränkten Zähne stets den Rand der Rolle übertragen. Die beiden stählernen Sägewellen laufen in Ringschmierlagern mit nachstellbaren Deckeln.

An Stelle der früher üblichen gußeisernen Bandsägerollen verwendet man heute vielfach Holzrollen, die ebenfalls mit Gummibandagen bezogen werden. Diese Holzrollen weisen sehr viel Vorteile auf, die besonders für Bandsägen von Bedeutung sind. Ihr Gewicht beträgt nur etwa den vierten Teil der gußeisernen Rollen, so daß die mit solchen Holzrollen ausgerüsteten Maschinen mit viel größerer Umdrehungszahl laufen können. Die Folgen davon sind große Blattgeschwindigkeiten und größere Schnittleistung, während Reißen der Sägeblätter infolge des leichten Anlaufens der Maschine auf das Wirksamste vorgebeugt ist. Diese hölzernen Bandsägerollen sind so gearbeitet, daß die einzelnen Teile stets mit gleichlaufenden Fasern aneinanderliegen, dadurch sind sie auch vollständig unempfindlich gegen Temperatur- und Feuchtigkeitsveränderungen. Die Holzrollen können infolgedessen auch nicht unrund werden und schlagen, was bei gußeisernen Rollen durch Gußspannungen leicht eintreten kann. In nassen Räumen und im Freien sind die Holzrollen allerdings nicht verwendbar, solche Verhältnisse sind aber in der Kartonnagenfabrikation nicht zu erwarten, so daß die Holzrollen hier ohne Bedingung Anwendung finden können. Ein weiterer Vorteil dieser Ausführung besteht darin, daß die Rollen vollkommen ausbalanziert werden können. Die Arme werden nach Schablonen gefräst und die Kränze nach dem Biegen innen und außen sauber gedreht.

Die Tische der Bandsägen sind sauber gehobelt und im Winkel bis zu 30 Grad verstellbar; sie ermöglichen ein sicheres und bequemes Auflegen des Holzes. Die Bandsägeblätter sind bequem auswechselbar, die im Tisch befindliche Nute zum Durchschieben des Sägeblattes wird durch einen Schieber geschlossen, um ein Durchfallen von Sägespänen zu vermeiden und eine glatte, vollständige ebene

Tischfläche zu erzielen, auf der man auch die schmalsten Hölzer mit größter Genauigkeit trennen kann.

Zur sicheren Führung der Blätter sind an der Maschine drei Führungen angeordnet.

Die über dem Tisch befindliche ist eine Kugellagerblattführung, welche der jeweiligen Schnitthöhe entsprechend hoch und tief verstellt und der Blattbreite gemäß vor und zurück, sowie auch seitlich verstellt werden kann. Infolge der Schrägstellung der gehärteten Stahlführungsrolle wird ein Einschneiden des Sägeblattrückens in die Rolle vermieden und kann sich auch, da die Rolle am Anfang hohl gedreht ist, der Blattrücken nicht abschleifen. Durch die doppelte Kugellagerung der Führungsrolle ist ein leichter Lauf derselben und auch des Sägeblattes gesichert, sowie ein Hemmen des Blattes unmöglich. Selbst bei scharfem Andrücken läuft das Sägeblatt ungehindert an der Rolle entlang.

An Stelle der früheren, primitiven hölzernen Seitenführungen werden jetzt Stahl- und mitunter auch Hartholzbacken verwendet, die sowohl der Breite als auch der Stärke der Blätter entsprechen, leicht genau und schnell durch eine Führungsmutter einstellbar sind. Hierdurch ist eine vollkommen zuverlässige und kontinuierliche Seitenführung des Blattes gesichert, wodurch ein gerader Lauf des Blattes und genauer Schnitt zu erzielen ist. Auch der Schnittverlust wird dadurch bedeutend geringer und ein Reißen des Blattes bei richtiger Behandlung fast unmöglich.

An jeder Maschine sind ferner die von den Berufsgenossenschaften vorgeschriebenen Schutzvorrichtungen angebracht und eine Bürste zum Abharken der Sägespäne von der unteren Rolle. Die Maschinen können rechts und links schneidend eingerichtet sein, so daß man sich den örtlichen Verhältnissen gut anpassen kann.

Mit Vorteil treibt man die Bandsäge auch elektrisch an und zwar durch unmittelbare Kupplung mit dem Motor ohne Zahnräder usw. Bandsäge und Motor bilden dann ein untrennbares Ganzes, auch der Anlasser ist bequem an der Maschine angeordnet.

Für geringe Ansprüche kann man auch eine Bandsäge mit Holzgestell verwenden, das man sich selbst herstellt, oder kann die Bandsäge an einen Pfeiler oder an einer Säule anbringen. Zu diesem Zwecke muß man allerdings die Eisenteile von einer Fabrik beziehen. Die Ausführung der Maschine ist genau so exakt wie die der vorbeschriebenen, sie wird besonders da verwendet, wo es auf besonders billigen Anschaffungspreis ankommt. Die obere Rolle ist in einem Hohlgußarm gelagert, der an die Säule oder an den Pfeiler angeschraubt werden kann. Dieser Teil trägt in Prismenführung die doppelt gelagerte, durch Handrad bequem hoch und tief verstellbare, sowie der Schränkung des Blattes entsprechend neigbare Bandsägerolle, die durch Gewichtshebel belastet ist, sowie die verstellbare Bandsägenführung. Zur unteren Rolle gehören eine Stahlwelle mit langen Lagern, Voll- und Leerscheibe. Im übrigen ist die Maschine entsprechend der vorhergehenden gebaut, besitzt aber keinen verstellbaren, sondern einen festen Tisch.

Ganz besonders geeignet für Kartonnagenfabriken ist eine kleine Bandsäge, die mit Fräsmaschine, Langlochbohrmaschine und Kreissäge vereinigt ist. Man kann auf dieser Maschine alle vorkommenden Arbeiten ausführen. Es ist also nicht nötig, mehrere Maschinen aufzustellen.

Grundsätzlich ist die Bandsäge wie die eingangs erwähnte gebaut, nur entsprechend leichter.

Die Bandsägerollen sind sauber gedreht, genau ausbalanziert und mit Gummibandagen bezogen. Das Bandsägeblatt ist doppelt geführt, die obere Führung ist verstellbar; an der unteren Rolle ist eine Bürste zum Anhalten der Sägespäne vorgesehen. Der Tisch ist aus Eisen und sauber gehobelt; er besitzt einen Einlegering für die Frässpindel, die durch ein Handrad leicht hoch und tief verstellbar ist, so daß man beim Arbeiten mit der Bandsäge die Frässpindel unter dem Tisch versenken kann.

Die mit der Bandsäge verbundene Kreissäge hat eine verstellbare Welle. Trotzdem sich auf der Fräsmaschine verschiedene Kreissägearbeiten vornehmen lassen, wie z. B. Nuten, Falzen, Ausschneiden, Schlitzen usw., ist es vorteilhaft, die Maschine mit diesem Kreissägelager auszurüsten. In diesem Falle erhält die Maschine einen größeren eisernen Tisch.

Die Säge läßt sich in ihrem kräftigen Führungsrahmen in gehobelten Bahnen bequem mittels Zahnrad und Spindel hoch und tief stellen und braucht nicht vom Tisch entfernt zu werden, wenn mit den anderen Werkzeugen der Masehine gearbeitet werden soll. Es lassen sich Kreissägeblätter bis zu 250 mm verwenden. Der Antrieb der Kreissäge erfolgt durch Riemen.

Der Sauglochbohrapparat besitzt eine festgelagerte Bohrspindel aus Stahl, die den Bohrkopf und die Antriebscheibe trägt. Das zu bohrende Holz wird durch einen starken Festspannarm mit Handrad auf dem eisernen, sauber gehobelten Bohrtisch festgespannt und mit diesem Tische, welcher auf gehobelten, prismatischen Führungen auf einem Kreuzsupport gleitet, durch zwei Handhebel dem Bohrer zugeführt. Gerade durch diese Einrichtung kann die Leistung der Maschine gegenüber denen mit einfachem Bohrtisch wesentlich erhöht werden. Der ganze Bohrtisch läßt sich auf gehobelter Führung durch ein Handrad mit Spindel hoch und tief verstellen.

Der Körper der Maschine besteht vorteilhaft aus einem kräftigen Hohlgußständer, an dem gleichzeitig alle Teile der Maschine gelagert werden können. Die stählerne Sägewelle läuft in langen nachstellbaren Lagern mit Ringschmierung. Sie ist mit einem federnden Zentrierkonus ausgerüstet, damit auch Sägeblätter, die einen um einige Millimeter größeren Lochdurchmesser haben als die normalen, stets genau zentrisch sitzen und genau rund laufen. Der große, sauber gehobelte Tisch wird von einem weitausgreifenden Rahmen getragen und ist durch Handrad und Spindel bequem in der Höhe zu verstellen, er läßt sich außerdem in breiten Segmentführungen bis zum Winkel von 45 Grad neigen.

In dem Tisch ist eine prismatische Längsnute vorgesehen, in der ein Lineal zum Rechtwinklig- und Gehrungsschneiden und zum Abkürzen geführt wird. Außerdem ist ein großes, über die ganze Tischbreite nach Zentimeterskala verstellbares und in jedem Winkel neigbares Führungslineal zum Längsschneiden angeordnet, das zum Feineinstellen mit einer Mikrometerschraube versehen ist. Der Tisch ist ferner mit einer gehobelten Einlageplatte versehen; um ein bequemes Auswechseln der Sägeblätter zu ermöglichen. Man kann infolgedessen auch schwankende Kreissägeblätter verwenden. Der Antrieb der Säge muß von einem besonderen Vorgelege aus erfolgen; das entweder auf der Decke oder auf dem Fußboden gelagert sein kann.

Die Maschinen sind natürlich mit den berufsgenossenschaftlich vorgeschriebenen Schutzvorrichtungen für das Sägeblatt und zwar Schutzhaube und Spaltkeil versehen, die so angeordnet sind, daß sie auch bei jeder Tischverstellung benutzt werden können. Durch Verwendung verschieden breiter Zwischenringe kann man die Maschine auch mit zwei Kreissägeblättern in verschieden großen Abständen versehen und auf diese Weise schmale, parallele Leisten, wie sie in der Kartonnagenfabrikation viel Verwendung finden, sauber und auch schnell herstellen.

Man kann diese Maschine auch vorteilhaft mit einem Sauglochbohrapparat versehen. Der Betrieb der Maschine ist dann äußerst wirtschaftlich und billig, da an ihr zu gleicher Zeit zwei Mann arbeiten können und zwar der eine schneiden und der andere bohren. Der Sauglochbohrer wird auf einfache Weise an dem Körper der Maschine befestigt und besitzt einen sauber gehobelten Auflagetisch für das Holz, der mit verstellbarem Arm zum Feststellen des Holzes versehen ist. Der Tisch ist in jeder Richtung durch Handhebel mit Holzgriffen auf dem Prismanuten laufenden Kreuzsupport verstellbar und kann durch Spindel und Handrad hoch und tief verstellt werden. Die Länge und die Tiefe der Bohrlöcher kann durch geeignete Anschläge begrenzt werden.

Eine andere, sehr wertvolle Kombination, die für viele Arbeiten verwendbar ist, stellt eine Kreissäge mit angebauter Fräsmaschine dar. Die angebaute Fräsmaschine besitzt sämtliche Vorteile einer selbständigen und ist auch kräftig genug gehalten, um mit einem Oberarm versehen werden zu können. Die stählerne Fräswelle hat auswechselbare Dorne, so daß nötigenfalls auch Schlitzdorne mit Kehlmessern Verwendung finden können. Die Befestigung der Frädorne in der Spindel besitzt folgende Vorteile: Absolut genaues Rundlaufen der Dorne bzw. der Fräser, festester Sitz der Dorne in der Spindel, Verdrehen oder Lockerwerden der Dorne unmöglich; bequemste Auswechselbarkeit der Dorne durch einfaches Linksdrehen der Mutter, Verletzungen und Krummwerden des Dornes daher unmöglich.

Grundsätzlich ist die Maschine so wie die vorbeschriebene Kreissäge ausgerüstet. Der Antrieb beider Werkzeuge erfolgt von einem Vorgelege mit Ringschmierlagern aus, das für Rechts- und Linksgang oder auch nur für einfachen Gang eingerichtet sein kann. Das Ein- und Ausrücken der Maschine erfolgt durch einen Fußtritt bequem vom Stande des Arbeiters aus.

Man hat auch drei Maschinen in einer vereinigt und eine Universalkreissäge mit Fräsmaschine und Langbohrapparat gebaut. Diese Maschine ersetzt also die Leistungen dreier getrennter Maschinen, braucht jedoch wesentlich weniger Platz und Kraft. Dadurch, daß die Maschine ohne große Umänderungen sofort betriebsfähig ist, wird viel an Zeit und an Arbeitslohn gespart. Auf der Maschine kann zu gleicher Zeit von einem Mann geschnitten und von einem zweiten gebohrt werden. Der Fräsdorn läßt sich schnell aus der Spindel herausnehmen, so daß beim Sägen der Tisch frei ist.

Man kann die Kreissägetische auch verschiebbar einrichten. Zu diesem Zwecke gleiten sie dann auf glatt und prismatisch gehobelten Rollen. Die Maschine ist sonst grundsätzlich wie die vorbeschriebene Kreissäge gebaut, der Tisch kann also parallel hoch und tief verstellt und auch geneigt werden. Die Maschine kann aber nicht wie die mit feststehendem Tisch mit einer Fräsmaschine kombiniert werden.

Wo es sich darum handelt, regelmäßig große Mengen von Brettern, Leisten usw. gleichzeitig abzukürzen, zu bestoßen und winklig zu schneiden, verwendet man vorteilhaft doppelte Abkürzsägen. Diese Maschine besitzt ein kräftig gehaltenes Gestell, welches die mit nachstellbaren Deckeln versehenen Lager trägt, in denen eine stählerne Welle mit zwei Kreissägeblättern läuft. Das eine Kreissägenblatt ist auf dieser Welle mit zwei Flanschen befestigt, das andere läßt sich zusammen mit seinem Lager, welches auf sauber gehobelten Wangen des Gestelles gleitet, seitlich verschieben. Die Maschine besitzt über jedem Kreissägeblatt einen sauber gehobelten eisernen Tisch, durch dessen Schlitz das Blatt hindurch geht. Der über dem verstellbaren Kreissägeblatt befindliche Tisch ist ebenfalls verstellbar. Beide Tischhälften sind durch lange gußeiserne mit Schlitz versehene Führung gekuppelt. Dadurch kann der verstellbare Tisch an jeder Stelle mit dem feststehenden verbunden werden, so daß der nunmehr gekuppelte Tisch auf drei sauber gehobelten glatten, prismatischen Bahnen auf Rollen laufend bequem beim Schneiden vor- und zurückgeschoben werden kann. Die Tische sind mit geeigneten Anschlaglinealen ausgerüstet.

Die schon bei den Bandsägen erwähnten Dekupiersägen können auch erforderlichenfalls als selbständige Maschinen gebaut werden. Diese einfach, aber kräftig gebauten Maschinen dienen für alle offenen und geschlossenen Schweifsägearbeiten, die sich mit anderen Maschinen nicht sauber und schnell ausführen lassen. Die Maschine besitzt ein kräftiges, eisernes Unterteil, in dem auch die stählerne Welle gelagert ist. Die vierkantigen Sägeführungen werden in dem langen Führungskasten gut eingeschliffen. Das Oberteil der Maschine, das die Stahlspiralfeder trägt, kann je nach der Holzstärke und zum Einspannen verschieden langer Sägeblätter durch eine Kurbel mit Zahnstange höher oder tiefer gestellt werden, ohne daß die Spannung der Feder geändert wird. Die Spiralzugfeder besteht aus Stahldraht mit eingesetzten Oesen und ist infolgedessen sehr dauerhaft. Infolge dieser Stahlfedern läßt sich eine wesentlich größere Schnittgeschwindigkeit und damit auch größere Leistungsfähigkeit erreichen, als bei den alten mit Holzfedern ausgerüsteten Maschinen.

Der Antriebsmechanismus besteht aus Kurbelscheibe, Schubstange usw. und sind diese im Innern des gußeisernen Maschinenunterteiles so gelagert, daß sie dem Arbeiter nicht hinderlich werden können. Die Maschine besitzt feste und lose Riemenscheibe, sowie Fußaus- und einrücker. Der Tisch der Maschine ist reichlich groß gehalten und sauber gehobelt; er läßt sich nach beiden Seiten hin bis zum Winkel von 30 Grad verstellen. Durch eine selbsttätige Luftpumpe wird der Staub ununterbrochen von dem Arbeitsstück hinweggeblasen, so daß die Zeichnung stets sichtbar bleibt und ein sauberstes Arbeiten ermöglicht ist.

Wo nur gelegentlich so feine Ausschneidearbeiten vorzunehmen sind, so daß sich die Aufstellung einer besonderen Dekupiersäge nicht lohnt, kann man mit Vorteil eine Einrichtung verwenden, die sich leicht und bequem an einer Bandsäge anbringen läßt. Auch diese Dekupiersägen werden nicht durch zwei unabhängige Blattfedern angetrieben, die ungleichmäßige Spannung besitzen und meist auch nicht genügen, um bei stärkerem Holz die Blätter durchzuziehen. Bei dieser Säge erfolgt die Spannung der Sägeblätter durch einen in Scharnieren gehenden Stahlrahmen, dessen Spannung bequem durch eine besondere Hebelvorrichtung geregelt werden kann, ohne daß selbst bei straff gespannten Sägeblättern der Gang der Maschine irgendwie beeinflußt würde. Hinter dem Sägeblatt ist ein hoch und tief verstellbarer Winkel angeordnet, der verhindert, daß das Holz von der Säge mit in die Höhe genommen wird. Der Antrieb der Dekupiersäge erfolgt von einem Riemen aus, der durch eine besondere, auf der unteren Bandsägewelle sitzende Riemenscheibe nach der auf dem Fußboden stehenden Kurbellagerung erfolgt.

Neben den Sägemaschinen machen sich noch Hobelmaschinen erforderlich, auf denen man gleichfalls die verschiedensten Arbeiten vornehmen kann und die infolgedessen auch in den verschiedensten für die Zwecke der Kartonnagenfabrikation geeigneten Kombinierungen gebaut werden. Zum Abrichten und Fügen wird eine kleine Abrichtehobel- und Fügemaschine gebaut, die auf einen Holzblock oder auf einen Steinsockel montiert werden kann und besonders zur Bearbeitung von kleinen Holzwaren, wie sie in den Kartonnagenfabriken häufig vorkommen, geeignet ist. Die Maschine beanspruchт nur wenig Raum und nur wenig Kraft (etwa $1/2$ PS). Die stählerne Messerwelle ist doppelt in nachstellbaren Weißmetallagern gelagert und trägt einen abnehmbaren Messerkopf. Die beiden Tische sind sauber gehobelt, mit Stahllippen versehen und nachstellbar. Da die Antriebsscheibe zwischen den Lagern liegt, so ist der Gang der Maschine sehr ruhig. Vor dem Messerkopf ist ein Schutzblech angeordnet. Man kann die Maschine auch mit einem eisernen Fuß versehen. Die Leistung ist natürlich beschränkt und erstreckt sich nur auf kleinere Arbeiten.

Wo öfters größere Arbeiten auszuführen sind, für die die vorstehende Maschine zu schwach ist, empfiehlt es sich, eine kombinierte Kehl-, Abrichte- und Dichtenhobelmaschine zu verwenden. Die Leistung dieser Maschine ist natürlich wesentlich höher, so daß sich ihre Anschaffung nur lohnt, wo regelmäßig größere Arbeiten auszuführen sind. Sie besitzt ein kräftiges, gußeisernes Gestell mit Führungen, in denen der sauber gehobelte Dichtentisch mittels Handrad und Räderübersetzung nach einer Skala genau in der gewünschten Hobelstärke eingestellt werden kann. Die aus Stahl geschmiedete Messerwelle ist mit Messerlippen versehen, um das Einreißen des Holzes zu vermeiden, und läuft in langen, nachstellbaren Ringschmierlagern.

Dicht vor und hinter der Messerwelle ist je ein Druckbacken angebracht, wodurch die Bretter beim Hobeln niedergehalten werden und ein Vibrieren oder Schlittern auch der dünnsten Bretter ausgeschlossen ist. Der Vorschub des Holzes erfolgt in zwei Geschwindigkeiten selbsttätig durch vier Transportwalzen, von denen die zwei unteren als Gleitwalzen im Tisch gelagert sind, während die beiden oberen durch gefräste Zahnräder angetrieben werden. Die Einzugswalze ist geriffelt, während die drei anderen Walzen glattgedreht und hochpoliert sind. Die durch Federn elastisch gelagerte Abzugswalze ist mit einem Harzschaber versehen, der zu gleicher Zeit den Einfall der Späne zwischen Walze und Druckbalken verhindert. Der Antrieb der Vorschubwalzen erfolgt durch Friktionsgetriebe in zwei Geschwindigkeiten und ist jederzeit während des Ganges an- und abstellbar.

Der Hauptvorgang der Maschine liegt in dem Antriebsmechanismus, bei dem die Riemenscheibe der Messerwelle, die Zahnräder, Friktionskuppelung usw. der Transportwalzen, Ausrückhebel und Stellrad des Tisches auf einer Seite der Maschine angeordnet sind, so daß sich auf der vorderen Seite keinerlei bewegbare Teile befinden. Der Eingriff der Zahnräder ist stets konstant und so angeordnet, daß sich die Vorschubwalzen bequem heben und senken können. Da man an die Maschine auf drei Seiten herantreten kann, so ist sie bedeutend einfacher und bequemer zu bedienen. Die langen, auf das genaueste gehobelten Abrichtetische sind in einfachster Weise auf dem Dicktentisch angeordnet und werden mittels Spindel und Handrad in der richtigen Hobellage eingestellt. Der Holzaufgabetisch ist sodann noch mit einer exzentrischen Verstellvorrichtung versehen, um die Spanstärke genau nach Erfordernis einstellen zu können. Es ist bei der Maschine nicht nötig, die Abrichtetische zu entfernen oder die Messerwelle, welche im Gestell gelagert ist, zu verstellen, wenn auf Dichte gehobelt werden soll.

Beim Dichtenhobeln wird das Holz einfach unter den Abrichtetischen auf dem besonderen Dichtenhobeltisch hindurchgeschoben, wobei die ganze Breite der Messerwelle ausgenützt werden kann. Das Herstellen von Kehlarbeiten kann nach Herausnahme des Druckbalkens sowohl auf den Abrichtetischen unter Benutzung eines besonderen Kehlapparates, als auch mit selbsttätigem Vorschub unter Verwendung des Dicktentisches erfolgen. Beim Einspannen der Kehlmesser brauchen die langen Hobelmesser nicht entfernt zu werden.

Ganz besonders geeignet für Kartonnagenfabriken ist auch eine kleine Dicktenhobelmaschine, auf der man Bretter bis zu 1 mm Stärke genau hobeln kann. Das stabile Gestell ist aus einem Stück gegossen, der sauber gehobelte Tisch läßt sich in soliden Führungen durch Handrad nach einer angebrachten Skala leicht in jeder gewünschten Hobelstärke einstellen. Die aus Stahl geschmiedete Messerwelle ist genau ausbalanziert und mit Messerlippen versehen; sie läuft in langen, nachstellbaren Lagern. Vor und hinter der Messerwelle sind praktische Druckvorrichtungen angebracht, die eine genaue und saubere Verarbeitung auch der dünnsten Hölzer ohne Splittern gewährleisten. Eine schwere Schutzhaube dient gleichzeitig als Druckbalken und Spanbrecher. Außerdem ist noch ein Harzschaber vorgesehen, der gleichzeitig den Einfall von Spänen zwischen Walze und Druckbalken verhindert.

Der Vorschub des Holzes erfolgt selbsttätig durch vier elastisch gelagerte Stahltransportwalzen, einer geriffelten und drei glatten, von denen die beiden oberen im Gestell gelagert und durch Zahnräder angetrieben werden. Hierdurch wird ein gleichmäßiger und leichter Gang der Maschine erzielt. Der Vorschub des Holzes ist durch Handhebel jederzeit sofort aus- und einschaltbar. Die beiden unteren Walzen sind als Gleitwalzen am Tisch gelagert.

Zum Bestoßen von Holzstücken aller Art für Gehrungen und auch für Hirnhölzer wird eine Bestoßmaschine verwendet, die Arbeiten vorteilhaft und sauber ausführt, deren Verrichtung von Hand Schwierigkeiten macht. Die Schnitte, die in jedem Winkel genau nach Skala aufgeführt werden können, werden äußerst sauber und vollkommen glatt wie poliert, so daß Leimfugen direkt und ohne Nachhilfe zu machen sind. Um ein Verletzen des Arbeiters zu vermeiden, sind an den beiden Messerscheiben praktische Schutzvorrichtungen angebracht. Die Handhabung des Apparates ist sehr einfach, das Holz wird gegen einen verstellbaren Anschlagwinkel gelegt, und das Messer mittels eines Handhebels angedrückt, wodurch der Schnitt mit größter Leichtigkeit und Sauberkeit erfolgt.

Der Apparat kann auf jeder Werkbank befestigt, aber auch auf einem besonderen gußeisernen oder hölzernen Ständer angebracht werden.

Weitere häufig Verwendung findende Holzbearbeitungsmaschinen sind die Fräsmaschinen.

Für leichte Fräsarbeiten, wie sie in Kartonnagenfabriken mitunter vorkommen, eignet sich eine einfache Fräsmaschine, die aus einem gußeisernen Rahmen mit genau gearbeiteter Prismaführung besteht, in dem sich der Lagerschlitten durch Handrad und Spindel vertikal verstellen und in jeder Lage feststellen läßt. Die Frässpindel ist aus Stahl und läuft in langen, nachstellbaren Lagern. Sie ist so eingerichtet, daß der Fräsdorn gegen einen Messerdorn ausgewechselt werden kann. Das Gestell der Maschine ist aus Buchenholz.

Zur Herstellung von Formularkästen, Karteikästen, die mit Holzwänden versehen werden sollen, ist diese Maschine zu leicht und besitzt auch keine genügend hohe Leistungsfähigkeit. Es empfiehlt sich dazu eine schwere Fräsmaschine mit gußeisernem Untergestell. Die Fräseinrichtung ist grundsätzlich wie bei der vorbeschriebenen leichten Maschine gebaut. Sie besitzt eine Einrichtung zum Fräsen von geraden Zinken an kleinen Brettern. Der Einsatzdorn ist besonders stark und dem Zwecke entsprechend gelagert; er wird oben durch ein drittes Lager gestützt. Der Dorn trägt die zum Zinken nötigen Scheiben mit herausnehmbaren, leicht scharf und instand zu haltenden Messern,, welche zwischen den auf die Spindel aufgesteckten Scheiben durch eine große Mutter gehalten und zusammengepreßt werden. Durch Auswechslung der Messer und Scheiben, die gleichzeitig als Zwischenringe zwischen den Messern dienen, lassen sich beliebig breite und tiefe Zinken von 5—15 mm Stärke und 5—15 mm Tiefe herstellen.

Um die zu zinkenden Brettchen ohne Gefahr an den Werkzeugen vorbeiführen zu können, führt sich in der großen und sauber gehobelten Tischplatte der Maschine ein Einspannapparat, in dem Bretter bis zu 250 mm Höhe und 625 mm Länge eingespannt werden können. Das Einspannen der fertigen Bretter erfolgt sehr schnell und bequem durch eine mit Hebel versehene, exzentrisch spannende Druckvorrichtung, welche mit einem Druck 10—20 Brettchen genau winkelrecht festhält. Dadurch, daß stets ein großer Posten Brettchen mit einem Male den Zinkwerkzeugen zugeschoben wird, ist die Leistung der Maschine sehr bedeutend.

Zum Einkerben von Nuten in Brettchen empfiehlt sich ebenfalls eine Spezialfräsmaschine, die ein kräftiges, aus einem Stück gegossenes Gestell besitzt, auf dem eine eiserne, sauber gehobelte Tischplatte ruht, die durch Spindel und Handrad auch schräg verstellbar ist, damit die Werkzeuge auch zweimal versenkt werden können. Man kann mit dieser Maschine Parallelnuten in Bretter und Leisten in genau gleichen Entfernungen einfräsen und diese Bretter auch gleichzeitig ablängen. Zu diesem Zwecke ist die Maschine mit verschiedenen kreissägeähnlichen Fräsern und zwei Ablängekreissägeblättern versehen. Die Bretter werden in einem geeigneten Einspannapparat, der sich in den Nuten der Tischplatte führt, an die Werkzeuge herangeschoben. Die Stahlwelle läuft in zwei großen Lagern mit Weißmetallschalen; ein drittes Außenlager ist zwecks Auswechselung der Werkzeuge abnehmbar, so daß die Riemenscheibe zwischen zwei Lagern läuft.

Auch die Bohrmaschinen finden viel Verwendung. Wo große Leistungen verlangt werden, benutzt man mit Vorteil eine Wandbohrmaschine, die an einer Säule oder an einer Wand befestigt werden kann. Die kräftige Bohrspindel wird solide in Spezialmetallagern geführt; sie kann durch einen Fußhebel bewegt werden. Die Tiefe der Löcher kann man durch geeignete Anschläge begrenzen. Ein Gegengewicht bringt die Bohrspindel nach dem Bohren stets wieder in die höchste Lage zurück. Der Antrieb der Bohrspindel erfolgt nicht durch die geräuschvoll arbeitenden Zahnräder, sondern durch vollkommen geräuschlos laufende Friktionskonen. Diese Reibräder sind, um etwaige Abnutzungen ausgleichen zu können und stets einen gleichmäßigen Antrieb der Bohrspindel zu erhalten, verstellbar gelagert. Der runde gußeiserne Tisch ist freistehend und in der Höhe verstellbar.

Ist aus örtlichen Gründen die Anwendung einer Wandbohrmaschine nicht möglich, so benutzt man mit Vorteil freistehende Maschinen. Diese einfache und leistungsfähige Maschine entspricht in fast allen Fällen den Anforderungen für alle vorkommenden Vorarbeiten. Sie kann zum schnellen Bohren von Löchern bis 50 mm Durchmesser und 150 mm Tiefe, sowie zum Fräsen für Vertiefungen verwendet werden. Die Ausladung von der Säule bis zum Bohrer beträgt 300 mm. Die Bohrspindel ist gut gelagert und wird durch einen Handhebel, der mit Gegengewicht versehen ist, niederbewegt und geht von selbst in die höchste Stellung zurück. Der eiserne Bohrtisch kann hoch und tief verstellt und in jeder Lage festgestellt werden. Er kann aber auch ganz zur Seite geschwenkt werden. Das Vorgelege mit Voll- und Leerscheibe befindet sich an der Maschine und ist mit Ausrückvorrichtung versehen. Der Antrieb der Bohrspindel erfolgt durch Riemen, so daß die Maschine leicht und geräuschlos arbeitet. Die Maschine kann an Stelle des Handhebels auch mit einem Fußhebel versehen werden, so daß der Arbeiter beim Bohren beide Hände frei hat.

Zum Bohren kleiner Löcher bis zu 10 mm Durchmesser und 90 mm Tiefe verwendet man eine kleine Schnellbohrmaschine. Die Ausladung von der Säule bis zur Mitte des Bohrers beträgt 100 mm, der tiefste Stand des Tisches bis zum Bohrfutter 200 mm. Die Bohrspindel wird durch einen Handhebel bewegt, der durch ein Gegengewicht belastet ist, so daß sie stets in ihre höchste Lage zurückkehrt. Der saubere gußeiserne Vortisch hat in der Mitte eine Aussparung; er kann an dem eisernen Ständer hoch und tief gestellt und in jeder Lage festgehalten werden; man kann ihn aber auch vollkommen zur Seite schwenken. Der Antrieb der Bohrspindel erfolgt durch einen über zwei Leitrollen laufenden Riemen von dem an der eisernen Säule angebauten Vorgelege.

Für kleine einfache Arbeiten kann man auch vorteilhaft eine kleine Schnellbohrmaschine verwenden, die auf der Werkbank festgeschraubt wird. Diese Maschine eignet sich besonders gut für Massenarbeiten und ist grundsätzlich wie die vorhergehende gebaut, nur wird die Bohrspindel nicht durch ein Gewicht, sondern durch eine Spiralfeder in die höchste Stellung zurückgezogen.

Aehnlichen Zwecken dient eine kleine horizontale Bohrmaschine, die auf der Werkbank festgeschraubt werden kann. Das Werkstück muß gegen den Bohrer geführt werden, die Tiefe des Loches wird dabei durch einen Anschlag begrenzt. Die stählerne Vorspindel läuft in nachstellbaren Lagern und trägt ein einfaches Futter zur Aufnahme des Bohrers.

Für regelmäßig wiederkehrende Massenarbeiten kann man mit Vorteil auch die sogenannte Maßstabbohrmaschine verwenden. Die Bohrspindel läuft in zwei Rotgußlagern und Spurschrauben und besitzt Voll- und Leerscheiben. Die Bohrer, die auch mit einer Einrichtung zum Versenken versehen sein können, werden mit einem 8-Schraubenfutter gehalten. Die Bohrtiefe wird durch einen geeigneten Anschlag begrenzt. Die Maschine kann mit einfachem Einspannapparat für Fußbetrieb oder Kraftbetrieb eingerichtet werden.

Zum Abhobeln kleiner Gegenstände, die auf den Abrichtehobelmaschinen nicht bearbeitet werden können, verwendet man Scheibenhobelmaschinen. Die Maschinen sind mit einem hoch- und tief verstellbaren Auflagetisch versehen und besitzen eine stählerne Messerscheibe von 300 mm Durchmesser, welche mit zwei Stahlmessern ausgestattet ist. Die kräftige Welle läuft in Ringschmierlagern und trägt zwischen den Lagern die Antriebscheibe. An dem rückwärtigen Ende läßt sich ein Raspelfräser oder auch ein Einsatzdorn anbringen, so daß die Maschine auch als Bockfräse benutzt werden kann. In dem unteren Teil der Maschine ist ein Vorgelege mit Voll- und Leerscheibe eingebaut.

Man kann die Maschine auch als Doppelhobelmaschine mit zwei Hobelscheiben ausführen. Der Körper ist dann ein kräftiges Hohlgußgestell mit breiter Grundplatte die einen sicheren Stand gewährleistet. Die Maschine wird vorteilhaft auf dem Werktisch oder auf einem Mauersockel befestigt.

Zum Schleifen der Holzwaren dienen eine ganze Reihe von Sandpapierschleifmaschinen. Die einfachste Art dieser vielseitig zu verwendenden Maschinen besteht aus einem kräftigen Spindelgehäuse, auf dem in nachstellbaren Rotgußlagern eine starke Stahlwelle läuft, auf welcher zwischen den Lagern Voll- und Leerscheiben sitzen. Außerhalb der Lager werden eine oder zwei Schleifscheiben angebracht, deren Durchmesser 500 mm beträgt. Das Sandpapier ist durch einen Ring in mehreren Lagen gleichzeitig aufgespannt und ist bequem auswechselbar.

Eine Maschine von großer Leistungsfähigkeit ist die horizontale Sandpapierschleifmaschine. Diese mit kräftigem Hohlgußständer versehene Maschine ist besonders zum Abschleifen fertig verleimter Waren bestimmt. Die Maschine arbeitet außerordentlich schnell und sauber, der Bedarf an Sandpapier ist nur gering. Die kräftige stählerne Welle läuft in langen, nachstellbaren Speziallagern und trägt eine Schleifscheibe von 750 mm Durchmesser. Diese gußeiserne Schleifscheibe ist sauber abgedreht und genau ausbalanciert, so daß sie nicht unrund werden und nicht schlagen kann. Das Sandpapier ruht in mehreren Lagen aufeinander und wird mit Leichtigkeit durch einen schmiedeeisernen Ring aufgespannt. Zur Anlage der zu schleifenden Hölzer ist ein Anschlag vorgesehen.

Eine vielseitig verwendbare Maschine ist die Schleif- und Poliermaschine mit verstellbarem Schwingarm. Der Körper der Maschine ist aus einem Stück stabil gegossen und trägt zwei Ringschmierlager mit herausnehmbaren Lagerschalen, in denen eine kräftige Welle läuft. Diese ist mit Voll- und Leerscheibe nebst Ausrücker ausgerüstet und trägt an ihrem Vorderende die Schleifbandantrittscheibe. Das Schleifband läuft mit großer Geschwindigkeit über eine Leitrolle, die auf Kugellagern läuft, wodurch ein Vibrieren und Schlagen des Bandes ausgeschlossen ist und ein glatter, sauberer Schliff erzielt wird. Die Spannung des Schleifbandes kann man nach Wunsch durch ein Handrad regeln.

*

DIE KLEBSTOFFE
IN DER KARTONNAGEN-INDUSTRIE UND IHRE VERARBEITUNG VON HAND UND MASCHINEN

Die bei der Herstellung von Kartonnagen zur Verwendung kommenden tierischen Leime und Pflanzenklebstoffe werden heute zum großen Teile für den Verbrauch nicht mehr im einzelnen hergestellt. Eine besondere Klebstoffindustrie, vertreten durch zahlreiche Firmen, hat sich die Aufgabe gestellt, durch fabrikmäßige Herstellung gelöster Klebstoffe, die sofort gebrauchsfertig und lange Zeit haltbar sind, allen Anforderungen zu entsprechen, die neben den verschiedenen Berufen und Gewerben, welche Klebstoffe verarbeiten, besonders von der Kartonnagenindustrie und den papierverarbeitenden Betrieben gefordert werden. Gute Kenntnis der Klebstoffe in ihren besondern Eigenschaften sowie Erfordernissen bei ihrer Verarbeitung auf verschiedenem Material und ihrem Verhalten hierbei ist notwendig und diese Kenntnis wird bei der Herstellung der so vielseitigen Erzeugnisse in der Kartonnagenindustrie von Vorteil sein.

Zur Herstellung von Kleister empfiehlt sich die Verwendung von Weizenstärke, rein weiß und von feinster Beschaffenheit. Etwa einem Liter Stärke wird ein halber Liter Wasser zugesetzt und dieses Gemisch zu einem steifen Teig gerührt, der durch weiteren mäßigen Zusatz an Wasser dickflüssige Beschaffenheit erhalten muß. Auf je einen Liter dieses Gemisches sind drei bis vier Liter kochendes Wasser zuzusetzen und der so gewonnene Kleister ist durch kräftiges Rühren in der erforderlichen Weise aufzuschließen und gebrauchsfähig zu machen. Wichtig für die Klebkraft des Kleisters ist es, daß er mit kochendheißem Wasser angebrüht wird, wodurch rasches Quellen der Stärkepartikel herbeigeführt und der Klebstoff in der notwendigen Weise eindickt. Richtig angebrühter und gut aufgequollener Kleister muß wie ausgelassenes Schweinefett aussehen, speckig und sämig sein.

Einen Kleister von hoher Klebkraft, der sich zum Kleben von Kaliko, Leder, Tauen und fettdichten Papieren recht gut eignet, erhält man, wenn man der feinstpulverisierten Stärke Weizenkleber (Wiener Leim) etwa im Verhältnis von 1/4 Kilo zu einem Kilo Stärke beifügt. Das Weizenstärkemehl mit diesem Zusatz im Verhältnis zu 1/2 kg Stärke mit 1/4 Liter Wasser vermengt und knotenfrei, erforderlichenfalls unter Zusatz von noch ein wenig Wasser wird so lange gerührt, bis eine gleichmäßige, knotenfreie Masse entstanden ist.

Diesen Brei läßt man 10—15 Minuten ziehen, damit der Kleber in der Weizenstärke gut durchzieht. Er wird hierauf mit siedendem Wasser in den Mengen von zirka 3 Litern auf $^1/_2$ kg angerührte Stärke überbrüht und gut durchgerührt.

Auf eine andere Art läßt sich gut klebender Kleister auch so herstellen, daß 4 Gewichtsteile Leim in 15 Teilen Wasser gelöst werden, welcher Lösung das Dreifache an kochendem Wasser hinzuzufügen ist. Hierauf werden 30 Teile Weizenstärke in 20 Teilen Wasser vollständig gelöst und es wird in diese Stärkelösung der vorerwähnte verdünnte Leim kochend hinzugefügt und das Ganze gut durchgerührt. Zehn Tropfen Karbolsäure hinzugefügt schützen den Kleister vor Gärung, der sich für die verschiedensten Klebezwecke recht gut bewährt hat.

Einen Kleister, der sich lange hält und frei von Gärung bleibt, bereitet man aus 30 g Alaun, in einem reichlichen Liter kochenden Wasser aufgelöst. Nach dem Erkalten gibt man soviel feines Mehl hinzu, daß die Mischung die Konsistenz guten Rahms erhält, rührt einen Teelöffel fein gepulverten Kolophoniums darunter und kocht die Masse einige Minuten.

Nach einem anderen Verfahren werden 20 g Weizenstärke mit wenig Wasser zu einem dicken Brei angerührt, worauf man etwa $^1/_4$ Liter kochendes Wasser mit plötzlichem Guß hinzufügt und das Ganze tüchtig durchrührt. Schließlich wird der Kleister, um ihn haltbar zu machen, mit ein wenig Karbol- oder Salizylsäure versetzt.

Um allgemein Schimmel, Gärung und Säurebildung bei Kleisterlösungen zu vermeiden haben sich verschiedene Zusätze bewährt. Zehn bis fünfzehn Gramm Alaun auf $^1/_2$ kg Stärke, Waschsoda oder Salizylsäure sind bewährte Beigaben. Den gleichen Zweck erreicht man, wenn der angerührten Stärke einige Tropfen Karbolsäure oder pulverisiertes, gebranntes Alaun als antiseptisches Mittel hinzugefügt werden.

Im Sommer können diese, die Klebkraft nicht beeinträchtigende Zusätze größer sein, als im Winter. Stärkekleister der sich besonders lange halten soll, wird mit 1—2 Prozent Borax versetzt.

Um gänzlich geruchlosen Kleister zu erhalten, empfiehlt es sich dem Kleister 10 % Alkohol zuzusetzen, der keine übelriechende Gärung aufkommen läßt. Damit nicht etwa der Alkoholgeruch vordringt, ist von der Verwendung eines fuselhaltigen Spiritus abzusehen.

Der aus tierischen Substanzen hergestellte Leim besteht neben anderen unwesentlichen Bestandteilen zur Hauptsache aus dem Glutin und dem Chondrin. Das erstere wird aus Haut, Sehnen und Knochenteilen, Chondrin hauptsächlich aus den Knorpeln (Knorpelleim) ausgeschieden. Diesem Leim wird höhere Klebkraft zugesprochen, als dem aus Haut und Sehnen hergestellten. Die Technik unterscheidet außerdem auch noch den Lederleim. Bei ihm bildet der Grundstoff die Lederhaut oder Tierhaut. Für die Leimfabrikation kommen nur bei der Gerberei abfallende Hautteile, die Lederabfälle der Weißgerberei, der Pergamentfabrikation, die sogenannten Kalbsköpfe, ferner gebrauchte Leder in Frage. Von der Bewertung dieser Leder- oder Hautleime wird später noch die Rede sein. Als Zeichen guter Klebkraft und des Freiseins von Säure gilt Klarheit und Durchsichtigkeit der Leimtafeln sowie deren helle Farbe. Aber auch dunkle, weniger durchsichtige Leimsorten haben erfahrungsgemäß vorzügliche Klebkraft. Aus diesem Grunde kann die Güte des Leims nicht allein nach der Farbe beurteilt werden, da helle Leime einen Teil ihrer Klebkraft durch Bleichung verloren haben können. Ein Beweis der Güte des Leims ist das Zerspringen wie Glas bei Zerschlagen der Tafeln und das Aufquellen im kalten Wasser ohne zu zerlaufen.

Guter Leim darf nur geringe Menge Säure enthalten. Um ihn auf seinen Säuregehalt zu prüfen, taucht man ein Stückchen Lackmuspapier in kaltes, reines Wasser und legt es auf eine ungeweichte Leimtafel. Hat sich nach erfolgtem Trocknen die helllila Farbe des Papiers gleichmäßig verändert, d. h. ist sie gleichmäßig heller oder dunkler geworden, so ist der Säuregehalt des Leimes gering. Werden dunkle, bläuliche Striche oder Flecke am Papier sichtbar, so ist der Beweis erbracht, daß der Leim einen ziemlichen Prozentsatz an Säure enthält. Er braucht darum noch keineswegs minderwertig zu sein, kann sich gut verarbeiten lassen und ausreichende Klebkraft besitzen. Zur Beleimung empfindlicher Papiere darf er jedoch nicht verwendet werden. Säurehaltiger Leim wirkt bei seiner Verarbeitung schnell auf Farben, Bronzen und die damit bestrichenen Papiere und Stoffe ein, verändert deren Farbe oder läßt sie gar mißfarbig werden.

Der meist aus Hautabfällen gewonnene Tischlerleim von meist dunklerer Beschaffenheit besitzt hohe Bindekraft. Vorzug vor ihm besitzt der Kölner Leim, der ehemals im Rheinlande hergestellt, sich als reiner Hautleim großer Beliebtheit erfreut. Er kommt in dicken, lichtbraunen undurchsichtigen Tafeln in den Handel, ist sehr hart und besitzt hohe Klebkraft. Dieser Leim wird häufig, durch reinen Knochenleim ersetzt, als Kölner Leim im Handel angeboten.

Zur Beurteilung des Leimes auf seine Güte sei folgendes gesagt: Löst man in der gleichen Wassermenge gleiche Leimmengen auf und läßt die Lösung durch Erkalten erstarren, so ist

1. derjenige Leim der beste, dessen Gallerte die festeste ist;
2. diejenige Gallerte die festeste, deren Temperatur am weitesten von ihrem Schmelzpunkt entfernt ist;
3. der beste Leim derjenige, dessen Gallerte den höchsten Schmelzpunkt, und der minderwertigste derjenige, dessen Gallerte den niedrigsten Schmelzpunkt besitzt.

Zur Kennzeichnung und besseren Beurteilung des Leimes sei gesagt, daß Güte und Preis nicht immer Hand in Hand gehen Das ist begreiflich, weil bei der Bewertung des Leimes außer den untersuchten Eigenschaften noch andere Umstände mitsprechen, die in der Art seiner Herstellung liegen.

Im allgemeinen wird Hautleim, bzw. Lederleim, von dem Eingangs dieses die Rede war, höher bewertet, ohne daß hierfür wirklich stichhaltige Gründe vorhanden sind. Man hat in Verbraucherkreisen die Wasseraufnahmefähigkeit des Leimes als einen Maßstab für seine Güte und Ergiebigkeit angegeben und hinzugefügt, Hautleim nehme z. B. das Sechsfache seines Gewichts beim Einweichen in kaltem Wasser an Wasser auf, Knochenleim aber z. B. nur das Dreifache und aus diesem Grunde müsse er doppelte Ergiebigkeit haben. Angenommen, ein Hautleim, der das Sechsfache seines Gewichts an Wasser aufnimmt würde 100 Mark die 100 kg kosten, und ein Knochenleim, der dies nur zur Hälfte tut, hätte einen Preis von 50 Mark, so müßte man auch schon wegen des Preises folgern, daß dieser Hautleim zweimal so ergiebig sei, als Knochenleim. Nach Versuchen ist die Ergiebigkeit von Hautleim nicht doppelt so groß wie die von Knochenleim, sondern nur um $^1/_4$ bis $^1/_2$ größer. Das heißt: wenn mit 100 kg Knochenleim 100 Einheiten geleimt werden, so gestattet Hautleim bei gleichartiger Anwendung höchstens 150 Einheiten zu beleimen. Der Verbrauchswert des Hautleims ist also $1^1/_2$ mal so groß wie der des Knochenleims und wenn dieser 50 Mark die 100 kg kostet, so dürfte Hautleim nicht mehr als 75 Mark kosten. Daß er tatsächlich 100 Mark kostet, ist nur dann gerechtfertigt, wenn es auf die Abwesenheit der sauren Reaktion im Leime und auf die dem Hautleim eigentümliche Geschmeidigkeit, sowie auf die ihm oft eigene höhere Viskosität und Gallertfestigkeit ankommt. In Fällen, in welchen aber hierauf keine Rücksicht zu nehmen ist, verdient Knochenleim aus Gründen der Sparsamkeit den Vorzug.

Die wichtigste Eigenschaft von Leim ist dessen Bindekraft. Diese läßt sich nicht in Zahlen angeben. Erfahrungsgemäß binden aber jene Leime am kräftigsten, welche die höchste Viskosität, den höchsten Schmelzpunkt und den höchsten Erstarrungspunkt besitzen.

Dies zur Beurteilung des Leimes vom Standpunkte der Kartonnagen-Industrie und Papierverarbeitung.

Es sollen nun noch einige wichtige Vorschriften für die vorteilhafte Herstellung guter Leimlösung gegeben werden. Die Vorschriften für die Herstellung verschiedener Leimlösungen, wie solche unter den mannigfachen Verhältnissen und Umständen sich erforderlich machen, sind recht zahlreich. In dem Werkchen „Die Klebstoffe", Drucktechnischer Verlag Niedersedlitz-Dresden, kann sich der Fachmann ausführlich über Leimlösungen sowie sonstige Klebstoffe aller Art unterrichten, wie sie in der Pappe- und Papierverarbeitung gebraucht werden.

Es ist vorteilhaft, den im Wasser geweichten Leim von den Leimapparaten streng getrennt zu halten, bzw. stets im Besitze eines Quantums aufgeweichten und abgekochten zu Gelatine halberstarrten Leimes zu sein, welches Material man je nach Bedarf ohne weitere Umstände in den Leim-Warmhalteapparat nachfüllt. Dabei kann auch das vom Aufweichen gesammelte, meist ziemlich klare Leimwasser seines Leimkraftgehaltes wegen mit Vorteil zum Verdünnen des Leimes Verwendung finden. Diese Leimgelatine bedarf nur mäßiger Wärme im Leimapparat, was wiederum ein Vorteil ist, da starke Erhitzung dem Leim schadet und dessen Klebkraft herabmindert.

Neben mäßig erwähntem Leim, ist dieser möglichst dünn zu verarbeiten. Der Leimkessel soll stets nur Blutwärme haben und er darf nicht so heiß sein, daß man sich beim Berühren die Finger verbrennt. Damit ist auch dünner Aufstrich möglich. Wird der Leim dick und heiß verwendet, dann bildet er leicht Haut und dies hindert die glatte Arbeitsweise. Im allgemeinen schäumt guter

Lederleim bei der Verarbeitung nicht, dagegen Knochen- und Mischleime, die Alkalien und Säuren enthalten. Das Schäumen kann durch Zusatz von Glyzerin gemildert oder beseitigt werden, doch trocknet der Leim dann in der Regel etwas schwer. Vorteilhaft ist die Verwendung reinen Lederleims, der in seiner größeren Ergiebigkeit weniger stark verdünnt werden kann. Der Leim muß garantiert fett- und fast säure- und alkalienfrei sein. Das erste ist der Fall, wenn der Leim durch dünnes Papier nicht fettig durchschlägt, das letztere, wenn eingetauchtes Lakmuspapier sich nicht auffällig verfärbt, wie schon erwähnt wurde.

Für viele Verwendungen ist es zweckmäßig, wenn man den Leim flüssig hat, ohne ihn erst durch Erwärmen in diesen Zustand überführen zu müssen. Eine Leimlösung gelatiniert, wenn sie nur ein Prozent festen Leim enthält; durch Verdünnen mit Wasser würde man also keinen bleibend flüssigen Leim erhalten, abgesehen davon, daß Leim in solcher Verdünnung fast keine Klebkraft mehr besitzt und Leimlösungen rasch dem Verderben unterliegen.

Es gibt verschiedene Mittel, den Leimlösungen die Fähigkeit zum gelatinieren zu nehmen, sie dauernd flüssig und haltbar zu machen, ohne ihre Klebkraft zu beeinträchtigen. Die Essigsäure ist vor allem das geeignete Mittel, um Leimlösungen flüssig zu erhalten. Man nimmt 100 Teile Essigsäure und 38 Teile Leim. Der in kleine Stücke gebrochene Leim wird in die Essigsäure gegeben und die Lösung abgewartet, die bei etwas höherer Temperatur, wenn man das Gefäß der Sonne aussetzt oder in warmes Wasser stellt, schnell vor sich geht.

An Stelle der Essigsäure läßt sich auch die Salpetersäure verwenden, um einen flüssigen Leim zu erzeugen. Man läßt 1 kg guten Leim im Wasserbade in 1 Liter Wasser sich lösen, gießt dann nach und nach 0,2 kg Salpetersäure von 36^0 B hinzu. Es tritt dabei Aufbrausen und Entwicklung von gelben Dämpfen ein. Nachdem die Flüssigkeit ruhig geworden und sich abgekühlt hat, ist der flüssige Leim fertig.

Mag es in den pappe- und papierverarbeitenden Industrien noch oft genug Fälle geben, welche die Anwendung warmer Leimlösungen durchaus notwendig machen, so finden die sogenannten Kaltleime tierischer und pflanzlicher Herkunft immer umfassendere Verwendung. Für ihre Herstellung hat sich eine bedeutende Industrie aufgetan, die mit ihren Erzeugnissen den unterschiedlichsten Anforderungen zu genügen vermag.

Die Kaltleime sind in einer für ihren Zweck gut bindenden dextrinhaltigen Beschaffenheit zu beziehen, reichlich eingedickt, damit sie dem jeweiligen Bedürfnis entsprechend verdünnt werden können. Verschiedene Sorten sollen nicht zusammen vermischt werden und es sind auch stets die Klebstoffbehälter nach Erprobung und Verwendung einer und der Ingebrauchnahme einer anderen Sorte zu reinigen. Die erforderlichen Wasserzusätze zu den verschiedenen Klebstoffen können nicht immer von vornherein zutreffend angegeben werden, da sich der Zusatz nach Stärke und Beschaffenheit der Papiere und der Art der Maschine richtet. Ist der Klebstoff aus geeignetem Rohmaterial, so ist auch seine Ausgiebigkeit zufriedenstellend, während billige Klebsorten in der Ausgiebigkeit wesentlich zurückstehen. Um Kaltleim in kürzester Frist gebrauchsfertig zu machen, füllt man ein Gefäß etwa eine Stunde vor dem Gebrauch zu einem Drittel mit Kaltleim und gießt, je nach Größe des Gefäßes, einige Liter Wasser darauf. Nach einiger Zeit, wenn das Wasser den Kaltleim durchzogen, d. h. aufgeweicht, wird das Ganze innig vermengt und das Gefäß allmählich durch abwechslungsweises Hinzufügen von kleinen Mengen Wasser oder Kaltleim bis zum Rande gefüllt.

Das Anrichten kann auch in der Weise geschehen, daß in ein Holzfaß soviel dicker Leim getan wird, als man in zwei Tagen zu verarbeiten gedenkt, worauf mittels Zugießen warmen Wassers der Leim die erforderliche Verdünnung erfährt. Wasser und Leim müssen gründlich, und zwar wiederholt, durchgearbeitet werden, und es wird die Klebefähigkeit dadurch geprüft, daß man eine kleine Menge Leim zwischen Daumen und Zeigefinger nimmt und die Fingerspitzen mehrere Male hintereinander in Berührung bringt. Der Leim muß bei geeigneter Beschaffenheit dann ganz feine Fäden ziehen, was für dessen rasche und haltbare Bindung recht wichtig ist. Es empfiehlt sich auch, auf die Gebinde oder Fässer, welche Leim enthalten, soviel Wasser aufzugießen, daß die Oberfläche stets damit bedeckt ist. Dadurch löst sich an den Wänden der Fässer haftender Kaltleim leichter ab und gleichzeitig verhindert man die Bildung von Krusten auf der Oberfläche.

Soll Kaltleim mit dem Pinsel verarbeitet werden, so muß er zulässig dünnflüssig, aber doch von haltbarer Konsistenz, also gut mit Wasser gemischt sein. Nur dadurch ist gleichmäßiger Leimauftrag und ausreichende Haltbarkeit möglich. Die Dickflüssigkeit ist, wie schon erwähnt, stets der Art und Stärke des zu verarbeitenden Materials anzupassen.

Gute Kaltleime müssen frei von ätzenden Bestandteilen (Alkalien), garantiert rein und ohne Klumpen sein. Weiter müssen sie haltbar sein, dürfen nicht gären und nicht schimmeln. Sie müssen sich ferner bis auf den letzten Rest aufbrauchen lassen.

Das Dextrin wird zum Kleben und besonders zum Gummieren an Stelle des Gummiarabicums vielfach verwendet. Reines Dextrin, das aus gerösteter Stärke besteht, ist wie Gummiarabicum farb-, geruch- und geschmacklos. Vielfach kommen aus roher oder gebleichter Kartoffelstärke hergestellte Dextrine zur Verwendung. Letztere haben je nach Stärkeart und der Art der Herstellung gelbliches bis ins Braune spielendes Aussehen. Viele Kaltleime sind aus Dextrin hergestellt oder enthalten reichlichen Zusatz davon. Erfahrungsgemäß sind solche Kaltleime von recht guter Klebkraft und es sollte ihre Verwendung bei der Herstellung von Kartonnagen und selbst solchen feiner Art mehr Verwendung finden an Stelle der warmen tierischen Leime.

Zur Selbstherstellung von Dextrinlösungen wird 1 kg Dextrin mit 1/4 Liter kaltem Wasser übergossen und diese Mischung 10 Minuten hindurch gerührt. Nach Aufsaugen des Wassers im Dextrin bringt man das Gefäß in ein Wasserbad und erwärmt die Lösung unter Rühren so, daß sie nicht zum Kochen kommt. Letzteres muß vermieden werden, denn um das Dextrin zu lösen, dazu genügt schon geringe Wasserbadtemperatur. Weißes Dextrin löst sich meist schon in kaltem Wasser völlig auf, während gelbes Dextrin bis zu etwa 90 Prozent und blondes Dextrin bis etwa 70 Prozent in kaltem Wasser löslich ist. Nach dem Erkalten setzt man auf 1 Liter Lösung etwa 50 g Glyzerin und eine Messerspitze Salizylsäure hinzu. Vorzuziehen ist, die Salizylsäure mit dem Wasser gleich bei Beginn der Arbeit zuzusetzen. Ist die Lösung zu dick, so verdünnt man sie mit abgekochtem Wasser, das aber vor der Beigabe wieder etwas erkaltet sein muß. Je mehr man den Glyzerinzusatz vergrößert, um so langsamer trocknet die Lösung. Der auf diese Weise hergestellte Klebstoff hat gelblichen Schein, streicht sich gut, zeigt nach dem Trocknen hohen Glanz und wird nicht brüchig. Die Klebkraft ist stets befriedigend. Besonders kann diese Lösung als Ersatz für Gummiarabicum Benutzung finden. Weitere zahlreiche Vorschriften über das Dextrin und seine Anwendung sind dem schon erwähnten Werkchen „Die Klebestoffe“ zu entnehmen.

Ebenso wie das Dextrin bildet auch der Fischleim einen brauchbaren Ersatz für Gummiarabicum, und außerdem findet er in den Betrieben der Papier- und Pappenverarbeitung häufig Verwendung. Er kann überall da zur Verwendung kommen, wo mit der Klebkraft des Leimes ohne besondere Vorarbeiten oder Vorbereitungen der zu klebenden Arbeitsstücke nicht auszukommen ist. Zum Kleben auf geschlossenen Arbeitsstücken, also solchen von großer Glätte, wo andere Klebstoffe nicht halten, ist Fischleim immer mit bestem Erfolg zu verwenden.

Zeigt sich der Fischleim zu dick, so verdünnt man ihn mit Essigwasser, ist er zu dünn, so bietet ein geringer Zusatz von in der Weise wie Kleister gekochte Stärke Abhilfe. Glyzerin in geringer Menge dem Fischleim zugesetzt, verhindert das unschöne Rissigwerden nach dem Trocknen. Leider hat er die Eigenschaft, daß er sehr rasch verdirbt, wenn der Behälter nicht luftdicht verschlossen und dieser kühl und dunkel aufbewahrt wird.

Als eines der besten Konservierungsmittel gilt reine Karbolsäure, etwa 3 g auf einen Liter, diese vorher mit 30—40 g destilliertem Wasser verdünnt. Nach dem Vermischen mit dem Klebstoff werden noch 2—3 g Thymol hinzugefügt und das Ganze gut gemischt. Wenn der Behälter gut verkorkt gehalten wird, ist Schimmelbildung und Verderben ausgeschlossen. Weitere Verwendung des Fischleims in der Papier- und Pappenverarbeitung finden Interessenten in dem Buche „Die Klebstoffe“.

Ueber das Kasein als Klebemittel, das noch verhältnismäßig wenig bekannt ist, sei gesagt, daß es ein aus Magermilch mittels Zentrifugalapparaten hergestellter Leim ist, welcher in grießähnlicher Form in zwei Sorten in den Handel gebracht wird, das eine Mal als wasserunlöslich, das andere Mal als wasserlöslich. Der Unterschied zwischen beiden Arten besteht darin, daß das wasserunlösliche Kasein reiner, aus der Milch ohne Zusatz gewonnener Stoff von hellgelber Farbe ist, während das wasserlösliche Kasein bereits mit Alkalien (Borax) versetzt ist und daher auch eine mehr weißliche Färbung zeigt. Daß das Kasein bisher in der Kartonnagenindustrie wenig verwendet wurde, hat seinen Grund darin, daß meist beim Lösen desselben nicht richtig verfahren wird. Um Kasein zu voller Lösung zu bringen, kaufe man nur wasserunlösliches und verfahre wie folgt: 5 kg Kasein werden in eine Bütte geschüttet von 50 bis 60 Liter Inhalt. In diesem Gefäß wird es zunächst zweimal mit reinem Wasser ausgewaschen, um die darin enthaltene Säure zu entfernen. Dazu wird die Bütte, in welcher das Kasein ist, voll Wasser gefüllt und mit einem Holzstabe gut umgerührt. Nachdem sich das Kasein in sechs- bis zwölfstündiger Ruhe zu Boden gesetzt hat, wird das Wasser sorgfältig abgezogen mittels Gummischlauch, ohne daß der Inhalt erschüttert und vermischt wird. Die noch in dem Kasein befindliche Säure wird mit dem Wasser abgeführt. Je öfter auf diese Weise verfahren wird, desto reiner wird das Kasein sein. Dem dicken Brei werden nun 15 Liter warmes Wasser zugesetzt und gut verrührt. Hierauf werden 600 g Borax in 2 Liter heißem Wasser gelöst und unter beständigem Rühren zugesetzt. Das Kasein wird währenddessen dick und die sich bildenden Knoten lassen sich schwer zerteilen. Dies ist jedoch für die innige Vermischung günstig. Das Kneten und Rühren wird solange fortgesetzt, bis kein ungelöstes Kasein in Form von Grieß oder Klümpchen mehr vorhanden ist. Die Masse muß dickes, sämiges Aussehen haben. Das Gemisch läßt man wieder ein bis zwei Stunden stehen und verdünnt dann mit warmem Wasser soweit, als der Verwendungszweck erfordert.

„Kasein*) ist ein hervorragendes Klebemittel und wird schon seit langem aus geronnener Milch oder Quark hergestellt. Die fabrikmäßige Erzeugung ist etwa 20 bis 30 Jahre alt; sie wird als Geheimnis betrachtet. Man kann aber auch annehmen, daß die Buttermilch, die bei der Butterbereitung ausgeschieden wird, bei Zusatz von Essigsäure den Kaseinstoff bildet, also eine quarkähnliche Masse. Man wird das bestätigt finden, wenn man das im Handel befindliche mehlige oder feinkörnige Kasein bei 60 bis 70° C. in Wasser löst, wobei eine geronnene, also quarkartige Masse entsteht, die sich sehr schwer zum Auflösen bringen läßt, also in diesem Zustande als Klebstoff nicht verwendbar ist. Man erhält also bei der fabrikmäßigen Herstellung von Kasein diese quarkartige Masse, die getrocknet und dann gemahlen wird, um sie dann wieder in warmem Wasser zur Lösung zu bringen, damit sie Verwendung finden kann.

Die in dieser quarkartigen Masse enthaltenen Bestandteile setzen sich zusammen aus Milchzucker, Milchsäure, Essigsäure,

---

*) Diese interessante Abhandlung über Kasein entnehme ich dem Fragekasten der „Kartonnagen-Zeitung“ Nr. 49 vom Jahre 1923.

Milchsalzen und Wasser. Wenn dieser erwärmten Masse alkalische Lösungen aus Natron, Borax als geeignetsten zur Erzeugung einer auflösenden Eigenschaft nach bestimmten Prozentsätzen zugefügt werden, um diese Säuren zu neutralisieren, so erhält man bei kräftigem Umrühren eine milchige, schleimige, blaßgelbe Emulsion, die dann den Klebstoff darstellt. Eine intensiver wirkende, raschere Auflösung erhält man durch Zugabe einer kleinen Menge Ammoniaksalz, auch eine Beimengung von Kochsalz soll gute Wirkung haben, um besonders das Zusammenrollen des Papiers beim Kleben zu verhindern.

Für bessere Papiere ist Kasein der richtige Klebstoff zum Kaschieren, da es klar und transparent ist, während für Chromo- und Glanzpapiere und -kartons Kasein ebenfalls sehr wertvolle Eigenschaften besitzt, teils schon wegen des natürlichen Glanzes, teils wegen der geschmeidigen, nicht spröden Masse. Auch für Buntpapiere rühmt man dem Kasein die intensive Mischung mit den Farben nach.

Kasein läßt sich in Spiritus gut auflösen und eignet sich daher auch für Lackfarben.

Die Klagen über den Geruch länger stehender, aufgelöster Masse lassen sich verhindern durch Auflösen weniger großer Mengen und alsbaldiger Verarbeitung, aber auch durch Beimischung von etwas Salizyl dürfte diesem Uebelstande abgeholfen werden können. Die Auflösung von Kasein in gewöhnlichem Spiritus konserviert den Stoff auf lange Zeit hinaus und gibt auch einen noch besseren Klebstoff. Man kann die Lösung dann vor dem Gebrauch ruhig mit Wasser verdünnen, welches warm zugeteilt wird.

Für Papierzwecke verwendet man das beste Kasein, das gut gewaschen und frei von chemischen Beimischungen ist. Wasserlösliches Kasein besitzt entweder Zusätze von Natron oder Borax, also denjenigen Chemikalien, welche bei der Aufbereitung des alkalienlöslichen Kaseins zur Neutralisierung der Essigsäure, die sich ja schon im Grundstoffe befindet, verwendet werden müssen, um die Emulsion als Klebstoff zu erhalten."

Das Gummiarabicum, der getrocknete Ausfluß aus der Rinde gewisser afrikanischer Akaziensorten, die in Nord- und Nordostafrika gedeihen, wird je nach seiner Herkunft oder den Hauptstapelplätzen als „Kardofan", „Semar", „Suakin", „Geddar", „Niogogar" usw. bezeichnet. Es ist mehr oder weniger rein und ausgiebig und zuweilen durch Pflaumenbaum- oder Kirschbaum-Gummi oder andere minderwertige Pflanzenschleime verfälscht.

Echter arabischer Gummi sollte nur mit kaltem, weichem Wasser (Fluß- oder Regenwasser) angerührt werden. Die Lösung geht ziemlich langsam vor sich. Warmes Wasser oder Erwärmung im Wasserbade ist zu vermeiden, weil hierdurch das Sauerwerden der Lösung begünstigt wird. Diese ist kühl und dunkel aufzubewahren, wobei sie sich ziemlich lange Zeit hält ohne besondere Zusätze. Völlig reine, mit frischem Wasser ausgebrühte Geschirre sind zum Ansetzen und Verwahren der Lösungen allein tauglich, denn alte Rückstände verunreinigen die Lösung oder bringen sie wieder zum raschen Säuern.

Säuerliche Lösungen bewirken bei goldbronzierten Abdrücken rasches Oxydieren der Bronzen, bei Glacépapieren das Matt- und Stumpfwerden des Glanzes; bei matten, dünnen Streichpapieren den Verlust der schönen, reinen Weiß- oder Buntfärbung sowie der Glätte, und fast jedes Papier leidet an seinem äußeren Ansehen.

Einen brauchbaren Gummi erhält man auf einfache Weise dadurch, daß man einen Teil billigen Gummi in einen Topf schüttet und mit dem doppelten Betrag der Masse an Wasser übergießt. Wenn man dem Gummi Zeit läßt, sich vollständig aufzulösen, so erhält man eine Klebemasse, die weder sauer noch brandig wird und höchstens etwas verdünnt werden muß, indem man Wasser zugießt und die Masse dann umrührt.

Im allgemeinen ist die Verwendung von Gummiarabicum zu Klebezwecken des teueren Rohstoffes wegen selten, zumal es, wie wir in Vorstehendem schon gesehen haben, vollwertigen Ersatz dafür gibt, soweit das Kleben in Betracht kommt.

Die Anwendung der Klebstoffe in ihrer unterschiedlichen Beschaffenheit und solche für Sonderzwecke hergestellt beim Kleben der verschiedenen Papier-, Karton- und Pappensorten, lose und fester, weicher und harter, fettiger, glänzender, glatter, geprägter und sonstiger Papiere, kann im Rahmen dieser Abhandlung nicht geschildert werden. Es kommt für die Verarbeitung beim Kleben auch noch u. a. in Betracht: Stanniol, Leinwand, Zwirnstoff, Seide, Wachstuch, Leder, Zelluloid, Gelatine, Blech, Metall, Glas usw., und es gehört vielseitige Erfahrung dazu, um im Drange der Geschäftstätigkeit stets neben geeigneter Arbeitsweise den richtigen Klebstoff ausfindig zu machen, womit voller Erfolg herbeigeführt werden kann. Eine bisher unerreichte Beantwortung in allen nur denkbaren Klebefragen gibt das schon erwähnte Werk „Die Klebstoffe“, auf welches wir an dieser Stelle nochmals besonders verweisen.

Der Vollständigkeit wegen soll auch auf das Verarbeiten von Klebstoffen mit Maschinen eingegangen sein, die vor dem Abziehen oder Pinselstrich große Vorteile haben, da eine geübte Person mit ihnen das Mehrfache an Arbeit leisten kann, als dies mit der Hand möglich ist und der Klebstoffauftrag gleichmäßiger und sparsamer ist.

Zweckmäßig ist es, wenn größere Maschinen für die Verarbeitung kalter und warmer Klebstoffe eingerichtet sind. In- und Außerbetriebsetzung, sowie Regelung des Klebstoffauftrags soll in kürzester Frist möglich sein.

Bei Bogenkaschiermaschinen, welche besonders zur Verarbeitung von Kaltleimen geeignet sind, wird der zu beleimende Papierbogen an der Vorderseite der Maschine eingeführt und von den Zuführwalzen über die Auftragswalze geleitet, wo er mit dem nötigen Klebstoff versehen wird. Sobald der Bogen den Scheitel der Auftragswalze erreicht hat, wird er von den rückwärts angebrachten Abhebern automatisch gewendet. Zu gleicher Zeit wird von der Rückseite der Maschine die Pappe eingeführt, so daß Papier und Pappe gemeinsam durch die beiden über der Auftragwalze liegenden Abdruckwalzen laufen, welche sie faltenfrei kaschiert verlassen. Der Klebstoffverbrauch kann so sparsam eingestellt werden, daß sich die Pappen nicht werfen und deren Aufhängen zum Trocknen erübrigt.

Je nach Qualität der zu kaschierenden Papiere verwendet man Stärkekleister, Kaltleime oder auch Heißleime, letztere jedoch nur in besonders eiligen Fällen, wenn wenig Zeit zum Trocknen bleibt.

Je stärker und widerstandsfähiger das zu beleimende Papier, um so stärker bindenden Klebstoff muß man anwenden. Ganz dünne Papiere, Naturpapiere, Walzendruckpapiere usw., wird ein ganz dünnflüssiger Klebstoff tadellos binden, wenn man dem Klebgut die erforderliche Zeit läßt „anzuziehen“. Stärkere, bessere Bunt-, Kalbleder-, Cambric-, gelatinierte Luxuspapiere wird man mit gutem schnellbindenden Klebstoff beleimen müssen. Starke Umschlagpapiere, dünne Kartone, Kalikos und Kunstleinen werden in vielen Fällen vielleicht sogar Heißleim bester Sorte verlangen.

An den Pappenkaschiermaschinen verwendet man am besten Weizenstärkekleister, bei dessen Zusammensetzung darauf zu achten ist, daß der Kleister gut durchgekocht und in schmalzartiger Konsistenz zur Verarbeitung gelangt. Der Klebstoffkessel der Maschine ist mit Wasserbad versehen, so daß man den Kleister warm verarbeiten kann, wodurch die Klebekraft des Kleisters erhöht und der Prozeß des Trocknens beschleunigt wird. Meist wird es zweckmäßig sein, fabrikmäßig hergestellten Pflanzenleim zu verwenden, der in vollkommenerer Gleichmäßigkeit nicht klumpt und nicht verdirbt. Man muß aber bei diesen Pflanzenleimen sich sehr nach der Art des Papieres richten. Bei Papieren, bei denen eine Entfärbung nicht zu befürchten ist, wie z. B. gewöhnlichen stark holzhaltigen Papieren, Natronzellstoffpapieren, Bastpapieren usw., verwendet man alkalischen Leim, der sehr fest bindet; bei besseren Papieren aus Zellstoff empfiehlt sich halbalkalischer Leim, und bei solchen, bei denen eine Verfärbung zu befürchten ist, neutraler Pflanzenleim. Die Pflanzenleime haben den Vorteil, daß man sie sich nach Bedarf und Erfordernis verdünnen kann. Gleich gute Dienste leisten gute trockene Pflanzenleime, die mit kaltem Wasser in jedem Verhältnis gelöst werden können.

Für die Schachtel-Ansetzmaschinen verwendet man gewöhnlichen Weizenstärkekleister, der ganz dünnflüssig verarbeitet werden kann und setzt dem Kleister etwas Alaun zu, damit er einige Tage hält.

Sauberkeit ist Bedingung zur Erhaltung der guten Arbeitsweise für Anleimmaschinen, mag es sich nun um Rändel-, Ueberzieh-, Eckenschließ- oder Bogen- und Stück-Anleimmaschinen handeln. Der Leim darf nicht in die Lager der Maschine hineintreten, und es muß durch Oelen für leichten Gang aller Spindeln und Walzen gesorgt werden.

Die Messingwalzen und -zylinder der Anleimmaschinen sind möglichst in der Maschine zu belassen und darin erforderlichenfalls abzuwischen. Macht sich Herausnahme durchaus nötig, so muß es mit Vorsicht geschehen, damit die Zapfen der Walzen nicht verbogen werden, denn schon geringes Verbiegen der Zapfen wirkt nachteilig auf den Leimauftrag. Krumme Walzen und Spindelzapfen müssen wieder ausgerichtet werden.

Bei Eckenverbindungsmaschinen ist regelmäßige Säuberung der Führungskanäle Hauptbedingung. Der Leim darf nicht zu dick aufgetragen werden, da bei zu dicker Verarbeitung der Heftstreifen leicht staucht. Die Einfaßmaschine erfordert sorgfältiges Reinhalten der Falzapparate. Es ist gut, wenn während der Arbeit die Falzer etwas mit Speckstein eingepudert werden, damit der mit Leim versehene Streifen sich leicht durchziehen läßt.

Bei Maschinen zum Berändeln von Plakaten ist darauf zu achten, daß der Vorziehapparat den Streifen in entsprechender Länge lockert, damit beim Wenden des Plakats die Ecken nicht einreißen. Der Klebstoff-Auftrag-Apparat der Maschine muß sehr sauber anleimen, auch ist die Verreibevorrichtung der Maschine sauber zu halten, damit die Streifen nicht zu fett angeleimt und dadurch die Falzer verschmiert werden.

Die Kniffecken-Anmachmaschine erfordert Vorsicht in der Behandlung des Leims, welcher von zusagender Konsistenz sein muß und nicht zu warm, aber auch nicht zu abgekühlt zu verarbeiten ist.

Besonders oft kommt das Kleben von Faltschachteln vor, wozu sich mehr und mehr Faltschachtelklebemaschinen einführen, die diese Arbeit mit großer Schnelligkeit ausführen, so daß Handarbeit hier eigentlich vollständig ausscheiden muß, wenn Vorteile bei Erledigung dieser Aufträge sich ergeben sollen. Bei der großen Verschiedenartigkeit des Materials, welches hier zum raschen und guten Kleben vorkommt, ist es notwendig, sich zum Schluß dieser Abhandlung mit dem Kleben von Faltschachteln noch etwas eingehender zu beschäftigen.

Lackierte Faltschachteln erfordern einen Klebstoff, der nach dem Lösungsmittel des Lackes gewählt werden muß. Dann verschwinden auch sofort alle Schwierigkeiten, die sich bei der Verarbeitung derartigen Materials meistens einstellen.

Ist z. B. der Karton mit Spirituslack bestrichen, so muß der Klebstoff mit 90- bis 95 prozentigem Alkohol versetzt werden. Dieser hochprozentige Alkohol wirkt lösend auf die Lackschicht, was gewöhnlicher Spiritus nicht vermag. Zum Kleben ist dickflüssiger, tierischer Leim, frisch zubereitet, zu verwenden. Der Alkohol wird dem Leim unter ständigem Umrühren hinzugefügt. Auf einen halben Liter Leimlösung werden etwa 40 bis 50 ccm Alkohol gerechnet, doch wird ein Versuch zeigen, welches Quantum nötig ist, da die Dicke des Leimauftrages beim Kleben von Wichtigkeit ist.

Ein weiteres Klebemittel für mit Spiritus schwach lackierte

Erzeugnisse ist folgendes: 50 Teile bester Kölner Leim werden in etwa 120 Teilen weichen Wassers 24 Stunden aufgeweicht und in diesem Wasser geschmolzen. Ferner sind 20 Teile besten Dextrins in etwa 10 Teilen Wasser gründlich einzurühren und aufzulösen, was ebenfalls im Wasserbade geschieht, und die Auflösung, sowie etwa 30 Teile 90- bis 95 prozentiger Alkohol, sowie etwas Zucker werden der Leimlösung unter stetem Umrühren beigegeben. Auch dieser Klebstoff ist warm zu verarbeiten.

Nach dem Bestreichen der lackierten Flächen mit dem Klebstoff muß man einige Minuten vergehen lassen, bevor das Aufkleben geschieht, damit der Alkohol den Spirituslack zu lösen vermag. Das vorzeitige Erstarren des Leimes verhindert man durch Beimischen von etwa 5 bis 10 Tropfen reinen Glyzerins, das der Leimung dauernde Elastizität verleiht. Kann man das Zusammentrocknen unter Druck bewirken, was bei Faltschachtelklebmaschinen wohl ohne weiteres der Fall ist, so ist dies für die durchweg gleichmäßige Verbindung vorteilhaft.

Wenn es sich um mit Oel- oder Terpentinlack überstrichene Flächen handelt, die beklebt werden sollen, so ist die Zusammensetzung des Leimes eine andere. Bester Kölner Leim muß nach der üblichen Zubereitung mit etwas reinem venezianischen Terpentin und reinem, schwachem, schnelltrocknendem Leinölfirnis in der Weise vermischt werden, daß 100 Teile bester Kölner Leim in Stücke zu schlagen sind, die 24 Stunden in weichem Wasser aufquellen müssen. Die gallertartig gequollenen Stücke werden im Wasserbade geschmolzen. Ist der Leim völlig flüssig, so werden ihm unter ständigem Umrühren 15 Teile venezianisches Terpentin und Leinölfirnis zugefügt. Diese Lösung ist möglichst warm zu verarbeiten. Der firnishaltige Leim bzw. die Klebungen trocknen schwerer, weil die Luft nicht so günstig einzuwirken vermag als bei anderen Klebstoffen.

Kleinere Mengen lackierter Erzeugnisse kann man an den Klebestellen auch dadurch sofort haltend machen, daß man diese Stellen mit Leim bestreicht und trocken werden läßt. Hierauf wird der aufzulegende Teil mit Leim bestrichen und man drückt ihn auf die mit trockenem Leim überzogene Klebestelle fest. Die Verbindung wird festen Halt zeigen.

Das Kleben lackierter Faltschachteln läßt sich am besten so bewerkstelligen, wenn die ca. 1 cm breite Klebekante der Faltschachtel erst mit Spiritus abgerieben wird. Der Spiritus entfernt die auf der Farbe sitzende Lackschicht, so daß der Leim nachher sehr gut haftet. Zu dem Zwecke werden die Faltschachteln an der Klebekante in den Abständen von ca. 1 cm aufgelegt, so daß man immer 15 bis 20 Stück zusammen mittels des Schwammes abwaschen kann. Sobald sie dann trocken sind, werden sie mit Leim bestrichen und geklebt, wobei darauf zu achten ist, daß der Leim nicht zu dick verarbeitet wird. Sehr gut eignet sich auch eine Mischung von Leim und Kleister zum Kleben.

Zum Schluß sei noch etwas über den Klebstoff zum Ziehen der Hülsen gesagt, was für Fachinteressenten immerhin von einiger Bedeutung sein dürfte.

Zum Ziehen von Hülsen und Rohren aus Pappe auf heißem Wege kann Kaltleim (Pflanzenleim) Verwendung finden. Der Pappenzuschnitt wird an den Seiten, die später durch Ueberlappung an dem fertigen Rohr die Klebnaht bilden, am besten auf einer Pappenfräsmaschine abgeschärft. Der Leim wird mit dem Pinsel oder mit einem geeigneten Apparat auf die abgeschärften Ränder aufgetragen und muß dort trocknen, bevor das Rohr gezogen wird. In der erwärmten Ziehform wird er wieder flüssig, bindet aber unter dem Einfluß der Wärme an den Klebestellen gut und fest. Vor dem Bestreichen mit Leim ist der Zuschnitt auf einem geeigneten, ebenfalls erwärmten Zargenbiege- oder Rundeapparat vorzurunden.

In letzter Zeit verwendet man als Klebstoff Kasein. Dieser Klebstoff besitzt große Bindekraft und quillt nicht aus der Bindestelle heraus, so daß die Ziehform stets sauber bleibt. Bei Verarbeitung dieses Klebstoffes an der Bindestelle der Rohre wird die Stelle mit einem Schwämmchen ganz schwach bestrichen, so daß die Stellen mäßige Feuchtigkeit zeigen. Man lasse das Arbeitsstück wenige Minuten liegen und verarbeite die Zuschnitte in bekannter Weise. Die Naht klebt vorzüglich und ist feuchtigkeitsbeständig.

Sollen die gezogenen Rohre Glanz zeigen, so werden die Zuschnitte vorher mit einer stark verdünnten Kaseinlösung (etwa 4 Liter Wasser auf 1 Liter normaler Lösung) bestrichen und trocknen gelassen. Die Arbeitsstücke gleiten sehr gut in der Form und die Materialfläche wird völlig und mit guter Glanzbildung gebunden.

*

KLEBSTOFFE UND IHRE VERARBEITUNG AUF DER MASCHINE

Größte Sparsamkeit bei der Verarbeitung und dem Verbrauch von Klebstoffen und anderen Rohmaterialien ist bei den heutigen hohen Preisen für Rohstoffe aller Art geradezu Vorbedingung für rationelles Arbeiten. Leider wird jedoch auch in dieser Hinsicht heute noch viel zu viel gesündigt, weshalb wir erneut auf die Bedeutung und den heutigen Wert unserer Rohmaterialien hinweisen wollen. Beschäftigen wir uns zunächst einmal mit den Klebstoffen. Es ist nicht zu verkennen, daß sich in der Bewertung derselben in der letzten Zeit manche Wendung zum Besseren bemerkbar machte. Aber von normalen Verhältnissen sind wir noch weit entfernt, was auch bei der Beurteilung unserer Lieferungsmöglichkeiten mit in Betracht gezogen werden muß. Aus dem Grunde muß man auch dem Verbrauch von Klebstoffen die Bedeutung beimessen, die ihm heute in Wirklichkeit zukommt. In erster Linie ist es daher notwendig, den Verbrauch auf das genaueste zu kontrollieren und darauf zu achten, daß derselbe bei der Kalkulation keinesfalls zu niedrig eingesetzt wird. Um dieses zu erreichen gibt es ein sehr einfaches Mittel, welches darin besteht, daß man bei der Herstellung eines beliebigen Quantums von Kartonnagen den zur Verwendung gelangenden Klebstoff vorher genau abwiegt. Nach Fertigstellung der Schachteln geht man dazu über, den verbrauchten Papierzuschnitt in qcm und qm umzurechnen und ist dann sofort in der Lage, festzustellen, wieviel Gramm Klebstoff auf den einzelnen qm gerechnet werden muß. Dieses Exempel gilt für alle später anzufertigenden Sorten und Größen, sofern natürlich gleichartige Papiere und Klebstoffe in Frage kommen. Die einzige Arbeit besteht jeweils darin, den zu einer bestimmten Sorte verbrauchten Papierzuschnitt in qm umzurechnen. Auf diese Weise ist es möglich, den jeweiligen Leimverbrauch auf das genaueste zu ermitteln. Wechselt man jedoch den Klebstoff oder verarbeitet man stärkere und widerspenstige Papiere, bei denen ein Verdünnen des Klebstoffes in der sonst üblichen Art und Weise nicht angängig ist, so empfiehlt es sich, den Klebstoff-Verbrauch erneut festzustellen. Derselbe spielt heute bei der Kalkulation eine so große Rolle, daß es sich empfiehlt, nicht so ohne weiteres darüber hinwegzugehen, wenn man sich vor Schaden bewahren will. Ferner richte man sein Augenmerk auch darauf, daß bei der Verarbeitung von Klebstoffen sachgemäß verfahren wird. Wir denken hierbei in erster Linie an die Verwendung von Kalt- und Pflanzenleimen, die in den letzten Jahren immer umfangreicher geworden ist und sich besonders dort eingebürgert hat, wo die für solche Zwecke besonders geeigneten einschlägigen Ueberzieh- und Anleim-Maschinen vorhanden sind. Jeder Fachmann weiß, wie ungemein lästig und zeitraubend es ist, wenn eine bereits im Gange befindliche derartige Maschine, an welcher vielleicht wie bei der großen Anleim-Maschine oft sechs und mehr Personen gleichzeitig beschäftigt werden, während der Arbeit plötzlich aus irgendeinem Grunde abgestellt werden muß. Sobald sich die Unterbrechung nur ein wenig in die Länge zieht, ist man des öfteren gezwungen, die Auftragwalzen aus dem Klebstoffbehälter zu nehmen, Walzen und Greifer und sehr oft auch Zuführschienen usw. zu reinigen. Es dauert dann mitunter noch geraume Zeit, bis die Maschine wieder soweit im Gange ist, daß alle daran tätigen Personen wieder voll beschäftigt sind. Derartige Vorkommnisse, welche die Leistungsfähigkeit von Personal und Maschine sehr ungünstig beeinflussen, sollten daher nach Möglichkeit vermieden werden. Sehr oft werden nämlich derartige Unterbrechungen dadurch hervorgerufen, weil vor Beginn der Arbeit der hierzu notwendige Klebstoff nicht in genügender Menge vorbereitet wurde. Derartige Vorkommnisse sollten jedoch auf alle Fälle vermieden werden. Der Klebstoff muß schon vor Beginn der Arbeit in einem eigens zu dem Zwecke bereitgestellten Gefäß abgefüllt und soweit notwendig, verdünnt und verrührt werden, so daß er später nur von Zeit zu Zeit nachgefüllt wird, wobei jedoch die Arbeit an der Maschine keinerlei Unterbrechung erleiden darf. Desgleichen achte man darauf, daß alle zur Reinigung und Instandhaltung der Maschine nötigen Utensilien wie Wasser, Lappen, Handtücher usw. stets bei der Hand sind. Ferner ist zu empfehlen, den zu verarbeitenden Klebstoff in den zu seiner Aufbewahrung bestimmten Behältern, Gebinden oder Fässern stets ein wenig unter Wasser zu setzen. Dadurch wird die Krusten- oder Hautbildung verhindert, wodurch wiederum mancher Abfall und manche zeitraubende Arbeit beim Umfüllen in Wegfall kommt. Wo Heißleim verarbeitet wird, müssen die aufgeweichten Tafeln vor dem Verarbeiten in der Maschine auf alle Fälle vorher am Feuer aufgelöst werden. Dabei ist jedoch das Kochen oder gar Anbrennen des Leimes unbedingt zu vermeiden. Es genügt vollkommen, wenn der Leim nur solange über dem Feuer gehalten und gerührt wird, bis er vollständig aufgelöst ist. Scharf gekochter oder gar angebrannter Leim verliert ungemein viel von seiner früheren Klebkraft. Dagegen ist gut vorbereiteter Leim weit ausgiebiger und verarbeitet sich auch bedeutend leichter. Sind im Lauf der Zeit Fremdkörper, z. B. Sandkörnchen, Papier oder Holzteilchen zwischen den Klebstoff geraten, so empfiehlt es sich, denselben von Zeit zu Zeit durch ein Tuch zu gießen. Man sollte sich diese Arbeit keineswegs verdrießen lassen, weil man dadurch unter Umständen mancherlei Unannehmlichkeiten aus dem Wege geht. Denn speziell die kleinen und leichten Teile an Anleim-, Etikettier- und Ueberziehmaschinen wie Greifer, Abheber usw. sind sehr empfindlich und können oft im Handumdrehen beschädigt werden, was dann in den meisten Fällen eine kürzere oder längere Unterbrechung der Arbeit nach sich zieht.

Neben der guten Vorbereitung der einzelnen Klebstoffe muß man bei Arbeiten an den vorgenannten Maschinen sehr oft auch der Qualität der zu verarbeitenden Papiere Rechnung tragen. Wo es sich vorwiegend um die Verarbeitung von Ueberzieh- und Rändelpapieren handelt, welche fast durchweg von der endlosen Rolle verarbeitet werden, dürften in der Regel keinerlei Schwierigkeiten entstehen. Sofern hierbei nur die einzelnen Auftrag- und Zuführwalzen richtig eingestellt sind, der Klebstoff gut vorbereitet ist, geht die Arbeit in den weitaus meisten Fällen auch ohne jede Unterbrechung glatt von statten. Verwickelter wird die Arbeit jedoch meist dann, wenn es sich um das Verarbeiten von ganzen, halben oder Viertelbogen handelt oder von Papier, welches eigens zu dem Zwecke vorher zugeschnitten wurde und neben verschiedenen Größen auch noch in der Qualität verschieden und unter Umständen mit Buchdruck, Lithographie oder Prägung versehen ist. Wir denken hier z. B. in erster Linie an das Beleimen von Ueber zugpapieren vermittels der Anleim-Maschine mit automatisch arbeitenden Zuführ-Apparaten und Transportband, wo bekanntlich oft Papiere in verschiedener Größe und Qualität ununterbrochen hintereinander durch die Maschine gehen und beleimt werden. Je nach der Art und der Beschaffenheit der zu verarbeitenden Papiere müssen hierbei z. B. des öfteren die Zuführwalzen oder Zuführschienen der Maschine entweder gelockert oder nachgezogen, d. h. enger gestellt werden. Dünne und recht glatte Papiere neigen z. B. sehr leicht dazu, sich zu rollen und um die Zuführwalzen zu wickeln. Besonders wenn die Walzen infolge Temperaturwechsels leicht beschlagen oder ein wenig feucht sind, muß man sich speziell beim Beginn der Arbeit immer auf etwas derartiges gefaßt machen. Es empfiehlt sich daher, nach kürzeren oder längeren Zwischenpausen gelegentlich einmal einen Streifen stärkeres Papier (Abfall) durch die Maschine laufen zu lassen. Durch dieses Hilfsmittel werden in der Regel solche kleine Hindernisse, wie feuchte Stellen, Wassertropfen und ähnliches, ohne weiteres beseitigt, ohne daß die Maschine dabei abgestellt werden muß. Ist jedoch von den zu beleimenden zugeschnittenen Papierstücken wirklich einmal ein Stück feucht geworden oder durch irgendein Versehen mit Klebstoff in Berührung gekommen und hat sich nun beim Durchlassen durch die Maschine festgeklemmt oder um die Walze gewickelt, dann heißt es flink sein, wenn der Gang der Maschine keine längere Unterbrechung erleiden soll. In diesem Falle stellt man zunächst die Leimzufuhr ab, rückt die Maschine aus, löst die Zuführschiene oder Zuführwalze, und beseitigt das Hindernis. Jetzt wird die gereinigte Zuführwalze wieder eingesetzt und die unterbrochene Arbeit fortgesetzt. Bei einigermaßen Uebung läßt sich dieses wohl hintereinander bewerkstelligen. Wenn es allerdings einmal nicht gelingt, dann muß man wohl oder übel eine kleine Arbeitsunterbrechung mit in den Kauf nehmen, was besonders bei der Verarbeitung von Heißleim mitunter nicht zu vermeiden ist. In diesem Falle müssen eben die Walzen herausgenommen und schnell mit bereitstehendem heißen Wasser gereinigt werden. Dann reibt man sie vollständig trocken und setzt sie wieder ein. Durchaus empfehlenswert ist es auch, beim Beleimen zugeschnittener Papiere immer diejenige Papierseite in die Maschine einzuführen, welche die glatteste Schnittkante aufweist. Im Gegensatze dazu eignen sich z. B. abgestoßene Ecken und Kanten, die nicht geradlinig verlaufen, weniger gut hierfür und verursachen infolgedessen auch öfter Störungen beim Arbeiten. Je kleiner natürlich die zu beleimenden Papierstücke sind, desto enger müssen die Abheber oder Greifer der Maschine zusammengestellt werden, weil sonst die zu beleimenden Stücke dazwischen durchlaufen und nicht abgehoben werden.

Neben der sachgemäßen Vorbereitung von Klebstoffen und Papieren ist noch ein anderer Faktor ausschlaggebend für rationelles und erfolgreiches Arbeiten an den hier erwähnten Maschinen, und zwar ist dies die gute Instandhaltung und Beschaffenheit der einzelnen Maschinen selbst.

Anleim-, Etikettier- und Ueberziehmaschinen sind im allgemeinen ihrer Verwendung gemäß, leicht und gefällig gebaut. Aber sie müssen gut in Stand gehalten und vor allen Dingen peinlich sauber behandelt werden, wenn sie ihren Zweck voll erfüllen sollen. Lager, Zuführwalzen sowie alle rollenden Teile müssen stets sauber gereinigt und täglich gut geölt werden. Die Greifer oder Abheber müssen in erster Linie gut ausgefeilt sein und dürfen keinerlei Grat oder Scharten aufweisen, da sonst die zu verarbeitenden Papiere stets der Gefahr des Zerreißens ausgesetzt sind. Wo dieses nicht genügend beachtet wird, muß in der Regel mit einem großen Prozentsatz von Papierverlust gerechnet werden. Weiter müssen Auftragwalzen und Greifer nach beendeter Arbeit stets sorgfältig von Klebstoff gereinigt und nur mit warmem oder heißem Wasser abgewaschen werden; jedes Abkratzen mit dem Messer oder sonstigen scharfen Gegenständen muß stets vermieden werden. Durch die Bearbeitung mit dem Messer oder ähnlicher Hilfsmittel werden nämlich Abheber sowohl als Auftragwalzen am ehesten beschädigt. Transportband, Heizvorrichtung und Einlegetisch müssen gleichfalls mit aller Sorgfalt behandelt und stets sauber gehalten werden. Ueberall dort, wo Material und Maschinen nach den hier empfohlenen Grundsätzen behandelt und gepflegt werden, wird sich neben gesteigerter Leistungsfähigkeit auch Lust und Freude an der Arbeit selbst einstellen.

*

DAS KASCHIEREN ODER BEKLEBEN DER PAPPEN

Das Kaschieren oder Bekleben der Pappen ist ein Geschäftszweig, der heute eine weitausgedehnte Anwendung findet. Man veredelt auf diese Weise billigere Kartons oder Pappen und versieht sie mit Ueberzügen aus besseren Papieren, Buntpapieren usw. In der Maschine kann man das nur bei gewissen Ueberzügen oder Decken machen, wie z. B. bei weißen oder einfach farbigen, indem man diese besseren und farbigen Bahnen mit den billigeren Einlagen zusammengautscht, also sogenannte Duplex- und Triplexkartons und -pappen herstellt. Bei gemusterten oder anderswie verzierten Ueberzugspapieren kann man das natürlich nicht machen, hier muß das Bekleben in einem besonderen Arbeitsgang erfolgen, mitunter von Hand, meistens aber auf Maschinen. Das Beklebepapier wird dabei in Rollen oder in Bogen zur Anwendung gebracht, je nach dessen Herstellungsweise.

Zu diesen Arbeiten gehört ja auch das Bekleben der Bucheinbände, das man aber durchaus nicht in allen Fällen auf Maschinen vornimmt. Das sei nur nebenbei bemerkt.

Um diese Arbeit des Kaschierens und Beklebens nun anstandslos vornehmen zu können, muß sowohl die Pappe wie auch das verwendete Ueberzugspapier entsprechende Eigenschaften aufweisen, denn durchaus nicht alle Pappen und Papiere besitzen eine gute Klebefähigkeit, die ein sauberes und störungsfreies Arbeiten in der Maschine ermöglicht, denn bei der Maschinenarbeit ist die gute Beklebefähigkeit von viel größerer Bedeutung als bei der Handarbeit, bei der man viel eher in der Lage ist, sich den Eigenschaften der Rohstoffe anzupassen.

Haben weder Papier noch Pappe eine genügende Klebefähigkeit, dann ist es fast als ausgeschlossen zu betrachten, daß man eine dauernde Verbindung beider miteinander erzielen kann.

Welche Eigenschaften machen nun in der Hauptsache die gute Beklebefähigkeit einer Pappe aus? Eine zum Kaschieren geeignete Pappe darf weder zu saugfähig noch zu glatt sein, denn bei großer Saugfähigkeit, wie es besonders bei der Holzpappe und der Lederpappe, aber auch bei der Strohpappe der Fall ist, läßt die Feuchtigkeit des Klebstoffes diesen zu schnell in die Poren eindringen, so daß der Klebstoff dann nicht zur Wirkung kommen kann. Bei harter und dicht geschlossener Pappe kann aber der Klebstoff ebenfalls nicht wirken, weil er wieder gar nicht in die Poren einzudringen vermag.

Der Klebstoff bildet dann auf der Oberfläche der Pappe eine dünne Haut, die mit dem Körper der Pappe keinerlei Zusammenhang hat, so daß man sie ganz mühelos wieder ablösen kann. Werden solche kaschierte Pappen dann gebogen, so platzt die Deckschicht einfach ab. Damit eine Pappe eine gute Klebefähigkeit hat, muß sie einen Teil des Wassers aufsaugen, aber nicht zu schnell, damit auch gleichzeitig ein gewisser Teil des Klebemittels mit eindringen kann und dieses sich inniger verbindet. Wenn das Ueberzugspapier auch diese Eigenschaften aufweist, dann wird eine gute Klebung erreicht, die nur durch längere Einwirkung von Nässe wieder aufgehoben werden kann.

Wenn nun die Beklebefähigkeit der Pappe nicht ganz den Erfordernissen entspricht, so kann man wohl eine Besserung erzielen, wenn man die Dicke des Klebstoffes entsprechend wählt, nämlich indem man dickere Klebemassen verwendet, durch die das Einsaugen des Wassers verlangsamt wird, so daß auch ein Teil des Klebestoffes mit eindringen kann. Wenn auch das nicht hilft, dann muß man die Saugfähigkeit der Pappen verringern, indem man sie vorher anfeuchtet. Bei der Handklebung kann man das mit einem Schwamm tun, bei der Maschinenklebung wird man aber vorteilhaft Feuchtmaschinen verwenden, welche auch noch den Vorzug aufweisen, daß die Feuchtung gleichmäßiger wird und sich genau dem Bedürfnisse entsprechend einstellen läßt, denn zu stark darf man auch nicht feuchten. Diese Feuchtung ist übrigens auch ein gutes Mittel, wenn man zu glatte Pappen hat, da durch die Nässe die Glätte verschwindet oder gemildert wird.

Während nun bei der Pappe die Härte des Stoffes ganz unberücksichtigt bleiben kann, die harte Pappe sich sogar besser bekleben läßt, z. B. Strohpappe, ist sie beim Papier von großer Bedeutung. Harte Papiere also, besonders Zellulosepapiere, dehnen sich sehr stark wenn sie naß oder auch nur feucht werden. Da nun beim Kaschieren oder Bekleben die Feuchtung des Papiers nur auf einer Seite erfolgt, so wird auch nur ein einseitiges Dehnen des harten Papiers eintreten. Die gleiche Erscheinung kann sich übrigens bei dünnen Pappen und bei Kartons zeigen. Das Dehnen wird dann um so unangenehmer, als beide Teile das Bestreben haben, sich nach der entgegengesetzten Seite zu krümmen. Bei wenig geleimten Papieren tritt der Uebelstand weniger stark auf, da die Nässe schnell durchdringt, so daß beide Seiten annähernd gleich feucht sind, bei gut geleimten Papieren oder modernen Beklebepapieren, die nur an der Oberfläche mit besonderer Präparierung versehen sind, wird das Dehnen aber sehr leicht lästig, da die Feuchtigkeit nicht durchdringen kann, so daß sich das Papier um so stärker krümmt, ja mitunter sogar einrollt. Es liegt auf der Hand, daß es dann sehr schwierig ist, glatte und faltenfreie Ueberzüge zu erhalten. Besonders bei der Hand- und Bogenkaschierung macht sich dieser Uebelstand sehr bemerkbar, während er bei der Maschinenklebung von Rollen nicht so stark in Erscheinung treten kann, da einmal das Kaschieren sehr schnell geht und das andere Mal das Papier, durch die Walzen gehalten, sich nicht einrollen kann; an den Rändern zeigt sich diese Erscheinung aber auch hier leicht. Da bei der Maschinenklebung die zusammengeklebten Bahnen meist sofort durch geheizte Trockenwalzen gehen, so wird die Nässe sehr schnell wieder entzogen, so daß eben der Uebelstand nicht so stark in Erscheinung treten kann.

Bei der Bogenklebung von Hand wird man daher bei solchen Papieren, die infolge ihrer Leimung oder Oberflächenpräparierung zum Einrollen neigen, etwas Abhilfe schaffen können, indem man die Papiere ebenfalls feuchtet und zwar auf der der Klebseite entgegengesetzten. Natürlich ist das nicht in allen Fällen anwendbar, da man dadurch entweder die Glätte oder die Oberflächenpräparation zerstört oder beschädigt. Wo es aber angängig ist, z. B. bei maschinenglatten Deckenpapieren und ähnlichen, kann man damit dem Uebelstande sehr gut abhelfen, denn das Papier dehnt sich dadurch auf beiden Seiten annähernd gleichmäßig. Bei holzstoffhaltigen Papieren zeigt sich übrigens der Nachteil des Einrollens viel weniger.

Besondere Schwierigkeiten treten auf, wenn das Papier durch Lagern, Bedrucken oder durch Präparation der Oberfläche etwas wellig oder faltig geworden ist, wenn es also keine vollkommen glatte Fläche zum Kleben bietet, da sich durch die Feuchtigkeit des Kleisters, der sich infolge der unebenen Fläche nicht genügend gleichmäßig auftragen läßt, dann immer neue Dehnungen bemerkbar machen, die sogar zu einem vollständigen Verziehen des Papieres und somit zu einem Mißlingen der Kaschierung führen können. Derselbe Fall tritt ein, wenn die zu beklebende Pappe oder der Karton wellig geworden sind, was oft durch ungeeignete Stoffmischung oder auch durch ungeeignetes und feuchtes Lagern, aber auch durch die Einwirkung der Nässe auf dem Transport eintreten kann. Es ist immer zu berücksichtigen, daß Papier und Pappe hygroskopische Körper sind, also aus der Luft Feuchtigkeit aufnehmen. Wenn sich auf dem Lager der Uebelstand zeigt, daß die Pappen wellig werden, dann ist einmal zu untersuchen, ob sie richtig lagern. Sie dürfen auf keinen Fall auf dem Fußboden direkt aufliegen, da schon die aufsteigende Feuchtigkeit genügt, um ihnen wieder Nässe zuzuführen. Man wird immer gut tun, sie in einiger Höhe über dem Fußboden auf Brettern zu lagern, so daß die Luft unter den Stapeln zirkulieren kann. Wenn sich aber das Welligwerden zeigt, dann muß man die Pappen umstapeln und beschweren, man kann dann dem Uebel Einhalt tun oder es mitunter auch wieder beseitigen.

Es ist daher vorteilhaft, wenn man auch bei Bogenkaschiermaschinen Heizwalzen vorsieht, wie das ja bei den Rollenkaschiermaschinen meist der Fall ist, denn dadurch wird die Trocknung sehr beschleunigt und alle durch die Feuchtigkeit des Kleisters hervorgerufenen Unannehmlichkeiten können verhütet oder vermindert werden. Durch die Heizwalzen der Bogenkaschiermaschinen wird nicht nur eine schnellere und gleichmäßigere Trocknung erzielt, sondern auch noch eine gute Glättwirkung auf die Decke ausgeübt. Die Heizwalze muß aber faltenfrei laufen, d. h. sie muß eine richtig wirkende Bremsvorrichtung haben, sie darf auch nicht ungleichmäßig warm sein.

Die Rollenkaschiermaschinen stellen meist große Maschinen dar, die eine aus mehreren Trockenzylindern bestehende Trockenpartie haben. Die Arbeitsweise dieser Maschinen ist folgendermaßen. Das Rohpapier, Deck- wie auch Einlagen oder Karton, wird in endlosen Rollen in die Maschine eingelegt, daselbst mit dem Klebemittel bestrichen und zusammengeklebt. Nun werden die vereinten Bahnen durch die Trockenpartie geführt und hier getrocknet. Hierauf läuft sie noch über einen Kühlapparat, dann wird sie an den Rändern beschnitten, in Bahnen geteilt und entweder zu Rollen aufgewickelt oder wenn es sich um dickere Sorten handelt, in Bogen geschnitten. Die Klebepartie kann für vier und mehr Rollen eingerichtet sein, je nachdem ob man auch viellagige Kartons herstellen will.

Neben den Pappen, Kartons und Papieren spielt natürlich beim Kaschieren der Kleister eine große Rolle, da von seiner Beschaffenheit und Eignung der gute Erfolg zum großen Teile abhängt. Gerade die verschiedenen Kleisterarten haben so verschiedene

Einflüsse auf die Rohstoffe, daß ihre Kenntnis und die Kenntnis ihrer guten wie schlechten Eigenschaften von größtem Wert ist.

Eine der lästigsten Erscheinungen ist das Durchschlagen, das seine Ursache in ungeeignetem Deckenpapier, aber mehr noch in ungeeignetem Kleister haben kann. Namentlich beim Kaschieren der Strohpappe zeigt sich dieser Uebelstand trotz bester Maschinen und zweckmäßigstem Kleister sehr oft. Das hat seine Ursache in der Hauptsache dann darin, daß trotz guter Trockeneinrichtungen die Strohpappen zu langsam trocknen. Wenn das Trocknen schnell erfolgt, dann schadet ein geringes Durchschlagen noch nicht einmal etwas, wohl aber, wenn das Trocknen nur langsam vor sich geht, so daß die Nässe länger einwirken kann, es entstehen dann Flecke, die wohl ihre Ursache auch mit darin haben, daß die Strohpappe meist noch Kalk enthält, der durch die langanhaltende Nässe zu Wirkung kommt und ein Vergilben der Decke zur Folge hat.

Im allgemeinen trifft beim Durchschlagen meist den Kleister die Schuld, nicht daß dieser deswegen schlecht zu sein braucht, aber weil er für die Deckenpapiere nicht geeignet ist, denn die verschiedenen Papiere werden je nach ihrer Stoffzusammensetzung verschieden von dem Kleister beeinflußt. Farbige Papiere verlangen andere Kleisterarten als weiße, holzhaltige wieder andere als holzfreie usw. Starke Papiere gestatten die Verwendung von mehr Kleister, aber niemals darf die Feuchtigkeit des Kleisters so lange einwirken können, daß das Papier aufweicht, weil dann auch der Kleister zu sehr in das Papier eindringt und dann selbst bei schnellem Trocknen Flecke verursachen muß. Die Art der zur Färbung der Papiere, sei es im Stoff oder oberflächlich verwendeten Farben, hat auch einen Einfluß auf den Kleister, denn wasserlösliche Farben werden bei langer Einwirkung der Nässe leicht verfließen und auslaufen.

Das Durchfließen des Kleisters wird aber nur dann Anlaß zur Fleckengebung geben können, wenn sich vor Beendigung der Trocknung Zersetzungsprodukte durch den Leim bilden können oder wenn die Feuchtigkeit das zu klebende Material beeinflußt und verändert. Im allgemeinen läßt sich ja nun eine Zersetzung des Kleisters, besonders aber das Sauerwerden durch geeignete Konservierungsmittel verhüten oder verlangsamen. Bei den meisten fabrikmäßig hergestellten Kleisterarten kommt ein Verderben oder Zersetzen auch kaum vor, da sie von Haus aus mit solchen fäulnisverhütenden Zusätzen versehen sind. Bei der Selbstbereitung des Kleisters ist das viel schwieriger, da nicht immer die Erfahrungen zur Verfügung stehen werden, die namhafte Kleisterfabriken haben.

Aber auch bei fertig bezogenen Kleistern und Leimen zeigen sich gewisse Mißstände, die durchaus nicht in der Ungeeignetheit oder in mangelnder Güte des Klebstoffes zu suchen sind. Hierher gehört auch das Schäumen, das man besonders bei sauren Kleistern mitunter hat. Wenn solche Klebstoffe in Kleisterkästen aus Zinkblech gebracht werden, dann greift die Säure das Zink an, indem sich Gase bilden, welche dann ein Schäumen zur Folge haben. Man kann diesen Uebelstand durch Zusatz von etwas Glycerin mildern, auch ganz verhüten. Besser noch ist es, wenn man bei solchen sauer reagierenden Leimen gar keine Zinkkästchen verwendet.

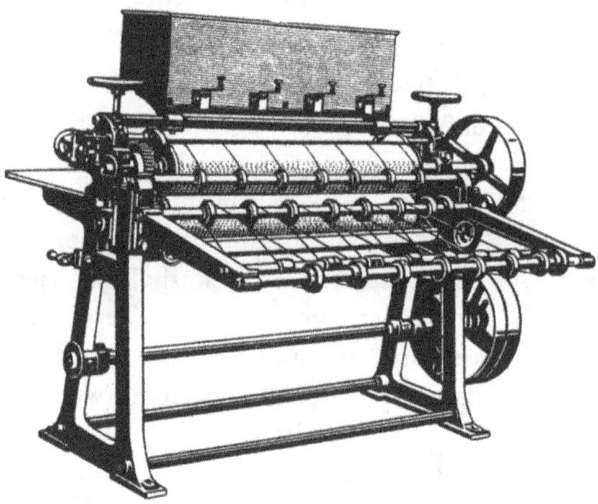

Abb. 46. Klebstoff-Auftragmaschine, Modell KA, für Bogen und Papptafeln.

Im Anschluß an die vorstehenden Ausführungen sei noch der Maschinen gedacht, die in sinnreich erdachter Form und gut durchkonstruierten Modellen zum Bekleben der Pappen und Bogen und von der Rolle dienen. Die hier besprochenen Modelle sind sämtlich Erzeugnisse der Firma Friedrich Müller, Maschinenfabrik, Freital-Potschappel, die auch das Bildmaterial bereitgestellt hat.

Die in Abb. 46 abgebildete Auftragmaschine, äußerst kräftig gebaut und in vollkommenster Ausführung, dient zum Auftragen des Klebemittels auf Papierbogen und Papptafeln. Das Auftragen geschieht immer doppelseitig, so daß Bogen, die nur einseitigen Auftrag benötigen, aufeinandergelegt die Maschine passieren, wodurch sich naturgemäß die Leistung verdoppelt. Hieraus geht klar hervor, daß die Maschine unentbehrlich ist für jeden Betrieb, der sich mit der Herstellung von ge- und beklebten Kartons und Pappen befaßt. Die Maschine ergibt einen gleichmäßigen und wolkenfreien Auftrag und ist damit entsprechende Klebstoffersparnis verbunden. Der Klebstoffauftrag geschieht mittels mit Filz überzogener Metallwalzen.

Die Handhabung der Maschine sowie deren Bedienung ist äußerst einfach, die Durchsicht gleichmäßig und klar, weil weder Bürsten noch Anstreicher in Anwendung kommen.

Die Arbeitsgeschwindigkeit ist 10 m pro Minute.

Die in Abb. 47 gezeigte Maschine eignet sich zum Bekleben von Pappen in Bogen mit Ueberzugspapier von der Rolle.

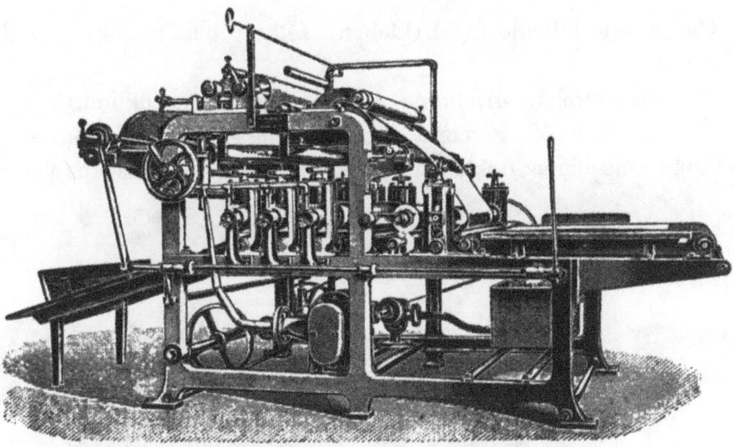

Abb. 47. Pappen- Beklebmaschine, Modell PKH.

Die Arbeitsgeschwindigkeit der Maschine beträgt 10—12 m pro Minute.

Die Abbildung zeigt die Maschine mit Bandtransport, während die Maschine jetzt mit dem bestens bewährten Pappenzuführungs- und Trennapparat ausgeführt wird.

Die Heizwalzen (Anzahl je nach Wunsch) können für Dampf- oder Gasheizung eingerichtet werden.

Besondere Vorzüge :

Abrollung der Papierbahn von oben, wodurch dauernde Uebersicht der Kaschierbahn verbürgt ist.

Der Kleister wird durch eine angeordnete Kleisterpumpe selbsttätig nach dem Auftragwerk geleitet und läuft auch wieder nach dem Kleisterbehälter zurück.

Einlagerung der Papierrollen in bequemster Art in Handreichhöhe ohne jedwede Veränderung an der Maschine.

Abb. 48. Hochleistungs-Pappenbeklebmaschine, Modell PKT. mit einem Trockenzylinder zum einseitigen Bekleben von Formatpappen mit Ueberzugspapier von der Rolle.

Garantiert faltenloses Bekleben selbst bei mäßig gewellten Pappen.

Faltenausstreichvorrichtung nach Orginalkonstruktion.

Die in Abb. 48 gezeigte Hochleistungs-Pappenbeklebmaschine dient zum einseitigen Bekleben von Pappen mit Ueberzugspapier von

Abb. 49. Doppelseitige Pappenbeklebmaschine, Modell PKD. mit zwei Trockenzylindern.

der Rolle. Letzteres wird durch eine sicher arbeitende Auftragsvorrichtung gleichmäßig mit Klebstoff versehen und den Pappen, welche mittels automatischer Einschubvorrichtung zwischen den zwei Preßwalzen eingeschoben werden, von oben zugeführt. Diese Papierzuführung von oben hat den gewaltigen Vorteil, daß man dauernd die mit Klebstoff versehene Bahn hinsichtlich Auftrag und etwaiger Faltenbildung beobachten kann. Der Kleister wird selbsttätig durch eine Pumpe nach dem Auftragswerk geleitet.

Nach dem Passieren der Preßwalzen wird das Ueberzugspapier zwischen den Pappen durch eine automatische Vorrichtung getrennt. Die einzelnen beklebten Pappen gelangen nunmehr auf den Trockenfilz, welcher dieselben um den großen Zylinder von 1200 mm Durchmesser herumführt. Diese Anordnung hat den Vorteil, daß die Pappen vollständig trocken und blasenfrei die Maschine verlassen, so daß auf der Maschine alle Arten Papier, also auch die schwieriger zu behandelnden Papiere, wie Glanz-, Glacé- oder Metallpapiere zum Kaschieren verwendet werden können. Ein Fleckigwerden der letztgenannten Papiere infolge in den Pappen zurückgebliebener Feuchtigkeit ist also ausgeschlossen.

Das übliche Pressen auf der Packpresse oder das nochmalige Aufhängen der Pappen zum Trocknen ist bei Anwendung dieses Trockenzylindersystems überflüssig geworden; die hierdurch verminderten Fabrikationskosten sind also bedeutend und amortisieren allein schon die Maschine.

Die Leistung dieser Maschine ist eine ganz enorme und übersteigt bei weitem die der sonst existierenden Systeme.

Auf Wunsch wird diese Maschine auch mit einem Trockenzylinder von 1500 mm Durchmesser gebaut, wodurch natürlich die Leistung der Maschine noch gesteigert wird.

Die in Abb. 49 gezeigte Maschine entspricht im Prinzip der vorbeschriebenen einseitigen Maschine, nur mit dem Vorzug, daß mit diesem Modell das beiderseitige Bekleben von Pappen mit Ueberzugspapier von der Rolle in einem Arbeitsgange möglich ist. Das Kaschieren kann selbstverständlich auch nur einseitig geschehen, nur wird man, um die Leistung zu verdoppeln, immer zwei Bogen übereinandergelegt die Maschine passieren lassen.

Soll Karton in Rollen mit Ueberzugspapier von der Rolle beklebt werden, so muß die Maschine mit einer dritten Abrollung ausgerüstet werden. Die Maschine kann weiterhin mit einer Aufrollung versehen werden, um den erzielten beklebten Karton wieder aufzurollen oder mit angebautem, rotierendem Querschneider, um den beklebten Karton unmittelbar in Formate zu schneiden; die Maschine also mit drei Abrollungen, einer Aufrollung und angebautem, rotierendem Querschneider.

DAS STANZEN IN KARTONNAGENFABRIKEN

Das Stanzen von Pappe und Papier wird auf Arbeitsmaschinen manigfacher Art ausgeführt und den jeweiligen Erfordernissen ist insofern Rechnung getragen worden, als es dafür die verschiedensten Arbeitsmaschinen gibt. Die einfachsten unter ihnen sind die Handhebestanzen von verschiedener Ausführung, meist kleiner Stanzfläche, aber trotz dieser auch für Kraftbetrieb gebaut. Diese Maschinen sind zum Ausstanzen kleiner Arbeitsstücke bestimmt, doch können auch solche in größeren Abmessungen herausgearbeitet werden, weil die Stanzen an drei Seiten offen und mit entsprechender Ausladung versehen sind. Der erforderliche Stanzdruck wird bei diesen Maschinen entweder durch Exzenter, Kurbel oder Kniehebel ausgeübt, wobei dem Druck durch Kniehebel der Vorzug zu geben ist.

Größere Ausstanzmaschinen haben ein tischartiges Grundgestell, auf dem der horizontal bewegliche Tisch angeordnet ist. In den beiden Seitenwänden des Grundgestells werden zwei Stahlsäulen geführt, die oberhalb dieser angeordnet, das vertikal verstellbare Druckstück tragen. An allen neueren Stanzpressen kann das Druckstück mittels Handrades gleichmäßig parallel eingestellt werden, was für gleichmäßiges Stanzen von großer Wichtigkeit ist. Die mit dem Druckstück verbundenen Stahlsäulen sind unterhalb des Tisches auf einer Welle gelagert, die durch Zahnräder angetrieben, das Druckstück mittels Exzenterdrucks nach unten bewegen, woraus sich die Stanzwirkung ergibt. Diese Maschinen dienen zum Stanzen größerer Arbeitsstücke, gegebenenfalls in stärkerer Lage, Ausstanzen von Kuvertblättern, Etiketten, Schachtelteilen und Façonschnitten aller Art. Die Maschinen werden mit gewöhnlichem Antrieb, bestehend aus Fest- und Losscheibe, Ausrücker mit Schwungradbremse oder auch mit Friktionsantrieb geliefert. Bei gewöhnlichem Antrieb senkt sich das Druckstück, wenn die Maschine eingerückt ist, fortgesetzt auf und nieder, während bei Friktionsantrieb nur das Schwungrad sich fortgesetzt dreht und für jeden Stanzgang die Maschine mit dem Schwungrad gekuppelt werden muß. Ist die Kupplung, die durch Fußtritt oder Handhebel geschehen kann, erfolgt, so geht das Druckstück nieder, bewirkt das Ausstanzen, geht wieder nach oben und bleibt in höchster Stellung stehen, die Maschine entkuppelt sich also von selbst. Unterdessen läuft das Schwungrad fortgesetzt weiter, so daß dessen lebendige Kraft der Druckwirkung zugute kommt, wobei unter verhältnismäßig geringem Kraftverbrauch große Leistungen erzielt werden. In der Regel kann man diese Maschinen auch so einstellen, daß sie ohne Unterbrechung weiterarbeiten, so daß das Druckstück sich fortgesetzt hebt und senkt.

Zum Ausstanzen selbst dienen die Stanzeisen, die eine der Form des gewünschten Arbeitsstückes entsprechend gearbeitete Schneide besitzen und die aus gutem Material gefertigt sein müssen, um dauernd gute Arbeit zu leisten. Sie sind in der Regel so gearbeitet, daß sie von der Schneide nach dem Kopf hin auseinanderstreben, d. h. am Kopf einen größeren Umfang besitzen als an der Schneide. Sind diese Eisen zu schräg gearbeitet, so geben sie beim Ausstanzen dritter Lagen oft Veranlassung dazu, daß die ausgestanzten Arbeitsstücke beschädigt werden, weshalb sie sorgfältige und sachgemäße Herstellung erfahren müssen.

Ferner ist zum Ausstanzen noch der Stanzblock nötig. Dieser ist in der Regel aus kleinen Stücken astfreien Hirnholzes zusammengeleimt, etwa 10 cm stark, und wird außen durch Eisenbänder zusammengehalten. Während Pappen und Karten für das Stanzen meist keiner besonderen Vorarbeit bedürfen, ist dies oft bei Papier notwendig. Ist solches mit Druck versehen, der genau ausgestanzt werden soll, dann muß sich innerhalb der Stanzlage Druck auf Druck decken. Dies wird oder sollte durch ganz genaues Anlegen der Bogen beim Druck selbst erreicht werden, doch wird es sich zuweilen notwendig machen, die Bogen besonders aufzunadeln, um passende Stanzarbeit zu erzielen. Zum Nadeln der Bogen bedient man sich eines Nadelbrettes, auf dem die Nadeln in einer Entfernung zueinander befestigt sind, daß diese mit den auf den Bogen vorgedruckten Punkturen Uebereinstimmung zeigen. Die Bogen werden nun in entsprechend starken Lagen auf diese Punkturen nacheinander aufgebracht. Zwischen 50, 100 oder 150 Bogen ist ein Zeichen einzulegen. Ist ein entsprechend starker Stoß aufgenadelt, so werden die Kanten des Stoßes ringsherum mit Metallstücken beschwert und diese hierauf mit dünnem Leim bestrichen, um so den Stoß einzelner Blätter zu verbinden und Druck auf Druck deckend festzuhalten. Nachdem der Druck getrocknet ist, werden die Nadeln herausgezogen und der Stoß der einzelnen Lagen getrennt. Die Dicke dieser Lagen richtet sich nach der Art des Papiers und danach, ob die auszustanzenden Blätter rund, oval oder an ihrem Rande verziert sind. In letzterem Falle kann man nur dünne Lagen nehmen. Auch die Art des Papiers beeinflußt die Dicke der Lagen, die bei einem Stanzgang verarbeitet werden kann. Gummiertes oder lackiertes Papier setzt dem Stanzen großen Widerstand entgegen, weshalb man bei solchen Papieren nur dünnere Lagen nehmen kann. Auch die Art der Form des auszustanzenden Arbeitsstückes und analog hierzu des Stanzeisens sind für die Dicke der Lage bestimmend. Das Trennen der Lagen von dem geleimten Stoß geschieht mit einem Falzbein an den eingelegten Zeichen. Zum Anlegen der Bogen an Stelle des Nadeln, was genau angelegten Druck zur Voraussetzung macht, bedient man sich eines besonderen Anlegetisches mit drei verschiedenen Anlegemarken. Letztere können der Schnellpressenanlage beim Druck der Bogen entsprechend eingestellt werden, um das Aufeinanderstimmen der Drucke zu sichern. In diesen Apparat werden die Bogen einzeln eingelegt, wenn die Anlegemarken entsprechend eingestellt worden sind. Größere Sicherheit für die Deckung von Druck auf Druck gewährt allerdings das Nadeln, weil hierbei auch solche Drucke passen, die in der Schnellpresse nicht genau zur Anlage gebracht worden sind.

Verfügt man über Stanzmaschinen mit größerer Stanzfläche, so ist das Stanzen bequemer, als wenn man sich einer kleinen Maschine hierzu bedienen muß. Die Ausnutzung besonders großer Stanzmaschinen ist nur dann vorteilhaft, wenn das Ein- und Ausfahren des Tisches automatisch vor sich geht. Wo es von Hand geschieht, erfordert es große Anstrengung, zumal der Tisch durch Klotz, Eisen und Material noch beschwert wird. Manche große Stanzpressen sind zum erleichterten Ein- und Ausfahren des Tisches mit an der Seite der Maschine angeordneten Handkurbeln ausgestattet, durch welche mittels Zahnradantriebes der Tisch ein- und ausgefahren wird, eine Arbeitsweise, die ziemlich umständlich ist. Das alles fällt bei Maschinen mit automatischer Tischbewegung fort. Sobald das Stanzeisen aufgelegt ist, wird die Maschine mit dem stets laufenden Schwungrad durch Fußtritt oder Handgriff gekuppelt. Der Tisch fährt automatisch ein, das Druckstück senkt sich zum Stanzen, geht wieder in die Höhe, und der Tisch fährt heraus, worauf sich die Maschine selbstätig entkuppelt. Dadurch besitzen diese Maschinen gegenüber allen ähnlichen wesentlich höhere Leistungsfähigkeit.

In der Regel stanzt man nicht direkt auf den Stanzklotz, sondern des sauberen und glatten Durchschneidens wegen legt man eine Pappe, zuweilen auch eine dünne Bleiplatte, unter. Allerdings ist der Verbrauch an Pappe beim Stanzen ein Uebelstand, den man nach Möglichkeit herabzumindern suchen wird, was durch sachgemäßes Material und ebensolche Arbeitsweise geschehen kann. Man verwende nur harte, festgewalzte Stanzpappe, die dem Stanzeisen den größten Widerstand bietet, und stelle die Maschine derart ein, daß das Stanzmesser nicht zu tief in die Pappe eindringt, wodurch Unterlage und Schnittwerkzeug geschont werden. Ein gut gearbeitetes, d. h. gleichhohes Schnittwerkzeug, schneidet ebenso gut, wenn es die Pappe nur an der Oberfläche berührt. Die Stanzwerkzeuge, sowie deren Unterlage reibe man von Zeit zu Zeit mit trockener Kernseife ein, damit die Eisen besser durch das Material dringen. Die Eisen selbst werden nach Gebrauch leicht geölt, in Papier gewickelt und auf das Paket ein mit dem Eisen ausgestanztes Blatt geklebt. Bei einer größeren Anzahl Eisen ist es vorteilhaft, ein besonderes Buch einzurichten, in welches je ein Stanzblatt befestigt und mit Nummer bezeichnet wird, um hierdurch eine besondere Uebersicht zu haben.

Genügend stark gebaute Ausstanzmaschinen mit sicher geführtem Tisch lassen sich in manchen Fällen auch zu Prägezwecken verwenden.

*

DAS HEFTEN UND NIETEN UND DIE DAZU ERFORDERLICHEN EINRICHTUNGEN

Das Verbinden der Zuschnitte erfolgt heute vielfach noch durch Heften und Nieten, man hat demnach in Heft- und Nietmaschinen zu unterscheiden. Auch zwischen den einzelnen Arten der Heftmaschinen sind Unterschiede zu machen, je nach dem

Abb. 50.

Zwecke, dem sie dienen sollen. Da hier nur die Heftmaschinen für Kartonnagen von Interesse sind, so sollen auch nur diese näher besprochen werden.

Zum Heften von Versandschachteln, besonders aber aus den

flachliegenden Zuschnitten, die sich bekanntlich leichter und vorteilhafter versenden lassen, als fertige Kartons, verwendet man vielfach eine kleine Versandschachtelheftmaschine. Man kann für ein-

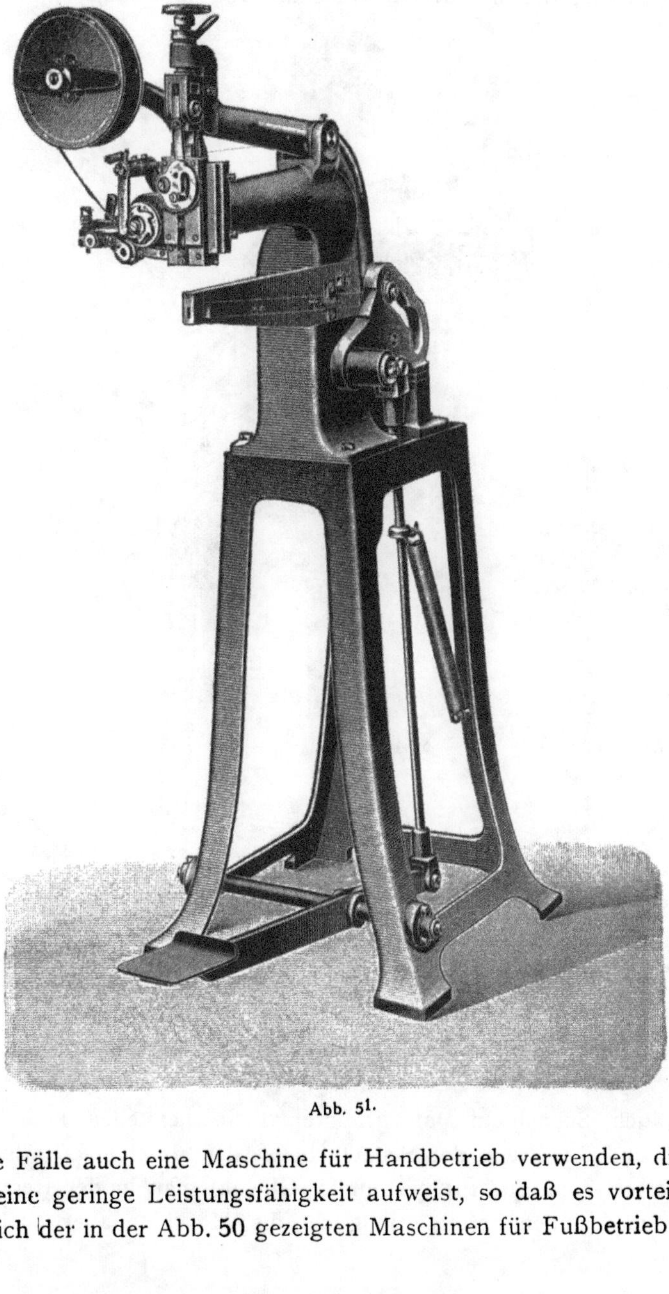

Abb. 51.

fache Fälle auch eine Maschine für Handbetrieb verwenden, die aber nur eine geringe Leistungsfähigkeit aufweist, so daß es vorteilhafter ist, sich der in der Abb. 50 gezeigten Maschinen für Fußbetrieb zu bedienen, denn man hat bei ihr den Vorteil, daß beide Hände zum Halten und Wenden der Schachteln frei bleiben. Die Größe der zu verarbeitenden Schachteln richtet sich nun nach der Länge des Auflegesattels, der bei dieser Maschine 250 mm lang ist, so daß

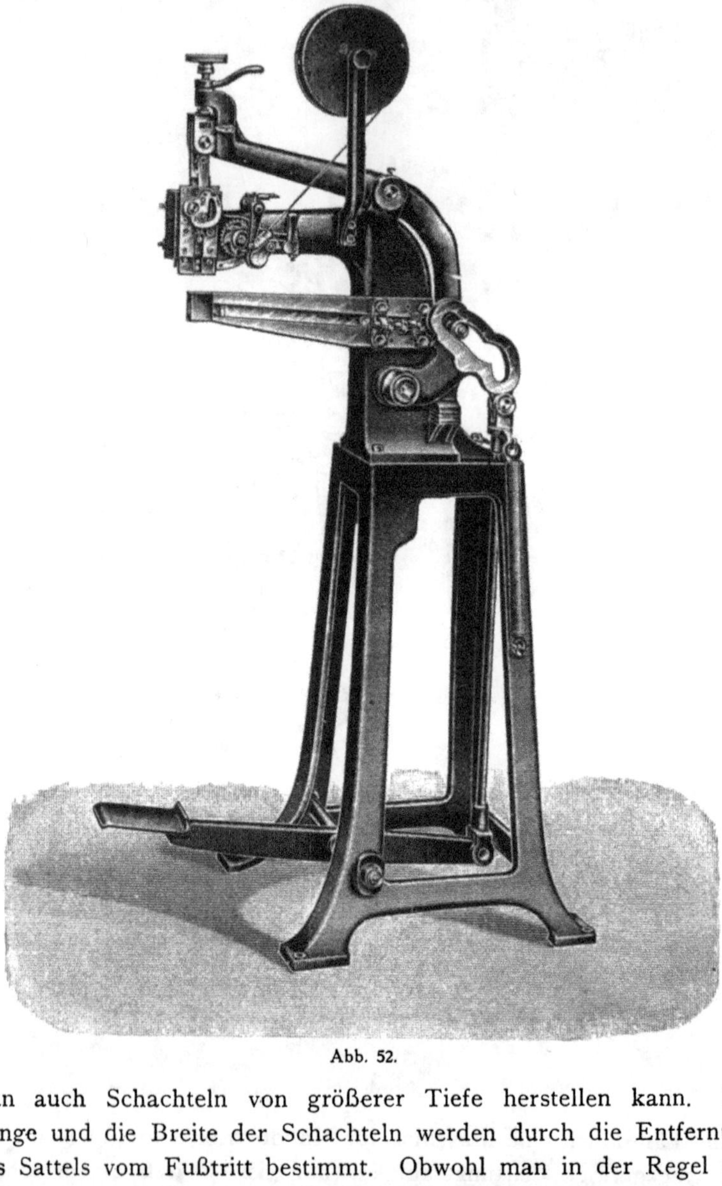

Abb. 52.

man auch Schachteln von größerer Tiefe herstellen kann. Die Länge und die Breite der Schachteln werden durch die Entfernung des Sattels vom Fußtritt bestimmt. Obwohl man in der Regel von außen nach innen heftet, ermöglicht die Maschine aber auch eine umgekehrte Heftung und zwar dann, wenn die Schachteln mindestens 200 mm breit sind. Die Maschine verarbeitet fertige Klammern, die auf einen Klammersattel aufgeschoben werden.

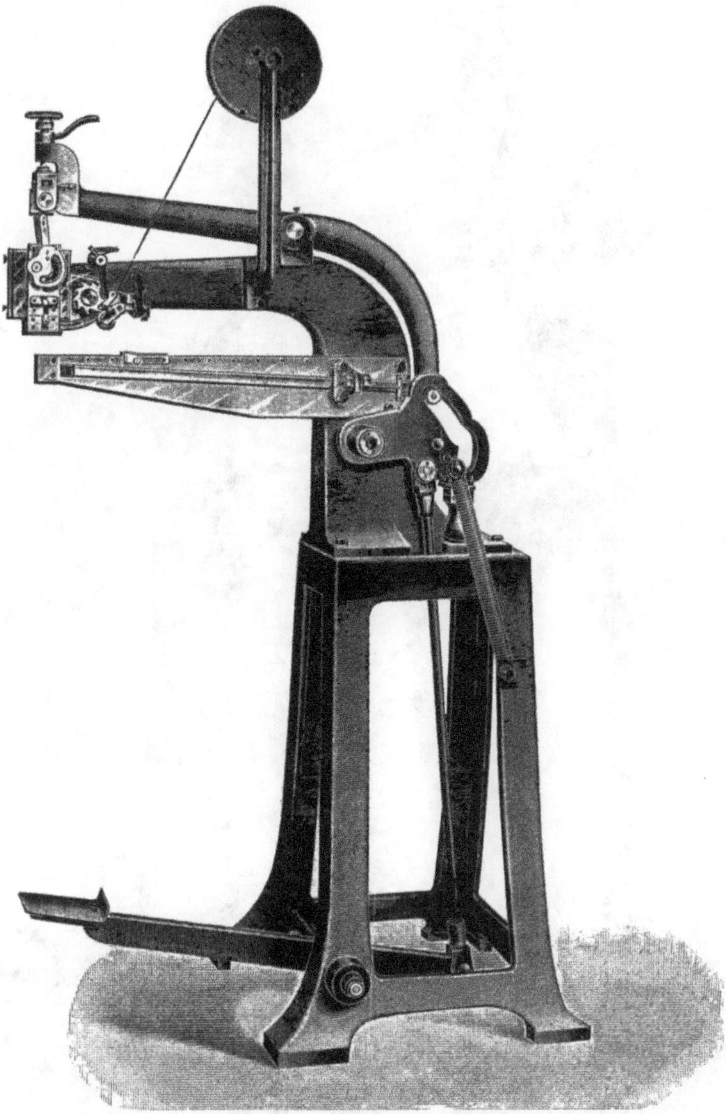

Abb. 53.

Für die Kartonnagenfabrikation ist aber die Leistungsfähigkeit dieser Maschinen zu gering, so daß man vorteilhafter eine Kartonflachheftmaschine zum Querheften mit selbsttätiger Klammerbildung

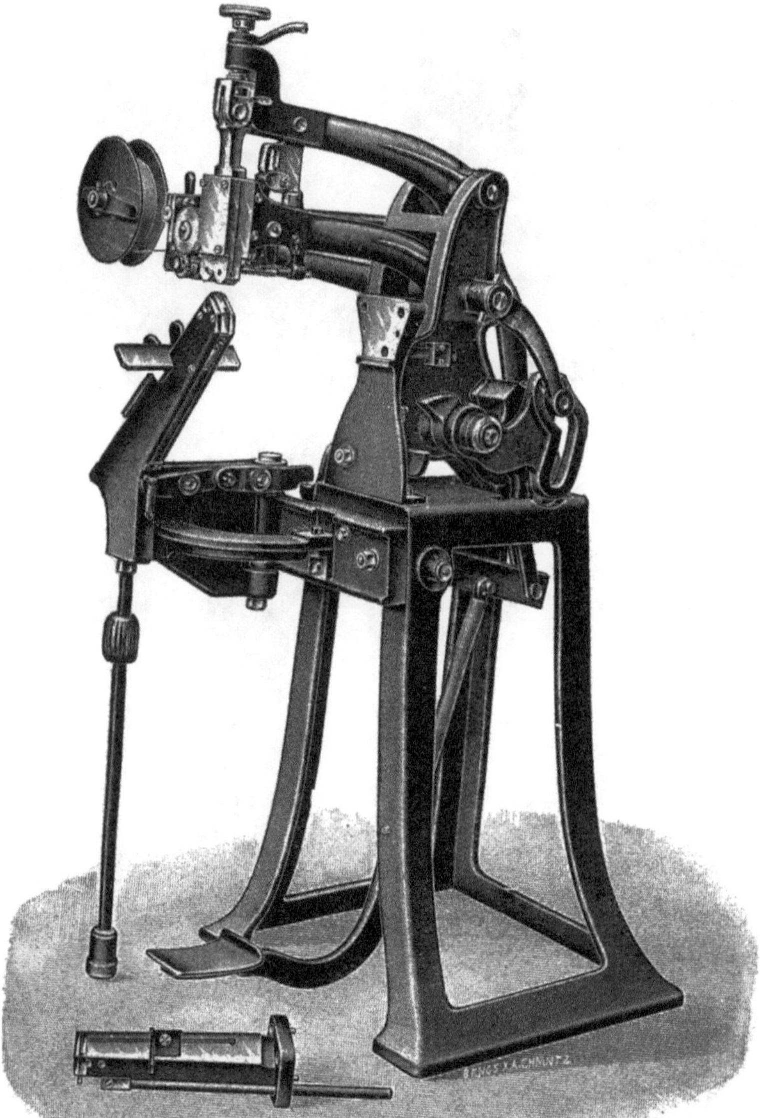

Abb. 54.

verwendet, wie sie in der Abbildung 51 in einer Bauart der Firma Auerbach & Eisermann in Chemnitz gezeigt ist. Diese Maschinen können für schmalen Flachdraht, für Runddraht oder für breiten

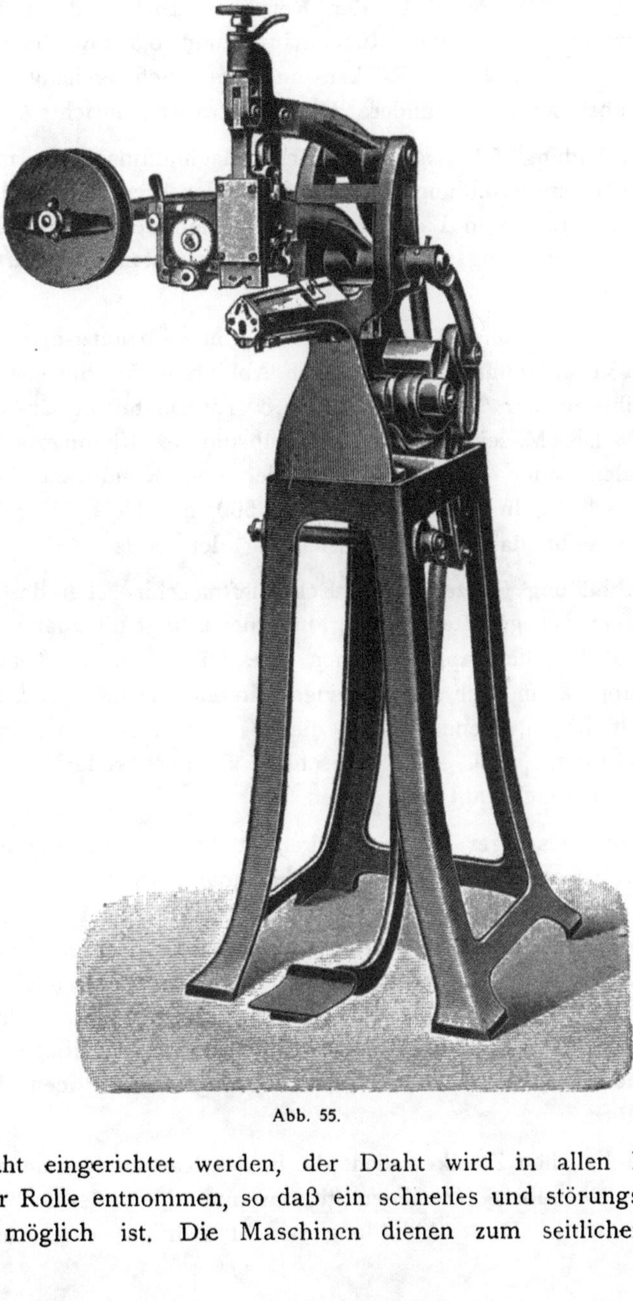

Abb. 55.

Flachdraht eingerichtet werden, der Draht wird in allen Fällen von einer Rolle entnommen, so daß ein schnelles und störungsfreies Heften möglich ist. Die Maschinen dienen zum seitlichen Zusammenheften von Versandkartons, Buch-, Album- und ähnlichen Futteralen bis zu einer Tiefe von 320 mm. Der Klammerrücken steht bei diesen Maschinen quer zur Längsrichtung der Rahmenkanten des Kartons. In der Regel verarbeiten diese Maschinen Klammern von 12 mm Rückenlänge und 6,5 mm Schenkellänge oder solche von 16 mm Rücken- und 7 mm Schenkellänge, sie lassen sich aber auch für andere Klammergrößen einrichten.

Abbildung 52 zeigt eine Kartonflachheftmaschine mit selbsttätiger Klammerbildung für schmalen oder breiten Flachdraht oder für Runddraht zum Längsheften. Der Klammerrücken steht hierbei also in der Längsrichtung der Rahmenkanten des Kartons bzw. der Hülse.

Um auch runde Hülsen heften zu können benutzt man vorteilhaft eine Kartonflachheftmaschine nach Abbildung 53, die ebenfalls eine Ausführung der Firma Auerbach & Eisermann in Chemnitz darstellt. Die Maschine heftet bei selbsttätiger Klammerbildung von schmalem oder breitem Flach- oder von Runddraht runde und ovale Schachteln und Hülsen bis zu 500 mm Tiefe. Der Klammerrücken steht dabei in Längsrichtung der Hülse.

Abbildung 54 zeigt eine Eckenheftmaschine, bei der die Kartons über Eck geheftet werden, auch hier erfolgt die Klammerbildung selbsttätig. Die Pappen können eine Stärke bis zu 3 mm haben, die Pappe kann auch auf der einen Seite einfach und auf der anderen doppelt liegen, wenn hierbei die Gesamtstärke von 3 mm nicht überschritten wird. Die Maschine kann entweder breiten oder schmalen Flachdraht verarbeiten.

Von vielseitiger Verwendbarkeit ist die in der Abbildung 55 gezeigte Eckenheftmaschine, mit der man Kartonnagen von üblicher Heftung über Eck, als auch Böden, Deckel in eckige, runde oder ovale Schachteln einheften kann. Die Stärke der Pappen kann bis zu 3 mm betragen, die Maschine läßt sich aber auch zur Verarbeitung von 5 mm starken Pappen einrichten. Der Rahmen-Auflegesattel kann abgenommen werden, der Boden-Auflegesattel läßt sich aus- und einschwenken. Er wird gegen den Boden einstellbar abgestützt.

Aehnlichen Zwecken dient die in der Kartonnagenindustrie vielseitig verwendbare Holzkisten-Stiftmaschine, die in der Abbildung 56 gezeigt wird. Diese Abbildung bezieht sich auf eine Ausführung der Firma K. Gebler in Leipzig.*) Die Maschine ist ausschließlich zum Zusammenstiften kleiner Holzkisten bestimmt und zwar bis zu 70 mm Höhe. Der Auflagetisch läßt sich je nach der Höhe der Kisten beliebig verstellen. Die Rückenlänge der Klammern beträgt 6 mm und die Länge der Schenkel 12 mm; die Heftung erfolgt mit Runddraht.

Um Schachtelzuschnitte, die flachliegend versandt werden sollen, ohne Heftmaschinen bei den Verbrauchern verbinden zu können, verwendet man nach Abbildung 57 sogenannte Splinte, die mittels besonderer Maschinen hergestellt werden. Diese Splinte bestehen aus 4,5 und 7 mm breitem verzinnten Banddraht, der durch die Maschine nach der in der Abbildung ersichtlichen Weise eingeschla-

Abb. 56. Zigarren-Kistchen-Stiftmaschine Nr. 56, Fußbetrieb.

gen wird. Die Zuschnitte können dann an Ort und Stelle ohne Verwendung irgendwelcher Maschinen in kurzer Zeit zusammengeheftet werden.

Wenn auch in der Faltschachtelfabrikation heute das Heften bei weitem nicht mehr die Rolle spielt, da das Verbinden der Kanten der Zuschnitte meist auf andere Weise erfolgt, die hier ohne Inter-

*) Vergleiche auch den ergänzenden Hinweis am Schlusse dieses Werkes über die Erzeugnisse der Firma K. Gebler, Leipzig.

esse ist, so kommt doch die Heftung noch oft in Anwendung. Abbildung 58 zeigt eine solche Maschine der Firma C. L. Lasch & Co. in Leipzig. Von besonderer Wichtigkeit ist bei dieser Maschine, daß das Umbiegen der Klammerschenkel in exakter Weise erfolgt, so daß diese glatt an die Pappen angedrückt werden. Die Maschine besitzt Friktionskupplung und wird durch einfaches Niedertreten oder Loslassen des Fußtrittes ein- und ausgerückt. Sie läuft mit einer minutlichen Geschwindigkeit von 140 bis 160 Umdrehungen, so daß in der Stunde etwa 10 000 Klammern verheftet werden können, welche die Maschine selbst bildet. Der Auflegesattel oder hier das Schwert genannt, ist 450 mm lang, die Maschine verarbeitet 26er Runddraht oder 25er Flachdraht.

Abb. 57. Karton-Splintheftmaschine Nr. 61, Fußbetrieb mit 35 cm Sattel.

Abbildung 59 zeigt einen Flachhefter mit besonders hohem Hub zum Einheften von Holzleisten in Kartons und ähnliche Arbeiten, in einer Bauart der Firma C. L. Lasch & Co. in Leipzig, Die bei großen Pappkartons üblichen Holzleisten zur Versteifung können mit dieser Maschine bequem und leicht eingeheftet werden. Man verwendet dazu Runddraht Nr. 22. Die Maschine kann so eingerichtet werden, daß sie entweder eine Klammer mit 13 mm langen Schenkeln oder eine solche mit nur 6 mm langen Schenkeln bildet. Die lange Klammer kann man noch umbiegen, während die kurze gleich

Stiften in das Holz eingetrieben wird. Man kann aber die Maschine auch dazu verwenden, nur gewöhnliche Pappe zusammenzuheften.

Die heute vielfach verwendeten Wellpappen verlangen nun zur rationellen Verarbeitung besondere Heftmaschinen, wie sie in der

Abb. 58.

Abbildung 60 in einer Ausführung der Firma C. L. Lasch & Co. in Leipzig gezeigt sind. Dieser Flachhefter besitzt besonders hohen Hub. Bei der Verarbeitung von Wellpappe ist es von großer Wichtigkeit, daß die umgebogenen Schenkel der Drahtklammer die unterste Schicht der Wellpappe nicht zerreißen. Diese Maschine wird daher mit einem Kopf ausgerüstet, der sich eine Klammer bildet, die im Rücken 14 mm breit ist und 10 mm lange Schenkel hat. Zur

Abb. 59.

Verwendung kommt Flachdraht Nr. 25. Die Maschine kann für Fuß- und Kraftbetrieb eingerichtet sein.

Abbildung 61 zeigt eine Flachdrahtheftmaschine der Sächsischen Kartonnagenmaschinenfabrik in Dresden, die 3 mm breiten Draht

Abb. 60.

verarbeitet und zwar in 2 Stärken. Die Rückenlänge der Klammern kann bei den Flach- und Querschnittmaschinen dieser Firma verschieden sein. Je nach der Dicke des zu verarbeitenden Materials, das mit der Maschine geheftet werden soll, ist demnach die Rückenbreite der Klammern zu bestimmen. Diese Maschinen lassen sich aber auch für die Verarbeitung von 2 Klammergrößen einrichten, bei Flachheftmaschinen kann auch eine Einrichtung für 3 mm breiten Heftdraht vorgesehen werden. Diese Drahtheftmaschinen werden im allgemeinen mit sogenannten Patentspulen ausgerüstet, die zerlegbar sind. Ebenso werden die Maschinen auf Wunsch mit einer

Abb. 61.

Drahtspulenbremse ausgerüstet, die eine Spulenbremsfeder überflüssig macht. Diese Drahtspulenbremse verhütet das Ueberspringen des Drahtes von der Spule und macht daher dessen Verfitzen unmöglich.

Abbildung 62 zeigt eine vereinigte Rahmen- und Bodeneckenheftmaschine der Sächsischen Kartonnagenmaschinen A.-G. in Dresden, die besonders für Holzkistchen bestimmt ist zum Heften über die Ecke von Brettchen bis zu 8 mm Stärke. Das Zusammenheften der Holzkistchen zerfällt in zwei Handhabungen, denn zuerst muß der Rahmen zusammengeheftet werden und dann ist dem Rahmen der Boden anzuheften. Beide Handhabungen verlangen aber verschiedene Amboßformen. Bei der in Frage stehenden Maschine sind nun diese Ambosse einfach auswechselbar, so daß beide Handhabungen auf ihr vorgenommen werden können. Bei großem Bedarf in solchen Kistchen wird es aber vorteilhafter sein, zwei Maschinen aufzustellen, deren jede für eine Handhabung eingerichtet ist, da man dadurch schneller arbeiten kann.

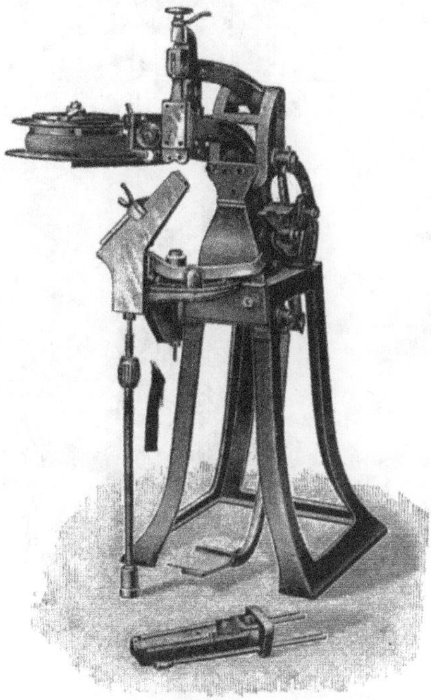

Abb. 62.

Die Nietmaschinen und das Nieten.

Das Nieten, das in der Kartonnagenfabrikation sehr viel zur Anwendung kommt, erfolgt nun mit Rundnieten und Hohlnieten, aber auch die verschiedensten Blechklammeranschlagmaschinen sind hierher zu rechnen.

Die Rundnietmaschinen zeichnen sich nun durch eine große Einfachheit aus, durch welche irgendwelche Störungen so gut wie ausgeschlossen sind. Die erzielten Nietungen sind von größter Sauberkeit und Haltbarkeit. Da diese Rundnietenmaschinen fertige Nieten verarbeiten, so ist eine Schneidvorrichtung nicht erforderlich, die Maschinen haben also keine Messer oder solche Teile, welche einem schnellen Verschleiß unterworfen sind und deshalb öfters ausgewechselt werden müssen oder Anlaß zu unsauberer Arbeit geben.

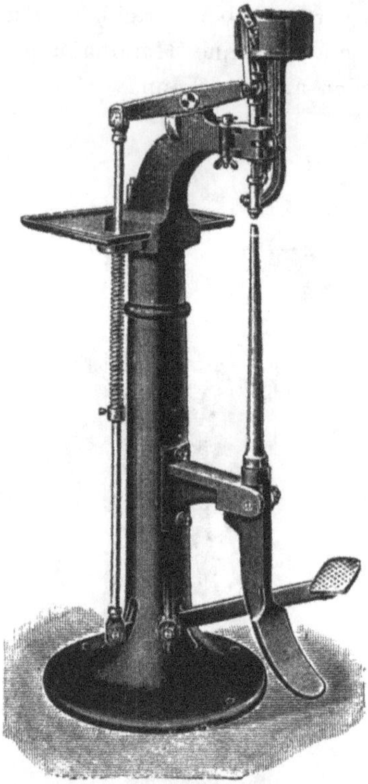

Abb. 63.

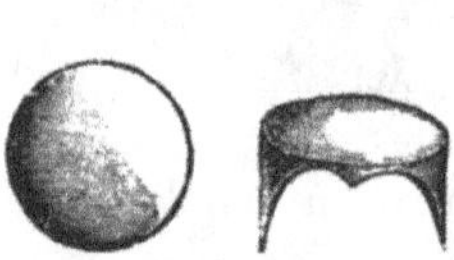

Abb. 64.

Abb. 65.

Die Rundnietmaschinen haben selbsttätige Zuführung der Nieten, die einfach auf den Teller der Maschine geschüttet werden, von dem aus sie ganz selbsttätig durch einen Kanal der Nietstelle zufließen. Der Vorteil der Rundniete besteht nun nicht nur in der festen Verbindung, sondern auch in dem sauberen und gefälligen Aussehen, so daß sich diese Art der Verbindung der Zuschnitte für alle Arbeiten der Kartonnagenindustrie eignet, besonders aber für Handkoffer, Markttaschen, Hutschachteln usw.

Die Maschinen werden stets nur für einen Nietendurchmesser, aber in den meisten Fällen für verschiedene Längen der Nieten geliefert. Man kann aber durch den Einbau anderer Füll- und Nietvorrichtungen auf einer Maschine auch verschiedene Nietensorten verarbeiten. Im allgemeinen wird die Maschine mit einem gewöhnlichen Amboß ausgerüstet, auf dem zwei verstellbare Anschläge angebracht sind, mit dem man alle vorkommenden Arbeiten vornehmen kann. Um bei gewissen Gegenständen auch Bodennieten anbringen zu können oder Schutzdecken aus Leder oder Metall annieten zu können, erhalten die Maschinen einen herunterklappbaren Amboß, wie er aus der Abbildung 63 ersichtlich ist, die eine Nietmaschine für Rundnieten der Sächsischen Kartonnagenmaschinen A.-G. in Dresden zeigt. Außer den in der Abbildung 64 gezeigten Rundnieten, die mit kurzen und langen Zähnen geliefert werden können, kommen auch noch Sechsecknieten nach Abbildung 65 zur Verwendung. Die Farbe der Nieten läßt sich ganz dem Verwendungszweck anpassen, denn sie können verzinnt, goldgelb, in rein Messing, vernickelt oder auch farbig geliefert werden.

Um die sogenannten Bodenstifte anzubringen, die ebenfalls in den verschiedensten Farben geliefert werden können, verwendet man eine Maschine nach Abbildung 66 der Sächsischen Kartonnagenmaschinen A.-G. in Dresden. Die Verarbeitung der fertigen Bodenstifte erfolgt ohne irgendwelche Vorbereitung und vollkommen automatisch. Die Maschine ersetzt also die bisher vielfach noch gebräuchliche Handarbeit bei der Anbringung solcher Nieten an Koffern, Büchern usw. Ein Vorschlitzen des Werkstückes ist nicht erforderlich, die Befestigung erfolgt durch einen einzigen Druck.

Um die Nietmaschinen auch für andere Gegenstände als Kartons verwenden zu können, werden entsprechend geformte Spezialambosse geliefert. die sich ohne weiteres an den Maschinen anbringen lassen, man kann also auf den Maschinen die verschiedensten Gegenstände auf diese Weise verbinden, wie z. B. Zigarrentaschen, Faltschachteln, kleine Etuis usw.

Die Hohlnietenverbindung ist nun nicht nur die dauerhafteste, sondern auch die eleganteste Verbindung für Kartonnagen.

Bei allen diesen Materialien, die besonders zur Herstellung von Handkoffern, Hutkartons und ähnlichen Gegenständen verwendet werden, kommt es auf größte Haltbarkeit der Verbindung an. Da die Köpfe der Nieten auf beiden Seiten gleichmäßig umgelegt werden, so wird eine außerordentlich feste, fast unlösbare Verbindung aller Materialien, gleichviel welcher Stärke, erzielt. Diese Hohlnietung ist bei Massenartikeln nicht nur ein vollwertiger Ersatz für die teure Näharbeit, sondern gestattet bei gleicher Haltbarkeit

Abb. 66.

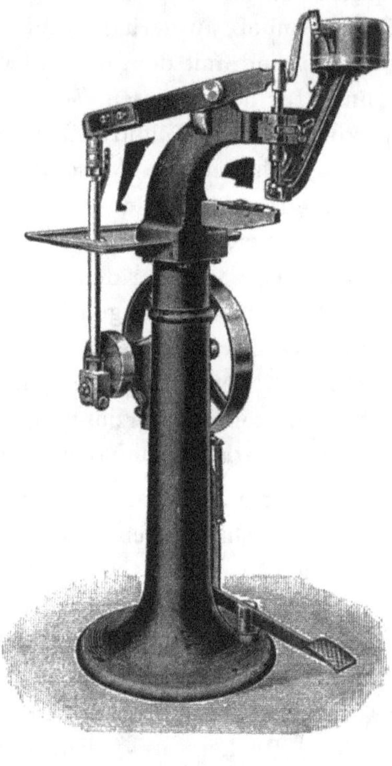

Abb. 67.

und sauberem Aussehen eine billige Herstellung solcher Gegenstände. Die zu verbindenden Gegenstände bedürfen keinerlei Vorbereitung, denn Lagen bis zu 10 mm Stärke werden von den Hohlnieten anstandslos durchstoßen.

Man verwendet nun Hohlnieten mit und ohne Deckplatte. Die ersteren kommen da zur Anwendung, wo es mehr auf Billigkeit als auf elegantes Aussehen ankommt, die letzteren dagegen können für alle Luxuszwecke verwendet werden und sind ein vollwertiger

Ersatz für die teuren Ledernieten. Die Deckplatten dieser Nieten können in Nickel, Braun, Schwarz oder auch in jeder anderen Farbe geliefert werden, so daß man sich dem zu verarbeitenden Material anpassen kann.

Die zur Verarbeitung nötigen Maschinen arbeiten automatisch und sind stets nur für eine Nietensorte eingerichtet, aber für sämtliche Längen dieser Sorten. Das Verarbeiten der verschiedenen

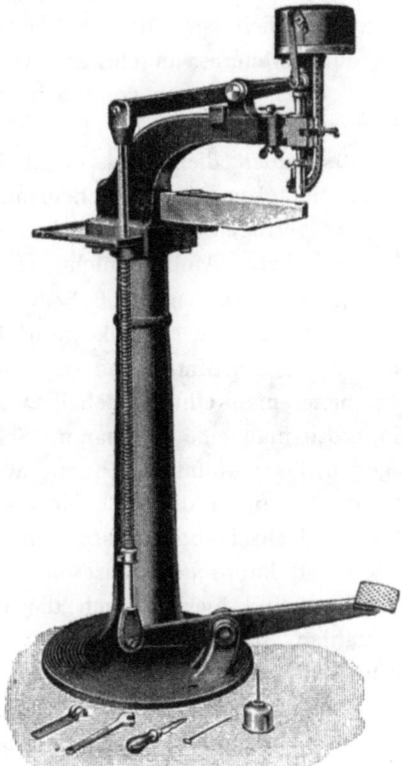

Abb. 68.

Nietenlängen erfolgt ohne Umstellung der Maschine, so daß man auch verschiedene Materialstärken hintereinander verarbeiten kann.

Die Abbildung 67 zeigt nun eine solche Nietmaschine für Hohlnieten mit selbsttätiger Zufuhr der Nieten für Kraftbetrieb in einer Ausführung der Sächsischen Kartonnagenmaschinen A.-G. in Dresden. Diese Maschine ist für Nieten ohne Deckplatte bestimmt, während die in der Abbildung 68 derselben Firma gezeigte Maschine Nieten mit Deckplatte verarbeitet.

Diese Nietmaschinen müssen natürlich entsprechend den vorkommenden Arbeiten mit verschiedenen Ambossen ausgerüstet werden können. Der normale Amboß, mit dem die Nietmaschinen ausgerüstet werden, ist mit einem verstellbaren Doppelanschlag versehen und dient für alle vorkommenden gewöhnlichen Heftungen. Er ist aber für sehr schmale und flache Gegenstände nicht geeignet, weshalb er für solche Fälle eine sogenannte Schlaufenzunge erhält, die z. B. zum Nieten von Riemenschlaufen und flachen Taschen unbedingt erforderlich ist. Diese Schlaufenzunge kann an jeder Nietmaschine ohne weiteres angebracht werden, auch nachträglich, da sie mit je einer Schraube von oben und von der Seite an dem Amboß festgeschraubt wird. Zur Herstellung von Musterbeuteln mit Verschlußscheiben dient eine ebenfalls auf einfachste Weise anzubringende Beutelzunge mit Scheibenhalter. Für viele Arbeiten ist wegen der geringen Höhe zwischen dem Heftstempel und Amboß der gewöhnliche Amboß nicht zu verwenden, man muß dann einen sogenannten Hakenamboß benutzen, der z. B. zum Einschlagen der Bodennieten an Handkoffern und der Eckenbeschläge unentbehrlich ist. Bei Materialien von nur geringer Festigkeit wie Kunstleder, nietet man Unterlegscheiben aus Blech, Pappe oder Leder mit ein, wozu man eine sogenannte Scheibenpfanne verwenden muß, die gegen die gewöhnliche Pfanne ausgewechselt wird. Vor jeder Heftung muß man in diese Scheibenpfanne eine solche Scheibe einlegen. Die Blechscheiben müssen mit einem Loch versehen sein, bei Leder- und Pappscheiben ist das aber unnötig.

Wie schon erwähnt, sind hierher auch die Blechklammer-Anpreßmaschinen zu zählen, deren Verwendungsmöglichkeit in der Kartonnagenindustrie sehr weitgehend ist, denn die Gegenstände, besonders aber Kartons und dergleichen erhalten dadurch eine große Festigkeit. Ein mit Blechklammerheftung gehefteter Karton ist sofort verwendungsfähig, während z. B. ein Karton, der mit Papierheftung versehen ist, erst noch überzogen werden muß. Die Blechklammerheftung zeichnet sich also durch Billigkeit aus und vermeidet jegliche Klebung. Um nun diese Heftung auch wirklich vorteilhaft zu gestalten, muß man auch entsprechende Maschinen verwenden. Es ist also nötig, daß die Zuführung der Blechklammern automatisch erfolgt.

Die Blechkammer-Anpreßmaschine der Sächsischen Kartonnagenmaschinenfabrik A.-G. in Dresden mit selbsttätiger Streifenzuführung und zwar für Fußbetrieb, kann natürlich auch für Kraftbetrieb eingerichtet werden. Diese Maschinen zeichnen sich durch eine einfache Konstruktion aus, da sie keinerlei komplizierten Mechanismus besitzen, dadurch ist auch eine immer gleichmäßige Arbeit gewährleistet. Infolge des Wegfallens aller Schläge ist der Gang der Maschine geräuschlos. Die Maschine kann allerdings nur stets eine Klammersorte verarbeiten.

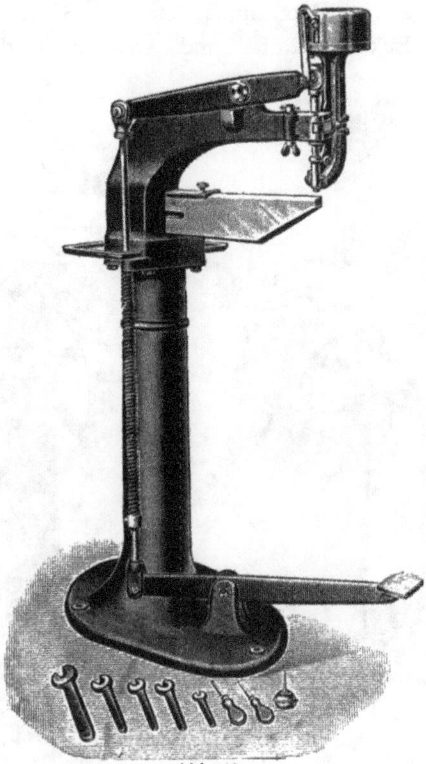

Abb. 69.

Wo es sich um große Leistungen handelt, tut man gut, das Heften von Deckeln und Unterteilen auf getrennten Maschinen vorzunehmen. Für die kurzen Heftungen der Deckel verwendet man dann eine einfache Eckennietmaschine, die besonders breite, also auch fester haftende Klammern verarbeitet, da erfahrungsgemäß die Deckel leicht aufreißen. Man kann diese breiteren Klammern auf den zu den Unterteilen verwendeten Blechklammermaschinen nicht gut verarbeiten. Für diese Eckenheftungen verwendet man am besten die Ornamentklammern.

Besonders hohe Kartons heftet man am vorteilhaftesten mit einer Blechkammer-Anpreßmaschine, wie sie in einer Bauart der Sächsischen Kartonnagenmaschinenfabrik A.-G. in Dresden dargestellt ist. Auch diese Maschine besitzt eine selbsttätige Zuführung der Streifen und ist für Kraftbetrieb eingerichtet.

Neben diesen in der Hauptsache für einfache Kartons zu verwendenden Anpreßmaschinen für die Blechklammern gibt es noch eine ganze Reihe von Spezialmaschinen, z. B. zum Abrunden und Andrücken der Eckenausläufer und Anschlagen der kleinen Klee-

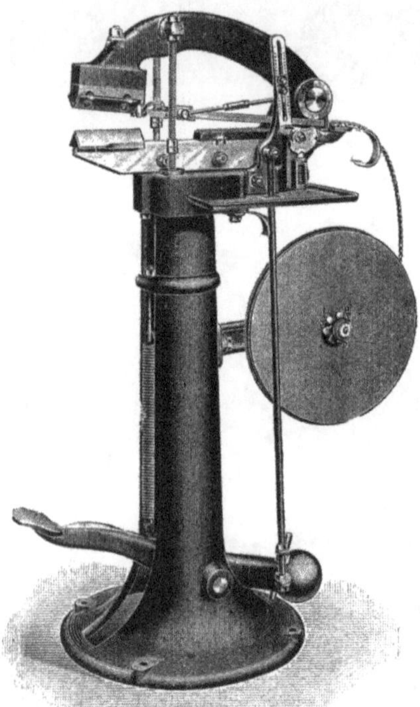

Abb. 70.

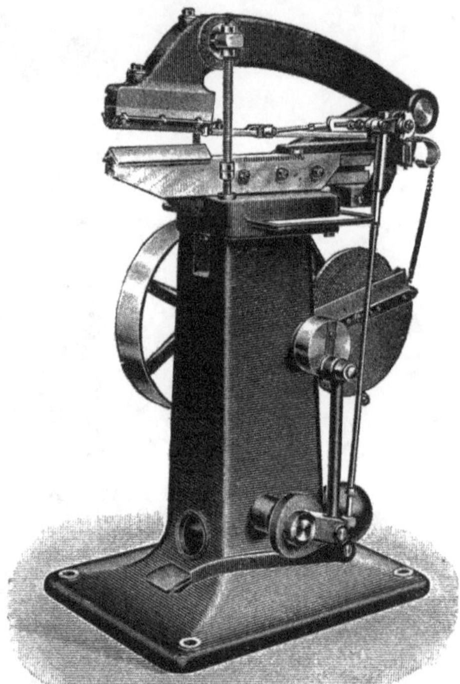

Abb. 71.

blattklammern. Diese Maschinen finden besonders Verwendung in der Kofferfabrikation oder zum Anpressen von Kleeblatt- und Ornamentklammern an Lagerkartons, Hutkartons, Koffern und ähnlichen Gegenständen. Für die letzteren Zwecke verwendet man dann am besten eine Exzenter-Anpreßmaschine für Kraftbetrieb mit abwechselbaren Einsätzen, wie sie in den Abbildungen 70 und 71 in einer Ausführung der Sächsischen Kartonnagenmaschinenfabrik A.-G. in Dresden gezeigt ist. Diese Maschine besitzt bei hoher Leistung eine vielseitige Verwendbarkeit.

ZUSCHNEIDEN UND PRAKTISCHE WINKE ZUR MASCHINENPFLEGE

In einem gut geleiteten Unternehmen ist es eigentlich selbstverständlich, daß neben dem Zuschneiden auch der Behandlung und Pflege der einschlägigen Spezialmaschinen die nötige Aufmerksamkeit gewidmet wird. Wenn wir uns jedoch trotzdem etwas ausführlicher mit diesem Thema befassen, so geschieht das hauptsächlich aus dem Grunde, weil gerade die Maschinenpflege im Drange der Geschäfte oft nur allzusehr vernachlässigt wird. Das geht oft so lange, bis dann eines Tages plötzlich da oder dort irgendeine kostspielige Reparatur notwendig wird, die dann auch indirekt wieder dazu zwingt, diesem Punkte erhöhte Beachtung zu schenken.

Bei der Mannigfaltigkeit der in der Kartonnagen-Industrie zur Verwendung gelangenden Maschinen aller Art ist es natürlich nicht möglich, jede Spezialmaschine ausführlich zu behandeln. Es soll daher nur das Allernotwendigste über die Behandlung und Pflege der speziell zum Zuschneiden in Betracht kommenden Hilfsmaschinen kurz erläutert werden. Zunächst sei auf ein Sprichwort hingewiesen, das dem Sinn nach wohl auf alle Maschinen und Apparate angewendet werden kann: „Wer gut schmiert, der gut fährt." Regelmäßiges und ausreichendes Schmieren ist wohl eine der wichtigsten Vorbedingungen für ein gutes Funktionieren jeder Art von Maschinen. Wo geschulte Fachleute an den einzelnen Spezialmaschinen beschäftigt werden, braucht sich ja der Werkmeister in der Regel weniger um diese Angelegenheit zu kümmern. Hierbei bieten schon die vorhandenen Fachkenntnisse und das Pflichtbewußtsein des einzelnen Arbeiters oder der Arbeiterin hinreichend Gewähr dafür, daß in dieser Hinsicht nichts versäumt wird. Wo jedoch überwiegend Hilfskräfte zur Bedienung dieser Maschinen verwendet werden, sollte der Vorarbeiter, der mit dem Einrichten und Stellen dieser Maschinen beauftragt ist, an jedem Tage zu bestimmten Zeiten Anweisungen zum Schmieren jeder im Betriebe laufenden Maschine geben. Außerdem soll er sich durch wiederholtes Nachprüfen davon überzeugen, daß das Schmieren auch in wirklich sachgemäßer Weise vor sich geht. Denn gerade von den ungeübten Hilfskräften wird in dieser Hinsicht oft viel gesündigt. Große Oelpfützen auf den Fußböden unter den Schmierlöchern der einzelnen Maschinen sind noch lange kein Beweis dafür, daß die Maschine auch wirklich sachgemäß geölt wurde. Sie sprechen nämlich eher dafür, daß beim Oelen recht oberflächlich verfahren wurde.

Damit kommen wir zu den einzelnen Spezialmaschinen selbst. Eine Pappschere ist wohl heute in jedem, auch dem kleinsten Betriebe vorhanden. Ihre Bauart ist so einfach, daß für ein sachgemäßes Arbeiten an ihr eigentlich nur zwei Punkte zu beachten sind. Zunächst ist darauf zu achten, daß das glanzgeschliffene Messer, welches unmittelbar unter dem Preßbalken an der Vorderseite des Tisches angeschraubt wird, genau im rechten Winkel zum Anschlagwinkel des Tisches steht. Dieses wird dadurch erreicht, daß man die in den Tisch der Maschine versenkten Messerschrauben unter Zuhilfenahme eines Steckstiftes soweit vor- oder rückwärts dreht, bis das Messer genau im Winkel steht. Wo, wie bei älteren Systemen, diese Schrauben nicht vorhanden sind, kann man sich dadurch helfen, daß man zwischen Messer und Tisch der Maschine kleine Papp- oder Blechstreifen einlegt und zwar so lange, bis das Messer genau im Winkel steht. Das gleiche gilt von dem am vorderen Anschlagwinkel anzubringenden Schmalschneider. Ist die Maschine mit Zentralstellung gebaut, so daß der Anschlagwinkel mechanisch vorbewegt wird, so wird der Schnitt, vorausgesetzt natürlich, daß die beiden Stellschrauben des Schmalschneiders gleichmäßig angezogen werden, ohne weiteres jedesmal gleichmäßig ausfallen. Kleine Schwankungen beseitigt man dadurch, daß man die eine Stellschraube entweder eine Wenigkeit lockert oder anzieht. Pappscheren neuerer Bauart sind zumeist mit Schmalschneidern ausgerüstet, welche nicht angeschraubt werden, sondern mit einer äußerst praktischen Prismenführung ausgestattet sind, so daß der Schmalschneider im Handumdrehen auf den Anschlagwinkel aufgesetzt bzw. aufgeschoben werden kann.

Neben Pappscheren nennen wir nun zunächst Ritzmaschinen, sowie Kreisscheren mit Ritz-, Rill- oder Nut-Einrichtungen. Hier ist in erster Linie darauf zu achten, daß die Ritz-, Rill- oder Nut-Apparate mit der größten Sorgfalt behandelt und möglichst sauber gehalten werden. Ferner empfiehlt es sich, nur soviel Apparate in den Halterbalken der Maschine einzusetzen, wie zu der vorzunehmenden Arbeit unbedingt notwendig sind. Die überzähligen Apparate sollen dagegen stets in einem Behälter aufbewahrt werden, wo sie nach Möglichkeit gegen Staub und Feuchtigkeit geschützt sind. Es ist ein großer Uebelstand, wenn man die überzähligen Apparate oft wochenlang in der Prismenführung der

Halterbalken hin und her schiebt, ohne daß sie je gebraucht werden. Die Apparate verstauben dabei meist so gründlich, daß ihre Reinigung oft längere Zeit in Anspruch nimmt. Weiter ist stets darauf zu achten, daß diejenigen Apparate, welche nach beendeter Arbeit in der Maschine verbleiben, so weit hochgeschraubt werden, daß sie mit ihren Schnittflächen in keinem Falle die Stahlwalzen berühren, über welche das zu verarbeitende Material gleitet. Zu tief stehende Apparate können, wenn die Maschine plötzlich in Gang gesetzt wird, die Walzen oft in kurzer Zeit derart beschädigen, daß ein genaues Arbeiten damit unmöglich wird. Weiter empfiehlt es sich, nach beendeter Arbeit, die zum Schneiden bestimmten Kreismesser der Maschine sofort auseinander zu stellen, damit sich beim Leerlauf der einzelnen Messer die Schnittflächen derselben nicht unnötig abnutzen. Auch beim Einstellen der Apparate wird nicht immer mit der nötigen Sorgfalt verfahren. Es ist z. B. eine weit verbreitete Unsitte, eingestellte und bereits festgeschraubte Apparate, welche in ihrer seitlichen Stellung mitunter noch einen knappen Millimeter nach rechts oder links gerückt werden müssen, dadurch in die richtige Lage zu bringen, daß man mit dem Schraubenschlüssel oder einem anderen Werkzeug seitlich gegen die Apparate schlägt. Gewiß genügt in den meisten Fällen ein derartig kurzer Schlag, um die Apparate in die gewünschte Stellung zu bringen, aber die Genauigkeit der Apparate leidet mit der Zeit derart, daß das Einstellen derselben bedeutend erschwert wird, wenn dieses Klopfen zur Gewohnheit wird. Größtenteils werden die Apparate in kurzer Zeit so beschädigt, daß sie für genauere Arbeiten unbrauchbar sind. Muß daher ein bereits festgeschraubter Apparat auch nur um ein Minimum seitlich verschoben werden, so ist in jedem Falle immer erst die Stellschraube zu lösen. Jedes Schlagen und Stoßen gegen die Seitenwandungen muß unbedingt unterbleiben.

Bei Biegemaschinen soll besonders darauf geachtet werden, daß die Biegezunge oder das Biegeschwert stets im richtigen Verhältnis zur Pappstärke eingestellt wird. Ist die Biegewulst der zu biegenden Pappe flach und breit, so wird sich das Material in den meisten Fällen schlecht umbiegen lassen. Ist sie dagegen zu hoch und demzufolge zu schmal, so wird das Material in der Regel an den zu scharf zusammengestauchten Stellen brechen oder platzen.

Stanzmaschinen aller Art und vornehmlich solche, bei denen die Stanzwerkzeuge öfters gewechselt werden, erfordern größte

Aufmerksamkeit beim Einsetzen der Schnittwerkzeuge. Hierbei muß in erster Linie darauf gesehen werden, daß die Schnitte gut gleiten und sich an keiner Stelle klemmen oder gar aufsitzen. Dieses gilt insbesondere für Faltschachtel-Stanzen aller Art. Hier kommt es öfter vor, daß schlecht eingesetzte Werkzeuge schon nach kurzer Zeit derart am Schnitt beschädigt werden, daß sie völlig unbrauchbar sind. Ferner wird die Lebensdauer und Leistungsfähigkeit derartiger Apparate durch rechtzeitiges Auswechseln der stumpf gewordenen Werkzeuge außerordentlich günstig beeinflußt.

Schneidemaschinen, welche namentlich in größeren Betrieben in erhöhtem Maße zum Schneiden von Papier und Pappen benötigt werden, müssen in erster Linie von gediegener und kräftiger Bauart sein, wenn sie mit Erfolg arbeiten sollen. Das Wichtigste ist hierbei, daß der Anschlagsattel der Maschine stets genau im Winkel steht. Auch der Tisch der Maschine muß genau nach der Wasserwage ausgerichtet werden und völlig wagerecht liegen, so daß die Messer beim Arbeiten weder unter sich noch über sich schneiden. Genaue Regulierung der Höhenstellung des Messers ist ebenfalls notwendig, damit dasselbe einesteils die Ware völlig durchschneidet ohne dabei zu tief in die Schneidleiste oder Schneidunterlage einzudringen. Wo besonders viel bedruckte oder lithographierte Etiketten, Plakate oder dergl. zu schneiden sind, ist ein öfteres Auswechseln der Messer sehr zu empfehlen, weil scharfe Messer erst ein genaues Schneiden von Drucksorten, bei denen oft der kleinste Unterschied in der Größe ins Gewicht fällt, gewährleisten. Schneidunterlagen, Schneidleisten usw. müssen sich natürlich dauernd in gutem Zustande befinden.

Zum Schlusse erwähnen wir noch Eckenheftmaschinen, Flach- und Querhefter sowie Blechecken-Anschlagmaschinen. Ihr Bau ist so einfach, daß in der Regel jede derartige Maschine ausgezeichnet arbeitet, sofern sie nur in sachgemäßer Art und Weise aufgestellt und gut am Fußboden befestigt wird. Die an der Maschine aufzusteckende Rolle, welche das Heftmaterial, Heftdraht, Heftband oder Blechband enthält, muß so befestigt werden, daß sie sich ohne Schwierigkeit dreht, so daß keinerlei Stockungen bei der Abwicklung des Heftmaterials entstehen können.

*

ÜBER ROHKARTONNAGEN

Trotz der überaus verteuerten Rohstoffe für gewöhnliche Verpackungsschachteln als Versandkartons, Stapelkartons, Konfektionskartonnagen, macht man immer wieder die Beobachtung, daß im Materialverbrauch hauptsächlich der Pappe, meist nicht die geringste Sparsamkeit beim Zuschnitt herrscht.

Des öfteren kann man sehen, daß solche Schachteln ohne die geringste Berechnung einfach im vollen Format zugeschnitten, die Ecken geschlitzt und zusammengeheftet werden. Wohl gibt es der Schachtel eine größere Stabilität, wenn beispielsweise die Kopfteile noch übereinander streichen, so daß mit dem Seitenteil die Stirnseite in doppelter Stärke ausfällt. Das ist an und für sich recht schön, aber unrationell und unrentabel. Man kann die Pappenformate viel mehr ausnützen, wenn die Schachteln mit Ansatzteilen hergestellt werden. Aus der Berechnung des Grundformates der Schachtel Länge und Breite und Höhe wird ersichtlich, an welcher Seite die Ansetzer in Frage kommen müssen, ob an der Breit- oder Stirnseite, ob an beiden oder nur an der einen Seite solche angesetzt werden müssen. Es sind jedoch immer mindestens 2 bis 3 cm am Format oder am Ansatzteil hinzuzurechnen für die Stelle, wo das Ansatzteil angeheftet werden muß, das nach innen und auch nach außen geheftet werden kann. Der Stabilität wegen empfiehlt es sich, die Ansatzteile nach innen einzuheften, weil auf diese Weise die Ecken der Schachteln eine größere Haltbarkeit bekommen und am Innenraum kein Vorstoß zu sehen ist.

Für größere Versandschachteln, etwa zur Blumenverpackung oder für Federpackungen empfehlen sich Holzleisten zur Verstärkung, welche am Unterteil, am Boden, an den Ecken und am oberen Rande desselben eingeheftet werden. Die verschiedenen Leisten werden in passender Größe geschnitten und an den Ecken mit längeren Stiften miteinander verbunden. Das Ganze wird nun an das Unterteil angeheftet. Zu diesem Zweck werden Maschinen mit auswechselbarem Heftknopf zum Heften von Kartons und Holzkisten verwendet. Handelt es sich um laufend größere Aufträge dieser Schachtelart, empfiehlt sich eine Kreissäge zum Schneiden der nötigen Größen der Holzleisten. Nur Betriebe, welche ganz speziell auf diesem Gebiete ausgerüstet sind, vermögen darauf in Konkurrenz zu treten.

An sonstigen Maschinen wird vor allen Dingen eine komplette

Kreisschere unerläßlich sein, damit man in der Lage ist, verschiedene Arbeitsgänge, ich meine das Schneiden und Rillen, in einem Gange zu tun, doch ist das Rillen nur bei dazu fähigen, also festen und zähen, aus Langfaser bestehenden Pappen möglich. Eine sehr gute Lederpappe und auch handgeschöpfte, sowie Graupappe können dazu verwendet werden. Für minder gute, also spröde und harte Pappen, kann nur die Biegemaschine Verwendung finden, nicht eine jede der vielerlei Fabrikate eignet sich für diese schwere Kartonnage, und so ist bei der Anschaffung einer solchen Vorsicht geboten.

Niet und Heftmaschinen sind selbstverständlich ein ebenfalls wichtiger Faktor und die führenden Firmen dieser Branche bringen darin wirklich leistungsfähige Maschinen auf den Markt.

Eine wichtige Rohkartonnage ist der Margarineversandkarton, und da die Margarine heutzutage zum Teil direkt an die Verbraucher geht, so ist der Bedarf der Versandkartons ein ganz erheblicher.

Es gehört aber eine gute Ausrüstung dazu, diesen Artikel herzustellen; außer einer modernen Kartonnagen-Maschineneinrichtung noch vor allen Dingen eine eigene Druckerei, so daß darin nicht jede Firma in Konkurrenz treten kann. Der Absatz liegt auch fast vollständig in der Hand einiger größerer Firmen.

Außer diesen genannten Anschaffungen gehören zur rationellen Fabrikation in erster Linie Kraftbetrieb, größere Räumlichkeiten, ein sehr großes Lager von Pappen der verschiedensten Arten und Formate. Der Bedarf an Pappen ist bei diesem Artikel ein derart großer, daß sogar mittlere Fabriken täglich mehrere Waggons Pappe verarbeiten.

Größere Betriebe haben ihren Kartonnagenbetrieben schon längst eine eigene Pappenfabrikation angeschlossen und wo dies noch nicht der Fall ist, besteht die Absicht.

Hier liegt das Kapital in den Rohstoffen, im Gegensatz zu den Kartonnagenbetrieben, welche feine und Luxuskartonnagen herstellen.

Nun möchte ich nochmals auf meine Bemerkung über unrentable und unrationelle Herstellung von Rohkartonnagen zurückkommen und alle diejenigen, die nicht die nötigen Kenntnisse besitzen, warnen, sich auf diesem Gebiete zu betätigen; sie werden dabei nichts verlieren. Nur Betriebe unter sachkundiger Leitung, die jeden Millimeter Pappe nach einer besonderen Methode gut auszunützen verstehen, werden mit Gewinn arbeiten.

Als eine weitere Rohkartonnage kann die Faltschachtel*) bezeichnet werden, doch besteht diese im Gegensatz zur Versandschachtel aus einem Stück. In den verschiedensten Aufmachungen mit Einsteck und Zungenverschluß ist die Fabrikation die gleiche wie bei der Versandschachtel. Der Verschluß wird auf einer Faltschachtelstanze ausgestanzt, im Gegensatz zur Versandschachtel, welche geschlitzt wird. Auch flachliegende Versandschachteln werden mit Zungenverschluß hergestellt.

Eine weitere Spezialität auf diesem Gebiet ist die Versandschachtel für Eier. Erst seit dem Kriege in Mode gekommen, hat sich diese durch die wirtschaftlichen Verhältnisse bis auf den heutigen Tag erhalten und wird auch veraussichtlich noch für lange Zeit das Feld behaupten.

Teils aus Wellpappe, teils aus Lederpappe in Größen für sechs bis mehrere hundert Eier berechnet, wird sie mit Fächern ausgerüstet, so daß jedes Ei isoliert liegt. Diese Fächer werden in flachem Zustande als Pappstanze auf der Kreissäge eingesägt und zusammengestellt. Kommen verschiedene Lagen übereinander, werden Zwischenpappen eingelegt. Es handelt sich vor allem darum, eine stabile Schachtel anzufertigen und ist in letzter Zeit die sogenannte Holzstoffpappe dafür sehr viel verwendet worden, da diese eine große Härte und Widerstandfähigkeit besitzt, um den recht kostbaren Inhalt genügend beim Transport zu schützen.

☆

*) Anmerkung des Herausgebers: Ueber diesen wichtigen Artikel in der Kartonnagenfabrikation finden die Leser noch eine Reihe von fachtechnischen Abhandlungen in diesem Werk.

DIE HERSTELLUNG VON VERSANDKARTONS

Zu den Gewerbezweigen, die sich auffallend schnell entwickelt haben, gehört in erster Linie die moderne Kartonnagenindustrie. Nahrungsmittel, Genußmittel, Gebrauchsgegenstände, die noch vor wenigen Jahrzehnten ausschließlich in kleinen Betrieben durch Handarbeit hergestellt wurden, werden heute in Massen erzeugt. Das Publikum, welches heute Verbraucher solcher Gegenstände ist, ist verwöhnter als seine bescheidenen Vorfahren. Es legt nicht nur Wert auf die Qualität, sondern auch auf die geschmackvolle handliche, äußere Form. So werden heute besonders in der Textilbranche hochwertige fertige Bekleidungsgegenstände gut verpackt in einem festen Karton, oder etwa wie die Hutschachteln, in einer sogar oft von Künstlerhand entworfenen Packung geliefert. Aber nicht nur dem Konsumenten, sondern auch dem Fabrikanten und Händler dient die Packung seiner Ware zum Stapeln und Versand in gleichem Maße.

So hat dem Zuge der Zeit nach wirtschaftlicher Massenfabrikation auch die Kartonnagenindustrie folgen müssen. Sie ist zu einer ganz gewaltigen Blüte gelangt. Namhafte Maschinenfabriken beschäftigen sich seit einer Reihe von Jahren ausschließlich mit dem Bau von immer vollkommener werdenden Kartonnagenmaschinen. Geniale Erfinder haben sich in den Dienst dieser verhältnismäßig jungen Industrie gestellt und haben immer neue, der wirtschaftlichen Massenherstellung Rechnung tragende Arbeitsverfahren ersonnen.

Infolge der veränderten Bedürfnisse des großen Publikums und im Ausmaße der Entwicklung der Kartonnagentechnik wuchsen die Kartonnagenfabriken überall wie Pilze aus dem Boden.

Die Stätten, wo Massenartikel fabriziert werden, wie Schuhfabriken, Wirkereien, Konfektionshäuser, Großwäschereien, Zigarettenfabriken u. a. m., richteten in ihren Betrieben selbständige Abteilungen zur maschinellen Herstellung von Kartonnagen und Packungen ein.

Zeitigt solche ausnahmsweise schnelle Entwicklung auf der einen Seite mit ihren Gründungen, Konkurrenzkämpfen usw. häßliche Folgeerscheinungen, so führt sie auf der anderen Seite zur Vervollkommnung und zum höheren Fortschritt.

Die „Schachtel“ ist so Allgemeingut der Menschen geworden. Täglich gehen uns die verschiedensten Arten derselben durch die

Hände. Ueber die Herstellung von der am meisten verbreiteten Kartonnage, der Versandschachtel und zwar unter Verwendung von Heftmaterialien aus Metall soll in nachstehendem eingehend in Wort und Bild berichtet werden.

Das Rohmaterial für die Versandschachtel ist die Pappe in Bogen, wie sie von den Pappenfabriken in verschiedensten Qualitäten geliefert wird und zwar vorzugsweise wohlfeile Sorten. Durch eine Reihe von Veredelungsmöglichkeiten, wie Färbung während der Herstellung (durchgefärbte Pappe), durch Ueberziehen mit farbigem Papier (Kaschieren), durch nachträgliches Streichen mit Farbe, Bedrucken oder Einprägen von Mustern (Gaufrieren) gibt man der sonst eintönigen äußeren Pappenfläche ein geschmackvolleres Aussehen. Ihres geringen Gewichtes wegen, bei trotzdem hinreichender

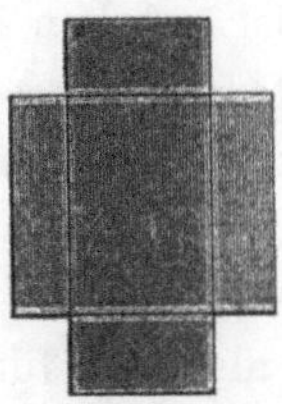

Abb. 72.

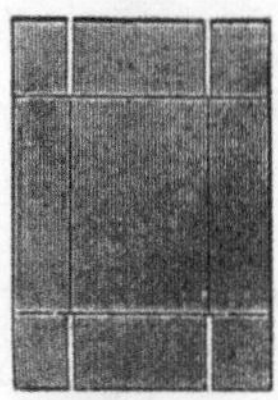

Abb. 73.

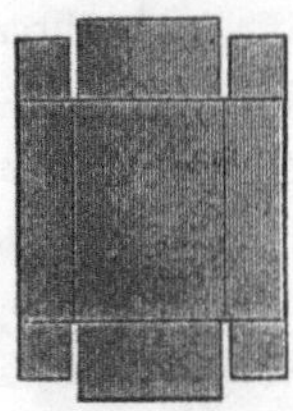

Abb. 74.

Festigkeit, hat sich auch die sogenannte Wellpappe gut eingeführt. Für die Wahl des Bogenformates ist möglichst vollkommene Ausnützung bestimmend. Der Abfall aus dem Bogen, der nicht zu verarbeiten ist, soll möglichst gering sein.

Die eigentliche Herstellung der Schachtel zerfällt in drei Hauptvorgänge:

1. das Zurichten der flachen Zuschnitte,
2. das Vorrichten der umzubiegenden Kanten,
3. das Schließen der Verbindungsstellen oder das sogenannte Heften.

Eine fertige Schachtel besteht aus Unterteil und Deckel. Beide haben meistens dieselbe Herstellungsart. In nachfolgender Beschreibung ist daher mit „Schachtel" oder „Karton" immer nur ein Teil gemeint.

Je nachdem wie die fertige Schachtel geschlossen wird, ist der Zuschnitt vorzurichten. (Abb. 72, 73, 74.)

Aus dem Pappebogen wird zunächst ein rechteckiges Stück in der benötigten Größe herausgeschnitten. Das Schneiden geschieht in kleineren Betrieben auf der Pappschere, in größeren auf der Pappenschneidemaschine oder der Kreisschere. Auf ersterer können nur immer ein oder wenige Bogen, je nach Stärke geschnitten werden, während die Schneidemaschine das Schneiden von hohen Stößen gestattet.

Die Pappenkreisschere ist besonders dadurch vorteilhaft, daß zwischen den kontinuierlich rotierenden Kreismesserpaaren eine größere Anzahl Schnitte parallel nebeneinander gleichzeitig ausgeführt werden kann. Der Bogen wird in die vor den Messerwellen liegenden Transportwalzen eingeführt. Hinter den Messerwellen sind wieder Transportwalzen angeordnet, welche die zerschnittenen Streifen weiterführen. Die so geschnittenen Streifen gehen nun nochmals durch die Maschine, um auch quer zerteilt zu werden. Damit der zweite Schnitt senkrecht zum ersten ausfällt, ist auf dem Einführungstisch der Maschine ein verstellbares, zu den Messerwellen genau parallel liegendes Lineal angebracht, welches selbsttätig den an ihn angelegten Pappestreifen so weit vorbewegt, daß die vorderen Transportwalzen ihn fassen können.

Diese Kreisschere ist sowohl für Kraft, als auch für Fußbetrieb eingerichtet. Die Zuschnitte haben infolge der gleichbleibenden Einstellung der Kreismesser alle genau gleiche Größe.

Auf der Pappschere und der Schneidemaschine wird die Gleichmäßigkeit der Zuschnitte durch verstellbare Anschläge erreicht, an welche die Pappe genau angelegt werden muß. Das untere Messer der Pappschere ist gerade, das obere nach einer archimedischen Spirale gekrümmt. Diese Kurve hat die Eigentümlichkeit, daß in jeder Messerstellung derselbe Schnittwinkel gewahrt bleibt.

Die Schneidemaschine arbeitet mit nur einem Messer; die Gegenlage bildet eine im Tisch in der Messerbahn liegende Leiste aus hartem Holz. Die Eigentümlichkeit der Schneidemaschine ist der „ziehende Schnitt".

Die Messerwange, an welcher das möglichst schlank geschliffene Messer befestigt ist, hat schräge Führungskulissen, mittels welcher sie sich auf im Rahmen der Maschine festgelagerten Führungsschienen schräg nach unten führt. Die Maschine ist für Handbetrieb, jedoch in größeren Betrieben meistens für Kraftbetrieb eingerichtet. Der auf dem Hintertisch parallel zum Messer verschiebbare Anschlag, auch „Sattel" genannt, wird durch die vorn sichtbare Kurbel eingestellt. Sowohl bei der Pappschere, als auch bei der Schneidemaschine wird das Pappenmaterial durch einen direkt neben dem Messer liegenden Preßbalken auf den Tisch festgepreßt, damit eine Verschiebung während des Schneidens und infolgedessen ein ungerader Schnitt nicht eintreten kann. Bei ersterer wird der Preßbalken durch einen Fußtritt betätigt, bei letzterer durch eine Gewindespindel, die an einem über der Maschine befindlichen Handrade gedreht wird.

Bevor die Zuschnitte ganz fertig gemacht werden, werden zunächst die umzubiegenden Kanten vorgerichtet. Früher hatte man die von der veralteten Handarbeit übernommene Methode des Ritzens beibehalten und zwar auf sogenannten Liniier- und Ritzmaschinen mittels Ritzapparate (Abb. 75), unter welchen man die Pappe

Abb. 75.

Abb. 76.

Abb. 77.

durchgehen ließ. Meistens werden die Zuschnitte gleichzeitig mit dem Ritzen durch Liniieren verziert, entweder durch Farbrollen mit farbigen Linien oder durch Prägerollen mit sogenannter Blindliniatur in den verschiedensten Mustern (Abb. 76, 77). Das Ritzen schwächt jedoch den Querschnitt der Pappe sehr stark, so daß die Festigkeit des fertigen Kartons erheblich vermindert wird.

Ein Umschwung hierin entstand mit der Erfindung der Pappen-Biegemaschine, eine der hervorragendsten Erfindungen der Kartonnagenmaschinenindustrie überhaupt.

Der Ausdruck „stauchen" wäre richtiger für den Biegevorgang, doch „biegen" ist die allgemein gebräuchliche Bezeichnung.

Durch eine Exzenterwelle wird die Biegetraverse parallel zum Tisch auf und ab bewegt. (Abb. 78).

Der Biegevorgang ist folgender: Das Pappenmaterial wird zwischen den Oberschienen *O* und den Unterschienen *S* zangenartig gefaßt und nach der Mitte zu über der Bandstahlzunge zu einer

Wulst zusammengestaucht. Bei starken Pappen entsteht die Wulst aus einem breiteren Materialstreifen als bei schwachen. Demzufolge müssen die Biegekanten der Oberschienen bei starken Pappen weit auseinander, bei schwachen nahe zusammen stehen; gestellt werden die Oberschienen durch Drehung der an der Biegetraverse angebrachten exzentrischen Bolzen mit Handwirbel.

Der untere Biegebalken *B* stützt sich auf kräftige Federn, welche durch eine Spannvorrichtung am vorderen Handrad der Pappenstärke entsprechend mehr oder weniger gespannt werden.

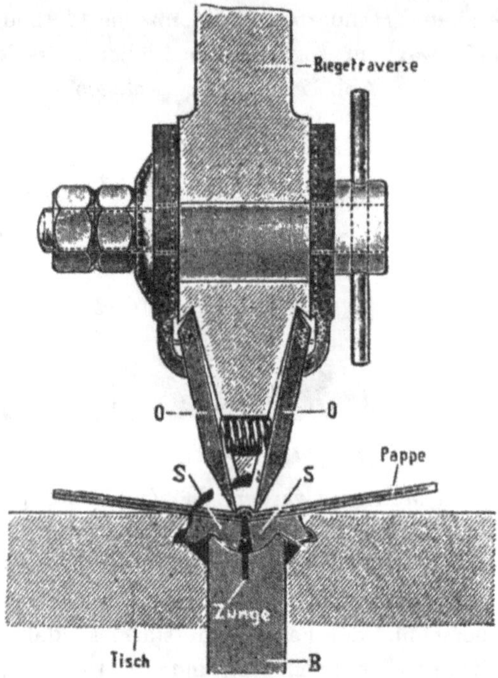

Abb. 78.

Er geht, nachdem die Oberschienen *O* sich auf die Pappe aufgesetzt haben, mit der Biegetraverse noch ein Stück herunter. Hierdurch stellen sich die Oberflächen der Unterschienen *S* schräg und ermöglichen so das Zusammenschieben des Materials gegen die Zunge und das Bilden der Biegewulst.

Auf diese Weise läßt sich die sprödeste Pappe leicht über den rechten Winkel hinaus umlegen, ja sogar flach zusammenlegen, ohne daß Verletzungen der Biegestelle sich zeigen.

Eine so gebildete Schachtelkante ist außerdem noch durch die innen liegende Wulst verstärkt.

Die Biegemaschine macht mit jedem Hube eine Biegerille. Es muß also jeder Zuschnitt viermal in die Maschine eingelegt werden. Durch einen auf dem Hintertisch verschiebbaren Anschlag wird die Kastenhöhe eingestellt.

Der so vierfach abgebogene Zuschnitt wird jetzt für das Heften wieder vorgerichtet, durch Ausstoßen der Ecken oder durch Schlitzen der einzulegenden Lappen oder durch Kombination dieser beiden

Abb. 79.

Operationen, wenn die Breite der Schachtel geringer ist als ihre doppelte Höhe.

Es gibt Maschinen für jede einzelne Operation, wie Eckenausstoßmaschinen und Schlitzmaschinen. Am vorteilhaftesten hierfür ist jedoch eine Universalmaschine: die Schlitzschneidmaschine mit Winkelschnitt. (Abb. 79).

Die Maschine für Kraftbetrieb ist als Exzenterpresse konstruiert, der Obermesserstößel geht kontinuierlich auf und nieder. Mittels einer Bolzenkupplung und Fußtritt kann jedoch auch nach jedem

Arbeitshube ausgerückt werden. Sowohl die Obermesser, als auch die im Tisch liegenden Untermesser sind je nach der Art des Zuschnittes bequem und schnell verstellbar. In der Abb. 80 sind die Obermesser mit *A* und *B*, die verschiedenen Untermesser mit *C*, *D*, *E* und *F* bezeichnet.

Für die vielseitige Art des Heftens ist natürlich unter Berücksichtigung der jeweiligen Schachtelverwendung die Form des Zuschnittes bestimmend. Ein Zuschnitt nach Abb. 72 kann nur mit Eckenklammern geschlossen werden, während die Lappen der Zuschnitte nach Abb. 73 und 74 mittels Flachkammern an die Kartonwände angeheftet werden.

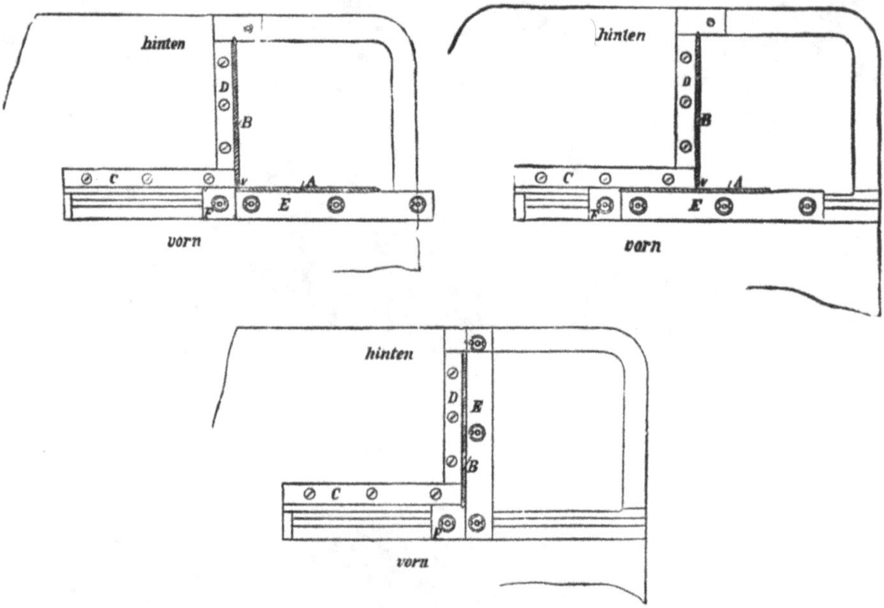

Abb. 80.

Wird mehr auf Billigkeit als auf Festigkeit und sauberes Aussehen gesehen, wählt man Drahtheftung mit Runddraht oder schmalem Flachdraht, sonst auch breiten Heftdraht.

Abb. 81 und 82 zeigen derartig mit Draht geheftete Kartons; erstere mit Flachkammern und letztere mit Eckenklammern.

Wenn die an die Heftung gestellten Ansprüche genügen, ist die Drahtheftung ein äußerst rationelles Arbeitsverfahren.

Die Drahtheftmaschinen haben daher nicht nur für Pappe, sondern auch für Leder und Holz eine bedeutende Verbreitung gefunden. Die Arbeitsweise dieser Maschinen ist vollkommen automatisch. Der Draht wird als Wickel auf einer Haspel aufgesteckt. Bei jedem vollen Fußtritthube führt der Vorschubmechanismus ein Stück Draht in den Heftkopf ein, welcher selbsttätig die Klammern bildet und in die auf den Sattel aufgelegte Pappe eindrückt. In der Spitze des Sattels ist der sogenannte „Clincher" untergebracht, welcher die durch die Pappe hindurchtretenden Klammerspitzen umbiegt.

Wird von den zu heftenden Kartons große Festigkeit und zugleich möglichste Eleganz gefordert, kommen Blechklammern aus

Abb. 81.

Abb. 82.

Stahlblech zur Verwendung, entweder verzinnt, unverzinnt, vernickelt oder farbig. Zum Schließen der Ecken verwendet man entweder Einzelklammern oder zusammenhängende Klammerstreifen. Einen solchen Klammerstreifen zeigt Abb. 83.

Die Streifen werden auf Klammer-Anpreßmaschinen an die Schachtelecken angepreßt.

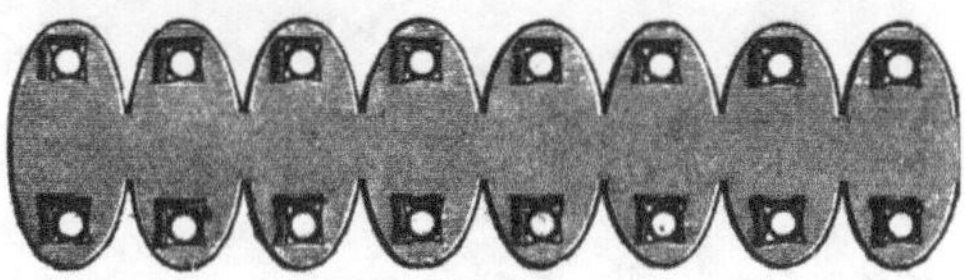

Abb. 83.

Auf dem dachförmigen Amboßsattel wird die Schachtel aufgelegt, der Anpreßarm, in dessen Kopf die Blechklammern eingeschoben werden, drückt, bewegt durch Kurbel und Kniehebel, die Klammern mit großer Kraft in die Schachteldecken ein. Der Heftstreifen rollt sich von der Streifenhaspel ab, geht über den Führungsbogen durch den sogenannten „Kanal" in den Heftkopf hinein. Der Streifenvorschub ist vollkommen automatisch. Auf dem Kanal wird ein Bronzeschieber mit einer Greiferklinke hin und her bewegt. Diese Greiferklinke greift in die fassonierten Zacken des Streifens ein und zieht ihn mit sich. Das Stück welches angepreßt werden soll, wird durch eine Messervorrichtung genau und sauber abgeschnitten. Die Maschine ist für alle Schachtelhöhen bequem und schnell einzustellen. Es wird einerseits der Amboßsattel durch Verschieben verlängert oder verkürzt, andererseits zugleich der Streifenvorschub in dem kulissenartigen Vorschubhebel verstellt. Als Ausbalancierung für das Gewicht des Anpreßarmes

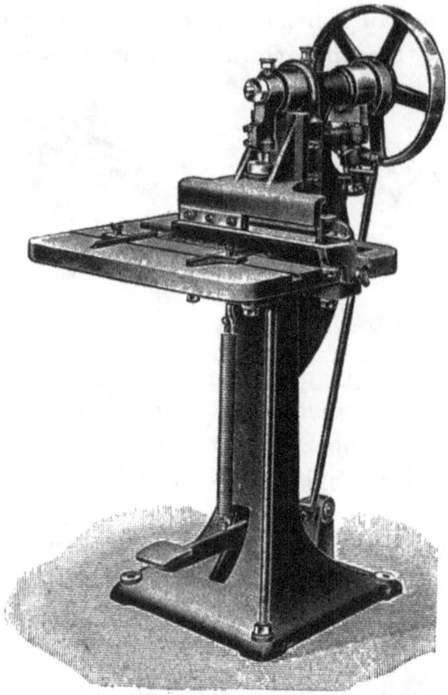

Abb. 84.

dient das mit dem Kniehebel starr verbundene Gegengewicht, von dem aus durch eine Zugstange der Vorschubhebel gesteuert wird.

Eine in dieser Weise angepreßte Klammer haftet infolge der Eigenart ihrer Zähne ganz überaus fest in der Pappe. Diese Zähne sind ähnlich wie die Zähne eines Reibeisens, nur länger und nach außen etwas umgebogen. Sie treten mit Leichtigkeit durch die Pappe hindurch und legen sich widerhakenartig um, wenn ihre Spitzen auf die Fläche des Amboßdaches aus gehärtetem Stahl auftreffen. Die Heftklammern sind in den verschiedensten Fassons in Breiten 9—25 Millimeter erhältlich.

Ein so mit Eckenklammern gehefteter Karton ist in den Ecken ganz gewaltig versteift und hat ein äußerst elegantes Aussehen. Schuh- und Versandkartons besserer Ausführung zeigen fast ausschließlich diese Herstellungsart.

Für leichtere Zwecke dienende kleinere Kartons ist die Eckenheftung mit Einzelklammern üblich. Eine Darstellung derartig gehefteter Schachtelteile gibt Abb. 85. Die für diese Heftung benutzte Maschine ist die automatisch arbeitende Schnellheftmaschine für Eckenklammern.

Abb. 85.

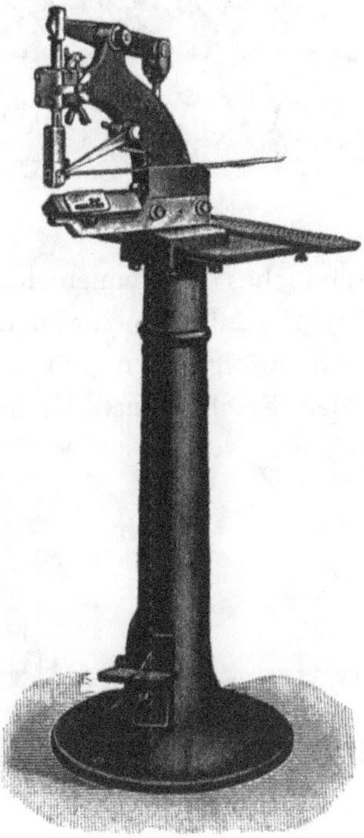

Abb. 86

Abb. 87.

Die Klammer wird zusammenhängend in langen Streifen (Abb. 88) in den Heftstempel eingeführt. Bei jedem Fußtritthube wird eine Einzelklammer selbsttätig abgetrennt und in die auf dem Amboßsattel aufgelegte Pappe eingeschlagen. Von unten werden die durchtretenden Zähne widerhakenartig selbsttätig umgelegt.

Alle Schachteln aus solchen Zuschnitten, bei denen die Ecken nicht ganz ausgeschnitten sind, sondern durch Schlitzen als Lappen ausgebildet sind, werden mit Flachklammern und zwar mit Einzelklammern, geschlossen.

Eine in ihrer Konstruktion und Wirkungsweise der zuletzt beschriebenen Eckenheftmaschine gleichartige ist die Schnellheftmaschine für Flachklammern. Die Klammernstreifen haben natürlich andere Fasson. (Abb. 70, 71.)

Die Heftart (sowohl für Ecken- als für Flachklammern) ist äußerst beliebt und verbreitet, wohl besonders durch die absolut gratfreie und saubere Beschaffenheit der verhefteten Klammern. Es wird nämlich bei diesen nicht wie bei den vorbeschriebenen Heftstreifen

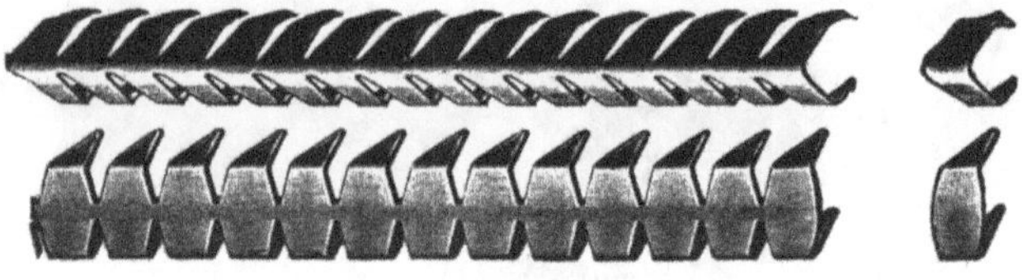

Abb. 88 u. 89.

die Klammer durch einfaches Abtrennen losgelöst, sondern jede Klammer wird bei dem Einheften an beiden Trennstellen beschnitten und außerdem infolge der gehöhlten Druckfläche des Eindrückstempels mit den beschnittenen Kanten ganz in die Oberfläche der Pappe eingedrückt.

Abb. 90.

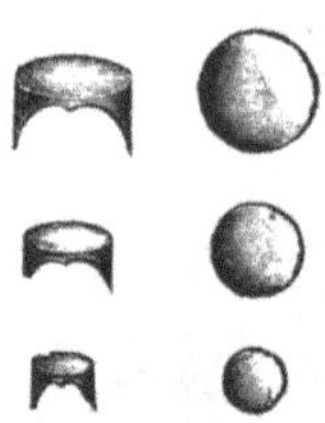

Abb. 91.

Abb. 92.

Die am meisten gebräuchliche und seit vielen Jahren in der ganzen Kulturwelt eingeführte Heftart ist die Vernietung der Schachtelteile mittels Rundnieten (Abb. 91). Die Arbeitsweise der Karton-Nietmaschinen ist eine ganz andere, als der bereits geschilderten Heftmaschinen. Während bei diesen der Draht oder der Klammerstreifen vor jeder Heftung durch Messer abgeschnitten wurde, heftet die Karton-Nietmaschine ohne jede Abschneide-Vorrichtung. Die fertigen Nieten (Abb. 91) werden auf den durch eine Blechhaube umschlossenen, blankpolierten Bronzeteller aufgeschüttet. Ein Kanal verbindet diesen Teller mit dem Heftstempel. Ein auf dem

Teller hin und her gehender Borstenpinsel bürstet über ein besonders fassoniertes Füllstück aus gehärtetem Stahl die Nieten stets in einer ganz bestimmten Lage in den Kanal ein. Das Eigengewicht der in dem Kanal stehenden Nietensäule drückt die vorderste Niete in den Heftstempel ein und dieser führt bei seinem Abwärtsgang die Niete nach unten und schlägt sie in den Karton ein. Eine in der Spitze des Amboßsattels eingesetzte, mit einer Fassonfräsung versehene „Pfanne" legt die Spitzen nach oben um. Die größten und am stärksten beanspruchten Versandkartons, wie sie für die Konfektion- und Wäschereibranche benötigt werden, heftet man vorzugsweise mit Rundnieten.

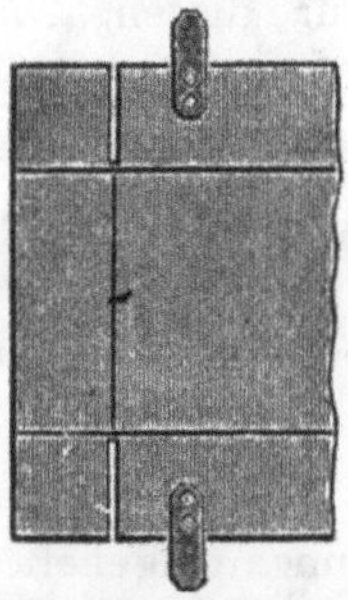

Abb. 92 a. Flacher Karton mit Umlegeklammern versehen.

Abb. 92 b. Fertiger Karton mit Umlegeklammern geschlossen.

Fertige Kartons erfordern sowohl für den Versand als auch für das Lagern großen Raum. Deshalb beziehen viele Konsumenten die Schachteln in flachem Zustande und machen sie erst bei der Verwendung gebrauchsfähig. So zeigt vorstehende Abbildung das Zusammenfügen und Armieren eines Kartons mit von Hand angedrückten Einzelklammern (Abb. 92), Abb. 92 a einen Flachkarton mit maschinell angeschlagenen Umlegeklammern. Der Verbraucher nimmt durch einfaches Umbiegen der Klammern die Selbstanfertigung mit der Hand zum fertigen Karton vor. (Abb. 92 b.)

*

POST- UND VERSANDSCHACHTELN

Verpackungsmaterial, sonst der wohlfeilste Artikel, den man nicht weiter beachtete und nach Gebrauch wegzuwerfen pflegt, ist heute ein wichtiger Faktor geworden, der bei der Berechnung nicht ohne Bedeutung ist. Infolgedessen ist man zu der Erkenntnis gelangt, daß der Postversandkarton nur dann noch seinen Wert hat, wenn er mehrere Male Verwendung finden kann. Er muß deshalb von solcher Festigkeit und Dauerhaftigkeit in seinem Material und in seiner Bearbeitung sein, daß ein wiederholter Versand möglich ist, ohne daß der Inhalt Schaden leidet.

Nicht eine jede Pappe eignet sich für diesen Zweck. Am besten verwendet man, um dauerhafte Versandschachteln herzustellen, Holzstoffpappe, gut geglättete Graupappe oder ebensolche Handlederpappe in Stärke 70 bis 100. Die aus Holzstoffpappe hergestellten Schachteln genießen den Vorzug, daß das Material ungeheuer hart, also äußerst widerstandsfähig gegen Druck und Stoß ist. Sie werden aus einem genieteten Unterteil hergestellt. In ungefähr 50 cm Abstand vom oberen Rande wird ein 2 bis 3 cm breiter Pappstreifen ringsum innen eingeheftet, welcher den flachen Deckel aufnimmt bzw. als Stütze für denselben. Der obere Rand des Unterteils wird außerdem etwa 5 cm breit mit einem dünnen festen Karton oder Pappstreifen ein- und umgeschlagen. Darauf wird das Unterteil ungefähr 1 cm über dem eingeklebten Pappstreifen mit Lochnieten an jeder Seite versehen. Zur Erklärung dafür diene ein Vergleich mit den an den Schuhen befindlichen Oesen zum Verschnüren derselben. Loch- und Oesenmaschinen bauen verschiedene bekannte Maschinenfabriken unserer Branche. Der besonders harte Deckel wird in genauer Kartongröße zur Weite zugeschnitten, an den Ecken abgerundet und in die Schachtel auf den inneren Vorstoß aufgelegt. Nach Verschnüren der Oesen durch Bindfaden untereinander ist die Schachtel versandfertig und braucht nicht extra mit Schnur umwickelt zu werden wie das bei der gebräuchlichen Art geschieht. Wenn auch die Neuanschaffungen für diese Versandkartons höher sind als gegenüber den gewöhnlichen, so machen sich diese aber doppelt und dreifach bezahlt durch den wiederholten Gebrauch. Allerdings für Fabriken, welche Ware zum Versand erzeugen, kommt dieser Karton nicht in Frage, sondern zumeist als Handverkaufsartikel für die Privatkundschaft. Ich habe diesen Karton in letzter Zeit zum Versand für Eier öfters beobachtet und gefunden, daß derselbe auch nach fünf- bis sechsmaligem Gebrauch seinen Zweck voll und ganz erfüllte. Die soeben beschriebene Schachtelart läßt sich auch aus jeder anderen Pappe erzeugen, nur muß sie dann auch sehr stabil sein. Die Drahtheftung ist für Versandschachteln zu verwerfen. Am besten eignet sich als Heftung das 3-mm-Band als Niete. Der Billigkeit halber wird allerdings Draht mehr verwendet als die Bandniete, aber einen dauerhaften Karton schafft man mit Drahtheftung nicht!

Noch eine andere Herstellungsweise sei hier erwähnt. Die Holzstoffpappe wird nach dem Zuschnitt angefeuchtet und geheftet. Der ganze Karton wird mit einem groben, also unsatinierten grauen oder Braunstoffpapier bezogen, als Klebemittel dient Kaltleim oder Stärkekleister. Dann verfährt man in der vorher geschilderten Weise, nur ist die Pappe hier in noch feuchtem Zustande. Der gut ausgetrocknete Karton ist sehr hart und fest; man kann sagen, klanghart. Diesen großen Erfolg erzielt man bei keiner anderen Pappenart.

Die sogenannten Post- und Versandschachteln werden vorwiegend aus Lederpappe, teilweise jedoch aus grauer Pappe angefertigt. Zum Zuschneiden derartiger Schachteln verwendet man mit Vorliebe die Beschneidemaschine. Vorbedingung ist jedoch hierbei in erster Linie, daß die Beschneidemaschine dementsprechend kräftig gebaut und mit automatischer Selbstpressung versehen ist. Selbsttätige Ein- und Ausrückvorrichtung, sowie mechanischer Vorschub, auch Schnellsattel genannt, sind weitere Eigenschaften, welche eine solche Maschine besitzen muß, wenn sie all den Anforderungen genügen soll, welche an derartige Maschinen gestellt werden.

Bei den größeren Versandschachteln ist vorteilhaftes Zuschneiden erste Bedingung.

Um nun möglichst wenig Abfall zu haben, und andererseits das vorhandene Material tunlichst ausnützen zu können, werden derartige Schachteln zum weitaus größten Teil mit Ansetzteilen geschnitten, also gestückt. Man nimmt daher, je nach der Größe der zu schneidenden Schachtel, entweder die Länge oder Breite des vorgeschriebenen Maßes und rechnet die Höhe der Schachtel zweimal dazu, so daß die Schachtel in diesem Falle mit zwei Ansetzteilen geschnitten wird. (Abb. 93.) Wenn auch dieses noch nicht vorteilhaft genug erscheint, so kann man auch drei oder vier Ansetzteile nehmen, wie in Abb. 94 zu sehen ist.

Je nach der Größe der zu verarbeitenden Pappen kann man dabei die zum Anstücken notwendigen Ansetzkanten entweder wie bei Abb. 93 der Länge oder Breite der Schachtel zurechnen, oder wie in Abb. 94 der Höhe, so daß im letzteren Falle die Kanten den Ansetzteilen zugerechnet werden.

Nach erfolgtem Ritzen, Rillen oder Biegen werden die Zuschnitte ausgestanzt und mittels der Eckenheftmaschine oder Flachheftmaschine geheftet. Außerdem ist das Heften mittels Knopfnieten oder das Anschlagen mit endlosem Blechband an der Anschlagmaschine sehr zu empfehlen.

Wo besonderer Wert auf die Haltbarkeit derartiger Schachteln gelegt wird, werden diese an den Ecken und Kanten vielfach noch mit Schirting oder Leinwand gerändelt.

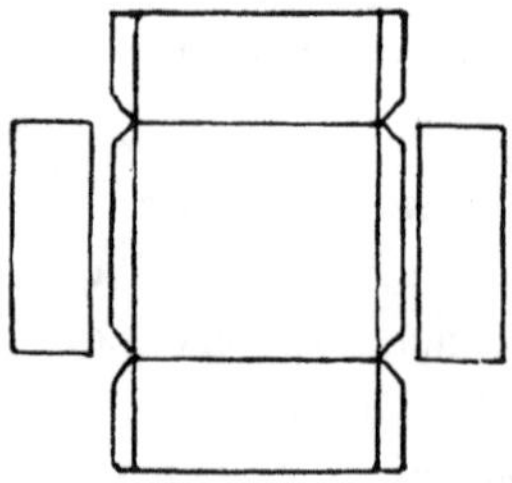

Abb. 93.

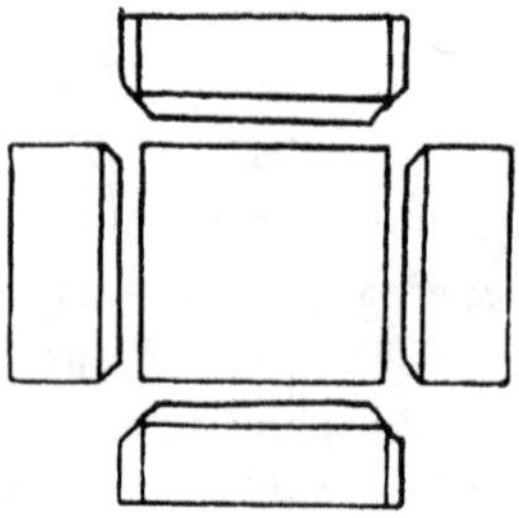

Abb. 94.

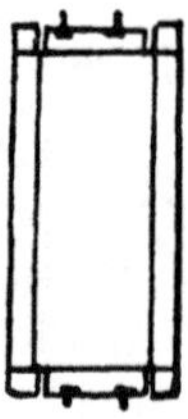

Abb. 95.

In vielen Fällen wird jedoch das Unterteil von der Innenseite an den Ecken und Kanten mit etwa 1½ cm starken und 2 cm hohen Holzleisten verstärkt, welche gleichfalls mit der Flachheftmaschine in das Unterteil eingenietet und an den Ecken durch Drahtstifte zusammengenagelt werden.

Erhalten derartige Schachteln einen flachen Deckel, so wird dieser aus einem Stück zugeschnitten. Bei tiefem, das Unterteil ganz bedeckendem Deckel wird jedoch beim Zuschneiden gleichfalls in der bereits oben geschilderten Weise verfahren.

Unter Versandschachteln wären ferner noch die sogenannten flachliegenden Zuschnitte zu erwähnen, welche nach erfolgtem Zuschneiden meist gebogen und geschlitzt werden. Nachdem werden Unterteil sowohl als Deckel mit sogenannten Umlegeklammern versehen und gelangen hierauf in offenem Zustande zum Versand. (Abb. 95.)

Wenn nun der Abnehmer die Schachteln verwenden will, so biegt er unter Zuhilfenahme einer kleinen Zange die vorhandenen Umlegeklammern um, d. h. er setzt sich die Schachteln selbst zusammen.

Das Anschlagen der Umlegeklammern geht gleichfalls auf maschinellem Wege vor sich, wobei noch erwähnt werden soll, daß jetzt eine Maschine gebaut wird, welche die Umlegeklammern in einem Arbeitsgange aus Blechband ausstanzt und gleichzeitig anschlägt, wodurch eine bedeutende Verbilligung und Mehrleistung gegenüber der früheren Herstellungsweise erzielt wird.

Ein weiterer, immer größere Verbreitung findender Artikel sind die Post- oder Konfektionsschachteln mit Warenzeichen, Fabrikmarke oder Firma in Blind- oder Farbprägung auf dem Deckel. In Anbetracht der großen Formate dieser Schachteln, die durchweg aus einem Stück geschnitten sind, war es bisher nicht möglich, solche Schachteln auf anderen Maschinen als Kniehebelpressen mit größerer Durchgangsbreite zwischen den Säulen zu prägen. Bei Blindprägungen genügt wohl eine einzige Person zur Bedienung, die stündlich vielleicht etwa 200 Schachteln prägen kann. Bei Prägung mit Farbdruck ist jedoch stets eine zweite Person nötig, die nach jedem Druck die Platte mit der Handwalze wieder einfärbt. Es sind schon viele Versuche gemacht worden, eine mechanisch einfärbende Maschine zu bauen, die eine größere Leistungsfähigkeit als die Kniehebelpresse haben sollte, aber immer wieder hat sich irgend ein Hindernis gezeigt. Bei den Farbdruckpressen war es der hinten mit dem Fundament zusammenhängende Drucktiegel, der das Hindurchschieben der größeren Schachteldeckel verhinderte, wodurch die Ausnutzung der Druckfläche unmöglich war, bei den Tiegeldruckpressen die zu geringe Durchgangsweite zwischen den Zugstangen.

Ein Kartonnagenfabrikant, der seinen Betrieb mit einer passenden Tiegeldruckpresse ausgestattet hat, kann in den meisten Fällen auf die Ritz- und Eckenausstoßmaschine verzichten, weil er diese Arbeit in einem einzigen Gange in der Presse ausführen kann. Man setzt einfach in die Form Schneid- und Ritzlinien, die der Größe der herzustellenden Schachtel entsprechen und legt die Pappteile an wie gewöhnliches Druckpapier, stanzt und ritzt in einem Arbeitsgange soviel Schachteln, als je nach der Größe unter voller Ausnutzung des Formates der Maschine nötig sind. Bei eventuellem Textaufdruck kann auch dieser gleichzeitig hergestellt werden.

Diese Herstellungsweise ist ganz besonders bei den in Abb. 96 und 97 gezeigten sogenannten Hülsen oder Futteralen zu empfehlen.

Einseitig gemaserte oder beklebte und nachträglich mit der Blecheckenmaschine angeschlagene Schachteln, welche besonders zur Verpackung von Schuhwaren dienen, nehmen unter den Versandschachteln gleichfalls einen breiten Raum ein.

Unterteil, sowohl als Deckel dieser Schachteln werden je aus einem Stück geschnitten. Wenn hierzu keine farbige oder gemaserte Pappe verwandt wird, so werden die Pappen vor dem Zuschneiden zunächst im ganzen Bogen mit dem zu verwendenden Bezugspapier beklebt. Man verwendet hierzu alle möglichen Natur- oder Glanzpapiere.

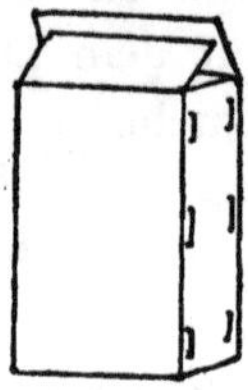

Abh. 96.

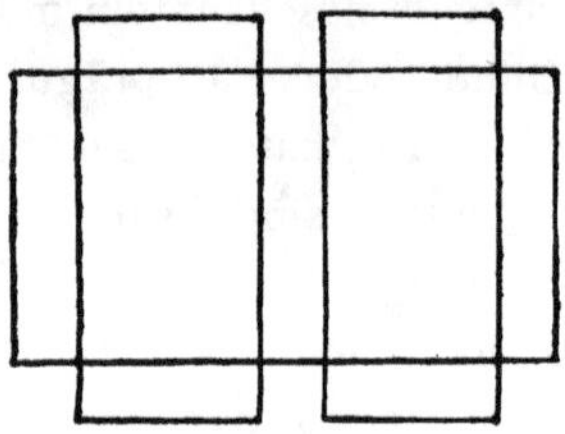

Abb. 97.

Nachdem die beklebten Pappen ausgetrocknet sind, werden sie auf der Rollschere geschnitten, von der Rückseite genietet, umgebogen und an der Anschlagmaschine mit Blechecken versehen. (Abb. 98 und 99.)

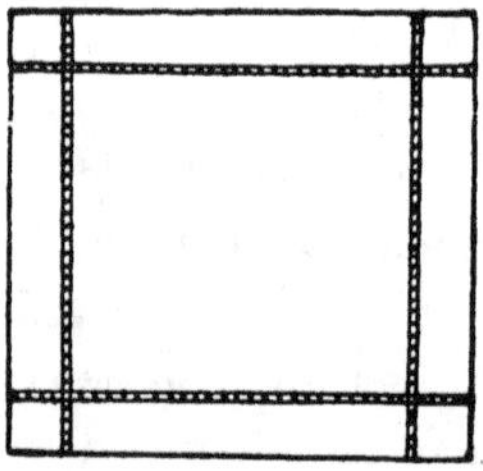

Abb. 98.

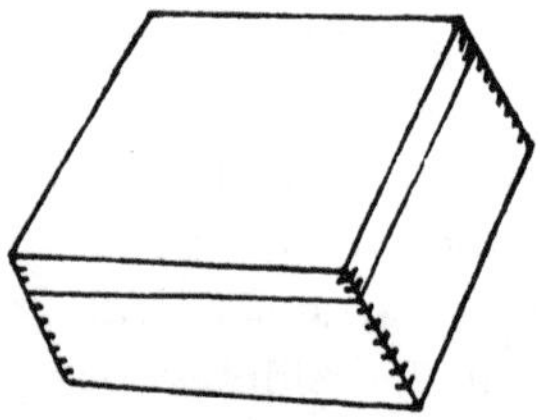

Abb. 99.

Die Reihenfolge in der Herstellungsweise ist also hier folgende: Kaschieren, Zuschneiden, Nieten, Stanzen und Eckenanschlagen. Hier tritt vor allen Dingen an Stelle der Ritz- oder Biegemaschine die Nutmaschine. Diese ist der Ritzmaschine ähnlich, nur mit dem Unterschiede, daß sich an Stelle der Ritzmesser Nutmesser befinden. Die Gründe, warum diese Schachteln genietet werden, sind folgende: erstens wäre auf einer schon beklebten Pappe, welche nachträglich geritzt wird, der Ritz zu sehen, abgesehen davon, daß eine derartig hergestellte Schachtel sehr wenig Haltbarkeit besitzt; zweitens würde, sofern die beklebte Pappe auf der Biegemaschine umgebogen würde, der Bezug platzen. Wenn jedoch die Pappe genietet wird, entsteht dadurch, daß der Nutstift, welcher sich unmittelbar hinter den Nutmessern befindet, etwa ein Drittel der Pappstärke, in der Breite von etwa 2 mm aus der Pappe herausschält, so viel Spielraum, daß die Pappe nun bequem nach innen umgebogen werden kann, ohne daß der Bezug dadurch beschädigt wird. Wird jedoch zu den hier angeführten Schachteln gemaserte Leder-

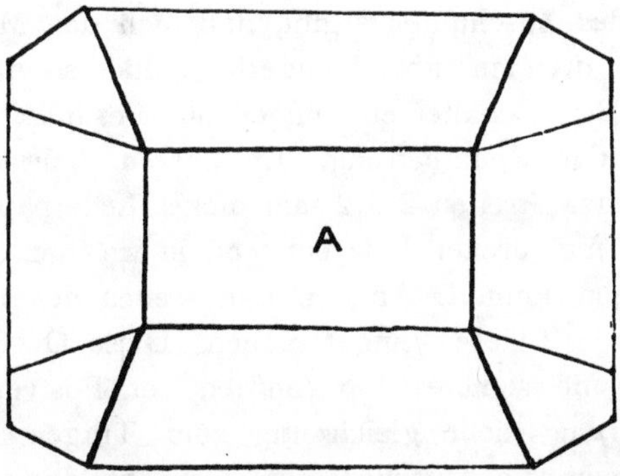

Abb. 100.

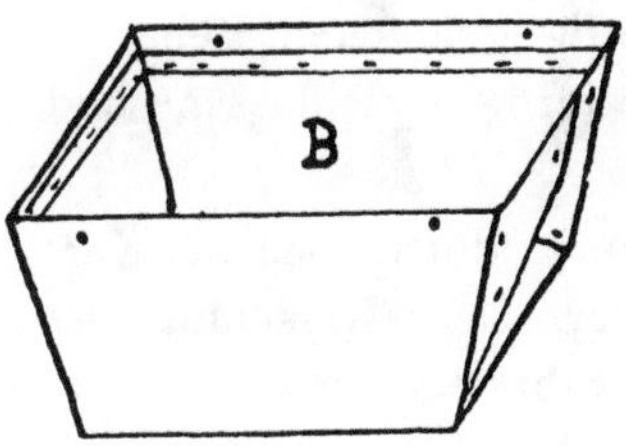

Abb. 10i.

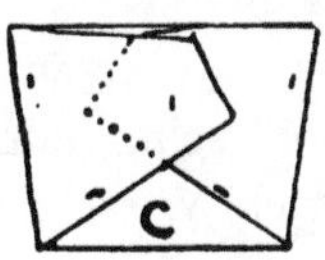

Abb. 102.

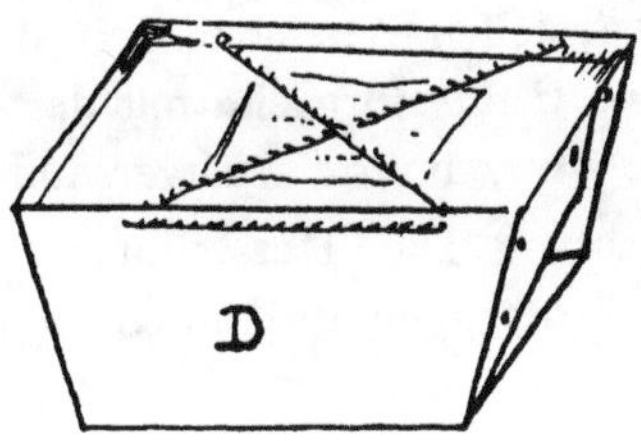

Abb. 103.

pappe verwandt, in welchem Falle natürlich das Bekleben der Pappen unterbleibt, so werden diese nicht genietet, sondern an der Biegemaschine umgebogen. Beide Arten der hier beschriebenen Schachteln haben ein sehr gefälliges Aussehen und werden daher auch viel gekauft.

Eine besondere Spezialität von Versandschachteln, welche in der Hauptsache für den Postversand dienen, sich jedoch ebenfalls auch für Reisezwecke eignen, sind viereckige Versandschachteln in konischer Form, wie solche in Abb. 100—103 gezeigt werden.

Die konische Form ermöglicht das Ineinanderstecken der einzelnen Behälter, so daß sich viele in leerem Zustande auf geringem Raume aufstapeln lassen. Die rechteckige Form hat wieder den Vorzug, in gefülltem, verpackten Zustande sich platznützend verstauen zu lassen.

Man verwendet am zweckmäßigsten Lederpappe in einer der Größe entsprechenden Dicke. Die Zuschnitte werden auf der Biegemaschine vorgebogen und die Schlitze und Ausschnitte auf einer Faltschachtelstanze mittels besonderen Schnittwerkzeuges ausgeschnitten.

Die Art des Zuschnittes ergibt, daß sich das Material an den Schmalstreifen dreifach übereinanderlegt und so nach dem Zusammenheften dem Behälter eine ungemeine Festigkeit verleiht. Man verwendet kräftige Splintheftung. Im oberen inneren Rande wird ein 30 mm breiter Streifen aus 2 mm dicker Lederpappe eingeheftet, so daß ein 10 mm breiter Falz entsteht, in welchen der Verschlußdeckel zu liegen kommt. An den Längsseiten des 10 mm breiten Falzes werden je 2 Oesen eingeschlagen. Diese Oesen ermöglichen ein bequemes und sicheres Verschnüren der Postversandschachtel. Die Verschnürung dient gleichzeitig zum Tragen. Inmitten des Deckels klebt man die Aufschrift auf. Die Abbildungen veranschaulichen *A* den Zuschnitt, bei welchem die Doppellinien die Biegestellen bezeichnen, *B* den offenen, aber fertig gehefteten Behälter, *C* die Stirnseite mit der Heftart und *D* eine fertig verschlossene und verschnürte Postversandschachtel.

Die Herstellung der rechteckigen Form dürfte jedem Kartonnagenfabrikanten bekannt sein, nur der Deckelverschluß ist genau in der oben angeführten Weise auszuführen.

Noch eine weitere Art von Versandschachteln wäre hier zu erwähnen, hauptsächlich darum, weil diese so überaus praktisch sind, nämlich die sogenannten Briefschachteln, welche vornehmlich in Süddeutschland, zumeist in Württemberg, fabriziert werden.

Diese sogenannten Briefschachteln werden aus dünner Holzpappe zugeschnitten. Anstatt nun, nachdem die Pappen zugeschnitten und geritzt sind, die Ecken ganz ausgestanzt werden, wird hier nur die Mitte der Ecken, und zwar keilförmig, ausgestanzt (Abb. 104). Wird nun die Schachtel an den Ecken mit Papier oder Schirting geschlossen, so stehen die Seitenwände nicht senkrecht, sondern schräg (Abb. 105).

Unterteil sowohl wie Deckel sind bei diesen Schachteln gleich groß. Nun wird in das Unterteil aus starker Holzpappe eine Zarge oder ein sogenannter freistehender Hals eingeklebt (Abb. 106), der Deckel aufgelegt und mit dem Unterteil durch ein Papier- oder Stoffscharnier verbunden. Die Schachteln werden dann in eigens zu dem Zwecke angefertigte Briefumschläge gesteckt und gelangen, je nach dem Inhalt, den sie bergen, entweder als Muster ohne Wert, oder auch als Wertbriefe zum Versand. Die Abnehmer für derartige Schachteln sind hauptsächlich Schmuck-, Uhren- und Goldwarenfabrikanten und Juweliere.

Abb. 104.

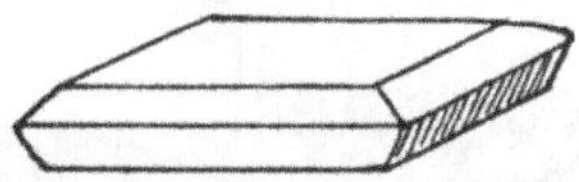

Abb. 105.

Gut eingeführt haben sich auch die in Abbildung 107 gezeigten Verpackungs-Reisekartons, welche in ähnlicher Weise angefertigt werden, wie die bereits geschilderten Verpackungsschachteln für Schuhwaren.

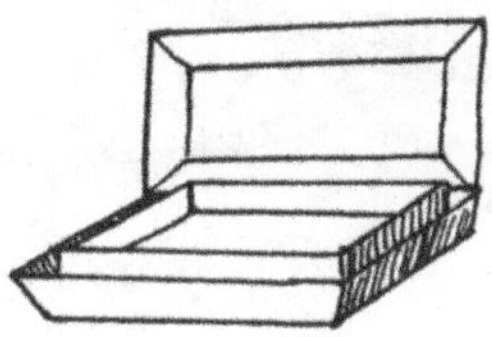

Abb. 106.

Abb. 107.

Ein Unterschied besteht nur insofern, als diese Reisekartons fast durchweg mit einem Trageriemen ausgerüstet sind, der das Transportieren derartiger Kartons natürlich wesentlich erleichtert. Der Trageriemen ist entweder so beschaffen, daß er unter Zuhilfenahme einer Anschlagmaschine mittels Knopf- oder Hohlnieten an die Seitenwände der Kartons angenietet wird oder er wird lose mitgeliefert und um den ganzen Karton gelegt und zugeschnallt. Um die Ecken derartiger Kartons gegen Druck und Stoß widerstandsfähiger zu machen, empfiehlt es sich, dieselben durch Blechbeschläge zu verstärken. Derartige Beschläge werden in allen möglichen

Formen und Materialien hergestellt. Am bekanntesten sind die sogenannten Kleeblatt-Ecken, welche unter Verwendung einer hier bildlich veranschaulichten Exzenter-Anpreßmaschine auf die Ecken der fertigen Kartons aufgepreßt werden (Abb. 110 a).

Eine Erfindung neuester Zeit sehen wir in den in Abb. 108—110 gezeigten zusammenlegbaren Verpackungs-Kartonnagen.

Dieselben bestehen aus den in Abb. 108 und 109 sichtbaren beiden Deckeln und den vier Seitenwänden. Von den Seitenwänden sind zwei an jeder Kante viermal gelocht, während die anderen beiden Seitenwände mit Metallösen versehen sind, welche genau in die Lochung hineinpassen. Die Seitenwände selbst werden ent-

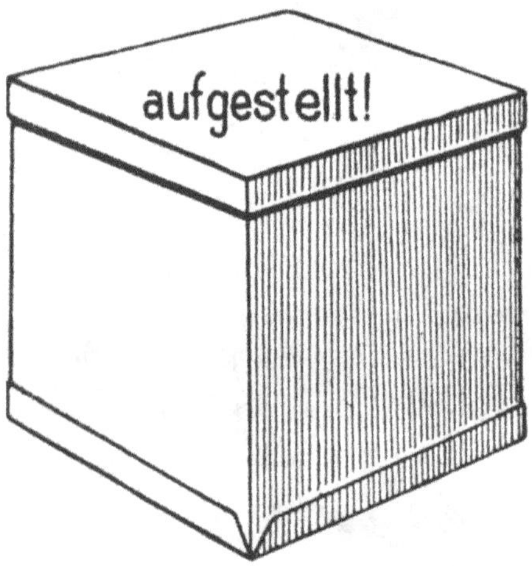

Abb. 108.

Abb. 109.

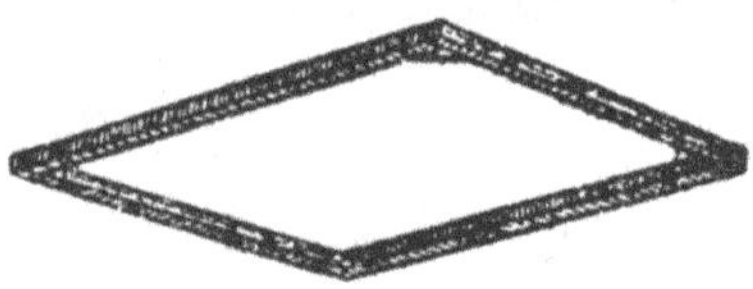

Abb. 110.

weder in den unteren Deckel eingeklebt oder an einer Nietmaschine eingeheftet. Hierzu kann man ganz nach der Konstruktion der vorhandenen Heft- oder Nietmaschinen entweder Knopfnieten, Rund- oder Flachdraht und auch Heftband verwenden. Die Durchsteck-Oesen der Seitenwände werden gleichfalls mittels einer Anschlagmaschine befestigt. Werden die Kartons nun vom Hersteller auf Lager gehalten oder dem Abnehmer übermittelt, so werden sie in flachliegendem Zustande gehalten, so daß sie verhältnismäßig wenig Raum beanspruchen (Abb. 109). Bei Verwendung durch den Verbraucher werden sie in der in Abb. 108 gezeigten Art und Weise zusammengesetzt und durch die vier beiliegenden Holz- oder Metallstäbe, welche durch die Oesen der geschlossenen Seitenteile gesteckt werden, in Stand gehalten. Der in Abb. 110 gezeigte Holzrahmen wird in den Boden des Kartons eingelegt und trägt wesentlich mit dazu bei, die Stabilität desselben zu erhöhen. In gebrauchsfertigem Zustande zeigt dann der geschlossene Karton die in Abb. 108 gezeigte Form.

Die wichtigsten Vorzüge derartiger Verpackungs-Kartons sind darin zu suchen, daß dieselben in flachliegendem Zustande gelagert und versandt werden können, so daß sie verhältnismäßig wenig

Abb. 110 a. Die Abbildung zeigt die Maschine in der Ausstattung mit Einsatz für Stahlecken „Kleeblatt".

Raum beanspruchen. Sie können ferner vom Verbraucher im Handumdrehen zusammengesetzt werden, wodurch ihre Verwendungsmöglichkeit ungemein erweitert wird. Besonders vorteilhaft ist ihre Verwendung in der Hut-, Putz- und Blumen-Industrie. In kleineren Ausmaßen können sie jedoch auch zweckmäßig in der Industrie für Nahrungs- und Genußmittel, sowie in der Schuh- und Wäschefabrikation verwendet werden. In maschineller Hinsicht sind zu ihrer Herstellung verhältnismäßig wenig Maschinen notwendig. Zum Zuschneiden genügt eine Schneidemaschine und zur weiteren Verarbeitung eine Biegemaschine und Heftmaschine oder Anschlagmaschine. Die bereits geschilderten Vorzüge in Bezug auf Zusammensetzung und Raumersparnis dürften große Aussichten auf günstige Absatzmöglichkeiten bieten.

*

DIE ZUSAMMENLEGBARE HUTSCHACHTEL

In der jetzigen Zeit der teuren Mieten bringt die Raumersparnis großen Nutzen, und jeder ist darauf bedacht, die ihm zur Verfügung stehenden Räumlichkeiten so gut wie möglich auszunutzen. Dies gilt wohl am meisten für die Betriebe, welche größere Kartonnagen und hauptsächlich Hutkartons erzeugen.

Zur Anfertigung dieser Schachteln wird eine gemusterte, auch kaschierte Pappe in der Stärke von 100—120 verwendet, die Zuschnitte erfolgen in der gewöhnlichen Weise. Das Unterteil besteht aus drei Stücken, dem Hauptteil und zwei seitlichen Ansätzen. Die Stirnseiten des Hauptteils werden vom Boden aus jedoch nochmals in einer Höhe von 4 cm abgebogen, ebenso die Ansatzteile. Diese biegt man von der äußersten Ecke der oberen Biegelinie an schräg genau nach der Mitte zu um. Die schrägen Biegelinien dienen zum Zusammenfalten des Unterteils. Nachdem nun die Schachtel vollständig abgebogen ist, werden die Teile angeheftet. Die zur Verbreitung der Schachtel dienenden Leisten werden zusammengenagelt und lose auf den Boden der Schachtel gelegt, worauf das Zusammenfalten der Schachtel erfolgen kann. Die ganze Höhe der Schachtel beträgt nun etwa 4½ cm. Genau so hoch wird der Deckel zugeschnitten. Auf diese Weise wird der fünf- bis sechsfache Platz beim Aufstapeln und Versand erspart. Der Deckel braucht nicht gebogen zu werden, er kann auf die gewöhnliche Weise geklebt werden, wenn es sich um kaschierte Schachteln handelt. Ist jedoch eine gemaserte oder gemusterte Pappe dazu verwendet worden, ist natürlich der Deckel dann ebenfalls zu biegen. Der Firmenaufdruck wird also auf dem flachen Zuschnitt angebracht.

Beim Gebrauch werden die Leisten in der Regel mit einer Blechklammer befestigt, doch ist es Sache des Kunden, wie er sich dieselben befestigt. Jedenfalls ist darauf zu achten, daß dieselben gut passen und fest genagelt sind. Die Schachtel stellt sich nicht teurer als eine geklebte feste Schachtel, weil durch das flache Kaschieren das lästige Kleben der fertigen Schachtel und somit das Hin- und Hertragen in Wegfall kommt. Die achtmaligen Mehrbiegungen an jeder Schachtel fallen nicht besonders auf. Als Richtlinie für die zwei schrägen Bieglinien wird eine Anlage angefertigt, welche es ermöglicht, ganz haargenau zu arbeiten, und keine schiefwinklige und somit minderwertige Arbeit zu liefern.

*

KARTONS FÜR ZYLINDERHÜTE

Wir werden uns in Nachstehendem mit den Erfordernissen zur Fabrikation von Klapp- und Zylinderhutkartons beschäftigen, die in der Fachpresse erörtert wurden auf Grund der Anfrage eines Interessenten, der die seiner Meinung nach erforderlichen Stanzmesser für Deckel-, Boden- und Seitenteile besaß, aber mit der Zusammensetzung und mit dem Bekleben nur derart langsam vorwärts kam, daß durch den Preis für die ganzen Kartons lediglich der Arbeitslohn gedeckt wurde.

Sofern die nötigen Stanzwerkzeuge für das zu verarbeitende Pappenmaterial, sowie für den Ueberzug, Deckel-Etiketten und Boden vorhanden sind, dürfte die eigentliche Herstellung keine größeren Schwierigkeiten mehr bereiten.

Ebenso notwendig ist es allerdings, auch über die nötigen Pappformen zu verfügen, denn das Zusammensetzen der Seitenwände bei Unterteilen und Deckel und das Verbinden der Böden mit den Seitenwänden kann nicht aus freier Hand vor sich gehen, sondern erfolgt stets über entsprechend angefertigte Formen aus Pappe. Erst wenn die Seitenwände mit dem Boden durch Einrändeln mit Stoff oder Papier fest verbunden sind, können die rohen Teile freihändig mit den ausgestanzten Uebergängen und Etiketten beklebt werden. Aber auch dann werden gute Resultate nur mit eingearbeitetem und gutgeschultem Personal zu erzielen sein. Nur unter diesen Voraussetzungen sollte man zur Anfertigung derartiger Spezialartikel schreiten.

Weitere fachmännische Antworten zu unserem Thema bringt Nr. 19 der Kartonnagen- und Papierwaren-Zeitung vom Jahre 1921, die hier folgen:

Schachteln für hohe Zylinderhüte und Klapphüte stellt man zweckmäßig her, indem man zuerst die aus zwei Seitenteilen bestehenden Ränder, sowohl des Unterteils als auch des Deckels, über einem entsprechend geformten Holzklotz unter Verwendung von dickem Heißleim macht.

Hierauf wird der ausgestanzte Deckel auf der geheizten Presse konvex geformt und mit dickem Leim an der Kante bestrichen, um in den entsprechend geformten Deckelrand eingezogen zu werden. Hierauf wird der Deckel gerändelt und überzogen. Das Unterteil wird in gleicher Weise gemacht, nur ist darauf zu achten, daß der Boden durch Leinwand oder zähes Papier eingerändelt wird. Vor dem Rändeln kann man die Seitenteile auf der Querheft-Maschine noch mit Draht versteifen. Nach dem Rändeln und Ueberziehen werden die Schlitze für die Bänder eingestoßen.

Nutzbringend wird sich diese Fabrikation in den meisten Fällen nur gestalten lassen, wenn man die Firmendrucke selbst herstellen kann.

Leichter und bequemer läßt sich die viereckige Zylinderschachtel herstellen, in welcher der Hut durch zwei Holzleisten an seinem Rand gehalten wird. Wenn man die Schachtel dann noch mit einem leichten Metallgriff und einer Lasche mit Scharnier zum Schließen versieht, so hat man einen sehr haltbaren Hutkoffer, welcher der runden Hutschachtel unbedingt vorzuziehen ist.

*

Die Herstellung derartiger Kartons ist eine besondere Spezialität einer verhältnismäßig kleinen Anzahl von Firmen und erfordert neben den nötigen Maschinen und Stanzwerkzeugen auch gut eingearbeitetes Personal, wenn die Anfertigung rationell vor sich gehen soll.

Das Zusammenkleben der Schachteln erfolgt über Formen und gehört dazu ein Spezialarbeiter, welcher die nötigen praktischen Anweisungen gibt, beziehungsweise das Anlernen des Personals besorgt.

Besondere maschinelle Einrichtungen sind nicht erforderlich zum Kleben dieser Fassonschachteln.

Es liegt in der Art und Weise dieser Schachteln, daß sie nicht so einfach und leicht herzustellen sind und es gehört viel Geduld dazu, sofern nicht die Herstellung einem damit vertrauten Facharbeiter übertragen wird.

Die Seitenteile werden über eigens zu dem Zweck angefertigte Formen geschlossen und gleichfalls über eine Form eingerändelt. Wenn der Boden mit den Seitenwänden verbunden ist, kann der Karton später aus freier Hand bezogen werden. Vielfach werden bei derartigen Kartons jedoch auch zweiseitig kaschierte Pappen verwendet, welche nach erfolgtem Ausstanzen mit Firmendruck versehen und später gleichfalls über eine Form zusammengesetzt und bloß mit starkem haltbaren Schirting, Leinen oder Drell gerändelt werden.

*

Die flachen Kartons für Klapphüte können auch mittels des Ziehverfahrens hergestellt werden, d. h. das niedere etwa 5—6 cm hohe Unterteil sowie der über dasselbe greifende etwa 2,5 cm hohe Deckel werden gezogen und jedes Teil mit den hierfür gestanzten Ueberzugsstreifen und Decken dann bezogen. Oder man verwendet gleich zum Ziehen dieser Teile einseitig ziehfähig gefärbte Grau-, Leder- oder weiße Langschliffpappe. Es ist darauf zu achten, daß diese Pappen auch wirklich gut ziehfähig sind.

Selbstverständlich kommen bei dieser Herstellungsart nur größere und wiederkehrende Aufträge in Frage.

*

KARTONNAGEN FÜR PAPIERAUSSTATTUNGEN

Ein wesentlicher Faktor bei der Herstellung von Papierausstattungen ist deren Verpackung. Die dazu verwandten Kartonnagen müssen in erster Linie praktisch und preiswert sein, sich teilweise durch Einfachheit auszeichnen, unter Umständen aber auch den verwöhntesten Ansprüchen Rechnung tragen.

Wir unterscheiden in der Hauptsache zunächst drei verschiedene Arten von Kartonnagen und zwar erstens solche mit tiefem überfallendem Deckel, auch Stülpdeckel genannt, welche zur Verpackung von Umschlägen und Karten dienen.

In zweiter Linie kommen Kartonnagen für Briefbogen und Umschläge in Frage, bei denen das Unterteil mit Abfallklappe angefertigt ist, um so ein besseres Herausnehmen des Inhalts zu ermöglichen.

Beide Sorten werden in solchen Ausmaßen angefertigt, daß sie in der Regel zur Verpackung von je 25 bis 50 Umschlägen und Karten oder zur gleichen Anzahl von Umschlägen und Briefbogen Verwendung finden. Endlich sind noch die sogenannten Ausstattungskassetten zu erwähnen, welche in allen möglichen Größen von 50er bis 200er Packung und darüber angefertigt werden.

Diese großen Ausstattungskassetten enthalten in der Regel mehrere Formate Briefbogen nebst Umschlägen und auch Karten in verschiedenen Größen nebst den dazu passenden Umschlägen.

Die Anfertigung der zuerst genannten Kartenschachteln ist ziemlich einfach. Die Karten und Umschläge sind hier in den meisten Fällen stehend untergebracht. Um nun ein leichtes Herausnehmen derselben zu ermöglichen, werden die Unterteile dieser Kartenschachteln nur so hoch angefertigt, daß die darin untergebrachten Umschläge und Karten noch einige Zentimeter über das Unterteil hinausragen.

Der Deckel des Kartons wird jedoch so hoch geschnitten, daß das Unterteil mit seinem Inhalt vollständig verschwindet, wenn der Karton zugemacht, d. h. der Deckel darauf gestülpt wird. Bei der in zweiter Linie genannten Art von Kassetten, welche zur Aufnahme von Briefpapier und Umschlägen bestimmt sind, wird jedoch das Unterteil durchweg mit Abfallklappe angefertigt. Das Zuschneiden beider Arten wird, wo es sich um kleinere Posten handelt, an der Pappschere und Ritzmaschine bewerkstelligt, während größere Posten an der kombinierten Kreisschere gleichzeitig in einem Arbeitsgange geschnitten und geritzt werden. Zu den billigeren Sorten wird im allgemeinen rohe Holzpappe oder einseitig mit Werkdruck kaschierte Strohpappe verwendet.

Bessere Artikel werden jedoch aus Glacépappe, d. h. einseitig mit Glacé kaschierte Holzpappe zugeschnitten und zwar werden Unterteil sowohl als Deckel aus einem Stück, also im ganzen geschnitten.

Nach erfolgtem Zuschneiden werden zunächst die Ecken ausgestanzt, worauf dann das Nieten oder Zusammensetzen der Kartons beginnt.

Die billigeren Artikel werden vermittels Draht an der Eckenmaschine geheftet, während bessere Kartonnagen auf der Ecken-Verbindemaschine mit Papier geschlossen werden.

Die letztere Herstellungsweise wird der Drahtheftung immer mehr vorgezogen, weil diese eine ganze Reihe von Nachteilen bei ihrer Anwendung in sich schließt.

Erstens rosten die Drahtklammern bei wechselnder Temperatur sehr leicht durch, so daß sich an den betreffenden Stellen des Ueberzugpapiers Rostflecken bilden. Weiter kann man sich beim Füllen oder Entleeren der Kartons an etwa aufstehenden Drahtenden sehr leicht verletzen und endlich bildet die Drahtheftung keinen staubsicheren Verschluß.

Alle diese Uebelstände fallen beim Schließen der Ecken mit Papier auf der Ecken-Verbindemaschine fort, wobei gleichzeitig zu bemerken ist, daß diese Herstellungsweise nicht nur haltbarer, sondern auch billiger ist wie Drahtheftung. Bei den heutigen Preisen für die Materialbeschaffung ist das kein unwesentlicher Faktor. Nachdem nun Unterteile und Deckel geheftet, resp. zusammengesetzt sind, kommen wir zunächst zum Beziehen der Unterteile. Wir verwenden dazu in den meisten Fällen weißes Glacépapier.

Das Beziehen der Unterteile für Kartenschachteln ist auch hier wieder das einfachere. Der Bezugstreifen wird so breit geschnitten, daß er sowohl unten nach dem Boden zu als auch oben dem Schachtelinnern etwa 1 cm breit umgeschlagen wird. Hierauf wäre nur noch der Unterboden aufzukleben um das Unterteil fertigzustellen.

Etwas schwieriger gestaltet sich das Beziehen der Unterteile für Bogenkassetten. Dieselben werden vorerst nur an drei Seiten bezogen, wobei der Bezugstreifen in derselben Art wie bei den Kartenschachteln um- bzw. eingeschlagen wird. Nunmehr muß zuerst die Abfallklappe von außen bezogen werden. Soll dieselbe, wie dies bei besseren Artikeln ausschließlich der Fall ist, eine gewisse Festigkeit aufweisen, so wird sie vor dem Beziehen erst noch mit einem Scharnier von weißem Schirting unterlegt. Nach erfolgtem Beziehen wird die Klappe von außen an der offenen Seite des Unterteils angehängt und von innen mit Glacépapier nachgefüttert oder ausgeklebt. Die dazu verwandten Futterstücke werden so breit geschnitten, daß dieselben noch etwa 1 cm breit nach der Innenseite des Unterteils zu überschlagen, so daß die Abfallklappe nunmehr von beiden Seiten gut mit dem Unterteil verbunden ist. Beim Anhängen der Klappen ist in erster Linie noch darauf zu achten, daß dieselben nicht zu dicht an das Unterteil angehängt werden, weil sonst beim Umbiegen der Klappe das Bezugpapier von außen sehr leicht aufplatzt, wodurch die ganze Kassette ungemein an Aussehen verliert und die Haltbarkeit der Abfallklappe überhaupt in Frage gestellt wird.

Als letztes Glied in der Etappe der Arbeitsvorgänge zur Schachtelfabrikation bleibt nun noch das Aufkleben der Unterböden übrig.

Nun kämen wir zur Fertigstellung der Deckel.

Einfachere Briefkassetten erhalten in den meisten Fällen ein mit mehrfarbigem Buch- oder Steindruck versehenes Etikett und werden zum Teil aus einem Stück, oder aber, wenn es sich um Kassetten von größerer Höhe handelt, in zwei Stücken bezogen. Im letzteren Falle wird zuerst das Etikett aufgeklebt und nach den vier Seitenwänden des Deckels umgeschlagen. Hierauf werden die Seitenwände bezogen, wobei der Ueberzug etwa 1 cm breit nach dem Deckelinnern zu eingeschlagen wird. Bei besseren Kassetten werden die Deckel dagegen bezogen meistens gewölbt oder wattiert.

Das Wölben kann auf zweierlei Art und Weise vor sich gehen. Wo es sich um größere Posten handelt und um Formate, welche öfters wiederkehren, ist es vorteilhaft, die aus 300er Lederschrenz geschnittene Wölbung nach einer eigens zu dem Zwecke angefertigten Form (Matrize genannt) an der Kniehebelpresse auf heißem Wege zu pressen. Alsdann wird die Wölbung an den Kanten der Innenseite schmal angeschmiert und auf den Deckel der Kassette aufgeleimt. Um ein Nachgeben oder Zurückgehen der Wölbung zu verhindern, wird diese in der Mitte durch Unterlegen eines kleinen Wellpappstreifens gestützt.

Der Deckel wird dann in derselben Weise weiter verarbeitet, wie bei den vorher beschriebenen glatten Kassetten.

Das hier geschilderte Aufsetzen der Wölbung ist überall dort zu empfehlen, wo es sich um Kassetten handelt, deren Etiketten entweder Relief geprägt oder in Monogramm- oder ähnlichen Prägungen ausgeführt sind.

Wo es sich jedoch um lithographierte oder in Buchdruck hergestellte Etiketten handelt und hauptsächlich dann, wenn nur kleine Posten in Frage kommen, wo das Pressen der Wölbung in einer dazu gefertigten Form zu kostspielig würde, wird die Wölbung vermittels Wölbrahmen und Wölbholz nach Fertigstellung des Deckels erzielt. In diesem Falle geht das Wölben wie folgt vor sich: Zunächst wird ein aus 5 cm hohen und 1 cm starken Leisten der Größe des Deckels entsprechender Holzrahmen angefertigt, welcher an den Ecken durch kleine Drahtstifte verbunden wird. In diesen Holzrahmen wird nun ein 1 cm breiter geritzter Papprahmen eingeklebt und das Ganze von oben mit einem Stück starken Stoff, Leder oder Moleskin überspannt. Der Deckel wird nun derart auf die bespannte Fläche aufgelegt, daß er an den Kanten auf dem unter der Fläche sitzenden Papprahmen aufliegt, wobei die offene Seite des Deckels nach oben gekehrt ist. Nun nimmt man einen Glättzahn, wie er z. B. von den Buchbindern zum Glätten von Holzschnitten gebraucht wird, oder ein sogenanntes „Wölbholz", welches aus einem etwa 30 cm langen, sich nach unten zu verjüngenden, leicht gebogenen Holzstahl von 2½ bis 3 cm Durchmesser besteht, und bringt durch langsames, von der Kante des Deckels nach seinem Mittelpunkt zu laufendes allmähliches Streichen, nach und nach die Wölbung hervor. Zu beachten ist bei dieser Methode des Wölbens, daß die Deckel noch nicht zu sehr ausgetrocknet sein dürfen, weil sonst die Pappe zu spröde ist und nicht mehr die nötige Geschmeidigkeit besitzt, so daß das Wölben dadurch sehr erschwert wird.

Neben dem Wölben ist das Wattieren der Kassetten am gebräuchlichsten. Dasselbe wird gleichfalls nach vershiedenen Methoden gehandhabt und wir wollen nur die bekannteste Herstellungsweise schildern, welche besonders bei den kleineren Kassetten für $^{25}/_{25}$er oder $^{50}/_{50}$er Packung zur Anwendung gelangt. Zunächst wird aus glatter 300er Holz- oder Lederschrenz eine Auflage geschnitten, welche genau so groß ist wie die äußere obere Fläche des Deckels. Diese Auflage, im Fachausdruck „Wattepapier" oder „Watteschrenz" genannt, wird durch zwei Leimtupfen leicht auf den Deckel aufgeleimt.

Jetzt nimmt man das beleimte Etikett, legt es auf diese „Watteschrenz“ auf und schlägt den Einschlag des Etiketts an einer Langseite nach der Seitenwand des Deckels zu um. Nun wird der Deckel umgelegt, so daß das Etikett nach unten zu liegen kommt. Unter Zuhilfenahme eines Messers oder Falzbeines faßt man nunmehr zwischen Deckel und Watteschrenz, so daß sich der letztere wieder von der Oberfläche des Deckels löst. In diesen Zwischenraum wird nun die vorher passend geschnittene Watte gelegt, worauf dann die übrigen drei Seiten des Etiketts gleichfalls nach den Seitenwänden des Deckels umgeschlagen werden. Hierbei ist vor allen Dingen darauf zu achten, daß die Watte nicht zu klein geschnitten wird und daß der Einschlag des Etiketts ringsum gleichmäßig straff umgelegt wird, weil sich sonst die Wattierung an den Ecken und Kanten sehr leicht bauscht oder wellig wird. Um ein leichteres Auf- und Zumachen der Kartons zu ermöglichen, werden die Deckel an den Längsseiten mit der Fingerhohlstanze ausgestanzt.

Bei der hier geschilderten Arbeitsmethode haben wir uns bisher ausschließlich mit Handarbeit beschäftigt. Durch die in den letzten Jahren eingetretene Vervollkommnung der Ueberzieh- und Anleim-Maschinen hat jedoch auch die Maschinenarbeit bei der Herstellung von Briefkassetten immer größere Bedeutung erlangt, weshalb wir uns hier in aller Kürze noch mit derselben befassen wollen. Unterteile von Kartenkassetten sowohl als auch von Bogen-Kassetten lassen sich sehr vorteilhaft mit der sogenannten Ueberziehmaschine beziehen. Wir ersparen uns in diesem Falle noch das Zuschneiden des Ueberzugpapiers, da wir an dieser Maschine von der endlosen Rolle arbeiten, wobei jeder Streifen einzeln mit der an der Maschine angebrachten Abschneide-Vorrichtung in jeder beliebigen Länge abgeschnitten wird. Das Ausfuttern der Klappen sowie das Aufkleben der Unterböden geschieht am besten unter Zuhilfenahme einer kleinen Anleimmaschine.

Auch zum Wattieren wird in letzter Zeit vielfach die sogenannte Kassetten-Polstermaschine verwandt.

Dieselbe ist in äußerst sinnreicher und praktischer Art und Weise erbaut und besteht in der Hauptsache aus der im Tisch der Maschine angebrachten Matrize, welche innen mit elastischen Gummibändern ausgerüstet ist und dem unmittelbar darüber angebrachten auswechselbaren Stempel. Die Matrize ist ebenfalls verstellbar, so daß die verschiedensten Formate an der Maschine verarbeitet werden können. Das Wattieren geht hierbei wie folgt vor sich. Das bereits geleimte Etikett wird zunächst auf die Matrize aufgelegt und zwar mit der beleimten Seite nach oben. Nun wird der roh zusammengesetzte Deckel auf die Stempelform der Maschine aufgesteckt, auf welchem bereits die Watte vermittels einiger Leimtupfen aufgeleimt ist und der Stempel durch eine an der Maschine angebrachte Tretvorrichtung der Matrize zugeführt. Durch die elastischen Gummibänder wird nun das beleimte Etikett, auf welchem vorerst noch eine Watteschrenz aufgelegt ist, an sämtlichen Kanten gleichmäßig nach den Seitenwänden des Deckels umgeschlagen. Nach dem Zurückgehen des Stempels wird der wattierte Deckel von der Stempelform abgestreift und nach Abschneiden der überstehenden Ecken seitlich bezogen.

Die ganze Art des Wattierens geht in solch genauer und einfacher Art und Weise vor sich, daß dasselbe von gänzlich ungeübten Arbeitskräften in ganz kurzer Zeit zu erlernen ist.

Speziell dort, wo größere Posten in Frage kommen, kann das Wattieren mit der Maschine besonders empfohlen werden, wobei sowohl in Bezug auf Qualität als auch Quantität der Ware bedeutende Mehrleistungen gegenüber Handarbeit erzielt werden.

Wir kommen jetzt auf die größeren, sogenannten Kombinations- oder Ausstattungskassetten zu sprechen. Schon das Zuschneiden dieser Kassetten weicht ganz erheblich von den bis jetzt geschilderten Arbeitsmethoden ab.

Während wir die bis jetzt beschriebenen Kassetten aus einem Stück geschnitten und geritzt haben, werden die größeren Ausstattungskassetten scharfkantig zusammengesetzt, d. h. jeder Teil des Unterteils sowohl als auch des Deckels wird extra geschnitten, so daß Unterteil sowohl als Deckel aus je fünf Teilen bestehen und zwar dem Boden und den vier Seitenwänden. Nach erfolgtem Zuschneiden an der Pappschere geht das Zusammensetzen der Kassetten in der Weise vor sich, daß die vier Seitenteile ringsum an den Ecken und Kanten mit halbstarkem Leim angeschmiert und scharf um den Boden herum zusammengesetzt werden.

Dabei müssen diejenigen Seitenteile der Kassette, welche nach ihrer Fertigstellung die Vorderansicht ergeben, so lang geschnitten sein, damit sie noch über die Kanten der seitlichen Teile überfassen und sich somit die Vorderseite der Kassette vollkommen glatt zeigt. Nach erfolgtem Zusammensetzen werden sämtliche Ecken und Kanten der Kassette mit dünnem Papier oder Leinwand eingerändelt.

Nun erfolgt das Beziehen des Unterteils und zwar in der Weise, daß der Ueberzug oben und unten an der Kassette sowie an der Scharnierseite um- bzw. eingeschlagen wird. Die Rückseite der Kassette, an welcher später der Deckel befestigt wird, bleibt vorderhand noch unbezogen. Jetzt kleben wir an der Rückseite im Innern des Unterteils zunächst den das Scharnier bildenden Leinwandstreifen ein und befestigen an den beiden Seiten des Unterteils, gleichfalls von innen, die beiden Stehbänder, welche dazu dienen, später den Deckel zu halten. Nunmehr wird der Hals bezogen und in das Unterteil eingeklebt. Das Wattieren des Deckels geht in derselben Art und Weise vor sich, wie bei den kleineren Kassetten, nur mit dem Unterschiede, daß der Größe der Kassette entsprechend stärkere Watteschrenz und dementsprechend mehrere Lagen Watte für die Aufbereitung benötigt werden. Wenn der Deckel wattiert ist, wird er zunächst an der Rückseite durch das Scharnier mit dem Unterteil verbunden. Jetzt wird die Rückseite der Kassette bezogen und der Unterboden aufgelegt.

Zuletzt werden die am Unterteil angebrachten Stehbänder im Innern des Deckels befestigt und die betreffenden Seiten des Deckels ausgeklebt oder nachgefüttert.

Wir kommen nun zu der inneren Ausstattung der Kassetten. Da dieselben stets mehrere Formate, Briefpapier und Umschläge sowie Karten und Umschläge in verschiedenen Größen enthalten, muß hierbei das Hauptaugenmerk auf geschmackvolles Anordnen des Inhalts gelegt werden. Die einzelnen Formate, Umschläge sowohl als auch Briefbogen und Karten, müssen so gelagert sein, daß nicht nur jedes Format zur Geltung kommt, sondern auch die besonderen Verzierungen desselben, z. B. farbige Ränder an Briefbogen und Umschlägen oder Gold- und Farbschnitt an den Karten, ins Auge fallen.

Um dieses zu ermöglichen werden die einzelnen Formate teils flach gelegt, teils hoch oder quer gestellt, wobei Ungleichheiten in der Höhe durch Unterlegen von Klötzen oder sogenannten falschen Böden ausgeglichen werden. Die Briefbogen sind in der Regel so gelagert, daß sie durch Taschen oder Seidenbänder im Deckel gehalten werden, oder sie befinden sich unter einer sogenannten Brücke im unteren Teil in der Kassette, wo sie durch eine Ziehvorrichtung jederzeit leicht und bequem erreichbar sind. Im letzteren Falle muß die Kassette natürlich mit einer Abfallklappe versehen sein.

Was nun die dekorative äußere Ausstattung der Briefkassetten anbetrifft, so haben die Ausstattungsfabriken es verstanden, ihre Erzeugnisse in jeder Weise dem verfeinerten Publikumsgeschmack der letzten Jahre anzupassen.

Die äußeren Kennzeichen hierfür sind zunächst die Art der angewandten Dekoration und in zweiter Linie die Güte des zur Verwendung kommenden Materials. Während früher Buch- oder Steindruck und Gold- oder Silberprägungen, zum Teil noch recht einfacher Art, die einzigen Hilfsmittel zur Verschönerung des äußeren Ansehens derartiger Kassetten bildeten, hat uns die moderne Entwicklung, welche sich im Laufe der letzten Jahre auch in der Papier verarbeitenden Industrie vollzogen hat, heute ganz andere Hilfsmittel an die Hand gegeben, so daß wir heute unter den in ein- und mehrfarbigen Buch- oder Steindruck ausgeführten Etiketten geradezu wundervolle Arbeiten vorfinden, die den höchsten Ansprüchen vom künstlerischen Standpunkt genügen. Das soeben Gesagte gilt ebenfalls von den immer mehr Anwendung findenden Prägearbeiten. Gold- und Silberprägungen bei gleichzeitiger Anwendung von vornehm wirkenden farbigen Unterlagen und Einfassungen, weiße und farbige Folien- und Bronze-Prägungen bringen reiche Abwechslung in das früher so eintönige Bild.

Monogramm-Prägungen in Alabaster oder in äußerst geschmackvoll zusammengestellten mehrfarbigen Lackprägungen ausgeführt, sowie Handkolorit in geradezu künstlerischer Vollendung, tragen nicht nur jeder Geschmacksrichtung Rechnung, sondern passen sich auch der Kauflust des Publikums an. Wundervolle Wirkungen in geschmacklicher Beziehung lassen sich auch auf einfachen weißen oder farbigen Blindprägungen oder auf grob genarbten weißen Papieren durch Anwendung des immer mehr in Mode kommenden Spritzverfahrens erzielen, z. B. Imitationen von Moos, Baumrinde und Nachahmungen äußerst natürlich wirkender Landschaften usw.

Die gleiche Umwandlung und Vielseitigkeit des Geschmacks ist heute auch bei den zu Kassetten verwandten Ueberzugspapieren in den vorhandenen Ausführungsmöglichkeiten festzustellen. Neben den feinsten gepreßten Lederpapieren, finden wir heute sehr zarte einfarbig gehaltene, fein und grob genarbte Papiere, echte und nachgeahmte Bütten- und Leinenpapiere und viele andere Sorten mehr. Dies alles ist der beste Beweis dafür, daß die Fabrikation von Kartonnagen für Papier-Ausstattungen heute auf einer Höhe steht, wie nie zuvor, und eine der beachtenswertesten Fabrikationszweige in den Absatzmöglichkeiten der Kartonnagenherstellung darstellt.

NEUARTIGE PACKUNGEN FÜR PAPIERAUSTATTUNGEN

Die Fabrikation von Papierausstattungen hat im Laufe der Jahre mancherlei Wandlungen erfahren, die in ihren Wirkungen naturgemäß auch die Herstellung von Packungen für diese Waren wesentlich beeinflußt hat. Früher kannte man für Papierausstattungen im allgemeinen nur drei Arten von Packungen. Wir erwähnen hier in erster Linie Briefkassetten für Briefhüllen und Briefpapier, ferner Kassetten, welche zur Aufnahme von Briefhüllen nebst Karten dienten. Die beiden vorgenannten Arten waren in ihren Größenverhältnissen so bemessen, daß sie in der Regel nur ein Format und zwar 25 bis 50 Briefhüllen nebst den dazu gehörigen Briefbogen oder Karten aufnehmen konnten. Daneben wurden mit Vorliebe noch größere, sogenannte Kombinations-Kassetten angefertigt, in denen oft bis zu 200 Briefhüllen in den verschiedensten Größen, sowie Briefbogen und Karten aller Art Platz fanden. Die billigeren, für den Einzelverkauf bestimmten Sorten wurden zumeist in farbig bedruckten größeren Kuverts angeboten, in denen meist je fünf Briefhüllen und Briefbogen untergebracht waren.

Schon in den letzten Kriegsjahren ist man dazu übergegangen, neue Packungen einzuführen. Diese haben sich im allgemeinen so gut bewährt, daß sie auch in die Friedenswirtschaft mit übernommen wurden.

Von diesen neueren Packungen sollen insbesondere zwei Arten hier etwas ausführlicher behandelt werden.

In erster Linie erwähnen wir daher die in Mappen untergebrachten Briefhüllen und Briefbogen. Diese Mappen bestehen aus zwei Pappen, welche am Rücken durch Papier, Kaliko oder Kunstleinen miteinander verbunden werden und an der Vorder- und Rückseite mit demselben Stoff bezogen sind. Vielleicht besteht auch der ganze Ueberzug, einschließlich der Rückenweite, aus einem Stück Papier oder Kaliko, so daß die einzelnen Mappen gleich im ganzen bezogen werden. In ihren Größenverhältnissen entsprechen derartige Mappen zumeist der vierfachen Größe der darin unterzubringenden Briefhüllen. Briefbogen und Briefhüllen sind in folgender Art im Innern der Mappe verteilt. In dem linken inneren Teil der Mappe, welcher durch die Vorderseite gebildet wird, befindet sich eine aus Karton, Papier oder Kaliko angefertigte Tasche, in welcher die Briefhüllen zu zweien nebeneinander liegend, untergebracht sind.

Die Briefbogen werden offen und zwar in Form eines Blocks in dem rechten Innenteil der Mappe, welcher die Rückseite bildet, eingeklebt. Die Briefbogen sind fast regelmäßig an der Kopfseite perforiert oder geleimt und mit Papier gerändelt. Sie sind so groß geschnitten, daß sie, wenn sie zweimal zusammengefaltet werden, genau in die Briefhüllen hineinpassen. Ihre offene Größe ist daher stets maßgebend für die Größenverhältnisse der Mappe. Neben einfach gehaltenen Mappen werden vielfach auch solche in eleganter Ausführung angefertigt. Bei denselben ist die Vorderseite der Mappe meist mit Gold- oder Farbdruck versehen und wird vielfach wattiert. Elegante Mappen für Damen-Briefpost werden mit Vorliebe in Seide oder Atlas ausgeführt, wobei die Vorderseiten entweder gleichfalls vergoldet oder durch Kupferdruck oder Handmalerei verschönt werden.

Eine weitere Art von Packungen wird in Form eines Futterals angefertigt, welches an der Längsseite durch eine Einsteck-Klappe oder Zunge verschlossen wird. Das Futteral selbst wird entweder aus Natur- oder Leinenkarton auf der Kreisschere in einem Arbeitsgange zugeschnitten und geritzt und nachdem unter Zuhilfenahme eines eigens für den Zweck angefertigten Stanzeisens ausgestanzt. Auch hier werden die Futterale entweder nach dem Zuschneiden gepreßt oder geprägt, oder sie werden in ganzen Bogen vorher auf der Steindruck-Schnellpresse in ein- oder mehrfarbigem Steindruck hergestellt. Man verwendet zu diesen Artikeln mit Vorliebe Blumen-Dessins z. B. Maiglöckchen, Veilchen und Fliedersträuße. Nach dem Ausstanzen werden die Futterale seitlich geklebt und mittels der Einsteckzunge verschlossen. In ihrer Größe sind sie so bemessen, daß sie in der Regel 25—50 Briefhüllen und Briefbogen aufnehmen können. Vielfach besteht jedoch die Füllung nur zur Hälfte aus Briefhüllen und Briefbogen und die andere Hälfte aus sogenannten Kurzbriefen, auch perforierte Billets genannt.

*

PACKUNGEN UND KARTONNAGEN FÜR DIE TABAK-INDUSTRIE

Unter den mannigfachen Neuerscheinungen, welche in den letzten Jahren auf den Markt gelangten, verdienen eine Reihe Packungsarten Beachtung, welche besonders in der Tabakindustrie Verwendung finden. In erster Linie sind es die Wellpapp-Schachteln und Faltschachteln, welche zur Verpackung von 50 bis 100 Stück Zigarren dienen und seit geraumer Zeit als Ersatz für Zigarrenkisten verwandt werden; ferner die Zigarrentaschen aus Karton und Lederpappe, welche mit Vorliebe zur Verpackung von 10 oder 20 Zigarillos Verwendung finden und endlich Kartonnagen und Packungen, welche zur Aufnahme von fünf Zigarren oder 100 Gramm Tabak dienen und im Kleinverkauf gute Dienste leisten.

Die Anfertigung der zuerst genannten Wellpappschachteln ist einfach, weil dazu nur wenige Hilfsmaschinen benötigt werden, die zudem in jedem Betriebe vorhanden sind. Die Verwendungsmöglichkeit derartiger Schachteln als Versand- oder Verpackungskartonnagen ist groß und hat sich auch in den vergangenen Kriegsjahren so gut bewährt, daß es angebracht erscheint, sich eingehender mit diesem Sondererzeugnis zu beschäftigen. Bei geschickter Propaganda ist es nämlich gar nicht ausgeschlossen, daß eine ganze Anzahl von Packungen, welche nur unter dem Zwange der Kriegsverhältnisse eingeführt wurden, auch für die Zukunft beibehalten werden, so daß die Tabakindustrie ein noch besseres Absatzgebiet werden dürfte als bisher.

Als Material kommt durchweg zweiseitig geklebte graue Wellpappe roh oder holzartig gemasert in Frage. Die gebräuchlichen Aufmachungsweisen zeigen die Abb. 1—10. Bei der einen Sorte besteht die ganze Schachtel nur aus zwei Teilen und zwar dem zusammenhängenden Seitenteil (Zarge) und dem Einsteckteil (Abb. 1 und 2). Die Seitenteile werden in langen Bahnen auf der Pappschere oder Kreisschere vorgeschnitten und nachdem an der Biegemaschine oder an einer mit abgestumpften Ritzmessern ausgestatteten Ritzmaschine abgebogen. Hierauf werden die so vorbereiteten Bahnen auf der Pappschere oder Kreisschere in die richtige Höhe geschnitten und seitlich geheftet (Abb. 3 und 4). Das Einsteckteil wird gleichfalls nach erfolgtem Zuschneiden der Höhe und Breite der Schachtel entsprechend abgehoben und mit der Flachheftmaschine in das Unterteil eingeheftet.

Je nach der Größe der Schachteln werden die Einsteckteile entweder einzeln oder mehrere zusammen geschnitten und gebogen. Die weitere Verarbeitung kann nun derartig vorgenommen werden, daß die Schachteln entweder als standfeste Schachtel mit feststehenden Seitenteilen (Abb. 5 und 6) oder flachliegend als Faltschachtel zum Versand gelangt (Abb. 7).

Bei Schachteln mit einzelnem Einsteckteil wird dieses nur an der vorderen Längsseite mittels drei oder vier Klammern eingeheftet, während bei standfesten Schachteln beide Längsseiten eingeheftet werden müssen. Zur Heftung selbst kann sowohl Runddraht als

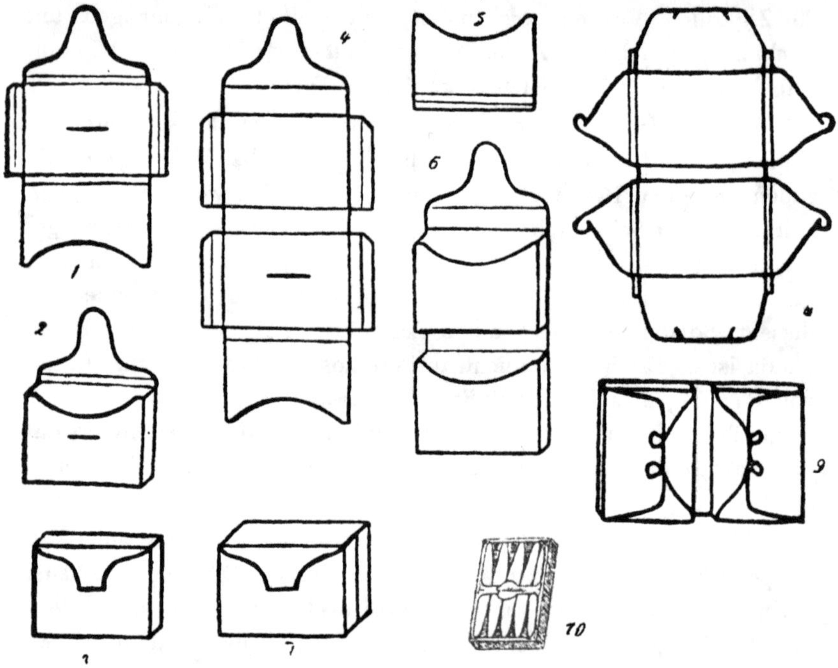

Tableau Abb. 111.

auch Flachdraht oder Heftdraht verwendet werden. Auch Knopfnieten (Druckknöpfe) eignen sich vorzüglich hierzu, weil sie der Schachtel gleichzeitig ein besseres Aussehen verleihen. Bei besserer Ware geht man vielfach dazu über, sämtliche sichtbaren Schnittkanten der Schachtel mit weißem oder farbigem Glanz- oder Naturpapier einzurändeln. Desgleichen können die seitlichen Teile der Schachtel sowie der obere Verschlußteil entweder mit Firmendruck versehen oder mit vorgedruckten Etiketten beklebt werden.

Weiter wäre zu empfehlen, zu den jeweiligen Größen vorgedruckte und gummierte Etiketten mitzuliefern. Diese werden von dem Abnehmer nach erfolgter Füllung der Schachtel auf die Oberseite aufgeklebt und müssen so lang sein, daß sie auch noch seitlich über die Schachtel reichen und nach dem Boden zu umgeschlagen werden können, so daß damit die Schachtel gleich versandfertig ist.

Eine weitere, gleichfalls sehr zweckmäßige Packung ist in den Abb. 8 bis 10 zu sehen. Hier besteht die ganze Schachtel aus einem Stück. Sie ist derartig ausgestanzt, daß die Ecken, soweit sie stehen bleiben, seitlich im Unterteil und Deckel eingeheftet werden. Die beiden Längsseiten der Schachtel werden noch durch zwei gebogene Teile verstärkt, so daß der Inhalt der gefüllten Schachtel sowohl gegen Druck von der Seite als auch gegen solchen von oben doppelt geschützt ist (Abb. 10). Auch die zuletzt ge-

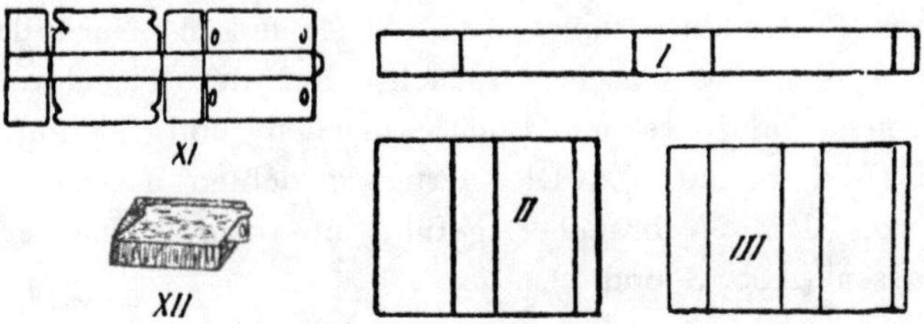

Tableau Abb. 112 u. 113.

schilderten Arten von Schachteln sind äußerst einfach in der Herstellung und können demzufolge auch preiswert geliefert werden. Neben den hier genannten Wellpappschachteln werden jedoch auch Faltschachteln in großen Mengen zur Verpackung von Zigarren verwandt. Sie werden größtenteils mit Querverschluß angefertigt, weil sie sich dadurch bedeutend leichter füllen und entleeren lassen (Abb. XI und XII).

Taschen zur Verpackung von 10 oder 20 Zigarillos werden gleichfalls zumeist aus holzartig gemusterter Ledermappe hergestellt. Man unterscheidet hierbei in der Hauptsache drei verschiedene Arten, wie sie in den Abb. 1 bis 9 gezeigt sind. In erster Linie kommen einfache, aus einem Stück hergestellte und geklebte Taschen in Betracht (Abb. I—III). Ferner sogenannte Doppeltaschen, welche aus zwei Teilen gefertigt sind und gleichfalls geklebt werden (Abb. IV—VII). Endlich noch Doppeltaschen welche ohne jede Anwendung von Klebstoff nach ihrer Fertigstellung einfach mittels Laschen und Schlitzen zusammengesteckt werden (Abb. VIII und IX).

Die einfachen Taschen dienen in der Regel zur Verpackung von 10 Zigarillos, während die Doppeltaschen durchweg zur Aufnahme von 20 Stück bestimmt sind. Die Herstellung derartiger Taschen kann nun auf verschiedene Art und Weise bewerkstelligt werden. Dieselben werden zunächst an der kombinierten Rill- und Schneidemaschine in einem Arbeitsgange geschnitten und gerillt oder geritzt. Dabei ist jedoch besonders darauf zu achten, daß das zu verarbeitende Pappenmaterial geschmeidig ist. Wenn dies nicht beachtet und zu sprödes Material verarbeitet wird, so muß man immer damit rechnen, daß es beim Zuschneiden an den Rill- und Biegestellen durchbricht. Nach erfolgtem Zuschneiden werden die Zuschnitte unter Verwendung eigens dazu hergestellter Stanzeisen auf einer automatisch arbeitenden Stanzmaschine in kleinen Posten ausgestanzt. (Abb. 1, 4 und 8). Nach dem Ausstanzen werden die Taschen zunächst auf der Tiegeldruckpresse mit Firmen- oder Reklamedruck versehen und hierauf seitlich geklebt (Bild 2 und 6). Die fertig geklebten Taschen werden später von dem Verbraucher gefüllt und mittels Einsteckklappe verschlossen (Abb. 3 und 7).

Die Anfertigung der in Bild 4—7 gezeigten, gleichfalls geklebten Doppeltaschen geht in derselben Art und Weise vor sich. Da jedoch die ganze Tasche nicht aus einem Stück angefertigt werden kann, weil die in Abb. 6 gezeigte, bereits geklebte Doppeltasche gestückt werden muß, müssen außer dem gestanzten Hauptteil (Abb. 4) noch die Ansatzteile geschnitten werden (Abb. 5). Dieselben werden dann nach erfolgtem Stanzen in den oberen, der Verschlußklappe zugekehrten Teil der Tasche eingeklebt. Nach erfolgter Füllung der Taschen erfolgt deren Verschluß so wie bei den einfachen Taschen (Abb. 7).

Leicht ist auch die Herstellung der in Abb. 8 und 9 gezeigten Doppeltaschen. Diese werden nach erfolgtem Zuschneiden einfach gestanzt, umgebogen und mittels der vorhandenen Laschen und Einschnitte zusammengesteckt (Abb. 9). Die hier geschilderte Herstellungsart ist jedoch nur dann zu empfehlen, wenn es sich um die Herstellung großer Aufträge mit einheitlichem Text handelt. Noch vorteilhafter ist es in diesem Falle, wenn man den Druck auf der Steindruckpresse in ganzen Bogen vornimmt und die Taschen dann erst zuschneiden und stanzen läßt. Die einzelnen Bogen müssen dann allerdings vor dem Bedrucken erst angewinkelt werden. Ferner müssen diese dann sowohl beim Drucken selbst als auch beim Schneiden äußerst genau angelegt werden. Wenn jedoch kleinere Posten und vor allen Dingen solche mit wechselndem Text in Frage kommen, werden die fertig zugeschnittenen Taschen erst auf der Tiegeldruckpresse bedruckt und dann erst gestanzt. Auch das Ausstanzen läßt sich sehr vorteilhaft auf der Tiegeldruckpresse bewerkstelligen.

Je nach der Stärke des zu verwendenden Materials kann mit dem Stanzen zugleich auch das Biegen oder Stauchen der Arbeitsstücke vorgenommen werden. Wo wegen zu geringer Zwischenräume zwischen den Biege- oder Stauchlinien ein Rillen oder Ritzen beim Zuschneiden an der Kreisschere nicht möglich ist,

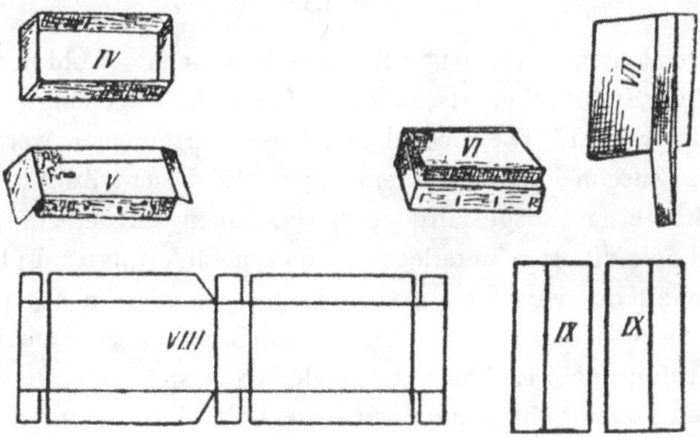

Tableau Abb. 114.

wird an Stelle des Rillens stets das Stauchverfahren angewendet. Eine solide und kräftig gebaute Tiegeldruckpresse kann dabei, vorausgesetzt, daß das nötige Schneide- und Stauchmaterial vorhanden ist, wesentliche Dienste leisten.

In der Regel werden die hier erwähnten Zigarrentaschen mit eigens dafür angefertigten Klischees oder Stereotypplatten bedruckt, wobei man als Druckfarbe mit Vorliebe dunkelblau, schwarz oder dunkelgrün wählt. Der Text enthält zumeist den Namen der bestellenden Firma oder die Marke der zu verpackenden Sorten. Von den hier beschriebenen Taschen wurden schon vor dem Kriege große Mengen angefertigt, von denen allerdings der größte Teil nach dem Auslande, besonders nach England ging. Wenn es jedoch gelingt, die inländische Tabakindustrie für diese Kleinverkaufspackungen weiter zu gewinnen, was dadurch gefördert würde, daß jetzt die Verkaufsware teurer ist, und große Packungen daher nicht so gängig sein dürften, — was ferner auch bei Anfertigung von praktischen und geschmackvollen Mustern der Fall sein wird — so kann die Kartonnagenindustrie auch hier mit großen und laufend wiederkehrenden Aufträgen rechnen.

Für den Kleinverkauf von Zigarren und feingeschnittenen Tabaken eignen sich ganz besonders auch die in Abb. X und XI gezeigten Schachteln.

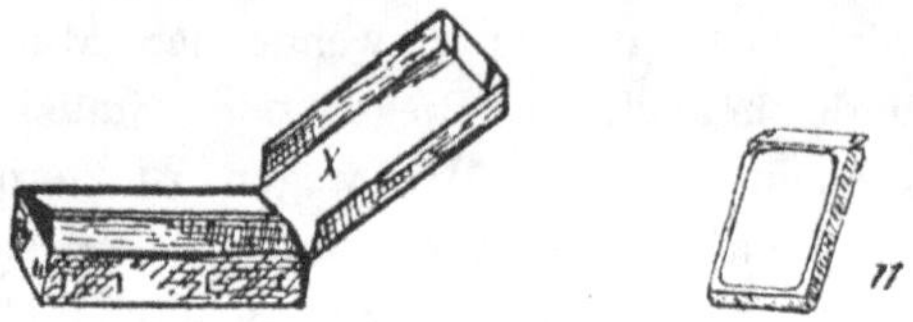

Abb. 115.

Derartige Schachteln können sowohl mit flachem oder tiefem Stülpdeckel, als auch mit Hals und angehängtem Deckel angefertigt werden. Die Deckel derartiger Kartonnagen werden nach erfolgtem Zuschneiden mit einem eigens zu diesem Zwecke angefertigten Stanzeisen ausgestanzt und von innen mit einem Gelatine- oder Cellophonfenster unterlegt, so daß nach erfolgter Füllung der ganze Inhalt der verschlossenen Schachtel sichtbar bleibt (Abb. X).

Für Rauchtabake eignen sich besonders Faltschachteln in ähnlicher Ausführung wie Abb. XI. Beide Arten sind außerdem auch in hygienischer Hinsicht empfehlenswert und daher gern bevorzugt.

*

ZIGARRENKISTEN AUS PAPPE

Unter den zur Verpackung für Zigarren zu erwähnenden Kartonnagen wären dann noch einige Aufmachungen zu nennen, welche besonders während der Kriegszeit eingeführt wurden aber auch heute noch vielfach Verwendung finden.

Es sind dies diejenigen Sorten, die zur Verpackung von 50 oder 100 Zigarren dienen und als Ersatz für die früher gebräuchlichen Zigarrenkisten aus Holz in Frage kommen.

Trotz der hohen Pappenpreise ist auch hier die Pappe im Wettbewerb mit Holz erfolgreich in Erscheinung getreten. Derartige Pappkästen sind immer noch billiger im Preise wie die früher gebräuchlichen Holzkisten.

Von den vielerlei Aufmachungen, die heute gehandelt werden, sollen hier nur die bekannteren Sorten noch kurz erwähnt werden. Zu den billigeren Arten verwendet man in der Hauptsache meist Holz- oder Lederpappe in der Stärke von 60 bis 80 Bogen per 50 Kilogramm. Die Pappen werden zunächst erst an einer Maserier- oder Walzendruckmaschine einseitig maseriert und von der anderen Seite mit weiß oder gelb getöntem Naturpapier kaschiert, oft jedoch auch unkaschiert verarbeitet. Je nach der Stärke der Pappen werden dieselben entweder an der kombinierten Ritz-, Rill- und Schneidemaschine in einem Arbeitsgange zugeschnitten und geritzt oder nach erfolgtem Zuschneiden auf der Pappen-Biegemaschine nachträglich gebogen. Dabei kann man die Unterteile entweder in einem Stück zuschneiden und später die Ecken ausstanzen oder mit Ansetzteilen arbeiten, weil man in diesem Falle meist in der Lage ist, das Material vorteilhafter auszunützen. Die Ansetzteile werden dann später entweder von Hand oder mit der Teile-Ansetz-Maschine eingesetzt, vielfach auch mit Heftdraht, Heftband, Hohl- oder Knopfnieten angenietet. Auch die Ecken-Verbinde-Maschine, welche zu diesem Zwecke allerdings mit einer besonderen Einrichtung ausgestattet sein muß, kann zum Verarbeiten von Ansetzteilen vorteilhaft benützt werden. Die gehefteten oder zusammengesetzten Unterteile werden dann zumeist an den Ecken und Kanten mit weißem oder farbigem Natur- oder Glanzpapier gerändelt. Der Deckel derartiger Zigarrenkisten besteht in der Regel nur aus einer einzigen starken Pappe, welche so groß geschnitten wird, daß sie genau mit den Außenkanten des Unterteils abschließt.

An der Scharnierseite wird sie unter Zuhilfenahme eines Papier- oder Stoff-Scharniers von innen sowohl als auch von außen fest mit dem Unterteil verbunden. Im Innern wird die Deckelpappe zumeist mit einem bunten Bild oder mit goldgeprägten Etiketten beklebt. Das Unterteil selbst wird innen mit mehreren weißen oder farbigen Flügeln, auch Staubklappen genannt, ausgestattet, um den Inhalt möglichst vor Staub zu schützen.

Bessere Artikel werden natürlich auch in besonders sorgfältiger Ausführung angefertigt, wobei die Unterteile oft scharfkantig zusammengesetzt und mit allen möglichen Arten von Holzpapieren wie Eiche, Tanne, Ahorn usw. bezogen werden. Auch billige Fournier-Papiere verwendet man mit Vorliebe hierzu.

Kleinere Posten werden vielfach von Hand, unter Verwendung von Abziehblech oder Abziehplatte, bezogen. Zu größeren Aufträgen kann man je nach der maschinellen Einrichtung des Betriebes, Ueberzieh- oder Anleim-Maschinen benützen.

Der Bedarf an Zigarrenkisten aus Pappe ist jedenfalls auch zur Zeit noch groß und durchaus lohnend. Die Anfertigung zeitgemäßer und geschmackvoller Neuheiten auf diesem Gebiete dürfte wesentlich mit dazu beitragen, auch in der Zukunft den Wettbewerb mit den Holzkisten erfolgreich aufzunehmen.

*

DIE ZIGARRENSCHACHTEL

Durch den Krieg ist die Kartonnagen-Industrie ein Hauptlieferant auch für Zigarrenpackungen geworden.

Durch den Mangel an ausländischen Hölzern, welche zur Fabrikation von Zigarrenkisten benötigt wurden und durch den beispiellos hohen Preis, der für solche Hölzer bezahlt werden mußte, konnte unsere Industrie erfolgreich in Wettbewerb treten.

Es wurden allerdings schon vor dem Kriege Zigarrenschachteln aus Pappe hergestellt, das waren aber nur geheftete Faltschachteln mit Zungenverschluß für geringe Qualitäten, die als besserer Ersatz für die damals gebräuchlichen Papierpackungen verwendet wurden.

Für niedere Sorten wird auch heute noch die flachliegende Schachtel aus roher oder gemaserter Lederpappe mit Zungen oder Einsteckverschluß verwendet. Da dies eine reine Maschinenarbeit ist und kombinierte Kreisschere, Stanz-, sowie Heft- oder Klebemaschinen ausschließlich Verwendung dafür finden, ist deren Preis ein verhältnismäßig billiger.

Als vollwertiger Ersatz für Holzkistchen können die scharfkantig zusammengebauten und gerändelten Schachteln angesehen werden. Hierzu ist die sogenannte Holzstoffpappe wegen ihrer Härte ein gutes Material. Doch auch Lederpappe und zwar Handpappe in einer Dicke von mindestens drei Millimetern findet gern Anwendung.

Boden und Deckel ist zunächst auf Kreis- oder Pappschere in richtige Größe für den Inhalt zu schneiden (Deckel um zwei Pappstärken breiter als der Boden), die Längsseiten genau dem Boden entsprechend, während die Stirnseiten um zwei Pappstärken länger geschnitten werden müssen.

Nun werden die Seitenteile durch Nägel oder Heftung mit dem Boden verbunden und die Ecken mit Papier gerändelt. Die Bodenseite des Unterteils an allen vier Seiten, während die obere Seite für das Scharnier eine Längsseite freiläßt. Ebenso wird der Deckel nur an drei Seiten gerändelt und durch einen Streifen mit dem Unterteil verbunden, und sodann fertig gerändelt. Da der Deckel eingelassen aufsitzt, sind die Stirnseiten um eine Pappstärke höher zu schneiden. Die Rändelstreifen werden bedruckt oder gemustert in allen Farben geliefert und haben durch ihr farbenschönes Aussehen den Anblick einer holzechten Schachtel. Das Einkleben der Schutzklappen und das Etikettieren der Innenseite des Deckels beschließen die Fabrikation. Die maschinelle Ausrüstung für diesen Artikel ist nicht sehr groß, es genügt einfache Rollschere, Rändel- und Anleim-Maschine und schließlich eine Ecken-Heftmaschine. Dagegen wird viel Platz benötigt und größere Kleberäume müssen bei rationeller Anfertigung vorhanden sein, um nicht durch unnötige Transporte die Arbeit zu verteuern.

Wie schon bemerkt, braucht die Ausrüstung nicht groß zu sein, durch diesen Umstand ist die Konkurrenz auf diesem Gebiet schon sehr stark geworden und daher ist es nicht so leicht, Aufträge dafür hereinzubekommen, da die Spezialfabriken gut und preiswert liefern können.

Andererseits ist aber bei diesem Massenartikel der Bedarf ein sehr großer. Alles in allem hat die Kartonnagen-Industrie Veranlassung, einen solch guten Spezialzweig derartig auszubauen, daß ihr derselbe von der Holzkiste niemals wieder entrissen werden kann und in Anbetracht der Gestehungskosten w o h l a u c h n i e w i e d e r e n t r i s s e n werden wird, denn wir werden durch die Not der Zeit gezwungen, von den hochwertigen Erzeugnissen der Verpackungsindustrie, wie sie in der Holzkiste für Zigarren zu erblicken ist, auf die billigeren Erzeugnisse der Pappe verarbeitenden Industrie zurückgreifen.

*

HANDSCHUH- UND TASCHENTUCHKASTEN

Eine Sonderheit der Kartonnagen-Industrie bildet die Anfertigung von Handschuh-, Taschentuch- und Kragenkasten. Ihre Herstellung ist besonders dort, wo bessere Artikel in Frage kommen, eng verwandt mit der bereits in einem früheren Artikel geschilderten Herstellungsweise der Kartonnagen für Papierausstattungen.

Die billigeren Artikel dieser Art sind durchgängig aus einseitig weiß gefärbter Pappe gefertigt, werden auf der Pappschere und Ritzmaschine zugeschnitten und erhalten entweder flachen oder tiefen Stülpdeckel.

In letzterem Falle wird das Unterteil des öfteren mit Vorstehboden angefertigt, um ein leichtes Oeffnen der Schachtel zu ermöglichen.

Im Innern sind diese billigeren Schachteln in der Regel mit Staubklappen, zum besseren Schutze des Inhalts, versehen oder mit weißer Spitze ausgestattet.

Als Ueberzug werden alle möglichen Glacé- oder Glanzpapiere verwendet, sowie fein- und grobgenarbte Leder- oder Cambricpapiere. Die äußere Ausstattung besteht entweder in Buchdruck, Bronzedruck oder in Silber-, Gold- und farbiger Folienprägung.

Sehr beliebt sind auch wattierte Handschuhkasten, welche mit geprägten Metallpapieren oder mit „Tekko", auch Metalltapeten genannt, bezogen sind.

Als einzige Verzierung befestigt man bei derartigen Schachteln in einer Ecke des Deckels Metallauflagen, welche dem Sportsleben entnommen sind, z. B. Hufeisen oder Steigbügel, kleine Ruderboote, Jockeymützen und ähnliche Abzeichen. Diese Sportabzeichen sind meist aus Aluminium oder Nickel angefertigt und werden durch zwei an der Rückseite befindliche Umlegesplinte vor dem Wattieren auf der bereits mit Wattepapier beklebten Platte derartig befestigt, daß man die beiden Splinte durch zwei vorgestochene Einschnitte durch das Etikett durchsteckt und auf dessen Seite umbiegt.

Nach erfolgtem Wattieren des Deckels werden die Auflagen durch leichtes Nachbiegen an den Kanten nach Möglichkeit der Form der Wattierung angepaßt.

Feine Handschuhkasten oder Taschentuchkasten werden dagegen scharfkantig zusammengesetzt und mit Plüsch, Dermatoid,

Pluviuson oder Linkrusta bezogen, wobei der Deckel vielfach mit recht hohen Hochprägungen, z. B. Tannenzapfen oder Früchte darstellend, verziert ist. Innen werden derartige Kasten mit Vorliebe mit weiß oder rosa Moirépapier ausgeklebt.

Bei Taschentuchkasten ist in vielen Fällen im Deckel noch ein mit Seide oder Atlas umrahmter Spiegel befestigt.

Wenn derartige Schachteln in Form eines Holzkastens angefertigt sind, ist von vornherein ein gutes Schließen des Deckels gewährleistet.

In vielen Fällen besteht jedoch der Deckel derartiger Schachteln nur aus einem Stück starker Pappe, welches so groß geschnitten ist, daß es an der Kante genau mit den Seitenwänden des Unterteils abschneidet und an der Rückseite durch ein Scharnier mit dem Unterteil verbunden wird. Um ein besseres Schließen des Deckels zu erzielen, wird in diesem Falle der Deckel durchweg mit einem Druck- oder Scharnierschloß versehen.

Für Kragenkasten, welche in den meisten Fällen in runder Form angefertigt werden, verwendet man als Ueberzug mit Vorliebe hand- oder maschinengestickte Plüsch- und Segeltuchstoffe.

Bei all den zuletzt erwähnten Schachteln ist man gleichfalls in der Lage, das Aussehen durch zweckmäßige Verwendung von Metall-Beschlägen, Ecken oder Metallfüßen in Altsilber, Bronze usw. sehr wirkungsvoll zu beeinflussen.

*

SCHACHTELN
FÜR WÄSCHE- UND TEXTILWARENFABRIKEN

Ein großes Absatzgebiet hat sich die Kartonnagen-Industrie in der Wäsche- und Textilwarenbranche erobert. Es gibt wohl kaum irgend einen Artikel in diesen Branchen, der nicht in Kartons verpackt zum Versand gelangt. Wir unterscheiden hier hauptsächlich Glacékartonnagen, Lager- und Exportkasten und Schachteln für Roben. Die zuerst genannten Glacékartonnagen werden zumeist aus weiß oder blau gefütterter Holz- oder Strohpappe angefertigt. Weil hiervon meist größere Posten angefertigt werden, so empfiehlt sich, genau wie bei den Post- oder Versandkästen, die größte Ausnützung des Materials. Daher sind wir gezwungen, sofern die Maße der Schachteln nicht derartige sind, daß wir sie, bei Vermeidung jeglichen Abfalls an Material, aus einem Stück zuschneiden können, die Schachteln mit Teilen zu schneiden, also anzustücken. Schneiden wir jedoch die Schachteln aus einem Stück zu, so werden sie, nachdem sie geritzt und ausgestanzt sind, mit der Drahtheftmaschine an den Ecken geheftet. Nachdem das Unterteil mit weißem Glacépapier bezogen, innen mit Schutz- oder Staubklappen versehen ist, wird als letztes der Unterboden aufgeklebt.

Derartige Schachteln erhalten meist einen flachen, 2 bis 3 cm hohen Deckel. Dieser wird an den oberen Kanten ringsum mit Goldpapier oder farbigem Glanzpapier gerändelt (dabei kann die Rändelmaschine sehr vorteilhaft verwendet werden), an den Seiten ringsum mit Glacépapier bezogen und oben mit einem Spiegel von Glacépapier versehen. Die Herstellung der hier angeführten Schachteln ist äußerst einfach und daher durchweg Frauen- und Mädchenarbeit.

In Abb. 116 sehen wir z. B. das Unterteil eines Kartons, der zur Aufnahme von Krawatten und zwar von Selbstbindern bestimmt ist. Der im Unterteil eingeklebte Klotz dient dazu, daß die Selbstbinder in geschmackvoller Art und Weise um denselben geschlungen werden.

Eine weitere Gruppe sind die Export- und die Lagerkästen. Diese werden aus starker Holzpappe, oder noch besser, aus Steinpappe zugeschnitten und zwar jedes Teil einzeln und nachher scharfkantig zusammengesetzt. Zum Beziehen verwendet man vorwiegend Kaliko oder Holzpapiere. Wo letzteres zutrifft, wird der Kasten, nachdem er zusammengesetzt ist, an den Ecken und Kanten mit starkem, dunklem Leinen gerändelt. Der Bezug (Holzpapier) wird dann so geschnitten, daß die Kanten sichtbar bleiben. Derartige Kästen werden meist in den Verkaufs-Geschäften für Herrenwäsche benötigt und dienen zum Aufbewahren von Serviteurs usw.

Die sogenannten Exportkästen werden in der gleichen Weise hergestellt, nur mit dem Unterschiede, daß sie mit gutem (meist dunklem), fein gepreßtem Kalblederpapier bezogen werden. Der Deckel wird an seinen äußeren oberen Kanten mit einer 3 bis 4 cm breiten, farbigen, durchbrochenen Bordüre eingefaßt, während in der Mitte des Deckels ein mit einer schmalen Bordüre umrahmtes Bild geklebt wird (Abb. 117). Es muß jedoch hier darauf geachtet werden, daß der Deckel nicht zu überladen aussieht, auch müssen Bild und Bordüre mit dem Bezugpapier harmonieren. Die Abnehmer für diese Kästen sind hauptsächlich größere Exportfirmen, welche vorwiegend Tücher oder Schals versenden.

Abb. 116.

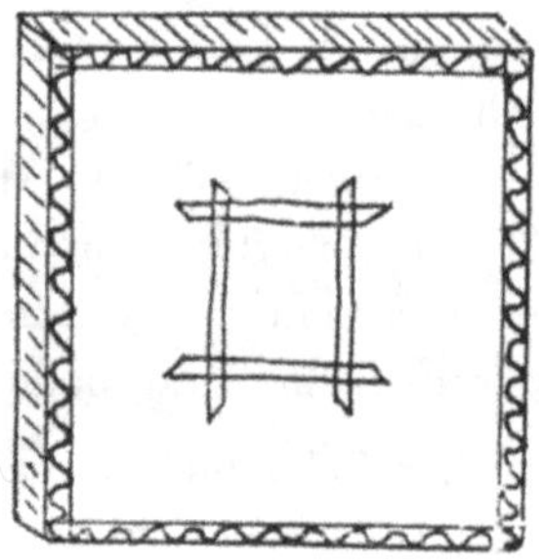

Abb. 117.

Nun noch die Kartonnagen für Roben. Es sind dies meist flache, höchstens bis zu 5 cm hohe Schachteln. Die billigeren Sachen werden genau so wie die oben erwähnten Glacé-Kartonnagen angefertigt, nur daß wir an Stelle des Glacépapiers, billiges weißes Moirépapier verwenden und in das Unterteil keine Staubklappen, sondern Spitzen einkleben. Die besseren Robenschachteln werden jedoch wie folgt hergestellt: Wir schneiden uns zunächst aus starker Holzpappe die genaue, äußere Größe des Kastens. Nun nehmen wir glatt gehobelte, etwa 1 cm starke und 5 bis 6 cm hohe Holzleisten, schneiden diese genau so lang und breit wie die Pappen, kleben sie mit starkem Leim auf die Pappen auf und verbinden sie, der größeren Haltbarkeit wegen, an den vier Ecken durch kleine Drahtstifte. Dies wäre das rohe Unterteil.

Der Deckel besteht nur aus zwei Pappen, welche an den beiden Längsseiten des Unterteils befestigt werden, und so breit geschnitten sind, daß sie etwa 2 cm übereinanderklappen, wenn der Kasten geschlossen ist. (Abb. 118, 119).

Jetzt beziehen wir das Unterteil an den beiden kurzen Seiten mit gutem, weißem Moirépapier. Nun werden die beiden den Deckel bildenden Pappen bezogen und angehängt. Nachdem diese innen

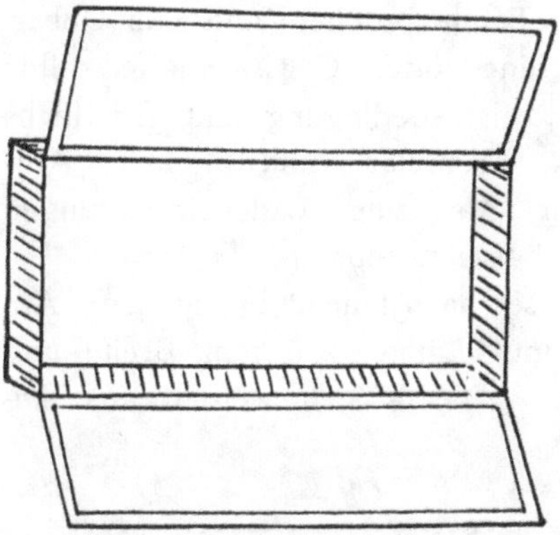

Abb. 118.

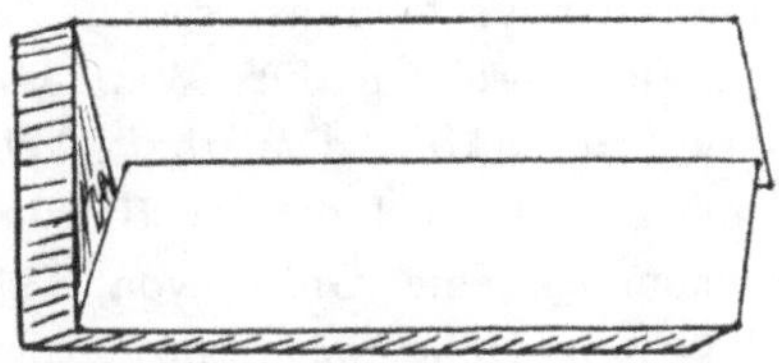

Abb. 119.

noch durch einen Leinwandstreifen mit dem Unterteil verbunden sind, werden die beiden Innenspiegel eingeklebt.

Außen auf dem Deckel sind meistens in Golddruck mit großer Schrift die Worte „Letzte Neuheit" oder eine ähnlich lautende Aufschrift angebracht.

Alle drei zuletzt beschriebenen Arten von Kartonnagen müssen peinlich sauber gearbeitet sein, es werden daher mit der Anfertigung vielfach auch männliche Arbeitskräfte betraut.

*

FORMULAR-KASTEN

Die Herstellung von Formularkästen als Spezialfabrikation ist eine lohnende Arbeit und kleineren Fabrikanten, welche nur die nötigsten Maschinen besitzen, zu empfehlen, da der größte Teil der Arbeitsvorgänge von Hand auszuführen ist. Zum Zuschneiden der Pappteile usw. ist eine kräftige Tafelpappschere und zum Ueberziehen eine praktische Anleimmaschine nötig. Gewissenhafte, solide Arbeit bei der Herstellung ist natürlich Bedingung und gründliche Fachkenntnis vorauszusetzen, da Formular- und ähnliche Aufbewahrungskästen für Warenläger, Magazine, Ladeneinrichtungen usw. eine große Dauerhaftigkeit besitzen müssen.

Ein Beispiel der Ausführung sei nachstehend angegeben: Angenommen eine Größe von 330 mm Länge, 220 mm Breite und 100 mm Höhe wäre anzufertigen. Die Kästen werden aus ein-

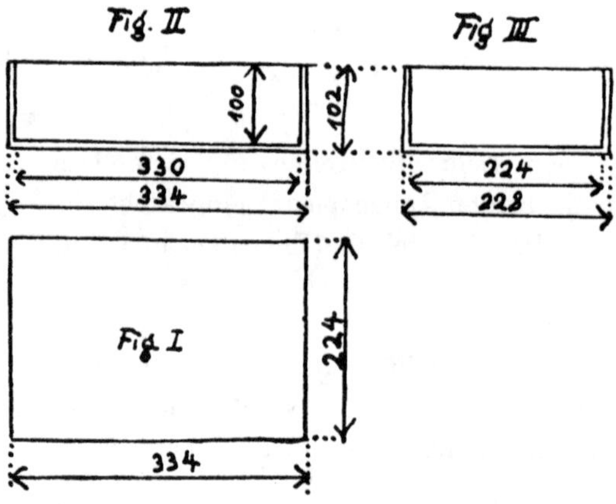

Abb. 120.

zelnen Teilen zusammengesetzt, folglich alle Teile für sich zugeschnitten. Die angegebenen Maße sind Lichtmaße (Innenmaße). Man schneidet zuerst die Böden in Größe von 334 × 224 mm zu, unter Verwendung von einer etwa 2 mm dicken grauen Lumpenpappe. Diese Pappe muß möglichst glatt und nicht wellig gewählt werden, was das spätere Zusammenfügen erleichtert (Abb. 120, Fig. I).

Die Längsseitenteile schneidet man 334 mm lang und 102 mm breit, wobei 2 mm für die Bodendicke zugegeben ist (Abb. 120, Fig. II). Die kurzen Seitenteile erfordern eine Zugabe von je 2 mm nach den Seiten und ebenfalls 2 mm für den Boden, das sind 228 × 102 mm Abb. 120, Fig. III). Die Seitenteile sind zu verstärken, indem Zuschnitte gleich dicker Pappe aufkaschiert werden. Diese Zuschnitte in Größe von 330 × 100 mm und 224 × 100 mm sind so aufzukleben, daß an drei Seiten eine überstehende Kante (Falz) von 2 mm Breite entsteht, welche dazu dient, den Boden fest einfügen zu können. Sehr zweckmäßig ist es, die kantierten Teile unter Druck zu stellen, was zur Festigung sehr beiträgt. Das Zusammensetzen erfolgt, indem man mittels schmalen Leimpinsels die Fälze mit gutem, nicht zu dickem Leim bestreicht, zuerst die Längsseiten an den Boden ansetzt, dann die Stirnseiten und beide an den Kanten verbindet. Mittels Hand und Falzbein drückt man alle Kanten fest an und klebe als Hilfsmittel etwas dünnes, gummiertes Papier über die Ecken. Sehr vorteilhaft für die gute Bindung wirkt, wenn nach dem Trocknen die Kästen in ihren inneren Kanten (Ecken) mit warmem Leimwasser ausgegossen werden, dies bewirkt ein inniges Verbinden der Leimung mit der Pappe. Der Deckel kann nun, weil er weniger

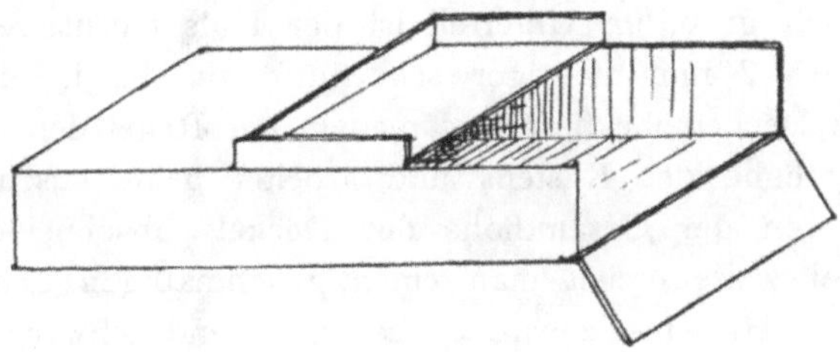

Abb. 121.

auszuhalten hat, als das Unterteil, auf gleiche Weise aus etwas schwächerer Pappe angefertigt werden, oder auch aus der gleichen dicken Pappe, jedoch ohne die Verstärkungsauflage. Die Zugabe für das richtige Passen des Deckels auf das Unterteil beträgt etwa je 1 mm auf die Länge und Breite.

Bei anzuhängendem Deckel bleibt das Größenverhältnis dasselbe, nur fällt beim Deckel das eine Längsseitenteil weg und die Stirnseitenteile sind an der offenen Seite etwas abzuschrägen. Auch wenn am Unterteil ein Seitenteil als bewegliche Klappe herunterfallen soll, ändert sich an Größe und Zuschnitt nichts. Beides, Deckel und Klappe, sind mittels Leinwandscharnier am Unterteil zu befestigen sowie überhaupt die Kanten solcher Kästen mit einer guten Leinwand einzufassen sind. Man wählt dazu am vorteilhaftesten schwarz und läßt die Kanten beim Ueberziehen heraussehen (Abb. 121). Der eigentliche Formularkasten besitzt nur einen

Teildeckel, wodurch annähernd der dritte Teil der oberen Fläche des Kastens geöffnet wird. Hierauf muß beim Zuschneiden Rücksicht genommen werden, wobei immer die Pappenstärke in bezug auf das Zusammenfügen und gute Passen zu beobachten ist. Je ihrem Zwecke entsprechend erhalten Formularkästen, Lagerkästen und dergleichen an der vorderen Seite Handhaben, Griffe und Schilder. Diese, meistens aus verzinntem Blech hergestellt, sind bei einschlägigen Metallwarenfabrikanten erhältlich und werden mittels Splinten an den bestimmten Teilen der Kästen befestigt.

Nachdem die Metallteile befestigt sind, werden die Kästen gefüttert, und zwar verwendet man dazu Kleister, während man zum Ueberziehen Leim genommen hat. Dies bewirkt, etwa verzogene Seitenteile wieder in glatte Fächer zu bringen. Die geschilderte Machart von Formularkästen ist die mit übergreifendem Deckel, eine andere Art sind die sogenannten Holzschachteln. Die Herstellung ist im Prinzip die gleiche, nur ist Unterteil und Deckel immer gleich groß, im Unterteil ist der Hals einzusetzen, welcher immer 1 bis 2 mm niedriger sein muß, als die Deckelhöhe beträgt. Als Deckelhöhe bestimmt man in der Regel den dritten Teil der Gesamthöhe des Kastens und arbeitet beim Zuschneiden so, daß man von der Gesamthöhe des Deckels abschneidet. Durch diese Arbeitsweise erzielt man einen gleichmäßigen Schluß ringsherum. Der Halseinsatz wird aus entsprechend schwächerer Pappe geschnitten und setzt man ihn, entweder aus vier Teilen oder aus zwei Teilen bestehend, letztere geritzt, in das Unterteil ein. Die Ecken verbindet man mit einem Streifen dünner Leinewand, bevor man den Hals überzieht. Um nun ein leichtes, oder besser gesagt, ein richtiges Passen des Deckels zu bewirken, klebt man vor dem Einsetzen des Halses eine schwache Einlage auf die Seitenteile des Unterteiles innen ein.

Zum Schluß sei noch bemerkt, daß man beim Fertigmachen im allgemeinen folgendermaßen verfährt: Nachdem der Hals im Unterteil eingeklebt ist, überzieht man die beiden kürzeren Seiten bis um die Ecken, dann die langen Seitenteile, dann überzieht man den Hals mit dem gleichen Papier der Fütterung, füttert das Innere des Kastens aus, indem man zuerst den Boden beklebt und dann die Seiten und als Schlußarbeit wird der Boden- und Deckelspiegel aufgeklebt.

Neben den bis jetzt beschriebenen Formularkästen sollen noch die in der letzten Abbildung gezeigten Arten erwähnt werden. Ihre

Herstellung geht in der bereits geschilderten Art und Weise vor sich, nur mit dem Unterschiede, daß derartige Formularkästen nicht scharfkantig zusammengesetzt werden.

Auch hierzu verwendet man mit Vorliebe starke Lederpappe, welche von außen zumeist unter Zuhilfenahme einer Maseriermaschine gemasert wird. Die Rückseite oder Innenseite der Pappen wird vor dem Zuschneiden in der Regel mit weißem, grauem oder gelblichem Naturpapier kaschiert. Nach dem Zuschneiden werden die einzelnen Teile des Formularkastens entweder geritzt oder mittels

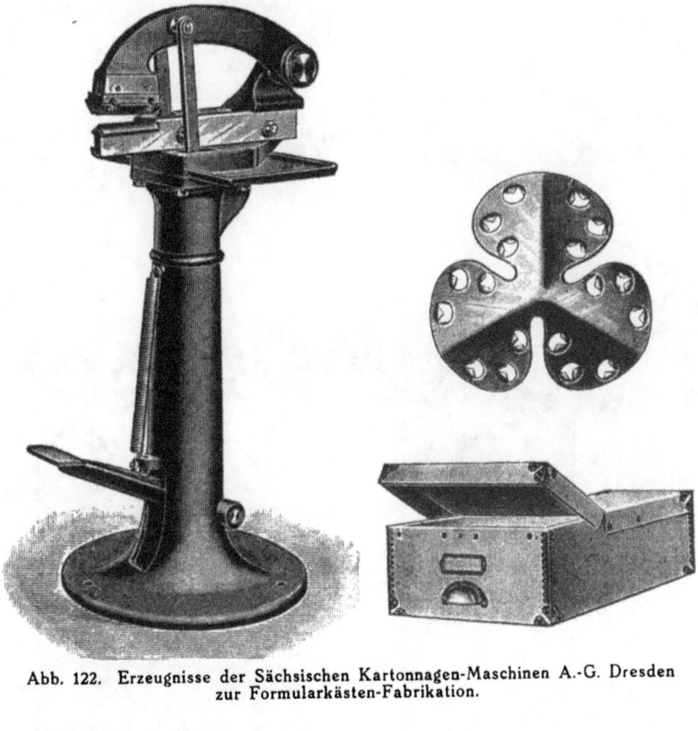

Abb. 122. Erzeugnisse der Sächsischen Kartonnagen-Maschinen A.-G. Dresden zur Formularkästen-Fabrikation.

der Biegemaschine gebogen. Wenn die Ecken ausgestanzt sind, wird Unterteil und Deckel an der Blechklammeranschlagmaschine unter Verwendung von starken Blechbeschlägen an den einzelnen Ecken miteinander verbunden. Auch die Ecken am Unterteil sowohl als Deckel können durch Blechecken, welche in Form eines Kleeblattes ausgestanzt sind, wesentlich verstärkt werden.

Diese Ecken werden gleichfalls an der Blechklammeranpreßmaschine angepreßt oder angeschlagen. Allerdings muß die Maschine in diesem Falle mit einer Extraeinrichtung ausgerüstet sein, welche das Anschlagen der Kleeblattecken ermöglicht. In der Regel werden derartige Maschinen mit auswechselbarem Amboß geliefert, so daß an denselben neben den erwähnten Kleeblattecken auch die aufrechtstehenden Ecken an den Kanten und auch flachliegende, abgepaßte Ecken angeschlagen beziehungsweise angepreßt werden können.

Formularkästen mit derartigen Eckenverstärkungen sind gleichfalls sehr haltbar und werden aus dem Grunde auch gern gekauft.

*

VERPACKUNGS-KARTONNAGEN UND HALBETUIS FÜR RASIERAPPARATE

Halbetuis und Kartonnagen für Rasierapparate wurden vor dem Kriege in großen Mengen hergestellt. Es war dieses hauptsächlich darauf zurückzuführen, daß speziell die einschlägigen Fabriken des westfälischen Industriegebietes zu der Zeit einen umfangreichen Export an Rasierapparaten buchen konnten. Speziell England und die Vereinigten Staaten von Nordamerika waren gute Abnehmer für diesen Artikel. Im Verlaufe des Krieges sind ja nun die ausländischen Absatzgebiete größtenteils verloren gegangen und es ist heute schwer zu beurteilen, ob die Ausfuhr dieser Artikel jemals wieder die alte Höhe erreichen wird. Aber wir dürfen uns der Hoffnung hingeben, daß der Bedarf an Halbetuis und Kartonnagen für derartige Zwecke auch in der Zukunft wieder groß sein wird, und zwar aus folgenden Gründen.

Wenn nicht alles täuscht, so werden Rasierapparate in der kommenden Zeit weit mehr gekauft werden als früher. Das ist zunächst darauf zurückzuführen, daß die meisten Feldzugsteilnehmer sich mehr oder weniger im Felde daran gewöhnt haben, sich mit Hilfe eines Rasierapparates oder -messers selbst zu rasieren.

Wenn also auch geraume Zeit vergehen dürfte, bis der Export dieser Artikel wieder seinen früheren Umfang erreicht haben wird, so dürfte sich dafür der Verbrauch im Inlande ganz bedeutend heben, so daß dadurch auch für die Kartonnagenindustrie wieder vermehrte Arbeits- und Verdienstmöglichkeiten geschaffen werden. Bei der Anfertigung von Kartonnagen für die vorerwähnten Artikel kommen nun hauptsächlich zwei Arten in Betracht. Wir nennen hierbei in erster Linie Halbetuis, in denen die Apparate völlig gebrauchsfertig zusammengeschraubt lagern und die zumeist im Inlande abgesetzt werden.

Ferner Kartonnagen, welche nur für den Export in Frage kommen, in denen die Apparate lose gelagert sind, wo also Handgriff, Klingenhalter und Klingen gesondert in besonders hierfür bestimmten Fächern untergebracht werden. Die Herstellung der zuerst erwähnten Halbetuis, welche durchweg mit Hals und angehängtem Deckel angefertigt und mittels eines Druckknopfes und einer Metallöse verschlossen werden, geht in der Hauptsache wie folgt vor sich. Die Seitenwände der Unterteile sowohl als auch der Deckel, welche durchweg aus eigens zu dem Zwecke ausgesuchten, nicht zu harten

Holzarten gefertigt werden, werden zumeist an Holzbearbeitungsmaschinen zugeschnitten und gleich derartig bearbeitet, daß die einzelnen Teile später scharfkantig zusammengesetzt werden können. Dabei werden die Vorderseiten der Unterteile gleichzeitig gelocht, so daß nach dem Beziehen der Unterseite die zum Verschließen notwendige Metallöse dort befestigt werden kann. Die vorderen Längsseiten der Deckel werden dagegen etwa in einer Breite von $1^1/_2$ cm quer eingeschlitzt. In diese Schlitze werden nach dem Beziehen des Deckels die Lederlaschen eingezogen, an denen später der Druckknopf befestigt wird. Außer den Seitenteilen sind nun noch die Böden für Unterteile und Deckel zu schneiden. Hierzu verwendet man zumeist starke Holz- oder Strohpappe Die Kanten der zugeschnittenen Pappböden werden an einer Pappenfräsmaschine etwa 2 bis 3 mm breit abgeschrägt und abgeschmirgelt, wodurch das fertige Etui ein bedeutend gefälligeres Aussehen erhält. Jetzt werden Unterteile sowohl als Deckel unter Verwendung von starkem Leim scharfkantig zusammengesetzt, und zwar dergestalt, daß die einzelnen Seitenteile auf den Boden aufgesetzt werden, wobei die Längsseiten, welche später die Vorderseiten des Etuis zeigen, stets überfassen. Alsdann wird das Unterteil an drei Seiten bezogen und nach dem Boden und der Innenseite zu eingeschlagen. Die Rückseite des Unterteils bleibt vorläufig noch unbezogen. Jetzt wird an der Vorderseite des Unterteils, und zwar von außen, unter Zuhilfenahme einer Oesenmaschine, die aus Metall gefertigte Knopföse befestigt, während an der Rückseite von innen ein Stoffscharnier eingeklebt wird. Dann wird mit der Anfertigung der im Unterteil angebrachten Inneneinrichtung begonnen. Das Unterteil wird stets mit drei Fächern ausgestattet, von denen das mittelste zur Aufnahme des eigentlichen Apparates mit dem angeschraubten Griff dient. Weiter sind in den beiden rechten Ecken des Unterteils noch zwei kleinere Fächer angebracht, deren eines zur Aufnahme der scharfen und das andere zur Aufnahme der stumpfen Rasierklingen dient. Die Klingen selbst sind in kleinen Futteralen untergebracht, welche in Silberdruck die Aufschrift „scharf" und „stumpf" zeigen. Die Futterale sind in der Regel mit demselben Stoff bezogen wie Unterteil und Deckel. Die Innenfläche des Unterteils und die Fächer sind je nach dem Preise der Etuis entweder mit farbigem, meist in lila gehaltenem Papier oder mit Stoff, Samt, Plüsch oder Satin, ausgefüttert. Nun kommen wir zum Deckel. Wenn derselbe zusammengesetzt ist, so wird zunächst das bedruckte Etikett auf die

Oberfläche des Deckels geklebt und etwa 3 mm breit nach den Seitenwänden umgeschlagen. Dann wird der Deckel gleichfalls an drei Seiten bezogen, und zwar dergestalt, daß, wie beim Unterteil, die Rückseite (Scharnierseite) noch unbezogen bleibt. Der Einschlag des Deckelüberzuges muß jedoch so breit sein, daß derselbe im Innern des Deckels bis auf dem Innenboden herunterreicht. Nach erfolgtem Beziehen des Deckels wird zunächst die Lederlasche durch den an der Vorderseite befindlichen Schlitz eingezogen und an der Innenseite des Deckelbodens befestigt. Den Druckknopf haben wir bereits vorher mittels einer kleinen Anschlagmaschine auf der Lederlasche befestigt. Nun wird der Deckel durch das am Unterteil angebrachte Scharnier von innen mit dem Unterteil verbunden, außen an der Rückseite das Rückenstück aufgelegt und nach dem Boden des Unterteils umgeschlagen. Als letztes wird der Unterboden aufgelegt. Im Innern des Deckels werden derartig hergestellte Etuis zumeist noch mit einem flach wattierten und mit Silberdruck versehenem Kissen ausgelegt, dessen Herstellung ebenfalls noch miterläutert werden soll.

Wir schneiden uns zunächst eine Einlage aus dünner Pappe zu diesem Zwecke. Dieselbe muß so groß geschnitten sein, daß sie genau in den Deckelboden hineinpaßt. Ferner benötigen wir ein Blättchen Watte, welches in seiner Länge und Breite etwa 5 mm kleiner ist als die Pappeinlage. Jetzt nehmen wir den Kissenstoff und legen ihn so auf den Tisch, daß die Rückseite nach oben liegt. Darauf legen wir zunächst die Watte. Ueber die Watte kommt die an den Kanten schmal mit Leim bestrichene Pappeinlage und nun ziehen wir den Einschlag an den vier Seiten des Kissenstoffes stramm nach der Rückseite der Einlage, wo er an den mit Leim bestrichenen Kanten festgeklebt wird. Ist das geschehen, dann wird das fertige Kissen, dessen in Silber gedruckter Text in der Regel auf die Marke des Apparates oder die Firma des Herstellers hinweist, in den Deckel des Etuis eingeklebt.

Zum Beziehen derartiger Etuis verwendet man je nach der Preislage derselben dünne, gepreßte Leder- oder Chagrinpapiere, öfter auch Kaliko, Kunstleinen oder ähnliche Stoffe, bei besseren Artikeln mitunter auch feinstes Leder.

Die hier geschilderte Herstellungsweise kommt jedoch nur für Kleinbetriebe in Betracht, die sich in der Hauptsache mit der Anfertigung besserer Artikel befassen, bei denen sich eventuell auch die Herstellung von Hand noch lohnend erweist. In Großbetrieben ist man dagegen schon längst dazu übergegangen, Teilarbeit einzuführen und handgefertigte Etuis durch Herstellung auf maschinellem Wege zu ersetzen. In erster Linie macht sich dieses bei der Herstellung der Rohkörper bemerkbar. In Großbetrieben werden diese durchweg aus starker Pappe unter Anwendung des Ziehverfahrens auf Exzenter- oder Friktionspressen hergestellt. Auch beim Beziehen der Rohkörper bedient man sich insofern der Maschine, als die zu beleimenden Etiketten und Ueberzüge mit Hilfe einer kleinen Anleimmaschine beleimt werden. Die Anleimmaschine leistet bequem das Sechs- bis Achtfache im Verhältnis zu der Beleimung von Hand und ermöglicht eine äußerst gleichmäßige und sparsame Beleimung. Bei Verwendung zweckmäßigen Materials sind derartig hergestellte Etuis äußerst haltbar, wobei die Herstellungskosten so verbilligt werden, daß die Rentabilität derartiger Unternehmen in jeder Hinsicht gewährleistet wird.

Ungleich einfacher ist dagegen die Herstellung derjenigen Kartonnagen, die zur Verpackung und zum Versand von solchen Apparaten dienen, welche für den Export bestimmt sind. Dieselben werden ebenfalls durchweg als Halsschachtel und mit angehängtem Deckel angefertigt. Zum Zuschneiden verwendet man hierbei meist dünne Holzpappe, welche meist einseitig mit lila Glacé- oder Velourpapier kaschiert wird. Das Zuschneiden selbst geht an der kombinierten Schneid- und Ritzmaschine, auch Kreisschere genannt, vor sich. Nach dem Zuschneiden werden die einzelnen Zargen in langen Schläuchen geschlossen und an der Doppelzargenschneidemaschine in beliebige Höhen zerteilt. Beim Zuschneiden der Hälse wird in derselben Art und Weise verfahren. Das Beziehen der einzelnen Schachtelteile geht in der Hauptsache wie folgt vor sich. Zuerst wird der Hals bezogen und zugleich mit dem Boden in das Unterteil eingeleimt. Dann werden die Deckelboden in die Deckelzarge eingeleimt und der Deckel auf den Hals aufgestülpt, so daß wir den rohen unbezogenen Karton vor uns haben. Jetzt werden Unterteil sowohl als Deckel in einem Stück bezogen, wobei der Bezug schmal nach dem Unterteil- und Deckelboden zu umgeschlagen wird. Als letztes wird das Etikett und der Deckelboden aufgeklebt. Ist der Ueberzug gut trocken, so werden die fertigen Schachteln an der Schachtelaufschneidemaschine an drei Seiten aufgeschnitten. An der vierten Seite (Rückseite), welche nicht aufgeschnitten wird, bildet der Ueberzug gleichzeitig das Scharnier, durch welches Unterteil und Deckel miteinander verbunden werden.

Die Inneneinrichtung besteht ebenfalls aus drei Fächern wie bei den eingangs erwähnten Halbetuis. In dem mittelsten Fache wird der Griff des Rasierapparates untergebracht, während in den beiden Eckfächern der Klingenhalter und die Rasierklingen flach liegend Platz finden. Die Kartonnagen selbst sind nur etwa halb so hoch wie die Etuis, also etwa 2 cm, weil der ganze Apparat nicht zusammengeschraubt, sondern in einzelne Teile zerlegt in dem Karton untergebracht wird.

Die Inneneinrichtung wird in ganzen Bogen kaschiert oder gefüttert, dann geritzt und zugeschnitten und in einzelnen Teilen eingeklebt. Auch zur Inneneinrichtung verwendet man meist lila Glacé- oder Velourpapier. Zum Beziehen derartiger Kartons sowie zum Aufkleben der Boden und Etiketten leistet eine kleine Anleimmaschine ebenfalls gute Dienste.

Die Art der losen Verpackung der Apparate wird aus dem Grunde bei Exportwaren bevorzugt, weil sie in zollpolitischer Hinsicht manche Vorteile mit sich bringt. Gebrauchsfertig verpackte Apparate gelten nämlich als Fertigfabrikate und sind bedeutend höheren Zollsätzen unterworfen wie Apparate, die in Einzelteilen verpackt werden und infolgedessen als Halbfabrikate verzollt werden. Außerdem nehmen die Kartonnagen in diesem Falle nur halb so viel Raum und Gewicht in Anspruch, was bei größeren Entfernungen gleichfalls von Bedeutung ist.

*

DIE HERSTELLUNG VON MASSENPACKUNGEN, FALTSCHACHTELN usw.

Die gebräuchlichste Form der heutigen Packung ist die Faltschachtel, die Anfang der achtziger Jahre aus Amerika zu uns herüber gekommen ist. Die äußere Form wurde bis vor kurzem ausschließlich auf der Stanzmaschine, die Faltung auf der Rillmaschine ausgeführt. Der Zusammenhalt erfolgt durch Drahtösen oder durch einen Kleberand. Sie nehmen im ungebrauchten Zustand den kleinsten Raum ein. Da diese Schachteln zu Millionen gebraucht werden, ist eine umfangreiche Kartonnagen-Industrie erstanden, auch ist eine Anzahl von Maschinenfabriken besonders mit dem Bau von Spezialmaschinen für diesen Erwerbszweig tätig, die für alle Handgriffe Maschinen und Werkzeuge herstellt, neuerdings auch Maschinen baut, die Packungen vollständig herstellt. Ja es gibt Maschinen, welche die menschliche Hand beim Packen und Füllen der Waren entbehrlich machen.

Ein ziemlich umfangreicher Fabrikationszweig innerhalb der papierverarbeitenden Industrie ist durch die in den letzten Jahren immer mehr an Ausdehnung zunehmende Anfertigung von Massenpackungen, insbesondere durch die Faltschachteln entstanden. Jeder Artikel, sei er groß oder klein im Format, bedarf zu seiner Veräußerung einer Umhüllung und es gibt demzufolge eine Unmenge von Erzeugnissen, die hauptsächlich infolge ihrer wirksam ausgestatteten Umhüllung sowie deren Anpreisung vermittels der Reklame erhöhte Aussicht haben, vom Publikum gekauft zu werden.

Es ist daher ganz natürlich, daß unter diesen Umständen auf die äußere Form und die Ausstattung der Umhüllung besonderer Wert zu legen ist. Die von einer Fabrik in irgend einer besonderen Form in den Handel gelangende Ware wird nicht nur aus Bequemlichkeit meist in bestimmten Gewichtsnormen geliefert, sondern vielfach wird die Packung auch noch durch irgend ein Kennwort oder einen Namenszug gesetzlich geschützt, um so das unbefugte Oeffnen zu erschweren und die charakteristische Einheitlichkeit für alle Verkaufsstellen zu wahren.

Speziell die Industrien für kosmetische, pharmazeutische und chemische Artikel sind hier bahnbrechend vorangegangen, wie wir beim Versand von Mundwasser (Odol) oder auch bei Büchsen-Packungen (Lanolin, Marke Pfeilring) usw. sehen können.

Hier trägt die eigenartige Form oder Art der Verpackung und die auf derselben geschickt angebrachte Reklame ungemein viel dazu bei, den Absatz derartiger Artikel zu fördern.

Die einfachste und gebräuchlichste Packung ist wohl das bedruckte Einwickelpapier, welches der Größe des zu verpackenden Gegenstandes entsprechend, vom ganzen Bogen herab bis zu dem kleinsten bedruckten Papierstück zum Einschlagen von allen möglichen Gebrauchsgegenständen oder Nahrungs- und Genußmitteln Verwendung findet.

Artikel, welche einheitliche Form bewahren sollen, werden meistens fest in Papier verpackt, wobei dieses an den Seiten oder oben und unten durch Aufkleben von Etiketts oder Siegelmarken, welche in vielen Fällen mit der Schutzmarke des betreffenden Artikels versehen sind, verschlossen wird.

Derartige Verschlußmarken werden hauptsächlich bei der Verpackung von Schokolade, Seifen- oder Parfümeriewaren angewandt und haben sich auch als Verschluß von Flaschen-Packungen mit Wellpapp-Umhüllungen sehr gut bewährt.

Neben dieser einfachsten Form der Verpackung kommt in zweiter Linie die bedruckte Tüte (auch Beutel) in Betracht. Dieses ist die sogenannte offene Form der Verpackung. Auch hier können wir heute schon eine ganze Anzahl von Formen und Arten bemerken, z. B. Spitzdüten, Sackdüten, Kreuzbodenbeutel u. a.

Diese offene Form der Verpackung ist hauptsächlich im Detail-Verkauf gebräuchlich. Sie eignet sich jedoch auch sehr gut zum Versand von Warenproben, wobei die Oeffnung der Tüte nach mehrmaligem Uebereinanderfalten mittels einer Durchsteckklammer in kürzester Frist wirksam verschlossen werden kann.

Sehr beliebt ist auch die sogenannte Verschnürung bei gleichzeitiger Versiegelung, ferner der Verschluß durch Plombe oder Verschlußstreifen (Banderole), welcher speziell bei der Zigarettenfabrikation gebräuchlich ist.

Die vorgenannten Verpackungen gelangen also hauptsächlich dort zur Anwendung, wo ein unbefugtes Oeffnen der Packung nach Möglichkeit verhindert werden soll. Die Verpackung selbst wird daher auch nicht im Detailhandel bewerkstelligt, sondern am Herstellungsort der Ware und kann daher kurzerhand mit dem Wort „Fabrikpackung" bezeichnet werden.

Nächst Papier ist wohl die Pappe das gebräuchlichste Verpackungsmaterial.

Die zweckmäßigste und billigste Verpackung für viele Artikel ist wohl die Verpackung unter Benutzung der Faltschachtel.

Eine Faltschachtel ist, wie schon der Name besagt, eine zusammenfaltbare Schachtel. Ihr Hauptvorzug besteht darin, daß sie ohne maschinelle Hilfe und ohne Anwendung von Klebstoff nach erfolgter Füllung leicht und bequem verschlossen werden kann und daß eine große Menge davon in einem verhältnismäßig kleinen Raum untergebracht werden kann.

Sie wird dort als Verpackung verwendet, wo sich Umhüllungen von Papier nicht haltbar genug erweisen, wo der Verschluß in kürzester Frist bewerkstelligt werden soll und wo geklebte und zusammengesetzte Schachteln infolge Raummangels nicht in Betracht kommen.

In der Hauptsache unterscheidet man drei Arten von Faltschachteln und zwar: rohe oder beklebte Faltschachteln aus Pappe und ohne jede äußere Ausstattung. Zweitens aus Karton gefertigte, sogenannte Automaten-Schachteln und schließlich bessere mit ein- und mehrfarbigem Buch- oder Steindruck ausgestattete und vielfach auch mit Reliefprägung versehene Faltschachteln.*)

Die Herstellung der zuerst genannten Art ist ziemlich einfach.

Als Material verwendet man alle möglichen Sorten von Lederpappe, sowie Holz- oder Strohpappe, ferner graue Hadernpappe und Cellulosepappe. Wenn erstklassiges Material, also Lederpappe und graue Hadernpappe verarbeitet werden soll, ist die Herstellungsweise verhältnismäßig billig, da das Zuschneiden und Rillen oder Ritzen der Faltschachteln mittels der kombinierten Ritz-, Rill- und Schneidemaschine in einem Arbeitsgange bewerkstelligt werden kann.

Die zweckmäßigste Maschine für diese Arbeiten ist die mit zwei Halterbalken ausgerüstete kombinierte Ritz-, Rill- und Schneidmaschine auch Kreisschere genannt.

Speziell kleine Faltschachteln, wo beim Zuschneiden eine größere Anzahl von Ritz- oder Rillapparaten benötigt wird, lassen sich nur auf solchen Maschinen rationell herstellen, wo zwei Halterbalken vorhanden sind.

Soll jedoch billiges und demzufolge auch minderwertiges Material verwandt werden, so empfiehlt es sich, die Faltschachteln

---

*) Interessenten sei die Lektüre der praktischen Broschüre der Firma Jagenberg-Werke A.-G., Düsseldorf, empfohlen mit dem Titel: „Zusammensetzbare Ritz-, Rill- und Stanz-Werkzeuge für Faltschachtel- und Kartonnagen-Zuschnitte".

nach erfolgtem Zuschneiden auf der Biegemaschine zu biegen. Unsere modernen Biegemaschinen biegen selbst das sprödeste Material, ohne daß die Haltbarkeit oder das Aussehen der Ware beeinträchtigt wird.

Es soll jedoch nicht unerwähnt bleiben, daß auch sprödes Material, z. B. dünne Holzpappe, durch Zusammenkleben mit einem guten Papierstoff günstig beeinflußt werden kann, so daß es sich an der Kreisschere rillen oder nuten läßt.

Sollen jedoch einseitig kaschierte Pappen an der Biegemaschine weiter verarbeitet werden, so ist beim Biegen vor allen Dingen darauf zu achten, daß die Biegung der Schachtel genügend tief erfolgt, also die Biegezunge der Maschine genau der Pappstärke entsprechend eingestellt wird, weil ungenügend gebogene Schachteln beim Weiterverarbeiten an den Biegelinien sehr leicht aufplatzen, wodurch das Aussehen der Ware sehr ungünstig beeinflußt wird. Das gleiche ist auch zu beachten, wenn die Faltschachteln mittels Nutapparates oder Nutstiftes, auch Spanausheber genannt, genutet oder gefräst werden.

Nach erfolgtem Biegen, Rillen oder Nuten werden die Faltschachteln auf der Faltschachtelstanze ausgestanzt. Das Hauptaugenmerk ist hierbei auf das Einstellen der Stanzwerkzeuge zu richten.

Daher müssen die oberen Teile des Stanzeinsatzes, welche in den Querbalken der Maschine eingeschoben und festgeschraubt werden, genau senkrecht zu den im Tisch der Maschine befestigten unteren Teilen stehen. In jedem Falle empfiehlt es sich, vor Beginn des Stanzens den Querbalken mittels des an der Maschine angebrachten Handrades, einigemal auf und nieder zu bewegen und sich davon zu überzeugen, ob die Messerführung genau arbeitet. Es ist dies von der größten Bedeutung, da durch fehlerhaftes Einstellen der Stanzwerkzeuge oder durch ungenügendes Anziehen der vorhandenen Schrauben, der ganze Satz schon im Verlauf weniger Minuten schwer beschädigt oder gar gänzlich unbrauchbar werden kann. Weiter achte man beim Ankauf einer derartigen Maschine auch darauf, daß die Schlitzmesser des Stanzeinsatzes nicht zu leicht gearbeitet sind, weil damit des öfteren Pappen bis zur Stärke von 60 Bogen per Zentner verarbeitet werden sollen, wobei an die Schlitzmesser ziemlich hohe Anforderungen gestellt werden.

Diese sollten daher mindestens 3 mm stark sein.

Des weiteren empfiehlt es sich, wenn vorwiegend stärkeres Material verarbeitet wird, den Stanzeinsatz so zu bestellen, daß die Oesen desselben nicht gerade (Abb. 114), sondern schräg stehen (Abb. 115). Es ist dadurch ein weit leichteres und bequemeres Schließen der Faltschachtel gewährleistet.

Eine in den Kreisen der Fachwelt mit großem Interesse begrüßte Neuerscheinung ist die Faltschachtelstanze, bei welcher Ober- und Untermesser des Stanzeinsatzes zwangsläufig miteinander verbunden sind. Das Einstellen des Stanzeinsatzes ist bei dieser Maschine bedeutend vereinfacht, gleichzeitig ist ein Beschädigen der Stanzwerkzeuge beim Einsetzen in jedem Falle ausgeschlossen.

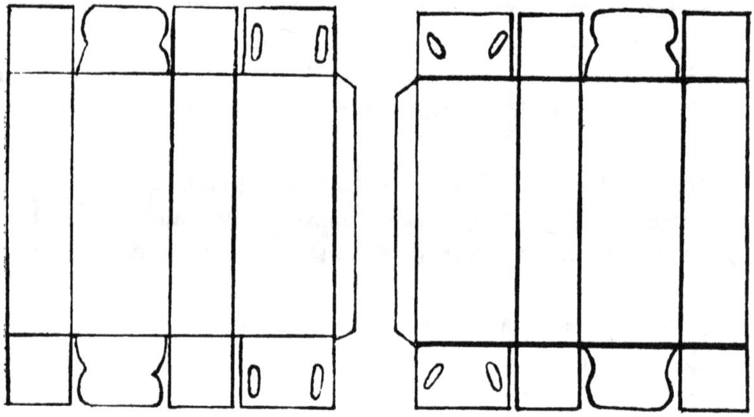

Abb. 123.

Eine weitere vorteilhafte Neuerung ist in einer Stanzmaschine zu erblicken, welche mit schrägstehendem Oberteil konstruiert ist, so daß die zu stanzenden Schachteln nicht mehr wie bisher mit der Hand herausgenommen werden, sondern nach erfolgtem Stanzen selbsttätig herausfallen, wodurch eine bedeutende Mehrleistung gegenüber der bisherigen Arbeitsweise gewährleistet ist.

Außer den bereits angeführten Neuerscheinungen auf maschinellem Gebiete soll jedoch noch auf eine Faltschachtelstanze neuerer Konstruktion hingewiesen werden.

Es ist die von der Firma Chn. Mansfeld in Leipzig auf den Markt gebrachte „Neue patentierte automatische Faltschachtelstanze für veränderliche Formate". Die Maschine besitzt eine geradezu enorme Arbeitsleistung. Je nach der Größe und Stärke des zu verarbeitenden Materials können 60 000 Stück und mehr täglich mit dieser Maschine gestanzt werden. Die Stanzapparate selbst sind verstellbar, so daß mit ein und demselben Stanzeinsatz verschiedene Formate gestanzt werden können.

Ein weiterer großer Vorteil liegt darin, daß die Faltschachteln nicht in zwei Arbeitsgängen gestanzt werden, wie dieses an den bisher gebräuchlichen Faltschachtelstanzen der Fall war, wo der Karton, nachdem er an einer Seite gestanzt war, gewendet werden mußte, um dann erst an der andern Seite gestanzt zu werden.

Hier werden vielmehr beide Seiten zugleich gestanzt und unmittelbar nachdem durch an der Maschine angebrachte Transport-

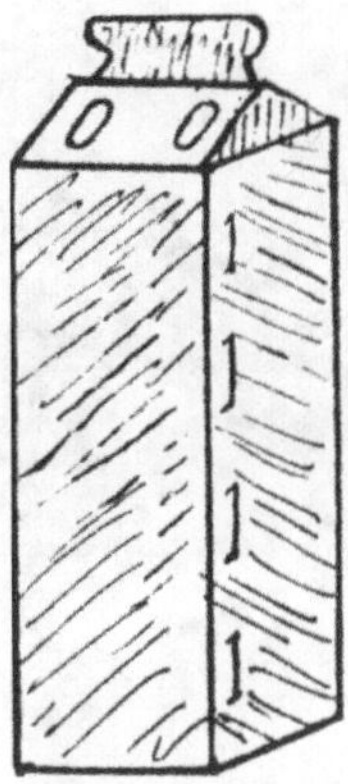

Abb. 123 a.

bänder erfaßt und dem Sammelkasten zugeführt, so daß der Maschine von vorne ununterbrochen weiteres Stanzmaterial zugeführt werden kann.

Diese vereinfachte Arbeitsweise dürfte sehr dazu beitragen, die Leistungen der Maschine günstig zu beeinflussen und somit die Herstellungskosten für Faltschachteln bedeutend zu verringern.

Dieselben gelangen dann flachliegend zum Versand und werden von dem Abnehmer nach erfolgter Füllung durch Ineinanderstecken der Laschen und Oesen der Faltschachtel verschlossen. (Abbildungen 123, 123 a.)

Die hier behandelten Faltschachteln werden vorwiegend zum Verpacken von Kleineisenwaren, Haken, Oesen, Metallringen und dergl. benötigt. Es wird aus dem Grunde Wert darauf gelegt, daß das dazu verwandte Material eine gewisse Stärke resp. Stabilität aufweist.

Bekannt sind dann diejenigen Faltkartons, bei denen sich das Heften erübrigt. Diese Schachteln werden durch Zusammenstecken der an den vier Ecken angebrachten Laschen verschlossen. Allerdings muß hierbei darauf geachtet werden, daß die zusammenhängende aus Unterteil und Deckel bestehende Faltschachtel richtig gebogen oder gerillt wird, so daß der Deckel bequem auf das Unterteil paßt. (Abb. 125, 126, 127.)

Abb. 124.

Grundverschieden von den hier geschilderten Arbeitsmethoden ist die Herstellung der sogenannten Automatenpackungen. Diese dienen in der Hauptsache zur Verpackung von Zigaretten, Schokolade, Seifenpulver und ähnlichen Artikeln und sind durchweg aus leichtem Material gearbeitet.

Meist verwendet man dazu zweifachen Naturkarton oder einseitig gestrichenen Glacékarton und Chromokarton.

Da derartige Packungen in großen Mengen benötigt werden, so will der Abnehmer naturgemäß auch einen möglichst geringen Preis dafür zahlen. Die maschinelle Einrichtung muß deshalb in technischer Hinsicht durchaus auf der Höhe sein, wenn die Fabrikation dieses Artikels noch gewinnbringend sein soll. Auch diese Automaten-Packungen werden in zwei verschiedenen Arten angefertigt

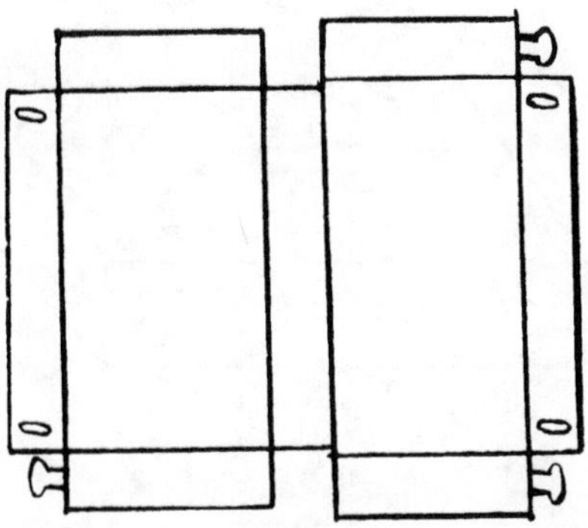

Abb. 125.

und zwar bedruckt und unbedruckt. Die unbedruckten Packungen werden daher durchweg auf sogenannten automatischen Faltschachtelstanzen von endlosen Rollen, welche bereits in einer bestimmten Breite vorgeschnitten sind, gearbeitet und in einem Arbeitsgange geschnitten und gerillt. (Abb. 128, 129, 130.)

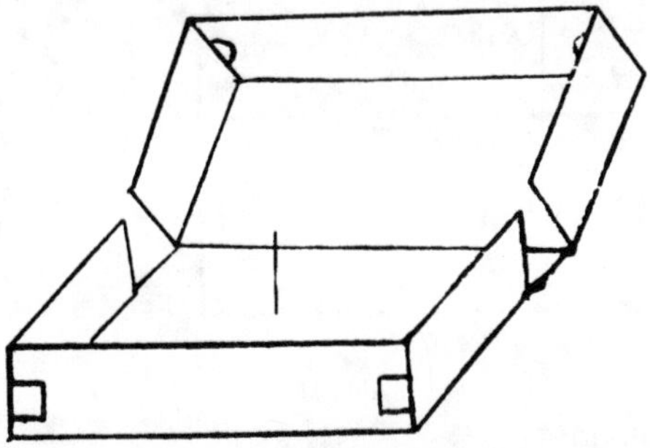

Abb. 126.

Die Produktion dieser Maschinen bewegt sich zwischen 40 000 bis 50 000 Stück pro Tag. Daß diese Maschinen natürlich nur für große Quantitäten in Frage kommen, liegt auf der Hand, denn die Anschaffungskosten einer solchen Maschine sind immer noch derartige, daß sie sich nur bei großen, immer wiederkehrenden Aufträgen bezahlt machen.

Hervorgehoben soll noch werden, daß sich auf jeder Maschine verschiedene Formate anfertigen lassen, wobei allerdings für jedes einzelne Format ein besonderer Stanzeinsatz notwendig ist.

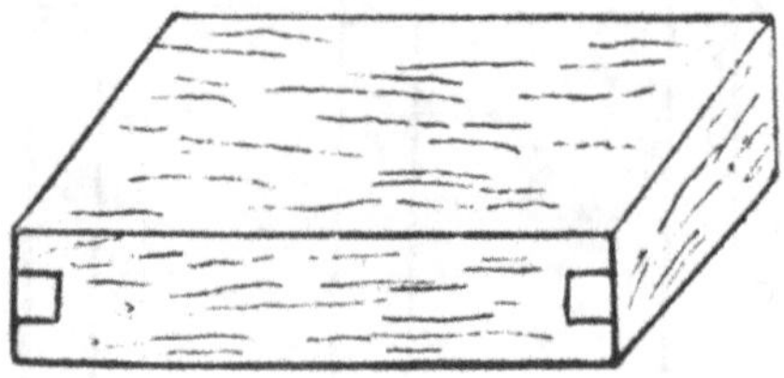

Abb. 127.

Weil nun für derartige Packungen Drahtheftung zu teuer wäre und sich auch in den wenigsten Fällen bewähren dürfte, wird der Verschluß der Verpackung entweder durch Zusammenstecken der Seitenklappen (wie aus Abb. 128 zu sehen ist), bewerkstelligt oder die Schachteln werden geklebt. (Abb. 129, 130.)

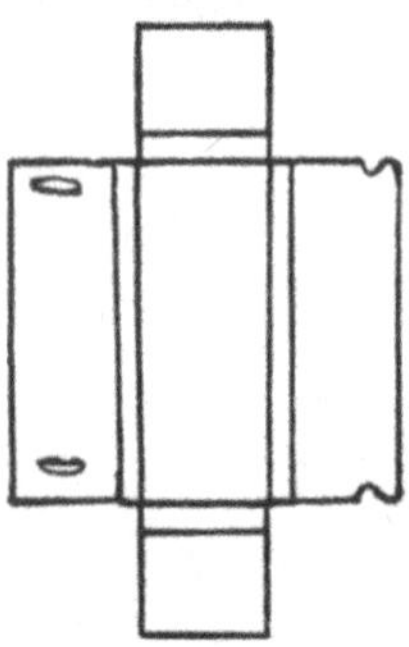

Abb. 128.

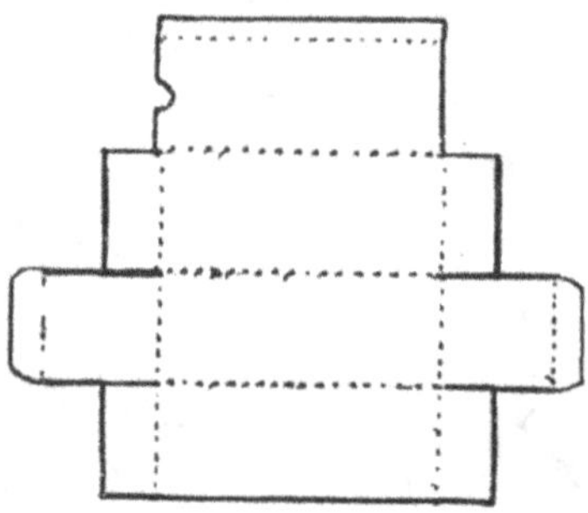

Abb. 129.

Abb. 130.

Geklebte Faltschachteln werden in letzter Zeit mit Draht gehefteten immer mehr vorgezogen, weil durch das Kleben ein staubsicherer Verschluß erzielt wird und weil man bei gehefteten Faltschachteln immer damit rechnen muß, daß man sich an etwa aufstehenden Drahtenden verletzen könnte oder daß die Drahtheftung rostet und dadurch ungünstig auf den Inhalt einwirkt.

Das Kleben dieser Faltschachteln geht nun ebenfalls auf maschinellem Wege vor sich. Die neuesten Klebemaschinen dieser Art sind die sogenannten „Automatischen Faltschachtel-Klebemaschinen mit Einlage- und Zählapparat". Die gerillten und gestanzten Faltschachteln werden in ganzen Stößen in den an der Rückseite der Maschine angebrachten „Einlegeapparat" eingelegt. Von dort werden sie durch ein nach vorn zu laufendes Transportband dem Leimbad zugeführt, erhalten hier an der Verschlußkante einen schmalen Leimanstrich, passieren die Faltvorrichtung, welche sie gefaltet verlassen und kommen schließlich durch die Andrückerwalzen am entgegengesetzten Ende der Maschine fix und fertig gefaltet, geklebt und gezählt wieder zum Vorschein. Die Leistung dieser Maschinen ist geradezu enorm; sie kleben je nach Größe der Faltschachteln 10 000 bis 15 000 Stück pro Stunde.

Nachstehend wollen wir noch die Spezial-Einrichtungen an Jagenberg Patent-Faltschachtel-Klebemaschinen kennen lernen, die ich in kurzer Zusammenstellung folgen lasse.

1. Bequeme Formatverstellung. Mit einigen Hangriffen kann die Maschine von einer zur anderen Größe umgestellt werden. Verstellgrenzen 42 mm bis 250 mm (zusammengelegte Breite der Schachtel). Auf Wunsch schmalstes Format 34 mm. Länge der Schachteln 90—500 mm.

2. Praktisch bewährter Leim-Auftragapparat, sehr bequem regulierbar; mit auf- und abstellbarem Kessel; Heizung: Gas, Dampf, Elektrizität oder Petroleum; gestattet auch Verwendung von Kaltleim.

3. Mitlaufende Umfalt-Organe. Die Umfalter bestehen aus rotierenden Riemen, die ein Steckenbleiben der Schachteln oder Schiefkleben derselben fast ausschließen, gestatten das Kleben von Schachteln mit niedrigen Rändern ab 8 mm Höhe.

4. Rotierende Gummi-Transport-Riemen mit Spannrolle. Garantiert absolut sichere Mitnahme und gerade, feste Führung der Schachteln.

5. Automatischer Zuschnitt-Zuführer. Derselbe ist unabhängig von dem Gummitransportriemen der Maschine, wodurch er den letzteren vor frühzeitigem Verschleiß schont. Der Zuführer besorgt das Einlegen der flachen Faltschachtel-Zuschnitte selbsttätig. Der Zuführer wird auch an früher gelieferten Maschinen an-

gebracht. Arbeitet unbedingt zuverlässig, auch geprägtes oder ganz dünnes Material.

6. Die automatische Sammelgurt- und Anpreß-Vorrichtung ist von großem Werte bei schnellaufenden mit Zuführern arbeitenden Maschinen, wobei die frisch geklebten Schachteln automatisch von der Maschine wegtransportiert, unter einen pressenden Gurt kommen und aufeinandergeschichtet werden, wonach ein Mädchen das Bündeln bequem besorgen kann. Für stärkere resp. harte Kartons unbedingt zu empfehlen.

7. Kleben langer, schmaler Zigaretten-Scheiden besorgt ein dafür mehrfach geliefertes Spezial-Modell, Modell AFKS, mit welchem Schachteln und Scheiden von 200—1200 mm Länge geklebt werden. Wird auf Wunsch ebenfalls mit Einleger geliefert.

8. Zargenkleben durch Mitlieferung eines Rollen-Anfeuchtapparates für gummierte Papiere mit entsprechenden Gleitrollen, um Scheiden im Inneren mit einem Papierstreifen zu verbinden.

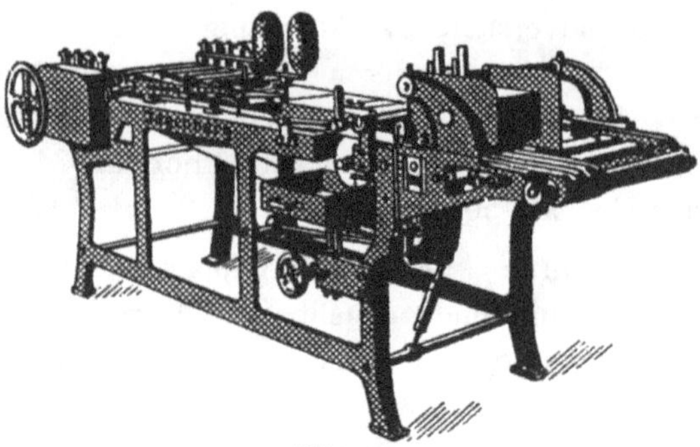

Abb. 131.

Die Fabrikation von Faltschachteln ist heute ein Industriezweig bei dem nur durch rationelle Maschinenarbeit ein angemessener Verdienst erzielt werden kann. Bekannt ist die Jagenbergsche automatische Faltschachtel-Klebe-Maschine, die das Falten und Zusammenkleben der fertig bedruckten Faltschachteln ganz selbsttätig mit hoher Leistungsfähigkeit bewirkt. — Vielfach werden die Faltschachteln jedoch aus roher Pappe hergestellt und mit bedrucktem Umkleidungspapier, sogenanntem Ummäntelungspapier (Kleidchen) versehen. Die Handarbeit dafür erfordert viel Gewandtheit und Aufmerksamkeit, und selbst die geübtesten Arbeiterinnen bringen verhältnismäßig nur wenig fertig. Die Spannung der

„Kleidchen“ ist dabei ungleichmäßig und die Faltung stimmt nicht mit den Druckfeldern überein. Um diesen Uebelstand zu beseitigen, hat sich die Firma Jagenberg, Düsseldorf, veranlaßt gesehen, die hier abgebildete automatische Ummäntelungs-Maschine zu bauen, welche folgende Vorteile bietet: 1. Ganz erhebliche Lohnersparnis, da ein Mädchen die Maschine bedienen kann bei einer Leistung bis 40 Stück und mehr in der Minute. 2. Unbedingt saubere und vollkommen gleichmäßige Arbeit, es kommt nicht mehr vor, daß der Druck der Ummäntelung nicht mit den Ritzlinien übereinstimmt. 3. Festes Umspannen der Kleider, kein Verschieben der Schachtel. 4. Verarbeitung von Kaltleim bei sparsamstem Klebstoffauftrag.

Auf Grund der angegebenen Leistung bis 40 Stück in der Minute kann jeder Betriebsleiter sich an Hand seiner Unterlagen

Abb. 132.

für die Kosten der Handarbeit im Vergleich zu den Kosten der Maschinenarbeit die gute Rentabilität der Maschine selbst ausrechnen.

Da nicht nur die einfachen Massen-, sondern auch die Luxus-Packungen von dem Käufer der Ware als einfache Beigabe betrachtet werden, die den Inhalt in keiner Weise verteuern darf, so kommt es heute mehr denn je darauf an, dieselben so billig wie möglich, aber trotzdem auch anziehend und geschmackvoll herzustellen. Für den Kartonnagen-Fabrikanten erhebt sich daher die Frage: wie stelle ich für meinen Kunden diese Packungen, für die er nicht viel anlegen will, da sie ja nur eine Zugabe zu seinen Waren darstellen, möglichst wirtschaftlich, d. h. also möglichst billig her.

Es gilt da in erster Linie, die Handarbeit auszuschalten und den vorhandenen Maschinenpark modern auszugestalten. Sehr viele Fabrikanten von Massenpackungen kennen jedoch leider nicht zur

Genüge derartige aus den Erfahrungen der modernen Technik heraus gerade für die Massenfabrikation geschaffene Hochleistungsmaschinen. Sie wissen nicht, daß es eine doppelt arbeitende Ritz- und Schneide-Maschine auf dem deutschen Markte gibt, bei der das zweimalige Einführen der Pappen in Fortfall kommt, da sie in einem Arbeitsgang gleichzeitig längs- und querritzt, bzw. schneidet; sie wissen nicht, daß darauf zweckmäßig mit einer ebenfalls doppelt arbeitendenden Ecken-Ausstoß-Maschine gleichzeitig zwei Ecken ausgestanzt und mit einer automatischen Vier-Ecken-Schließ-Maschine, die für Schachteln innerhalb des größten Formates von 450×200×75 und des kleinsten Formates von 138×62×12 mm schnell einstellbar ist, gleichzeitig alle vier Ecken mit Papier geheftet werden, ohne daß vorher die Karton-

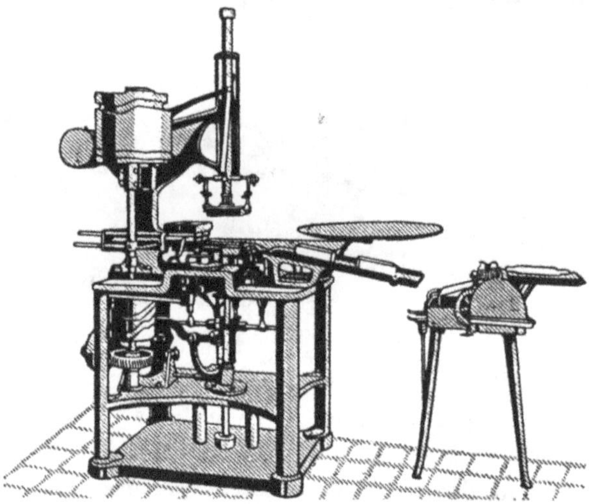

Abb. 133. Automatisch arbeitende Schachtel-Beklebe-Maschine mit Anleim-Maschine der Firma Stokes & Smith Co., G. m. b. H., Barmen-Wichl.

zuschnitte von Hand an den Längs- und Querseiten in zeitraubender Arbeit umgebogen zu werden brauchen; man legt einfach die Kartonzuschnitte, so wie sie von der Stanze kommen, in die Zuführschienen ein und unten wirft die Maschine dann die fertig gehefteten Teile zu 40—50 Stück per Minute hinaus. Es wird nicht etwa ein Papierstreifen rund herum geführt, sondern die Heftung erfolgt nur an den Ecken in normaler Weise, also keine Papierverschwendung.

Vielfach wird nun in weiterer Unkenntnis der modernen Maschinen dieser Rohkarton von Hand überzogen, und doch gibt es schon seit der Vorkriegszeit ursprünglich von Amerika eingeführte, jetzt aber auf Grund eines besonderen Abkommens in Deutschland hergestellte automatisch arbeitende Schachtel-Bekleidungsmaschinen, die das Ueberziehen einschließlich des Anreibens und Einschlagens völlig automatisch besorgen. Auf den vorher mit einer Spezial-Anleim-Maschine dünn und gleichmäßig beleimten Ueberzug wird der Rohkarton von Hand aufgesetzt und an den Oberstempel der Beklebemaschine gebracht. Um bei Verwendung besonders bedruckter Ueberzüge das Aufsetzen des Rohkartons auf den Ueberzug nicht rein gefühlsmäßig bewerkstelligen zu müssen, ist der Anlegetisch mit einer Glasplatte versehen, unter die eine elektrische Lampe gebracht werden kann. Dadurch sieht die Anlegerin genau das Bild des Ueberzuges und ein verkehrtes Anlegen ist ausgeschlossen. Die Schachtel-Beklebe-Maschine besorgt dann automatisch das Ankleben, Anreiben und Umschlagen des Ueberzugspapieer auf den Boden, an den vier Seiten und das Einschlagen der überstehenden Papierenden in die Schachtel. Bei richtiger Einstellung der Maschine, vor allem der Preßhölzer, ist ein späteres Nachreiben nach dem Trocknen vollständig ausgeschlossen. Die Ueberzüge sitzen absolut glatt, auch der Inneneinschlag ist sauberer, als er von Hand erreicht werden könnte. Da die Anleim-Maschine nur eine dünne und gleichmäßige Leimschicht auf das Papier aufträgt und dadurch ein Durchschlagen der Feuchtigkeit ausgeschlossen ist, hat man die Gewähr für äußerst gute Arbeit auch bei Verwendung von Glacé-Papieren.

Die Maschinen sind für jede Schachtelgröße innerhalb der jeweilig angegebenen Maße einstellbar, und zwar kann die Umstellung sehr einfach und schnell vorgenommen werden, so daß sich sogar Aufträge von 1000 Schachteln schon ganz rationell mit diesen Maschinen herstellen lassen. Die Arbeitsleistung schwankt je nach Größe der Schachtelteile zwischen 12—20 Teilen in der Minute. Die Bedienung kann von jugendlichen, ungelernten Mädchen erfolgen.

Es braucht nicht besonders erwähnt zu werden, daß mit derartigen Beklebe-Maschinen nicht nur einfache glatte Schachteln, sondern auch solche mit gewölbten oder wattierten Deckeln ebenso einfach, schnell und billig überzogen werden können. Vielfach kommt auch die Anfertigung von Schachteln mit sogenannten gespannten Ueberzügen, die also nur am Innenrand beklebt, sonst aber lose herumgeführt sind, in Frage. Selbstverständlich leisten die Beklebe-Maschinen auch diese Arbeit ohne jede Mühe. Durch eine besondere, seit Jahrzehnten hervorragend bewährte Einrichtung lassen sich auch Schachteln mit vorstehenden Boden oder Deckel bis zu 8 oder 9 mm auf den Maschinen einwandfrei überziehen.

Aber auch denjenigen Kartonnagenfabrikanten, die speziell Zigaretten-Schachteln herstellen, leisten diese Beklebe-Maschinen vortreffliche Dienste. Mit einer Maschine werden in achtstündiger Arbeitszeit, worin selbstverständlich morgens und abends gründliches Putzen mit einbegriffen ist, 5000—6000 sogen. Aufschneideschachteln für 25er oder 100er Packungen hergestellt. Es erfolgt in diesem Falle ein Ganzüberziehen der Schachteln bis auf den Boden, auf den mittels einer Etikettier-Maschine dann der Spiegel aufgeklebt wird.

Die wachsende Nachfrage nach sauberen und geschmackvoll überzogenen Schachteln macht daher die Anschaffung einer Beklebe-Maschine für einen modernen Kartonnagenbetrieb zu einer Notwendigkeit. Es ist dabei gleichgültig, ob man Briefpapier-Kassetten, Handschuhkasten, Seifen- und Parfümerie-Kartons, Schokoladen- und Zuckerwaren-Packungen mit oder ohne Vorstehrand, mit wattierten oder gewölbten Deckeln, oder mit losen Ueberzügen, Spielwaren-Kartons, Zigaretten-Packungen herzustellen hat. In allen Fällen leisten diese Maschinen unübertreffliche Dienste. Sie sind der einzige sparsame Weg zur Herstellung von Massenauflagen.

Zur Bedienung dieser Maschine ist nur eine Person erforderlich.

Wir kommen nun zu den mit Buch oder Steindruck versehenen, Automaten-Schachteln.

Wo es sich um größere, mit mehrfarbigem Druck versehene Faltschachteln handelt, ist Steindruck immer noch am billigsten. Die Schachteln werden in diesem Falle je nach der Größe der Auflage in ganzen oder halben Bogen gedruckt und nachdem entweder an der mit „Präzisionsanleger" versehenen Kreisschere geschnitten und gerillt und an der Faltschachtelstanze ausgestanzt, oder aber vermittels Stanzeisen ähnlich wie bei der Kuvert-Fabrikation, an einer größeren Stanze vermittels Kraftantrieb ausgestanzt und mit einer sogenannten Klappvorrichtung an der Exzenterpresse gerillt oder gebogen. Kleinere Faltschachteln werden in neuester Zeit auch auf der Siegelmarkenpresse in einem Arbeitsgange farbig geprägt, gerillt und gestanzt.

Die Herstellungsweise ist mit diesen Maschinen äußerst rentabel und geht wie folgt vor sich: Der Gravurstempel, auf welchem außer dem gravierten Schriftsatz, Wappen oder Figur auch noch die Biegelinien und der Schnitt eingraviert, oder besser gesagt, herausgeschnitten sind, wird in die am Kopf der Maschine befindliche Prismenführung eingeschoben. Senkrecht darunter wird die auf einem mit zwei Zapfen versehenen Metallklotz befestigte Matrize in die im Tisch der Maschine vorhandenen Zapfenlöcher eingesteckt und so gesichert, daß sich der Klotz mit der darauf befindlichen Matrize nach keiner Seite hin verschieben kann. Nun wird ein sogenanntes endloses Gummituch über die Matrize geleitet. Auf diesem läuft das zu bedruckende Material und zwar so, daß die einzufärbende Stelle dem Gravurstempel zugekehrt ist, also nach oben zu liegen kommt. Das zur Verarbeitung notwendige Material wird in endlosen Rollen hinten an der Maschine aufgesteckt. Ueber diesen endlosen Rollen ist das Farbwerk angebracht.

Bei jeder Vorwärtsbewegung der im Gange befindlichen Maschine laufen nun zunächst die durch das Farbwerk gespeisten Farbwalzen unter dem Gravurstempel durch und färben ihn ein. Jetzt erfolgt der Druck, indem sich der Tisch der Maschine nach oben zu bewegt, ähnlich wie bei einer Kniehebelpresse und das zu prägende Material gleichzeitig prägt, rillt und stanzt.

Die Maschine muß im Druck so eingestellt werden, daß das zu prägende Material durch den im Gravurstempel befindlichen Schnitt, welcher die Faltschachtel an ihren äußeren Konturen stanzt, vollkommen durchgestanzt wird, wobei der Schnitt noch etwa bis zur Hälfte in das unter dem Material laufende Gummituch eindringt, ohne jedoch dieses zu durchschneiden. Nach erfolgtem Druck gehen sowohl die Farbwalzen als auch der Tisch der Maschine zurück, während das Gummituch mitsamt dem darauf liegenden geprägten und gestanzten Materialstreifen automatisch nach vorn transportiert wird. Der gestanzte Materialstreifen wird nun mit dem Gummituch über einen in unmittelbarer Nähe der Maschine an einem Tisch befestigten Abstreifer geleitet, wo die geprägte und gestanzte Faltschachtel abgestreift wird, während das überflüssige Material von Zeit zu Zeit von der die Maschine bedienenden Arbeiterin entfernt wird. Das Gummituch läuft dagegen in fortwährendem Kreislauf, ähnlich wie das Transportband einer Anleimmaschine, unter der Maschine zurück, um dem Prägestempel fortwährend neues Material zuzuführen. Der mechanische Vorschub der Maschine kann so eingestellt werden, daß ein Druck unmittelbar hinter dem andern erfolgt, so daß das Material bis ins Kleinste ausgenützt werden kann.

Der Gravurstempel oder die Platte ist so beschaffen, daß seine glatten, nach erfolgtem Druck farbig erscheinenden Stellen am höchsten liegen. Etwas tiefer liegen die ausgeschnittenen Biegelinien oder Ritzlinien, während die tiefsten Stellen, also in diesem Falle die Schrift oder die Zeichnung, das Relief ergeben.

Das Relief, d. h. die Schrift und die Zeichnung erscheinen also nach erfolgtem Druck immer in der Farbe des zur Verarbeitung gelangenden Materials, während die glatten Stellen des Stempels eingefärbt erscheinen.

Man kann daher bei größeren Auflagen durch öfteres Auswechseln der Farbe mancherlei Abwechslung in das Ganze hineinbringen, ohne daß irgendwelche anderen Teile der Maschine ausgewechselt werden müssen.

Die neuesten Siegelmarkenpressen sind noch mit einem automatischen „Zählapparat" versehen, wodurch jeder einzelne Druck registriert wird. Die Leistungsfähigkeit dieser Maschinen beträgt bis zu 5000 Druck in der Stunde. Doch können bei kleinen Faltschachteln auch zwei Stück und mehr in einem Arbeitsgange hergestellt werden, wodurch sich natürlich die Leistungsfähigkeit der Maschine bedeutend erhöht. Die Weiterverarbeitung der gestanzten und gerillten Schachteln geht in der bereits vorhin geschilderten Weise vor sich.

Die Mehrfarben-Druck- und Prägepresse „Germania II" der Firma Friedrich Keese A.-G. Maschinenfabrik in Stuttgart (Abb. 134) ist eine Halbrotationsmaschine schwerer Bauart. Als Kniehebelpresse ausgebildet, leistet sie bei ca. 70 000 kg Druckkraft und einer Druckfläche von 250×350 mm ca. 2500 Drucke pro Stunde. Sie verarbeitet Rollenpapier in jeder Art bis zu starkem Karton, soweit solcher in Rollen hergestellt wird. Der Druck erfolgt von gravierten Stahl- oder Messingstempeln oder von Galvanos in normaler Schrifthöhe.

Beim Mehrfarbendruck sitzen die Stempel oder Galvanos der verschiedenen Farben im Abstand der Formatgröße quer zur Richtung des Papierlaufes nebeneinander. Das Papier wird durch eine patentierte Vorschubvorrichtung, die haargenaue Passer gewährleistet, nach jedem Druck um eine Formatlänge weitertransportiert bis unter den Stempel der nächsten Farbe. Die Länge der Druckfläche teilt sich beim Mehrfarbendruck in die Anzahl der Farben; die Formatlänge wird demnach umso kleiner, je mehr Farben zur Verwendung kommen.

Den in der Richtung des Papiers hintereinander liegenden Stempeln entsprechend arbeitet das Zylinderfarbwerk quer zur Papierrichtung. Die verschiedenen Farben bei Mehrfarbendruck liegen nebeneinander im Farbkasten, wo sie durch Zwischenstücke von einander getrennt werden. Duktorwalze und Farbzylinder bestehen aus einzelnen seitlich verschiebbaren Ringen, die der Breite der Stempel entsprechend eingestellt werden, wodurch das Ineinanderlaufen der Farben verhindert wird.

Abb. 134. Druck- und Prägepresse „Germania II" der Firma Fr. Keese A.-G., Stuttgart.

Das Anwendungsgebiet der Presse erstreckt sich auf die automatische Massenherstellung von Faltschachteln, Zigarettenschachteln und -Schiebern, Kartonnagenteilen, Siegelmarken, Etiketten, Banderolen und ähnlicher Artikel. Entsprechend der vielseitigen Verwendbarkeit wird diese mit allen erforderlichen Hilfs- und Zusatzapparaten zum Rillen, Ritzen, Perforieren, Längs- und Querschneiden, Stanzen, Wiederaufwickeln usw. ausgerüstet. Arbeiten, die nach dem Stanzen der Formen noch so zusammenhängen, daß sie durch einen geraden Scherenschnitt vom Streifen getrennt werden können, sowie ungestanzte Artikel mit rechtwinkligem oder diagonalem Schnitt werden durch eine selbsttätige Abschneidevorrichtung abgeschnitten.

Ausgestanzte Arbeiten aus dünnerem, besonders gummiertem Papier, wie Siegelmarken usw. werden auf einem endlosen Gummitransportband gedruckt und geprägt, wobei das Ausstanzen durch einen an den Stempel der letzten Farbe gravierten Schneidrand erfolgt. Von diesem Transporttuch werden die Etiketten durch eine Auspflückvorrichtung abgelöst und gesammelt.

Ein Aufwickelapparat dient dazu, das Erzeugnis wieder aufzuwickeln, wenn es die Presse zwecks Ausführung weiterer Arbeitsgänge nochmals durchlaufen soll, oder wenn es in Rollen weiter verarbeitet wird.

Wir fahren nun in unserer Abhandlung über die Faltschachteln fort:

Vor dem Kriege stand dieser Zweig der Papierverarbeitung in höchster Blüte. Selbst billige Gegenstände konnte man sich nicht ohne Verpackung in ansprechender Ausführung vorstellen; sie mußte sich in ihrer Art dem zu verpackenden Artikel geschickt und geschmackvoll anpassen. Waren Gegenstände in der Packung zum allmählichen Aufbrauch, so wurde auf wiederholtes Entnehmen Rücksicht genommen; ferner darauf, ob die Packungen in Läden zur Schau gestellt werden sollten usw. Luxus-Kartonnagen stellten oft kleine Prachtwerke dar.

Der Krieg brachte einen Rückschlag in der Herstellung besserer Kartonnagen. Es entwickelte sich in dieser Zeit in der Hauptsache die Kleinversand-Schachtel, die dem Verkehr der Heimat mit den Kriegern diente, infolge der für Päckchen niedrig gehaltenen Gewichtsgrenzen aber nur geringen Umfanges sein konnte.

Der Friede verschlechterte die Lage noch, denn neben Materialknappheit wirkten auch hohe Gestehungskosten sehr ungünstig auf den Absatz ein, weil sich die Geschäfte in der Anwendung von Verpackungsmaterial noch mehr Einschränkung auferlegen mußten. Sah man doch beispielsweise in Läden oft die Mahnung: „Verpackung selbst mitbringen". Handelte es sich hierbei allerdings meistens nur um Papier, so kann man sich anderseits leicht vorstellen, daß auch in der Kartonnagenindustrie bei der Herstellung von Verpackungsgegenständen mehr denn je mit dem Pfennig gerechnet werden mußte, um preiswerte Packungen auf den Markt zu bringen.

Dieses Bestreben führte dazu, Packungen zusammenzustellen, die vielseitige Verwendungsmöglichkeit erlauben. Eine Schachtel für alle Zwecke ist natürlich ein Unding, aber das Bestreben innerhalb gewisser Größen und Verwendungszwecke die gleiche Art anzuwenden, führte zu einer gewissen Normalisierung der Schachtelfabrikation. Beachtet wurde hierbei auch die Möglichkeit, die betreffenden Packungen in der bekannten Weise flachliegend zu versenden und zu lagern, um die Packungen bis zum Zeitpunkt der eigentlichen Benutzung raumsparend auf Lager zu haben. Hand in Hand mit dem Fabrikanten prüfte der Werkzeugmacher die Bedürfnisse der Kartonnagenindustrie, und dies führte zu einer äußerst praktischen Durchführung aller Werkzeuge. Sache des Schnittebauers war es, die Werkzeuge für die Verschlußformen möglichst so zu gestalten, daß eine große Verwendungsmöglichkeit und Verstellbarkeit zu erreichen ist.

Das Bestreben, in die Herstellung von Schachteln eine gewisse Norm zu bringen, veranschaulicht die nachstehende Zusammenstellung solcher Packungen, wie sie am häufigsten benutzt werden, Sie können daher den Namen „N o r m a l - P a c k u n g" in Anspruch nehmen.

Abb. 135.

Dadurch, daß diese Formen fast überall in Anwendung sind, ist dem Schnittebauer deren Herstellung auch in Serien möglich. Dies ist natürlich beim Bezug der Werkzeuge für die Preisbildung von großem Einfluß. Ein Kartonnagenfabrikant kann bei Verwendung von Normalschnitten mit den wohlfeiler eingekauften Werkzeugen wesentlich billiger arbeiten, als sein Mitbewerber, der sich auf eine Sonderverschlußform festlegt, wofür teure Spezialwerkzeuge nötig sind.

Als erste der normalen Packungen sei die Faltschachtel mit Lappenverschluß angeführt. (Abb. 135.) Diese wird hauptsächlich als Verpackung für einfachere Gegenstände im Verkehr mit der Kundschaft benutzt. Mit Rücksicht auf die vielen vorkommenden Faltschachtelgrößen und auf die dadurch notwendig werdenden Verschlußgrößen legte man sich auf vier Größen fest, die in natürlicher Größe in Abb. 136 gezeigt werden.

Der Verschluß wird durch Einstecken der Lappen in die Stecklöcher erreicht. Hierbei liegen die Lappen gegenseitig ein Stück übereinander. Das doppelte Stück heißt „Ueberlappung". Bekanntlich ist es in der Kartonnagenindustrie wichtig, mit dem

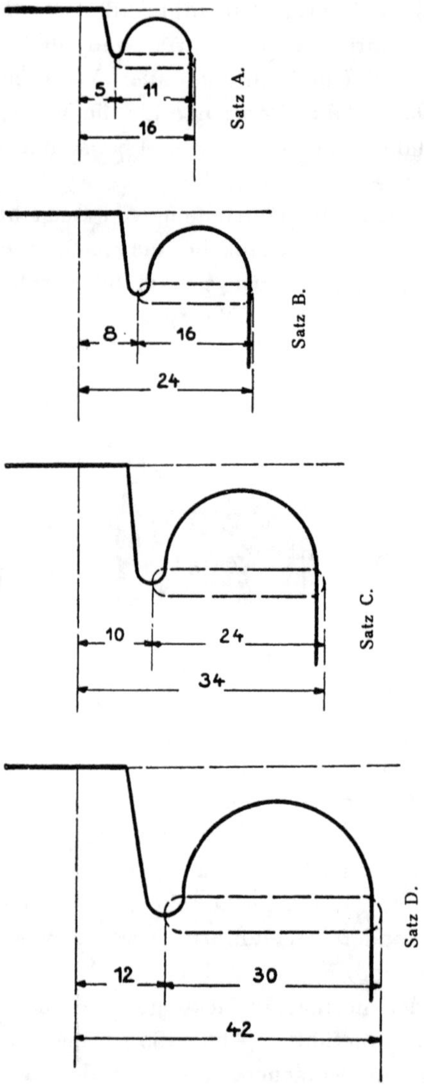

Abb. 136.

Material zu sparen. Dieser Umstand führte dazu, die Ueberlappung so klein wie praktisch zulässig zu machen. Man legt infolgedessen die Abstände der Stecklöcher möglichst nahe vom Rande fest.

Als den Anforderungen der Praxis entsprechend ergab sich z. B. bei dem kleinen Satze A ein Abstand von 5 mm vom Rand und bei den anderen drei Größen ähnlich groß im Verhältnis zum Lappenverschluß. In den hierzu erforderlichen Apparaten sind Lappen- und *Lochmesser* jetzt nicht mehr fest angeordnet, die Verstellung erfolgt durch die Schlitz- und die Kleblappenmesser. Den Werkzeugen beigefügte Einstelltabellen geben darüber Aufschluß, in welcher Weise die Messer in den Apparaten für die Schachteln in den verschiedenen Größen einzustellen sind. Im allgemeinen nimmt man Werkzeuge für Faltschachteln mit Lappenverschluß mit parallelen Stecklöchern (Abb. 137), die die Herstellung möglichst schmaler Packungen gestatten. Doch kommen neben diesen auch vielfach solche mit schräg zueinander gestellten Stecklöchern in Anwendung (Abb. 138). Letztere werden hauptsächlich für Packungen mit schwerem Inhalte benutzt.

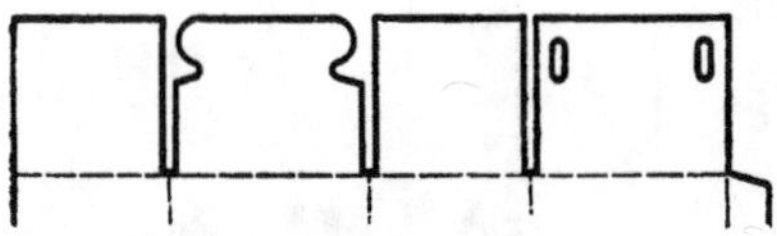

Abb. 137.

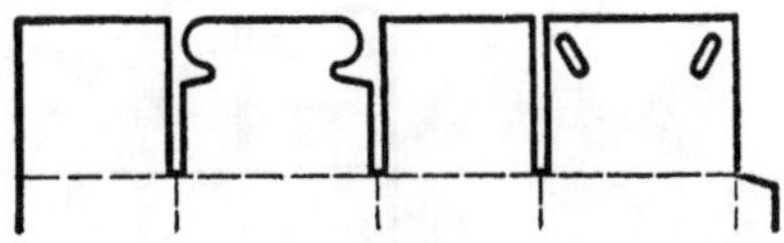

Abb. 138.

In besonderen Fällen begnügt man sich auch nicht mit dem Lappenverschluß allein, sondern bringt noch einen sogenannten Mittelverschluß an. (Abb. 139.)

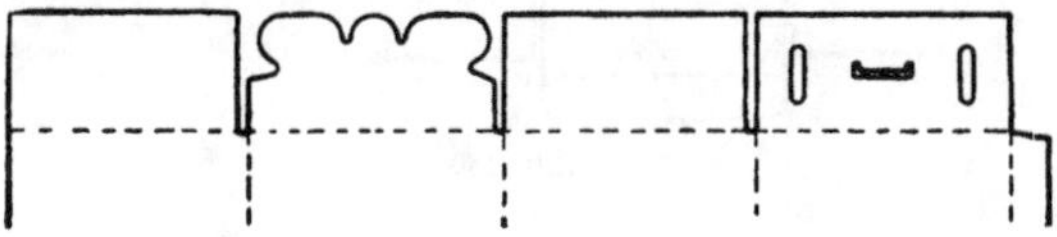

Abb. 139.

Eine weitere Verpackungsart zeigt die folgende Abbildung (140). Hier wird durch bloßes Einstecken der Deckelklappe ein guter Spreizverschluß erzielt. Verwendet wird diese Packung mit Einsteckklappe hauptsächlich für chemische Präparate, Pulver, Seifen usw., sie ist aber auch gleich gut für viele andere Zwecke zu verwenden. Genau wie bei der ersten Schachtelart kommen auch hier für die verschiedenen Schachtelgrößen Werkzeuge in verschiedenen Größen in Anwendung. Mit Hilfe von Werkzeugen in drei Größen ist man in der Lage, den meisten Ansprüchen der Praxis zu genügen.

Während es sich bisher mehr um Kleinpackungen handelte, die Gegenstände zum Kleinverkauf (Handverkauf) enthalten, gibt es auch Verpackungen zur Aufnahme größerer Sachen, wie Konfektion usw. Mit Rücksicht auf den Transport der Schachteln vom Fabrikanten in die Verkaufsstellen und auf den dort vielfach herrschenden Platzmangel, mußte der Kartonnagenfabrikant vielfach dazu übergehen, die Schachteln ungeheftet und dafür mit einem Eckenverschluß zu liefern, den der Verbraucher selbst schnell schließen kann, damit die Verpackung an Ort und Stelle rasch gebrauchsfertig ist. Vielbenutzte Formen zeigen die angedeuteten Schnitte I bis IV in Abb. 141. Bei diesen Schachteln bilden Deckel und Boden je ein Stück für sich. Beliebt ist in der Praxis auch die Form von Schachteln, bei denen Deckel und Boden aus einem Stück Pappe gefertigt sind. Dies ist in den zum Schluße angedeuteten Schnitten V bis VIII veranschaulicht. Betrachtet man von den letzten Schnittformen die Nummern II und VIII miteinander, so ergibt sich, daß für den Kartonnagenfabrikanten der Besitz eines Werkzeuges Nummer VIII am vorteilhaftesten ist, denn mit diesem kann er auch Schachteln herstellen, die Deckel und Boden getrennt haben..

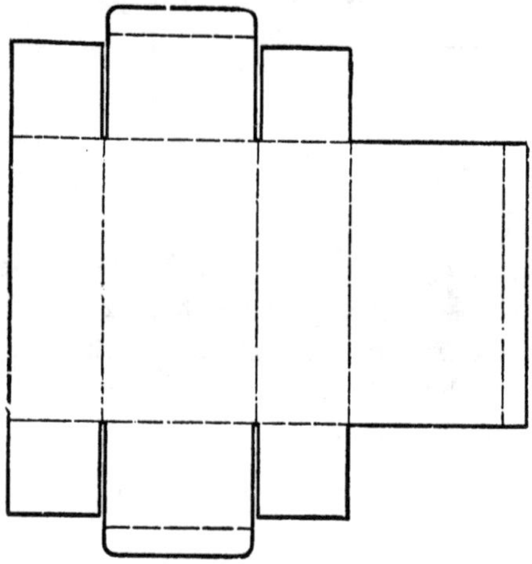

Abb. 140.

Wie eingangs gesagt, ist der Kartonnagenfabrikant in der Lage, mit Hilfe der angeführten Werkzeuge fast allen Wünschen zu genügen, und der Schnittebauer kann, sobald er die Unterstützung der Kartonnagenfabrikanten findet, bei der Festlegung auf bestimmte Schnittformen Werkzeuge als Normalapparate in größeren Mengen herstellen, Lager halten und billiger und schneller liefern. Nach wie

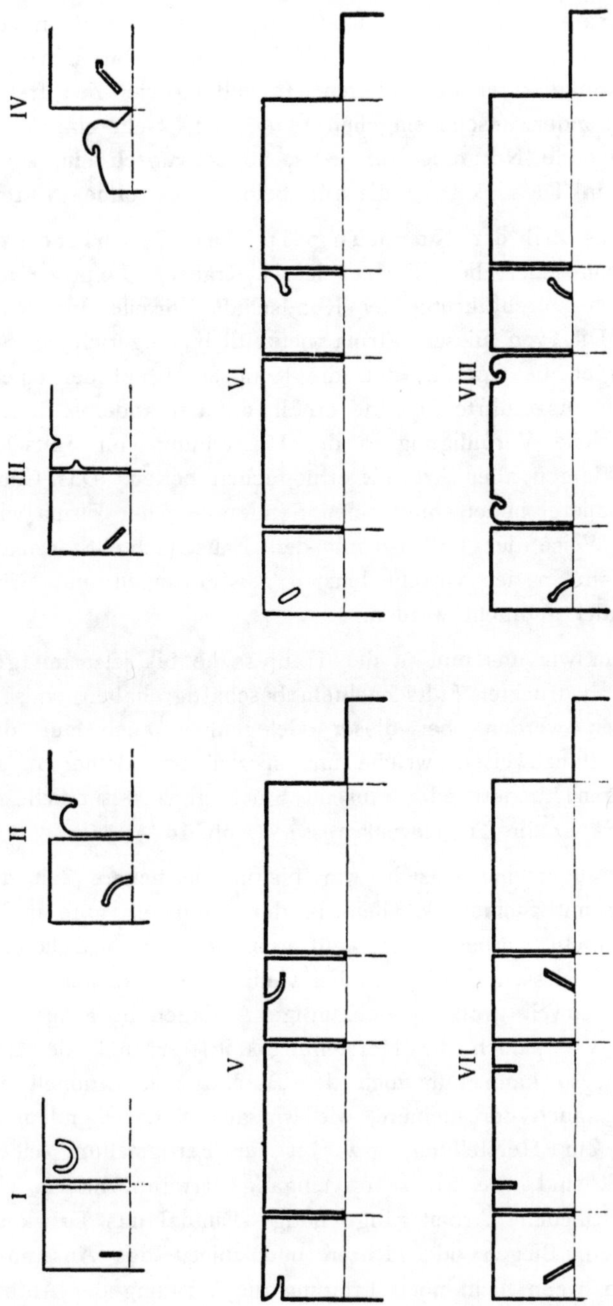

Abb 141.

vor wird es sich natürlich nicht umgehen lassen, für Sonderzwecke Spezialapparate zu fertigen. Doch auch hier kann dann schneller geliefert werden als sonst, da die Massenfabrikation von Werkzeugen infolge ihrer rationelleren Herstellung viel Zeit frei macht, um auf Sonderwünsche eingehen zu können. Geht eine Werkzeugmacherei ohne Normung auf jeden Sonderwunsch ein, so verliert sie sich in Kleinigkeiten, die für beide Teile ohne Nutzen sind.

Dieses Ziel der Normung in der Schnittebauerei strebte von jeher die Firma Karl Krause, Leipzig, an, um mit dessen Durchführung der Kundschaft Vorteile und Nutzen zu bieten. Die von dieser Firma neuzeitlich eingerichtete Schnittebauerei gibt die Gewähr, daß die Kundschaft auf der einen Seite vorzüglich ausgeführte Schnitte erhält, auf der anderen Seite Werkzeuge, welche Verbilligung in der Herstellung von Faltschachteln und Packungen aller Art mit ermöglichen helfen. Das Gebiet der Schnittebauerei bildet somit einen Sonderzweig der Firma wie es in gleicher Weise der Fall ist mit den Faltschachtel-Stanzmaschinen die von ihr in den verschiedensten Ausführungen und Größen in den Handel gebracht werden.

Wenn wir uns nun in der Hauptsache bis jetzt mit größeren Auflagen bedruckter Faltschachteln beschäftigt haben, so soll nicht unterlassen werden, bei dieser Gelegenheit auch auf diejenige Maschine hinzuweisen, welche uns speziell bei kleineren Auflagen von einigen hundert oder tausend Stück ganz wesentliche Dienste leistet. Es ist die Tiegeldruckpresse. (Abb. 142.)

Die allgemeine Ansicht war bis in die neuere Zeit die, daß man nur mit Steindruck allein in der Lage sei, gute und billige Faltschachteln werbewirksam und gebrauchsfertig zu liefern. Bis zu einem gewissen Grade und bei vielfarbigen Drucken mag dieses zutreffen, soweit große, gleichmäßige Auflagen in Frage kommen. Nehmen wir jedoch die Herstellung mittlerer und kleinerer Auflagen an, so kann nur noch der Buchdrucker rationell arbeiten, und zwar auch der kleinere, wie wir aus Nachstehendem ersehen werden. Zur Herstellung, bzw. bis zur Fertigstellung einer Faltschachtel, sind, wie wir schon eingangs erwähnt haben, einige in sich verschiedene Arbeitsgänge nötig. Einmal das Drucken, dann das Rillen, Biegen oder Ritzen und zuletzt das Ausstanzen der Konturen, wenn nicht noch Prägung die Wirkung der Aufmachung erhöhen soll.

Im Grunde genommen würden also vier verschiedene Maschinen benötigt werden. Der praktische Buchdrucker oder Faltschachtelfabrikant, der als Mitbewerber auftreten will, muß sich jedoch zu helfen wissen. Die Universalmaschine für seine Zwecke ist hier die entsprechend gebaute Tiegeldruckpresse. Sie kann die Leistungen der oben angeführten Maschinen in sich vereinigen. Vor allen Dingen muß eine solche Presse möglichst starke Walzen

Abb. 142. Tip-Top-Tiegeldruckpresse d. Fa. Johne-Werk, Grafische Maschinen-Aktienges., Bautzen

haben, damit beim Druck größerer Flächen die sonst hervortretenden Streifen vermieden werden. Weiter muß die Presse so stark konstruiert sein, daß sie einen größeren Druck bei Stanz- und Prägearbeiten ausüben kann. Man kann unter diesen Voraussetzungen auf einer solchen Maschine je nach der Größe eine oder mehrere Faltschachteln in einem Arbeitsgange drucken, rillen, stanzen und prägen. In Anbetracht der verhältnismäßig billigen Arbeitsweise der Tiegeldruckpresse und den geringen Kraftbedarf, der bedingt wird, ist diese Herstellungsart in vielen Fällen die billigste, die überhaupt möglich ist, denn das Stanz- und Rillmaterial ist verhältnismäßig nicht gar zu teuer. Andererseits ist die Zeitersparnis eine wesentliche und bei den gegenwärtigen gesteigerten Lohn-, steuerlichen und sonstigen Lasten der Rohstoffbeschaffung von großem Einfluß auf die Preisberechnung auf der Grundlage der Gestehungskosten. Die Arbeitsweise bei gleichzeitigem Drucken, Stanzen und Prägen ist die folgende.

Nachdem man das Matrizenblech auf dem Tiegel befestigt und mit dem Fundamentbrett gleichmäßig festgepreßt hat, legt man die geschlossene Form in die Presse und stellt den Tiegel auf Druck, damit sich die Biegelinien in den über das Matrizenblech gezogenen Karton einpressen, um die Einschnitte herzustellen, in die sich das zu rillende Material dann eindrückt. Bei Ritzlinien muß der Karton an den betreffenden Stellen ausgeschnitten werden, damit dieselben nach erfolgtem Druck in der nötigen Schärfe erscheinen. Ist auch gleichzeitig Prägung erwünscht, so klebt man noch die Matrize auf das Blech, genau wie bei einer Präge- oder Vergoldepresse.

Selbst wenn eine Tiegeldruckpresse nur eine mittlere Leistung von zirka 400 Druck in der Stunde aufweist, so lassen sich doch damit ganz andere Quantitäten herstellen, als wenn z. B. das Prägen an irgend einer Kniehebel- oder Vergoldepresse vorgenommen würde.

Es gibt noch eine ganze Reihe anderer Stanz- und Biegeverfahren, welche auf der Tiegeldruckpresse angewendet werden können. Das bekannteste ist wohl das Verfahren mit zusammensetzbaren Stauch- und Schneidlinien unter Benutzung von Verbindungswürfeln oder unter Verwendung von Ausschlußmaterial.

Im Anschluß an diese technischen Darstellungen soll noch eine weitere Möglichkeit zur Herstellung der Faltschachteln erwähnt werden und zwar ist das die

Thomson-Presse.

Die Thomson-Presse der Thomson-National Preß Co., Long Island City, New York, wird seit vielen Jahren durch die Firma Herman Goettsch, Klotzsche bei Dresden, erfolgreich in

Deutschland und den Nachbarländern eingeführt. Fast alle großen Faltschachtelwerke bedienen sich jetzt dieser so leistungsfähigen Maschinen.

Die Abb. 142 zeigt die einfache aber stabile Bauart der Thomson-Presse. Bemerkenswert ist die vornüber geneigte Stellung des Formbrettes, welches das bessere Ablösen des gestanzten Bogens von der Form ermöglicht; sodann die niedrige Stellung des Tiegels, welche ein sehr schnelles Anlegen des zu verarbeitenden Materials ermöglicht. Der Tiegel ist mit einer genau abgeschliffenen Stahlplatte bedeckt, und arbeitet gegen die auswechselbare Stanzform, und zwar in der Weise, daß die gestanzten Bogen durch kleine auf der Form aufgeklebte Stückchen Kork oder Schwammgummi ab-

Abb. 142.

gedrückt von dem rücklaufenden Tiegel bequem und schnell abgenommen werden können. Wenn man eine Durchschnittsform zu 8—12 Faltschachteln berechnet und es werden zirka 10 000 Bogen per Tag angelegt, so ist das Ergebnis zirka 100 000 Faltschachteln pro Tag, welche, wenn ausgebrochen, ohne jede andere Handhabung fertig für die Anleimmaschinen sind.

Die Thomson-Pressen werden in 5 Größen gebaut, Nr. 1 mit Nutzfläche 50×76 cm; Nr. $1\frac{1}{2} = 56 \times 81$ cm; Nr. $2 = 71 \times 104$ cm; Nr. $3 = 66 \times 96$ cm; Nr. $4 = 74 \times 102$ cm. Die letzten beiden Größen sind von besonders schwerer Konstruktion und verarbeiten Formen von 50 und mehr Faltschachteln. Die großen Nutzflächen der Maschinen ermöglichen die Verwendung von großen Formen und wird durch das enge An- und Ineinanderschieben der separaten Formen ganz bedeutend an Material erspart. (Siehe Abb. 143). Ein Farbwerk haben die Thomson-Pressen nicht.

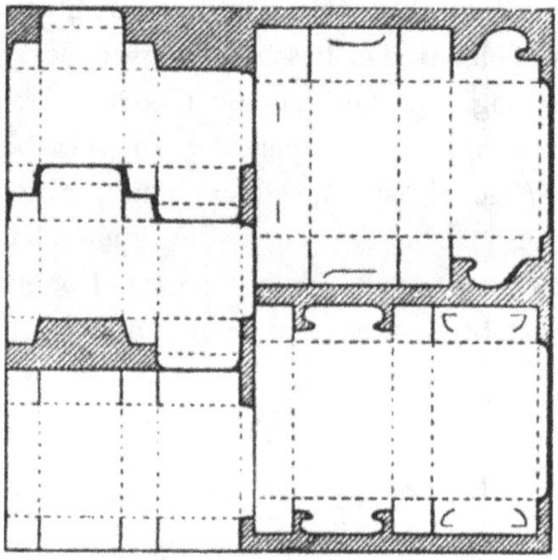

Abb. 143.

Mit Hilfe der Hercules Stahl-Abschneide-Maschine und der Eureka-Stahl-Biege-Maschine, einer genau arbeitenden Kreis- und Dekupiersäge kann jeder intelligente Arbeiter Stanzformen für Faltschachteln und Reklameartikel selber herstellen, welche auf Thomson-Pressen Verwendung finden.

*

FALTSCHACHTELHERSTELLUNG AUF TIEGELDRUCKPRESSEN

Bei der Herstellung von Faltschachteln auf Tiegeldruckpressen besteht die Möglichkeit, in einem Arbeitsgang der Presse mehrere Schachtelexemplare herzustellen und diese auch gleichzeitig mit Farbdruck zu versehen. Die Fabrikation von Faltschachteln auf diesen Maschinen erfolgt mittels zusammensetzbaren Stanz- und Stauchmaterials. Diese Stanz- und Biegewerkzeuge, die zum Ausschneiden und Biegen der Kartonstücke notwendig sind, bestehen aus verschiedenen Linienarten, und zwar Schneidelinien aus Stahl, zum direkten Durchschneiden des Kartons, Ritzlinien, welche in das Arbeitsstück ein wenig eindringen, und Stauchlinien, die das Arbeitsstück mehr oder weniger pressen, damit sich der Karton oder die Pappe an der Biegestelle leicht umlegt.

Abb. 144

Das letztere wird auch durch Ritzen des Kartons mittels Ritzlinien erreicht, doch wird dann im Gegensatz zu der Wirkung der Stauchlinien der Karton an der Biegestelle geschwächt, was durch die Stauchlinien eben vermieden wird. Wo das Ritzen ohne Einfluß auf die Haltbarkeit des Arbeitsstückes ist und zur Anwendung kommt, da werden die Ritzlinien unter Anordnung sogenannter Tragleisten zur Wirksamkeit gebracht, welche verhindern, daß die Ritzlinien zu tief in das Material eindringen. Naturgemäß sind von allen den verschiedenen Liniensorten die Schneidelinien am höchsten, da sie das zu verarbeitende Werkstück durchzuschneiden haben.

Nach Art der Anwendung gibt es zwei Arten Stanz- und Stauchwerkzeuge. Die eine ist ohne besondere Ausfüllung der Zwischenräume der einzelnen Linien (Ausschluß) verwendbar, während bei der zweiten Art alle Leerräume ausgefüllt werden müssen. Die letztgenannte Art ist insofern leichter zu handhaben und von vielseitigster und rascher Anwendbarkeit, als sich die Formen bei kleinen Formaten, wo in einem Arbeitsgang mehrere Arbeitsstücke hergestellt werden, leichter zusammenfügen lassen.

Bei den Stanz- und Stauchwerkzeugen, die ohne Ausfüllung der Leerräume zur Anwendung kommen, werden die Linien in Stahlwürfel gesetzt und auch die Enden der Linien mit solchen versehen. Die Stahlwürfel werden dann unmittelbar an die Schließstege gelegt. Das Arbeiten ist sehr einfach, da der Ausschluß in Wegfall kommt, der, wie schon erwähnt, bei schwieriger gestalteten Schachtelformen nicht gut entbehrt werden kann.

Die Herstellung einer Faltschachtel, die also nur zusammengefaltet werden braucht, um eine fertige Papp- oder Kartonschachtel zu bilden, bedarf, wenn nicht auf Tiegeldruckpressen ausgeführt, einer Anzahl Arbeitsgänge, die fast alle auf Sondermaschinen ausgeführt werden. Der Karton wird in den meisten Fällen vorgedruckt und zwar geschieht dies auf der Steindruck- oder Offsetmaschine, vielfach auch auf der Buchdruckschnellpresse. Um leistungsfähig zu sein, wird der Karton bis zum Format 70×100⅓ cm verarbeitet und wird, nachdem er zwecks Herstellung der Biegestellen geritzt oder gerillt ist, in kleine Teile oder in einzelne Schachteln zerschnitten. Hier stellen sich nun Ungenauigkeiten heraus und unter Zuhilfenahme der Kartenschere ist es möglich, den Bogen der Anlage entsprechend zu zerteilen. Da aber bei dieser Arbeit jeder Bogen einzeln angelegt und mehrmals durch diese Schneidemaschine laufen muß, sieht man der Umständlichkeit halber hiervon ab, muß aber mit in Kauf nehmen, daß der Vordruck mit dem nachfolgenden Ausstanzen nicht genau übereinstimmt, wenn nicht die Anlage durch Punktieren geschieht. Auf diese technischen Schwierigkeiten nimmt ein verständnisvoller Entwurf von vornherein Rücksicht. Für das Ausstanzen der Lappen und Schlitze, für das Eckenabrunden und Anbringung von Lochungen usw. sind besondere Maschinen erforderlich und muß auch bei diesen Arbeiten das Arbeitsstück meist mehrmals angelegt werden.

Außergewöhnliche Formen lassen sich mit den gebräuchlichen Stanzmaschinen überhaupt nicht ausführen oder es erfordert deren Herstellung ein teures Werkzeug, dessen Anschaffung, zumal wenn die Auflage gering ist, sich nicht lohnt.

Hier kann nun der Besitzer einer Tiegeldruckpresse, besonders der einer „Phönix", da dieselbe besonders kräftig gebaut ist, erfolgreich an die Herstellung von Faltschachteln herantreten, da er in der Lage ist, alle die erwähnten Arbeitsgänge mit einem Male vorzunehmen, er kann also gleichzeitig Rillen oder Ritzen und Ausstanzen, ist aber auch in der Lage, unter gewissen Umständen gleichzeitig das Bedrucken mit vorzunehmen, ja wenn nötig, auch eine Prägung damit verbinden, dabei ist er an keine Form gebunden. Das von der Firma Schelter & Giesecke, Leipzig, zu diesem Zwecke ausgearbeitete nachstehend beschriebene Verfahren hat sich vorzüglich bewährt und hat bei einer großen Zahl von Buchdruckereien und Kartonnagenfabriken seit vielen Jahren Eingang gefunden.

Alle zur Herstellung von Faltschachteln, Registerkarten und sonstigen Stanzungen erforderlichen Schneidewerkzeuge, auch die Druck- und Prägeplatten, das Ausfüllmaterial, die Schließrahmen und Sicherheitsschließzeuge werden von der vorbenannten Firma auf Grund jahrelanger Erfahrungen hergestellt.

Zur Verwendung kommt nur der beste Stahl, der auf modernen Maschinen und nach neuem Härteverfahren bearbeitet wird.

Welche Pressengröße ist zur Herstellung von Faltschachteln geeignet?

Die Phönixpressen werden in vier verschiedenen Größen und in sieben Ausführungsarten gebaut. Die betreffenden nutzbaren Formate stellen sich wie folgt:

Phönix Nr. 1, 22 × 32 cm
„ „ 2 und 2 b, 30 × 40 cm
„ „ 3, 34 × 50 cm
„ „ 4, 38 × 58 cm
„ „ 5, 38 × 58 cm
„ „ PF, 34 × 50 cm

Dabei sind 2 cm auf jeder Seite des Schließrahmens zur Anbringung des Schließzeuges und der Schließstege mit einberechnet. Es können in der Stunde mindestens 1000 Stanzungen vorgenommen werden, obwohl die Tourenzahl der Presse eine wesentlich größere ist. Berücksichtigt man aber, daß je nach der Größe der Maschine und der Faltschachtel aus einem Kartonbogen mehrere Faltschachteln mit einem Male fertig hergestellt werden können, so ergibt sich eine sehr hohe Tagesleistung. Darum sind zur Herstellung von Faltschachteln und Stanzungen aller Art Pressen größerer Formate, die Phönix Nummer 4 und 5, auch wegen deren schweren Bauart, denen der kleineren Größen jederzeit vorzuziehen.

Dabei sind außerdem die Phönixpressen 5 und PF für Prägezwecke mit Heizvorrichtung versehen. Das volle Satzformat der Maschine kann dabei zur Herstellung von Faltschachteln ausgenutzt werden, während man bei Pressen kleineren Formates in der Größe der Form, namentlich wenn starker oder harter Karton zu verarbeiten ist, Beschränkungen unterworfen ist. Die vereinfachte Bauart der Phönix 2b eignet sich zu Stanzzwecken nicht.

Abb. 145.

Auch die Buchdruckschnellpresse kann mit ihrem vollen Format zu Stanzarbeiten benutzt werden und bietet die Möglichkeit, den bedruckten Bogen ungeteilt oder im größeren Bogenteil zu verarbeiten. Wir kommen hierauf noch zu sprechen.

Welche Werkzeuge sind zur Faltschachtelherstellung notwendig?

Das Ausstanzen geschieht mit gehärteten Schneidelinien von 4 Punkt, ist gleich $1\frac{1}{2}$ mm Stärke, die mit messerscharfen Schneiden versehen werden. Dieselben können bis zu einer Länge von 25 cm geliefert werden. Da jedoch die Teilung dieser gehärteten Messer vom Käufer nicht selbst vorgenommen werden kann, werden sie in jeder gewünschten Länge geliefert, meist jedoch zum Zusammensetzen für die verschiedensten Formate nach dem Punktsystem des Buchdruckers. Für den Nichtfachmann drucken wir nachfolgend einen Maßstab nach dieser, als auch in Meterteilung ab und bemerken dazu, daß ein Zwölfer, auch Cicero genannt, 12 typographische Punkte enthält. 4 Zwölfer bilden einen Ganzen, der auch mit Konkordanz bezeichnet wird.

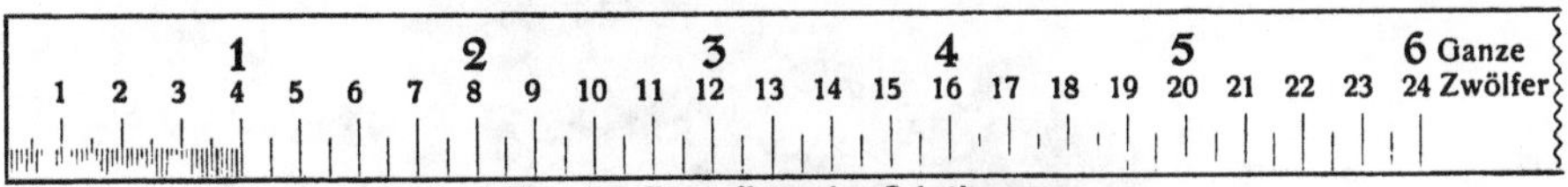

Abb. 146. Darstellung des Schriftmasses.

Nach dieser Teilung werden die Linien, Ansatzstücke und sonstiges zur Verwendung kommendes Material berechnet. Eine Gruppe Schneidelinien von 125 Konkordanzen wird meist in folgenden Längen geliefert:

20	16	12	8	6	4	3	2	1	$^1/_2$	Cicero
4	6	6	8	8	12	12	16	16	16	Stück

Diese Schneidelinien werden 2 Punkt unter Schrifthöhe angefertigt, damit die Farbwalzen dieselben beim gleichzeitigen Drucken und Stanzen nicht mit einfärben und nicht zerschnitten werden. Der Ausgleich erfolgt durch eine 2-Punkt-Gegenplatte in Messing, oder weichem Stahl, welche auf dem Tiegel durch Aufkleben befestigt wird.

Zur Herstellung der Klappen oder Zungen, welche zum Verschluß oder zum Zusammenhalt der Schachtel dienen, werden die Stahllinien in die verschiedenartigsten Formen gebogen, und damit diese Messer einen sicheren Stand erhalten, werden sie mit entsprechend gegossenem Bleiausschluß umgeben. Zum Abrunden oder Abschrägen der Ecken, zum Anbringen schmaler Schlitze usw. sind ebenfalls Messer vorhanden. Auch dienen entsprechend geformte Messer zur Anbringung der Fingereingriffe. Im nachfolgenden kommen die gebräuchlichsten Formen zum Abdruck (Abb. 147 und 148):

Zugleich mit dem Ausstanzen der äußeren Form muß gleichzeitig auch das Einschneiden der Lochungen, die zur Aufnahme der vorbeschriebenen Zungen dienen, vorgenommen werden. Die geschweiften Lappen werden in sogenannte offene Schlitzstanzen eingeschoben, oder es dienen für die runden Zungen besondere Langlochstanzen. Die Lochstanzen sind auch in kreisrunder Form vorhanden (Abb. 149).

Abb. 147.

Abb. 148.

Abb. 149

Mit dem Ausstanzen des Kartonstückes erfolgt auch gleichzeitig die Herstellung der Biegekanten. Dazu dienen Rillinien, die in Messing und 1 Punkt niedriger als die Schneidelinien gefertigt werden, damit sie sich in den Karton nur leicht eindrücken. Für die verschiedenartigen Stärken und für die Beschaffenheit des Kartons werden diese Linien in verschiedener Stärke benötigt, für gewisse Fälle sind auch an deren Stelle Ritzlinien erforderlich.

Was über die systematischen Längen der Schneidelinien gesagt, gilt auch über die Ritz- oder Rillinien und kommen wir auf die Handhabung derselben späterhin zu sprechen.

Damit der fertig geschnittene und gerillte Karton nicht an der Form haften bleibt, sind die nachstehend abgebildeten selbsttätigen Auswerfer geschaffen worden. Dieselben bestehen aus einem viereckigen systematischen Stahlblock, welcher innen ausgebohrt ist und in seinem Hohlraum eine Feder birgt, die einen, durch den oberen Teil des Blockes hindurchgreifenden Stift nach oben drückt. Während des Druckvorgangs werden sie vom Tiegel zurückgedrückt und federn wieder hoch, sobald der Tiegel zurückgeht, wobei sie den Kartonbogen von der Form abdrücken.

Beim gleichzeitigen Drucken und Stanzen werden diese Auswerfer mit eingefärbt und werden darum mit Verzierungen versehen. Auch werden für das Ausstanzen schmaler Schlitze Schmalauswerfer hergestellt. Bei einigen Stanzteilen sind die federnden Abdrücker gleich in das Arbeitsstück eingebaut.

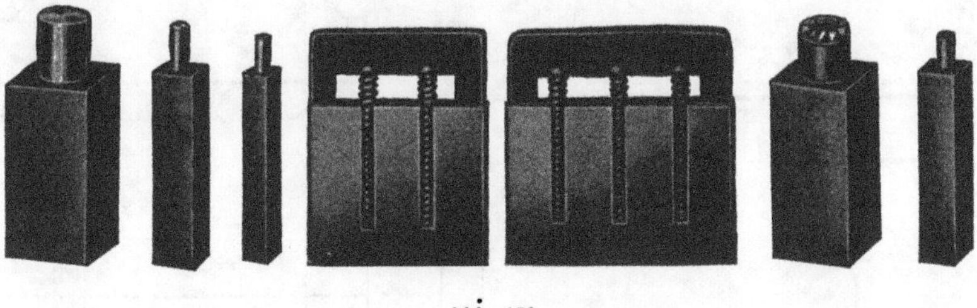

Abb. 150.

W i e w i r d m i t d i e s e m M a t e r i a l d i e F o r m h e r g e s t e l l t ?

In jedem Falle ist es in erster Linie geboten, ein genaues Muster für die zu erzeugende Faltschachtel zu schneiden und auf demselben auch die Rill- bzw. Ritzlinien einzuzeichnen. Wenn die Schachtelteile nicht nur eingeschnitten werden sollen oder die gebräuchlichste Art der sogenannten Lappenverschlüsse gewählt wird, erfordert deren Herstellung Nachdenken, um eine zweckmäßige

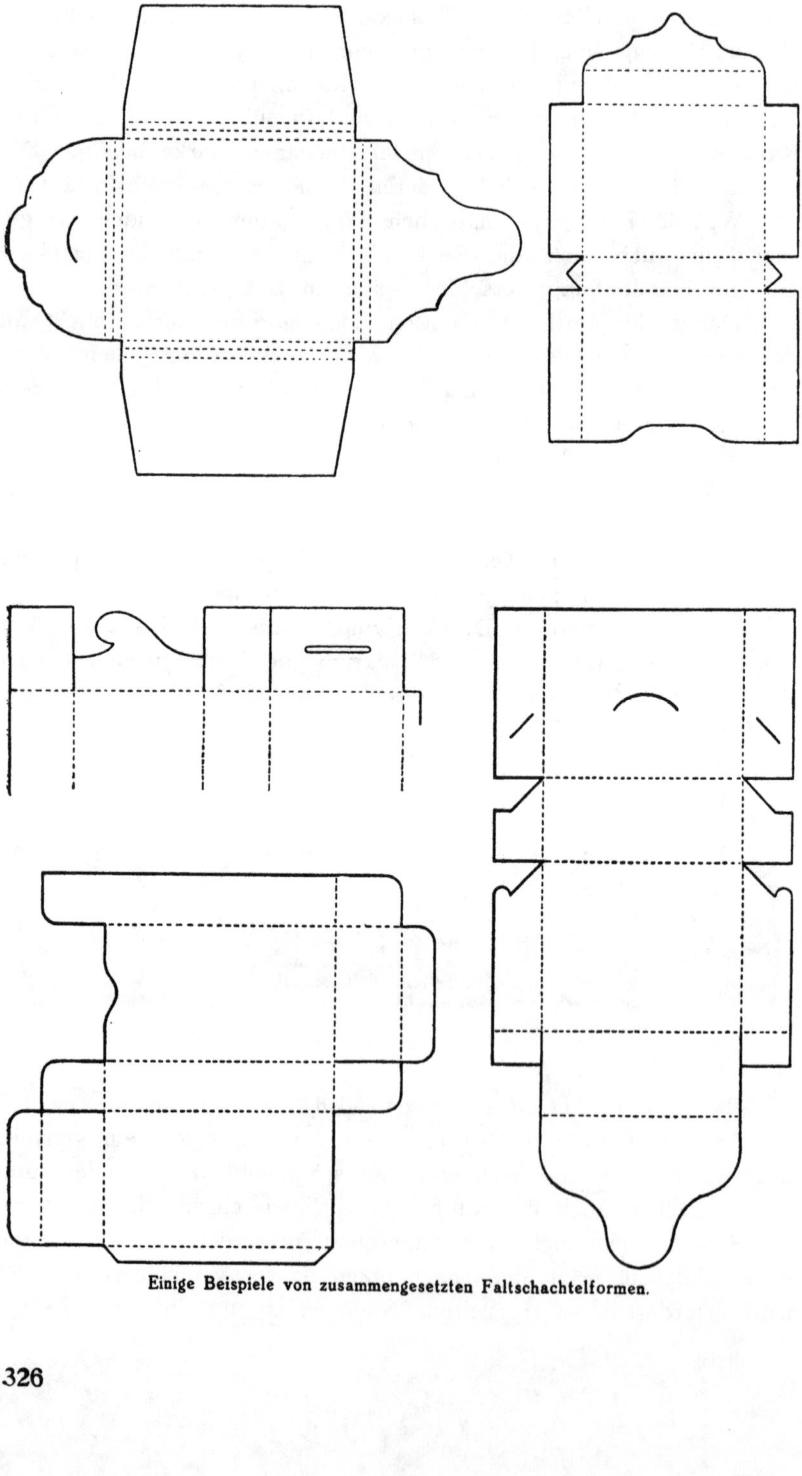

Einige Beispiele von zusammengesetzten Faltschachtelformen.

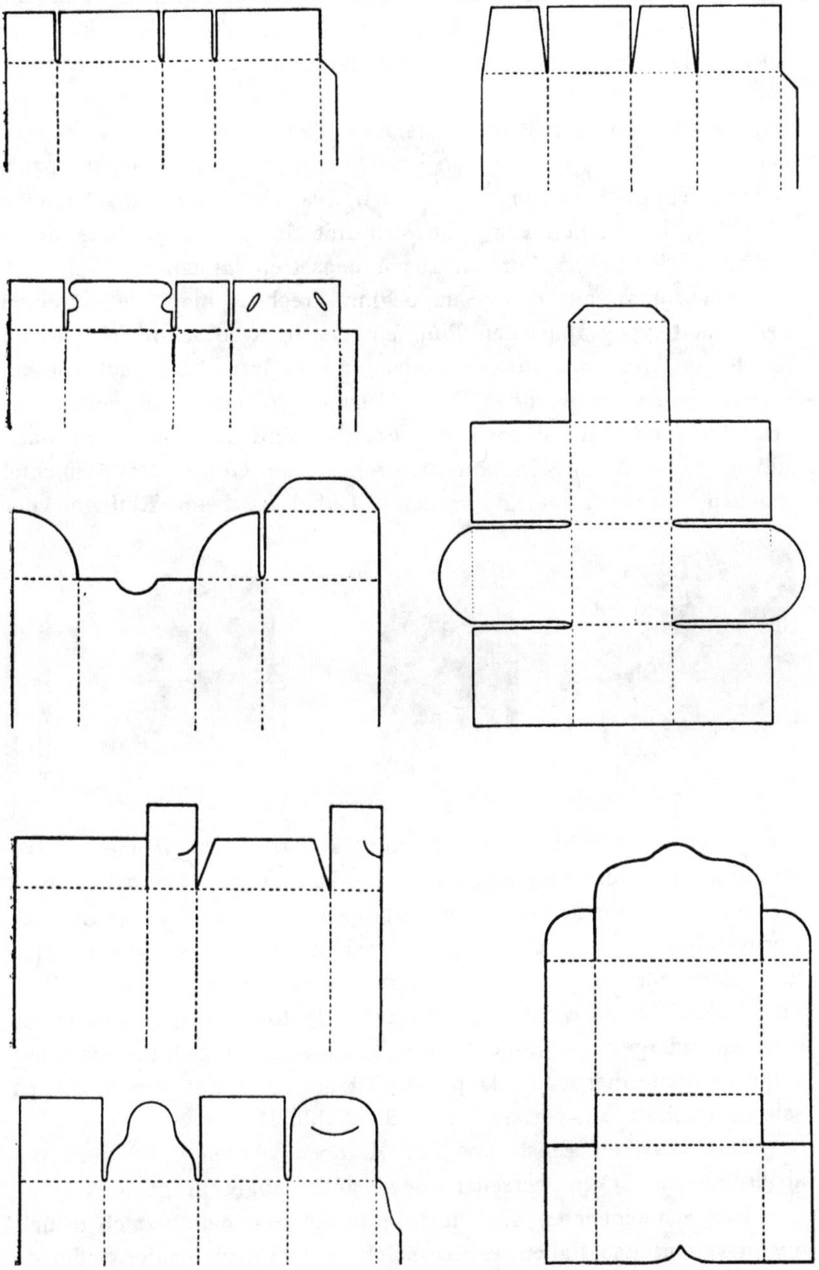

Hergestellt mit Stanzmaterial der Firma J. G. Schelter & Giesecke, Leipzig.

Form und einen praktischen Verschluß herauszufinden. Der Zuschneider kann sogar zum Erfinder werden, denn es sind lange noch nicht alle Möglichkeiten erschöpft, um einen Karton, namentlich ohne Kleben und ohne Materialverlust, zu einer haltbaren gefälligen Schachtel zusammenzulegen. Viele eigenartige Faltungen und Verschlüsse sind gesetzlich geschützt. Wir bringen nachstehend einige Anregungen für den Zuschnitt von Faltschachteln aller Art, Briefhüllen usw., die sich mit unserem Stanzmaterial zu immer wieder neuen Formen zusammensetzen lassen.

Bevor man mit dem Satz beginnt, rechnet man die einzelnen Teile nach typographischen Punkten aus, da, wie schon im vorigen Kapitel erwähnt, alle unsere Linien und Ansatzstücke nach diesem System gearbeitet werden. Das Muster legt man nun neben das Setzschiff und baut danach die Form, möglichst von innen nach außen, so, daß die Hauptmaße, welche die Größe der Schachtel angeben, zuerst festgelegt werden. Dabei ist beim Einfügen der

Abb. 151.

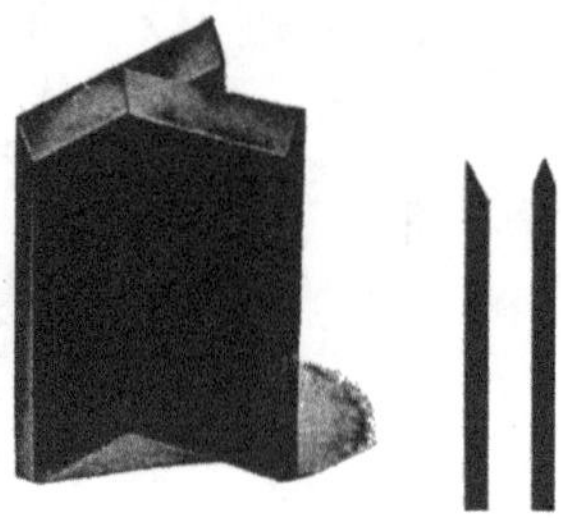

Abb. 152.

Biegelinien auf die Stärke des Kartons Rücksicht zu nehmen. Man muß darum für die Biegungen 1—2 Punkt zugeben. Dann baut man die seitlichen Verschlüsse und Klappen an. Auch hier ist die Kartonstärke zu berücksichtigen, weshalb man die Schlitze vielfach nicht nur einschneidet, sondern mit schmalen Nuten versieht. Zu diesem Zweck wurden abgerundete Nutmesser geschaffen, die gegeneinandergestellt werden. Für ganz schmale Schlitze von nur 4 Punkt Breite dienen die Doppelschlitzstanzen, die an diesen Stellen sehr vorteilhaft zu verwenden sind. (Abb. 151.)

Zum besseren Einstecken der Klappen werden diese gern mit abgerundeten Ecken versehen oder auch abgeschrägt.

Die Schneidelinien sind mit seitlicher Schneide versehen und nur in vereinzelten Fällen werden solche mit mittestehender Schneide verwendet. Diese Messer sind stets so zu setzen, daß die schräg abfallenden Schneiden, namentlich bei starkem Karton, nach außen zeigen. Darum sind für die Eckenbildung Gehrungen notwendig. Auch wird man öfters Ueberhänge notwendig haben (Abb. 152), um ein genaues Anschließen der Schneide zu ermöglichen.

Da der Karton nach dem Stanzvorgange ziemlich fest in der Form sitzt, so werden einige Abhebebolzen, die im vorigen Abschnitt beschrieben wurden, eingebaut, welche die gestanzte und geritzte Schachtel von der Form abheben. Sie sind möglichst nahe an die Schneidelinien bzw. Verschlußklappen, wo ein Festsitzen des Kartons am leichtesten stattfindet, einzusetzen. Bei ganz schmalen Schlitzen wird ein Schmalauswerfer angebracht.

Bei Glanzkarton, oder wo der Vordruck die Anbringung eines Auswerfers nicht ratsam erscheinen läßt, klebt man ein Korkblättchen auf den Ausschluß, jedoch darf dasselbe nicht über die Schneidelinien hinausragen. Es wird den Bogen ebenfalls von der Form abdrücken.

Abb. 153.

Mit größerem Nachdenken muß ein Stanzsatz hergestellt werden, der eine Anzahl Schachteln in einer Form vereinigt. Wenn es der Kartonteil zuläßt, ist stets darauf zu sehen, daß in der Mitte, zwischen den Formen ein Raum von etwa $1^1/_3$ cm zur Anbringung eines Greifers frei bleibt. Dies ist notwendig, um den Bogen besser aus der Maschine herauszubringen. Die Erfahrung wird lehren, daß man an einigen Stellen Unterbrechungen anbringen muß. Man läßt z. B. an den Einsteckklappen, wo dies nicht sonderlich augenfällig ist, die Schneidelinien nicht ganz zusammenstehen, so daß der ausgestanzte Bogen zusammenhängend bleibt und die einzelnen Teile nicht in die Maschine fallen. (S. Abb. 153.)

Um den Kartonbogen nutzbringend aufzuteilen, wird man versuchen, die Schachteln möglichst ineinander zu schieben. Jedoch darf dies nicht geschehen auf Kosten eines schwierigen Satzes und daß dadurch Stanzteile notwendig werden, die nur in Sonderanfertigung herzustellen sind.

Wie geschieht das gleichzeitige Stanzen und Rillen?

Die Form wird genau wie ein Schriftsatz in den Schließrahmen geschlossen. Dazu dienen eiserne Formatstege. Bei dieser Gelegenheit sei auf die Sicherheitsschließzeuge der Firma Schelter & Giesecke hingewiesen, die ein festes Schließen verbürgen und den denkbar schmalsten Raum einnehmen, so daß bei Pressen größeren Formates dasselbe voll ausgenutzt werden kann.

Darauf wird eine Gegenplatte auf den Tiegel angebracht. Dazu dient gleichmäßig gewalztes Messingblech in Stärke von etwa 2 Punkt gleich 0,8⅓ mm, andere ziehen auch Stahlblech vor, welches nicht so leicht zu Gratbildung neigt. Die Platte muß an Umfang wenigstens 1—2⅓ cm größer als die Stanzform sein.

Die Platte wird, nachdem sie mittels Sandpapiers etwas aufgerauht worden, auf einer Seite mit Stärkekleister bestrichen, mit gewöhnlichem Papier überklebt und mittels eines Streifens festen Papieres auf der Oberfläche des Drucktiegels oben angehängt, so daß sie sich nach oben hochklappen läßt. Damit diese Befestigungsart möglich ist, muß der Tiegel sowie die Platte vorher durch Abwaschen mit Benzin sorgfältig von anhaftendem Fett befreit werden. Man sucht nun zuerst die Stellung der Schneidelinien auf dem Tiegel dadurch zu finden, daß man einen leichten Abzug auf Makulaturpapier macht, um zu erkennen, ob der Schnitt gleichmäßig ist oder an welchen Stellen ein Ausgleich stattfinden muß. Dort, wo der Schnitt zu leicht ist, wird die Platte vorsichtig emporgeklappt und die Stellen mit Zeitungspapier unterlegt. Auch geht man mit dem Druck zahnweise vor, bis ein tadelloser, aber nicht zu scharf in die Gegenplatte eindringender Schnitt erfolgt. Ist auf diese Weise ein sauberer Schnitt erzielt, so wird die Platte mittels Papierstreifens je zur Hälfte auf der Platte und dem Fundament mittels Fischleims befestigt.

Alsdann schreitet man zur Herstellung der Rillen, welche als

Zurichtung bzw. Matrizen für die Biegelinien dienen. Zu diesem Zwecke muß der genaue Stand der Biegekantenlinien auf der Messingplatte festgestellt werden. Da dieselben aber niedriger sind als die Stanzlinien, wird die Form herausgenommen, im geschlossenen Zustande mit der Bildfläche auf eine Lage Makulaturbogen gelegt und die Biegekantenlinien durch leicht aufgeklebte

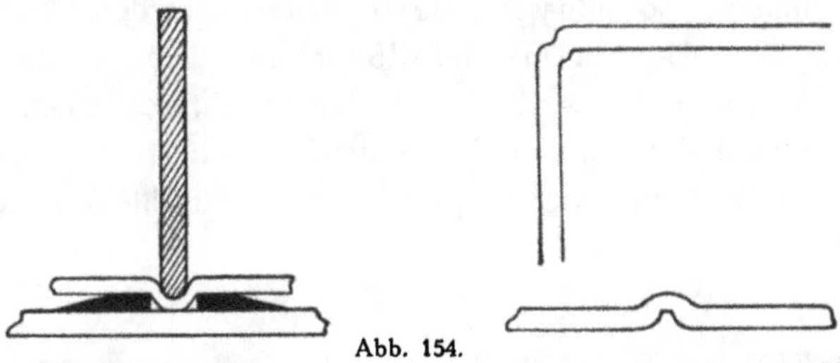

Abb. 154.

Biegelinie mit Rillnut. Gerillter Karton.

Kartonstreifen um so viel unterlegt, bis sie die Höhe der Stanzlinien erreicht haben. Darauf wird die Form vorsichtig umgedreht, etwas aufgeschlossen, damit die unterlegten Linien nun in die Höhe kommen können und wieder geschlossen. Nachdem man sie dann mittels einer Handwalze eingefärbt und wieder in die Maschine eingehoben hat, wird ein Abzug auf die überklebte Messingplatte

Abb. 155. Schaber zum Erweitern der Rillnuten.

gemacht. Ist dies geschehen, so wird der Karton unter den Biegekantenlinien auf die gleiche Weise, wie er unterlegt wurde, wieder entfernt und die Biegekantenlinien herabgedrückt. Man vermeide hierbei das zu weite Aufschließen der Form, damit eine Veränderung in der Linienstellung nicht eintreten kann. In einfachen Fällen läßt sich die Stellung der Biegelinien auch durch Abmessen ihrer Entfernung von den Schneidelinien in der Form ermitteln und danach auf dem Tiegel aufzeichnen. Hierauf klebt man zu beiden Seiten der markierten Linien 1 Cicero breite, mittelstarke, harte Kartonstreifen auf, damit eine Rille entsteht, die um etwa die Hälfte breiter sein muß als der Karton stark ist. Es ist sehr darauf zu achten, daß die Biegekantenlinien bei einem Abdruck genau in die Mitte der Rillen kommen.

Sind die Rillen zu schmal, was sich namentlich bei stärkeren Kartons durch seitliches Drängen und Aufplatzen des Kartons bemerkbar macht, so müssen sie erweitert werden. Zu diesem Zweck benutzen wir den in Abb. 155 abgebildeten Profilstahl, der in die Rille eingesetzt wird und den man ähnlich einem Schaber handhabt. Sind die Kanten der Rillen zu scharf, so empfiehlt es sich, sie durch feines Sandpapier etwas abzuschleifen und leicht

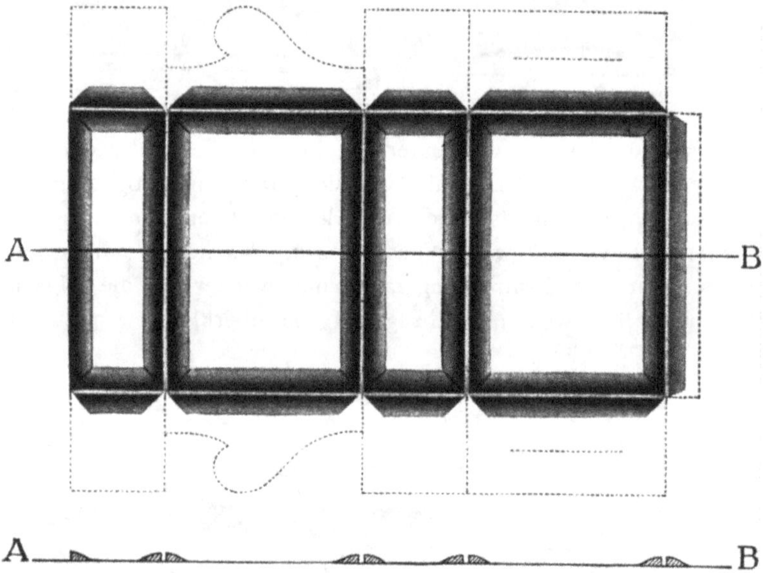

Abb. 156.
Zurichtung einer Faltschachtel von oben gesehen und Querschnitt durch diese Zurichtung.

zu runden. Hierdurch wird das Einprägen der Biegekante erleichtert und ein Brechen des Kartons verhütet.

Diese Biegelinien (Form *A*) werden je nach Stärke und Güte des Kartons auf 2, 3, 4 und 6 Punkt Stärke geliefert; für ganz schwachen Karton, wie solcher oftmals bei Zigarettenschachteln Verwendung findet, 2-Punktlinien mit einem verschmälerten stumpffeinen Bilde, so daß ganz feine Biegungen hergestellt werden können.

Für Karton, welcher wenig dehnbar ist, leicht bricht und sich infolgedessen schwer rillen läßt, ist ein umgekehrtes Verfahren zur Herstellung der Biegekanten ausgearbeitet worden. Bei diesem Verfahren wird $1/4$ Cicero bis $1/2$ Petit starker und etwa 1 Cicero breiter Messingstreifen mit Rillkamm, der in Bahnen geliefert wird, auf den Tiegel aufgeklebt, während die Gegenlinie (Matrize) in die Form eingeschlossen wird (Biegelinien *B*). Diese Gegenlinien bestehen auch aus Messing, sind etwas niedriger als Schrifthöhe gehalten und werden je nach Kartonstärke auf 6, 8 und 10 Punkte Kegel gefertigt.

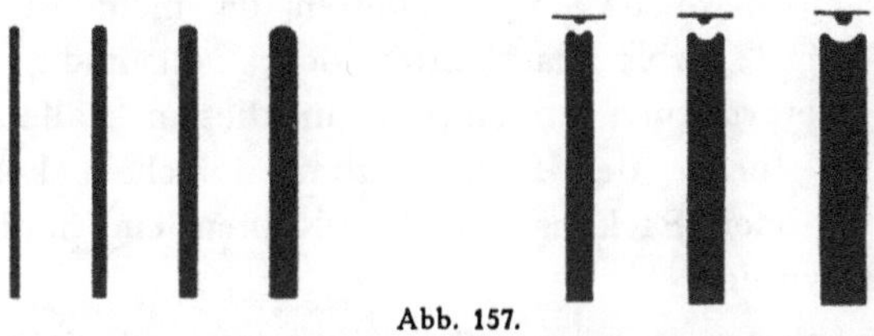

Abb. 157.

Die Verwendung von Ritzlinien.

Bei besseren Kartons, wo ein ganz genaues Größenmaß eingehalten werden muß, wie bei Automaten- oder Zigarettenschachteln usw., empfiehlt es sich, die Kanten der Schachteln nicht zu biegen, sondern zu ritzen.

Das Ritzverfahren besteht darin, daß an Stelle der Biegekantenlinien scharfe Schneidelinien, welche aber niedriger sind, als die zum Ausschneiden und Stanzen des Kartons verwendeten, in die Form eingesetzt werden. Diese Ritzlinien dringen nur zum

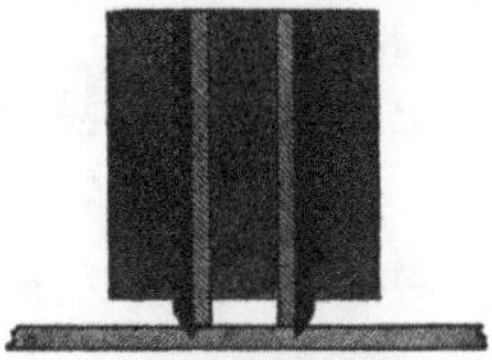

Abb. 158.

Teil in den Karton ein, schneiden ihn aber nicht durch; an den so eingeritzten Stellen kann der Karton leicht umgebogen werden. Damit die Ritzlinien nicht zu tief in den Karton eintreten und denselben womöglich durchschneiden können, wird an jede Ritzlinie an ihrer geraden Seite eine Messingschutzlinie angelegt. Im übrigen sind diese Ritzlinien genau so einzusetzen wie die Biegelinien, nur daß natürlich die Bildung einer Rille durch Auflegen von Kartonstreifen auf der Gegenplatte in Wegfall kommt.

Ist der zu ritzende Karton sehr schwach, so müssen die Messingschutzlinien etwas unterlegt werden, damit ein Durchschneiden des Kartons auch dann noch vermieden wird. Auf diesen Umstand kann natürlich auch durch Lieferung von entsprechend höheren Schutzlinien schon bei Anfertigung der Stanzformen Rücksicht genommen werden, um besonders bei großen Anlagen oder bleibenden Formen ein leichteres und sicheres Arbeiten zu ermöglichen.

Da die Ritzlinien durch das Ausschneiden das Innere des Kartons freilegen, so ist das Verfahren da nicht zu empfehlen, wo zum Beispiel farbig kaschierter oder vollständig bedruckter Karton zur Verarbeitung kommt, da in diesem Falle das weiße oder gelbliche Innere des Kartons zum Vorschein kommen und der Schachtel oder Packung an den Kanten ein häßliches Aussehen geben würde.

Soll ein flottes Arbeiten ohne Störung vor sich gehen, so ist eine sachgemäße Anbringung von Greifern sehr notwendig und kann teilweise die Auswerfer ersetzen.

Kommt der Karton zugeschnitten zur Verwendung, so daß die äußeren Schneidelinien in Wegfall kommen, so ist die Anbringung von unteren und seitlichen Greifern ohne weiteres möglich. Anderenfalls müssen die Greifer, wenn dies möglich, in die Leerräume, also in den Kartonabfall greifen, wozu die den Phönixpressen beigegebenen Aufsteckzangen sehr zweckmäßig sind. Im übrigen verweisen wir auf beistehende Skizze über die Anbringung der Greifer bei Faltschachtelformen.

Den Druck stelle man so ein, daß der Abfall noch leicht im Kartonbogen hängt und nicht auf dem Tiegel liegen bleibt oder in die Maschine fällt.

Der Abfall wird dann stoßweise aus dem Bogen herausgetrennt.

Wie kann mit dem gleichzeitigen Stanzen und Rillen auch das Bedrucken oder Prägen der Faltschachteln geschehen?

Es ist nicht immer erforderlich, daß die Ausstattung einer Faltschachtel prunkvoll sein muß, oft genügt eine einfache Beschriftung oder die Anbringung eines Druckstockes oder eine Prägung, um dem Zweck der Faltschachtel zu dienen. In diesem Fall kann in Erwägung gezogen werden, ob es nicht ratsam ist, das

Fertigstellen der Faltschachtel in einem Arbeitsgang, also das gleichzeitige Drucken, Prägen, Stanzen, Rillen und Schlitzen vorzunehmen.

Jedoch ist dieses Verfahren nur bei hohen Auflagen zu empfehlen, denn es erfordert einige Übung und soll nur da angewandt werden, wenn von den Schnitt- und Rillinien der Schriftsatz oder der Druck- oder Prägestock mindestens $^1/_2$ bis 1 cm entfernt steht. Die Gegenplatte wird, bevor sie auf den Tiegel aufgeklebt wird, an den zu bedruckenden Stellen weit genug ausgeschnitten. Dies kann mit einer Laubsäge vorgenommen werden. Der Höhenunterschied zwischen Typen ($62^2/_3$ Punkt) und Schneidelinien ($60^3/_4$ Punkt) wird dadurch ausgeglichen.

Abb. 159.

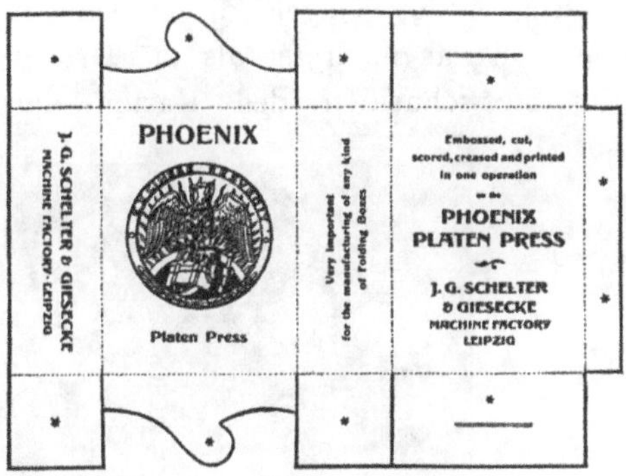

160.

Der Schriftsatz bedarf vor allem einer Zurichtung, wie solche beim Druck von Schriftformen oder Druckstöcken erforderlich ist. Bei Prägungen muß natürlich eine entsprechende Matrize, aus Schlämmkreide oder Dextrin oder aus Matrizenmasse gebildet werden, wie solche bei Prägearbeiten erforderlich ist. An Stelle der ausgeschnittenen Messingplatte können auch da, wo die Schneidelinien auftreffen, schmale Messingstreifen von etwa $^1/_2$-$^1/_3$ cm Breite auf den Tiegel aufgeklebt werden. Das Stanzen auf Stanzpappe ist bei dem Material der Firma Schelter & Giesecke nicht zu empfehlen. Damit sich der Leser ein richtiges Bild von der Beschaffenheit der Form machen kann, ist nachstehend ein Querschnitt durch eine vorstehend beschriebene Stanzform abgebildet, der die Höhenunterschiede des Materials deutlich veranschaulicht.

In dieser Abbildung ist *k* der Unterlagbogen, welcher auf dem Tiegel aufgeklebt ist und auf dem wiederum die Messingplatte bzw. einzelne Messingstreifen befestigt worden sind.

Die Messingplatte ist mit *l* bezeichnet, *q* stellt das Arbeitsstück dar. Wie man nun weiter sieht, sind die Drucktypen *a*

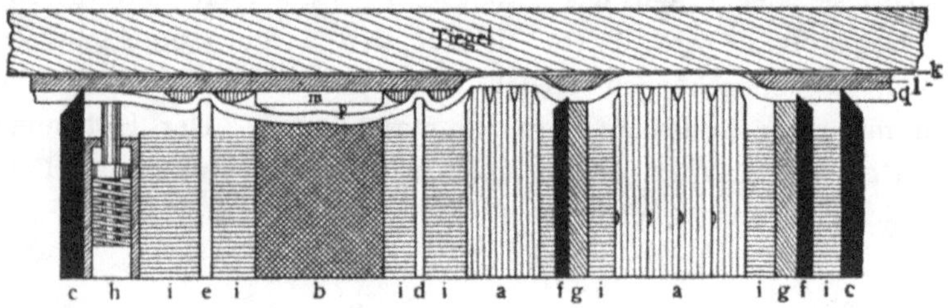

Abb. 161. Schnitt durch eine Form zum gleichzeitigen Stanzen, Rillen, Ritzen Drucken und Prägen.

die höchsten Erhebungen der Form. Ihnen gegenüber ist auf dem Aufzug *k* des Tiegels die übliche Buchdruckzurichtung vorzunehmen. Etwas niedriger als die Drucktypen sind die Schneidelinien *c*. Sie schneiden den Karton durch Auftreffen auf die

Abb. 162.

Messingplatte vollständig durch. Noch niedriger sind die Biegelinien *d* und *e* sowie die Ritzlinien *f*, neben welchen sich die Schutzlinien *g* befinden. Den niedrigsten Teil der Form endlich bildet die Prägeplatte *b*, der gegenüber auf dem Tiegel eine Ausgleichplatte *m* sowie eine vollständige Matrize *p* angebracht werden muß.

Endlich ist *i* das Ausschlußmaterial und *h* ein federnder Abhebebolzen. Da diese federnden Abhebebolzen schrifthoch sein müssen, so werden sie beim Arbeiten mit eingefärbt. Man gibt ihnen infolgedessen irgendein Druckbild, z. B. Sternchen oder dergleichen, welches auf der fertigen Schachtel als Verzierung wirkt.

Nicht unerwähnt soll das gleichzeitige Bedrucken und Ausstanzen von Bieruntersetzern, Flaschenverschlüssen, Mehlsackanhängern usw. bleiben. Da der Druck bei diesen Arbeiten sich unmittelbar an die Ausstanzung anlehnt, so ist eine besondere Vorrichtung notwendig, und zwar ein Stanzapparat mit auf sehr starken Federn gelagerter Abhebescheibe, auf welche die Druckplatte mittels Aufschrauben oder Aufkleben befestigt wird. Nachdem die Druckplatten von den Walzen der Tiegeldruckpresse eingefärbt worden sind, wird beim Zugehen des Tiegels die Platte zurückgedrückt und die äußere Stanze tritt in Wirksamkeit. Beim Auf-

Abb. 163.

gehen des Tiegels federt die Druckplatte wieder zurück, so daß das ausgestanzte Pappenstück von der Form abgedrückt wird, leicht in dem Abfall hängen bleibt und bequem aus der Maschine genommen werden kann. Mit diesen Stanzen können Pappen bis 3 mm Stärke, und zwar in den größeren Maschinen 6 bis 9 Stück Bieruntersetzer gleichzeitig gedruckt und gestanzt werden, so daß sich auch dieser Fabrikationszweig zur Ausführung auf der Tiegeldruckpresse lohnt, trotzdem hierfür Spezialmaschinen vorhanden sind.

Zum Schluß sei noch die Frage beantwortet:

Kann auch die Herstellung von Faltschachteln im ganzen Bogen auf der Buchdruckschnellpresse erfolgen?

Der Bedarf an Faltschachteln ein und derselben Sorte geht oft in die Millionen, wie dies z. B. bei der Schokoladen- und bei der Tabakindustrie usw. der Fall ist. Darum geschieht der Vordruck in großen Bogen von etwa 70×100 cm und man erwägt dabei die Frage, ob es nicht möglich ist, zur Bewältigung dieser Massenauflagen das Ausstanzen auf der schnellaufenden Buchdruckschnellpresse auszuführen. Eine Anzahl Druckereien sind dieser Frage nähergetreten und haben mit dem zusammensetzbaren Stanzmaterial die besten Erfolge erzielt, obwohl es in den meisten Fällen nicht leicht ist, einen vollständig zerschnittenen Bogen ohne sonderlichen Maschinenaufenthalt aus der Presse herauszubringen. Bei Pressen mit zwangläufiger Bogenausführung, wie z. B. bei der „Windsbraut"-Schnellpresse ist diese Gewähr eher gegeben, als bei den Haltzylinderpressen mit Rechenausleger, darum stanzt man in vielen Fällen nur Teile der Schachtel oder bringt nur die Einschnitte, Nutungen usw. an und nimmt die Teilung des Bogens auf der Schneidemaschine vor.

Die Form wird genau wie eine andere Stanzform gesetzt und in den Schließrahmen eingeschlossen. Beim Satz ist darauf zu achten, daß das Ausfüllmaterial eine gleichmäßige Höhe hat, denn beim Stanzen auf der Schnellpresse ist es nicht möglich, eine so große Anzahl Auswerfer anzubringen um den ausgestanzten Bogen gleichmäßig von der Form abzudrücken. Darum verwendet man zu diesen Stanzformen keine Auswerfer, sondern es werden die Zwischenräume zwischen den Stanz- und Ritz- bzw. Rillinien mit einem elastischen Material in etwa 9 Punkt Höhe ausgefüllt. Dazu dienen in erster Linie dünne Korkplatten, die auf den Ausschluß aufgeklebt werden, aber auch die billigere Filzpappe verrichtet diesen Zweck. Die Stärke dieser Füllung muß so hoch sein wie die Stanzlinien, abzüglich der Stärke des verwendeten Kartons.

Ist die Ausfüllung höher, so kann der Bogen nicht durchgestanzt werden, ist sie niedriger, so bleibt der Bogen an der Stanzform hängen und wird durch die Greifer zerrissen.

Der Zylinder ist mit einer Messing- oder Stahlgegenplatte zu überziehen, die sich genau dem Umfang des Zylinders anpassen muß. Dieselbe ist 2 Punkt stark und muß vorn mit einer 2 cm breiten Umbiegung versehen werden, damit dieselbe in die Klemmvorrichtung, in welcher sonst der Aufzug befestigt wird, geklemmt werden kann. Die hintere Seite des Bleches wird mit kleinen Löchern versehen und an dieser Stelle wird nun ein Stück Leinwand angeheftet, die in die Spannvorrichtung des Zylinders, ähnlich wie man ein Drucktuch oder den Straffen aufzieht, festgespannt wird, denn die Messinggegenplatte muß ohne jede Wölbung fest an den Zylinder aufliegen. Es wird nun ein Abzug mit Makulaturpapier abgezogen, um zu erkennen, ob der Schnitt gleichmäßig erfolgt oder ob eine Ausgleichung stattfinden muß. Dieser Zurichtebogen wird dort, wo der Schnitt zu schwach ist, mit Zeitungspapier ausgelegt, ähnlich wie bei einer groben Zurichtung und genau unter das Stanzblech auf den Zylinder geklebt. Sollten einzelne Stanzlinien zu leicht schneiden, so müssen sie von unten mit Flattergold oder schwachem, festen Schreibpapier unterlegt werden.

Kommen Biegekantenlinien in Anwendung, so ist die Zurichtung genau so zu behandeln, wie wir dies bei der Zurichtung auf den Tiegel beschrieben haben, nur achte man darauf, daß die Kartonstreifen fest auf dem Zylinder haften und sich nicht lösen, was durch Überkleben von Florpoststreifen, welche zur Hälfte auf der Gegenplatte haften, verhindert wird.

Bei Ritzlinien ist natürlich diese Zurichtung nicht notwendig. Drücken dieselben zu schwach in den Karton ein, so müssen sie von unten unterlegt werden. Schneiden sie zu stark ein, was seltener der Fall ist, so muß die ganze Form ohne die Ritzlinien gehoben und die Zurichtung um so viel schwächer werden.

Damit ausgestanzte Papierteilchen beim Ausführen des Bogens aus der Maschine nicht auf die Form fallen können, ist es vorteilhaft, an Stelle von Bändern ein Tuch einzuziehen, ebenso kann auch der Rechenausleger an der Haltzylinderpresse mit einem Tuch überspannt werden.

Wie schon erwähnt, arbeiten die Windsbrautschnellpressen mit zwangläufiger Bogenausführung. Der Bogen wird durch Greifer erfaßt und nach vorn geleitet, das Auslegen des Bogens erfolgt also ohne Hindernis. Damit sich aber auch der Bogen glatt vom Zylinder löst, werden für Stanzzwecke eigens hergestellte Brücken angebracht, denn die Hauptsache ist bei dem Stanzen auf der Schnellpresse der ungehinderte Fortdruck.

Es liegt in der Zukunft, zur Bewältigung der Massenauflagen eine eigens gebaute Maschine für große Stanzarbeiten zu bauen. Schon arbeitet die deutsche Maschinenbaukunst an diesem Problem, wodurch eine Vereinfachung und Verbilligung in der Faltschachtelherstellung erzielt wird, damit wird sich dieses beliebte Druckerzeugnis noch weiter in alle Volkskreise einbürgern.

*

DER KOFFER AUS PAPPE ODER VULKANFIBER

Wer jemals in Leipzig oder in irgend einer anderen Stadt die Ausstellungen und Musterlager großer Kofferfabriken besichtigt hat, wird mit Erstaunen festgestellt haben, was diese Industrie alles zu leisten imstande ist. Koffer und Reiseartikel aller Art aus Leder, Vulkanfiber und überzogener Pappe werden in den verschiedensten Ausführungen und Formen zur Schau gestellt. Luxuskoffer, die auch den verwöhntesten Geschmack zufriedenstellen, finden sich neben Koffern aus Pappe und Vulkanfiber für den einfachen Mann. Ganz besonders sind es die letzteren, die heute in großen Mengen hergestellt und verkauft werden.

Es dürfte interessieren, über die Herstellung solcher Koffer einmal Näheres zu erfahren. Wie in allen Industriezweigen am Anfang die Erzeugnisse mit primitiven Hilfsmitteln oder von Hand hergestellt wurden, so war es noch bis in die Neuzeit auch mit der Kofferherstellung. Eine Pappenschere und einzelne Loch- und Ausstanzwerkzeuge waren in vielen Fällen das ganze Gerät, was zur Herstellung solcher Koffer verwendet wurde. Es war selbstverständlich, daß mit solchen wenigen Hilfsmitteln nur geringe Mengen geschaffen werden konnten und daß man wirtschaftlicher arbeiten mußte, wenn der von Jahr zu Jahr zunehmende Bedarf voll gedeckt werden sollte.

Heute sehen Kofferfabriken ganz anders aus. Für fast alle vorzunehmenden Arbeiten sind Maschinen aufgestellt, die durch ihre fabelhaften Leistungen die tägliche Produktion um viele hundert Prozent erhöht haben. Dabei sind die auf Maschinen hergestellten Koffer weit gleichmäßiger, formgerechter und dauerhafter gearbeitet als von Hand, so daß die fertiggestellte Ware allein schon durch ihr äußeres Aussehen eine gute Reklamewirkung ausübt und leichter verkauft werden kann.

Das erste, was die Anfertigung eines Koffers bedingt, ist das Zuschneiden der Pappen- oder Vulkanfibertafeln auf die erforderliche Zuschnittgröße. Dazu benutzt man bei kleineren Mengen am besten Pappscheren, die, um einen genauen Zuschnitt zu erzielen, besonders kräftig gebaut sein müssen, bei größerem Tagesbedarf Schneidemaschinen. Die Spezialfabriken für Koffermaschinen haben auf Grund ihrer Erfahrungen diese beiden Maschinen so ausgebildet, daß ein vollkommen gratfreier, genauer und sauberer Schnitt erzielt wird.

Nachdem die Papptafeln auf die erforderliche Zuschnittsgröße geschnitten wurden, werden sie an den Ecken entsprechend ausgestanzt, geschlitzt, und, wenn es sich um das Kofferunterteil handelt, an der einen Längsseite mit Schloßlöchern versehen. Zur Ausführung dieser Arbeiten dienen sogenannte Universal-Stanzmaschinen, mit denen man in zwei oder drei Arbeitsgängen sämtliche Stanzungen vornehmen kann. Maschinen dieser Art werden meistenteils für Kraftbetrieb gebaut, besitzen lange und leicht nachstellbare Führungen für den Messerbalken und garantieren so eine vollkommen genaue Stanzung. Die Stanzeinrichtungen sind auswechsel- und verstellbar.

Nach dem Stanzen sind die Seiten des Deckel- und Bodenzuschnittes auf Spezialmaschinen hochzubiegen. Bei Verwendung von Pappe erfolgt dieses Biegen auf sogenannten Pappen-Biegemaschinen, bei Vulkanfiber auf Vulkanfiber-Biegemaschinen. Mit der ersteren ist es möglich, nur Koffer mit annähernd scharfen Ecken und Kanten herzustellen, während mit der letzteren die Umbiegestellen verschiedenartig gerundet sein können. Zu diesem Zwecke werden die Vulkanfiber-Biegemaschinen mit auswechselbaren Biegeeinsätzen versehen, die je nach Bedarf sich in kurzer Zeit in die Maschine einbauen lassen. Diese Biegeeinsätze bestehen aus mehreren Stücken, die nach der Größe der Koffer entsprechend zusammengesetzt und in die Maschine eingebaut werden. Das Zusammensetzen erfordert nur wenig Arbeit und ist an Hand einer Tabelle leicht vorzunehmen.

Außerdem können zu den Vulkanfiber-Biegemaschinen Einsätze mitbezogen werden, die das Kofferunterteil kröpfen, damit bei aufgesetztem Deckel außen eine vollkommen gerade Fläche entsteht. Ein weiteres Einsatzwerkzeug dient zum Anpressen einer Metallschiene an den Deckel, um diesen einen entsprechenden Halt zu geben und vor Beschädigungen beim Schließen zu schützen. Die Herstellung dieser Metallschienen, d. h. das Vorbiegen und Abschneiden auf genaue Länge erfolgt vielfach durch den Maschinenfabrikanten und nur das Anpressen besorgt der Kofferfabrikant selbst. Es ist aber auch bereits möglich, diese Metallschienen mit Hilfe eines kleinen Schneid- und Biegeapparates sich selbst herzustellen, der das Metallband entsprechend formt und auf die gewünschte Länge abschneidet.

Eine weitere Tätigkeit ist die Herstellung der Kofferecken. Sie werden aus Pappe oder Vulkanfiber auf Stanzmaschinen oder

Automaten ausgestanzt und in Spezial-Ziehpressen geformt. Die fertigen Ecken werden auf Nietmaschinen mittels Spezialnieten an die Kofferecken angenietet und geben den letzteren einen wirksamen Halt, dienen gleichzeitig als Schutz und heben außerdem das Aussehen des Koffers ganz wesentlich.

Das Annieten der Kofferschlösser und -Bügel oder -Griffe sowie das Befestigen der Kofferleisten erfolgt ebenfalls auf Niet- oder Nagelmaschinen mit automatischen Fülleinrichtungen. Die fertig bezogenen Nieten oder Nägel werden in die Fülleinrichtungen geschüttet und aus dieser vollkommen selbsttätig dem Nietstempel, der sie ins Material einpreßt, zugeführt. Die Zuführung erfolgt stets zuverlässig; Störungen während des Betriebes sind so gut wie ausgeschlossen.

Abb. 164.

Für die Kofferfabrikation werden sogenannte Hohlnieten ohne Deckplatte, Hohlnieten mit Deckplatte, Zweispitznieten und Bodenschutznieten gebraucht, sowie für das Einnageln der Holzleisten usw. Koffernägel oder Polsternägel. Diese Heftmittel werden aus nur besten Materialien hergestellt, so daß sie ohne große Anstrengung in das Material eingepreßt und glatt vernietet werden können.

In der beigefügten Abbildung sind eine Anzahl Arbeitsmuster dargestellt, die auf Spezialmaschinen der Sächsischen Cartonnagen-Maschinen A.-G., Dresden A 16, hergestellt wurden.

*

DIE VORSTEHRANDSCHACHTEL

Blech durch Pappe zu ersetzen, war auch bei der maschinell herzustellenden Vorstehrandschachtel der Anlaß zu ihrer Entstehung, ebenso mag der große Bedarf solcher Schachteln speziell in der pharmazeutischen und kosmetischen Industrie als Anreiz mit gedient haben, wurde doch durch diese maschinelle Fabrikation und durch diese Mengenherstellung die Aussicht auf ein einträgliches und gewinnbringendes Geschäft eröffnet. Allerdings war von vornherein klar, daß eben diese Mengenherstellung nur wirtschaftlich durchgeführt werden konnte, wenn man sich von der bis dahin üblichen Handarbeit frei machte und Maschinen und Einrichtungen für die Fabrikation heranzog. Wir sehen denn auch schon in den ersten Jahren der neu entstandenen Maschinenindustrie Einrichtungen die dazu dienen, Vorstehrandschachteln ähnlich wie Blech aus einem Stück zu ziehen. Ein entsprechendes Werkzeug wurde in irgend eine vertikale Ziehpresse eingespannt, in das Werkzeug eine ausgestanzte oder zugeschnittene Pappscheibe eingelegt und durch Abwärtsbewegen des Stempels zunächst die Scheibe als Schachtel ohne Vorstehrand vorgezogen, um dann im gleichen Arbeitsgang so weit durch Verschieben des geteilten Oberstempels zusammengestaucht zu werden, daß der Vorstehrand sich bildete. Allerdings konnten auf diese Weise nur einfache Schachteln hergestellt werden, an deren Druckausstattung und Werbewirkung nur begrenzte Ansprüche gestellt werden konnten. Luxusschachteln dagegen wurden noch von Hand gefertigt.

Erst auf Grund des Patentes der Sächsischen Cartonnagen-Maschinen A.-G., vom 28. November 1906 wurde auch die Herstellung maschineller Luxusvorstehrandschachteln möglich. Insbesondere zeichnen sich diese Schachteln durch vollkommen gleichmäßige und gleich große Form aus und gestatteten andererseits durch Verwendung entsprechender von Künstlern entworfener Etiketten oder Ueberzugspapiere eine Werbewirkung zu erzielen, die sich für den Verkauf der darin verpackten Erzeugnisse nur vorteilhaft auswirken konnte. Vorstehrandschachteln nach diesem Verfahren gefertigt stellen nicht nur die handgefertigten Schachteln, sondern vor allem auch die Blechschachteln vollkommen in den Schatten. Bemerkenswert ist, daß diese Vorstehrandschachteln nicht aus einem Stück gezogen werden, sondern aus verschiedenen Teilen so zusammengesetzt sind, daß irgendwelche Faltenbildungen auf dem Aeußeren der Schachtel nicht zu sehen sind.

Selbstverständlich ist auch dies maschinelle Verfahren im Laufe der Zeit weiter ausgebaut worden. Vor allem schenkte man seine Aufmerksamkeit den verschiedenen Maschinen und Werkzeugen, um sie nach und nach den gesteigerten Bedürfnissen der Praxis anzupassen. Solche Vorstehrandschachteln werden benötigt in der pharmazeutischen Industrie als sogenannte Apothekerschachteln, für Pulver, Pillen usw., als Verpackung für Flaschen, Pflasterrollen oder Pinsel, als Pärfümpackung, als Konfitürenpackung oder Bonbonnieren, Schokoladen, Schrot usw., oder im Innern mit Plüsch ausgefüttert als Verpackung für Phonographenwalzen und ähnliche Gegenstände. Die Schachteln können je nach Bedarf sowohl rund wie auch viereckig mit abgerundeten Ecken, mehrkantig oder sonstwie fassoniert hergestellt werden. Allerdings dürften die runden Schachteln die gebräuchlichsten sein und insbesondere wird in dem größten Verwendungsgebiet, der pharmazeutischen Industrie, speziell diese Schachtelart bevorzugt. Die Vorstehrandschachteln sind sogenannte Halsschachteln, d. h. bei ihnen wird in das Unterteil ein Halsring eingeleimt, über den dann zwecks Schließen der Schachtel der Deckel gesteckt wird. Deckel und Unterteil bestehen nun wiederum aus verschiedenen Teilen und zwar jeweils aus der Zarge, dem Boden und der Deckscheibe oder Etikett und für das Unterteil dem Schachtelhals. Diese Teile müssen zunächst auf entsprechenden Maschinen vorbereitet werden, ehe sie ihre endgültige Verbindung zu einer Vorstehrandschachtel erhalten.

Im folgenden soll kurz die Herstellung der Vorstehrandschachteln beschrieben werden. Beginnen wir zunächst bei den Schachtelzargen. Diese werden zusammenhängend in Hülsen gewickelt und die fertigen Hülsen dann in einzelne Zargen zertrennt. Zu diesem Zwecke werden zunächst die Pappebogen je nach dem Hülsendurchmesser auf Pappenscheren, Kreisscheren oder Pappenschneidmaschinen entsprechend zugeschnitten. Die Größe des Zuschnittes wird hierbei so gewählt, daß die Hülsen auf ihrem ganzen Umfange aus doppelter Kartonlage bestehen und an der Stoßstelle sich noch etwa 5—10 mm überlappen. Bei besonders gutem Kartonmaterial kann man die Hülse auch so wickeln, daß die innere Kante und die äußere Kante in eine Linie fallen. In diesem Falle ist aber das Ueberzugspapier, welches späterhin um das Ganze gelegt wird, so groß zu wählen, daß bei diesem sich die Stoßstelle um ca. 1 cm überlappt, damit beim späteren Einfalzen des Bodens in die Zarge der Zargenring nicht platzt oder einreißt.

Bevor die Zuschnitte zu Hülsen gewickelt werden, erfolgt das Gummieren auf einem Gummierapparat mit gut dickflüssig angesetztem Pflanzenleim. Dabei ist zu beachten, daß der Leim nicht über die ganze Zuschnittfläche aufgetragen wird, sondern nur so weit, als die zweite Umwicklung beträgt, damit sich beim Wickeln der Hülse auf die Wickelwalze kein Leim absetzt und diese verschmiert. Andererseits darf aber auch die leimbestrichene Fläche nicht zu klein sein, weil es sonst vorkommen könnte, daß bei der fertigen Hülse die innere Kante an den Ecken absteht. Am besten wird man auskommen, wenn man bei doppelter Kartonlage die beleimte Länge des Zuschnittes etwa 2 mm weniger beleimt als der einfache Umfang der Hülse beträgt.

Das Wickeln der Hülsen erfolgt auf Wickelapparaten oder Maschinen mit leicht auswechselbaren Wickelwalzen, um so in kurzer Zeit die Maschinen für Hülsen verschiedener Durchmesser einrichten zu können. Bei diesen Maschinen rollt sich die Wickelwalze, die nebenbei bemerkt als Kaliber für die Wickelhülse dient, über eine Gegenwalze ab. Die Gegenwalze ist zum besseren Wickeln und Kleben erwärmt. Es ist vorteilhaft, die frisch beleimten Zuschnitte, ehe sie gewickelt werden, eine kurze Zeit liegen zu lassen, um dem aufgetragenen Leim Gelegenheit zu geben, in den Karton einzuziehen. Sind die Hülsen gewickelt und hatte man zu ihrer Herstellung nicht bereits kaschierten Karton benutzt, so wird nunmehr das Aeußere mit einem entsprechenden Papierkleid versehen und die Hülsen können nunmehr in einzelne Zargen zerschnitten werden.

Das Schneiden der Hülsen in die einzelnen Zargen und Hälse erfolgt auf hierfür gebauten Spezialmaschinen, den Hülsenschneideapparaten. Man steckt zu diesem Zwecke die Hülse auf eine Walze, die in ihren Abmessungen genau dem Hülsendurchmesser entspricht. Ueber dieser sogenannten Schneidwalze sind nun auf einer Achse verschiebbar eine Anzahl Kreismesser nebeneinander angeordnet, die entsprechend der Zargen- oder Halshöhe eingestellt werden können und mittels eines Hebels während des Schneidens gegen die Kartonhülse gedrückt werden. Durch einen Anschlag wird verhindert, daß die Messer tiefer als bis in den um die Schneidwalze herumgelegten Pergamyn-Schutzmantel eintreten können; sie berühren also die Metallwalze selbst nicht und werden so nicht vor der Zeit stumpf.

Bei dem Schneiden entsteht an den inneren Rändern der Zargen ein feiner Grat. Um diesen zu entfernen, ist über der Schneidwalze ausschwenkbar noch eine Andrückwalze vorgesehen, die, nachdem die Hülse in einzelne Ringe zerschnitten wurde, leicht unter Drehen der Schneidwalze an diese angedrückt wird. Der Grat wird dabei eingedrückt und die einzelnen Ringe lassen sich bequem von der Schneidwalze abstreichen oder abwerfen.

Mit den erwähnten drei Apparaten können in der Stunde etwa 100 bis 120 Hülsen beliebiger Durchmesser von ca. 30 cm Länge gummiert, gewickelt und geschnitten werden.

Das Herstellen der Böden für Deckel und Schachtelunterteile erfolgt in gleicher Weise und mit denselben Maschinen wie bei den Kappenschachteln aus getrenntem Boden und Zarge, sodaß der Hinweis an dieser Stelle genügt. Erwähnt sei nur, daß man bei Massenherstellung von Schachteln gleichen Durchmessers das Ausstanzen der runden Pappeböden auch auf einer Exzenterpresse mit einer Stundenleistung von etwa 4500 Böden vornehmen kann. Für das Ausstanzen der Etiketten oder Deckscheiben eignet sich diese Maschine nicht. Das Ausstanzen der letzteren erfolgt vielmehr in mehreren Lagen auf einer Ausstanzmaschine, wie wir sie für den gleichen Zweck für die Kappenschachtelfabrikation kennen lernen. Bei dem Ausstanzen der Böden ist zu beachten, daß bei Schachteln beispielsweise mit gewölbtem Deckel das Stanzeisen oder Stanzwerkzeug im Durchmesser größer sein muß als bei flachen Schachtelteilen, da sich beim Wölben der flachen Scheibe der Durchmesser verringert. Für die Deckscheiben dagegen kommt man mit einem Stanzwerkzeug aus. Erwähnt sei nur noch, daß genau wie bei der Kappenschachtelfabrikation auch für die Vorstehrandschachtelherstellung die Deckscheiben vor dem Ausstanzen gummiert werden müssen.

Damit der Pappeboden gut in die Zarge eingefalzt wird und mit derselben den sogenannten Vorstehrand, das typische Zeichen dieser Schachtelart, bilden kann, muß er in flachem Zustande größer sein als der innere Durchmesser der Zarge beträgt. Um nun trotzdem diese größere Scheibe vor dem Formen bequem in die Zarge hineinbringen zu können, ist es erforderlich, daß sein Durchmesser verkleinert wird. Dies geschieht durch Vorprägen, Wölben oder Bombieren auf Spindel- oder Friktionspressen mit entsprechenden Werkzeugen. Diese Werkzeuge müssen heiß sein, damit die Prägung bzw. die Wölbung erhalten bleibt. Zu diesem Zwecke werden sie mit einer

Heizeinrichtung für Gas oder Elektrizität versehen. Die Erwärmung der Form soll der eines gut geheizten Plätteisens entsprechen. Bei einiger Uebung erzielt man auf einer Handspindelpresse ca. 600, auf einer Friktionspresse (Kraftbetrieb) ca. 1000 bombierte Böden in der Stunde bei einem mittleren Durchmesser von ca. 50—60 mm.

Sind Zargen, Böden und Deckscheiben in der erwähnten Weise vorbereitet, so beginnt das Einfalzen des Bodens in die Zarge, also das Fertigmachen der Deckel und Unterteile. Die gleichen Pressen, die zum Bombieren der Pappeböden benutzt wurden, können auch zum Fertigmachen verwendet werden; es müssen nur andere sich für diese Spezialarbeit eignende Werkzeuge eingesetzt werden. Solche Werkzeuge besitzen eine Zugbüchse sowie einen Kern, auf welchen die Zarge aufgesteckt wird. In die Zarge legt man den bombierten Pappeboden und zwar mit seiner Wölbung nach oben ein. Hierauf geht man dann mit dem Pressenstempel herunter, drückt den gewölbten Pappeboden flach und, da dadurch der Durchmesser desselben größer wird, den Rand des Bodens auf diese Weise nach außen. Gleichzeitig wird bei dieser Arbeit durch die Art der Form die obere Kante der Zarge etwas nach innen über die Bodenscheibe umgebördelt und fest an den Pappeboden angepreßt. Nachdem der Stößel wieder nach oben bewegt wurde, legt man die Deckscheibe auf den so vorgeformten Schachtelteil und preßt diesen mit einer zweiten Stößelbewegung fest auf den Pappeboden und auf die Umbördlung auf. Da nun die Fertigprägeform ebenfalls geheizt ist, so wird bei diesem Aufpressen der Leim der Deckscheibe gelöst und diese an Boden und Umbördlung festgeklebt. Der nunmehr fertig geformte und geprägte Schachtelteil kann von Hand leicht abgenommen oder durch irgend eine andere Vorrichtung abgeworfen werden.

Die Herstellung der Schachtelunterteile und der Deckel erfolgt bis dahin in gleicher Weise. Um eine fertige Schachtel zu erhalten, ist in das Unterteil nur noch der mit den Zargen hergestellte Hals einzusetzen. Dies geschieht in der Weise, daß man die Innenzarge des Unterteiles mit Kleister anschmiert und den Hals, der natürlich ebensogut nur aus einem einfachen gerundeten Kartonstreifen bestehen kann, einsetzt und gleichmäßig anreibt, wobei im letzteren Falle nur zu beachten ist, daß, wird ein stumpf aneinanderstoßender Pappring verwendet, dieser ringsum fest und gleichmäßig anliegt.

Um den Deckel gut auf das Unterteil bzw. über den Hals aufschieben zu können, ist es zweckmäßig, die obere Kante des

Halses leicht auf einer sogenannten Einrundeform etwas nach innen einzubiegen bzw. den Grat nach innen einzudrücken. Durch diese kleine Manipulation ist stets ein leichtes Schließen der Schachtel möglich, was besonders bei Pillen- und Pulverschachteln wichtig ist, weil diese oft geöffnet und geschlossen werden müssen.

Fast in gleicher Weise wie die Rundschachteln werden auch die ovalen und viereckigen Vorstehrandschachteln hergestellt, nur mit dem Unterschied, daß die Zargen, nachdem sie rund gewickelt wurden, mit sogenannten Brennapparaten mit entsprechend geformten Kernen erst in die gewünschte Form gebracht werden müssen. Im übrigen aber ist die Herstellungsweise die gleiche. Selbstverständlich können diese Schachteln auch mit verschiedenen Prägungen versehen werden oder sie können andere künstlerische Ausschmückungen erhalten, so daß die Werbewirkung noch weiter erhöht wird.

*

AUS DER PRAXIS DER KAPPENSCHACHTELFABRIKATION

Das Kappensystem unterscheidet sich von der Herstellung der einzelnen Teile der Zigaretten-Schachteln (Unterteil oder Oberteil resp. Deckel) dadurch, daß diese einzelnen Teile an einer Friktions oder Exzenterpresse in einem Arbeitsgange gewölbt oder bouchê geprägt werden, wobei gleichzeitig das Etikett aufgepreßt und mit den Seitenwänden der Schachtelteile fest verbunden wird. Früher wurden derartige Arbeiten von Hand angefertigt, was weit kostspieliger war als jetzt, wo alle Arbeitsvorgänge auf maschinellem Wege in einem Gange bewerkstelligt werden. Kappenschachteln sind meist haltbarer als von Hand hergestellte Waren und werden seit Jahren als Ersatz für die früher gebräuchlichen Blechpackungen verwendet.

Die Bezeichnung Zigaretten-Kappenschachteln bzw. Kappenschachteln im allgemeinen, ist auf eine Erfindung der Sächsischen Kartonnagen - Maschinen A. - G., Dresden, zurückzuführen. Das Wesentlichste an dieser Erfindung ist, daß man die Zarge oder Schachtelring genannt, mit dem Boden durch ein vorher mit Klebstoff bestrichenes Etikett maschinell und auf heißem Wege wie eine „Kappe" über Boden und Zarge zieht und somit diese beiden letzteren Pappzuschnitte innig miteinander verbindet. Es entsteht hierbei je nach Ausführung und Gravierung der hierzu erforderlichen Ziehform in erster Linie eine tadellose Deckelwölbung und ein inniges Vergautschen von Zarge und Deckelboden, der mittels Handarbeit niemals erreicht werden kann.

Indessen ist auch der Firma Jos. Lehnert A.-G., Dresden, eine Erfindung geschützt worden, die an Aussehen und Haltbarkeit der erstgenannten Art gleichkommt und deshalb auch in der Praxis mit Kappenschachtel bezeichnet wird. Der wesentliche Unterschied zwischen diesen beiden Erfindungen besteht darin, daß die erstgenannte Kappenschachtel aus drei Teilen bzw. Zuschnitten, also Ring, Boden und Kappe besteht, und die Lehnertsche Erfindung aus nur zwei Teilen, d. h. aus einem entsprechend bearbeiteten Pappenzuschnitt und Kappe.

Eine dritte vorhandene Erfindung, die im wesentlichen mit der Lehnertschen Erfindung gleichartig ist, besteht darin, daß z. B. bei derselben das vorherige Heften des Pappenzuschnittes an seinen vier Ecken, wie dies bei der Lehnertschen Erfindung er-erforderlich ist, fortfällt.

Zur Erzeugung der sogenannten Kappenschachteln, wie sie heute speziell in der Zigaretten- und Parfümerie-Industrie zur Verpackung von Zigaretten, bzw. Puder und anderer Waren in großer Auswahl Verwendung finden, sind außer den bekannten Zuschneidemaschinen noch Spindelpressen für Hand- oder Kraftbetrieb mit Spezialwerkzeugen für jede Schachtelgröße und Fasson nötig. In letztere werden die Zuschnitte (Zargen) und Böden mit den vorher schon gummierten Deckplatten oder Etiketten (Kappen) von Hand eingelegt und mit der Presse verprägt. Da die Werkzeuge durchgängig mit Gas oder Elektrizität angewärmt werden, so läßt sich auf der geprägten Fläche ein Glanz erzielen, der bei von Hand geklebten Schachteln nie zu erreichen ist. Außerdem können beim Prägen durch sachgemäße Anordnung Wölbungen und auf den Etiketten vorgedruckte Reliefs ohne die geringsten Mehrkosten erzielt werden, die durch ihr schönes Aussehen geradezu verblüffen. Daß dadurch die Ware leicht verkäuflich wird, braucht wohl nicht besonders hervorgehoben zu werden.

Bei der Fabrikation wird nun im allgemeinen nach zwei Erzeugungsmethoden gearbeitet und zwar werden nach der ersten, vielleicht etwas umständlichen, zunächst die Ränder (Zargen) mittels kombinierter Schneid- und Ritzmaschine oder mittels Pappschere und Ritzmaschine in Schläuchen hergestellt, und auf einer Kartonschere von Hand oder auf einer Zargenschneidemaschine automatisch geschnitten. Hiernach werden die mittels Stanzmesser ausgestanzten Böden in die Zarge gesteckt und, wie schon erwähnt, im vorgewärmten Werkzeug mit den vorher gummierten und ausgestanzten Deckplatten oder Etiketten verprägt. Letzere dürfen, um der Schachtel eine bestimmte Festigkeit zu geben, nicht zu schwach gewählt werden, aber trotzdem bleibt der Uebelstand bestehen, daß sich der Boden verhältnismäßig leicht eindrücken läßt.

Nach der zweiten Methode, wofür speziell die Firma Albert Schmidt in Leipzig die Einrichtungen in Präzisionsausführung liefert, werden Boden und Zargen aus dem ebenen Zuschnitt gebildet und zwar derart, daß zunächst das Zuschneiden auf einer Pappschere erfolgt und dann auf einer Ritzmaschine geritzt wird, oder bei größeren Auflagen die Zuschnitte auf einer kombinierten Schneide-

und Ritzmaschine hergestellt und dann die vier Ecken in beiden Fällen rechtwinklig auf einer entsprechenden Maschine ausgestanzt werden. Bei Massenauflagen wird diese Arbeit zweckmäßig mit Stanzautomaten von der Rolle erledigt.

Nunmehr werden die Zargen von Hand hochgehoben und die Ecken von Hand oder mittels Eckenschließmaschine geschlossen. Die so vorgearbeiteten Schachteln werden nun in gewärmte Spezialwerkzeuge mit den gummierten und ausgestanzten Deckplatten oder Etiketten verprägt. Bei dieser Methode kann das Etikettenpapier bedeutend schwächer gewählt werden, ohne daß die Gefahr besteht, daß sich der Boden eindrücken läßt. Außerdem ist der zeitraubende Arbeitsgang auf der Spindelpresse schneller zu erledigen, wodurch die ganze Erzeugung leistungsfähiger wird.

Handelt es sich natürlich um die Herstellung besonders hoher Schachteln, so würde das Ausstanzen der vier Ecken bei den Zuschnitten zu viel Materialverlust bedeuten. Die Grenze kann durch Kalkulation leicht ermittelt werden.

Die weitere Verarbeitung ist nun für beide Methoden die gleiche. Zwei Schachtelhälften werden mit einem Hals zusammengesteckt, gerändelt und später auf drei Seiten mittels Aufschneidemaschine aufgeschnitten. Dabei ist zu beachten, daß der Hals im Unterteil etwas angeklebt wird. Erwähnt sei noch, daß es zur rationellen Erzeugung von Vorteil ist, wenn als Etikettenleim ein Leim verwendet wird, der schon bei niederer Temperatur schmilzt.

Als Kartonmaterial für diese Fabrikation kann jede Qualität in der Stärke von 0,7—0,8 mm verwandt werden. Am besten ist ein billiger grauer oder Holzkarton, und zwar entweder einseitig weiß oder farbig bedruckt, oder aber der Karton kann auch später kaschiert und in diesem Zustand dann wie oben beschrieben, verarbeitet werden.

Als Rändel- oder Deckblattpapier kommt in der Hauptsache Prägeglanz- oder Glacépapier in Frage. Für den Fall, daß Etiketten bedruckt werden, muß die Qualität des Papieres entsprechend dem verlangten Druck gewählt werden. In diesem Fall sind die Steindruckereien maßgebend, die genau wissen, was für Papier zu den entsprechenden Farben verwandt werden muß. Auf die Stärke des Deckblattpapieres ist bereits weiter oben hingewiesen worden, so daß sich weiteres darüber erübrigt.

Was für Maschinenmaterial in Frage kommt, um nach dem neuzeitlichen Verfahren automatisch zur Herstellung von Kappenschachteln zu gelangen, sei in nachstehendem kurz zusammengefaßt:

I. Für Kappenschachteln mit getrenntem Boden und Zarge:

a) Zur Herstellung der Zargen und Hälse eine Pappenschere und Ritzmaschine oder eine vereinigte Pappenschneid-, Rill-, Ritz- und Nutmaschine für das Zuschneiden und Ritzen der Bogen für die Zargenschläuche, eine Streifen-Gummiermaschine zum Beleimen der Verschlußstreifen für die Zargenschläuche, eine Doppelschmalschneidemaschine für das Zuschneiden der Schläuche in einzelne Zargen bzw. Hälse.

b) Zur Fertigstellung der Böden und Etiketten eine Bogenanleimmaschine zum Gummieren der Etiketten, eine Ausstanzmaschine zum Ausstanzen der Böden und Etiketten.

c) Zum Fertigmachen der Schachteln eine Friktionspresse mit entsprechendem Werkzeug zum Formen und Prägen der einzelnen Schachtelteile, eine Rändelmaschine zum Gummieren des Rändelstreifens, der um die zusammengesetzten Schachtelteile herumgelegt wird, eine Schachtelaufschneidemaschine oder -automat für das Aufschneiden der fertigen Schachtel an drei oder vier Seiten.

II. Kappenschachteln, bei denen Boden und Zarge zusammenhängen (also die Zuschnitte ausgeeckt sind):

a) Zum Zubereiten der Zuschnitte eine vereinigte Pappenschneid-, Rill-, Ritz- und Nutmaschine zum Ritzen und Zuschneiden der Zuschnitte, eine Eckenausstoßmaschine oder Universalstanze zum Ausstanzen der vier Ecken oder bei größeren Mengen an Stelle der soeben erwähnten Maschinen ein Stanz- bzw. Stanz- und Druckautomat, der in einem Arbeitsgange die Zuschnitte aus Rollenkarton in entsprechender Größe ritzt, stanzt und bedruckt.

b) Zum Fertigmachen der Etikette eine Bogenanleimmaschine zum Gummieren der Etiketts, eine Ausstanzmaschine zum Ausstanzen.

c) Zum Fertigmachen der Schachtelteile eine Papiereckenverbindemaschine zum Schließen der vier Schachtelecken, nachdem vorher von Hand die mit dem Boden zusammenhängenden

Schachtelwände hochgebogen sind bzw. bei größeren Mengen eine Viereckenverbindemaschine, die in einem Arbeitsgange die Zuschnitte zum fertigen Schachtelteil biegt und an allen vier Ecken zugleich verklebt, eine Friktionspresse zum Aufkleben der Etiketten und zum Prägen der Schachtel bzw. für große Leistungen ein Prägeautomat für die gleiche Arbeit, eine Anleimmaschine zum Beleimen des Rändelstreifens, eine Aufschneidemaschine oder Aufschneideautomat zum Aufschneiden der fertigen Schachtelteile.

Wieviel von der einen oder anderen Art Maschinengattung gebraucht werden, richtet sich ganz nach der Menge der täglich herzustellenden Schachteln.

*

DER NEUE PRÄGEAUTOMAT FÜR DIE KAPPENSCHACHTELFABRIKATION

Als Neuestes auf diesem Gebiet ist der neue Prägeautomat für die Kappenschachtelfabrikation der Sächsischen Cartonnagenmaschinen A.-G., Dresden, zu erwähnen, der einen bedeutenden Fortschritt auf dem Gebiete der Kappenschachtel-Herstellung bringt.

Bisher wurden solche Schachtelteile auf Hand- oder Friktionspressen hergestellt und war die Leistung damit manchem Hersteller

Abb. 165. Prägeautomat für Kappenschachteln.

keine genügend große und suchte man schon lange nach etwas derartig Neuem.

Diese Frage dürfte wohl mit dieser neuen Maschine gelöst sein und wir sind ein großes Stück vorwärts gekommen.

Mehr als zu einer anderen Zeit sind heute Einrichtungen oder Maschinen zu begrüßen, die durch eine Steigerung der Leistung eine Verbilligung der Produktion und damit einen größeren Warenumsatz ermöglichen. Eine solche Maschine ist der neu herausgebrachte Prägeautomat für die Massenherstellung von Kappenschachteln, Elementhülsen, Apotheker- und ähnlichen Schachteln.

Bei dieser Maschine handelt es sich um eine halbautomatische Exzenterpresse mit Drehtisch und federnd gelagertem Stössel. Der Drehtisch ist mit Nuten versehen, die zur Befestigung mehrerer Werkzeugunterteile dienen. Die Schaltung des Drehtisches erfolgt absatzweise. Er führt so die von einem Mädchen in die Werkzeugunterteile eingelegten Zuschnitte bzw. rohen Schachtelteile dem einmal vorhandenen Stössel zu, der sich nach jeder Schaltung abwärts bewegt und so fortlaufend die herangebrachten Werkstücke zu fertigen Schachtelteilen formt, prägt und das Etikett überzieht. Hierauf bewegt sich der Stössel wieder nach oben, der Drehtisch wird um einen Gang weitergeschaltet und ein neues Arbeitsspiel kann beginnen.

Während die Werkzeugunterteile mehrfach vorhanden sind, ist der Form- und Prägestempel, wie schon erwähnt, nur einmal vorhanden. Unter dem Stössel bleibt das jeweils vorwärts geschaltete Werkzeugunterteil eine gewisse Zeit stehen, damit der Oberstempel in das Unterteil eintreten und die in das letztere eingelegten Werkstücke zum fertigen Schachtelteil formen kann. Hierbei wird der Stempel in der Druckstellung einen Moment festgehalten, um eine wirkungsvolle Prägung zu erzielen. Die fertig geprägten Schachtelteile werden sodann selbsttätig nach außen befördert.

Mit dieser Maschine hat die als Weltfirma allen Fachleuten bekannte Sächsische Cartonnagen-Maschinen A.-G. ihren verschiedenartigsten Maschinen zur Herstellung von Packungen in Massen oder kleineren Mengen eine neue hinzugefügt, die ebenso wie ihre anderen Modelle mit Freuden aufgenommen wurde.

Die in der Abbildung gezeigte Maschine besitzt eine Ausladung von Mitte Stössel bis zum Rahmen der Maschine von etwa 135 mm. Die größte Entfernung zwischen Tisch und Stössel beträgt 230 mm, der Hub der Maschine ist 52 mm. Der Drehtisch hat einen Durchmesser von 500 mm. Der Kraftverbrauch der Maschine beträgt etwa 1½ PS. Die Maschine fertigt in der Stunde 1000—1200 Schachtelteile, trotzdem zur Bedienung nur ein Mädchen erforderlich ist.

Mit dieser Maschine wird also eine bedeutend größere Leistung erzielt als bisher, so daß die Herstellung von Schachtelteilen auf dem neuen Automaten wesentlich billiger werden wird als nach den bisherigen Arbeitsmethoden.

Die Abbildung zeigt vier Werkzeuge, vier Unterteile und ein Oberteil für die bekannten Kappenschachteln aufgespannt.

*

KLEBSTOFF FÜR KAPPENSCHACHTELN

Bei der Anfertigung von Kappenschachteln bedient man sich durchaus nicht eines bestimmten Leimes, sondern richtet sich dabei nach den augenblicklichen Erfordernissen. Es spielen dabei die Aufsaugungsfähigkeit der Pappen und des Ueberzugpapieres zunächst eine Rolle, wie in der Kartonnagenfabrikation überhaupt die Anfertigung der Kappenschachteln nicht einheitlich ist, denn die verwendeten Maschinen sind in ihren Systemen außerordentlich verschieden, so daß der Arbeitsgang in den einzelnen Betrieben in Anpassung an das verwendete Maschinensystem besonders gehandhabt wird. Leimrezepte könnten dutzendweise angeführt werden, und dennoch könnte gerade für einen betreffenden Betrieb und die verwendeten Materialien kein passendes darunter sein. Für Betriebe, die keinen eigenen Spezialisten als Leimmeister zum Mischen der Klebstoffe haben, ist der Bezug fertiger Leime von einer reellen Klebstoffabrik nur zu empfehlen. Bei Einsendung von Mustern des zu verarbeitenden Materials und Bezeichnung des Fabrikationsganges sind die leistungsfähigen Klebstoffabriken auch in schwierigen Fällen meist in der Lage, geeigneten Leim zu liefern.

Direkt ein Ereignis für das Zieh- und Prägeverfahren bei der Preßkartonnagen-Fabrikation mittels Friktionspresse bedeutet die Erfindung des Zieh- und Prägeleimes (weiß), wofür als (alleinige) Herstellerin das Universalwerk, Dresden-N. 15, Industriegelände, bekannt ist. Die für diesen Zweck seither benutzten Bindemittel, sei es Lederleim, Kaltleim oder Sulfitlauge, erfüllten wohl teilweise ihren Zweck, doch stellten sich ihrer ausschließlichen Verwendung Hindernisse in mancherlei Gestalt entgegen; einerseits waren sie, wie z. B. die beiden erstgenannten Kategorien, für viele Zwecke zu teuer, andererseits konnten sie, weil zu dunkel, hygroskopisch und sauer, für empfindliche und dünne Papiere nicht in Betracht kommen. Anders der Zieh- und Prägeleim (weiß). Dieser ist farblos, völlig neutral, und gibt eine helle, glanzlose Gummierung. Es genügt schon ein kurzer Druck der Presse bei verhältnismäßig geringer Erhitzung, um eine tadellose Verbindung des Papiers mit dem Karton zu erzielen. Sind schon diese Vorzüge für den Fachmann ins Auge springend, so ist es in noch viel höherem Maße die außerordentlich große Ergiebigkeit des weißen Ziehleims, der eine Verdünnung bis zu 20 % mit gewöhnlichem kalten Wasser gestattet und dadurch dieses Verfahren als das weitaus vorteilhafteste im Gebrauch kennzeichnet.

Von auf dem Gebiete der Preß- und Ziehkartonnagenfabrikation als führend anerkannten Firmen wird dann auch mit Recht dem Zieh- und Prägeleim (weiß) große Bedeutung beigemessen, und man verspricht ihm eine gute Zukunft.

Bei der Fabrikation von Kappenschachteln, die auf Handziehpressen hergestellt werden, war eine Firma auf Schwierigkeiten gestoßen. Sie wandte sich an die Kartonnagen- und Papierwaren-Zeitung, Dresden, die in ihrem „Fragekasten" zum Thema den fachmännischen Rat ihrer Leser einholte, den ich hier folgen lasse.

Die gedruckten oder geprägten Decken wurden vorher mit Knochenleim bestrichen, jedoch hafteten die Decken beim Ziehen nicht gleichmäßig an. Die Frage war, ob das am Klebstoff lag, oder worin der Uebelstand sonst zu suchen war. Die Pressen wurden mit Gas geheizt und soll sich der Klebstoff der gummierten Decke doch durch das Ziehen mit der geheizten Form derartig auflösen, daß sich die Decke gut mit dem gezogenen Deckel verbindet.

Wenn die Gummierung in diesem Falle gleichmäßig erfolgte, so konnte der erwähnte Uebelstand nur daran liegen, daß Ober- und Unterstempel der Ziehform nicht genau ineinander paßten, also nicht exakt ausgearbeitet waren. Im übrigen eignet sich Knochenleim nicht besonders zum Gummieren für derartige Zwecke. Am besten ist es, sich zu diesem Zwecke einen geeigneten Kaltleim, sogenannten Gummi-Ersatz zu beschaffen.

Ich lasse noch eine weitere Antwort folgen.

Für diesen Zweck ist Knochenleim nicht der richtige Klebstoff, dieser müßte vor dem Vereinigen mit den geprägten Teilen erst angefeuchtet werden, wenn er richtig binden soll. Man verwendet zum Formen von Kappenschachteln in der geheizten Presse Dextrinleim, dieser vorher aufgetragen löst sich in der Hitze auf und bindet gut.

Außerdem muß das Werkzeug ein gut gearbeitetes sein, darf nicht einseitig drücken, muß genau im Fundament der Maschine sitzen und zum Schluß darf die Handziehpresse nicht zu schwach sein, damit genügender Druck ausgeübt werden kann. Der Druck eines Prägewerkzeuges muß ausarbeiten können, d. h. das zu prägende Material in allen Teilen unter gleichmäßigem Druck und Pressung nehmen können. Letzteres kann nur eine entsprechend starke Maschine.

*

ETIKETTEN FÜR HEISSAUFPRÄGUNG*)

Zu derartigen Etiketten, welche bei der Ausstattung von sogenannten Kappenschachteln (mit gewölbtem Deckel) für die Zigarettenindustrie usw. in Frage kommen, müssen solche Papiere Verwendung finden, welche neben guter Haltbarkeit auch eine gewisse Dehnfähigkeit besitzen. Bei dem Heißprägevorgang wird mittels des zu diesem Zweck beleimten Etiketts der Schachtelboden mit der Schachtelseitenwand dergestalt verbunden, daß der überstehende Etikettenrand an die Seitenwand der Schachtel angepreßt wird. Der Heißprägedruck bewirkt also: die Wölbung des Deckelbodens, das Aufkleben des Etiketts sowie die Verbindung der Schachtelwand mit dem Boden, so daß zur äußeren Fertigstellung der Schachtel nur das Beziehen der Seitenwand und das Bekleben des Unterbodens übrig bleibt. Bei dem Heißprägevorgang muß die Leimschicht auf der Rückseite des Etiketts im Augenblick des Prägedrucks durch die einwirkende Wärme flüssig werden und sofort binden. Es sei deshalb ausdrücklich darauf aufmerksam gemacht, daß nicht jeder beliebige leimartige Klebstoff, welcher übrigens säurefrei sein muß, durch Wärme wieder flüssig gemacht werden kann. Klebstoffe, welche für solche Zwecke angeboten werden, sind zuvor daraufhin zu prüfen. Wenn der Druck der Etiketten mit Ia Druckfarbe sachgemäß so durchgeführt wird, daß leicht klebende Zusatzmittel vermieden werden und wenn die Drucke vor Weiterbearbeitung gut ausgetrocknet werden, so ist ein „Abziehen" oder Festkleben an der Prägeform nicht zu befürchten. Eine diesbezügliche Probe wird den richtigen Weg zeigen. Sollten sich die vorgenannten Uebel einstellen, so hilft Abreiben der Form mit Talkum (Federweiß) darüber hinweg, was auch bei normalem Verlauf, wenn Maß gehalten wird, der Sache förderlich ist. Wenn Einrichtungen und geeignete Arbeitskräfte vorhanden sind, beleimt man sich die Papiere am besten selbst. Dies kann bei kleineren Auflagen mit dem Pinsel durchgeführt werden, bei größeren Auflagen, welche sich wiederholen, ist die Anschaffung einer Anleimmaschine zu empfehlen. Die Beleimung der Papiere nach dem Druck ist vorteilhafter.

---

*) Aus dem „Allgemeinen Anzeiger für Druckereien", Frankfurt a. M., Nr. 19, vom 13. Mai 1921.

*

KAPPENSCHACHTELN UND IHRE HERSTELLUNG

Eine Sonderheit innerhalb der Kartonnagen-Industrie bildet die Herstellung von Kappenschachteln. Dieses neueste Herstellungsverfahren hat eigentlich erst während der Kriegszeit größere Verbreitung gefunden und kann sozusagen als Ersatz für die vor dem Kriege gebräuchlichen Blechpackungen angesehen werden. Bei dem während und nach dem Kriege zutage getretenen Mangel an Metallblechen aller Art ist es ganz natürlich, daß die Pappe als Verpackungsmaterial erhöhte Bedeutung gewonnen hat. Zunächst hat die Einführung des Kappensystems in der Kartonnagen-Industrie eine völlige Umwälzung in Bezug auf die Herstellung von kleinen Verpackungs-Kartonnagen aller Art zur Folge gehabt. Das dürfte früher oder später dazu führen, daß die Handarbeit bei der Herstellung derartiger kleiner Schachteln immer mehr und mehr verschwindet und durch Maschinenarbeit ersetzt wird. Die Anfertigung von kleinen Schachteln, welche mit Zargen und eingesetztem Boden hergestellt werden, auf maschinellem Wege, bedeutet zunächst eine wesentliche Vereinfachung in der Herstellung und was die Hauptsache ist, sie verleiht den Schachteln ein weit gefälligeres Aussehen gegenüber den handgearbeiteten Schachteln, womit gleichzeitig eine nicht zu unterschätzende Mehrleistung gegenüber der Handarbeit verbunden ist. Wenn auch bei dem neuen Herstellungsverfahren die Handarbeit nicht völlig ausgeschaltet werden kann, so wird sie doch auf ein Mindestmaß beschränkt. Dabei tritt naturgemäß die Arbeit der Maschine weit mehr in den Vordergrund, als dies bei den bisher üblichen Fabrikationsmethoden der Fall war. Das ganze Verfahren ist eine Erfindung der Sächsischen Cartonnagen-Maschinen A.-G. in Dresden, welche in vielfachen Anwendungsmöglichkeiten der genannten Firma auch patentamtlich geschützt wurde.

Grundlegende Verbesserungen, welche besonders in letzter Zeit an den zur Herstellung von Kappenschachteln notwendigen Maschinen-, Friktions- und Exenterpressen, stattgefunden haben, lassen eine weitere Verbilligung der Herstellungskosten für Kappenschachteln erwarten, so daß die Aussichten für die Herstellung von Kappenschachteln als durchaus günstig bezeichnet werden können.

Bei der Herstellung dieser Erzeugnisse kommen nun in der Hauptsache zwei Arbeitsmethoden in Frage. Entweder schneidet man Unterteile und Deckel der herzustellenden Schachteln mit Zargen und eingesetztem Boden, oder man schneidet die einzelnen Teile für Unterteil und Deckel an der kombinierten Ritz- und Schneidemaschine aus einem Stück zu, stanzt sie später an den Ecken aus und zieht die Ecken an der Eckenschließmaschine mit Papier zusammen.

Wenn nun bei kleineren Schachteln das Zuschneiden an und für sich schon mit äußerster Genauigkeit zu erfolgen hat, so trifft dieses beim Zuschneiden von Kappenschachteln in erhöhtem Maße zu. Das Zuschneiden mit Zargen und eingesetztem Boden wurde bis in die jüngste Zeit im allgemeinen aus folgenden Gründen bevorzugt. Erstens kann man hierbei das vorhandene Pappenmaterial in jeder Hinsicht besser ausnützen. Weiter erscheinen in diesem Falle die Kanten der fertigen Schachteln weit genauer und schärfer, wodurch die ganze Schachtel ein gefälligeres Aussehen erhält und zum Schlusse erfordert das Zuschneiden mit Zargen auch geringere Arbeitslöhne, weil dabei das Ausstanzen der Ecken, das Umbrechen der geritzten Teile und das Schließen der Ecken an der Ecken-Schließmaschine in Wegfall kommt. Demgegenüber erfordert das Schließen der Zargen in ganzen Schläuchen und das Querschneiden auf der Doppel-Zargen-Schneidemaschine höchstens den dritten Teil der Löhne, welche für das Ausstanzen, Umbrechen und Schließen der Ecken nötig sind. Außerdem machen sich beim Zuschneiden aus einem Stück in der Regel folgende Uebelstände sehr unliebsam bemerkbar. Schon die kleinste Differenz beim Ritzen hat zumeist für die weitere Fertigstellung der Schachtel die verschiedensten Nachteile im Gefolge. In erster Linie erfolgt in diesem Falle schon das Ausstanzen der Ecken nicht mit der erforderlichen Genauigkeit, wodurch naturgemäß auch das spätere Schließen an der Ecken-Schließmaschine ungünstig beeinflußt wird. Die Folge davon ist, daß die einzelnen Seitenwände der Schachteln nach erfolgtem Schließen verschieden hoch sind und die Schachteln nach dem Einsetzen der Hälse nicht genau schließen. Ferner schwankt bei derartigen Mängeln auch die Größe der einzelnen Schachteln mehr oder weniger, wodurch wiederum das Einsetzen der Hälse und das spätere Beziehen der Schachteln ungemein erschwert wird. Alle diese Uebelstände fallen beim Zuschneiden mit Zargen und eingesetztem Boden fort. Jedoch ist hierbei vor allen Dingen darauf zu achten, daß die Böden der Schachteln genau zugeschnitten werden und in keinem Falle zu klein sein dürfen. Sie sollen vielmehr eher reichlich groß geschnitten werden, weil in diesem Falle beim späteren Pressen der Kappen die Wölbung eher zur Geltung kommt.

In letzter Zeit verwendet man jedoch zum Zuschneiden von Kappenschachteln eine neue Spezialmaschine, den automatischen Zuschneide-Apparat, an dem der Zuschnitt von der endlosen Rolle in einem Arbeitsgange geschnitten und geritzt wird. Dieses hat zur Folge, daß die oben angedeuteten Uebelstände beim Zuschneiden aus einem Stück wegfallen, da der Automat so genau arbeitet, daß die einzelnen Teile vollkommen gleichmäßig ausfallen. Ferner kommt noch hinzu, daß bei der Herstellung von Kappenschachteln in letzter Zeit eine neue Maschine Verwendung findet, welche das Schließen der Ecken dadurch überflüssig macht, daß die Kappen beim Pressen an der Friktionspresse in einem Arbeitsgange bombê geprägt, d. h. gewölbt werden, wobei gleichzeitig auch die Ecken der Schachtel durch die entsprechend ausgestanzten Etiketten mit geschlossen werden. Wo man also bei der Herstellung von Kappenschachteln diese neueren Maschinen zur Verfügung hat, steht auch dem Zuschneiden aus einem Stück nichts mehr im Wege. Viele Abnehmer verlangen dieses sogar ausdrücklich, da die aus einem Stück hergestellten Kappen zweifellos widerstandsfähiger sind, als diejenigen, welche mit eingesetztem Boden angefertigt werden, ein Umstand, der besonders bei größeren Sorten ins Gewicht fällt. Ferner ist unter allen Umständen darauf zu achten, daß zum Zuschneiden von Kappenschachteln nur gut ausgetrocknetes Pappenmaterial verwendet wird. Wo dieses nicht beachtet wird, muß damit gerechnet werden, daß die einzelnen Teile des Zuschnittes, Zargen sowohl als Boden, nach längerem Lagern derartig austrocknen, daß sie mitunter bis zu einem Millimeter und darüber kleiner werden. In vielen Fällen passen dann schon die Zargen nicht mehr genau auf die Stempelform, wodurch die weitere Verarbeitung derartiger Zuschnitte ungemein erschwert wird. Bei Zuschnitten, welche aus einem Stück geschnitten sind, ist weiter noch damit zu rechnen, daß sich die gepreßten Kappen sehr leicht derartig werfen und verziehen, daß die ganze Form der Schachtel dadurch ungemein beeinflußt wird.

Nach erfolgter Fertigstellung des Zuschnittes kommen wir zunächst zum Wölben oder bombê prägen der einzelnen Kappen, was je nach der Größe der Schachteln auf leichter oder schwerer gebauten Exzenter- oder Friktionspressen bewerkstelligt wird. Das Arbeiten an derartigen Pressen geht in folgender Art und Weise vor sich. Der eigentliche Stempel oder Kern der Form, welcher genau nach der Innengröße der Schachtel angefertigt und mit der erforderlichen Wölbung ausgearbeitet ist, wird zunächst im Tisch der Maschine lose befestigt, während das Gegenstück dazu, der Oberstempel im Kopf der Presse, unmittelbar unter der Spindel festgeschraubt wird. Jetzt rückt man die Maschine langsam ein und reguliert beim Niedergehen Ober- und Unterstempel derartig, daß sie genau ineinanderpassen. Erst dann werden Ober- und Unterstempel endgültig festgeschraubt. Jetzt wird zunächst der Zuschnitt eingerichtet. Zu dem Zwecke wird die Zarge nebst dem eingesetzten Boden auf den Unterstempel aufgesteckt und durch einen am Kernstück angebrachten Rahmen, welcher auf zwei Federn ruht, derartig eingestellt, daß die Zarge beim Niedergang des Oberstempels, also nach erfolgter Druckausübung, genau mit der Höhe des Stempels abschließt. Der Zargen-Rahmen muß so eingestellt werden, daß der eingelegte Boden nicht höher, aber auch nicht tiefer liegt, wie die Zargenwände, sondern genau mit denselben übereinstimmt. Es ist dieses insofern von Bedeutung, weil die Haltbarkeit und Stabilität der gepreßten Kappen hiervon wesentlich beeinflußt wird.

Wenn nun die Zarge mit dem eingepaßten Boden auf den Kern aufgesetzt ist, so legt man zunächst das gummierte Etikett derart auf den Boden auf, daß die gummierte Seite nach unten liegt und das Etikett an jeder Seite etwa drei bis vier Millimeter über den Rand der Zarge hinausragt. Um ein gleichmäßiges Anlegen der Etiketten zu ermöglichen, ist über dem Zargen-Rahmen noch ein zweiter Rahmen, der Etiketten-Rahmen, angebracht. Derselbe entspricht in seiner lichten Weite genau der Größe des ausgestanzten oder geschnittenen Etiketts und ist in der Höhe verstellbar. Nach erfolgter Einrichtung der Maschine und nachdem der Oberstempel durch Einschalten der Heizvorrichtung die nötige Wärme aufweist und auf richtigen Druck eingestellt ist, verfährt man beim Pressen der Kappen folgendermaßen: Die Maschine wird mittels des Handhebels eingerückt, so daß der Oberstempel eine Abwärtsbewegung ausübt und das gummierte Etikett fest auf den Zargenbalken aufpreßt, wobei dasselbe gleichzeitig nach allen vier Seitenwänden des Unterteils oder Deckel umgeschlagen und angepreßt wird. Durch den auf heißem Wege ausgeführten Druck löst sich hierbei der auf der Rückseite des Etiketts aufgetragene Klebstoff soweit auf, daß er für einen Moment flüssig wird und das Etikett fest mit dem Boden und den Seitenwänden der Zarge verbunden wird. Im gleichen Moment erhält jedoch der Pappboden der Zarge die gewölbte Form, die er auch nach seiner Entfernung von der Stempelform beibehält, da sich der Klebstoff des Etiketts unter dem Druck des geheizten Oberstempels fest mit den Fasern der Pappe verbunden hat. Ein Zurückgehen der Pappe in die alte Form ist daher nicht mehr möglich. Nach erfolgtem Druck wird die gepreßte Kappe von der Form abgestreift und durch eine andere ersetzt. Bei Maschinen älteren Systems wird diese Arbeit von Hand ausgeführt, während an Maschinen neuerer Konstruktion ein sogenannter Auswerfer angebracht ist, der die Kappe selbsttätig abstreift. In der Regel wird die Presse solange geheizt, bis sie zischwarm ist. Doch trägt die Stärke des zu verarbeitenden Papiers sowie die Zusammensetzung des zum Gummieren der Etiketten verwandten Klebstoffes viel mit dazu bei, daß evtl. mit höherer oder niedrigerer Temperatur gearbeitet wird. Eine Vorbedingung für genaues und sparsames Arbeiten neben dem genauen Zuschneiden ist auch die Verwendung von zweckmäßigen Papieren und einwandfreien Druckfarben. In der Regel werden die Etiketten sowohl als auch die Bezugstreifen für derartige Schachteln auf lithographischem Wege hergestellt und auf der Steindruckschnellpresse in mehreren Farben gedruckt. Hierbei ist in erster Linie darauf zu achten, daß die gedruckten Auflagen nach ihrer Fertigstellung solange liegen, bis sie genügend trocken sind. Das Trocknen kann durch Auslegen oder Aushängen der einzelnen Bogen wesentlich beschleunigt werden. Ferner sollen zum Drucken nur einwandfreie Farben, reiner Firnis, und Zusatz-Präparate verwendet werden, die nachher beim Pressen mit den heißen Stempelformen nicht abziehen. Wo diese Uebelstände eintreten, ist man genötigt, die Etiketten vor dem Verarbeiten auf der Friktionspresse entweder mit Talkum oder mit einem anderen Fettstoff abzureiben, damit sie beim Pressen nicht an der Stempelform kleben. Unsachgemäß gemischte oder minderwertige Farben vertragen jedoch meist keinen heißen Druck. In diesem Falle müssen die gummierten Etiketten erst angefeuchtet und dann mit nur lauwarm angeheizten Stempeln gepreßt werden. Beide Hilfsmittel erfordern viel Zeit und Arbeit und beeinflussen die Sauberkeit der Ware sehr ungünstig. Sollte das Trocknen der Farben trotz aller Hilfsmittel nicht zu erreichen sein, dann ist zu empfehlen, die Druckbogen vor dem Zerschneiden mit einem Lack zu überziehen.

Einen derartigen Ueberzug stellt die Firma Franz Grimm in Berlin SO, Melchiorstraße 30, her. Er hat die Eigenschaft, das Ablösen der Farben nicht nur zu verhüten, sondern den gepreßten Kappen durch die Heißpressung einen schönen Glanz zu verleihen. Die Leuchtkraft der Farben wird dadurch bedeutend erhöht, Bronzen werden hochglänzend. Die Schachteln erhalten ein wertvolleres Aussehen und sind auch gegen Feuchtigkeit unempfindlich, da Fingerflecke usw. abwischbar sind. Wo jedoch zweckentsprechende Materialien und Maschinen unter der Aufsicht gut vorgebildeter Fachleute Verwendung finden, ist der Vorteil dieser neuen Herstellungsart in die Augen springend. Erwähnt soll hierbei noch werden, daß dort, wo Kappen gepreßt werden, welche nicht mit Zargen und eingesetztem Boden, sondern aus einem Stück zugeschnitten sind, die Einrichtung der Maschinen wesentlich anders vor sich geht. In diesem Falle wird das Kernstück der Stempelform nicht im Fundament sondern im Kopfe der Maschine eingerichtet, während der Gegenstempel (Patrize) im Fundament befestigt wird. Die Heizvorrichtung ist bei dieser Arbeitsweise gleichfalls in das Fundament verlegt. Sonst weichen die Werkzeuge und Stempelformen nur wenig von den oben erwähnten ab und auch das Passen der Kappen geht im großen und ganzen in der bereits geschilderten Art und Weise vor sich.

Was nun die weitere Verarbeitung der gepreßten Kappen anbelangt, so ist bei diesem neuen Herstellungsverfahren, die Fertigstellung der Schachteln in ihrer Gesamtheit wesentlich vereinfacht.

Dieses fällt nicht nur bei der Vorbereitung des Papierzuschnittes, sondern vor allen Dingen auch beim Beziehen der Schachteln ins Gewicht. Der ganze Schachtelüberzug besteht z. B. nur noch aus drei Teilen und zwar dem Deckel- und Boden-Etikett, welche durch eigens hierfür angefertigte Stanzeisen ausgestanzt werden und dem Bezugstreifen, welcher an der Beschneidemaschine zugeschnitten wird. Wenn nun die Kappen fertig gepreßt sind, werden zunächst die Hälse in die Unterteile der Schachteln eingeklebt. Auch diese Arbeit kann auf maschinellem Wege und zwar unter Benutzung einer automatisch arbeitenden Halseinsatz-Maschine vor sich gehen. Die Aufstellung einer derartigen Maschine ist jedoch nur dort zu empfehlen, wo große Mengen von Schachteln in ein und derselben Größe angefertigt werden. Bei kleineren Posten und öfter wechselnden Größen ist jedoch Handarbeit immer vorzuziehen.

Nach dem Einsetzen der Hälse wird der Deckel aufgesetzt und die ganze Schachtel, Unterteil und Deckel mit dem vorhin erwähnten Bezugstreifen in einem Arbeitsgange bezogen. Die ganze Handarbeit ist also bis auf wenige Arbeitsvorgänge ausgeschaltet. Nach erfolgtem Trocknen werden die fertigen Schachteln an der Schachtel-Aufschneidemaschine an drei Seiten aufgeschnitten, während die vierte Seite das Scharnier bildet, wodurch Unterteil und Deckel miteinander verbunden werden.

Wo derartige Schachteln nach dem Zargensystem hergestellt werden, ist daher auch die maschinelle Einrichtung sehr einfach. So benötigen wir z. B. zur Herstellung des Papier- und Pappen-Zuschnittes lediglich eine Kreisschere mit Ritz-Vorrichtung, eine Doppel-Zargenschneidemaschine zum Zerkleinern der Zargen, eine Beschneidemaschine, sowie eine Stanze mit diversen Stanzformen zum Ausstanzen der Etiketten.

Für Großbetriebe empfiehlt sich noch die Anschaffung einer kleinen Anleim-Maschine, welche beim Beziehen der Schachteln ebenfalls vorteilhafte Verwendung findet. Die Hauptarbeit, das Pressen der Kappen, geht an der Friktionspresse vor sich und kann man bei einwandfreiem Material und gut eingearbeiteten Arbeitskräften bei achtstündiger Arbeitszeit täglich, immerhin mit einer Tagesleistung von etwa 3500 bis 4000 Kappen pro Maschine rechnen. Bei größeren Schachteln, bei denen der Druck des Stempels natürlich etwas länger auf die Kappe wirken muß, lassen sich ungefähr 3000 Kappen täglich herstellen. Das Gummieren der Etiketten wird am besten in ganzen oder halben Bogen an einer Gummier- oder Anleim-Maschine bewerkstelligt. Neben reinem arabischen Gummi kann man für diese Zwecke auch Kaltleime, sogenannten Gummi-Ersatz verwenden. Der Klebstoff muß jedoch in erster Linie leicht löslich sein. Nur dann wird es beim späteren Pressen der Kappen gelingen, den Klebstoff in dem kurzen Moment, wo sich die Kappe unter dem Druck des heißen Stempels befindet, so vollständig aufzulösen, daß eine innige Verbindung zwischen dem Etikett und der Kappe gewährleistet wird und die Klebung auch von Dauer ist. Beim Gummieren der Etiketten ist ferner zu empfehlen, den Klebstoff nicht zu dünnflüssig und fett, sondern möglichst mager und in dickflüssiger Konsistenz aufzutragen. Die Etiketten trocknen in diesem Falle weit schneller, das Papier und der Druck wird durch den geringen Feuchtigkeitsgehalt des Klebstoffes auch weniger beeinflußt. Die gummierten Bogen werden unmittelbar nach dem Gummieren in Hürden zum Trocknen ausgelegt. Sie sollen dabei so gelagert werden, daß die Luft möglichst von allen Seiten Zutritt hat. Dabei ist Lufttrocknung im allgemeinen jeder künstlichen Trocknung durch Heißluft- oder sonstige Trockenapparate vorzuziehen. Bei leichtrollenden Papieren empfiehlt es sich, dem Gummi eine Wenigkeit Glyzerin beizumengen, weil dadurch das Rollen der Papiere in den meisten Fällen verhindert wird.

Kappenschachteln werden heute zumeist zur Verpackung von Zigaretten verwendet. Sie eignen sich jedoch auch vorzüglich zur Verpackung von Artikeln aus der chemischen Industrie, z. B. für Pillen und Tabletten aller Art. Auch Rasier-Apparate, Mundharmonikas und viele andere Gegenstände aus der Klein-Eisen-Industrie können in derartigen Schachteln zweckmäßig versandt werden. Daher kann auch mit großer Wahrscheinlichkeit damit gerechnet werden, daß die Herstellung von Kappenschachteln auch in der Zukunft mit zu den aussichtsreichsten Fabrikationszweigen der Kartonnagen-Industrie gezählt werden kann.

*

DIE VERWENDBARKEIT DES KAPPENSCHACHTEL-SYSTEMS FÜR ANDERE SCHACHTELARTEN

Unter der Bezeichnung „Kappenschachtel" haben sich in letzter Zeit verschiedene Systeme bzw. Arbeitsweisen herausgebildet, und es soll hier einmal das patentierte Verfahren der Sächsischen Cartonnagen-Maschinen A.-G. etwas eingehender erörtert werden*). In Verbraucher-, als auch zum Teil in Fachkreisen scheint man der Ansicht zu sein, daß nur die bekannte Zigarettenschachtel als Kappenschachtel anzusehen ist. Dem ist aber nicht so, wie gezeigt werden soll.

Ein Schachtelteil nach dieser Herstellung besteht aus einem Zargenring, dem der flache Boden eingelegt wird, und diesem Werkstück wird durch Pressedruck mit einem geheizten Spezialwerkzeug ein auf seiner linken Seite mit Kaltleim versehenes und wieder getrocknetes Etikett resp. Deckscheibe überkappt. Dadurch werden alle drei Bestandteile zu einem festgefügten Ganzen in einem Arbeitsgange gepreßt unter gleichzeitigem mäßigen Wölben und evtl. Ausprägen des mit einer Schrift usw. zu versehenden Deckelbodens, ohne daß auf der inneren Bodenfläche eine Schriftmarkierung sichtbar ist. Es wird hier eben nur mit der Matrize, nicht auch mit Patrize gearbeitet. Soll ein Schachtelteil eine extra hohe Wölbung erhalten, so ist zu empfehlen, den Pappboden auf einem ebenfalls geheizten Spezialwerkzeug vorzuwölben.

Der Zuschnitt zu diesen Schachteln vollzieht sich genau so, wie bei einer von Hand gefertigten Zigarettenschachtel. Es sei hier besonders hervorgehoben, daß das Pappenmaterial zum Zargenring ein gleichmäßig starker ungefähr 0,8 mm Maschinenkarton oder Pappe sein muß. Diese Stärke gilt als Norm für die Anfertigung der betreffenden Werkzeuge. Wer schwächeres oder stärkeres Material verwenden will, erwähne es ausdrücklich bei Bestellung oder schicke Probematerial an die Maschinenfabrik ein.

Der Zuschnitt erfolgt, wie üblich, auf der kombinierten Pappenschneidemaschine und wird der Nutzen mit 4 Ritzungen versehen, wobei der Zusammenstoß der Zargenringe in die Mitte einer Längsseite zu liegen kommt. Am Werkzeugunterstempel (Prägekern) ist zum Ausgleich der an dieser Stelle ungleichen, durch den Papierschließlappen verursachten Zargendicke, eine entsprechende Aus-

*) Eine authentische Anleitung für dieses Arbeitsverfahren finden die Leser im folgenden Abschnitt.

sparung vorgesehen. Nachdem der Zuschnittnutzen wie üblich zu einem Schlauch geschlossen ist, wird dieser auf der Doppelzargenschneidemaschine in die maßgebenden Ringbreiten geschnitten.

Zum Boden wird eine ungefähr 1 mm starke Pappe verwendet. Soll das Schachtelteil eine Schrifthochprägung, überhaupt eine Reliefprägung erhalten, so darf das Bodenmaterial nicht schwächer sein. Es soll eine weiche Art haben, damit es gut die nur mäßig tiefe Gravur der Prägeplatte ausfüllen kann, da hier, wie ja schon erwähnt, nur mit Matrize, nicht auch mit Patrize gearbeitet wird. Der Unterstempel-Prägekern bleibt also hier neutral. Es ist vorteilhafter, die Boden mit dem Stanzmesser auszustanzen, da hier Hauptbedingung ist, daß sie gut stramm in den Zargenring hineinpassen. Wer über einen guten Zuschnitt verfügt, dem steht es frei, die Böden auch auf der Pappen-Kreisschere usw. zu schneiden. Es werden aber bei solchen Zuschnitten die Ecken zu scharfspitzig, was das Einlegen des gut strammpassenden Bodens in den Zargenring hindert. Bei gestanzten Böden hingegen sind die Ecken etwas abgestumpft, was beim Schmieden der Stanzmesser schon mit berücksichtigt wird. Man kann geschnittene Bodenteile jedoch gleichmäßig zusammenstoßen, und die scharfen Spitzen mit Glaspapier etwas verbrechen, oder beim Einlegen in den Zargenring die Böden flüchtig etwas nach oben biegen.

Das Etikett oder die Deckscheibe für den Deckel muß aus einem kräftigen Papier ungefähr 0,15 mm stark sein, das beim Ueberkappen nach den senkrechten Zargenringseiten an der sich rechtwinklig bildenden Biegungsstelle nicht bricht oder reißt. Es wäre also ein möglichst geschmeidiges Material zu wählen. Verwendet man Chromopapier, so soll der Chromostrich gut sein, damit er sich an der Biegungsstelle nicht abschiefert. Für die Schachtelunterteile braucht das Papier nicht so stark zu sein, da später der eingesetzte Hals dem Schachtelteil genug Festigkeit verleiht.

Die Etikette oder Deckscheiben werden in ganzen oder halben Bogen auf der Bogenanlegemaschine mit Kaltleim angeleimt, in Hürden oder anderen Trockenanlagen zum Trocknen ausgelegt. Der Etikettendruck wird mit Speckstein abgepudert, genadelt und gestanzt. Die Stanzmesser sind derart gehalten, daß an jeder der vier Ecken gleichzeitig eine kleine rechtwinklige Ecke mit ausgestanzt wird, um ein Einreißen des Etiketts zu vermeiden, bzw. die Deckscheiben werden geschnitten und auf der Eckenausstoßmaschine etwa

3 mm tief ausgeeckt. Man nehme kleine Stöße. Einfacher ist aber schon das Arbeiten mit dem Stanzmesser.

Es sei besonders darauf aufmerksam gemacht, daß der zum Anleimen der Etikettenbogen verwendete Kaltleim schon in mäßiger Wärme schmelzbar sein muß und dabei doch eine gute Klebekraft entwickelt. Es haben sich auch schon billige Kaltleime als sehr brauchbar erwiesen.

Sollten die geleimten Bogen beim Trocknen Neigung zum Rollen haben, daß also der Leim nicht elastisch genug wäre (ein solcher Bogen würde auch rissig werden), so füge man dem Klebstoff, wenn es die Art seiner Beschaffenheit erlaubt, ein wenig chemisch-reines Glyzerin zu. Dadurch wird das Rollen, Spröde- und Brüchigwerden etwas vermindert. Man hüte sich aber, zu viel Glyzerin beizugeben, da zuviel die Klebekraft des Leimes beeinträchtigt. Auch trocknen solche Bogen zu schwer, und kleben beim Zusammenlegen zusammen. Also erst probieren!

Beim Etikettendruck ist zu beachten, daß die Farbe hitzebeständig ist, damit sie an der heißen Prägeplatte und auch im heißen Zugrahmen nicht kleben bleibt. Jeder Lithograph oder Drucker, vorher unterrichtet, weiß sich dann einzurichten. Aus diesem Grunde eignen sich auch lackierte, gelatinierte usw. Papiere nicht für derartige Prägezwecke. Aber selbst matt gehaltene Papiere bzw. Etiketten erhalten durch den heißen Prägedruck einen vornehm wirkenden Prägeglanz.

Nachdem die Schachtelteile gepreßt sind, vollzieht sich das Fertigmachen der spitzeckigen Kappen bzw. Zigarettenschachteln (also Hals einsetzen, Zudeckeln, Ueberzugstreifen herumlegen und Aufschneiden mit der Maschine) in bisher üblicher Weise, wie bei den von Hand gefertigten.

Die Werkzeuge zum Pressen der Schachtelteile lassen sich leicht einstellen, ebenso ist ihr Einspannen oder Einsetzen in die Friktionspresse sehr einfach. Das Unterteil eines solchen Werkzeuges besteht aus dem auf einer Grundplatte aufgeschraubten Formenstempel-Prägekern, der dem Schachtelformat der Länge und Breite entsprechend gearbeitet ist. Es ist in diesen zwei Ausmessungen nicht verstellbar, wie man in Interessentenkreisen mitunter der Annahme ist. Nur die Schachtelhöhe läßt sich höher oder niedriger einstellen.

An dem Formenstempel befindet sich ein etwas federnder Rahmen, auf welchem der auf dem Stempel aufgesteckte Zargenring, dem der Boden eingelegt ist, zu sitzen kommt. Beim Pressedruck federt der Rahmen nach unten und findet seinen Anschlag auf einem zweiten Rahmen. Dieser ruht auf vorn und hinten am Stempel befindlichen, festzuschraubenden Stellklötzchen, deren jeweilig festgeschraubte Stellung die gewünschte Schachtelteilhöhe gewährleisten. Der zweite Rahmen ladet an seinen vier Seiten aus und führt dort in seinen Bohrungen entsprechend angeordnete, in ihrem oberen Teil federnde Anschlagbolzen; diese gehen nach unten durch die Bohrungen hindurch und sitzen in der Grundplatte auf.

Die Anschlagbolzen stehen mit ihrem oberen federnden Teil etwas über das aufgesteckte Schachtelteil hinaus und dienen damit zum gleichmäßigen Begrenzen des Etiketts. Findet der Pressedruck statt, federn die Bolzen, vom Oberstempel berührt, nach unten zurück und ermöglichen somit das gleichmäßige seitwärts Ueberkappen der Etiketts.

Eine einfache, an der Rahmung angebrachte Handheblung ermöglicht leichtes Abheben der fertig gepreßten Schachtelteile vom Oberstempel. Wird in den Handgriff der Abhebevorrichtung ein starker, unten steigbügelartig gebogener Draht eingehängt, kann die Presserin die Abhebevorrichtung mit dem Fuße bewirken, was also schon wieder einen Handgriff erspart. Die ganze Rahmenordnung samt ihrer Abhebevorrichtung ist beim Einstellen einer anderen Schachtelteilhöhe oder beim Säubern des Unterstempels usw. sehr leicht, einfach und schnell zu entfernen. Das Unterteil vom Werkzeug wird nicht angeheizt. Das Oberteil besteht aus einer Deckplatte mit Zapfen zum Einspannen in den Pressestößel. An diese Platte ist der Heizkörper angeschraubt, der mit Gas oder auch mit Elektrizität angeheizt wird. An dem Heizkörper ist der Zugrahmen angebracht, in dem sich die nach innenwärts ungefähr 5 mm zurückfedernde flach oder konkav gewölbte Prägeplatte befindet. Diese kann mit einer mäßig tiefen Gravur versehen sein (siehe das hierüber vorn beim Bodenmaterial Gesagte).

Da nun das u. a. gleichzeitig mit einer Schrift oder Reliefprägung fertig gepreßte Schachteloberteil innen keine Markierung aufweist, so braucht keine Papierscheibe zur Verdeckung eingeklebt werden. Soll aber ein Innenetikett Platz finden, so kaschiere man mit ihm das Bodenmaterial vor dem Zuschneiden, besser ist aber schon, man klebt derartige Etiketten usw., nachträglich in den gepreßten Deckel ein, denn die Erfahrung lehrt, daß z. B. auf diese Art die Wölbung des betreffenden mit Wölbung versehenen

Schachtelteiles sich so noch besser nach außen bildet, was gleichzeitig auch besagtes Schachtelteil nicht nur bedeutend stabiler macht, sondern auch seinem Aussehen zu gute kommt. Ist das Material gleichmäßig stark (also Maschinenkarton oder dergleichen), so kann es gleich direkt bedruckt werden. Von genarbten Papieren läßt sich nicht jede Sorte zu Etiketten oder Deckscheiben verwenden. Die Art der Narbung, ob grob oder fein, ebenso die Beschaffenheit des Farbdruckes sind hier ausschlaggebend. Denn nicht nur, daß zum Beispiel die Narbung beim Pressen fast glatt gedrückt wird, so hindert grobe Narbung, verbunden mit ungünstigem Farbendruck, den Zugrahmen am sauberen Arbeiten. Deshalb läßt man die Prägeplatte der gewünschten Narbung entsprechend gravieren und verwendet glattes Papier. Bei genügend starkem Pressedruck lassen sich damit gute Resultate erzielen. Die Prägeplatte wird durch einen Arretierungsstift von der Vorderseite des Heizkörpers aus im Zugrahmen festgehalten und ist deshalb sehr leicht auswechselbar. Der Hitzegrad des Zugrahmens und der Prägeplatte soll bei leicht schmelzbarem Kaltleim ungefähr derart sein, daß ein Tropfen Wasser, an eine äußere Seite des Zugrahmens angebracht, langsam wallt. Bei einer solchen Wärme wird eine etwas empfindliche Farbe des Etikettendrucks nicht von der Hitze ergriffen. Bei schwer schmelzendem Kaltleim müssen die geheizten Teile ungefähr die Hitze eines mäßig heißen Plätteisens haben, und die Druckfarbe muß hier schon sehr gut hitzebeständig sein. Aus dem vorstehend Gesagten ist ersichtlich, daß es ganz auf die Pflege der geheizten Formenteile ankommt und daß die gegebenen Verhältnisse gut beachtet werden müssen, denn das Etikett oder die Deckscheibe müssen sich auf jeden Fall mit dem Schachtelboden und dem Zargenrand beim Pressen gut verbinden lassen.

Bevor ein solches Werkzeug in die Friktionspresse eingespannt bzw. eingesetzt wird, muß am Formenunterteil der Stellrahmen für die Zargen in entsprechende Schachtelhöhe gebracht werden.

Nachdem ein neu geliefertes Werkzeug gründlich gereinigt worden ist — Abhebevorrichtung, Anschlagbolzen und Rahmen werden hierbei vom Unterteil der Formen entfernt —, lockere man die etwa wieder festgeschraubten Stellklötzchen, schiebe den Rahmen samt dieser etwas nach unten, stecke einen in entsprechende Breite geschnittenen Zargenring auf den Unterstempel, unterfasse jetzt mit den Zeige- und Mittelfingern beider Hände die beiden Stellklötzchen, lege gleichzeitig beide Daumen auf die obere Fläche des Unterstempels und drücke von unten mit den untergefaßten Fingern das ganze nach oben und zwar derart, daß der Zargenring mit seiner oberen Schnittkante etwa $1/2$ mm (die halbe Bodendicke) über die scharfe obere Kante des Unterstempels zu stehen kommt, da, wo sich die senkrechten Seitenflächen mit der in die Wölbung übergehenden oberen Fläche des Unterstempels treffen. Die Daumen oben geben der oberen Zargenschnittkante somit einen Anschlag.

Die Einstellung ist aber nur dann richtig, wenn beim Nachobendrücken des federnden Zargenrahmens dieser seine Federung voll beendet hat, also fugenlos auf seinem Stellrahmen aufsitzt. Diese Federung wird immer etwas mehr betragen, als die Wölbung hoch ist. Wer z. B. nur Schachtelteile mit flachem Boden arbeiten will, braucht einen federnden Zargenrahmen nicht.

Hat man also durch das Hochdrücken den richtigen Grad der Einstellung erreicht, so muß eine zweite Person, etwa die Presserin, welche ja sowieso während des Einstellens resp. Einspannens für Handreichungen bereit steht, die Schrauben des Stellklötzchens festschrauben. Es genügt meist schon, wenn eine Schraube festgezogen wird, da sie infolge ihrer Verbindung mit der anderen Schraube diese mit festzieht. Ist dies geschehen, so ist die Einstellung des Rahmens bei sich späterhin ergebender Uebung fast immer einwandfrei erfolgt. Ob richtig eingestellt ist, kennzeichnet sich folgendermaßen: Staucht sich später beim Pressen die Zarge etwas zusammen, so ist der Rahmen zu hoch eingestellt. Ist im Schachtelteilinnern zwischen Zarge und Boden ein Spalt sichtbar, so ist zu weit nach unten eingestellt. Bemerkt sei noch, daß man beim Einstellen nach einiger Uebung auch zu anderen Handgriffen gelangt. Es soll das oben Gesagte nur dem Anfänger dienen.

Ist das Einstellen erfolgt, hebe man die Rahmen-Unterstempel wieder ab, die Stellklötzchen lasse man aber in ihrer Stellung, dann wird dem Unterstempel die zu jedem neuen Werkzeug mitgelieferte Schutzkappe von Pappe aufgesteckt (sie soll einesteils beim Aufeinandersetzen vom Ober- und Unterteil, Prägeplatte und Prägekern vor Beschädigung schützen, andernteils beide zueinander zentrieren helfen) und das Oberteil des Werkzeuges, dem jetzt schon die Heizgabel angelegt wird, wird gut passend daraufgesetzt und so wird das Ganze auf den Tisch der Friktionspresse gesetzt.

Zur Vorsicht darf aber nicht versäumt werden, vorher die Steuerstange an der Presse mittels des anhängenden Vorsteckstiftes zu sichern, denn es könnte durch irgend einen ungewollten Druck auf den Steuerhebel, der Pressestößel in Bewegung gesetzt werden.

Immer soll streng darauf geachtet werden, daß die Arbeiterin, welche die Maschine bedient, auch während der Pausen, oder wenn der Pressestößel nicht arbeitet, die Steuerstange sichert, da bei ungünstigem Stillstand die Schrägscheiben auf der belederten wagerechten Friktionsscheibe schleifen, und zwar geschieht das immer nur an einer Stelle. Es tritt dann eine unnötige Abnutzung des Leders ein, und es entsteht eine Vertiefung, die beim Arbeiten eine größere Steuerhebelbewegung, sowie ein ruckweises, mehr schlagendes Rotieren der Scheibe verursacht, wodurch der Presserin das Arbeiten erschwert und deren Leistung mit der Zeit herabgesetzt wird, abgesehen davon, daß sich baldige Erneuerung der Belederung nötig machen wird.

Hat man also die Form auf den Tisch der Presse gesetzt, die am Zapfen des Oberstempels angefeilten Spannflächen nach vorn zu, die Befestigungsschrauben im Pressestößel sollen darauf ihren Druck ausüben, so wird eine Asbest- oder gleichmäßig starke Pappscheibe in Größe der Deck- oder Zapfenplatte mit ausgestanztem Loch für den Zapfen aufgelegt. Diese dient als Isolierscheibe, damit die Wärme des geheizten Oberteiles nicht so leicht in den Pressestößel übergeleitet wird.

Jetzt tritt die Presserin hinter die Maschine, deren Steuergestänge also mittels des Vorsteckstiftes gesichert sein muß, und dreht mit den Händen die belederte wagerechte Friktionsscheibe von links nach rechts. Dadurch gleitet der Pressestößel langsam nach unten. Bei großen Pressen, bei denen ein solches Drehen der Scheibe mit den Händen zu schwer geht, wird eine kleine Brechstange, alte Schneideleiste usw., links der Scheibe von unten, zwischen die an deren unterer Seite zu diesem Zwecke usw. vorgesehenen, vorstehenden Rippen eingesetzt. Die Stange liegt dabei schräg auf dem Maschinenkörper auf, und so wird die Scheibe nach rechts zu bewegt.

Währenddessen wird der Einspanner mit beiden Händen das Werkzeugunterteil an seiner Grundplatte fassen und vorsichtig derart führen, daß der Zapfen gut in das Zapfenloch des Pressestößels einschnäbelt. Der Pressestößel wird vollends heruntergesteuert, so daß er gut aufsitzt. Werkzeug-, Ober- wie Unterteil, werden nun festgespannt und die Steuerstange kann entsichert werden, der Stößel geht jetzt selbsttätig hoch, und die vorhin aufgesteckte Schutzkappe wird entfernt. Die Rahmen werden nun auf den Unterstempel aufgesetzt, und Anschlagbolzen und Abhebevorrichtung sachgemäß wieder angebracht.

Das Werkzeug ist jetzt sachgemäß eingespannt und das Arbeiten könnte beginnen. Ist es aber richtig zentriert, d. h. stehen Ober- und Unterteile in der richtigen Lage zueinander? Es kann z. B. vorkommen, daß beim Pressen das Etikett beim Umklappen nach den Zargenseiten an einer der Seiten durch zu starken Zug zerrissen wird, wohingegen auf der entgegengesetzten Seite überhaupt kein Zugprozeß stattfindet usw. Dieser Fall wird hauptsächlich dann eintreten, wenn beim Einspannen des Werkzeuges das Aufstecken der Schutzkappe, auch Zentrierkappe genannt, auf den Unterstempelprägekern unterblieben ist, oder sie war defekt, zu schwach usw.

Man nimmt deshalb ein Stück geschmeidige, also nicht brüchige Pappe in reichlicher Zargenstärke, hier also etwa 0,90 bis 1,00 mm, stanze daraus mit dem Etikettenstanzmesser einige Scheiben, öle oder fette sie auf einer Seite ringsum am Rand etwa 10 bis 15 mm breit ein, lasse das Oel oder Fett gut einziehen und lege dann eine solche Scheibe mit dem gefetteten Rande nach oben auf den Unterstempel, so, wie ein Etikett zwischen die Anschlagbolzen. Keinen Zargenring mit aufstecken! Jetzt lockere man die Schrauben, mit denen der Unterstempel festgespannt ist, und gehe mit dem angeheizten Oberstempel nicht gar zu hastig herunter, die aufgelegte Pappscheibe wird am gefetteten Rande umgekappt, und somit zentriert sich Ober- und Unterstempel zueinander.

Unter mäßigen Druck lasse man den Oberstempel auf dem Unterteil solange ruhen, bis letzterer in dieser Stellung wieder festgespannt ist und zwar geschieht dies wechselseitig derart, daß einmal rechts und einmal links die Schraube festgezogen wird, bis beide festsitzen. Ist die hierbei erhaltene Zentrierkappe, wie meist eine solche z. B. bei neugelieferten Werkzeugen als Schutzkappe dient, noch in gutem Zustande, so werfe man dieselbe nicht fort, da diese noch folgende Verwendung finden kann.

Beim Aufpressen von Etiketten, die farbige oder bronzierte Umrahmung haben, die zum Teil mit nach den Seiten umgekappt wird, wird durch Absetzen der Farbe, hauptsächlich bei Bronze, der Zugrahmen an seinen inneren polierten Seiten mitunter unsauber, wodurch die Prägeplatte in der Bewegung gehindert und die umgekappte Seite des Etikettes beschädigt wird. Es muß dann die Zentrierkappe oder eine neu gefettete Scheibe auf den Unterstempel wieder aufgesetzt und einige kurze Schläge mit dem Oberstempel ausgeführt werden.

Durch den Fettgehalt, den die Pappe in sich hat, wird der Zugrahmen an seinen inneren Zugflächen wieder glatt und sauber. Deshalb soll die Presserin immer einige gefettete Pappscheiben zur Hand haben. Trotzdem bleibt aber die Notwendigkeit bestehen, den Zugrahmen und seine Prägeplatte einer öfteren, gründlichen Säuberung zu unterziehen.

Es sei nochmals darauf aufmerksam gemacht, daß, wer noch nicht ganz sicher im Steuern der Friktionspresse ist, beim Einspannen unbedingt so verfahre wie angegeben.

Schreiber hat wiederholt als Einlerner die Wahrnehmung gemacht, daß beim Einspannen von Werkzeugen mit eisernem Hammer oder Schraubenschlüssel daran geschlagen wird. Macht sich aus einem Grunde ein Anschlagen erforderlich, bediene man sich eines kleinen Bleihammers. Erstens zieht ein solcher Schlag besser, zweitens wird das Werkzeug nicht unnötig verbeult, und damit zuletzt unbrauchbar. Viele Werkzeuge werden verdorben, nicht etwa durch normale Abnutzung, sondern durch unsachgemäße Behandlung.

Sind Teile mit Wölbung gepreßt worden, und sollen nun andere flach hergestellt werden, so braucht nur die bisherige Prägeplatte im Zugrahmen und der Unterstempel-Prägekern im Formenunterteil ausgewechselt werden. Beim Auswechseln der Prägeplatte lasse man langsam den Oberstempel auf den Unterstempel aufsitzen, wobei nicht vergessen werden soll, eine Schutzkappe oder ein eben gepreßtes Schachtelteil aufzustecken, ziehe den Sicherungsstift aus dem Heizkörper des Oberstempels und lasse jetzt den Pressestößel mit demselben hochgehen. Die Prägeplatte wird jetzt frei auf dem Unterstempel liegen.

Vom Unterstempel wird die Abhebevorrichtung entfernt, die Rahmen werden abgehoben, der verbleibende Rest vom Formenunterteil wird ausgespannt, die Schrauben auf der unteren Seite der Grundplatte entfernt und der Prägekern ist frei; auch lassen sich jetzt am bequemsten die Stellklötzchen samt ihrem Verbindungssteg aus dem Führungsschlitz im Prägekern entfernen. Die flachen Teile treten nun an Stelle der ausgewechselten.

Das Unterteil wird der Reihe nach wieder komplettiert. Dem Prägekern wird eine Schutzkappe aufgesteckt, die Prägeplatte wird gut aufgepaßt; es darf nicht vergessen werden, die Druckfeder auf deren Zapfen aufzustecken, und der Pressestößel, dem das Formenoberteil noch eingespannt ist, wird bei gesicherter Steuerstange mit Hand, wie schon gesagt, an der belederten, wagerechten Friktionsscheibe wieder langsam und sehr vorsichtig herunterbewegt, so daß die Prägeplatte ganz haarscharf in den Zugrahmen einschnäbeln kann.

Es wird vorsichtig weiter nach unten gesteuert, bis die Prägeplatte vollständig im Zugrahmen liegt und fest aufsitzt. Der Arretierungsstift wird in den Heizkörper wieder eingeschoben, und zwar reichlich so weit, bis die kleine Nase des Stiftes durch den Einführungsschlitz der Sperrscheibe und somit auch durch das Steckloch im Zapfen der Prägeplatte hindurch ist und so die Prägeplatte arretiert. Man vergesse nicht, den Arretierstift etwas nach rechts oder links umzudrehen, um ein Herausarbeiten während des Pressens zu verhindern. Es ist beim Wiederzusammensetzen dieser Teile darauf zu achten, daß alle ordnungsgemäß zusammengepaßt werden. Zu diesem Zwecke sind sie durch ein eingeschlagenes o-Zeichen oder anders gekennzeichnet. Beim fertig umgewechselten Werkzeug müssen sich also diese Zeichen alle auf einer Seite befinden.

Das bis jetzt beschriebene Herstellungsverfahren ist wohl das verbreitetste. Ein anderes System ist das, bei dem ein Schachtelteil aus nur einem Pappzuschnitt und dem Etikett oder Deckscheibe besteht; in Fachkreisen kurz genannt: ein Schachtelteil aus dem Ganzen. Der Zuschnitt hier ist auch so wie bei den von Hand gefertigten. Also: Zuschneiden und Ritzen auf der kombinierten Pappenschneidemaschine; Eckenausstanzen auf der Eckenausstanzmaschine; Umbrechen der Seiten und Wiederzusammenheften der Ecken mittelst der Papiereckenheftmaschine.

Bei Schachteln für große Packungen wird man die hohen Unterteile aus Sparsamkeitsgründen, schon um den großen Eckenabfall zu sparen, wie bisher von Hand herstellen. Verschiedene Besteller wollen diese Schachtelteile aus dem Ganzen, da sie fester sind. Man braucht bei dem zuerst beschriebenen System sich nur daran zu halten, daß dort das Etikett 0,15 mm stark ist, dann sind auch jene genügend stabil.

Auf Wunsch könnte so ein Werkzeug auch für noch etwas kräftigeres Etiketten- oder Deckscheibenmaterial eingerichtet werden, und zwar insoweit, als der zulässige Hitzegrad des Zugrahmens sowie der Prägeplatte ein solches Material noch genügend schnell durchdringen kann. Der Zuschnitt zu diesem Verfahren muß aber peinlich genau sein. Er erfordert sehr gleichmäßiges Ausstanzen und Wiederzusammenheften der Ecken, da schlecht geschlossene dem Zugrahmen beim Ueberkappen des Etiketts, welches hier nicht so stark zu sein braucht wie bei dem ersten System, ein Hindernis bilden und dadurch entweder viel Ausschuß entsteht oder zum mindesten unsaubere Arbeit. Das Heften mit der Papiereckenheftmaschine erfordert nicht nur die Maschine selbst und das nötige Heftmaterial, sondern auch entsprechend mehr Arbeitslohn. Bei Schachtelunterteilen, denen doch später der Hals eingeleimt wird, kann evtl. das Eckenheften erspart werden, wenn die Nute, welche an der oberen Kante des Zargenrahmens eingefräst ist, etwas entsprechend vertieft wird, denn beim Aufstecken des Schachtelteiles auf den Unterstempel und bei dessen Aufsitzen auf den Zargenrahmen, schnäbeln die untere Schnittkante der Zarge bzw. die Seitenwände eines solchen Teiles in die Nute ein, und wird so einem Ausgrätschen nach der Seite beim Pressendruck vorgebeugt. Deckel aus einem Zuschnittstück lassen sich also auch einwandfrei mit denselben Werkzeugen pressen, wie die aus Zargenring und Boden zusammengesetzten, eine Federung des Zargenrahmens kann hier sogar in Wegfall kommen. Zur einwandfreien und rationellen Herstellung solcher Zuschnitte, besonders in großen Auflagen, ist zu empfehlen, die Zuschnitte mit dem Schachtelstanzautomaten vorzunehmen. Dieser Automat arbeitet von der Rolle-Bobine und der Abfall ist äußerst gering. In einem Arbeitsgange (bei jedem Hub) wird ein Schachtelteilzuschnitt gestanzt, geritzt und ausgeeckt; die fertigen Zuschnitte werden geschichtet und gezählt, und dabei ist der Zuschnitt äußerst genau und zuverlässig. Selbst die Ritzung kann von der besten Ritzmaschine nicht besser getätigt werden. Ist das betreffende Schachtelformat nicht zu groß, können zwei gleiche Werkzeuge gleichzeitig von zwei Bobinen in einem Automaten arbeiten. Die Leistung mit einem Werkzeug ist ungefähr 3000—4000 Zuschnitte pro Stunde, mit zwei Werkzeugen demnach das doppelte.

Dasselbe gilt für die Anfertigung von den bekannten Weichpackungen. Auch hier wird gleichzeitig gestanzt, geritzt oder gerillt, bzw. es werden entsprechende Biegungen eingeprägt, und die Zuschnitte mit Monogramm- oder Schriftprägung und einfarbigem Druck versehen. Eine Arbeiterin genügt, um mehrere Automaten zu bedienen.

Aber noch nicht genug damit. Namentlich bei Zigarettenpackungen ist die Auflage mitunter außerordentlich groß, und hier muß nicht nur der Zuschnitt und dessen Weiterverarbeitung äußerst wirtschaftlich sein und dazu gehört von Anfang auch das Aufschneiden der fertigen Schachteln. Um auch hier möglichst große Leistungen zu erzielen, ist in letzter Zeit ein „Schachtelvierseiten-Aufschneideautomat" konstruiert worden, welcher vier Seiten auf einmal aufschneidet. Wenn nur drei Seiten notwendig sind, so daß die vierte als Scharnier dient, wird ein Messer ausgeschaltet. Dieser Automat arbeitet vom Stapel und wirft natürlich auch selbsttätig aus. Ihm ist eine Vorrichtung zum Schleifen stumpf gewordener Messer angeordnet.

Das Einstellen dieser Maschine auf ein anderes Format ist in wenigen Minuten geschehen. Der Automat in seiner gefälligen Bauart und gut durchdachten Konstruktion wird nur von einer Arbeiterin bedient, und diese ist voll beschäftigt, um immer die Stapelvorrichtung schnell genug füllen zu können. Ein Zeichen dafür, daß der Automat schnell, störungslos und auch sauber arbeitet. Die Leistung ist ungefähr 3500 Stück und mehr in der Stunde. Ein solcher Automat ersetzt mehrere der bisher üblichen Aufschneidemaschinen und bedeutet somit einen ganz wesentlichen Fortschritt auf dem Gebiete der Massenfabrikation.

Für Massenfabrikation eignet sich auch ein patentiertes Verfahren, bei dem aus einem einfachen Stück Karton- oder Pappenzuschnitt, dem nur die Ecken ausgestanzt sind, ein Schachtelteil mittels Spezialwerkzeug wie üblich gezogen wird, bei gleichzeitigem Einleimen des Halsringes. Ein solcher Zuschnitt braucht nicht in seinen umzubiegenden Kanten geritzt oder genutet oder gerillt zu sein, er wird also aus vorher unbearbeitetem Material glatt mit dem Stanzmesser ausgestanzt und ausgeeckt, oder die glatten Zuschnitte werden auf einer Universalstanzmaschine, auf welcher ein rechtes und ein linkes Eckenausstoßmesser eingespannt wird, in den Ecken ausgestoßen. Bei einem auf diese Art hergestellten Schachtelunterteil erübrigt sich das gleichzeitige Aufpressen einer Decke oder Bodenscheibe, und beim Schachteloberteil das eines Etiketts, da man den betreffenden Karton gleich mit dem Etikettenaufdruck versehen kann.

Fertigt man also Unterteile, so wird der Zuschnitt an seinen vier Seiten in entsprechender Breite mäßig mit Kaltleim oder auch

Tafelleim versehen. Die einzusetzenden Hälse werden als ein in einer seiner Längsseiten geschlossener Ring, wie vielfach üblich, hergestellt. Der Halsring wird an den Zugstempel, welcher im Pressestößel eingespannt ist, angesteckt, ein beleimter Zuschnitt wird mit seinen Leimkanten nach oben auf das geheizte Zugunterteil in flachem Zustande aufgelegt, der Zugstempel wird heruntergesteuert und beide Teile werden nun durch den Arbeitsgang zu einem fertigen Schachtelunterteil mit eingeleimtem Hals gebildet.

Das Ziehen des Schachteloberteiles kann ebenso, also ohne jedes Vorritzen usw., erfolgen.

Es kann aber auch so gearbeitet werden, daß man Unter- und Oberteil erst ritzt. Die Fabrikationsart kann demnach verschieden sein. Um aber den ungeschlossenen Ecken der gezogenen Schachtel-Oberteile einen kräftigen Halt zu geben, ist es zu empfehlen, sie nachträglich auf der Papiereckenheftmaschine zu heften, da der Ueberzugstreifen allein doch nicht genügende Haltbarkeit garantiert. Auch diese Schachtel wird, wie üblich, nach dem Zudeckeln überzogen und aufgeschnitten.

Eingangs dieses Aufsatzes wurde gesagt, daß das Kappenschachtelsystem sich nicht nur auf die Zigarettenschachteln zu beschränken braucht, und es sollen hier einige Ausführungen nach dem zuerst besprochenen Herstellungsverfahren auch über andere Schachtelarten folgen. Schachteln und Dosen in rund und oval, fünf-, sechs- und mehreckig usw., auch solche mit abgerundeten Ecken, können nach diesem System hergestellt werden. Die Schokolade-, Parfümerie-, chemische und pharmazeutische Industrie sind nicht allein ihre Absatzgebiete, auch als Etuis für Schmucksachen usw. eignen sich diese Kartonnagen vorzüglich.

Was die Zargenherstellung für die runde, ovale, vier- und mehreckige Schachtel (die beiden letzteren mit abgerundeten Ecken) anbetrifft, so kann dieselbe von einem gewickelten Rohr (Hülse), welches in entsprechend breite Zargenringe geschnitten wird, erfolgen. Das Wickelende darf nicht über den Wickelanfang übergreifen, da sonst eine ungleichmäßige Verstärkung des Rohres an dieser Stelle stattfindet. Das Wickelende soll ungefähr 1 mm vom Wickelanfang zurückstehen. Das Kartonmaterial soll ungefähr 0,35—0,40 mm stark sein, und da die Wandstärke des fertigen Rohres nur aus zwei Kartonlagen besteht, so wäre die verlangte Zargenstärke 2 mal 0,40 mm = 0,80 mm gegeben.

Die Rohrlänge kann entsprechend der zu dieser Fabrikation benötigten Anleim-, Wickel- und Schneideapparate und deren Walzen bis zu 33 cm betragen. Auf dem Anleimapparat wird ein solcher Zuschnitt mit Kaltleim angeleimt und zwar derart, daß ein um 2 mm größerer Teil als der einfache Umfang eines Rohres leimfrei bleibt, damit die Wickelwalze nicht beschmiert wird. Auf einem zweiten Apparat wird so ein angeleimter Zuschnitt mittels einer Wickelwalze zu einem Rohre gewickelt unter Benutzung einer angewärmten Gegenwalze. Auf einem dritten Apparat wird das fertige Rohr in Ringe geschnitten und zwar derart, daß eine Anzahl kleiner Kreismesser, die in einer Reihe nebeneinander auf einer Messerachse in ihrer Entfernung verstellbar angeordnet sind, mehrere Ringe auf einmal schneiden.

Kommen quadratische oder rechteckige Schachteln mit runden Ecken in Frage, so können die runden Ringe durch geheizte betreffender Fasson entsprechende Brennkörper, welche auf einem Spezialapparat aufgeschraubt sind, in die benötigte Fasson geformt werden. Auch hier werden nach Breite der Ringe mehrere auf einmal geformt. Oder es werden flache Zargenstreifen, denen der geleimte Schließlappen bereits anhängt, einzeln an geheizten, der Fasson entsprechenden, mit Anschlagleiste versehenen Brennkörpern, geformt. Solche Brennkörper werden aus einer in einem kleinen Gußständer sitzenden Heizkappe aufgeschraubt. Das Zargenmaterial ist ebenfalls 0,8 mm stark. Auch die Halsstreifen werden mittels solcher Apparate geformt.

Die so gebildeten Zargenringe mit ihrem bereits im Ringinnern anhängenden Schließlappen, können dann auf einer kleinen einfachen Spezialfußtrittpresse, deren nach vorn ausladender Ambos angeheizt wird, zusammengeheftet werden. Notwendig ist hierbei, daß der Leim am Schließlappen leicht schmelzend ist, wie er auch bei Etiketten und Deckscheiben Verwendung finden soll.

Wer nicht nach dieser Art fabrizieren will, kann die Zargen aber auch so herstellen, wie bei den von Hand gefertigten Schachteln üblich ist. Nur dürfen sie sich beim Schluß nicht überlappen, um keine Verdickung der Wandstärke zu bewirken.

Aber noch eine andere einfache Art gibt es, um rundeckige Zargen zu bilden. Beim Zerteilen der Pappebogen in der kombinierten Pappenschneidmaschine versieht man an jenen Stellen, an denen später die Rundung der Ecken stattfinden soll, die Nutzen mit Mehrfachritzung bzw. mit ritzartig stumpfen Einprägungen mittels Spezialapparate, und zwar kommen sie auf die Außenseite der Zargen zu liegen. Solche Apparate, in Form und Aussehen ähnlich den gewöhnlichen Ritzapparaten, werden im Halterbalken der Maschine eingesetzt, nur befinden sich an Stelle der einfachen Ritzmesser, dem Zweck entsprechend bearbeitete, auswechselbare Mehrfachritzer. Holzpappe, spröder Karton usw. eignen sich hierzu nicht; es muß ein gut geschmeidiges Material Verwendung finden.

Da auch bei diesen Zargenringen der Zusammenstoß der Enden in einer der Längsseiten erfolgen soll, muß mit vier Apparaten gearbeitet werden. Es genügen auch zwei, wenn die geschnittenen Pappennutzen auf einer kleinen Ritzmaschine doppelt besonders behandelt werden.

Um die so vorbereiteten Zuschnitte zu einem Schlauch nach üblicher Art zusammenschließen zu können, läßt man beim Zuschneiden der Pappen in besprochene mehrfach geritzte Nutzen, in der Mitte derjenigen Abmessungen des Zuschnittes, welche später die Stirn- resp. Schmalseiten der Schachtel bilden sollen, je ein normales Ritzmesser mitritzen. Damit wird die Möglichkeit geschaffen, später gut schließende Schläuche zu bilden, ohne daß die mehrfach geritzten Stellen darunter leiden.

Nachdem die Schläuche auf der Zargenschneidemaschine in Ringbreiten geschnitten sind, werden von einem Mädchen die mehrfach geritzten Stellen mit dem Rundholz ausgerundet, oder es wird ein eiserner Dorn in seiner Stärke der runden Ecke entsprechend, am Tisch wagerecht über die Tischplatte hervorstehend angeschraubt und mittels eines kleinen Blaubrenners angeheizt. Die jetzt noch flache Zarge wird aufgesteckt und die vier Ecken einzeln an den mehrfach geritzten Stellen gerundet und zwar derart, daß das Mädchen beide Daumen von oben der zu rundenden Stelle je nach rechts und links seitwärts unter Druck (über dem Dorn) herunterstreicht. Nach einiger Uebung erlangt die Arbeiterin große Geschicklichkeit und erzielt eine gute Leistung.

Bei einem gut geschmeidigen Karton kann man aber auch den noch flach liegenden Ring direkt auf den Formenstempel aufstecken, wobei sich von selbst die Ecken runden. Auch läßt sich ein solcher Ring auf den Formenstempel etwas drehen, daß der Zargenschluß auf die hierfür am Unterstempel vorgesehene Aussparung zu sitzen kommt. Auch bei dem Hals für solche Schachteln kann die Eckenrundung auf diese Art erzeugt werden, nur nimmt man hier die Mehrfachritzung nach dem Schachtelinnern zu.

Sollte bei rundeckigen Schachteln, nachdem der Hals eingesetzt ist, gleichgültig ob dessen Ecken durch Mehrfachritzung oder anderswie gerundet werden, beim Zudeckeln der Deckel an den runden Ecken nicht gut anschnäbeln, so läßt sich wie folgt abhelfen: Man lasse sich eine Halsschnittkanten-Einrundeform anfertigen. Sie ist einfaches, fast unscheinbares Werkzeug, in seiner Wirkung aber verblüffend, und sie läßt sich auf fast jeder kleinen Spindel- resp. Fußtrittpresse anbringen.

Die Arbeitsweise ist folgende: Nachdem das Werkzeug auf dem Pressetisch aufgespannt und angeheizt ist, setzt die Arbeiterin das Schachtelteil, dem der Hals bereits angeleimt ist, mit der oberen Halsschnittkante in die Form hinein (der Schachtelboden zeigt also nach oben), bewegt den Pressestößel, dem eine Druckplatte eingespannt ist, schnell nach unten, und da der Stößel durch Hubregulierung genau einstellbar ist, wird die Halsschnittkante entsprechend tief in die Einrundeform eingedrückt. Die Kanten der Eckenrundungen sind dadurch ganz wenig nach innen zu angerundet, und es ist ein einwandfreies Schließen des Schachteldeckels gewährleistet. Die Heizung der Form erfolgt ebenfalls durch Gas. Es lassen sich auf diese Art täglich mehrere Tausend Schachtelteile mit Leichtigkeit selbst von einer ungeübten Arbeiterin einrunden. Bei kleineren Schachteln läßt sich dieser Arbeitsvorgang auch mit bloßem Händedruck ausführen, hierbei kann aber die Einrundeform auf der Heizkappe eines Zargenbrennapparates aufgeschraubt werden.

Kappenschachteln lassen sich auch als unbezogene Schachtel zur Ablieferung bringen, wenn sie nach dem Füllen mit einem Banderolstreifen ringsherum verschlossen werden sollen. Dadurch erübrigt sich das vorherige Ueberziehen.

Es ist auch nicht immer nötig, runde Kappenschachtelteile einzeln zu rändeln bzw. zu übersehen und nach innen anzuschlagen, sondern man kann im noch unbezogenen Zustande zudeckeln und im Ganzen mit einem Streifen beziehen und dann mittels Spezialaufschneideapparates aufschneiden. Bei guter Uebung geht es auch auf einer gewöhnlichen Aufschneidemaschine.

Soll die Kappenschachtel als Etui Verwendung finden, so ist man durchaus nicht auf Papier zu Decke und Ueberzug angewiesen; mit ganz dünnem Papier unterlegte Seiden- und Atlasstoffe haben sich ebenfalls bewährt, auch Proben bei ganz schwachem unterlegtem Leder, sind gut ausgefallen.

Ebenso glattes als auch genarbtes Ledertuch in entsprechender Stärke (bei welchem sich evtl. das Unterlegen mit Papier erübrigt), lassen sich gut verarbeiten. Hier wird durch den wachshaltigen Belag des Materials der Ziehprozeß (das nach der Seite überkappen) sehr günstig beeinflußt. Allerdings wird auch hier das genarbte Material beim Pressen fast glatt gepreßt und man nehme auch hier gleich lieber glattes Material und lasse die Prägeplatte für entsprechende Narbung gravieren.

Zu beachten ist nur, daß der Zugrahmen und die Prägeplatte nicht sehr heiß sein dürfen, auch daß beim Unterlegen des Stoffes mit Papier der Klebstoff nicht durchschlägt. Besser ist, man läßt das Unterlegen, wenn größere Posten in Frage kommen, in einer Spezialfabrik vornehmen. Will man Leder ausprobieren, so darf es nicht mit in Wärme klebender Appretur oder gar mit Lack überzogen sein, da es dann selbst im mäßig heißen Zugrahmen und an der Prägeplatte kleben bleibt.

Aus dem vorstehend Gesagten ist also wohl ersichtlich, daß die Herstellung der Kappenschachteln sehr verschieden erfolgen kann, und ihr noch viele Verwendungsmöglichkeiten offen stehen.

*

MASCHINELLES HERSTELLUNGS-VERFAHREN DER KAPPENSCHACHTEL

D. R. P.

1. Allgemeines.

Nach einem der S. C. M. A.-G. durch deutsche Reichspatente geschützten Kappenverfahren können sowohl viereckig scharfkantige Schachteln, als auch viereckige mit abgerundeten Ecken, runde und beliebig fassonierte Schachteln hergestellt werden.

Am einfachsten gestaltet sich die Herstellung der viereckig scharfkantigen Schachteln und ist dieserhalb die Fabrikation dieser Schachtelart im nachstehenden besonders behandelt.

Die Materialfrage ist eine der wichtigsten für ein gutes Gelingen der zu fertigenden Schachteln und sind die in der Anleitung noch näher bezeichneten Materialien unbedingt zu verwenden. Es sind dieses alles Materialien, die sich bei den stattgefundenen jahrelangen Versuchen als besonders vorteilhaft erwiesen haben.

Aber auch das Zuschneiden sowohl, wie die Hinweise auf die Fabrikation selbst, sind zu befolgen, wenn eine einwandfreie Schachtel erzeugt werden soll.

Der vorliegende Aufsatz ist nur in kurzen Umrissen gehalten und soll nur über die hauptsächlichsten Punkte der Fabrikation Aufklärung geben, die für die Herstellung von Kappenschachteln unbedingt notwendig sind.

2. Ausführung der Schachteln.

Kappenschachteln werden wohl fast ausschließlich als sogenannte Scharnier- bzw. Deckelschachteln mit eingesetztem Hals angefertigt.

Für niedrige Schachteln wird Unter- und Deckelteil meist gleichhoch gehalten, wohingegen für hohe Schachteln das Deckelteil meist besonders — den Scharnierschachteln entsprechend — niedrig gehalten werden muß, um die betr. Schachteln leicht öffnen und schließen zu können.

Die Schachtel besteht aus Ober- und Unterteil; in letzterem wird der Hals eingeleimt. Die Fabrikation erfolgt nach zwei Methoden. Soll an Material gespart werden, so wird der Schachtelteil zweckmäßig aus getrenntem Boden-Zargenring hergestellt. Wird jedoch das Hauptgewicht auf mehr oder weniger automische Fabrikation gelegt, so ist der Herstellung der Schachtelteile aus Zuschnitten mit ausgestanzten Ecken der Vorzug zu geben.

A. Die Herstellung von Kappenschachteln aus gebranntem Boden und Zarge.

Wie schon erwähnt, besteht bei diesem Verfahren der Schachtelteil aus den drei Hauptteilen:

1. der Zarge,
2. dem Boden,
3. der Deckscheibe (Etikett oder sogen. Kappe).

Die Fabrikation gliedert sich in:

Zugrundelegung der Materialien,
Vorbereiten der Zargen und Hälse,
Vorbereiten der Böden,
Vorbereiten der Deckscheiben (Kappen),
Einpressen der Böden in die Zarge,
Fertigmachen der Schachteln.

3. Zugrundelegung der Materialien.

a) für die Zargen.

Hierzu ist ein gleichmäßiger 0,7—0,8 mm starker Maschinenkarton zu wählen. Handpappen sind nicht in gleichmäßiger Stärke zu erhalten und dieserhalb für die maschinelle Verarbeitung nicht geeignet. Sehr bewährt hat sich der sogenannte Chromo-Ersatzkarton und ist die Verwendung eines solchen für die Zargen besonders zu empfehlen.

Die einmal festgelegte Materialstärke für die Zarge muß bei Verwendung ein und desselben Werkzeuges zum Einpressen in die Zarge immer beibehalten werden. Schwächere oder stärkere Pappen über die übliche Toleranz hinaus sind nicht zu verarbeiten, da sonst die Deckscheibe seitlich an der Zarge nicht kleben, bzw. die Zarge beim Einpressen des Bodens zerreißen würde.

b) für die Hälse.

Hier kann jeder beliebige zweiseitig kaschierte Karton Verwendung finden. Die Stärke des Kartons ist nebensächlicher Natur und wählt man diese der Größe der anzufertigenden Schachtel entsprechend. Für Schachteln in der Größe der Zigarettenschachteln kommt für die Hälse zweckmäßig eine Materialstärke von 0,5 mm in Anwendung.

c) **für die Böden.**

Jedes Material in Bezug auf Qualität kann hierzu verwendet werden. Die Stärke des Materials soll jedoch nicht unter 0,9 mm betragen. Die Böden für Deckelteile mit Reliefprägung sind aus schwammiger Pappe (Holzpappe) in einer Stärke von mindestens 1—1,2 mm herzustellen. Letzteres ist unbedingt notwendig, da die Prägung, die mit dem Einpressen des Bodens gleichzeitig bewirkt wird, nicht mit Matrize und Patrize erfolgt, sondern nur eine Matrize vorhanden ist, die gegen einen glatten Formenunterstempel die zu erzeugende Prägung aus dem Pappeboden herausprägt.

d) **für die Deckscheiben bzw. Kappen.**

Es muß hier ein nicht unter 0,15 mm starkes Papier in Anwendung kommen. Die für Handschachteln meist in Anwendung kommenden Chromopapiere sind weniger zu empfehlen. Der auf diesen befindliche Kreidestrich blättert bei dem Verarbeiten beim Ueberkappen des Etiketts nach den senkrechten Zargenringseiten an der sich rechtwinklig bildenden Biegungsstelle los und verschmutzt das zum Einsetzen der Böden verwendete Werkzeug. Vor allem aber wird die Schachtel, wenn die für diese in Anwendung kommende Deckscheibe farbige Umrandung aufweist, durch das Losblättern des Kreidestriches, wodurch natürlich auch die Farbe losblättert, unansehnlich. Ein Naturpapier ist aus diesem Grunde für die Deckscheiben bzw. Kappen das vorteilhafteste und empfiehlt es sich, ausschließlich solches zu verwenden.

Bei Wahl farbiger Papiere oder in Lithographie ausgeführter Etiketten, die für die Deckscheiben Verwendung finden sollen, ist darauf zu achten, daß die zu diesen Papieren in Anwendung kommenden Farben einen möglichst geringen Prozentsatz Firnis enthalten. Die Deckscheiben werden bei dem Verbinden mit Boden und Zarge einer plötzlichen ca. 120° hohen Temperatur ausgesetzt, wodurch die firnisreichhaltigen Farben sich auflösen und diesem zufolge am Prägestempel hängen bleiben. Der Drucker, davon verständigt, weiß dann schon, wie er die betreffende Farbe vorzurichten hat.

Tritt letzteres trotz Beachtung des vorstehenden Punktes ein, so ist das Deckscheibenpapier bzw. die ausgestanzten Etiketten leicht mit Vaseline einzureiben. Man wischt damit die Prägeplatte öfter ab, der Wischer darf aber nur ganz mäßig Oel oder fetthaltig sein, sonst verschmutzen die Etiketten. Dieses ist auch dann zu empfehlen, wenn metallfarbige Gold-, Silber-, Bronze- und Aluminium-Umrandungen der Deckscheiben vorgesehen sind, da besonders diese sehr empfindlich sind und durch das scharfe Umlegen um die Schachtelkanten rissige Stellen erhalten. Nicht unerwähnt soll bleiben, daß Papiere mit Gelatineaufstrich als Deckscheibenpapiere nicht verwendet werden können.

Als Ueberzugs- bzw. Rändelpapier kann jedes einfarbige oder Fantasiepapier verwendet werden. Die Beschaffenheit und Stärke als auch die für farbige Papiere zur Verwendung kommenden Farben sind gänzlich ohne Einfluß auf die Fabrikation der Schachteln.

4. Vorbereiten der Zargen und Hälse.

Das Zuschneiden der Zargen- und Halszuschnitte ist als erste Arbeit vorzunehmen. Die Zargenzuschnitte sind auf einer kombinierten Ritz- und Schneidemaschine herzustellen und sind die Ritzungen zum Zuschnitt so zu wählen, daß der Zargenschluß nicht, wie bisher üblich, in einer der Ecken erfolgt, sondern in Mitte einer Längs- bzw. Breitenseite, und zwar unbedingt auf der Scharnierseite der fertigen Schachtel. Letzteres ist Bedingung für eine stabile Schachtel und vor allen Dingen auch dieserhalb zu empfehlen, wenn eine Schachtel mit schöner glatter Zarge erzeugt werden soll. Die Halszuschnitte sind in der bisher üblichen Art zuzuschneiden.

Die Längs- als auch die Breitenmaße sind von Ritzlinie zu Ritzlinie an den Zargenzuschnitten um genau 0,3 mm größer zu halten, als der untere Formenkern des jeweilig in Anwendung kommenden Prägewerkzeuges mißt. Die Halszuschnitte sind am vorteilhaftesten nach dem fertig geprägten Schachtelunterteil zu bestimmen, wenn auf die Erzeugung einer Präzisionsschachtel Wert gelegt wird.

Die geschlossenen Zargenschläuche als auch die Halszuschnitte sind nunmehr in die entsprechenden Zargen bzw. Halshöhen zuzuschneiden, wozu für rationelle Fabrikation eine automatisch arbeitende Zargen-Schneidemaschine zu empfehlen ist.

Die Zargen als auch Hälse für die viereckigen Schachteln mit abgerundeten Ecken werden in gleicher Weise hergestellt. Das bisher übliche Runden der Ecken durch Brennen der einzelnen Zargen als auch Hälse ist durch Ritzen der Zargen- als auch Halszuschnitte mit neuartigen Ritzapparaten ersetzt worden, so daß viereckige Schachteln mit angerundeten Ecken sich in der Herstellung nicht teuerer stellen als gewöhnliche viereckige scharfkantige Schachteln.

5. Vorbereiten der Böden.

Die Pappböden sind zu stanzen, also nicht auf irgend einer Schneidemaschine zuzuschneiden. Gestanzte Böden besitzen nachstehende außerordentliche Vorteile:

1. Ein gestanzter Boden ist in seinen Abmessungen immer gleichmäßig.
2. Nadelspitze Ecken, wie solche bei geschnittenen Böden unvermeidlich sind, besitzt ein gestanzter Boden nicht und läßt sich demzufolge leicht in die fertige Zarge einlegen.
3. Durch das Stanzen erhält der Boden einen gleichmäßig nach einer Seite stehenden Stanzgrat, wodurch sich ebenfalls der Boden in die fertige Zarge leicht einlegen läßt. — Der gestanzte Boden wird in die Zarge so eingelegt, daß der beim Stanzen entstandene Grat nach außen zu liegen kommt, wodurch sich diese beim Verbinden des Bodens mit der Zarge auf letztere auflegt und so dem fertigen Schachtelteil eine wesentlich größere Festigkeit gibt.

Zu empfehlen ist das Stanzverfahren mittels Stanzmesser, gegen Holzklotz, Stanzpappe u. dergl., für das Ausstanzen der Pappböden anzuwenden. — Das Stanzen mittels Werkzeugen, bestehend aus Ober- und Unterschnitt, ist weniger zu empfehlen, da die hier in Frage kommenden Stanzwerkzeuge außerordentlich kostspielig sind.

Die gestanzten Böden für flache als auch für leicht gewölbte Schachtelteile (Fassettenwölbung) können ohne weiteres auf der Friktionspresse — wie nachstehend beschrieben — durch die Deckscheibe mit der Zarge verbunden werden, wohingegen die Böden für außergewöhnlich gewölbte Schachtelteile vorgewölbt bzw. vorbombiert werden müssen. Letzteres ist notwendig, um die Böden in die Zargen leicht einlegen zu können.

Das Vorwölben bzw. Vorbombieren der Böden ist rationell auf Spindelpressen vorzunehmen, und zwar für Handbetrieb auf einarmigen Spindelpressen oder auf sogenannten Säulenpressen, für Kraftbetrieb auf Friktionspressen unter Verwendung entsprechender Werkzeuge. Dieser Arbeitsvorgang ist so einfach, daß es sich wohl erübrigt, näheres hierüber zu sagen.

6. Vorbereiten der Deckscheiben (Kappen).

Die Deckscheiben sind ebenso wie die Böden zu stanzen, und zwar ebenfalls mit Stanzmesser, dessen genaue Fasson und Größe bei Ausführung des Werkzeuges festgelegt wird.

Das für die Deckscheiben zur Verwendung kommende Papier ist in ganzen Bogen auf der Anleimmaschine zu gummieren. Handgummierung ist nicht zu empfehlen, da diese zu ungleichmäßig ausfällt. Vorteilhaft ist der gewöhnliche braune Pflanzenleim (Kaltleim) anzuwenden, welcher nach seinem Trocknen dann infolge heißen Prägedruckes sich wieder auflöst. Vorzuziehen sind Kaltleime, welche diese Eigenschaft schon bei mäßiger Hitze entwickeln; dann braucht der Prägestempel nicht so übermäßig heiß zu sein und wird infolgedessen auch der Etikettendruck davon nicht so angegriffen, es genügt dann meist schon eine Wärme, daß, wenn ein Tropfen Wasser an die äußere Seite des Zugrahmens gebracht, dieser langsam wallt. Zu empfehlen ist, dem Leim einige Tropfen Glyzerin beizusetzen, wodurch dieser, auch wenn er bereits getrocknet ist, immer noch geschmeidig bleibt, und so ein Brechen der Leimschicht ganz bedeutend herabgemindert wird. — Es können natürlich auch andere Leime verwendet werden, doch ist darauf zu achten, daß derselbe die eben beschriebenen Eigenschaften besitzt, vor allem aber auch, daß das Rollen des gummierten Papieres nicht übermäßig auftritt, was bei dem Verarbeiten lästig ist. Auch soll der Leim die meist vorhandene Eigenschaft des Selbstverzehrens beim längeren Liegenbleiben nicht besitzen.

Die Gummierung bzw. der Leimauftrag selbst soll nicht zu mäßig vorgenommen werden, sondern es muß das Deckscheibenpapier einen Leimaufstrich besitzen, welcher eine gute und schnelle Bindung zwischen Deckscheibe, Zarge und Boden gewährleistet. Dabei ist zu bemerken, daß wiederum der Leimauftrag nicht zu stark erfolgt, da sonst beim Präge- resp. Zugprozeß derselbe sich an der Etikettenschnittkante herausquetscht und den Zugrahmen somit verschmutzen würde, was einem einwandfreien Arbeiten hinderlich wäre.

Für Schachteln mit Reliefprägung in Anwendung kommende farbige Papiere, vorausgesetzt, daß die Reliefprägung gleichzeitig mit dem Einpressen des Bodens vorgenommen werden soll, müssen vor dem Bedrucken gummiert werden. Es ist dies unbedingt notwendig, wenn eine mit dem Druck übereinstimmende Prägung erzeugt werden soll. Aus letzterem Grunde muß der Lithograph auch den Druck nach dem bereits gravierten Prägeeinsatz, der dann zur Fertigprägeform notwendig ist, zurichten, da der Graveur nicht in der Lage ist, die Uebertragung der Gravur vom fertig gedruckten Etikett mit der notwendigen Genauigkeit vorzunehmen.

Ein anderer Weg wäre folgender:

Man läßt sich von dem Etikettendrucker einige Etikett-Abzüge im Schwarzdruck anfertigen, wo nur diejenigen Schriftstellen, Schriftzeichen usw. darauf sind, welche hochgeprägt werden sollen und stanzt mit dem Etikettenstanzmesser einen solchen Abzug, richtig wie ein Etikett zu dieser Fabrikation, aus. Dasselbe braucht auf seiner Rückseite nicht geleimt zu sein.

Nicht nur die ganzen Etikettenbogen haben hier aufgedruckte Nadelpunkte, sondern auch jedes einzelne Etikett muß mit solchen versehen sein und haben sich diese derart seitlich rechts und links am Etikett zu befinden, daß diese Markierungen beim Etikettaufpressen mit nach den Seiten zu umgekappt werden.

Nachdem man also einen solchen Abzug ausgestanzt hat, werden die erwähnten Nadelpunkte durchstochen und nadelt man denselben auf die zwei sich rechter und linker Hand seitlich an der Rahmung des Formen-Unterteiles anzubringenden resp. angebrachten, federnden Nadelspitzen auf. Natürlich muß vorher ein zum Pressen vorhandenes Schachtelteil auf den Formen-Unterstempel aufgesteckt werden, so wie bei normalem Pressevorgang.

Ist der Pressedruck erfolgt, wird sich der Schwarzdruck auf der heißen Prägeplatte gut markiert haben, die Prägeplatte wird vorsichtig aus dem Formen-Oberteil entfernt (wie weiter noch beschrieben) und die Gravierung kann erfolgen.

Es ist gut, eine solche um ein klein wenig schmäler zu halten als die betreffenden Schriftzeichen usw. sind, ebenso darf dieselbe nicht zu tief gearbeitet sein, weil hier, wie schon vorhin erwähnt wurde, nur mit Matrize, nicht auch mit Patrize gearbeitet wird, so muß die Dicke des Bodens genügen, um eine solche Gravur auch ausfüllen zu können, soll die Prägung aber hoch werden, so muß dann allerdings mit Matrize und Patrize gearbeitet werden.

Auf die beschriebene Art wird man ein möglichst gutes Zusammenpassen von Schrift usw. mit der Gravur erhalten.

Anlegerahmen oder Anschlagbolzen für das Etikett braucht das Formen-Unterteil dann nicht zu haben, wenn die Etiketten, wie soeben erwähnt, auf dieses aufgenadelt werden.

Die gummierten und gestanzten Etiketten resp. Deckscheiben haben, selbst wenn die vorerwähnten Bedingungen bezüglich der Gummierung erfüllt sind, das Bestreben, zu rollen. Dieses ist zu vermeiden und müssen die gestanzten Deckscheiben dieserhalb möglichst planliegend aufbewahrt werden.

7. Fertigmachen der Schachtelteile.

a) Allgemeines.

Sind die Zargen, Pappebögen und Deckscheiben in der vorbeschriebenen Weise vorgearbeitet, so kann man an das Einpressen der Böden herangehen. Hierfür benutzt man Friktionspressen mit sogenannten Zieh- und Prägewerkzeugen.

b) Ausführung der Prägewerkzeuge in Bezug auf die jeweilig herzustellenden Schachtelteile.

Es kommen drei Arten von Prägewerkzeugen in Betracht:

1. für Schachtelteile mit nur flachem Boden,
2. für Schachtelteile mit nur gewölbtem Boden,
3. für Schachtelteile mit flachem und gewölbten Boden.

Für alle drei Ausführungen kann die Einrichtung, welche zur Erzeugung von Schachtelteilen mit Reliefprägung notwendig ist, vorgesehen werden. Es kommen alsdann auswechselbare Stempeleinsätze mit entsprechender Gravur in Frage.

Der Uebergang von der Erzeugung von Schachtelteilen ohne Reliefprägung zum Pressen von solchen mit Reliefprägung ist sehr einfach. Das bereits in der Presse befindliche Werkzeug, vorausgesetzt, daß gleich große Schachtelteile in der jeweilig gewünschten Weise hergestellt werden sollen, braucht nicht aus der Presse herausgenommen zu werden, sondern man verfährt wie folgt:

Einen Pappboden legt man auf den Unterformenkern und geht langsam mit dem Stößel herunter, bis Formenoberteil auf Formenunterteil aufsitzt. In dieser Stellung schützt man den Stößel gegen Hochgang durch Einstecken des Sicherheitsstiftes, der für diesen Zweck an der Friktionspresse vorgesehen ist. Nunmehr zieht man den am Formenoberteil angeordneten Haltestift für die im Formenoberteil befindliche Prägeplatte heraus. Der Sicherungsstift für das Steuergestänge der Friktionspresse ist nun wieder zu entfernen, so daß der Stößel in seine Höchststellung zurückgehen kann. Der Prägeeinsatz bleibt auf dem Formenunterteil und kann gegen einen beliebigen anderen Prägeeinsatz ausgewechselt werden. Der neu einzusetzende Prägeeinsatz wird mit dem eingeschlagenen Nullzeichen nach vorn auf Unterformenkern gesetzt, wobei die aufgelegte Pappscheibe nicht wegzunehmen ist. Die Druckfeder wird auf den Haltezapfen des Prägeeinsatzes gesetzt und darauf folgend der Stößel wieder vorsichtig nach unten bewegt. Zu beachten ist hierbei, daß der Haltestift des Prägeeinsatzes im Formenoberteil wieder einzuführen ist und kann man dann den Stößel wieder in seine Höchststellung zurückgehen lassen. Nun ist ca. 20 Minuten zu warten, bis der neu eingesetzte Prägeeinsatz die richtige Wärme angenommen hat und dann kann mit dem Pressen begonnen werden.

Ist das Fertigprägewerkzeug zur Erzeugung von Schachteln mit nur flachem Boden (Ausführung 1) oder nur mit gewölbtem Boden (Ausführung 2) eingerichtet, so sind irgendwelche auswechselbare Teile außer den vorerwähnten Prägeeinsätzen nicht vorhanden. Zu einem Fertigprägewerkzeug, auf dem flache als auch gewölbte Schachtelteile hergestellt werden können, ist der Unterformenkern als auch Prägeeinsatz in duplo vorhanden. Bei Uebergang von der einen zur anderen Schachtelausführung darf auf keinen Fall vergessen werden, den einen oder anderen Teil auszuwechseln. Ganz besonders die Prägeeinsätze sind sehr empfindlich und muß der zu dem Formenkern passende in das Formenoberteil eingesetzt werden. Ein Heruntergehen des Stößels mit falschem Prägeeinsatz auf den Unterformenkern wird unbedingt zur Beschädigung des Prägeeinsatzes führen. Für das Umwechseln des Formenkernes ist das komplette Formenunterteil aus der Maschine herauszunehmen. Der Zargenrahmen ist auf den in Anwendung kommenden Formenkern in ordnungsgemäßer Weise aufzustecken. Sämtliche Teile sind gezeichnet und müssen übereinstimmend zusammengefügt werden.

Um die Prägewerkzeuge dauernd in guter Funktion zu halten, müssen alle Teile dieser Werkzeuge gut sauber gehalten werden. Es ist darauf zu achten, daß der Zargenrahmen, wo dieser federnd angeordnet ist, sowie auch der Anlegerahmen sich. immer leicht bewegen. Auch der federnde Prägeeinsatz ist immer sauber zu halten, damit sich dieser im Formenoberteil-Zugmantel gut führt und nicht durch Schmutzansatz im Zugmantel klemmt. Um dieses zu vermeiden, ist täglich vor Beginn der Arbeitszeit der Prägeeinsatz herauszunehmen, gut zu reinigen und die Seitenflächen mit einem Tropfen Oel etwas einzufetten. Ein übermäßiges Oelen ist zu vermeiden, da dieses einen Schmutzansatz nur fördern würde.

c) Einsetzen und Einstellen der Zieh- und Prägewerkzeuge.

Das Befestigen der Fertigprägeform in der Friktionspresse erfolgt in der Weise, daß man zuerst den oberen Prägestempel mit seinem Zapfen (die angefeilte Fläche der Befestigungsschraube zu) in die Bohrung des Stößels oder des sogen. Reduzierfutters von unten einsetzt und den Zapfen mit der Schraube festzieht. Vor dem Einsetzen des Oberstempels im Pressenstößel ist eine Asbestscheibe oder auch Vulkanfibre, Pappscheibe u. dergl. zwischen Pressenstößel und Werkzeugoberteil zu bringen, damit die Wärme des geheizten Oberstempels nicht in die Presse übergeleitet wird. Das Werkzeugunterteil ist vor dem Befestigen auf dem Pressentisch auf die jeweilig herzustellende Schachtelteilhöhe einzustellen. Letzteres ist am vorteilhaftesten auf dem Werktisch vorzunehmen, da auf einem solchen das Einstellen rascher vonstatten geht. Das Werkzeugunterteil ist für Schachtelteilhöhen von 5 mm an beliebig einstellbar. Für normal werden sämtliche Werkzeuge für Schachtelteilhöhen bis 25 mm ausgeführt, in Spezialausführung bis 50 mm und noch höher, je nachdem die Werkzeuge eben in Bestellung gegeben worden sind.

Eine andere und zuverlässige Art des Einstellens, was ja die größte Hauptsache mit ist, sei nachstehend kurz angeführt:

Nachdem die erforderlichen Muttern gelöst sind, wird ein in richtige Breite geschnittener Zargenring ohne eingelegten Boden auf den Unterstempel gesteckt, mit den Zeige- und Mittelfingern beider Hände unterfasse man jetzt den Zargenrahmen, lege gleichzeitig beide Daumen auf die obere Fläche des Unterstempels und drücke von unten mit den untergefaßten Fingern den Rahmen nach oben und zwar derart, daß der Zargenring mit seiner oberen Schnittkante etwa ½ mm = die halbe Bodendicke, über die obere Kante des Unterstempels zu stehen kommt, da, wo sich die senkrechten Seitenflächen mit der in die gewölbte, oder auch in flach übergehende obere Fläche des Unterstempels treffen.

Die Daumen geben der oberen Zargenschnittkante somit den Anschlag. Die Einstellung ist nur dann richtig, wenn beim nach Obendrücken des federnden Zargenrahmens dieser seine Federung voll beendet hat, also fugenlos auf seinem Stellrahmen aufsitzt.

Diese Federung wird immer etwas mehr betragen, als die Wölbung hoch ist.

Hat man durch das Hochdrücken den richtigen Grad erreicht, so muß eine zweite Person, etwa die Presserin, welche ja so wie so während des Einstellens resp. Einspannens von Werkzeug dem Einrichter zur Verfügung steht, die Muttern am Rahmen wieder festziehen.

Bemerkt sei noch, daß, wer nur Schachtelteile mit flachem Boden arbeiten will, einen federnden Zargenrahmen nicht braucht.

Ob richtig eingestellt ist, kennzeichnet sich folgendermaßen: Staucht sich später beim Pressen die Zarge etwas zusammen, so ist der Rahmen zu hoch eingestellt, ist im gepreßten Schachtelteilinnen zwischen Zarge und Boden aber ein Spalt sichtbar, wodurch das betreffende Schachtelteil gar nicht stabil wird, so ist zu weit nach unten eingestellt.

Ist der Zargenrahmen genau eingestellt, so sind die Muttern kräftig anzuziehen, damit ein Nachgeben des Zargenrahmens bei dem Arbeiten der Friktionspresse vermieden wird. Zu beachten ist, daß der obere Zargenrahmen nach erfolgtem Festziehen der Befestigungsmuttern sich leicht auf den unteren Zargenrahmen drücken läßt. Ist das Werkzeug in der beschriebenen Weise richtig eingestellt, so kann das Werkzeugunterteil in die Presse eingespannt werden.

Um zu verhüten, daß das Werkzeug bei dem Einsetzen in die Maschine Schaden erleidet, ist eine fertige Zarge auf den Formenkern aufzustecken und auch ein gestanzter Boden in die Zarge einzulegen. Der Pressenstößel, an dem bereits das Werkzeugoberteil befestigt ist und nachdem letzteres den richtigen Wärmegrad von ca. 120° angenommen hat, muß nun vorsichtig nach unten bewegt werden, wobei man das Werkzeugunterteil solange verschiebt, bis der Formenunterkern in das Werkzeugoberteil eintreten kann.

Durch die um den Formenkern liegende Zarge wird das Werkzeugunterteil zum Werkzeugoberteil genau zentriert und kann alsdann der Pressenstößel bis in seine tiefste Stellung herunterbewegt werden.

In dieser Stellung ist das Werkzeugunterteil unter Verwendung der zur Presse gehörigen Spanneisen auf dem Pressentisch gut festzumachen. Hierbei ist zu beachten, daß die Spanneisen frei aufliegen, so daß beim Festziehen der Spannschrauben das Werkzeugunterteil nicht weggedrückt werden kann. Auch dürfen die Spanneisen die Bewegung des Anlegerahmens, der zum Anlegen der Deckscheiben bzw. Etiketten angeordnet ist, nicht hindern. Das Auf- und Niederbewegen des Stößels für das Einsetzen der Werkzeuge wird bei einer Friktionspresse, wenn man noch nicht geübt ist, am besten in der Weise bewirkt, daß man die wagerechte belederte Friktionsscheibe mit den Händen dreht. Vorher ist aber das Steuergestänge der Presse durch den Vorsteckschlüssel zu sichern.

Ist das komplette Werkzeug ordnungsgemäß eingespannt und sind nochmals alle Befestigungsschrauben auf gutes Festsitzen geprüft, so kann die zum Ausrichten des Werkzeugunterteiles auf letzterem noch befindliche Zarge als auch der Boden heruntergenommen und — vorausgesetzt, daß das Werkzeugoberteil den richtigen Wärmegrad angenommen hat — mit dem Fertigmachen der Schachtelteile begonnen werden.

Zu beachten ist, daß Formenunterteil als auch Formenoberteil mit dem an denselben eingeschlagenen Nullzeichen nach vorn zu (also der die Presse bedienenden Person zu) in die Friktionspresse eingesetzt wird. Diese Hauptbedingung ist bei dem Einsetzen der Werkzeuge nicht außer acht zu lassen. Nichtbeachtung dieser Vorschrift würde schließlich zu einem Schadhaftwerden der Werkzeuge führen.

Das Einpressen der Böden ist wohl einer der einfachsten Handgriffe und kann man hierzu ohne weiteres ein Arbeitsmädchen an der Friktionspresse einrichten. Wie bereits erwähnt, ist zu empfehlen, von einem zweiten Arbeitsmädchen die Böden vorher separat in die Zargenringe einlegen zu lassen, da hierdurch das die Presse bedienende Arbeitsmädchen die volle Maschinenleistung ausnützen kann.

Die mit der Deckscheibe zu verbindende Zarge und der Boden werden auf den Unterformenkern (der Zargenschluß nach vorn liegend) gesteckt, und zwar soll die Zarge auf dem Zargenrahmen aufsitzen. Gleichzeitig ist eine Deckscheibe resp. das Etikett mit der gummierten Seite nach unten liegend in den Etikettenrahmen einzulegen und kann nunmehr durch Drücken mit der linken Hand auf den Handhebel der Friktionspresse der Stößel soweit nach unten bewegt werden, bis der Formenoberteil auf Formenunterteil aufsitzt. In dieser Stellung ist der Stößel durch entsprechende Handhabung des Handhebels der Presse vom Formenunterteil ein geringes abzuheben und nochmals ein zweiter, etwas kräftiger Schlag auf den Unterformenkern auszuüben. Dieses ist dann besonders zu empfehlen, wenn Schachtelteile mit Reliefprägung erzeugt werden sollen. Den Pressenstößel läßt man nun durch Loslassen des Handhebels für die Bewegung des

Pressenstößels in seine Höchststellung zuruckgehen. Das fertige Schachtelteil ist vom Unterformenkern abzuheben und der vorbeschriebene Arbeitsgang kann von neuem begonnen werden. Schon nach kurzer Zeit wird eine geschickte Hilfskraft bis 300 Schachtelteile pro Stunde fertigstellen können, vorausgesetzt natürlich, daß alle Teile gut zugeschnitten und die Böden bereits in die Zarge eingelegt worden sind, so daß die die Presse bedienende Person durch Nebenarbeiten nicht gehindert wird.

8. Fertigmachen der Schachtel.

Die wie vorbeschrieben fertig gemachten Schachtelteile werden nun wie die bisherigen **Handschachteln** zusammengestellt: Schachtelunterteil und Schachteloberteil zusammengesteckt und mit einem Rändelstreifen überzogen. Dieser so vollkommen geschlossene Schachtelkörper wird dann auf einer Schachtel-Aufschneidemaschine in der üblichen Weise auf drei Seiten aufgeschnitten, vorausgesetzt natürlich, daß eine Scharnierschachtel hergestellt werden soll. Andernfalls sind alle vier Seiten aufzuschneiden, wodurch man dann zwei getrennte Schachtelteile, Schachteloberteil und Schachtelunterteil, erhält.

B. Herstellung von Kappenschachteln aus Zuschnitten mit ausgestanzten Ecken.

Die Kappenschachteln, die entsprechend der Form der Zigaretten durchweg viereckig sind, wurden noch vor etwa 20 Jahren ausschließlich von Hand gefertigt, höchstens daß man zum Schneiden der Papptafeln eine Pappschere, zum Ritzen speziell der Hälse eine Ritzmaschine und zum Ausstanzen von Zuschnitt und Etikett (Ueberzugspapier) eine Ausstanzmaschine benutzte. Das Zusammensetzen der einzelnen Teile, das Formen und Verbinden untereinander, das Wölben der Deckel, das Aufkleben der Etiketts war Handarbeit. Eine wesentliche Aenderung trat hierin ein, als die Sächsische Cartonnagen-Maschinen A.-G., Dresden, der Herstellung dieser Schachtel größere Aufmerksamkeit schenkte und ein vollkommen neues maschinelles Verfahren, sowie die entsprechenden Werkzeuge usw. hierfür zum Patent anmeldete, um es nach gründlicher Ausprobierung der Oeffentlichkeit zu übergeben. Dieses neue Verfahren verdrängte nach und nach die Handarbeit immer mehr, zumal auch im Aussehen die handgefertigten Schachteln mit den mit Maschinen hergestellten nicht Schritt halten konnten. Die Bezeichnung „Kappenschachtel" erhielten sie von dem Ueberklappen des Etiketts beim Formen der Schachtel. Sie behielten diesen Namen bis heute, obwohl das ursprüngliche Verfahren für die Herstellung auf automatischen Maschinen im Laufe der Zeit zum Teil abgeändert wurde.

Die Kappenschachteln führten sich sehr rasch ein und wurden in immer größeren Mengen benötigt. Während nun früher die Deckel und Schachtelunterteile aus getrennten Stücken (Boden und Zarge) hergestellt wurden, werden sie heute aus Zuschnitten geformt, bei denen Boden- und Seitenwände zusammenhängen, obwohl dadurch nicht in gleicher restloser Weise das Material ausgenutzt wird. Die erzielte Mehrleistung rechtfertigt jedoch diese Arbeitsmethode.

Die Zuschnitte werden zunächst auf der kombinierten Pappschneid- und Ritzmaschine bei zweimaligem Durchgange durch die Maschine aus Pappebogen auf die erforderliche Größe in viereckige Stücke geschnitten und dabei gleichzeitig an den Umbiegestellen geritzt. Die dadurch erzielte Leistung ist für $^1/_{40}$-Packung etwa 12 000 bis 15 000 Zuschnitte. Je größere Mengen geschnitten werden, um so besser ist es, da die Zeit für das Einstellen der Apparate sich bei größeren Mengen auf breiterer Basis verteilen kann. Hierauf werden die Zuschnitte auf einer kleinen Eckenausstoßmaschine ausgestanzt, und zwar werden immer zwei Ecken und mehrere, etwa fünf bis sechs Zuschnitte, auf einmal ausgestanzt, so daß die Leistung in einer Stunde 2500 komplett ausgestanzte Zuschnitte beträgt. Neuerdings wird vielfach auch das Ausstanzen und Ritzen der Zuschnitte in einem Arbeitsgange auf einem sogenannten Stanzautomaten vorgenommen, dessen Leistung bei einfachem Werkzeuge 4000 bis 5000 Zuschnitte, bei mehrfachem Werkzeuge das entsprechend Vielfache beträgt. Die Werkzeuge dieser Automaten sind für verschiedene Schachtelgrößen verstellbar.

Nach dem Stanzen erfolgt das Vorbrechen der Seitenwände von Hand oder auf einer automatischen Umbrechmaschine. Dieses Vorbrechen hat den Zweck, dem Mädchen an der Eckenverbindemaschine das Aufbiegen der Seitenwände zu erleichtern und es ihm zu ermöglichen, die volle Maschinenleistung auszunützen. Das wäre nicht der Fall, wenn vor dem Heften erst jeder einzelne Zuschnitt aufgebogen werden müßte. Eine solche Zargenumbrechmaschine bricht in der Stunde etwa 10 000 Zuschnitte um, während auf der Eckenverbindemaschine stündlich etwa 700 bis 1000 Schachtelteile an den Ecken mittels gummierten Papiers, das selbsttätig dem Anpreßwerkzeuge zugeführt, angefeuchtet, geschnitten und aufgepreßt wird, geschlossen werden können.

Die fertiggestellten Schachtelober- und -unterteile werden nunmehr auf einer Prägepresse, von denen es verschiedene Modelle für Hand- und Kraftbetrieb gibt, geformt, geprägt und mit einem aus ganzen Bogen auf Stanzmaschinen ausgestanzten Etikett überzogen. Pressen zum Formen und Ueberziehen gibt es sowohl mit einem wie auch mit mehreren Werkzeugen. Während bei solchen mit einem Werkzeuge die Leistung zwischen 300 bis 500 Teilen per Stunde schwankt, wird im letzteren Falle eine Stundenleistung von 1000 bis 1200 Teilen erreicht.

Nach dem Prägen erfolgt das Herstellen und Einsetzen der Hälse. Die Zuschnitte hierfür werden auf der kombinierten Schneide- und Ritzmaschine hergestellt, von Hand gefaltet und hierauf auf der Zargenschneidemaschine in einzelne Stücke geschnitten; Leistung etwa 12 000 Schnitte in der Stunde. Neuerdings hat man auch schon Pressen und Werkzeuge gebaut, die gleichzeitig mit dem Formen und Prägen den Hals in das Unterteil einsetzen. In solchen Fällen kann natürlich das Verbinden der Ecken und das vorherige Vorbiegen fortfallen. Dieses neue Verfahren ist patentamtlich geschützt (D. R. P. 299 398).

Das Ueberziehen der Schachteln mit Beklebestreifen erfolgt noch von Hand, während das Aufschneiden, um ein Oeffnen der Schachtel vornehmen zu können, auf sogenannten Schachtelaufschneidemaschinen erfolgt. Erwähnt sei hierbei, daß zum Aufschneiden größerer Mengen ein Automat mit einer Schnittleistung von etwa 4000 Schachteln pro Stunde gebaut wurde, während eine einfache Aufschneidemaschine 800 bis 1000 Schachteln aufschneidet.

*

DAS PAPPEZIEHVERFAHREN MITTELS DER KETTENZIEHBANK*)

Für das Ziehen von Pappe verwendet man die sogenannten Ziehbänke und werden nach diesem Verfahren hauptsächlich Zigarren- und Zigarettentaschen, Dosen, Behälter für verschiedene Waren, Zeichnungsrollen, Musikrollen usw. hergestellt; dabei kann die Außenseite mit verschiedenen erhabenen Dessins, z. B. Waffelmustern, versehen werden. Die verwendeten Ziehbänke sind ganz aus Eisen und mit Zahnräderantrieb. In der Nute der Maschine bei den Gestellböcken an der Welle des letzten größeren Zahnrades sitzt ein Kettenrad, welches durch eine Glieder- oder Bolzen-

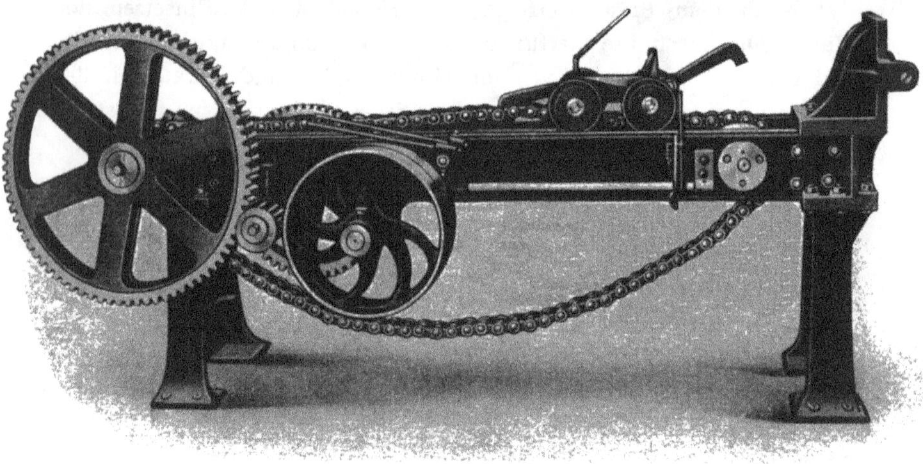

Abb. 166. Kettenziehbank der Aktiengesellschaft für Kartonnagen-Industrie, Dresden.

kette ein Kettenrad am vorderen Ende des Bockes in Bewegung setzt. Auf der Ziehbank läuft ein Schlitten, der durch eine niederfallende Klammer mit Hebelvorrichtung mit der Kette verbunden ist und mitgezogen wird. Der vorne am Schlitten nach aufwärts ragende Haken faßt in den Schlitz einer Leitstange, die durch eine stark erhitzte Prägevorrichtung führt. Auf der Schneidemaschine

*) Das in diesem Abschnitt über das Ziehen der Pappe schon fast historisch gewordene Arbeitsverfahren ist durch den Produktionsvorgang auf den neuzeitlichen Friktionspressen als überholt zu betrachten. Dennoch glaubte ich diese interessante Abhandlung, die als der Beginn des Ziehprozeßvorganges der Pappe zu würdigen ist, nicht ungedruckt zu lassen.

wird die Pappe in die entsprechenden Stücke geteilt, diese auf der Fräsmaschine an den Verbindungskanten so abgeschrägt, daß zwei aufeinander liegende Kanten nur eine gleichmäßige Pappestärke zeigen; dann wird auf einer Rundmaschine gebogen und die Enden mit Klebestoff bestrichen. Das Ziehen der Böden und Deckel für die zylindrischen Hülsen sowie von Dosen erfolgt wieder durch Austiefen entsprechend zugeschnittener Stücke mittels nach und nach sich verstärkender Model auf der Presse.

Die Kettenziehbank (siehe Abb. 166) dient in der Maschinenkartonnagenbranche zum Ziehen, Zusammenkleben und Satinieren von Hülsen aller Formen mit verschiedenen Durchmessern von rohen, beklebten, bedruckten und gefärbten Pappen und dergl. Materialien.

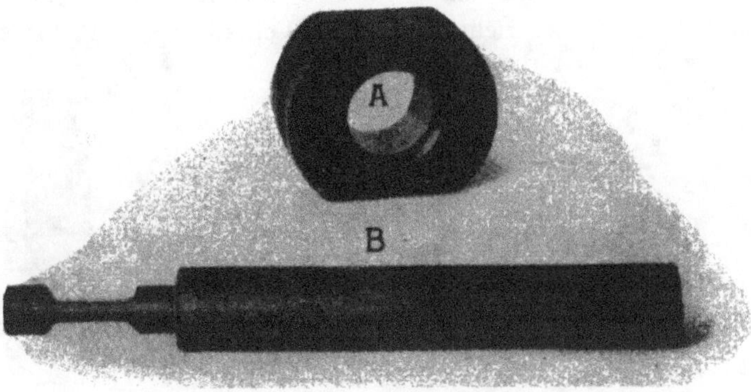

Abb. 167.

Sie ist ganz aus Eisen und Stahl gebaut, besteht aus einem ca. 3 Meter langen 4beinigen Bock, einer 6 Meter langen Gliederkette, Kettenrad und einem 4räderigen Wagen, welcher auf der Ziehbank läuft und von der Kette gezogen wird. An dem Wagen befindet sich ein Hebel.

Für jede zu ziehende Hülsenform ist ein besonderes Werkzeug, bestehend aus Zugmantel (siehe Abb. 167 A) und Zugbolzen, auch Zugstange genannt (siehe Abb. 167 B) notwendig. Der Zugbolzen wird mit dem zu ziehenden Material durch den Mantel A (Abb. 167) gezogen, folglich muß der Durchmesser des Bolzens entsprechend kleiner sein, als die lichte Weite des Mantels, darf aber wiederum nicht nur die Stärke des Materials ausmachen, sondern 1—2 Zehntel Millimeter weniger, damit die Hülse beim Ziehen

Druck bekommt. Will man z. B. eine Hülse innen mit 80 Millimeter Durchmesser ziehen, so muß der Zugbolzen diesen Durchmesser haben, während der lichte Raum des Zugmantels 80,9 mm betragen muß, wenn das Material mit 1 mm Stärke gedacht bzw. angenommen ist.

Der Arbeitsgang ist folgender: Das Werkzeug, der Zugmantel (Abb. 167 A) wird am Kopfe der Ziehbank mit Schraubzwingen befestigt, mit einer Gasgabel umgeben und mäßig angewärmt. Der Zugbolzen, an dessen einem Ende sich ein Ansatz befindet (siehe Abb. 167 B links), in welchem der Hebel des Wagens eingreift, wird mit diesem Ende in den Mantel eingeführt, der Hebel des Wagens heruntergedrückt und in den Zugbolzen (Abb. 167 B) eingehängt.

Indem nun die immerwährend laufende Kette den Bolzen durch den Mantel zieht, wird das Werkstück (d. h. vorgerundete

Abb. 168.

Abb. 169.

und abgefräste Pappstück) (Abb. 168) mit beiden Händen zwischen Bolzen und Mantel eingeführt. Zu dieser Manipulation sind zwei Personen nötig, und zwar besorgt die eine das Einhängen der Kette und die andere die Einführung des Materials.

Nachdem die Hülse (siehe fertig gezogene Hülsen Abb. 169) gezogen ist, haftet sie in der Regel fest auf dem Zugbolzen. Derselbe wird daher ausgehängt und wieder vorn in den Zugmantel eingeführt und angehängt und nun zieht man die Hülse herunter. Damit sich die Hülse leicht abhängen läßt, ist es zu empfehlen, den Zugbolzen öfters mit Speckstein einzureiben und wenn sich durch den Klebstoff der Papphülsen eine Kruste gebildet, so ist der Zugbolzen abzukratzen und aufs neue mit Speckstein zu versehen.

Es sei nun noch einiges über die Behandlung des Materials bis zur Verarbeitung auf der Ziehbank gesagt. Es wird in der Regel 1 Millimeter starke Pappe zum Ziehen von Hülsen verwendet, weshalb diese mit Hilfe des Mikrometers ausgesucht werden müssen. Vor allen müssen auch die Pappen gut ausgetrocknet sein, daher ist es ratsam, dieselbe vor ihrer Verarbeitung einige Tage so aufzuhängen oder zu stellen, daß die Temperatur der Werkstatt von allen Seiten auf die Pappe einwirken kann. Eine feucht verarbeitete Pappe wird stets nach der Verarbeitung kleiner werden und bei Hülsen so überraschende Veränderungen des inneren Durchmessers hervorrufen, daß der aufzunehmende Inhalt einfach nicht hineingeht.

Fernerhin ist zu erwähnen, daß die Pappen vor ihrer Zerkleinerung auf beiden Seiten mit flüssigem Wachs zu bestreichen sind, und hierzu nimmt man in Wasser aufgelöstes Pflanzen-

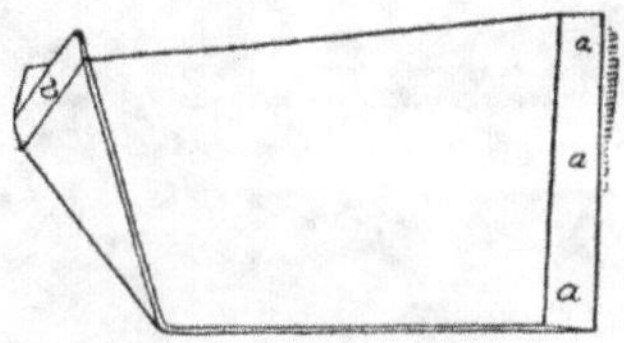

Abb. 170.

wachs. Das Wachsen hat den Zweck das Ziehen überhaupt zu ermöglichen, ferner das Anhaften am Zugbolzen zu vermeiden und drittens um den gezogenen Hülsen einen politurartigen Glanz zu verleihen.

Neuerdings verwendet man anstatt flüssigen Wachs in Borax aufgelöstes Kasein, und zwar, weil dasselbe erstens bedeutend billiger ist und zweitens die Eigenschaft besitzt, den Hülsen eine gewisse Wasserundurchdringlichkeit zu verleihen. Das Auftragen des Kaseins kann mittels Anleimmaschine oder Farbmaschine gleich auf der ganzen Pappentafel vor dem Klarschnitt erfolgen.

Die überzuklebenden Ränder, d. h. die Schließteile (siehe auch Abschnitt über die Rundmaschine) müssen mit der Fräsmaschine (siehe Abschnitt „Pappenfräsmaschine"), und zwar auf jeder Seite ca. 10 Millimeter, bei großen Hülsen bis zu 20 Millimeter breit < förmig abgefräst werden. (Siehe Abb. 170.)

Beide abgeschärfte Kanten kommen beim Kleben bzw. Ziehen übereinander und gleichen sich alsdann mit der übrigen Pappstärke der Hülse vollständig aus. Sind die Zuschnitte fertig gefräst und klein geschnitten, so werden dieselben mittelst der Rundmaschine (siehe Abb. 171) vorgerundet, damit sie annähernd die Rundung des Zugbolzens erhalten. Sodann werden die beiden Fräskanten (siehe Abschnitt über Pappenfräsmaschine) mit gutem Klebstoff versehen. Damit nun die Hülsen beim Ziehen nicht in der Form festkleben, wird ziemlich viel Vorrat angeschmiert, etwa 50—75 Teile, so daß der Klebstoff scheinbar eingetrocknet ist. Durch die Wärme der Maschine löst sich derselbe jedoch wieder auf und durch den Druck werden die Klebestellen sofort fest verbunden, so daß ein Hervordringen des Klebstoffes nur selten vorkommt.

Abb. 171. Pappenrundmaschine der Aktiengesellschaft für Kartonnagen-Industrie, Dresden.

Das Ziehen erfordert immerhin einige Uebung, ist aber diese vorhanden, so können viele Hülsen, bei kleineren 5—6000 Stück, in einem Tage gezogen werden. Beim Umlegen des Pappzuschnittes (siehe Abb. 168) achte man insbesondere darauf, daß die Klebkanten richtig übereinander gelegt werden, damit die fertigen Hülsen nicht nach dem Ziehen nochmals beschnitten werden müssen.

Die Pappenfräsmaschine.

Diese Maschine (siehe Abb. 172), welche dazu dient, die Kanten der Pappe abzuschärfen, ist ganz aus Eisen gebaut und nur für Kraftbetrieb. Durch eine besonders angebrachte hohe Uebersetzung wird eine doppelt gelagerte Spindel, an welcher der Fräser befestigt wird, in Bewegung gesetzt. Bei normalem Gang macht diese Spindel ca. 3000 Umdrehungen in der Minute. Unter dem Fräser befindet sich ein eiserner Tisch, welcher nach oben und unten verstellbar ist. Der Mechanismus der Maschine ist folgender: Die rotierende Spindel mit dem Fräser, welcher ausgewechselt werden kann, ist unverstellbar, während der Tisch so zu verstellen ist, wie das abzufräsende Material gebraucht bzw. gewünscht wird. Der Tisch

Abb. 172. Pappenfräsmaschine der Aktiengesellschaft für Kartonnagen-Industrie, Dresden.

ist nicht nur nach unten und oben, sondern auch in seiner horizontalen Lage verstellbar. Ist das Material an den Kanten gleichmäßig zu schwächen, so daß zwei abgefräste Kanten übereinander gelegt die gleiche Pappstärke wiedergeben, so muß der Tisch genau horizontal zu dem Fräser stehen. Ist hingegen die Kante nach außen zu verjüngen, so muß der Tisch eine schiefe Ebene bilden. Der

Fräser (siehe Abb. 173 das Profil eines Fräsers mit 8 Messern) ist aus bestem Stahl mit beliebig viel Messern, je nach Bedarf bei gröberen Arbeiten weniger, bei feinen Arbeiten mehr Messern ausgestattet.

Die Fräsmaschine dient nicht allein nur zum Vorarbeiten des Materials für die Ziehbank, sondern auch für viele andere Artikel; z. B. können die Deckel für Kartonnagen, Bücher, Albums mit runden oder schrägen Kanten auf der Fräsmaschine bearbeitet werden, überhaupt alle rund zu bearbeitenden Sachen, wo das Material zu schwächen ist, um es für das Zusammenkleben geeignet zu machen.

Abb. 173.

Beim Fräsen verfährt man folgendermaßen: Das Material wird flach auf den Tisch gelegt und mit beiden Händen fest von links nach rechts unter dem Fräser weggezogen mit der Bewegung des Fräsers.

Die Rundmaschine.

(Runden der Ringe auf maschinellem Wege.)

Die Rundmaschine dient nicht zum Vorrunden der auf der Ziehbank zu ziehenden Hülsen, sondern überhaupt zum Vorrunden aller Kartonteile und -Streifen, welche ihre gestreckte Lage beim Verarbeiten verändern müssen, z. B. Schachtelhälse und Einsätze in runde, ovale oder anders fassonierte Schachteln.

Diese Maschine wird nicht nur in vorliegendem Arbeitsverfahren von Vorteil sein, sondern man findet sie auch in der Bonbonnieren-, Galanterie- und pharmazeutischen Kartonnagenfabrikation, sowie auch in der Papierwarenfabrikation.

Ueberall, wo Massenartikel in Frage kommen, ist diese leistungsfähige Maschine, die aus der Blechbearbeitungsindustrie stammt, sehr zu empfehlen.

Die Rundmaschine (siehe Abb. 171) ist aus Eisen und besteht aus zwei Böcken, in denen 3 Stahlwalzen lagern, welche durch Kammräder in verschiedener Richtung untereinander in Bewegung gesetzt werden und zwar mittelst Handkurbel. Man kann sie auch vermöge des Schnurenlaufs mit einem Fußtritt oder mit der Transmissionswelle verbinden. Zwei Walzen sind verstellbar und werden durch einen seitlich angebrachten Hebel in ihrer jeweiligen Lage festgehalten. Indem man mit der rechten Hand die Kurbel in Bewegung setzt, führt die linke die zu rundenden Zuschnitte zwischen die beiden vorderen Walzen.

Dieselben werden von der hinteren Walze nach oben gedrückt und so in die Rundung gezwungen. Je nach der Stellung der Walzen wird eine schwache oder scharfe Rundung erzielt.

*

MASCHINEN ZUM ZIEHEN UND PRÄGEN VON PAPPE, KARTON, VULKANFIBER, HARTPAPIER u. a. m.

Seiner Einfachheit und Billigkeit wegen ist das Pappeziehverfahren zur Herstellung von Schachteln in Massen sehr beliebt. Man stellt nach diesem Verfahren sowohl runde und ovale, wie auch viereckige und fassonierte Schachteln her, die zum Verpacken von Glühkörpern, Seife, Schnupftabak, Garn, Zwirn, kosmetischen und pharmazeutischen Artikeln, Schokolade, Käse, Nährmitteln usw. Verwendung finden. Aber auch andere Gegenstände aus Pappe, Leder und Vulkanfiber werden durch Ziehen und Prägen äußerst vorteilhaft hergestellt, so z. B. Fliegenfänger und Blumenkelche, Geschoßdeckel usw., Abzweigdosen für die elektrotechnische Industrie, Schalterkapseln, Entwicklungsschalen für Photographen, Schüsseln und Gefäße für die Hartpapierindustrie, Pappeier und Pappbälle, Kofferecken und Pumpenmanschetten usw. Aber auch große Hohlkörper, wie Halbkugeln für Erdgloben usw., Tortenschachteln und Wäscheschachteln, runde Hut- und Klapphutschachteln oder solche in ovaler und geschweifter Form werden nach diesem Verfahren gefertigt. Größe und Fasson der zu ziehenden Hohlkörper spielen dabei meist nur eine untergeordnete Rolle. Eine kleine Auswahl von Arbeitsmustern sind hier abgebildet und geben Zeugnis von der vielseitigen Anwendbarkeit des Ziehverfahrens. (Siehe Seite 409.)

Die Herstellung von gezogenen und geprägten Artikeln erfolgt auf Spindelpressen und Ziehbänken und zwar kommt je nach Größe des Betriebes und der verlangten Leistung in Frage:

a) für Kleinbedarf und für Handbetrieb: Handhebelpresse mit Stanzmessern zum Ausstanzen der Pappscheiben und Säulenpresse mit Ziehformen zum Ziehen der Schachtelteile

b) für Großfabrikation und für Kraftbetrieb: Exzenterpressen mit Schnittwerkzeugen oder Ausstanzmaschinen mit Stanzmessern zum Ausstanzen der Pappscheiben und Friktionspressen mit Ziehformen zum Ziehen der Schachtelteile.

c) für Massenherstellung bestimmter Schachtelteile gleichbleibender Art und Größe: Selbsttätige horizontale Deckelzieh-

---

*) Die Abb. 175—178 sind Erzeugnisse der Sächsischen Cartonnagen-Maschinenfabrik Akt.-Ges., Dresden.

Gezogener Deckel für Schalterkapsel mit bombiert geprägtem und gleichzeitig gelochtem Boden.

Gezogener Deckel für Fliegenfänger mit geprägtem und gleichzeitig gelochtem bzw. geschlitztem Boden (auf Doppelwerkzeug hergestellt).

Gezogener Deckel mit Randkragen und Schriftprägung im Boden.

Geprägte Schale für Spezial-Fliegenfänger.

Aus 3 Lagen Papier gezogener Hut „Iris" mit Randkragen zum Verschließen von Milchflaschen (Patent)

Gezogener Papierhut „Iris" mit Verschlußstreifen (Patent).

Spezial-Fliegenfänger, dessen Hülse aus zwei geprägten Schalen gebildet ist.

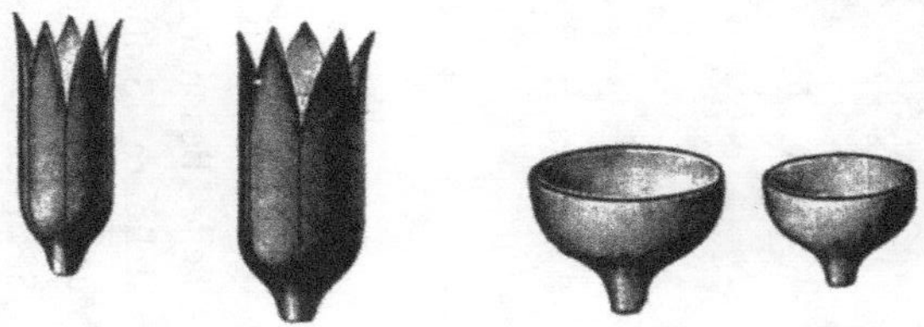

Verschiedene gezogene und geprägte Kelche für künstliche Blumen.

Tableau Abb. 174.

pressen (Abb. 175), auf denen die Schachtelteile vollkommen automatisch in einem Arbeitsgange und von Rollenkarton gestanzt, gezogen und gleichzeitig geprägt werden.

Spindelpressen für Handbetrieb.

Steht Kraftbetrieb nicht zur Verfügung, so wählt man zur Herstellung gezogener Artikel Handspindelpressen. Ist deren Leistung im Durchschnitt auch eine geringere als z. B. bei Pressen für Kraftbetrieb, so kommen sie doch in ihrer Wirkungsweise den Friktionspressen fast gleich. Infolgedessen ist bei der Konstruktion

Abb. 175. Automatische Horizontal-Deckelziehpresse (nur für Kraftbetrieb) der Sächsischen Cartonnagen-Maschinen-Akt.-Ges. Dresden.

dieser Pressen auf kräftige Ausführung aller stark beanspruchten Teile besondere Rücksicht genommen worden. Lange und nachstellbare Stößelführung, sowie präzise Ausführung der Spindel und Spindelmutter gewähren dauernd ein gutes Arbeiten. Die Sächsische Cartonnagen-Maschinenfabrik A.-G., Dresden, liefert die Spindelpressen für Handbetrieb in zwei verschiedenen Arten, nämlich Pressen für leichtere Arbeiten, die sogenannten einarmigen Pressen und Pressen für schwere Arbeiten, die doppelarmigen oder sogenannten Säulenpressen.

Friktionspressen für Kraftbetrieb.

Diese für das Ziehen und Pressen von Schachtelteilen universell anwendbaren Maschinen stellen das Vollkommenste in Bezug auf quantitative und qualitative Leistung dar. Sie werden daher überall dort Verwendung finden, wo Motorbetrieb vorhanden ist. Diese Friktionspressen haben nicht, wie die in der Blechwaren-Industrie üblichen Konstruktionen, eine schlagartige Wirkung, sondern üben einen zwar außerordentlich kräftigen, aber allmählich ziehenden Druck aus, der für die Umformung von Pappe usw. unbedingt er-

Abb. 176.

forderlich ist. An dem Handhebel der Steuerung kann man den Preßdruck und die Geschwindigkeit des Stößels bequem regulieren und so in leichtester Weise für jede Zieharbeit die entsprechende Ziehwirkung abstufen.

Die hier abgebildeten Friktionspressen zeichnen sich durch moderne Bauart und kräftigste Ausführung aus. Der Körper der Presse (Abb. 176) ist aus einem Stück gegossen und besonders kräftig gehalten. Die beiden Ständer des Körpers sind außerdem noch durch starke Stahlanker armiert, so daß Bruche auch bei großten Beanspruchungen ausgeschlossen sind. Das Gewinde der Mutter und der zugehörigen Stahlspindel wird auf Spezialmaschinen in Prazisionsarbeit eingeschnitten. Es ist daher fur gleichmaßiges Anliegen sämtlicher Gewindegange jede Garantie gegeben. Bei den kleineren und mittleren Pressen ist die Spindel zumeist dreigängig, bei den großeren viergangig, auf einwandfreie Fuhrung des Stößels

Abb 177.

in jeder Stellung ist besonderer Wert gelegt. Für die Spindel bzw. Spindelmutter ist selbsttätige sichtbare Schmierung vorgesehen. Auch die Antriebswelle läuft in Ringschmierlagern.

Durch Drucken auf den Handhebel veranlaßt man den Abwärtsgang des Stoßels. Die Umsteuerung und der Stillstand des Stoßels erfolgt selbstätig durch ein zweckmaßig konstruiertes Steuergestänge nach Freigabe des Handhebels. Der Arbeiter regelt am

Handgriff die Hubhöhe und die Druckkraft des Stößels, wobei die erstere sich auch für selbsttätigen Stillstand in verschiedenen Höhen einstellen läßt. Der Handhebel ist auf der linken Seite in handlicher Lage angeordnet, so daß die rechte Hand für die Bedienung der Werkzeuge freibleibt.

Die viersäulige Presse nach Abbildung 177 ist besonders starker Konstruktion. Sie kommt für die Herstellung von Torten-, Hut- oder anderen Schachteln in Betracht, die außer besonders starker Druckkraft eine große Arbeitsfläche und demzufolge eine große

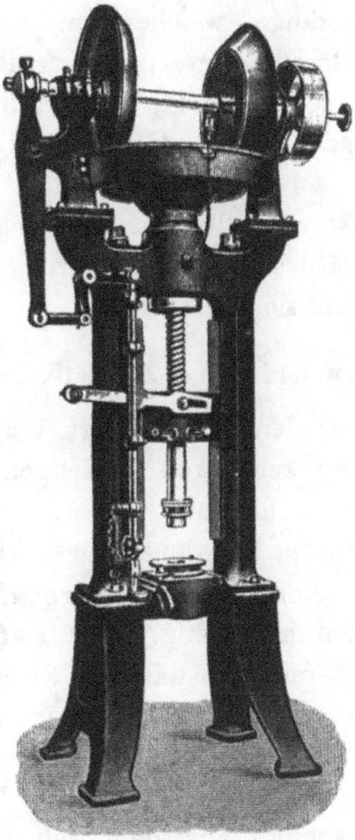

Abb. 178.

Lichtweite zwischen den Säulen erfordern. Diese viersäulige Presse kommt diesen Ansprüchen weitest entgegen, so daß selbst allergrößte Arbeiten der Pappeziehindustrie auf der Maschine hergestellt werden können. Kopfstück und Fundamentkörper sind durch vier kräftige gußeiserne Säulen miteinander verbunden, die ihrerseits wieder mit starken Stahlankern durchzogen sind. Der Stößel hat äußerst lange und nachstellbare Führung. Im übrigen ist trotz der großen Dimensionen und schweren Ausführung die Handhabung der Maschine spielend leicht und bequem, so daß die zu erzielende Leistung stets eine sehr große sein wird. Für besonders hohe Packungen, wie hohe Büchsen und dergleichen wird die Friktionspresse nach Abbildung 178, die ebenfalls in bester Qualität hergestellt wird, geliefert.

Für die Friktionspressen wird eine neue Schutzvorrichtung, die durch DRPM. geschützt ist, geliefert. Diese Einrichtung bietet einen tatsächlichen, wirksamen Schutz und behindert den die Maschine bedienenden Arbeiter auch nicht im geringsten bei Ausübung seiner Tätigkeit. Sie besteht aus einem in geeigneter Weise ausgebildeten Hebelgestänge, welches am Ständer der Presse befestigt wird. Die vorderen, dem Arbeiter zugekehrten Hebel sind mit einem Schutznetz versehen, das im gefährlichsten Moment die Form vollkommen abschließt, so daß Unglücksfälle ausgeschlossen sind.

Die Einrichtung ist verstellbar für verschiedene Maschinen- und Werkzeuggrößen und läßt sich auch an bereits gelieferten Maschinen vom Besteller selbst anbringen.

Automatische Ziehpressen.

Diese Maschinen finden überall dort Verwendung, wo es sich um billigste Herstellung sehr großer Mengen von gezogenen oder geprägten Kartonartikeln handelt. Im Gegensatz zu den vorbeschriebenen Spindelpressen, auf denen die vorher ausgestanzte Kartonscheibe von Hand einzuführen ist, arbeiten die automatischen Ziehpressen vollkommen selbsttätig. Der Kartonstreifen läuft von einer Abrollvorrichtung mit selbsttätigem Streifenspanner und wird von dem verstellbaren, automatisch bewegten Walzenvorschub in das vereinigte Schneid- und Ziehwerkzeug eingeführt.

Die Maschinen sind doppelt wirkend. Nachdem von dem Schneidstößel der Zuschnitt aus dem selbsttätig vorgeschobenen Kartonstreifen ausgestanzt worden ist, wird er von dem Ziehstößel gezogen und geprägt, sodann der fertige Kartonteil selbsttätig ausgeworfen.

Auch die Werkzeuge sind doppelt wirkend, denn sie sind aus einem Schneid- und einem Ziehwerkzeug zusammengesetzt. Die Werkzeuge für verschiedene Deckelgrößen sind schnell und leicht gegeneinander auswechselbar. Ebenso läßt sich die Maschine für die verschiedenen Schneid- und Ziehwerkzeuge schnell und bequem ein- bzw. umstellen. Alle wirksamen Teile der Maschinen sind so angeordnet, daß sie mit einem Blicke leicht übersehen werden können, wodurch die denkbar bequemste und sicherste Wartung und Bedienung gewährleistet ist. Die Moment-, Ein- und Ausrückung erfolgt durch Tritthebel.

Die Leistung der Maschinen ist in erster Linie abhängig von der Kartonqualität. Im allgemeinen laufen die Maschinen mit zirka 40—60 Hüben und mehr, so daß also bei ununterbrochenem Tagesbetriebe bei Verwendung von geeignetem Rollenkarton mit Einzelwerkzeug zirka 20 000 bis 30 000 Schachtelteile fertiggestellt werden können. Mit Doppelwerkzeugen, wie sie vielfach für kleine Deckel, z. B. Fliegenfängerdeckel zur Anwendung kommen, erhöht sich die Leistung auf 40 000 bis 60 000. Für geeignete kleine Massenartikel benutzt man sogar vierfache und sechsfache Werkzeuge. So werden beispielsweise von den Kelchen für künstliche Blumen in sechsfachen Werkzeugen zirka 200 000 Stück auf einer Maschine pro Tag hergestellt. Von den Ziehpressen kann eine einzige Person gleichzeitig mehrere bedienen, so daß in Verbindung mit der großen Leistungsfähigkeit eine enorme Lohnersparnis erzielt wird. Zur Herstellung von fassonierten Deckel- und Schachtelteilen werden die automatischen Ziehpressen mit einer Kalibriervorrichtung (DRP. angem.) ausgerüstet, wodurch auch bei anderen als runden Schachteln eine Massenanfertigung in derselben kurzen Zeit möglich ist. Beim Ankauf verlange man stets Spezialangebot unter Einsendung von Vorlagen oder Skizzen der Arbeitsstücke und von Kartonproben bei gleichzeitiger Angabe der gewünschten Stunden- oder Tagesleistung.

Die Herstellung von gezogenen Behältern und Verschlußteilen.

Die Herstellung von Behältern und Verschlußstücken aus Pappe ist einer von denjenigen Fabrikationszweigen, der erst in den letzten Jahren größere Bedeutung erlangt hat. Besondere Arten von Behältern, z. B. runde und ovale Schachteln, Deckel für Papprohre und Glühstrumpfbehälter, wurden ja schon seit längerer Zeit im Wege des Ziehverfahrens hergestellt. Im Laufe der letzten Zeit sind jedoch noch eine ganze Anzahl weiterer Artikel hinzugekommen, die jetzt auf Spezialmaschinen neuester Bauart in großen Mengen hergestellt werden. Wir unterscheiden hierbei zunächst solche Waren, welche in einem Arbeitsgange nur bedruckt und gestanzt werden. Z. B. Garnwickel, Anhänge-Etiketten, Scheiben für Milchflaschen-Verschluß und Jagdpatronen, Kistenschoner und dergl. Daneben kommen noch kleinere Faltschachteln, Streichholzpackungen, Flaschen-Sicherungen und Fliegenfänger in Frage, welche teils in einem Arbeitsgange gestanzt, geritzt oder gerillt, geprägt und evtl. auch gedruckt und gezählt werden.

Zur Herstellung der zuerst genannten gestanzten Artikel ist in den letzten Jahren der „Stanz- und Druck-Apparat" ein Erzeugnis der Sächsischen Cartonnagenfabrik A.-G., Dresden, in den Handel gekommen, der eine geradezu erstaunliche Leistungsfähigkeit besitzt. Dieser neue Apparat arbeitet vollkommen selbsttätig. Er ist für die verschiedensten Materialien, z. B. Karton, Pappe, Leder, Vulkanfibre und Filz verwendbar. Der Materialstreifen aus Karton und Pappe kann entweder einzeln in die Maschine eingelegt, ihr jedoch auch von der Rolle zugeführt werden. Von dort wird er durch ein, wie es für die Schachtelfabrikation angebracht erscheint, verstellbares Vorschubwerk zunächst unter das Druckwerk geführt, wird hier bedruckt und sofort dem Schnittwerkzeug zugeführt. Die dort gestanzten Teile fallen selbsttätig heraus, während der Abfall weiter geleitet und durch das links an der Maschine sichtbare, rückseitige Vorschubwerk aus der Maschine geleitet wird. Sollen auf der Maschine nur unbedruckte Teile hergestellt werden, so läßt sich Druck und Farbenwerk im Augenblick ausschalten. Sollen die Teile nicht gedruckt, sondern geprägt werden, so wird nur das Farbenwerk ausgeschaltet, und statt der Druckstöcke Prägestempel eingesetzt. Das automatische Vorschubwerk kann ebenfalls mit wenigen Handgriffen ausgeschaltet werden, so daß an der Maschine auch von Hand angelegt werden kann.

Je nach der Art der herzustellenden Artikel und des zu verarbeitenden Materials können zu der Maschine folgende Extra-Einrichtungen geliefert werden:

1. Ein Abrollständer, welcher unmittelbar neben der Maschine aufgestellt wird und mit selbsttätigem Streifenspanner ausgerüstet ist. Derselbe macht sich dort nötig, wo Rollenkarton verarbeitet wird.
2. Eine Aufwickelvorrichtung mit Friktionskuppelung zum Aufrollen des Abfallmaterials.
3. Ein automatisches Zählwerk für sechsstellige Zahlen.
4. Eine automatische Füllvorrichtung für Doppel-Schnittwerkzeug zum Aufstapeln der gestanzten Teile in Papierhülsen.

5. Ein Paraffinier-Apparat, welcher die aus der Maschine herauskommenden gestanzten und gedruckten Teile mit Paraffin zieht.

Weitere Spezialartikel, z. B. gezogene Deckel für Glühstrumpfpackungen, Papierhüte zum Verschließen für Milchflaschen, Spezialfliegenfänger usw. werden am vorteilhaftesten auf der in Abb. 175 gezeigten, horizontalen Deckelziehpresse angefertigt. Diese Maschine ist ebenfalls neuerer Bauart und arbeitet vollkommen automatisch. Hier wird nur mit Rollenkarton gearbeitet, welcher von einem, mit der Maschine verbundenen Abrollständer abgewickelt und dem vereinigten Schneid- und Ziehwerkzeug zugeführt wird. Diese Maschine ist mit zwei Stösseln ausgerüstet, von denen einer zum Ausstanzen des Zuschnittes, der andere zum Ziehen der Teile dient. Die damit herzustellenden Artikel sind von großer Mannigfaltigkeit, wie die in den Abbildungen beigegebenen Arbeitsproben zeigen. Die einzelnen Teile werden gleichzeitig in einem Arbeitsgange ausgestanzt, gezogen, geprägt, ausgeworfen und evtl. gezählt. Der Kartonstreifen wird selbsttätig präpariert, der Abfallstreifen automatisch aufgewickelt. Bei einer Stundenleistung von 3000 Teilen mit Einzelwerkzeug können hier ebenfalls bei kleineren Artikeln neben Doppelwerkzeugen auch vier- und sechsfache Werkzeuge verwendet werden. Im übrigen kann diese Maschine, ebenso wie der Stanz- und Druck-Automat mit den verschiedensten Sonderausrüstungen, Imprägnier-Apparat, Zählwerk usw. geliefert werden.

Eine weitere Neuerscheinung, die auch für die Herstellung von kleineren Faltschachteln, Einsätzen für Zigaretten-Schachteln, Streichholzpackungen usw. von Bedeutung ist, sehen wir in dem patentierten „Schachtel-Automaten".

Derselbe dient ebenfalls zum gleichzeitigen Ausstanzen, Ritzen oder Rillen, Prägen und Drucken von Schachtelzuschnitten aller Art und eignet sich besonders zur Herstellung von Massenpackungen. Dieser Schachtel-Automat stellt die Herstellung derartiger Packungen auf eine ganz neue Grundlage, da sich die oben erwähnten Arbeitsvorgänge alle gleichzeitig in einem Arbeitsgange vollziehen. Eine volle Ausnützung der Maschine ist jedoch ebenfalls nur bei Verwendung von Rollenkarton möglich. Das Arbeiten an der Maschine geht in derselben Art und Weise vor sich, wie bei der Deckelziehpresse, nur mit dem Unterschied, daß der Rollenkarton nicht auf einem separaten Abrollständer angebracht wird, sondern auf die unter der Maschine befindliche Abroll-Vorrichtung aufgesteckt wird. Die ganze Bedienung der Maschine besteht außer der allgemeinen Wartung und Beaufsichtigung lediglich darin, von Zeit zu Zeit Kartonrollen auf die Abwickel-Vorrichtung zu stecken und den auf einer zweiten Abwickel-Vorrichtung aufgerollten Abfall zu entfernen.

Die Maschine arbeitet im allgemeinen mit Doppelwerkzeug, was einer Tagesleistung von 25 000 bis 50 000 fertigen, gedruckten, geprägten und gezählten Zuschnitten entspricht. Die Einführung der hier beschriebenen neuen Spezialmaschinen hat jedenfalls die Fabrikation von gestanzten, geprägten und gedruckten Massenartikeln in ganz neue Bahnen gelenkt und infolge der großen Leistungsfähigkeit der Maschinen die hierfür aufzuwendenden Arbeitslöhne ganz wesentlich vermindert.

*

HERSTELLUNG GEZOGENER BATTERIEBECHER AUS PAPPE

Diese Becher dienen als Umhüllung der Einsatzelemente für elektrische Taschenlampen. Zu ihrer Herstellung müssen Friktionspressen mit Heizvorrichtung, eventuell eine Ziehbank, und Personal vorhanden sein, welches mit dem Ziehen von Röhren einigermaßen vertraut ist. Die Becher bestehen aus Hülse und Boden, als Material wählt man meist eine schwache Grau- oder Lederpappe im Gewicht von 80—150 Bogen per 25 kg, als harte Maschinenpappe gearbeitet. Weiche Handpappe reißt leicht beim Ziehen, und die daraus hergestellten Becher halten die Form nicht gut. Da die Mantelseite der fertigen Batterien ohnedies von den elektrotechnischen Fabriken nach Füllung der Becher mit bunt bedruckten Papierschleifen beklebt wird, ist eine Verschönerung des Bechers, das heißt der rohen Pappe, nur an den Stellen nötig, die von den Papierschleifen nicht bedeckt werden, also am Boden und an den oberen, evtl. auch unteren Rändern der Hülse. Für die Hülse empfiehlt sich da ein Aufdruck von Streifen, für den Boden die Färbung mit Anilinfarbe. Wo die Becher nicht beklebt werden, wendet man mit Vorliebe Holzmaserung an. Dies alles geschieht in ganzen Bogen.

Sodann erfolgt die Verarbeitung der blanken, bedruckten, gemaserten oder gefärbten Bogen für die weitere Verarbeitung. Die für die Hülsen bestimmten Bogen werden mit der für den Ziehprozeß nötigen Masse bestrichen, dann getrocknet und auf der Kreisschere zerschnitten. Die Pappen für die Böden dagegen werden mit Kleister bestrichen, um nachher das Ankleben der Hülsen zu ermöglichen, sodann ebenfalls getrocknet und die Böden ausgestanzt. Das Ziehen der Hülsen erfolgt in bekannter Weise auf der Ziehbank oder auf Friktionspressen, wobei nur zu erwähnen ist, daß ein vorübergehendes Runden der einzelnen Zuschnitte oder ein Abschärfen der Ränder bei so schwacher Pappe nicht erforderlich ist. Als Klebstoff zum Bestreichen der Ränder verwendet man Kleister, doch darf dieses Bestreichen erst unmittelbar vor dem Ziehen erfolgen. Man hat daher auch an der Friktionspresse mit zwei Arbeiterinnen zu rechnen, jedoch kann eine Anleimerin für zwei Zieherinnen gleichzeitig arbeiten.

Nach dem Ziehen kommt als nächster wichtiger Arbeitsgang das Verbinden der Hülsen mit den Böden, welche schon im ganzen

Bogen mit Klebstoff bestrichen werden. Diese Verbindung kann auf mehrfache Art geschehen, am gebräuchlichsten ist folgende: die Hülsen werden auf einen Metallblock aufgeschoben, welcher genau die Form und Größe des Innenraumes der fertigen Becher hat. Da die Hülsen um einige Millimeter länger sind, ragen sie oben über den Metallklotz hinaus. Die Böden werden nun auf die Metallform gelegt, die überstehenden Ränder durch eine niedergehende, geheizte Hohlform nach innen umgebördelt und fest auf die Böden gedrückt. Infolge der Hitze und des Kleisters auf den Böden tritt eine innige Verbindung ein. Diese Art der Befestigung hat den Vorteil, daß die Hülsenränder die Böden von außen umschließen, also ein Herausstoßen der Böden so gut wie unmöglich machen. Auch hierzu können Friktionspressen verwendet werden oder aber automatisch arbeitende Maschinen mit mehrfachen Metallformen, bei denen die Arbeiterin nur das Aufstecken der Hülsen und Abnehmen der fertigen Becher zu besorgen hat.

Beim Verpacken der Becher wird jedes Stück nachgesehen und etwaiger Ausschuß ausgeschieden. Vielfach werden die Hülsen in Einheitspaketen von 100 Stück verlangt. Diese m man am raschesten mittels einer zerlegbaren Holzform, in welche ein Papierbogen von entsprechender Größe gelegt wird. Dann füllt man die Becher ein, schließt und verklebt das Paket und entfernt die Form. Einfacher ist das direkte Schichten in Kisten, wobei nur darauf zu achten ist, daß man gleichmäßige Packstreifen erhält. Die Becher sind nämlich oben leicht zusammendrückbar, während unten der Boden Widerstand bietet. Man legt daher immer 10 Stück mit dem Boden nach unten und die nächsten 10 mit dem Boden nach oben gekehrt.

Wie viele Verpackungsartikel, ist auch dieser von der Jahreszeit abhängig, da im Sommer naturgemäß wenig elektrische Taschenlampen gebraucht werden. Daß andererseits die Becher billig sein müssen und nur eine laufende Massenfabrikation lohnend ist, braucht nicht erst erwähnt zu werden.

*

ROHRE UND ETUIS AUS PAPPE UND DIE MASCHINEN DAZU

Die gezogenen Gegenstände aus Pappe spielen in der Kartonnagenindustrie eine große Rolle, und da es sich in weitaus den meisten Fällen dabei um Massenauflagen handelt, so ist die Billigkeit des Verfahrens ausschlaggebend.

Meist werden diese Gegenstände im Ziehverfahren hergestellt, welches ihnen ein sauberes, gleichmäßiges Aussehen und durch das gleichzeitige Satinieren einen Hochglanz verleiht. Dieses Verfahren besteht aus mehreren Arbeitsgängen und zwar zunächst aus dem Zuschneiden des Rohmaterials auf Pappen- oder Kreisscheren und Schneidemaschinen. Darauf erfolgt das Abschärfen der Kanten auf besonderen Maschinen, welche die zu überpappenden Schlußstreifen in ihrer Dicke so verringern, daß an der Verbindungsstelle keinerlei Verdickung des Materiales entsteht. Da von der guten Arbeit dieser Abschärfmaschinen zum großen Teil die Sauberkeit des fertigen Gegenstandes abhängt, so müssen sie äußerst präzis arbeiten. Um die Maschine der Stärke der zu verarbeitenden Pappe entsprechend einzustellen, ist der Tisch beweglich. Der Antrieb der auf einer eisernen Säule montierten Maschine geschieht mechanisch. Es ist empfehlenswert, die Maschine mit einer Spänesabsaugevorrichtung zu versehen, da es in der Natur ihrer Arbeitsweise liegt, daß viel Staub entsteht. Nach dem Abschärfen werden die Kanten beleimt und dann auf einer Rundmaschine oder auf einem Zargenbiegeapparat vorgerundet. Die Rundmaschinen sind für Handbetrieb eingerichtet und besitzen drei Walzen, zwischen denen das Material fortlaufend durchgebogen wird. Diese Walzen sind in ihrer Entfernung voneinander einstellbar, damit man sich dem Durchmesser der zu rundenden Hülsen anpassen kann. Die obere Walze wird durch Tritthebel gehoben und gesenkt und ist einseitig gelagert, so daß man nach Heben derselben das Material rasch herausnehmen und neues einlegen kann. Die Zargenbiegeapparate sind in ihrer Anwendungsart in der Praxis bekannt. Nun erfolgt das Verpressen der Klebenaht und das gleichzeitige Satinieren unter Verwendung entsprechender Ziehwerkzeuge auf einer Ziehbank. Diese Maschinen werden nur mit Kraftantrieb gebaut und entsprechend ihrer Beanspruchung kräftig konstruiert. Durch Auswechseln der Werkzeuge lassen sich diese Kettenziehbänke für die verschiedenen vorkommenden Arbeiten verwenden. Um die Ziehform rasch und genau aufspannen zu können, ist der Winkeltisch der Maschine mit einer Zentrieröffnung versehen. Der Ziehdorn wird durch die Ziehform, auch Zug genannt, geführt und in den Ziehwagen eingelegt. Das vorgerundete Papprohr kommt um diesen Ziehdorn herum. Nachdem dann der Ziehhaken des Ziehwagens in die endlose Gelenkkette eingelegt ist, die ununterbrochen in einer Richtung läuft, werden Dorn und Papprohr durch die Ziehform hindurchgezogen. Sowie das Papprohr aus dieser Ziehform heraustritt, löst sich der Ziehhaken selbsttätig von der Kette und die Maschine kommt zum Stillstand. Nachdem das fertige Rohr vom Ziehdorn abgestreift ist, wird der Dorn für den nächsten Hub in die Maschine eingeführt. Die Ziehgeschwindigkeit beträgt etwa 2,4 m in der Minute. Das Ziehwerkzeug muß geheizt werden, was durch Gas, Benzin, Spiritus, Elektrizität usw. erfolgen kann. Für besonders schwere Arbeiten wird die Maschine in einer besonders kräftigen Bauart mit dreifachem Stirnrädervorgelege ausgeführt.

Als Schlußarbeit kommt dann das Fassonieren des Bodens auf den bereits an gleicher Stelle beschriebenen Friktionspressen und bei Etuis das Anpressen der Blechklammern, wozu eine Friktions- oder Säulenpresse erforderlich ist.

Sollen diese Etuis mit einer Prägung versehen werden, so muß dies nach dem Stanzen der Zuschnitte, also in flachliegender Form erfolgen.

Ein anderes bewährtes Verfahren zur Herstellung von Etuis ist das sogenannte Doppelbodensystem, welches jede Heftung und jeden Metallbeschlag vermeidet, was wiederum eine nicht unwesentliche Verbilligung der Gegenstände zur Folge hat. Ein weiterer Vorteil dieses Verfahrens besteht darin, daß das billige Rohmaterial zur Erzielung besseren Aussehens leicht mit Ueberzugspapieren versehen werden kann. Der Arbeitsvorgang ist bei diesem Verfahren folgender: Nachdem auf einer Handhebelpresse oder einer Ausstanzmaschine die erforderlichen Pappeböden und Deckscheiben ausgestanzt sind, die Zarge auf einer Pappen- oder Kreisschere oder einer Schneidemaschine zugeschnitten ist, werden auf der Abschärfmaschine die Kanten, welche die überlappte Zargennaht bilden, abgeschärft. Darauf wird diese Abschärfung beleimt und die Zargen auf einem Zargenbrennapparat vorfassoniert. Hierauf erfolgt das Zusammenkleben der Zarge und gleichzeitig das

Satinieren auf der Friktionspresse unter Benutzung besonderer Werkzeuge. Nun wird die Zarge eingefalzt und darauf mit dem Doppelboden auf der Friktionspresse verpreßt.

Für Etuis mit gerollten Seitenwänden, welche man ohne jede Heftung zusammenfügen kann, ist ein Einrollapparat nötig, für kleinere Leistungen genügt ein Handapparat, während für größere Ansprüche vorteilhaft eine Tritthebelpresse, die auf einer Säule montiert ist, Anwendung findet. Man kann auf dieser Presse die rund gebogenen oder gerollten Seitenwände leicht, rasch und sauber herstellen. Nachstehend finden die Leser noch einige wichtige Hinweise auf Spezialmaschinen für das Wickeln der Hülsen. Es sei bei dieser Gelegenheit auch auf meine Ausführungen über die Herstellung der Papphülsen im I. Band meiner „Praxis der Pappen-Verarbeitung" hingewiesen.

Die in Abb. 179 gezeigte Maschine dient speziell zum Anleimen der Bogen, welche auf einer Hülsenwickelmaschine für Bogen weiter verarbeitet werden sollen. Sie ist so eingerichtet, daß nur ein bestimmter Teil des Bogens angeleimt wird, während der andere Teil frei von Leim bleibt. Die Breite des unbeleimten Streifens ist einstellbar. Dieser trockene Streifen entspricht der ersten Umwicklung um den Dorn der Hülsenwickelmaschine. Diese erste Wicklung muß bekanntlich trocken bleiben, da sonst ein Verschmieren des Wickeldornes unvermeidlich wäre. Der Klebstoffauftrag ist bei der Maschine leicht regulierbar und der Auftrag über die ganze bestrichene Fläche des Bogens ein absolut gleichmäßiger. Die Mulde ist heizbar.

Der vorher auf einer Spezial-Anleimmaschine angeleimte Bogen wird bei obiger Maschine in die Klemmzunge des Wickeldornes gesteckt. Die Klemmzunge schließt sich bei Betätigung des Fußtrittes, wodurch gleichzeitig der Dorn in Umdrehung versetzt wird und den Bogen um den Dorn wickelt. Beim Loslassen des Fußtrittes steht die Maschine still, und die Klemmzunge des Wickeldornes öffnet sich, wodurch die Hülse freigegeben wird. Dieselbe kann, nachdem durch Tritt auf den zweiten Fußtritt ein Oeffnen des Scherenlagers, welches den Dorn trägt, erfolgt ist, leicht abgezogen werden. Es kann starkes und schwaches Papier auf der Maschine verarbeitet werden. Die Hülsen werden sehr hart und sauber, die beleimte Seite des Bogens liegt innen. Die Maschine kann gleichzeitig mit Hülsenschneid-Apparat ausgestattet werden, um die

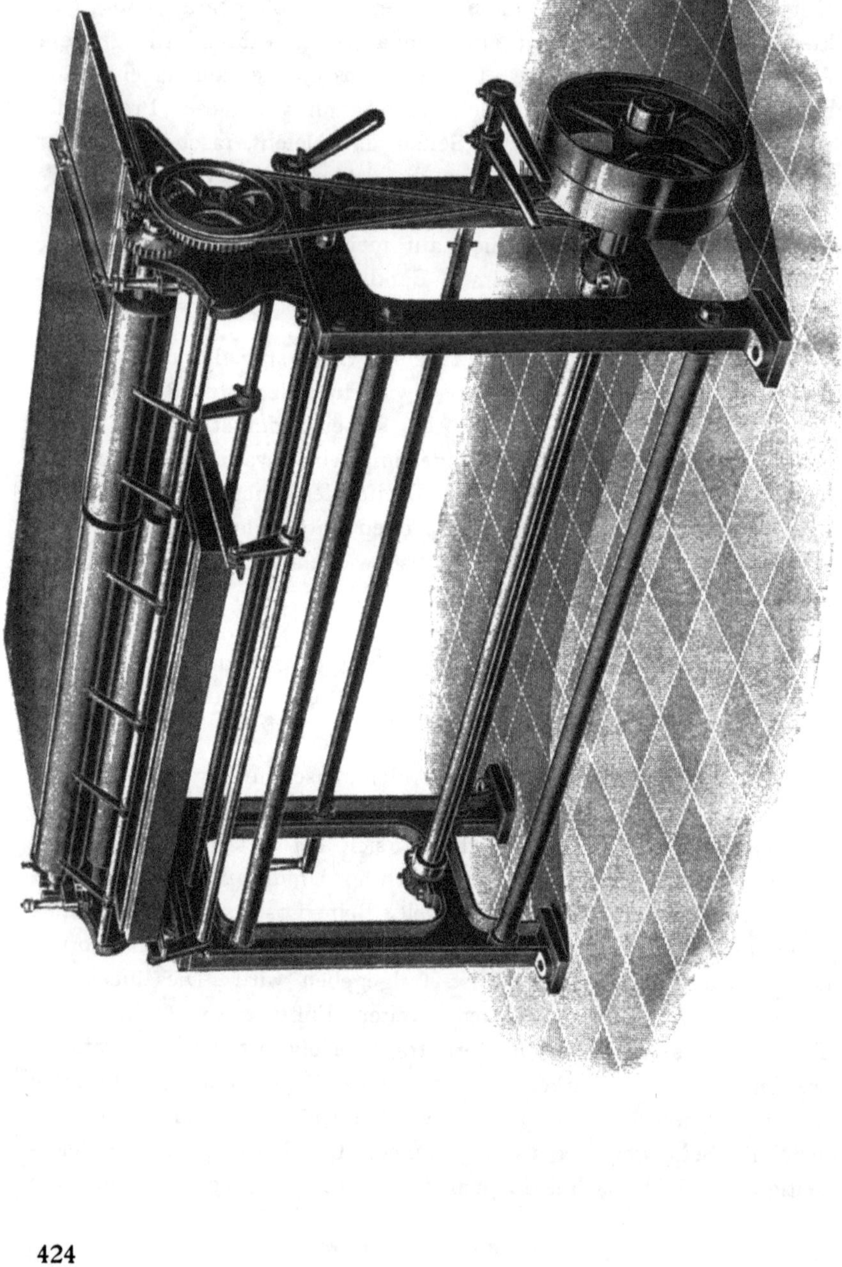

Abb. 179. Spezial-Anleim-Masch ne der Firma Friedrich Müller, Maschinenfabrik, Potschappel-Dresdeu.

Abb. 180. Hülsenwickelmaschine für Bogen, Firma Friedrich Müller, Maschinenfabrik, Potschappel-Dresden.

Abb. 181. Hülsenwickelmaschine für Rollen. Firma Friedrich Müller, Maschinenfabrik, Potschappel-Dresden.

Abb. 182. Hülsenschneidemaschine der Firma Friedrich Müller, Maschinenfabrik, Potschappel-Dresden.

fertigen Hülsen nach Auswechselung des Dornes in Stücke zu schneiden. Bei großem Bedarf in kurzen Hülsen empfiehlt sich die Anschaffung einer Hülsenschneidemaschine.

Sollen die auf der Hülsenwickelmaschine gewickelten Hülsen in kleinere Stücke zerteilt werden, wie dies für Pappbüchsen, Bandrollenhülsen usw. notwendig ist, so empfiehlt sich die Anschaffung der in Abb. 182 gezeigten Maschine. Die fertige Hülse wird auf den Dorn aufgesteckt und nach Herunterdrücken der Handhebel mittelst einer entsprechenden Anzahl rotierender Messer in die gewünschte Anzahl Hülsen zerschnitten. Die Messer sind sowohl parallel wie auch im Winkel zum Dorn bequem verstellbar eingerichtet. Durch Fußtritt wird das Scherenlager des Dornes geöffnet und die Hülsen heruntergezogen. Der Arbeitsvorgang ist denkbar einfach und das Schneiden im Augenblick geschehen.

Die abgebildete Maschine ist in erster Linie zur Herstellung von eisenharten Papprohren mit stärkeren Wandungen bei Verwendung dünneren Wickelpapieres (Packpapier, Strohpapier usw.) bestimmt. Die Papierbahn wird in der Rolle eingelegt, selbsttätig mit Klebstoff versehen und nachdem die Bahn von Hand an den Wickeldorn geführt ist, erfolgt die Aufwicklung selbsttätig. Nachdem eine vorher eingestellte Hülsenstärke erreicht ist, schaltet die Maschine automatisch aus, worauf die Papierbahn durch eine praktisch angeordnete Trennvorrichtung von Hand getrennt wird, und das Ende der Bahn durch Drehung des Handrades angeklebt wird. Das Herunterziehen der fertig gewickelten Hülse vom Dorn geht leicht von statten, da der Dorn beim Herunterziehen sich entsprechend verjüngt. Die beleimte Seite des Papieres liegt bei dieser Maschine außen. Zum Teilen der Hülsen wird am besten die vorgenannte Hülsenschneidemaschine verwendet.

*

WINKE FÜR DAS WICKELN DER HÜLSEN

Die scheinbar so einfache Arbeit des Hülsenwickelns ist, wenn sie zur Erzeugung von Teilen für die auf maschinellem Wege herzustellenden Rundschachteln dienen soll, eine keineswegs nebensächliche und ohne weiteres durchführbare. Von ihrer Korrektheit und Sauberkeit hängt vielmehr das gute Gelingen der Rundschachteln in erster Linie ab und ich möchte daher diesem Arbeitsgange die erste und wesentlichste Stelle in der Rundschachtelfabrikation einräumen. Mit dem Wickeln der Hülsen sollte man deshalb auch niemals Arbeiter betrauen, die nicht die weiteren Arbeitsgänge der Schachtelherstellung praktisch kennen gelernt haben und genau wissen, wie eine Hülse beschaffen sein muß, um ein exaktes Arbeitsprodukt fertigstellen zu können.

Die vorsintflutliche Arbeitsweise, die darin bestand, Karton-, Papier- oder Pappenstreifen von Hand über Walzen zu wickeln, wird ja wohl kaum noch in einem Betriebe in Gebrauch sein, da uns gegenwärtig praktische sehr handliche Hülsenwickelungsapparate*) zur Verfügung stehen. Aber auch mit ihnen wird arg viel gesündigt, obgleich dieses bei einiger Aufmerksamkeit durchaus vermeidbar wäre.

Zum guten Gelingen ist vor allem die Auswahl des geeigneten Materials von Wert, obschon hierin keine großen Anforderungen an die Art und Qualität desselben gestellt zu werden brauchen, da sich zum Wickeln der Hülsen mehr oder weniger alle nicht leicht brechenden Sorten Kartons, schwacher Pappen und stärkeren Papiers verwenden lassen. Guter Karton bleibt natürlich in der Hülsenherstellung das Idealmaterial, handelt es sich um Rundschachteln kleinen oder größeren Formats. Ausschlaggebend bleibt hier immer nur die Geldfrage und der Verwendungszweck der fertigen Schachteln und da wird man in der Zeit der Teuerung und der Materialnot nicht immer zum besten Karton greifen können, sondern mit minderem Material zufrieden sein müssen.

Am besten werden die Hülsen, sofern es die vorteilhafte Ausnutzung des Wickelmaterials zuläßt, in einer Länge von ungefähr 33 cm hergestellt, weil dieses Maß nicht nur ein bequemes Arbeiten, volle Ausnützung der Arbeitskraft und gute Stücke gewährleistet, sondern auch am wenigsten so gut wie wertlosen Abfall bringt. Die

---

*) Vergl. das im vorhergehenden Kapitel Gesagte.

Hände haben hierbei die Hülsenmaterialien und den Apparat gut in der Gewalt und können bei den kleinsten Störungen sofort alle Schäden beseitigen, so daß eine eingearbeitete Arbeiterin keinen nennenswerten „Schmand" zu liefern braucht. Bei größeren Hülsenmassen vermögen die Hände das Feld dagegen nicht so bequem und zuverlässig zu beherrschen und die Gefahr, unbrauchbare Hülsen zu liefern, wird mit jedem Zentimeter Länge vergrößert.

Die Stärke der Wickelmaterialien, die für Schachtelzargen bestimmt sind, soll 0,30 mm nicht überschreiten, sofern Randschachteln von 50 bis 90 mm Durchmesser in Frage kommen. Bei größeren Schachteln benutze man Material bis 0,35 mm Stärke. Viel größere Stärken empfehlen sich nicht mehr, da sie die Biegefähigkeit usw. erschweren und außerdem auch nur in besonderen Fällen, in denen es sich um ganz besondere Schachtelgrößen handelt, in Betracht kommen können. Für kleine Schachteln mit einem ungefähren Durchmesser von 20 bis 50 mm genügt Karton in 0,25 mm Stärke. Der Kartonstärkendurchschnitt, der am leichtesten eine tadellose Arbeitsleistung ermöglicht, beträgt 0,30 mm. Verwendet man Pappen im Format 70×100 cm, so müssen also solche in Frage kommen, bei denen 300 bis 350 Bogen auf 50 kg entfallen.

Das alles trifft auf gewickelte Hülsen zu, die zur Herstellung von Zargen für Rundschachteln bestimmt sind. Für Hälse nimmt man besser z. T. geringere Materialstärken, hält sich im übrigen aber an dem oben Gesagten. Auf maschinellem Wege zu erzeugende Rundschachteln erheischen bei einem Durchmesser von 20 bis 50 mm eine Materialstärke von etwa 0,25 mm und bei 50 bis 100 mm eine solche von etwa 0,30 mm. Werden die Hälse mit Papier überzogen, nehme man Stärken von 0,25 bzw. 0,20 mm statt 0,30 und 0,25 mm.

Unerläßlich bleibt in jedem Fall das Messen des Wickelmaterials mit einem Pappenmesser, dem äußerst zuverlässigen und praktischen Mikrometer, der wohl in jedem nicht planlos arbeitenden Betriebe zur Benutzung bereit liegt, in der Fabrikation von Maschinen-Rundschachteln aber ein geradezu unentbehrliches Handwerkzeug bildet.

Als Klebstoff für aus Karton gewickelte Hülsen (Rohre) ist am besten guter, säurefreier Kaltleim (Pflanzenleim) in nicht zu verdünntem Zustande zu empfehlen. Auch Kasein ist sehr gut dazu zu verwenden. Weiter bringen auch die meisten Klebstoffabriken geeignete Klebmittel in den Handel. Bei allen Leimen muß aber unbedingt darauf geachtet werden, daß die Röhren auf den Wickelmaschinen sofort durch die Leime Bindung finden und nicht etwa, wie dies bei stärkerem Kartonmaterial leicht einzutreten pflegt, das Bestreben zeigen, wieder loszuplatzen. Handelt es sich um ungewöhnlich halsstarriges Wickelmaterial, das sich fortgesetzt an den Nähten wieder loslöst, hilft meist ein möglichst heiß aufgetragener guter, säurefreier Tafelleim, der eine sofortige Bindung beim Erstarren herbeiführt. Immer jedoch merke man sich, daß die Leimflüssigkeit im Behälter des Apparates genügend dick angesetzt wird, da dann der Leimauftrag auf dem Material desto magerer ausfällt und Verschmierungen durch das Hervorquellen an den Nähten vermeiden hilft.

Zum Überziehen der für Zargen bestimmten gewickelten Hülsen kommen nur Papiere in Frage, die sozusagen wärmebeständig sind, die also, wenn sie später mit den mehr oder weniger heißen Maschinenteilen in Berührung kommen, weder ankleben und die Arbeit völlig verderben, noch in ihrem Farbenauftrag eine Veränderung erleiden. Eine zuvorige Prüfung der Überzugpapiere mit heißen Eisen ist also unbedingt vonnöten. Papiere mit Gelatineaufstrich, Lacken usw. sind für diese Zwecke untauglich. Sie werden nicht nur das Halbmaterial, die Zargen, völlig verderben, sondern auch die Maschine schon nach wenigen Stößen zur Arbeitsverweigerung zwingen, weil die zurückbleibenden Papier- und Gelatineteilchen die schmalen Ritzen in den Formen total verstopfen. Kommt es trotzdem vor, daß Teilchen des Materials an den Stahlteilen der Maschine kleben bleiben, entferne man sie niemals mit harten Metallgegenständen, sondern schabe sie mit einem vorn meißelartig abgeschrägten Messingstäbchen von der Stahlform, sofern sie nicht schon mit einem feuchten Schwämmchen beseitigt werden können. Die Feuchtigkeit verdunstet sofort infolge der Wärme der geheizten Prägemaschine und der Messingschaber vermag dem Stahl nicht zu schaden, während anderes Metall mehr oder weniger Kratzspuren hinterläßt und mit der Zeit die Formen unbrauchbar macht. Hier sei auch gleich die mehrfach beobachtete Unsitte erwähnt, diese Klebspuren mittels Benzin abzuwaschen, da dieses nur zu leicht auf den heißen Maschinenteilen explodieren und Unfälle durch Verbrennung herbeiführen kann.

Zum Überziehen der Hülsen eignen sich alle nicht zu starken einfarbigen oder Phantasiepapiere, die keinen der beschriebenen Fehler aufweisen, am besten jedoch gut geglättete Glacépapiere, die überhaupt das geeignete Beklebungsmaterial für Maschinen-Rundschachteln abgeben.

Das Überziehen der gewickelten Hülsen mit Papier sollte, um häßliche Stellen zu verhüten, stets mit einer Überlappung von ungefähr 5 mm geschehen. Bei Hülsen von geringerem Durchmesser als 50 mm kann die Überlappung vermindert, bei größeren Durchmessern als 80 mm um ein weniges vergrößert werden. Ohne Überlappung empfiehlt sich das Beziehen der Hülsen für Rundschachteln überhaupt nicht, da die Schnittflächen des Überzugpapieres niemals so haarscharf abgegrenzt werden können, daß sie genau aneinanderpassen.

Als Klebstoff für Hülsenüberzugpapiere verwendet man am vorteilhaftesten guten Stärkekleister, den man mit dem Pinsel aufträgt.

Stärkekleister bleibt natürlich allen übrigen Klebstoffen beim Überziehen der Rundschachtelhülsen mit Papier stets überlegen, da er neben der vorzüglichen Bindekraft auch noch den Vorteil hat, der den meisten anderen Klebemitteln ermangelt, daß er diejenigen Papiere, die in der Farbe empfindlich und zart sind, nicht beschmutzt und wenn schon, in den meisten Fällen eine Säuberung mit einem Abwaschmittel (Wasser, Benzin usw.) zuläßt.

Sind Rundschachtel-Zargen mit Gold- oder ähnlichem Papier zu überziehen, tritt an Stelle der Stärke selbstredend besser Fischleim, um das Losspringen des Überzuges zu vermeiden. Es ist bei derartigem Papier aber unbedingt darauf zu achten, daß es in der angewärmten Maschine auch glanzbeständig bleibt und nicht etwa blind oder scheckig, statt goldig feuerscheinig oder gar streifig wird.

Mit Hilfe von reinem Talkum läßt sich ja manche Schwäche des Gold- wie überhaupt jedes zum Überziehen brauchbaren Papiers mildern, wenn es mit der Wärme der Prägeform in Berührung kommt; sicherer und vorteilhafter für ein gutes Gelingen und glattes Arbeiten ist es aber, wenn die verwendeten Papiere dieses Glättemittels und Notbehelfs nicht erst benötigen.

*

DAS BELEIMEN DER ZUSCHNITTE

Das Beleimen der Zuschnitte, die zu Hülsen für später auf maschinellem Wege herzustellende Rundschachteln gewickelt werden sollen, geschieht am besten, weil zuverlässigsten und saubersten, auf einem der Hülsen-Gummier-Apparate, wie solche die deutschen Kartonnagen-Maschinenfabriken in großer Auswahl und technischer Vollendung in den Handel bringen. Diese Apparate, durchweg für Handarbeit eingerichtet, können auch ohne besondere Schwierigkeiten an das Triebwerk angeschlossen werden, was sich überall dort empfiehlt, wo es sich um Riesenauflagen handelt. Bei den gewöhnlichen Mengen der besseren Apotheker- usw. Rundschachteln reicht indessen der Hand-Gummierbetrieb der Beleimmaschine vollauf aus und macht den langsameren Arbeitsgang durch exakteres Arbeiten wett. Eile ist in der Beleimung der Hülsenzuschnitte überhaupt nicht angebracht.

Der Schwerpunkt der ganzen Beleimung der Hülsenzuschnitte liegt naturgemäß im Leimen selbst. Hier kann man nun sagen, daß die Auswahl der Leime ziemlich groß, die engere Wahl dafür aber um so schwerer ist, denn es ist auch nicht immer leicht, einen verhältnismäßig billigen Leim zu erhalten, der allen berechtigten Anforderungen der Kartonnagenmacher entspricht. Die Hauptsache zur guten Arbeitsleistung ist, daß der säurefreie Kaltleim (Pflanzenleim) gut dickflüssig und sorgsam durch ein Leinentuch geseiht in den Trog des Gummierapparates gegossen wird, daß vor allen Dingen nicht etwa Holzteilchen, Fasern von Säcken, Papierspäne und andere hinderliche Verunreinigungen, sowie ungelöste Leimklumpen die Arbeit mehr oder weniger erschweren oder gar verderben. Solche unerwünschte Eindringlinge in die Leimmasse bleiben bekanntlich sehr gern an der Abstreifleiste des Leimtroges sitzen und verursachen dann eine lückenhafte Beleimung der Zuschnitte, nicht selten die restlose Schließung der Hülsen verhindernde trockene Striche auf der ganzen Materialbahn, die, je länger die Beleimungsarbeit fortschreitet, an Breite und Schädlichkeit zunehmen.

Aus diesem Grunde ist auch unbedingt darauf zu achten, daß der Leim nach jeder erledigten Arbeit aus dem Troge entfernt wird, damit bei längerer Ruhe oder Arbeitsunterbrechung die naturgemäß eintretende zu starke Verdickung oder gar Verklumpung des Leimes die Wiederaufnahme der Beleimungstätigkeit nicht stören und überflüssige, zeitraubende Reinigungsarbeiten erforderlich macht. Sowohl der Trog wie die Leimwalze müssen unbedingt nach jeder getanen Tagesarbeit unverzüglich mit warmem Wasser gut gesäubert und abgetrocknet werden, besonders die an dem Leimtroge zur Regulierung der Leimschicht auf der Walze angebrachte Abstreichleiste, an der sich sehr leicht alle Ungleichheiten der Leimmasse, namentlich Karton- und Papierspäne, festbacken.

Bei der Beleimung selbst muß zur Erzielung eines guten, gleichmäßigen Leimauftrages auch darauf acht gegeben werden, daß sich im Troge des Apparates ständig genügend Leim befindet, damit die Walze reichlich genug vom Leime berührt wird. Wenn sich auch die Abstreifleiste durch Stellschrauben verschieden einstellen läßt, so ist es doch als eine wesentliche Arbeitserleichterung anzusehen, wenn die Walze gut und reichlich von der Leimmasse erfaßt und aller überschüssige Leim dann in dem erforderlichen Maße abgestreift wird, so daß Unebenheiten des Leimauftrages ausgeschaltet werden.

Die Beleimung der Kartonzuschnitte ist bei den verschiedenen von unseren leistungsfähigen Maschinenfabriken hergestellten Gummierapparaten im Grundprinzip die gleiche oder fast gleiche. Bei von den meisten deutschen Maschinenfabriken erzeugten praktischen kleinen Maschinen dieser Art wird der mit Leim zu versehende Kartonteil z. B. so über die Leimwalze geführt, daß, wie es in einer Gebrauchsanweisung eines unserer größten Unternehmen heißt, „das hintere (zu beleimende) Ende des Zuschnittes an einem verstellbaren Anlegelineal auf dem Hintertische anliegt. Dann wird die obere Andrückwalze herangelegt und mit der linken Hand die Kurbel der Leimwalze langsam rechts herumgedreht, so daß sich der beleimte Zuschnitt zwischen Leim- und Andrückwalze herausbewegt. Das freie (unbeleimte) Ende des Zuschnittes ist bei dem Beleimen mit der rechten Hand zu führen und dabei etwas anzuheben, damit der Zuschnitt nicht auf die Leimwalze herunterfallen kann und kein Leim auf die nicht zu beleimende Fläche abgegeben wird."

Wie groß die zu beleimende Kartonfläche sein muß, richtet sich selbstredend nach dem Durchmesser der zu wickelnden Hülse. Sie wird am besten in jedem einzelnen Falle ausprobiert; denn es wäre eine arge Zeit- und Materialvergeudung, würde sie entweder zu klein oder zu groß geraten. Wird eine zu große Fläche mit Leim bestrichen, verschmiert der überschüssige Leim die Wickelwalze. Wird sie zu klein, zeigen die aus den Zuschnitten gefertigten Hülsen den Übelstand, daß die Kanten im Innern nicht haften, sondern klaffen, was besonders augenfällig an den Ecken auftritt. Solche abstehende Ecken verhindern aber in jedem Falle ein korrektes Weiterarbeiten und die Verwendung der Hülsen. Es empfiehlt sich daher auch, daß die Beleimung der Zuschnitte möglichst scharf begrenzt wird und die Innenfläche der Kartonbahn höchstens eine 2—2½ mm breite Kante erhält, die vom Leim freibleibt. Dieser Streifen reicht aus, um das übermäßige lästige Hervorquellen der Leimmasse und ein Verschmieren der Wickelwalze zu verhüten, vorausgesetzt natürlich, daß die Leimmasse, die verwendet wird, die richtige Dicke besitzt, also nicht zu reichlich aus Wasser besteht, weil dann alle gute Arbeit und weise Vorsicht wenig nützen können.

Zur Sicherstellung der brauchbaren Arbeit sind an den in Benutzung befindlichen Hülsen-Gummier-Apparaten noch verschiedene Vorrichtungen angebracht. Diese sind jedoch wohl allgemein hinreichend bekannt, so daß wir von deren Schilderung Abstand nehmen können. Erwähnt sei zur Erleichterung der Preisberechnung nur noch, daß in einer gut ausgenützten Arbeitsstunde im Durchschnitt 200 Hülsenzuschnitte beleimt werden können. Bei tadellos in Ordnung gehaltenen Apparaten, genau angepaßter bester Leimmasse und längerer Einarbeitung ist die Zahl bis auf 250 und vielleicht noch mehr zu steigern. Die einer Berechnung zugrunde zu legende Zahl dürfte indessen mit 200 in der Stunde wohl nicht zu hoch angesetzt sein.

*

GERIFFELTE UND GLATT VERJÜNGTE RUNDSCHACHTELN

Bei billigeren Rundschachteln werden bekanntlich die Hälse weggelassen und entweder die Ober- und Unterdeckel in verschiedenen Durchmessern hergestellt, oder aber, was im Hinblick auf die bei den meisten Rundschachteln unerläßliche Bedingung ist, zwecks Luftdichtheit mit geriffelten oder glatt verjüngten Unterteilzargen versehen. Kommt saubere Arbeitsleistung in Anwendung, dann kann man tatsächlich auch behaupten, daß die mit Riffelungen und Verjüngungen gearbeiteten Rundschachteln ihren Zweck vollauf erfüllen, wenigstens in all jenen Fällen, in denen die Schachteln als Verpackungsmaterial von einfacheren und geringer zu bewertenden Pulvern usw. dienen sollen. Für bessere Waren und vor allem solchen, die durch etwaigen Luftzutritt schneller ungünstig beeinflußt werden, wie medizinische Pulver, parfümierte Puder usw., verwendet man natürlich besser die den Lufteintritt verhütenden Rundschachteln mit Hals.

Von den in Ober- und Unterdeckel verschieden groß gearbeiteten Rundschachteln wollen wir in dieser Abhandlung absehen, dafür aber die beiden anderen halslosen Schachtelarten uns einmal in ihren Riffelungen bzw. Verjüngungen näher ansehen.

Daß die Zargenriffelung nur auf maschinellem Wege praktisch und vorteilhaft ist und nicht mehr die einstige in Großvaters Zeiten — in bildlicher Übertreibung gesprochen — übliche Handeisen-Arbeit Anwendung finden kann, leuchtet wohl ohne weiteres ein. Zum Riffeln wird heute nur noch die Zargen-, Liniier- und Glättmaschine verwendet, an der selbstverständlich die glatten Liniier-Rädchen durch die Riffel-Rädchen ersetzt werden müssen. Das Riffeln geschieht an dem fertigen Deckel, indem die Zargen zwischen den Riffelrädern hindurchgeführt werden. Dazu legt man den Deckel an das Anlegeblech flach an, und zwar mit der linken Hand, drückt hierauf das untere mit dem oberen Riffelrädchen mit dem Tritthebel vorsichtig, aber keineswegs mit hartem ruckweisen Stoß, zusammen und dreht mit der rechten Hand die Kurbel so weit herum, bis die Zarge auf ihrem ganzen Rande mit der Riffelung versehen ist. Bei sorgfältiger Obacht kann, wenn es nötig sein sollte, sofern wegen zu spröden Materials erst schwach vorgeriffelt wurde, ein zweites, bestimmtes Durchführen stattfinden. Empfehlenswert ist das zweimalige Durchführen indessen nur in Ausnahmefällen, da es zu leicht zur Beschädigung der Zargen führen kann, weil häufig die Rädchen nicht wieder genau genug in die ersten Vertiefungen eingreifen, so daß anstatt der erwünschten Verjüngung des Schachtelteiles infolge Material-Fasernzerreißung das gerade Gegenteil eintritt. Beim Durchlaufen der Zargen zwischen den Rädchen ist des weiteren zu beachten, daß die Riffelung auch gleichmäßig erfolgt, was dadurch bewirkt wird, daß der Arbeiter den Rand des Deckels leicht mit dem Zeigefinger auf der Einlaufseite gegen den Anlegeteil der Maschine drückt. Nötig ist außerdem, daß auf der Einlaufseite ein kleines Führungsklötzchen eingesetzt wird, damit das Einführen der Unterdeckel in geeigneter Weise in Rädchen erfolgt. Der passende Hub des Tritthebels ist an modernen Riffelmaschinen durch eine Stellschraube regulierbar und muß von dem daran Arbeitenden vor Beginn der Riffelarbeit an passendem verpfuschten Material ausprobiert werden. Das gute Gelingen hängt letzten Endes aber von dem Räderwerk ab. Nur gutes, nicht zu sehr abgenutztes oder gar beschädigtes Werkzeug ist dazu gut genug. Angebrochene Zähne machen natürlich die Rädchen unverwendbar, besonders dann, wenn sie am äußeren, oberen Rande Lücken aufweisen, während sie im Notfalle mit geringfügigen Beschädigungen an dem nach dem Deckelboden zu gerichteten Teile durchgehen können, wenn die Arbeit nicht bis zur Herbeischaffung eines Ersatzrädchens hinausgeschoben werden kann.

Bei dem Einsetzen der Riffelrädchen muß vor allem auf ein gleichmäßiges, genaues Ineinandergreifen der Zähne geachtet werden, da sonst keine korrekte Riffelung, sondern ein höchst unangenehmes Zerquetschen oder Einreißen des Kartons eintritt.

Auf den Karton bei Rundschachteln, die mit Riffelungen versehen werden sollen, muß von Anfang an Sorgfalt hinsichtlich der Auswahl gelegt werden; denn nicht jedes Material reagiert in gewünschter Weise auf die Biegungen und Pressungen zwischen den Rädern beim Einriffeln. Im Gegenteil, die Anforderungen sind bei diesem Arbeitsgang ziemlich hohe. Fest muß der verarbeitete Karton unter allen Umständen sein. Bei Verwendung minderwertigen Kartonmaterials wird die Riffelung sehr leicht ein böses Brüchigwerden zeitigen, was oftmals die erstrebte Unterteilverjüngung verhindert und dann das Aufstülpen des Deckels unmöglich macht.

Sind aber unter dem Drucke der Preisbildung doch Kartonmaterialien von geringer Sorte zu den Zargen verarbeitet worden, dann kann das drohende Brüchigwerden beim Riffeln verhütet werden, wenn Riffelrädchen benutzt werden, deren Zähne möglichst weit auseinanderstehen, so daß also die Zahl der Einriffelungen geringer ist wie gewöhnlich. Das hat jedoch wiederum einen gewissen Nachteil insofern, als dann die Luftdichtung bei Schachteln mit kleineren Durchmessern mehr oder weniger leidet.

Wie der verwendete Karton verdient auch das benutzte Überzugpapier der Schachteln genauere Beachtung vor Beginn der ganzen Arbeit. Nicht jedes sonst in der Rundschachtel-Fabrikation verarbeitete Papier entspricht nämlich den Anforderungen, die die Riffelungen fordern. Es muß gleichfalls gute Festigkeit aufweisen, darf also nicht zum Brechen neigen. Zu sehr beschwerte Glanzpapiere eignen sich z. B. durchaus nicht dazu, ebensowenig harte Metallpapiere und ähnliche. Die verarbeiteten Papiere müssen im Aufstrich vielmehr ziemlich widerstandsfähig sein, da sie sonst infolge der naturnotwendig beim Riffeln eintretenden Spannung leicht brechen oder rissig werden. Am besten geeignet sind dazu gute, im Aufstrich nicht zu kräftige, dafür aber sorgfältig geglättete Überzugpapiere, vornehmlich weiße. Dunkle Papiere sind bei geriffelten Rundschachteln überhaupt nicht zu empfehlen, weil bei ihnen die oftmals absolut nicht zu vermeidenden feinen Brüche und Risse sich im Aufstrich viel deutlicher und unangenehmer von dem dann hervortretenden weißen oder helleren Untergrund abheben und der ganzen Schachtel ein wenig schönes Aussehen verleihen.

Oft versagt bei zu riffelnden Zargen jede Vorsicht. Die Brüche und Risse treten trotzdem auf. Dann kann man sich etwas dadurch aus der Not helfen, daß eine leichtere weniger tiefgreifende Riffelung vorgenommen wird. Dazu wird das obere Rädchen mäßiger eingestellt und die Zarge schließlich, um dennoch die bezweckte Verjüngung und das Einfügen in den oberen Deckel zu ermöglichen, auf einem Einrundeapparat mit der Hand, soweit wie es erforderlich ist, eingedrückt. Ist dieser Arbeitsgang nötig geworden, um die Unterzarge mit dem Oberdeckel passend zu machen, dann empfiehlt es sich aber, daß beide Teile sofort zusammengefügt werden, sonst kann man erleben, daß die eingedrückte Kartonpartie sich wieder ausdehnt und die ganze Geschichte doch nicht paßt.

Was die Höhe der Einriffelung selbst anlangt, so hat die Praxis ergeben, daß sie am besten 1 mm geringer sein soll, wie die Oberdeckelzarge im Innenteile mißt. Dann kommt der Oberdeckel nämlich zum engen Aufsitzen auf den geriffelten Rand des Unterdeckels und führt ein gutes Abschließen gegen den Luftzutritt herbei.

Soweit die geriffelte Rundschachtel, die sich im Handel, namentlich seit den Notjahren, die der Krieg brachte, bei uns sehr gut eingeführt hat und zweifellos eine lange Daseinsberechtigung haben wird.

Die andere Verjüngungsart der Unterzargen der Rundschachteln ohne Hals, das glatte Verjüngen, hat mit dem vorbeschriebenen Riffeln nichts gemein, sondern wird mit Hilfe der Spindelpresse unter Anwendung besonderer Formen bewirkt. Das macht die Schachteln selbstredend erheblich teurer und empfiehlt es sich deshalb nur bei entsprechend hohen Auflagen, während das Riffeln von der Schachtelanzahl schon darum ganz unabhängig ist, weil die Riffelräder erstens weit billiger und zweitens nicht von der Schachtelform abhängig sind. Mit zwei verschieden weit gezahnten Räderpaaren können so gut wie alle Ansprüche erfüllt werden. Die glatte Schachtelverjüngung dagegen erfordert für jeden Durchmesser eine besondere Verjüngungsform. Das Pressen erfolgt in den weitaus meisten Fällen bei der glatten Verjüngung, da der Stößeldruck nur gering zu sein braucht, auf einer leichten Handspindelpresse wie das allgemein bekannte Schachtelprägen. Ebenso ist das Einsetzen der Verjüngungsform das gleiche wie bei jener Tätigkeit, nur das hier das Zentrieren mitunter auf einige Schwierigkeit stößt und beim Ausrichten etwas mehr Übung und sozusagen das Gefühl mitsprechen. Dafür ist aber die Arbeit sehr einfach, denn mit einem einzigen ganz leichten Hub ist die Verjüngung der Zarge, sofern die Unterform gut heiß gehalten wird, tadellos herbeizuführen. Dazu wird der Schachtelteil nur gleichmäßig auf den Kern der unteren Form aufgesteckt. Die an den Pressen und Formen eingerichtete Hebelvorrichtung gestattet nach dem Hub infolge des Empordrückens des Formkerns ein leichtes Abheben des Schachtelteils.

Da die Verjüngungsform sowohl für die verschiedenen Unterteilhöhen, als auch für die Höhen der zu verjüngenden Zargenteile verstellbar ist, macht die eben geschilderte Arbeit bei Schachteln gleichen Durchmessers und gebräuchlichster Höhenmaße keine umständlichen Auswechslungen nötig.

Die Kosten, die die verschiedenen Durchmesser infolge des Nötigwerdens besonderer Formen verursachen, machen sich aber mit Rücksicht auf das gefälligere Schachtelaussehen gut bezahlt; denn mehr wie die geriffelten Rundschachteln werden die glatt verjüngten

Schachteln begehrt und lieber gearbeitet, weil bei den letzteren längst nicht so viele Rücksichten bezüglich des Brechens und Reißens der verwendeten Kartons und Überzugpapiere nötig sind, wie bei den geriffelten. Zudem lassen die glatt verjüngten Rundschachteln sich als Verpackungsmittel für bessere Sachen verwenden und bieten ferner in erhöhtem Maße ein Hindernis für das Eindringen von Luft, sind vor dem Verziehen wesentlich gesicherter und sehen gefälliger aus.

*

RATIONELLE HERSTELLUNG GEWICKELTER PAPPDOSEN

Gewickelte Pappdosen sind ein Artikel, dessen Herstellung im Laufe der letzten Jahre immer mehr an Bedeutung gewonnen hat. Die Verpackung der verschiedensten Artikel in runde Blechdosen war eine überaus angenehme und auch allgemein eingeführt, bis mit Ausbruch des Krieges solche kaum noch geliefert werden konnten, wenigstens nicht in größeren Mengen und dann auch nur zu ganz enormen Preisen. Bekanntlich war Blech durch die Militärbehörde mit Beschlag belegt. Man war daher genötigt, einen Ersatz für die Blechbüchsen zu suchen, wofür die bereits bekannten gewickelten Pappdosen ganz besonders geeignet erschienen, denn diese hatten den Vorteil der Billigkeit.

Der große Mangel an Metallblechen aller Art, der sich während des Krieges und auch nach dem Kriege nachgerade in allen Industriezweigen bemerkbar machte, hat wesentlich mit dazu beigetragen, daß namentlich Blechemballagen, welche vor dem Kriege in großer Zahl besonders zur Verpackung und zum Versand von allerhand Lebens- und Genußmitteln Verwendung fanden, heute durch Packungen aus Pappe ersetzt werden.

Neben der Zigarettenindustrie werden derartige Packungen hauptsächlich noch in der chemischen Industrie sowie in der Industrie für Gemüse-, Fruchtkonserven und Käse verwendet. So werden z. B. heute Konfitüren und Marmeladen aller Art, welche früher vielfach in Blechbüchsen oder Gläser gefüllt wurden, in derartigen Pappdosen versandt. Schon kurz nach Ausbruch des Krieges kamen solche Pappdosen in den verschiedensten Ausführungen auf den Markt. Besonders zum Versand von Marmelade und Brotaufstrich verwandte man in dieser Zeit mit Vorliebe gezogene oder gewickelte runde Dosen, welche im Innern mit irgend einer wasserundurchläßlichen Flüssigkeit präpariert und durchtränkt wurden. In neuerer Zeit ist man jedoch dazu übergegangen, derartige Dosen innen nicht mehr zu imprägnieren, sondern mit dünnem Pergament oder Pergament-Ersatz, auch Pergamyn genannt, zu füttern.

Derartig gefertigte Dosen werden heute immer mehr begehrt, weil sie auch in hygienischer Hinsicht den imprägnierten Artikeln unbedingt vorzuziehen sind. Die Herstellung solcher Dosen ist äußerst einfach und geht auf die verschiedenste Art und Weise vor sich. Hier soll jedoch vor allen Dingen eine Herstellungsart, welche sich als ganz besonders zweckmäßig erwiesen hat, etwas ausführlicher behandelt werden.

Eine solche hat sich als besonders praktisch bewährt mit Hilfe der von der Firma Jagenberg-Werke, A.-G., Düsseldorf, gebauten Spezial-Maschinen, welches Verfahren hier ausführlich behandelt werden soll, da der Vorgang der Herstellung ebenso ingeniös, wie einfach ist.

Es handelt sich hier vorwiegend um Pappdosen, welche einen inneren Durchmesser von 60—65 mm aufweisen und außerdem ca. 140 mm hoch sind. Die Maschine gestattet natürlich die Herstellung auch von Dosen in anderen Dimensionen und zwar im Durchmesser von 50—120 mm und einer größten Länge bis zu 300 mm. Erforderlich ist dazu nur die Umwechslung der patentierten Präzisions-Wickelspindel. Ferner ist die Maschine eingerichtet, um gleichzeitig zwei Büchsen zu wickeln, bei einer Länge der Büchse von je 80 mm. Dieselben sind mit Hals, angeleimtem vertieften Boden und mit abnehmbaren, etwa 2 cm hohen Stulpdeckeln angefertigt.

Da nun die Herstellung eines einfach geformten runden Büchsen-Rumpfes schon lange Jahre bekannt war, besteht die Neuheit des Verfahrens von Jagenberg darin, daß die Maschine zu gleicher Zeit und in einem Arbeitsgang von der Papierrolle **ab** in einem Stück den Büchsen-Rumpf **mit** dem Hals-Ansatz selbsttätig wickelt. Die Maschine sowohl, als auch die Büchse mit dem Halsansatz selbst ist der Fa. J. durch mehrere Patente geschützt.

Dieser Hals ist überaus wichtig für einen guten Verschluß der fertigen Büchse, weil der gesondert gefertigte Deckel genau über den Hals paßt, auch außen mit dem Rumpf der Büchse genau glatt abschließt und infolgedessen nach dem Füllen durch ein Etikett noch besonders luftdicht abschließend überklebt werden kann.

Die Wandungen der Dosen, Böden und Deckelteile werden aus dünnem geeigneten Rollenpapier angefertigt in der Schwere von etwa 160—250 g pro □m, je nach dem Durchmesser der Größe der Dose. Auch dünnes Cellulosepapier eignet sich gut dazu.

Die Maschine zur Wicklung des Büchsenrumpfes verarbeitet das Papier von der endlosen Rolle, welches in der Breite geschnitten sein muß, wie die bestimmte Büchse hoch ist. Die Papierbahn passiert zuerst die patentierte Halsausschneide-Vorrichtung, in welcher in entsprechenden Abständen an der einen Seite des Papieres ein Stück herausgeschnitten wird. Dann wandert die Papierbahn über einen Anleim-Apparat, durch den ein sauberer und gleichmäßiger Klebstoff-Auftrag erfolgt und gelangt von dort nach dem Passieren einer Wärmevorrichtung, um die Klebekraft des Leimes richtig zu entwickeln, an die Wickelspindel, welche nach dem Patent Jagenberg den Büchsenrumpf unter mehrmaliger Umdrehung wickelt. Abschneide- und Anpreß-Organe vervollständigen den Arbeitsgang und die Wicklung der nächsten Büchse beginnt. Der Zuschnitt, der für den Büchsenrumpf entsteht, hat also die Form, daß der mit c—b bezeichnete Teil desselben zweimal um den Wickeldorn herumreicht, der niedrige Teil b—a dagegen 2—4 mal.

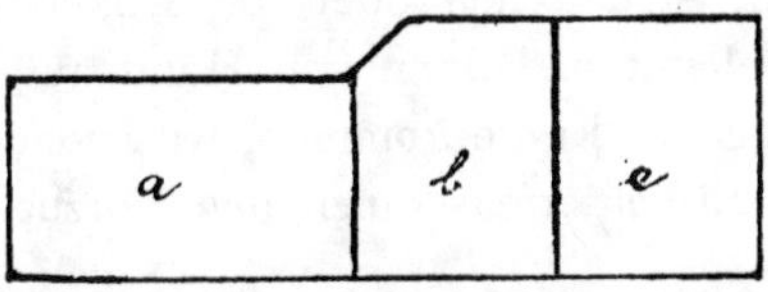

Abb. 183.

Nach der Wicklung schiebt die Maschine die Büchse selbsttätig auf rotierende Eisenstäbe, womit sie durch einen Trockenkasten wandern und am Schlusse trocken herausgestoßen werden.

Wenn die Büchsen eine fettige oder feuchte Füllung aufnehmen sollen, wird die ganze Papierbahn vorher auf einer besonderen Kaschiermaschine mit fettdichtem Pergamynpapier beklebt (kaschiert). Die Arbeit geht auf der Maschine schnell und sauber vor sich, weil der Leimauftrag genau reguliert werden kann, damit er ganz dünn, fast hauchartig ist, gerade genügend für eine gleichmäßige faltenfreie Klebung. Bei der Wicklung derartig kaschierten Papieres auf der Büchsen-Wickel-Maschine erfolgt also eine vier- bis fünfmalige fettdichte Isolierung, so daß die Büchse unbedingt feuchtigkeitsbeständig gemacht wird.

Jetzt bliebe nur noch das Fertigstellen der Deckel und Böden übrig. Diese werden gleichfalls vor dem Zuschneiden und Stanzen in ganzen Bogen kaschiert und nachdem entweder in lange Streifen oder einzelne Stücke von beliebiger Größe geschnitten und an einer Friktions- oder Exzenterpresse gestanzt und auf heißem Wege gezogen. Auch hierbei erweist sich das vorherige Kleben insofern als ein Vorteil, weil die fertig gezogenen Deckel dadurch wesentlich an Stand gewinnen, d. h. ihre runde Form weit eher beibehalten, als wenn sie aus roher, vorher nicht kaschierter Pappe angefertigt werden. Natürlich werden zur Herstellung von Böden und Deckel zwei Ziehformen von verschiedenem Durchmesser benötigt. Das kommt daher, weil der Deckel oben auf dem Hals aufgestülpt wird, während der Boden unten in den Büchsen-Rumpf eingeklebt wird und demzufolge einen etwas geringeren Durchmesser aufweist.

Für das Anleimen der Bodenteile dient ein entsprechend geeigneter Apparat, welcher den Klebstoff an der inneren Kante der Büchse sauber anbringt, worauf der Bodenteil von Hand eingesetzt wird.

Nach dem Füllen der Büchse kann das Etikettieren unter Zuhilfenahme einer Etikettiermaschine entweder auf völlig automatischem Wege vor sich gehen oder die Etiketten werden nur von einer Maschine beleimt und dann von Hand aufgeklebt. Wo natürlich Massenauflagen in Frage kommen, wird man stets den automatisch arbeitenden Etikettiermaschinen den Vorzug geben.

*

BEKLEBE- UND ÜBERZUGSPAPIERE

Wenn man heute auch in der Kartonnagenfabrikation unter dem Drucke der wirtschaftlichen Verhältnisse immer mehr darauf bedacht sein muß, Luxuskartonnagen oder solche mit schönen Farbeffekten auf möglichst einfachem Wege herzustellen, so spielen doch die Beklebe- und Überzugspapiere noch eine große Rolle, da sie eine mehr individuelle Ausgestaltung der Kartonnagen ermöglichen, als andere Verfahren, die heute schon vielfach angewendet werden. Hierzu gehören vor allen Dingen die Effektpappen und -kartons, deren farbige Ausschmückung direkt in der Karton- oder Pappenmaschine vorgenommen wird, das Bedrucken und Masern mit Druckwalzen und ähnliche, die aber alle mehr für Massenauflagen bestimmt sind, bei denen es auf Billigkeit ankommt. Solche Erzeugnisse brauchen durchaus nicht den Eindruck des Schablonenmäßigen zu machen, es werden auch sehr beachtenswerte nach diesen Verfahren hergestellte Pappen und Kartons in den Handel gebracht, die gut auch zu besseren Kartonnagen Verwendung finden können. In der Hauptsache ist das allerdings bei den als Effektkartons und -pappen bezeichneten der Fall, während bedruckte und gemaserte leicht schablonenmäßig und ordinär wirken können.

Es soll hier nun nicht von den Papieren die Rede sein, die man gemeinhin als Buntpapiere bezeichnet, sondern von neueren Papieren, die wohl zu dieser Gruppe gehören und teilweise auch nach dem gleichen Verfahren hergestellt werden, die aber infolge ihrer Ausführung besonders künstlerisch wirken und natürlich auch einen höheren Wert und Preis haben, ja mitunter sogar ausgesprochene Künstlerpapiere sind, für die eine maschinenmäßige Herstellung nicht einmal in Frage kommen kann.

Diese Papiere haben wohl allerlei Phantasienamen, gehören aber doch grundsätzlich zu den Beklebe- und Überziehpapieren und zu den Buntpapieren und müssen daher deren Eigenschaften aufweisen, wenn sie sich gut zur fabrikmäßigen Verwendung, also auch zur Verarbeitung auf Anleim- und Beklebemaschinen eignen sollen. Sie müssen also eine gute Klebefähigkeit haben und den Leim nicht durchschlagen lassen. Oft sind das Forderungen, die zur Herstellungsweise der Papiere in einem Widerspruch stehen, da die Anfertigung dieser Papiere oft darauf beruht, daß sie sehr saugfähig sind. Saugfähige Papiere eignen sich aber wieder weniger zum Bekleben, da sie einmal den Leim oder den Kleister leicht durchschlagen lassen und das andere Mal wieder infolge der Saugfähigkeit die Feuchtigkeit aus dem Klebstoff sehr rasch aufsaugen, so daß dieser nicht genügend zur Wirkung kommen kann. Man kann dann natürlich keine gute und dauernde Verbindung mit dem zu beklebenden Stoff erzielen, so daß der Aufwand an Mühe und Arbeit nicht lohnen würde und die Gegenstände bald unansehnlich und unschön werden.

Man kann ja in dieser Beziehung viel erreichen, wenn man die Konsistenz des Klebstoffes entsprechend wählt, wenn die Klebemasse also ziemlich dick ist, weil dadurch das Wasser weniger schnell eingesaugt werden kann und der Klebstoff mit eindringt. Eine große Rolle spielt bei der Klebefähigkeit des Papieres die Härte des Stoffes, da diese auf die Dehnung des Papieres einen großen Einfluß hat. Reine Zellulosepapiere z. B. dehnen sich sehr stark, wenn sie befeuchtet werden. Bei den Überzugspapieren kann diese Befeuchtung, die doch durch den Kleister stets eintritt, sehr unangenehm werden, da die Anfeuchtung nur auf einer Seite erfolgt. Die Folge davon ist dann, daß besonders aber bei gut geleimten oder auf der Oberfläche sonstwie imprägnierten Papieren ein Einrollen stattfindet. Es wird das aber bei allen mit Farbe behandelten Beklebpapieren der Fall sein, da diese nur auf der Oberfläche behandelt sind und die Farbe hier in die Poren und in die Fasern eindringt und diese weniger aufnahmefähig für Wasser macht oder doch die Wasseraufnahme verlangsamt. Das Papier muß also auf der durch den Kleister befeuchteten Unterseite länger werden, so daß es rollt. Infolge dieses Einrollens, daß auch das Arbeiten erschwert, besteht nun die Gefahr, daß man beutelige und faltige Beklebungen erhält.

Mit der Wahl des Kleisters hat man bei diesen Effektpapieren natürlich ebenfalls sehr vorsichtig zu sein; man muß, wo es nur irgend angängig ist, ganz neutrale Klebstoffe verwenden, da anderenfalls zu befürchten ist, daß durch alkalische oder saure Klebstoffe die Farbe und der Effekt der Papiere leidet oder verändert wird. Man tut also gut, bei der Bestellung des Kleisters dem Fabrikanten den Verwendungszweck anzugeben und wird dann sicher sein, das Richtige zu bekommen.

Es sollen hier nun zwanglos einige neuere dieser Überzugpapiere aufgeführt werden, ohne daß allerdings diese Zusammenstellung Anspruch auf Vollständigkeit erheben könnte.

Papiere mit sammetartiger, rauher Oberfläche, die als bester Ersatz für die Velour- und Samtpapiere gelten können, in der Herstellung aber billiger sind und auch vielseitigere Effekte zulassen, werden von einer großen Papierfabrik hergestellt. Den bekannten Velourpapieren gegenüber weisen diese Papiere bei mindestens gleicher Wirkung den Vorteil der größeren Billigkeit und Widerstandsfähigkeit auf. Die Velourpapiere werden bekanntlich dadurch hergestellt, daß man auf das mit einem geeigneten Klebstoff bestrichene Rohpapier gesiebte Wollfasern usw. streut und dann trocknet. Bei Tapeten, die keiner großen mechanischen Beanspruchung unterliegen, sind diese Ueberzüge widerstandsfähig genug, für die Kartonnagenindustrie sind sie aber weniger geeignet, da sich die Fasern beim Gebrauch bald abscheuern, sodaß sie unansehnlich werden. Für Kartonnagen und auch für Bucheinbände sind also die Velourpapiere weniger geeignet, so schön auch die damit zu erzielenden Effekte sind. Bei Papieren für diesen Verwendungszweck muß die rauhe Oberfläche sehr widerstandsfähig sein und darf sich durch Reiben nicht ohne weiteres entfernen oder beschädigen lassen. Von großer Bedeutung ist auch, daß sich dieses neue Ueberzugspapier leicht bezeichnen oder bemalen läßt, besonders geeignet aber für Pastellmalerei ist. An das Papier sind nun folgende Anforderungen zu stellen, denen es auch gerecht wird: große Zähigkeit und Licht- und Säurebeständigkeit. Diesen Ansprüchen kann man gerecht werden, wenn man zähes und hartes Papier mit weichem, nach Bedarf auch beschwertem, aber dabei gut verfilztem Papier als Einlage verklebt oder zusammengautscht, in üblicher Weise trocknet und dann nach dem Trocknen durch Lockern der weichen Einlage wieder spaltet. Durch vorsichtiges, allmähliches Lösen der Verfilzung bleiben die freiwerdenden Faserenden mit dem Papierfilz immer noch fest verbunden und können auch durch starkes Reiben nicht ohne weiteres entfernt werden. Die hohe Zähigkeit in Verbindung mit dem weichen Faserfilz und mit großer Geschmeidigkeit gibt dem Erzeugnis eine Beschaffenheit ähnlich dem Sämischleder.

Ein anderes als Ledererersatz für den Ueberzug von Kartonnagen usw. geeignetes Erzeugnis wird durch das Tränken von Papierlagen mit tierischem Leim, Trocknen, Härten und Geschmeidigmachen hergestellt. Der teure tierische Leim kann nach einem patentierten Verfahren zum Teil und zwar bis zur Hälfte durch Sulfitlauge ersetzt werden. Der Patentschrift nach kann dieser Ledererersatz

z. B. auf nachstehende Weise hergestellt werden. Man legt mit Leim gesättigte Papierlagen aufeinander und preßt oder walkt sie auch nur, dann werden sie getrocknet. Nachdem das erfolgt ist, wird eine Härtung mit Formaldehyd vorgenommen, auf die eine nochmalige Trocknung erfolgt. Dann wird das Erzeugnis mit hygroskopischen Chloriden oder anderen ähnlich wirkenden Mitteln wieder geschmeidig gemacht. Das Formaldehyd kann in der handelsüblichen Konzentration verwendet werden oder in einer etwa zehnprozentigen Verdünnung, im ersteren Falle muß es tropfenweise zugesetzt werden. Durch das Zusetzen des Formaldehyd zur Sulfitlauge wird diese zunächst verdickt, darüber hinaus aber auch deren Mischungsfähigkeit mit dem Tierleim begünstigt, was sich bei dem fertigen Erzeugnis dann dadurch bemerkbar macht, daß dieses biegsamer wie Leder und widerstandsfähiger wie jeder andere Ledererersatz wird, so daß es für die mannigfaltigsten Zwecke der Kartonnagenfabrikation sehr gut verwendbar ist.

Den modernen Anforderungen nach farbenfreudigen und geschmackvollen Ueberzug- und Beklebepapieren werden die sogenannten Java-Kunstpapiere gerecht, deren Herstellung darauf beruht, daß man wieder auf die einfachen und naiven phantastischen Farbengebungen der indischen Völker zurückgegriffen hat. Man stellte wohl bisher solche Papiere auch auf maschinellem Wege in großen Mengen durch Druckverfahren her, die aber keinen großen Anspruch auf künstlerischen Wert erheben konnten und oft recht schablonenmäßig wirken, wie das ja in ihrer Herstellungsweise begründet ist. Das Java-Kunstpapier ist nun eine Vereinigung von Hand- und Maschinenarbeit, so daß bei genügender Wohlfeilheit auch die künstlerische Ausstattung und Gestaltung gewahrt bleibt. Man verwendet dazu die bekannte Batiktechnik. Da die Herstellung einigermaßen interessieren wird, aber durch Patent geschützt ist, so soll sie hier in großen Zügen beschrieben werden. Zuerst wird das Muster entworfen und dann in Filz ausgeschnitten. Diese so erzielten Filzstempel klebt man auf Holzwalzen, die in eine besonders dafür konstruierte Maschine eingelegt werden. Hier erfolgt nun zunächst das Bedrucken von geeignetem Zellulosepapier in Rollen mit braunem, flüssigem Wachs. Die so bedruckte Papierbahn muß dann durch ein Wasserbad gehen, damit das Wachs vom Wasser abgestoßen wird und der Aufdruck nicht mehr ausfließen kann. Man hat nun also auf dem Papier eine in Wachs abgedruckte Zeichnung. Nun wird das Papier in Bogen geschnitten und in einem besonderen Apparat zerknittert, so daß in der Wachsschicht Sprünge und Risse entstehen, welche beim darauf folgenden Färben die Farbe aufnehmen. Das Färben erfolgt durch Spritzapparate.

Die Technik dieses Verfahrens ist also zum Teil Handarbeit und zum Teil Maschinenarbeit. Trotz der Maschinenarbeit, die eine wirtschaftliche Erzeugung ermöglicht, wird aber der künstlerische und eigenartige Charakter der Papiere gewahrt, denn durch das Knittern werden die Risse und damit die Muster auf einem jeden Bogen anders. Wenn auch die Haupt- oder Grundzeichnung infolge der Verwendung von Musterwalzen bei allen Bogen die gleiche ist, so werden doch die Details in jedem Bogen verschieden.

An Stelle der alten gemaserten Ueberzugspapiere, die verschiedene Holzarten, besonders aber Eichenholz, vortäuschen sollen und die für einfache Zwecke, z. B. billige Zigarrenkisten und dergleichen vollkommen genügen, verwendet man heute für feinere Kartonnagen vorteilhaft besondere Papiere. Besonders die Eichen- und Buchenhölzer werden als sehr dankbar gern nachgeahmt. Die Pappen werden im Stoff gefärbt und dann zur Veredlung durch einen Gauffrierkalander gelassen, in dem sie mittels gravierter Stahlwalzen mit den kennzeichnenden Merkmalen dieser Holzarten versehen werden. Das Verfahren wurde bisher in der Hauptsache bei Pappen, besonders bei Lederpappen angewendet, eignet sich aber auch sehr gut für die Veredlung entsprechender Papiere. Bei guter Durchführung der Verfahren erzielt man dadurch Papiere, die als vollwertiger Ersatz für Fourniere gelten können, aber den Vorzug besitzen, billiger zu sein und sich leichter verarbeiten zu lassen. Auf ähnliche Weise ahmt man übrigens auch Edelhölzer, wie Mahagoni und Zeder, nach.

Auch auf alte Verfahren hat man wieder zurückgegriffen, um neue, eigenartige Ueberzugs- und Beklebepapiere zu schaffen. Es sei da nur an die sogenannten Kleisterpapiere erinnert, die sich neuerdings wieder einer großen Beliebtheit erfreuen. Die Verwendung dieser Papiere wird besonders noch dadurch begünstigt, daß sie sich billig herstellen lassen und, wenn erforderlich, ohne große Apparatur auch im eigenen Betriebe angefertigt werden können. Die Farbe wird mit dem Kleister verrührt und mit einem großen Pinsel auf gewöhnliches Papier aufgestrichen. Das ganze Werkzeug besteht dann aus einem Pinsel, einem Korken und einem Stück Holz, im Notfall genügt auch nur ein Finger. Man führt damit auf dem Papier mannigfaltige Muster und Linien aus, wobei dem

Geschmack und der Phantasie der weiteste Spielraum gelassen ist. Will man große Auflagen herstellen, dann wird man gut tun, geschnittene Schablonen mit abgepaßten Mustern zu verwenden, für die man künstlerische Entwürfe wählen kann. Bei aller Gleichmäßigkeit des Musters wirken diese Papiere dann doch nicht schablonenhaft, da sie infolge der Wahl der Farbe die größte Vielseitigkeit aufweisen können.

Neben diesen Papieren kommen fast alle bisher verwendeten Arten von Buntpapieren, vor allen Dingen auch die alten Marmorpapiere, in neuen Mustern und Farbenzusammenstellungen wieder zur Anwendung. Eine große Rolle spielen dabei auch die sogenannten Effektpapiere, die den Batikpapieren sehr ähneln und neuerdings direkt auf der Papiermaschine hergestellt werden. Man kann auf diese Weise auf billigstem Wege die schönsten und vielseitigsten Muster erzielen, die eine große Verwendungsmöglichkeit in der Kartonnagenindustrie als Ueberzugs- und Beklebepapiere haben.

Neuerdings ist man aber noch weiter gegangen und sucht das Bekleben mit solchen Papieren zu vermeiden, indem man versucht, auch die Pappen in der Maschine auf diese Weise zu veredeln, so daß ein nachträgliches Überziehen unnötig wird. Es ist mit Sicherheit zu erwarten, daß auch diese Versuche einen vollen Erfolg zeitigen, so daß der Kartonnagenindustrie ein neuer Rohstoff für billige und geschmackvolle Massenpackungen gegeben werden wird.

*

DIE BUNTPAPIERE, IHRE BESCHAFFENHEIT UND ANWENDUNG BEI DER KARTONNAGENHERSTELLUNG

Im Gegensatz zu den farbigen Papieren, die schon bei ihrer Herstellung auf der Papiermaschine gefärbt werden, wie Umschlag-, Prospekt- und Affichenpapier, wird den besseren Buntpapieren des Kartonnagenherstellers und Papierwarenfabrikanten erst nach Fertigstellung des Papiers der farbige Aufstrich in besonderem Arbeitsgange beigebracht. Die gewöhnlichen Buntpapiere für Druckzwecke bestehen vielfach aus geringwertigen Stoffmischungen, Holzzellstoff und Holzschliff, und daneben weisen sie auch hohen Gehalt an Füllstoffen auf. Gefärbt wird der Papierstoff mittels Teerfarben, die lebhafte Färbungen meist jedoch von nur geringer Lichtbeständigkeit ermöglichen.

Im Gegensatz zu diesen Papieren haben die besseren Buntpapiere gute Stoffzusammensetzung und die lebhaften Färbungen sind fast durchweg lichtbeständig. Die haltbare Stoffzusammensetzung ist nötig, denn die Fabrikation dieser Papiere, das Streichen, Glätten, Bürsten, Pressen und Prägen stellt Anforderungen an ihre Haltbarkeit.

Zu unterscheiden sind bei den Buntpapieren der Kartonnagenfabrikation und Papierverarbeitung matte, gebürstete, kalandrierte, geglättete, geprägte, marmorierte und Emailpapiere. Zur Fabrikation dieser Papiere und zur Gewinnung neuer Muster von wirkungsvollem Aussehen ist viel Erfahrung notwendig neben kostspieligen Versuchen und entsprechenden Einrichtungen. Die Papiere selbst verhalten sich in der Verarbeitung verschieden, weshalb nachstehend zunächst einiges in Hinsicht auf die Anwendung der Klebstoffe, des Bedruckens mit Farbe, Bronze und Blattmetall gesagt sein soll.

Matte Buntpapiere zeigen gutgedeckten Farbaufstrich und sind deshalb in ihrer Färbung von zurückhaltend wirkendem Aussehen. Die Aufstreichfarbe wird mit einem glanzlosen Bindemittel, Leim, Gelatine oder Stärke, angemacht und mit Streichmaschinen mittels Bürsten auf die Papierbahn aufgestrichen und in gleichmäßiger Schicht verteilt. Die bestrichene Papierbahn wird automatisch mittels Fördereinrichtung in einem geheizten Raum fortbewegt, hierbei getrocknet und anschließend wieder aufgerollt. Stoffbeschaffenheit, mäßige Leimung und der in seiner Zusammensetzung die

Glanzbildung vermeidende Farbaufstrich tragen dazu bei, ein gut gedecktes Buntpapier zu erhalten, dessen Streichfläche keinen Glanz aufweist. Das Papier wird bei besseren Sachen zu Zigarettenpackungen, Kassetten und diversen Pappgegenständen verarbeitet, in den billigeren Sorten zur Herstellung von Kotillonartikeln, Papierfächern, Laternen, Papierschirmen und dergleichen. In seinem Verhalten zu den Klebstoffen ist es wenig empfindlich, da neutrale Klebemittel ohne Einfluß auf den Strich sind. Damit der Farbstoff nicht abläßt, darf nicht zu naß gearbeitet werden. Beim Farbdruck nimmt es die Farbe gut an. Diese schlägt rasch ein. Deshalb empfiehlt es sich, der Druckfarbe etwas Trockenstoff hinzuzufügen. Besonders darf dies nie versäumt werden bei der Herstellung bronzierter Aufdrucke, weil sonst die Bronze nicht fest an den Druckträger gebunden wird. Wenn es sich um zu prägenden Bronzedruck handelt, ist reichlicher Zusatz an Trockenstoff notwendig.

Gebürstete Papiere werden wie vorstehend beschrieben hergestellt. Um mäßige Glanzbildung zu erzielen, wird der Streichfarbe Wachsmilch, Bienenwachs, Stearin usw. zugesetzt. Nach dem Trocknen wird die Papierbahn durch Bürstmaschinen geführt und auf ihrer Streichfläche gebürstet, so daß sich mäßige Glanzbildung einstellt. Beim Kleben verhält sich das Papier wie das vorerwähnte, wenn mit mäßiger Feuchtigkeit gearbeitet wird. Papierstoff, Leimung und Strich sind von Einfluß auf die Haltbarkeit von Farbe, Bronze und Blattmetall beim Bedrucken. Durch Beigabe von Trockenstoff ist dafür zu sorgen, daß der Aufdruck genügend Halt findet.

Kalandrierte, geglättete Papiere erhalten den Hochglanz, der sie auszeichnet, durch Druck und Reibung von Kalanderwalzen. Der Farbstrich wird in geschilderter Weise vielfach unter Zusatz von Talkum, welches Glätte und Glanzbildung begünstigt, aufgebracht und nach dem Trocknen wird die Papierbahn durch mehrwalzige Glättkalander geführt, wo die Streichfläche gepreßt und geglättet wird. Die Walzen, aus gepreßtem Papier und Hartguß bestehend, sind, soweit Metallwalzen in Frage kommen, heizbar. Die Anwendung von Wärme steigert die Glanzbildung. Papiere dieser Art sind meist von griffiger Beschaffenheit, mindestens aber aus besserer Stoffzusammensetzung, was durch die Art der Herstellung dieser Buntpapiere notwendig ist. Die Verwendung ist eine ziemlich umfangreiche, z. B. zum Überziehen von Gebrauchs- und Luxuskartonnagen, Packungen, Pappgegenständen der verschiedensten Art. Infolge der brillanten Färbung, des hohen Glanzes und der Geschlossenheit der gefärbten Fläche ist das Buntpapier in den stärkeren Sorten zur Herstellung von Schneidschriftplakaten außerordentlich gut geeignet. Beim Druck mittels Farbe ist die Wahrnehmung zu machen, daß die Farbe weniger willig angenommen, ja zuweilen sogar abgestoßen wird. Es liegt dies daran, daß der oft dickere Farbaufstrich von einesteils kreidiger, anderenteils öliger oder seifiger Beschaffenheit ist, um ein genügend glattes, glänzendes Papier zu erhalten und die Art des Aufstriches kommt der Farbennahme mehr oder weniger gut entgegen. Bei den für reinen Farbdruck bestimmten Papieren, wie sie in der Papierwarenfabrikation für Packungszwecke oft verarbeitet werden, ist bei der Bestellung gute und gleichmäßige Bedruckbarkeit zu bedingen. Im übrigen lassen sich die stärkeren Sorten allgemein besser verarbeiten, d. h. im Aufdruck mit Farbe, Bronze, Blattmetall und auch für Klebezwecke, wenn man ihnen geringe Feuchtigkeit durch Auslegen in feuchten Räumen Kellern usw. beibringt.

Alle die vorgenannten Papiersorten können durch Prägedruck auf ihrer Oberfläche verändert und mit den verschiedensten Mustern versehen werden. Es sind dann geprägte Papiere, unter denen das Moirépapier am bekanntesten sein dürfte. Geprägte Papiere werden hin und wieder zum Beziehen feiner Kassetten-Deckel verwendet. Dabei empfiehlt sich der Gebrauch wasserarmer, rasch trocknender Klebemittel, besonders bei Papieren mit erhabenen Mustern, damit diese durch Einwirkung der Feuchtigkeit nicht leiden.

Emailpapiere, die sich meist hart und hornartig anfühlen, haben als Farbträger in der Regel halbkartonartige, feste Papiere. Streichen und Glätten geschieht in der geschilderten Art. Meist wird der Streichfarbe noch Glättweiß beigefügt, um dem Aufstrich Körper zu geben. Beim Bedrucken ist wegen der geschlossenen Flächenbeschaffenheit auf gute Klebkraft der Farbe durch Zusatz von Trockenstoff zu achten. Beim Kleben — die Papiere kommen bei Luxuskartonnagen, Etuis zur Verwendung — kann man den Klebstoff mit wasserhaltiger Beschaffenheit etwas einwirken lassen, damit das Papiergefüge geschmeidig und besser verarbeitungsfähig wird.

Marmorierte Papiere, in Färbung und Muster von unterschiedlichstem Aussehen, sind in den meisten Fällen von Hand gefertigt. Die flüssigen mit Klebstoff und Glanzmitteln versetzten Farben werden mittels Bürsten auf eine weiche Gelatineschicht gespritzt und da je nach den gewünschten Mustern mit Kämmen oder sonstigen Hilfsmitteln gezogen, so daß sich ein ineinanderlaufendes Farbmuster bildet. Dieses wird durch Abziehen auf Papier übertragen. Die Bogen dieser handgefertigten Muster zeigen unterschiedliche Gebilde. Billigere Sorten werden auch maschinell hergestellt. In der Verarbeitung sind sie so zu behandeln, wie dies bei den kalandrierten, geglätteten Papieren angegeben wurde.

Es soll nun noch kurz einiges über die harmonische Anwendung farbiger Papiere bei der Kartonnagenherstellung gesagt sein. Allgemein muß gelten, daß die Farbe auf den Gebrauchszweck Rücksicht zu nehmen hat. Man wird also lebhaft wirkende Farben dort vermeiden, wo der Gegenstand diskrete Farbenwirkung fordert. Am lebhaftesten wirken die roten, blauen, grünen und gelben Farben. Für ihre Anwendung allein oder in Verbindung mit anderen Farben werden der Zweck des Gegenstandes und guter Geschmack entscheiden. Die Harmonie bunter Papiere läßt sich durch Nebeneinanderlegen farbiger Papierstücke leicht beurteilen und dadurch kann das Gefühl für gute Farbenkontraste und der Geschmack für gute Farbenharmonien bei der Herstellung von Kartonnagen und sonstigen Erzeugnissen aus Papier und Pappe gebildet und erweitert werden. Auch sonst bieten Natur und Kunst vielfältige Gelegenheiten, gute Farbenverbindungen aufzunehmen und zur Anwendung zu bringen.

Rote Papiere bilden gute Kontraste mit Weiß, hellem Blau, Orange und Schwarz und gute Harmonie in der Gesamtwirkung wird mit hellem Rot, hellem Grau oder anderer heller Färbung erzielt.

Blaue Papiere, in den unterschiedlichsten Färbungen bis zum Schwarz gehend, ergeben starke Kontraste mit Orange, Weiß, Rot und in den helleren Färbungen mit Schwarz. Gute Harmonien werden in der Anwendung mit hellen, stumpfen, grünen Färbungen, hellem Grau und mit Gelb erzielt.

Grüne Papiere erfordern vorsichtige Wahl der Beifarben. Starke Kontraste bilden Gold, Weiß und hellrote Papiere. Schwarze Papiere ergeben bei hellen grünen Farben gute Harmonie. Die Art der grünen Farbe, ob hell oder dunkel, leuchtend oder stumpf, ist von Einfluß auf die Gesamtwirkung. Versuche mit entsprechend gefärbten Proben gewähren den besten Anhalt.

Gelbe und orangefarbene Papiere wirken lebhaft und dies wird gemildert, wenn wir uns kontrastreicher Papiere zur Verzierung bedienen. Solche sind Blau, Schwarz, stumpfes Grün und jede andere ins Dunkle spielende Farbe. Vorzügliche Harmonie wird mit weißem Papier und allen anderen leicht getönten Papieren erzielt.

Bunte Papiere von ausgesprochen kräftigem Farbcharakter können aufdringlich und hart wirken. Es sei deshalb auf Farbentöne von milder, weicher Wirkung und ihre Anwendung bei der Kartonnagenherstellung hier besonders verwiesen, sowie auch auf Papierfärbungen von stumpfem, gebrochenem Farbaussehen. Diese vermögen dem sauber hergestellten Erzeugnis recht oft künstlerisches Aussehen zu verleihen, ohne daß es hierzu mehr Arbeit oder der Aufwendung besonderer Mittel bedarf. Ferner wird bei der Anwendung bunter Papiere fast stets eine gute Wirkung erzielt, wenn der Farbton der zweiten Papierfärbung wesentlich heller gehalten ist, als diejenige Farbe, die für das Erzeugnis am ausgiebigsten Anwendung fand.

Metallpapiere, Gold- und Silberpapier werden bei der Kartonnagenherstellung meist diskret angewendet, Gold hauptsächlich zum Zwecke des Berändelns. Wo es als ausschlaggebende Farbe zur Benutzung gelangt, da werden gute Kontraste mit jeder dunklen Farbe, hauptsächlich aber mit Schwarz erzielt. Dunkelblau, -grün, und -braun lassen sich ebenfalls mit Vorteil verwenden. Farben, die dem Gold nahe kommen, wie Rot, Orange, Gelb sind möglichst zu vermeiden. Gute Harmonien ergeben Gold mit Weiß und allen anderen hellgetönten Papieren. Am besten wirkt Gold aber bei sparsamem Gebrauch, wie es z. B. beim Berändeln von Luxuskartonnagen zur Anwendung kommt.

Silberpapier wird als ausschlaggebendes Material nur bei Gelegenheitsarbeiten (Jubiläen) zur Verwendung kommen und als Verzierungspapier ist seine Anwendung auch beschränkt. Starke Kontraste geben alle dunklen Farben, gute Harmonien alle hellfarbigen Sorten.

Metallpapiere anderer Färbung wirken durch diese und ihren starken metallischen Glanz aufdringlich und dadurch in gleicher Weise die damit hergestellten Erzeugnisse. In Verbindung mit ihnen können hellgetönte Papiere zur Verwendung kommen, welche die lebhafte und grelle Metallfarbenwirkung herabzumildern vermögen.

*

DIE KÜNSTLERISCHE AUSSTATTUNG DER WARENPACKUNG

Als um die Wende des neuen Jahrhunderts auf dem Gebiete des gesamten Kunstgewerbes neues Leben rege ward, hielten es die Künstler, die bis dahin fast ausschließlich für die Architektur und Bildnerei tätig waren, nicht mehr unter ihrer Würde, sich auch den graphischen Gewerben zuzuwenden. So war es nicht zuletzt auch die Warenpackung, die nicht für zu unbedeutend befunden wurde, als daß auch sie durch die ästhetische Kultur einer aufstrebenden Zeit veredelt werden könnte. Damit soll nicht gesagt werden, daß es nicht früher derartige Hüllen gegeben hat, die den Zeitgeschmack ihrer Zeit widerspiegeln. Das Germanische Museum in Nürnberg besitzt eine kleine Sammlung von Papierpackungen der Renaissance-, der Barock- und Empirezeit, deren Aufdruck in Holzschnitt oder Kupferstich ausgeführt ist und infolge ihrer volkstümlichen Schlichtheit und stilistischer Reinheit manchen heutigen Künstler anregen könnten. Ja, ist es nicht gerade diese derbe Holzschnittmanier, die der neuzeitlichen Zeichenkunst den Ausdruck gibt? Es will viel sagen, wenn sich z. B. eine holländische Packung aus dem 18. Jahrhundert, in alter Frische, bis auf den heutigen Tag erhalten hat. Aber im Laufe der Zeit sind diese bescheidenen, anspruchslosen Packungen, die jedes Kind zeichnen konnte, die sich selbstbewußt in allen Volkskreisen eingebürgert hatten, in dem allgemeinen Zeitgeschmack zugrunde gegangen.

Der Druck, der sich vom Holzschnitt oder Kupferstich immer mehr der Lithographie zuwandte, wurde immer oberflächlicher. Die Seiten wurden mit engen Beschriftungen, ohne daß der Name der Ware besonders hervortrat, versehen, Fabrikansichten, Medaillen usw. fanden darauf Platz, auch ein anziehendes Bild durfte nicht fehlen, worunter schöne Frauenköpfe vielfach Verwendung fanden. 12 Druckgänge waren nichts seltenes, ja es kommt heute noch den Merkantil-Lithographen auf eine Farbe mehr oder weniger nicht an. Aber eine auffällige Farbwirkung, die das Auge auf sich zog, war dabei nicht zu bemerken. So verkannte man vollständig den Zweck der Packung. Was aber ist derselbe?

Zunächst soll sie als Anreiz zum Kauf einer Ware dienen. Selbstverständlich wird die sicherste Gewähr für einen bleibenden Wert die Güte derselben sein. Aber ein sinngemäßes, leicht einprägsames Aeußere wird die Hülle aus der großen Masse ähnlicher Fabrikate der gleichen Industrie hervorheben und dient eine künstlerische Form und Farbgebung als bestes Lockmittel.

Sind es wohlfeile Gegenstände, so braucht deren äußere Ausstattung die Ware nicht sonderlich zu verteuern, eine einfache Beschriftung unter Hervorhebung eines phantasievollen Namens auf gut gewählter Papierfarbe kann sehr zweckmäßig sein, nur ist ein Zuviel immer zu verwerfen. Namentlich ist die übliche Gebrauchsanweisung auf der äußeren Hülle nicht am Platze und findet auf einem besonderen Zettel im Inneren der Packung bessere Beachtung. Ein einprägsamer bildlicher Schmuck wird am besten im Gedächtnis des Käufers haften. Wie oft hört man die Ware auf Grund solchen Aufdrucks verlangen: „Ich wünsche ein Päckchen Feinschnitt, bitte den mit dem Mohr, im gelben Karton". Es ist dies die sichere Gewähr für den immer wiederkehrenden Absatz der gleichen Ware, und so ist es zu erklären, daß sich vorbeschriebene Packung nahezu 200 Jahre erhalten konnte.

Bessere Erzeugnisse, die auch zu Geschenkzwecken dienen sollen, müssen im Festgewand einhergehen, und man ist hierbei gewöhnt, die Verpackung mit zu bezahlen. Bei deren Herstellung sei aber auf den verwöhntesten Geschmack des Kundenkreises Rücksicht genommen. Mit einer prunkvollen, aber landläufigen Ausstattung wird man heutigentages keinen Erfolg mehr haben, denn ein einigermaßen feinfühlender Mensch wird von einem edlen, einfachen, aber hochvollendeten Aeußeren auf den inneren Wert schließen.

Dabei sei auch auf die einfachen Grundformen der Packung, Rechteck, Würfel, Prisma oder Zylinder, hingewiesen, die schon in Rücksicht auf die billige Herstellung vorzuziehen sind, gegenüber den Attrappen, die oft zu Geschmacklosigkeiten Anlaß geben. Mehr als auf die Form verwende man seine Aufgabe auf eine ansprechende künstlerische Zeichnung, die möglichst dem Bildungsgrade derjenigen Volksschicht, die als hauptsächliche Käufer der verschiedenen Warengattungen in Frage kommt, anzupassen ist.

Weit wichtiger aber als alles dies ist die Farbe. Sie kann mit Entschiedenheit und Kraft auf die große Masse einwirken und zur Beachtung zwingen. Sie kann von bäuerischer Einfalt sein, wenn es sich um Hüllen von Lebkuchen- oder Pfefferkuchenherzen handelt, sie kann süße Zartheit ausdrücken, wenn die Packungen Likörpralinen, Parfüms oder Seifen umschließen, sie kann sich jeder Stimmung und jedem .Temperament anpassen, kann sich zur wundervollen Symphonie steigern, wenn mehrere reine Töne zusammenklingen, die durchaus nicht nach Ostwaldscher Theorie gegewählt sein brauchen, sondern eigenartig, ganz verwandt oder entgegengesetzt, sich zur vollen Durchschlagskraft steigern.

Wichtig für den Geschäftsmann ist auch die Massenwirkung einer Packung durch geschickte Anordnung im Schaufenster. Durch straffe Gliederung im Aufbau, durch Aneinanderreihen ein und desselben Motivs kann der Dekorateur die besten Werbemöglichkeiten entwickeln.

Die technische Herstellung des Aufdruckes der ältesten bekannten Papierpackungen aus dem 16. Jahrhundert geschah durch den Holzschnitt, sie wurden also auf der Buchdruckhandpresse ausgeführt. Das Faltpapier, welches um die Ware herumgelegt und durch Siegel oder Oblaten oben und unten geschlossen wurde, war die ursprüngliche Form. Noch heute trägt eine besondere Tabakpackung die Bezeichnung „Grünsiegel". Im 17. und 18. Jahrhundert wurden die Aufdrucke hauptsächlich in Kupfer- oder Stahlstich ausgeführt. Meist waren es nur Etiketten zum Aufkleben auf Schachteln in runder oder viereckiger Form, die kunstvoll vom Buchbinder angefertigt wurden. Der Ueberzug geschah in Buntpapier oder gar in Seide. Die auserlesensten Spitzen, die auch in Papier nachgeahmt wurden, fanden dabei Verwendung. Diese mit der größten Verschwendung ausgestatteten Dosen und Schächtelchen fanden für alle möglichen Parfüms und Schönheitsmittel großen Absatz. Meist war es nur die äußere Ausstattung, die bezahlt wurde, während die Ware fast wertlos war. Den Damen der Rokokozeit wurden sie fast täglich bei der Morgen-Toilette von ihren Verehrern überreicht. Die Beschriftung mußte natürlich in französischer Sprache erfolgen, denn nur was französisch schien, hatte Geltung. Der ungemein zarte Ranken- und Kleinbilderschmuck wurde vielfach mit der Hand koloriert, doch gebrauchte man auch schon die Schablone.

Nach Senefelders Erfindung wurden diese Arbeiten fast ausschließlich von der Hand des Lithographen ausgeführt und konnten, was das Aeußere anbetrifft, bis zur Jahrhundertwende an Geschmacklosigkeit nicht mehr übertroffen werden. Noch heute geschieht die Druckausführung zum großen Teil in Stein- oder Offsetdruck. Neben vieler Durchschnittsware beherrscht jedoch der Geschmack führender Künstler den deutschen Verpackungsmarkt, dessen Erzeugnisse die des Auslandes weit überragen.

DIE KÜNSTLERISCHE AUSSCHMÜCKUNG VON KARTONNAGEN FÜR BIJOUTERIE, BONBONNIEREN UND PARFÜMERIE-ERZEUGNISSE

Unter denjenigen Erzeugnissen der Papier verarbeitenden Industrie, die eine besondere Beachtung verdienen, nehmen die Kartonnagen den ersten Platz ein. Sie dienen nicht nur praktischen Zwecken, sondern sie befriedigen nicht selten durch ihre Form und die Ausstattung auch die Ansprüche, die heutzutage jeder Käufer vom künstlerischen Standpunkt aus bei dem Erwerb solcher Erzeugnisse für seinen Bedarf stellt, der natürlich je nach eigener Bildungsstufe und Geschmack ein verschiedener sein wird. Der Hauptreiz konfektionierter Kartonnagen beruht nicht selten neben der äußeren Form und der Wahl des Bezuges, also der rein äußeren Ausstattung, der wir noch eingehend Beachtung schenken werden, in der Wahl des Titels. Bei der bekannten Vorliebe der Deutschen für fremdsprachliche Bezeichnungen nimmt es weiter nicht wunder, wenn wir, namentlich für die Luxuskartonnagen, Bonbonnieren usw. fremdsprachliche Titel in großer Menge antreffen. Dabei ist aber die Ansicht, ohne dieses Zugeständnis an das Ausland nicht auskommen zu können, eine durchaus irrige. Es sei hier nur der Hinweis gestattet, daß es eine durchaus nicht zu billigende Ansicht ist, wenn die Herren Fabrikanten glauben, ohne diese Konzession an das Ausland nicht bestehen zu können.

Dem auf dem Weltmarkt der Schachtelpackungen eine führende Rolle einnehmenden Hause Max Krause in Berlin ist das Verdienst zuzusprechen, schon lange vor dem Krieg und der Razzia auf alle Fremdworte und fremdsprachliche Bezeichnungen ihre sämtlichen Erzeugnisse mit deutschen Bezeichnungen herausgebracht zu haben. Die Erfolge, die dieses rühmlichst bekannte Unternehmen errungen hat, erbringen gewiß den Beweis dafür, daß innerhalb der ehemals schwarz-weiß-roten Grenzpfähle Waren mit deutschen Bezeichnungen zum mindesten ebenso gern gekauft wurden, wie die vielen unter fremder Flagge segelnden. Der Deutsche kann nun mal seine Vorliebe für das Ausland nicht ganz unterdrücken, doch da sollten die berufenen Kreise erzieherisch wirken und mit gutem Beispiel vorangehen, da sie gewissermaßen die pädagogischen Mittel dazu in der Hand haben! Die Probe aufs Exempel, ihr Herren, der erzielte Gewinn wird zeigen, ob man auf richtigem Wege wandelt oder nicht!

Wer die Verlagsartikel der chromolithographischen Kunstanstalten kennt, der weiß auch, daß diese wohl in der Lage sind, Großartiges zu bieten, wenn es sich um Anfertigungen für besondere Zwecke handelt, besonders, wenn bessere Sachen für das Ausstattungsgeschäft verlangt werden.

Es ist vielleicht nicht immer die gewünschte Nachfrage vorhanden nach besonders künstlerisch durchgeführten Ausstattungen. Dieser Umstand ist darauf zurückzuführen, daß die Kunden der Kartonnagenfabrikanten im allgemeinen meist nur so wenig als möglich für die Packungen anlegen wollen. Immerhin aber sollte darauf gesehen werden, daß selbst für geringere Bewertung nicht stilwidrige, sondern zweckentsprechende Kartons Verwendung finden, die selbst bei wenig eleganter Aufmachung immer noch auf einen angemessenen guten Geschmack von seiten des Fabrikanten hinsichtlich der äußeren Aufmachung seiner Waren schließen lassen.

Wenden wir uns der künstlerischen Auffassung der Ausstattung zu, so können wir nicht umhin, vorerst kurz den Überzug zu erwähnen. Wir wollen von den gewöhnlichen, aus den Buntpapierfabriken bezogenen käuflichen und auswählbaren Sorten absehen, die einstmals in Zeiten „seligen Gedenkens" — es sind dazwischen reichlich zwanzig Jahre vergangen! — den sogenannten 25-Pfennig-Behältnissen als vielfarbiges Kleid dienten und demnach auch den Geschmack jenes Publikums befriedigten, das nicht zur rechten Würdigung und Befriedigung ästhetischer Gefühle für Harmonie und Schönheit neigte.

Ebenso aber, wie fremdsprachliche Bezeichnungen für deutsche Erzeugnisse, sollte die Kartonnagen-Industrie stilwidrige Ausstattungen ihrer Fabrikate zu vermeiden suchen. Selbstverständlich wird man vor allem den Wünschen seiner Kundschaft Rechnung tragen müssen, sowie dem Umstand, daß oftmals, man möchte fast sagen, in den meisten Fällen, für die Packung nur wenig angelegt werden soll. Sachgemäße Vorschläge für stilgerechte Ausstattungen werden indessen selten unbeachtet bleiben, um so weniger, wenn sich solche mit geringen Mitteln erreichen lassen. Eine Kartonnage darf, selbst bei weniger eleganter Aufmachung hinsichtlich ihrer Ausstattung nie den guten Geschmack des Fabrikanten vermissen lassen. Natürlich müssen wir hierbei Kartonnagen außer Betracht lassen, die keine Ausstattung vertragen, wie z. B. gewöhnliche Versandkartons und Massenpackungen.

Die Modepapiere in ihren fein empfundenen Farbenabstufungen sind es vor allem, die früher und zu Zeiten ihres Wiedererscheinens auf dem Markt den Ansprüchen vom Standpunkt des verwöhnten Publikums genügen, weil ihr Reiz gerade in der Einfachheit — ich will nicht sagen Eintönigkeit, eher Einheitlichkeit — liegt, und in unserer Zeit die vielfarbigen, reichlich bunten Farbenwirkungen mehr und mehr schwinden, um der Einfachheit Platz zu machen. Diese berührt den Sinn des vielbeschäftigten Beschauers angenehm, und belastet ihn nicht unnütz durch große geistige Aufnahmefähigkeit, zudem ist sie trotz ihrer geringen Farbigkeit doch farbenfreudig. Hier reichen sich zwei Industriegebiete in dem Zusammenhang künstlerischer Erfordernisse brüderlich die Hände: Die Papierausstattung und die Kartonnagenindustrie. Letztere schafft die Formen und erstere stattet sie mit den ihr zu Gebote stehenden Mitteln wirksam und zweckentsprechend aus. Mit der Ausstattung allein aber ist die Leistungsfähigkeit auf dem Gebiet der Kartonnagenerzeugung noch nicht erschöpft.

Wenn wir von den mannigfachsten Erzeugnissen absehen wollen, die keine Ausstattung vertragen, wie Schachteln, die den verschiedensten Dingen dienen: Verpackung, Umhüllung, Apothekerschachteln und kleine Etuis, so geschieht es, um für ein größeres Gebiet Raum zu schaffen: für die Ausgestaltung der Behältnisse für Bijouterie- und Bonbonnieren-Packungen, die unter den Schachtelerzeugnissen eine besondere Spezialität vorstellen. Sie bilden einen nicht zu unterschätzenden Zweig der Kartonnagenindustrie, die in dem Schaffen von ausgestatteten Packungen und Behältnissen für Bonbons, Schokolade und Konfitüren recht regen Fleiß entwickelt. Der Bedarf an solchen Luxusbehältnissen steht mit dem Verschleiß in der Absatzfähigkeit dieser Artikel selbst in engem Zusammenhang. Gerade diese Artikel werden, wie gewisse Gattungen von Markenartikeln überhaupt, am wenigsten um ihrer selbst willen als Qualitätsware gekauft, als wegen der oftmals originellen Art der Verpackung und äußeren ansprechenden Aufmachung. In der Aufmachung, in der der Fabrikant seine Erzeugnisse dem Publikum anbietet, wird also schon ein guter Teil des Erfolges liegen, den er mit dem Absatz derselben zu erzielen hofft!

Eine originelle Packung wird stets die Aufmerksamkeit des Beschauers erregen und nicht selten auch dessen Kauflust zur Folge haben. Bijouteriewaren sind unverkennbare Luxusartikel, und daher muß der Art und Weise, wie sie als Anreiz zur kundenwerblichen

Anlockung dargeboten werden, auch Interesse entgegengebracht werden.

Während ganz gewöhnliche Sachen wohl einfach in Packpapier eingeschlagen oder in gewöhnliche Schachteln aus Strohpappe gepackt werden, um ihnen lediglich einen gewissen Schutz während des Transportes vom Hersteller zum Verbraucher zu gewährleisten, müssen für bessere Sachen auch entsprechende äußere Ausstattungen die Wirksamkeit der Artikel heben, um die Kauflust des Publikums zu erregen und zu fördern. Wenn auch die Füllung als der Inhalt im allgemeinen hierbei die Hauptsache bleibt, so ist doch die äußere Ausgestaltung in der er dargeboten wird, nicht gleichgültig, da niemand ein derartiges Geschenk und sei es noch so gediegen, in schlechter Aufmachung jemand überreichen kann, ebenso wie jeder bei einem Besuch stets sein bestes Kleid anlegen wird.

Um nun dieses Gebiet nach Gebühr zu würdigen muß versucht werden, das Konkurrenzgebiet aus dem Feld zu schlagen, das in diesem Fall in der Porzellanmanufaktur zu suchen ist. Für Tafeldekorationen oder als „Andenken" kann man solche Gegenstände einmal gelten lassen, die zur Überfüllung der Wohnzimmer und zur Verunstaltung derselben gern verwendet werden. Die Mittel zur Erziehung durch die Kunst sind eben verschiedene und müssen sich den Eigenarten und den Anforderungen des Publikums angliedern.

Mustergültigem hinsichtlich der Ausstattung begegnet man namentlich auf dem Gebiet der Bijouterie- und Bonbonnieren-Packungen, die mit den Erzeugnissen der Porzellanmanufaktur erfolgreich in Konkurrenz treten.

Nicht immer ist der Zweck der Bonbonnieren nach Entnahme des Inhalts als endgültig erfüllt zu betrachten. Wenn sie hübsch ausgestattet sind, werden sie auch noch eine weitere Verwendung zu anderen Zwecken zulassen. Hier muß auf den praktischen Sinn der Hausfrauen gerechnet werden, die für leere Schächtelchen bekanntlich meist eine besondere Vorliebe haben, um so mehr natürlich, wenn diese zudem hübsch ausgestattet sind. In den meisten Fällen wird eine Hausfrau einen gefällig aussehenden Karton nicht vernichten, sondern für irgendwelchen Zweck aufbewahren. So hat sie die Herkunftsquelle ständig vor Augen, und sie wird sich gern derselben bei fernerem Bedarf erinnern.

Es ist dieses eine billige und sehr vorteilhafte Art der Reklame, zumal viele Fabriken bei Entnahme entsprechender Posten solcher Artikel die Firma des Käufers entweder ganz kostenlos aufdrucken oder zum mindesten zu einem, den Herstellungswert wenig übersteigenden Betrag in Rechnung stellen. Wir finden für gewisse Gattungen Bonbonnieren bereits eigene Formen. So werden für die beliebten Katzenzungen stets die schmalen länglichen Formen gewählt, die auf dem Deckelstück zuweilen neben dem lakonischen Titel „Katzenzungen", um den Titel bildlich hervorzuheben und zu unterstreichen, einen oder mehrere geprägte Katzenköpfe zeigen. Als Überzugspapiere werden die mannigfachsten, meist wohl einfarbige Sorten verwendet. Recht angebracht erscheint die Verwendung von auf lithographischem Wege hergestellten Bezugspapieren die das „Katzen-Motiv" in den denkbar verschiedensten Variationen ausgeschlachtet haben, oft unter zweckmäßiger Verwendung gleicher Dessins in nur jeweils veränderten Farbenausstattungen.

Daß das Ausschmücken durch andere Hilfsmittel noch recht wirksam unterstützt werden kann, soll nur nebenbei erwähnt werden. Es sei nur auf die schönen Wirkungen hingewiesen, die sich durch die Band-Bindetechnik erzielen lassen.

Eigenartig geformte Seidenschleifen und -Bändchen lassen nicht nur den guten Geschmack des Fabrikanten erkennen, sondern auch die Geschicklichkeit der diese Tätigkeit ausübenden Personen meist weiblichen Geschlechts. In Fällen, wo es sich nicht nur um einen einfachen Ueberzug handelt, wie wir ihn bei Attrappen oder Faltschachteln finden, sondern in denen dem Luxusbedürfnis des kunstverständigen Abnehmers Rechnung getragen werden soll, da zeigt sich erst der vornehme oder minder vornehme, oftmals durch die Ueberproduktion in seinen Empfindungen für eine wohltuende Einfachheit, für das Gediegene und Schöne versagende Geschmack des Herstellers.

Sehen wir uns einmal die sogenannten Bonbonnieren, jene Art Schachtelpackungen, die ein besonders gediegenes Aussehen durch kunstvolle Ausgestaltung erfahren, daraufhin etwas näher an. Einfache Ueberzüge in Holzfournieren oder deren Nachahmung sowie grainierte Papiere werden bevorzugt, denen durch Blindprägung oder teilweise Anwendung von Farben bei dem Aufbringen von Schlagworttiteln ein ansprechendes Aussehen gegeben wird. Auch finden wir zur Hebung der äußeren Wirkung nicht selten Metall in kunstgewerblicher Art gestaltet (gestanzt oder geprägt) als plastische Auflage in der Art figürlichen oder ornamentalen Schmucks. Auch werden vielfach Auflagen aus geschnittenem und reliefartig geprägtem Plüsch, Samt und anderen Stoffen erfolgreich verwendet. Ganz besonders häufig ist jedoch jene Art von gedankenloser Geschmacklosigkeit in künstlerischer Hinsicht anzutreffen, die Deckelstücke mit irgendwelchen, meist in der Darstellung ganz ungeeigneten bunten Bildern, meist Chromolithographien, zu beziehen, die im Format der bildlichen Darstellung gar nicht zu der Größe der auszustattenden Schachtel passen. Die gebräuchlichen Formate schwanken von der Postkarte (die wir nicht selten als solche auf den Deckeln finden) bis zu den verschiedensten Größen. Hier ist den Künstlern ein großes Gebiet zugeteilt, das noch wenig erschlossen ist, unter Verwendung dieser Hilfsmittel wirklich etwas Gediegenes zu erreichen, das auch trotz der Unbedeutsamkeit des Objektes einen gewissen Wert an sich hat und sich dem Geschmack des Käufers individuell anpaßt. Er muß seinen Kaufgegenstand so gern gewinnen, daß er ihn nicht missen mag. So wird die Absatzfähigkeit wirksam gefördert. Einen speziellen Bonbonnierenstil haben wir noch nicht, wenn auch viele und vielleicht nicht die unbedeutendsten Künstler sich bereits auf diesem Gebiet betätigt haben. In den meisten Fällen wird die Kunst bei der Ausschmükkung von Bonbonnieren und ähnlichen Attrappen dadurch vergewaltigt, daß „rohe Kräfte sinnlos walten"!

Alles, was die chromolithographischen Kunstanstalten an unverkäuflichem Zeug auf Lager haben, wie alte, nicht mehr gangbare Dessins, Schachtelüberzüge oder Malvorlagen, welch' letztere besonders bevorzugt werden, weil ihnen doch wenigstens noch so etwas von künstlerischer Auffassung in der drucktechnischen Ausführung bei der Reproduktion nach dem Original eigen ist, werden gern verwendet. Die Ungehörigkeit, solchen Kram auf diese Weise nur an den Mann zu bringen, ohne sich Bedenken darüber zu machen, daß dabei künstlerische Werte zerstört werden, diese Erscheinungen ergeben sich deutlich aus der Wirkung solcher Attrappen. Man mache die Probe aufs Exempel und sehe sich einmal mit nicht allzu großer Alltagsoberflächlichkeit die Auslagen daraufhin an! Man müßte geradezu auf den Kopf gefallen sein, um nicht feststellen zu können, daß dieses oder jenes Dessin für den gedachten Zweck vollkommen ungeeignet ist, weil oft nicht einmal die ganze Zeichnung als geschlossene Darstellung zur Geltung kommt. Halb abgebrochene Blätter und geknickte Stiele deuten auf die gewaltsame Verwendung zu unpassenden Zwecken hin. Es ist jedoch der Einfluß der Zeitströmungen in der Kunst auf die großen Massen und zunächst natürlich auf die Quellen der Kunstanstalten selbst unverkennbar. Die Zukunft wird uns sicher brauchbarere Dessins zu dem Zweck liefern, Luxusatrappen damit zu schmücken, die unseren Ansprüchen entsprechen. Damit wäre dann auch der althergebrachten Unsitte des Verwendens ungeeigneter Stücke endgültig das verdiente Urteil gesprochen. Luxus ist zwar nicht gleichbedeutend mit Kunst, aber er soll der vorbereitende Boden sein, auf dem die Blume der Kunst sich entfaltet und gedeihen soll und kann. Bessernd könnte hier ein Wettbewerb wirken. Die für diesen Industrieartikel in Frage kommenden Abnehmer, meist Schokoladenfabriken ersten Ranges, könnten ebenso, wie es andere Fabriken auch tun, um einen geeigneten Plakatentwurf für den Warenabsatz ihrer Handelsartikel zu erstehen, einen Wettbewerb unter Künstlern ausschreiben. Welche Aussichten würden sich da für die Industrie erschließen. Ebenso wie Künstler Pinsel und Palette für andere Zwecke in den Dienst der Papierindustrie mit großem Erfolg gestellt haben, würden sich auch hier durch gute Vorlagen Wirkungen erzielen lassen, die selbst den verwöhntesten Geschmack befriedigen müßten. Gegen Geschmacksverirrungen der Abnehmer aufzukommen, heißt gegen Windmühlen kämpfen. Wenn der Industrielle jedoch mit gutem Beispiel in der Schaffung und Ausstattung seiner Erzeugnisse vorangeht und nur Gutes schafft, das trotz der Kleinheit des Objekts ganz allgemein befriedigende Wirkungen in künstlerischer Beziehung auslöst, dann wird er schließlich auch in seinen Abnehmern ein dankbares Publikum finden und somit die Geschmacksrichtung des Publikums in erziehendem Sinn zum Schönen beeinflussen.

Zum Schluß wollen wir uns noch einige Hinweise auf einen weiteren Zweig der Kartonnagenindustrie dienen lassen, nämlich auf die Weihnachtskartonnagen, die eine Sonderheit darstellen in ihrer Art und Bestimmung.

Die Herstellung von Weihnachtskartonnagen ist schon deshalb im allgemeinen lohnend, weil in vielen Fällen die dazu erforderlichen Hilfsmaschinen, wie Ausstanzmaschinen, sowie Prägeformen und andere Materialien die gleichen sind, wie bei der Herstellung der Schachteln für Briefpapiere und andere Zwecke der Pappe verarbeitenden Industrie.

Je prunkhafter solche Erzeugnisse ausgestattet werden, desto größeren Anklang werden sie finden. Sie sind in erster Linie für das kindliche Gemüt bestimmt, das empfänglich ist für das Bunte, Prunkhafte. Silberverzierungen, Gold, Flitter und Glasstaub verwendet man reichlich, wodurch die Artikel ein reiches und auffallendes Aussehen hinsichtlich der äußeren Gestaltung erhalten. Da die Verwendung von Glimmer für andere Erzeugnisse kaum mehr wesentlich in Frage kommt, so können alle Vorzüge dieses auffallenden und stark putzenden Arbeitsganges hier ihre Triumphe ausspielen. In diesen Zweigen der Fabrikation sehen wir eine Reihe von Erzeugnissen wieder, die uns als Kinder einstmals Freude bereitet haben. Jeder Erwachsene wird sich noch an die allerliebsten Miniatur-Nachbildungen, wie Trommeln, Schultaschen, Luftballons u. a. m. erinnern, die einstmals ihren Eindruck nicht verfehlten, wenn sie an dem im Lichterglanz strahlenden Tannenbaum hingen.

Den Erzeugnissen der Kartonnagenfabrikation dient nicht nur als Absatzfeld die Papierwaren- speziell Ausstattungsfabrikation, sondern auch die Bijouterie- und Bonbonwarenhändler gehören zu ihren Abnehmern.

Die Herstellung der Weihnachtskartonnagen füllt kein ganzes Jahr aus, meist werden nur zwei Drittel desselben darauf verwandt, und zwar die Zeit von März bis Oktober. Nach diesen Zeitpunkten flaut sie merklich ab, da bis dahin alle Aufträge für den Weihnachtsmarkt bereit sein müssen. Der übrige Teil des Jahres wird häufig zur Herstellung von Kotillonartikeln oder Christbaumkartonnagen verwandt.

Es sei dem Wunsch Ausdruck gegeben, daß die geschätzten Leser nicht nur diesen oder jenen Hinweis theoretisch brauchbar finden, sondern die Lehre daraus auch in die Praxis umsetzen möchten, dann werden wir nicht nur dermaleinst den früher schon mühsam erkämpften Platz wieder einnehmen und behaupten, sondern darüber hinaus unser graphisches Kunstgewerbe weiter entwickeln und hier einen wirtschaftlichen Sieg mit einfachen Mitteln erreichen, der in seiner Auswirkung für das Wirtschaftsleben von nicht zu unterschätzender Bedeutung werden kann.

✶

ANHANG

DER BUKAMA-AUTOMAT

Druck- und Stanzmaschinen zum ganz-automatischen Herstellen von fertigen Etiketten und Massenpackungen vereinfachen und verbilligen die Herstellung von Massenartikeln. Der nebenstehende Automat „Bukama 103" fertigt beispielsweise zwei- oder mehrfarbige Etiketten mit Drahtnadeln, sogenannte Nadeletiketten, ganz selbsttätig an, und zwar als einfaches Etikett oder als Klappetikett. Die stündliche Leistung ist etwa 6000 Stück. Dieser Automat kann auch zum Fabrizieren von Bijouterie-Etiketten Verwendung finden. Ein ähnlicher Automat gleichen Fabrikates „Bukama 104" stellt sogenannte Andrücketiketten in gleicher Stundenleistung her. Hierbei wird eine Blechkammer gestanzt, geprägt und am gleichzeitig bedruckten Etikett befestigt. Außer dem Auflegen der Draht-, Blech- und Kartonrollen, bedürfen diese Automaten nur wenig Wartung.

Abb. 183.

Ein Druck- und Stanzautomat für größere Packungen ist die „Bukama 109", welche Schachtelzuschnitte und andere Massenartikel ebenfalls von der Kartonrolle herstellt. Die Maschine ist so kräftig gebaut, daß auch Prägungen vorgenommen werden können. Größter Zuschnitt 30×45 cm. Der Vorschubmechanismus ist von neuartiger Konstruktion. Der Kartonstreifen wird so präzis vorwärts geschaltet, daß Mehrfarbendrucke mit größter Sauberkeit gedruckt werden können. Alle hier genannten Bukama-Automaten sind zur Verwendung normaler Schrifttypen und Klischees eingerichtet*).

*) Nähere Auskunft erteilt die Firma O. Hoppe & Co. Nachf., Leipzig-Schleußig, Könneritzstr. 43.

EIN VARIABLER GANZAUTOMAT FÜR DIE KARTONNAGEN-HERSTELLUNG

Eine besondere Stellung unter den Maschinen für die Kartonnagen-Herstellung nimmt die ganzautomatische kombinierte Kreisschere und Doppel-Rill-, Ritz- und Nutmaschine „Bobst" ein. Es ist dies nicht ein sogenannter Druck- und Stanzautomat, wie er vielfach für die Herstellung von Kartonnagen bestimmter Abmessungen angewandt wird, sondern eine kombinierte Kreisschere und Rill-, Ritz- und Nutmaschine, an die, wie aus der Abbildung ersichtlich, sowohl ein automatischer Anleger, als auch ein automatischer Ableger angeschlossen ist; beide Ergänzungen sind als

Abb. 184.

Stapelapparate ausgebildet. Der Zweckbestimmung einer kombinierten Kreisschere und Rill-, Ritz- und Nutmaschine entsprechend, ist der Automat „Bobst" für die Herstellung von Kartonnagen aus bedruckten Bogen vorgesehen, wobei die Größe der herzustellenden Kartonnagen genau so mannigfaltig variiert werden kann, wie bei einer einfachen Maschine.

Die eigentliche Arbeitsmaschine besitzt neben den Kreismessern zwei Halterbalken für die Befestigung der Rillen-, Ritz- und Nutapparate und ist eingerichtet für ein größtes Bogenformat von

1320 × 1000 mm, während das kleinste Format, das der automatische Einleger verarbeitet, 600 × 100 mm beträgt. Das kleinste Format, in das die zugeführten Bogen oder Streifen zerlegt werden können, beträgt bei Verwendung von normalen Kreismessern 100 × 40 mm; mit Spezialkreismessern kann ein kleinstes Format von 100 × 24 mm erreicht werden.

Von ausschlaggebender Bedeutung sind die Ein- und Auslegeapparate der Maschine, die die Möglichkeit geben, mit einer Fördergeschwindigkeit des Materials von 75 m per Minute zu arbeiten, was einer Stundenleistung von etwa 3000 Bogen des Maximalformates entspricht. Die Einführapparate am Einleger bestehen in der Hauptsache aus der hinteren Ansauge- und Blasvorrichtung und aus den vorderen Saugern. Der hintere Apparat wird in der Mitte und am Rande des Bogens angesetzt, saugt den obersten Bogen an, hält den nachfolgenden Bogen zurück und trennt beide voneinander durch die Blasvorrichtung. Von besonderer Wichtigkeit ist die sinnreiche Konstruktion der vorderen Sauger, die den Bogen dem Anlegetisch zuführen; sie sind derart ausgebildet, daß sie allen Unebenheiten auf der Oberfläche des Kartonstoßes folgen. Die Anlage der Bogen erfolgt an drei Marken, genau an denselben Punkten, wie in der Druckpresse; infolge eines Bremsapparates gelangen die Bogen in verlangsamtem Tempo an die Anlegemarken, wo sie während eines Momentes der Ruhe durch eine seitliche Ziehmarke in haarscharfes Register ausgerichtet werden. Eine selbsttätige Ausschaltung setzt die Maschine still, falls etwa zwei Bogen zur Anlage kommen sollten oder ein Bogen schief zur Anlage kommt. Durch diese Vorrichtung wird der Ausschuß bis zu 60% herabgemindert. Der Selbstanleger verarbeitet Karton von 200 bis 1250 g per Quadratmeter; es spielt keine Rolle, wenn die Bogen wellig liegen. Die Stapelhöhe beträgt bis zu 1000 mm; vermittels eines Hubkarrens mit Transportbühne kann ein solcher Kartonstoß ohne weiteres in die Maschine gerollt werden, das Nachfüllen also ohne besonderen Aufenthalt der Maschine vorgenommen werden. Der Anlegetisch ist um seine Antriebswelle drehbar und kann in die Höhe gekurbelt werden, wodurch bequemer Zutritt zu den Rill- und Ritzapparaten und den Kreismessern geschaffen wird.

Die Abnahme der Bogen, Streifen und geschnittenen Packungen durch den Selbstableger erfolgt mittels zweier Stangen, auf denen je eine gewisse Anzahl Greifer verschiebbar angeordnet ist. Der Stapelempfänger wird selbsttätig und im gleichen Maße nach unten geschaltet, wie der Einleger in die Höhe geht. Durch einen Spezial-Transportkarren wird der verarbeitete Kartonstoß weggerollt.

Die Regulierung der Maschine bei Formatwechsel beschränkt sich auf wenige Operationen; die übrigen Funktionen der Maschine sind selbsttätig. Die notwendigen Einstellungen am Einlegeapparat und Empfänger werden in etwa zehn Minuten ausgeführt.

Die drei Teile des Ganzautomates sind so konstruiert, daß zuerst die eigentliche Arbeitsmaschine mit Einrichtung für Handanlage bezogen werden kann, an die bei steigendem Bedarf die An- und Ablegeapparate angegliedert werden können. Das vollständige Aggregat ersetzt beim Vorarbeiten von großen Bogen etwa vier bis fünf Maschinen mit Handeinführung, beim Verarbeiten von Streifen drei bis vier Maschinen des gewöhnlichen Modells.

Abb. 185.

Nach vorliegenden Zeugnissen zahlreicher Kartonnagenfabriken hat sich die Maschine als durchaus zuverlässig in der Arbeit und als gut rentabel erwiesen. Bau und Vertrieb der Maschine liegt in den Händen der Spezialfabrik moderner Kartonnagen-Maschinen „Bobst", Straßburg (Elsaß), Kronenburger Straße 68.

Inzwischen hat die vorgenannte Firma eine weitere Maschine zur Kartonnagenherstellung auf den Markt gebracht. Genannt patentierter variabler Bogen-Automat „Bobst", Typ B. R. A. 1050, besteht dieselbe aus einer ganzautomatischen Universal-Ausstanzmaschine, vereinigt mit einer kombinierten Kreisschere, Doppel-Rill-, Ritz- und Nutmaschine, an die wie aus der Abbildung ersichtlich sowohl ein automatischer Anleger, als auch ein automatischer Ableger angeschlossen ist.

Wie die erstgenannte Maschine dient diese letztgenannte zur Herstellung von Kartonnagen aus bedruckten Bogen, wobei die Größe der herzustellenden Packungen genau so mannigfaltig variiert werden kann, wie bei einer einfachen Maschine.

Die Neuigkeit dieser Maschine liegt darin, daß außer Schneiden, Rillen und Ritzen oder Nuten, im gleichen Arbeitsgange, die Lappenverschlüsse, Einsteckklappen usw. auf beiden Schachtelseiten ausgestanzt werden.

Das lästige Ausstanzen auf Universal-Ausstanzmaschinen oder sogenannten Thompson-Pressen ist also erspart. Die Kartonbogen laufen zuerst durch die rotationsmäßig bewegten Schneidwerkzeuge um die Lappenverschlüsse, Einsteckklappen usw. auf beiden Schachtelseiten auszustanzen und werden im gleichen Arbeitsgange gerillt, geritzt oder genutet und zum Schluß durch die Kreisscheren in fertige Schachtelzuschnitte umgewandelt.

Das absatzweise bewegte Transporttuch der Ablegevorrichtung ist derart angeordnet, um mit Leichtigkeit große Bogen oder fertige Zuschnitte aufzunehmen.

Jedes Format zwischen 1050 × 650 mm bis 500 × 110 mm in Bogen oder Streifen kann ohne vorherigen Beschnitt anstandslos verarbeitet werden, seien es bedruckte oder unbedruckte Bogen, die direkt von der Schnellpresse kommen können.

Das kleinste Format, in das die zugeführten Bogen oder Streifen zerlegt werden können, beträgt bei Verwendung von normalen Kreismessern 110 × 40 mm, mit Spezialmessern kann ein kleinstes Format von 110 × 24 mm erreicht werden.

Diese Maschine arbeitet mit einer Fördergeschwindigkeit des Materials von zirka 75 m per Minute, was einer Stundenleistung von etwa 3600 Bogen des Maximalformats entspricht.

Der Einleger ist gleicher Konstruktion und besitzt die gleichen Vorteile wie derselbe der erstgenannten Maschine.

Alle Universal-Ausstanzmaschinen haben bekanntlich außer ihrer geringen Leistung den großen Nachteil, nur gewisse Verschlußklappenformen zu gestatten. Will man eine Verschlußklappe spezieller Form herstellen, so müssen zuerst kostspielige und oft schwerregulierbare Stanzapparate gekauft werden.

Arbeitet man mit Zylinder- oder Thompson-Pressen, so hat man das lästige Formenherstellen und die sehr lange Zurichtung.

Diese Nachteile sind durch den variablen Bogenautomat „Bobst" Typ B. R. A. 1050 abgeschafft. Verschlußklappen irgend welcher

Form und Größe können ohne Schwierigkeiten hergestellt werden. Die Schneidwerkzeuge sind einfach und dauerhaft.

Ein weiterer großer Vorteil liegt in der Kartonersparnis, indem die Verschlußklappen mehrerer Schachteln derart angeordnet werden können, daß sie ineinander greifen, was den Kartonabfall fast auf Null herabsetzt und bei bedruckten Packungen die Bogenzahl, resp. Auflage, sowie Farbenverbrauch entsprechend der höheren Schachtelzahl pro Bogen reduziert.

Diese Maschine kann auch wie die erstgenannte ohne automatischen Anleger, also mit Einrichtung für Handanlage bezogen werden. Der Einleger kann nach Maßgabe der eingehenden Aufträge, später ohne Schwierigkeiten angebracht werden, da die Konstruktion serienweise erfolgt. Die Maschine ist dadurch für jeden Betrieb geeignet.

Ihre Verwendungsmöglichkeiten sind folgende:

1. als schnellaufende Kreisschere,
2. als kombinierte Kreisschere, Doppel-Rill-, Ritz- und Nutmaschine,
3. als Universal-Ausstanzmaschine und kombinierte Kreisschere, Doppel-Rill-, Ritz- und Nutmaschine, die außer Schneiden, Rillen und Ritzen in dem gleichen Arbeitsgange die Lappenverschlüsse, Einsteckklappen usw. auf beiden Schachtelseiten ausstanzt,
4. nur als Universal-Ausstanzmaschine mit verstellbaren, auswechselbaren Schneidwerkzeugen arbeitend, nur zum Ausstanzen eingerichtet, zur Massenherstellung von Einschnitten, Ausschnitten, gleichzeitiges Ausstoßen von mehreren Ecken jeder Form, Art und Größe.

*

NEUER DRUCK- UND STANZAUTOMAT

Einen neuen Druck- und Stanzautomaten zur Herstellung von Zuschnitten für Packungen verschiedener Art, ganz besonders für Zigaretten, Zigarren, Schokolade, Konfitüren und chemische Produkte, bringt die Firma Johann Carl Müller, Dresden-A. 24, auf den Markt.

Für alle Firmen, welche einen großen Bedarf an Massenverpackungen haben, dürfte diese Maschine von großem Interesse sein. Wie schon aus dem Namen „Druck- und Stanzautomat" hervorgeht, ist es möglich, in einem Arbeitsgange auf dieser Maschine die Zuschnitte zu drucken, zu ritzen resp. rillen und auszustanzen. Als Material für die Verarbeitung wird Rollenkarton in Bobinenform verwendet und durch die Druckwerke wie auch durch den Stanzapparat kontinuierlich geleitet, im Gegensatz zu anderen Modellen, bei denen der Karton von dem Druckwerk dem Stanzwerk periodisch zugeführt wird. Die kontinuierliche Arbeitsweise macht die Maschine besonders wertvoll, die Leistungen sind sehr hohe, der Druck ist peinlich sauber, der Gang der Maschine völlig ruhig. Die Bedienung ist denkbar einfach. Mehrere Maschinen können von einem Buchdrucker oder Mechaniker überwacht werden. Die einzelnen Maschinen selbst werden von einem Mädchen bedient. Zwei Vorschubwerke dienen zur Vorwärtsbewegung des Kartonstreifens. Das Material wird denkbar günstig ausgenutzt. Dort, wo es möglich ist, mehrere Zuschnitte auf eine Breite zu arbeiten, erhöht sich die Leistung der Maschinen um das entsprechend Mehrfache. Zeitverluste beim Auswechseln der Bobinen werden dadurch vermieden, daß jede Maschine mit 2 Bobinenspindeln ausgerüstet ist, so daß schon während des Laufes der einen Bobine die nächste aufmontiert werden kann. Auf der Maschine können Bobinen bis zu einem Durchmesser von 520 mm verarbeitet werden. Für größere Bobinendurchmesser kann die Anordnung entsprechend geändert werden. Eine Streckvorrichtung befreit den von der Bobine kommenden Karton von der Spannung, die sich im Karton befindet, so daß die Ausschnitte vollkommen flach aus der Maschine kommen. Das Druckwerk ist für Rotationsdruck nach dem Offsetverfahren eingerichtet. Der Druck erfolgt durch geätzte oder gravierte Stempel auf mit Gummi überzogene Walzen und von da auf das zu bedruckende Material. Die Stempelwalze ist horizontal wie vertikal durch eine Vorrichtung leicht während des Ganges der Maschine verstellbar, wodurch der Materialverlust auf ein Mindestmaß zurückgeführt wird. Ferner ist das Druckwerk mit Farbverreibwalzen in entsprechender Anzahl ausgestattet, so daß ein äußerst sauberer Druck erzielt wird. Die Maschine ist für ein-, zwei-, drei- und vierfarbigen Druck, evtl. auch für Bronzedruck, eingerichtet.

Abb. 186.

Das Stanz-, Rill- oder Ritzwerkzeug ist eine Spezialkonstruktion, die gewährleistet, daß der Zuschnitt in einem Arbeitsgang hergestellt werden kann. Die Werkzeuge haben Führungsbolzen zwischen Stempel und Matrize, wodurch das Einsetzen des Werkzeuges außerordentlich erleichtert wird. Die Stösselführung des Stanzautomaten ist besonders kräftig gehalten, ein Kippen des Stössels ist unmöglich, und daher ist eine lange Lebensdauer gewährleistet. Durch einfaches Regulieren der Zentralverstellung wird genaueste Uebereinstimmung des Druckes mit dem Werkzeug mühelos erreicht. Der Antrieb erfolgt durch Elektromotor oder direkt von der Transmission auf das als Riemenscheibe ausgebildete Schwungrad. Eine Moment-Ausschaltevorrichtung ermöglicht sofortiges Stillsetzen der Maschine. Außerdem ist jeder Druckapparat für sich ausrückbar.

Die Maschine wird in drei Größen, und zwar für Zuschnitte bis 200, 300 und 500 mm breite Ausschnitte gebaut.

Die Leistung beträgt zirka 5000 bis 60 000 Stück in der Stunde. Bei der Herstellung kleinerer Ausschnitte ist es möglich, zwei oder mehr derselben nebeneinander zu drucken, ritzen resp. rillen und auszustanzen, wodurch die erhöhte Leistung erzielt wird.

*

Zur Ergänzung.

Für die Sonderinteressenten des Abschnittes: „Das Heften und Nieten und die dazu erforderlichen Einrichtungen" sei an dieser Stelle erwähnt, daß die Firma K. Gebler, Maschinenfabrik Leipzig-Lindenau, außer den in dem Abschnitt erwähnten Maschinen auch Karton-Flachheftmaschinen, Karton-Eckenheftmaschinen, Universal-Kartonheftmaschinen, Faltschachtel-Heftmaschinen, Faltschachtel-Ausstanzmaschinen sowie eine Anzahl anderer Buchbinderei- und Kartonnagen-Maschinen auf Grund langjähriger Erfahrungen baut.

*

www.ingramcontent.com/pod-product-compliance
Lightning Source LLC
LaVergne TN
LVHW012053011026
849162LV00018B/251
* 9 7 8 3 1 1 2 6 7 9 9 7 5 *